通信原理考研指导书

臧国珍　黄葆华　编著

西安电子科技大学出版社

本书是根据国内多所知名高校“通信原理”课程研究生入学考试要求，参考了相关经典教材和大量的考研真题编写而成的。书中系统归纳了“通信原理”课程所涉及的主要考点，针对不同的考试需求，分章节、分层级地给出了大量的典型例题和测试题。

全书共分10章，包括绪论、信号与噪声、信道、模拟调制系统、数字基带传输系统、数字频带传输系统、模拟信号数字传输系统、同步原理、信道编码和扩频通信，每章均由考点提要、典型例题及解析、拓展提高题及解析、本章自测题与参考答案这4个部分组成。附录中还提供了10套考研模拟试题及其参考答案。

本书可作为高等院校电子信息类相关专业“通信原理”课程研究生入学考试的复习用书，也可作为“通信原理”课程的学习指导书，还可供有关技术人员和大学教师参考。

图书在版编目(CIP)数据

通信原理考研指导书/臧国珍，黄葆华编著．--西安：西安电子科技大学出版社，2023.6
ISBN 978-7-5606-6856-7

Ⅰ．①通…　Ⅱ．①臧…　②黄…　Ⅲ．①通信理论—研究生—入学考试—自学参考资料
Ⅳ．①TN911

中国国家版本馆CIP数据核字(2023)第097809号

策　　划　陈　婷
责任编辑　陈　婷
出版发行　西安电子科技大学出版社(西安市太白南路2号)
电　　话　(029)88202421　88201467　　邮　　编　710071
网　　址　www.xduph.com　　电子邮箱　xdupfxb001@163.com
经　　销　新华书店
印刷单位　咸阳华盛印务有限责任公司
版　　次　2023年6月第1版　2023年6月第1次印刷
开　　本　787毫米×1092毫米　1/16　印　张　24.5
字　　数　584千字
印　　数　1～2000册
定　　价　64.00元
ISBN 978-7-5606-6856-7/TN
XDUP 7158001-1

前言

随着社会对高学历人才需求的不断增长，每年的考研人数也在不断攀升。电子信息类相关专业作为长期以来高校学习和社会就业的热门专业更是如此，“通信原理”作为这些专业的一门重要的专业基础课，在整个课程体系中起着承前启后的重要作用，因而被许多高校作为相关专业硕士研究生入学考试的专业课程之一。该课程涉及整个通信系统，内容多、概念多、公式多，理论性和实践性都很强，难懂难学。因此，我们编写了本书，以期对广大考研人员及相关专业从业人员有所帮助。本书具有如下特点：

(1) 参考了国内多所知名高校的“通信原理”课程教材，系统梳理了课程所涉及的相关知识点，在内容上力求覆盖国内主要高校相关专业考研所要求的主要考点。

(2) 分析、统计了国内多所知名高校近年的考研试题，对出现概率较高的知识点用星号(*)加以专门标记，以便读者做重点复习。

(3) 针对不同层次院校的考试要求，参考国内多家知名高校的考研真题，分章节、分层级地给出了大量的典型例题和拓展提高题并做了详细的解析，在每章末尾还给出了适量的自测题及其参考答案。每章的典型例题及解析部分，偏重于基础知识，主要用于满足难度要求相对较低的一般院校考试；拓展提高题及解析部分，主要汇集了一些难度相对较高的题目，主要用于满足难度要求相对较高的一流院校考试；自测题与参考答案部分，则主要供读者对本章内容进行自测自练与自我评估。

(4) 附录部分提供了10套考研模拟试题及其参考答案，供读者熟悉多种题型，以便进行综合测试与评估。

本书共10章，其中第1章至第9章由黄葆华编写，其余部分由臧国珍编写。臧国珍对全书内容进行了统编，并对第1章至第9章中的部分内容进行了补充和调整。本书在编写过程中参考了大量相关书籍和网上资源，由于无法一一列出，在此谨向这些参考资料的作者表示衷心的感谢。

鉴于编者水平有限，书中难免存在疏漏，恳请读者批评指正，多提宝贵意见和建议。作者联系方式：zgz_nj78@sina.com。

编　者

2022年8月于南京

目录

第1章　绪　　论

1.1　考点提要

1.1.1　消息、信息、信号、通信、通信系统

1. 消息

消息是指由信源产生的含有信息的语音、图像、文字或符号等。

消息有连续和离散之分，原始的语音或图像等是连续消息，而文字或符号等则是离散消息。

2. 信息

信息是指消息中包含的对受信者(信宿)有用或有意义的内容，消息是信息的载体。

信息是可以度量的，香农信息论给出了它的定义和单位。

3. 信号

电信号简称为信号，是与消息一一对应的电量，是消息的载体。如人发出的声音是消息，通过麦克风转换为电信号。

实际上，消息通常寄托在电信号的某一个或几个参量(如幅度、频率或相位等)上，若消息是连续的，电信号的参量就连续取值，则为模拟信号；若消息是离散的，电信号的参量就离散取值，则为数字信号。

4. 通信

广义地讲，通信就是信息的传递。

用电信号来传递信息的通信称为电通信，通信原理课程中所说的通信是指电通信。

5. 通信系统

实现信息传递所需要的一切设备和传输媒介的总和，称为通信系统。

需要指出，信号是消息的电量形式，传递信号就是传递消息，而消息中含有信息，传递消息的目的是传递消息中包含的信息。有时候将通信定义为传递消息，这也是可以的，但严格地讲，将通信定义为传递信息最好，因为信息才是受信者真正需要的。

1.1.2 通信系统模型*

1. 一般模型

点对点通信系统的一般模型如图 1-1-1 所示。

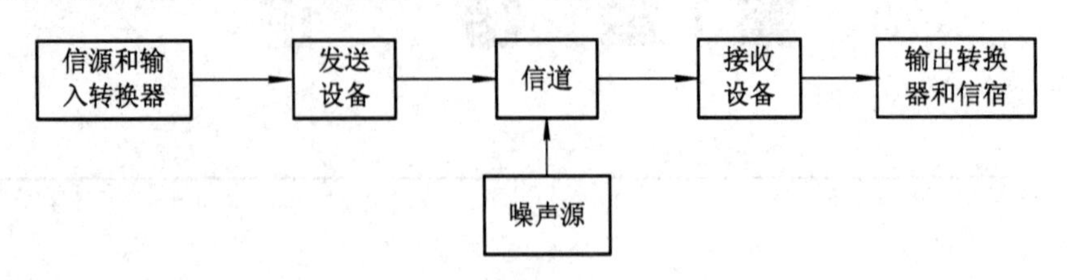

图 1-1-1 通信系统的一般模型

1）信源和输入转换器

信源是信息的来源，如语音、文字、图像、数据等。

输入转换器的作用是将信源输出的消息转换成电信号，完成非电量到电量的转换。常见例子有：话筒完成声/电转换（从语音到音频信号），摄像机完成光/电转换（从图像到视频信号），计算机键盘完成从键盘符号到“1”“0”信号的转换等。

通常将信源和输入转换器合称为信源，信源输出电信号。

2）发送设备

发送设备用于对信号进行变换，使之适合于信道的传输。其变换包括放大、编码、调制和滤波等。

3）信道和噪声

信道是指信号传输的通道。通常，信号在信道中传输会产生衰减、畸变，同时还会受到噪声的干扰。

4）接收设备

接收设备的任务是对接收的受到信道衰减、畸变且混合有噪声的信号进行处理，恢复发送端发送的有用信号。其处理主要包括放大和反变换。经过信道传输后到达接收端的信号往往很弱，需要做放大处理。反变换完成与发送设备相反的功能，如译码、解调等。

5）输出转换器和信宿

输出转换器的功能与输入转换器的功能相反，完成电量到非电量的转换，即将电信号变成受信者能够识别的信号，如扬声器进行电/声转换，显示屏完成电/光转换等。

信宿是信息的接收者，通常将输出转换器与信宿简称为信宿，信宿是信号传输的目的地。

2. 模拟通信系统模型

信道中传输模拟信号的通信系统称为模拟通信系统，其模型如图 1-1-2 所示。

与图 1-1-1 相比，调制器和解调器分别替代了发送设备和接收设备。实际模拟通信系统中，发送端和接收端除了调制器和解调器外还应有放大、滤波、混频等环节，这里都合并到了调制解调部件中。模拟通信系统模型中各部件功能如下：

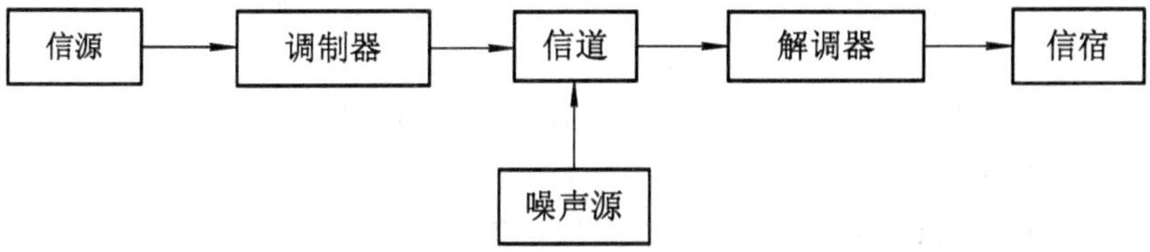

图 1-1-2　模拟通信系统模型

（1）信源产生模拟电信号。

（2）调制器将模拟信号的频谱搬移到信道的通带范围内，使其适合于信道传输。

（3）解调器的作用是将接收信号的频谱反搬移回来，恢复原模拟信号。

（4）信宿中的输出转换器将模拟电信号转换为受信者能够识别的物理消息。

3. 数字通信系统模型*

信道上传输数字信号的系统称为数字通信系统，其模型如图 1-1-3 所示。

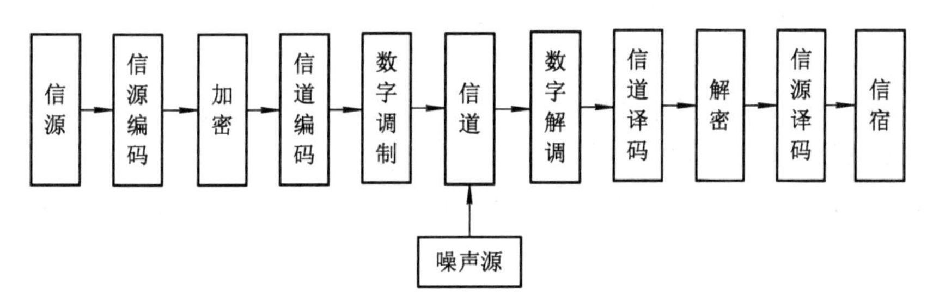

图 1-1-3　数字通信系统模型

1）信源

信源用于产生电信号，可以是数字信号，如计算机输出的 1、0 信号；也可以是模拟信号，如声音通过话筒转换而来的音频信号。

2）信源编码

信源编码的作用有两个：

（1）当信源输出模拟信号时，信源编码器完成模拟信号数字化（A/D 转换），如后面将要学习的 PCM 和 ΔM 等。

（2）当信源输出数字信号时，为降低数字信号的数码率而进行压缩编码，如哈夫曼编码、常用的文件压缩编码等。

信源编码可以提高信息传输的有效性。

3）加密

加密是指按一定的算法将数据扰乱，将明文变为密文，以提高信息传输的安全性。

4）信道编码

信道编码是指按一定的规律给信息加入冗余，以便在接收端的信道译码中发现或纠正传输中出现的错误，提高信息传输的可靠性。

5）数字调制

数字调制用于对发送信号进行频谱搬移，使发送信号适合于信道传输。

基本的调制方式有数字振幅调制(ASK)、数字频率调制(FSK)和数字相位调制(PSK)。

数字解调、信道译码、解密、信源译码、信宿完成与上述相反的功能。

说明：① 信源编/译码、加/解密、信道编/译码不一定都需要；② 如果信道是低通型信道，则不需要数字调制/解调器，但需要码型变换和波形变换，此情况下的系统为数字基带传输系统。

4. 数字通信的主要优缺点*

1) 优点

(1) 抗噪声性能好。数字通信发送的信号取值有限，当噪声的大小不影响接收信号的判决时，通过判决可彻底消除接收信号中噪声的影响。

(2) 接力(中继)通信时无噪声积累，所以远距离通信时不会因为距离远而使通信质量下降。

(3) 差错可控，可采用信道编码技术降低误码率。

(4) 易于加密处理，保密性强。

(5) 数字处理灵活，便于综合传输。语音、图像、文字、数据等可变换成统一的数字信号，在同一个通信系统中传输、存储和处理。

(6) 数字通信系统中绝大部分电路是数字电路，因而易于集成、体积小、成本低、可靠性高。

2) 缺点

(1) 占用信道频带宽。例如，采用模拟通信时，传输一路电话占用 4 kHz 的信道带宽即可；而采用数字通信时，一路 PCM 电话需要占用 64 kHz 的信道带宽。但随着数据压缩技术的发展和宽带信道(如卫星、光纤)的广泛应用，此缺点带来的影响越来越小。

(2) 对同步要求高。模拟通信只涉及载波同步和群同步，而数字通信可能涉及载波同步、位同步、群同步等，从而使数字通信系统比较复杂。

(3) 存在通信门限。当 S/N(信噪比)低于一定程度时，不能进行有效的通信，如短波通信系统中仍采用模拟而非数字话音的通信方式，原因就在于此。

数字通信系统的优点是主要的，因而数字通信得到了快速发展，而且模拟信源发出的模拟信号亦可采用数字信号传输，只要用信源编码将模拟信号转换成数字信号即可，数字电话就是这样的例子。

1.1.3 通信系统的分类

通信系统可从不同的角度进行分类。

(1) 按信号特征分：模拟通信系统和数字通信系统。

(2) 按通信业务分：电话通信系统、电报通信系统、图像通信系统、数据通信系统、广播电视系统等。

(3) 按调制方式分：根据是否采用调制分为频带(带通)传输系统和基带传输系统。频带传输系统又分成模拟调制系统和数字调制系统。模拟调制系统还可分成调幅(AM)系统、调频(FM)系统和调相(PM)系统。数字调制系统可分为幅移键控(ASK)系统、频移键控

(FSK)系统和相移键控(PSK)系统等。

(4) 按传输媒介分：有线通信系统和无线通信系统。

(5) 按信号复用方式分：频分系统、时分系统、码分系统等。

(6) 按工作波段分：中长波通信系统、短波通信系统、超短波通信系统、微波通信系统等。

1.1.4 通信的工作方式

对于点对点之间的通信，按消息传递的方向与时间关系，通信的工作方式可分为单工通信、半双工通信及全双工通信三种。

(1) 单工通信：指消息只能单方向传输的工作方式，只占用一个信道，如广播、遥测、遥控、无线寻呼等就是单工通信方式的例子。

(2) 半双工通信：指通信双方都能收发消息，但不能同时进行收和发的工作方式，如使用同一载频的对讲机、收发报机以及问询、检索、科学计算等数据通信都是半双工通信方式。

(3) 全双工通信：指通信双方可同时进行收发消息的工作方式。一般情况下全双工通信的信道必须是双向信道，如普通电话、手机都是最常见的全双工通信方式，计算机之间的高速数据通信也是这种方式。

在数字通信中，按数字信号代码排列的顺序不同，通信方式可分为并行传输和串行传输。

(1) 并行传输：是将代表信息的数字序列以成组的方式在两条或两条以上的并行信道上同时传输。并行传输的优点是节省传输时间，但需要的传输信道多，设备复杂，成本高，故较少采用。并行传输一般适用于计算机和其他高速数字系统之间的通信，特别适用于设备之间的近距离通信。

(2) 串行传输：数字序列以串行方式一个接一个地在一条信道上传输。一般的远距离数字通信通常都采用这种传输方式。

此外，还可以按通信的网络形式划分。因为通信网的基础是点对点之间的通信，所以本课程的重点放在点对点之间的通信上。

1.1.5 信息及其度量*

1. 信息量的定义

信息是消息中包含的有意义的内容。信息是有大小的、可以度量的。消息中含有的信息量的大小与消息出现的概率有关，而且：

(1) 消息出现的概率越小，所包含的信息量越大；

(2) 消息出现的概率为1，则包含的信息量为0；

(3) 不可能出现的消息，所包含的信息量为无穷大。

即，信息量是对消息的不确定性的度量，表示其包含信息的多少。

香农给出的信息量的定义为

$$I(s)=\log_a\frac{1}{P(s)}=-\log_a P(s) \tag{1-1-1}$$

式中，$P(s)$是消息s出现的概率；$I(s)$是消息s携带的信息量，其单位与对数的底数a有关。当$a=2$时，信息量的单位为比特(bit)；当$a=\mathrm{e}$时，信息量的单位为奈特(nat)；当

$a=10$ 时，信息量的单位为哈特(hat)。在通信和计算机中常用的单位为比特。

2. 信源的熵

设某信源 S 输出 M 种离散符号，各个符号 s_i 的出现概率为 $P(s_i)$ 且统计独立，即信源是无记忆的，则每个符号平均(统计平均)携带的信息量为

$$H(S)=\sum_{i=1}^{M}P(s_i)I(s_i)=-\sum_{i=1}^{M}P(s_i)\mathrm{lb}P(s_i)\quad(\text{比特 / 符号})\qquad(1-1-2)$$

$H(S)$ 称为信源 S 的熵，可简写为 H。

注意：当信源各个符号等概出现，即 $P(s_i)=1/M$ 时，信源熵达到最大值 $H_{\max}=\mathrm{lb}M$ 比特/符号，数值上等于单个符号携带的信息量。例如，当 $M=2$ 时，为二进制信源，$H_{\max}=1$ 比特/符号，即每个二进制符号携带 1 bit 信息；当 $M=4$ 时，为四进制信源，$H_{\max}=2$ 比特/符号，即每个四进制符号携带 2 bit 信息。

1.1.6 通信系统的主要性能指标*

通信系统的性能指标用来衡量通信系统的优劣。

通信系统涉及的性能指标很多，例如有效性、可靠性、标准性、适应性、经济性、可维护性等，其中有效性和可靠性是通信系统的两个主要性能指标。

(1) 有效性是指传输一定信息量时所占用的信道资源数量(带宽或时间长度)。

(2) 可靠性是指信息传输的准确程度。

模拟通信系统和数字通信系统衡量有效性和可靠性的具体指标是不同的。

1. 模拟通信系统的性能指标

1) 有效性

模拟通信系统的有效性可用信号所占用的带宽来衡量。如 DSB 系统传输一路电话需要 8 kHz 的信道带宽，而一路 SSB 电话只需占用 4 kHz 的信道带宽，SSB 的有效性更好。

2) 可靠性

模拟通信系统的可靠性是用接收信号的信噪比 S/N 来衡量的，常用分贝(dB)表示，$(S/N)_{\mathrm{dB}}=10\lg(S/N)$。

2. 数字通信系统的性能指标

1) 有效性

数字通信系统的有效性是用码元速率 R_{B} 或信息速率 R_{b} 或频带利用率 η 来衡量的。

(1) 码元速率 R_{B}：又称为传码率、符号速率 R_{S} 等。

R_{B} 的定义：每秒钟内传输的码元数目，与码元宽度 T_{S} 的关系为 $R_{\mathrm{B}}=1/T_{\mathrm{S}}$。

R_{B} 的单位：码元/秒或波特(Baud)，简写为 B。

(2) 信息速率 R_{b}：又称为传信率、比特率。

R_{b} 的定义：每秒钟内传输的信息量。

R_{b} 的单位：比特/秒(bit/s 或 b/s 或 bps)。

(3) 码元速率 R_{B} 与信息速率 R_{b} 间关系的一般表达式：

$$R_{\mathrm{b}}=R_{\mathrm{B}}\cdot H(S)\quad(\mathrm{b/s})\qquad(1-1-3)$$

当信源符号等概(通常满足)时：

$$R_b = R_B \mathrm{lb} M \quad (\mathrm{b/s}) \tag{1-1-4}$$

特别的，当 $M=2$ 时，$R_b=R_B$，它们的数值相同，但单位不同。

结论：码元速率给定时，进制数越大，信息速率越高；反之，当信息速率给定时，进制数越高，码元速率越低。

(4) 频带利用率 η：又称为带宽效率。

η 的定义：单位频带上传输的码元速率或单位频带上传输的信息速率，即

$$\eta = \frac{R_B}{B} \quad (\mathrm{Baud/Hz}) \qquad 或 \qquad \eta = \frac{R_b}{B} \quad [(\mathrm{b/s})/\mathrm{Hz}] \tag{1-1-5}$$

意义：将带宽与传输速率相联系，可更好地考察通信系统的有效性。

注意：$\eta=R_B/B(\mathrm{Baud/Hz})$ 常称作码元频带利用率，只能用于比较相同进制数系统的有效性；比较不同进制数系统的有效性时应使用信息频带利用率 $\eta=R_b/B[(\mathrm{b/s})/\mathrm{Hz}]$，否则无法得到多进制系统比二进制系统有效性更高的结论。

2) 可靠性

数字通信系统的可靠性用差错率表示，差错率有误码率和误比特率两种。

(1) 误码率：码元在传输过程中发生错误的比例，即

$$P_e = \frac{错误码元数}{传输总码元数} \tag{1-1-6}$$

(2) 误比特率：信息在传输过程中发生错误的比例，即

$$P_b = \frac{错误比特数}{传输总比特数} \tag{1-1-7}$$

对于二进制，$P_b=P_e$；对于多进制，$P_b<P_e$。

1.2 典型例题及解析

例 1.2.1 举例说明通信有哪些工作方式。

答 按照消息传输的方向和时间关系，通信的工作方式有：

(1) 单工通信，例如无线寻呼系统、遥控、遥测、广播、电视等。

(2) 半双工通信，例如对讲机、收发报机等。

(3) 全双工通信，例如普通电话、移动通信(手机)、互联网等。

在数字通信中，按照信号传输时代码排列的顺序不同，可分为串行传输和并行传输，例如计算机和外部设备之间通信时，就有串口和并口。

例 1.2.2 试从通信系统原理出发分析通信系统采用数字信号的优点，并讨论数字通信系统的主要性能指标。

答 (1) 如果电信号的参量取值是有限个的，则称之为数字信号。利用数字信号来传送信息的通信系统称为数字通信系统，其主要优点有以下6点。

① 抗噪声性能好。数字通信发送的信号取值有限，当噪声的大小不影响接收信号的判决时，通过判决可彻底消除接收信号中噪声的影响。

② 接力(中继)通信时无噪声积累，所以远距离通信时不会因为距离远而使通信质量下降。

③ 差错可控，可采用信道编码技术降低误码率。

④ 易于加密处理，保密性强。

⑤ 数字处理灵活，便于综合传输。语音、图像、文字、数据等可变换成统一的数字信号，在同一个通信系统中传输、存储和处理。

⑥ 易于集成，使通信设备微型化，重量轻。

(2) 数字通信系统的主要性能指标是有效性和可靠性。

① 有效性可用传输速率和频带利用率来衡量。

码元速率：单位时间内传送码元的数目。

信息速率：单位时间内传送的平均信息量或比特数。

频带利用率：单位带宽内的传输速率。

② 可靠性可用差错率来衡量。差错率常用误码率和误信率表示。

误码率：错误接收的码元数在传输总码元数中所占的比例。

误信率：错误接收的比特数在传输总比特数中所占的比例。

例 1.2.3 假设甲、乙两人分别位于 A、B 两地，现甲、乙两人之间需要通过无线数字通信系统来进行语音通信。试设计该无线数字通信系统，要求画出该通信系统的基本模型图，并简要说明每个模块的功能与作用。

答 该通信系统的基本模型如图 1-2-1 所示。

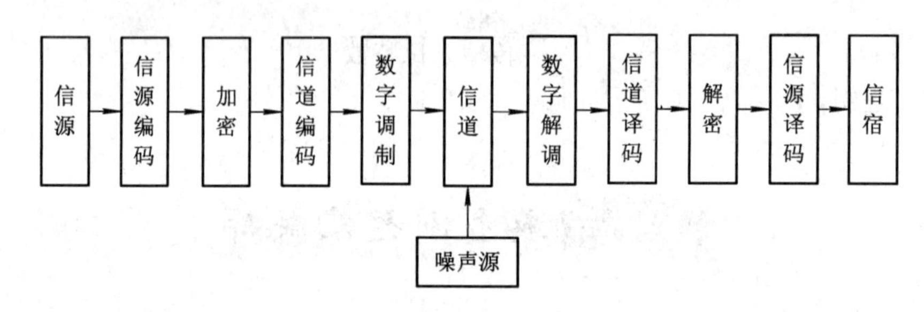

图 1-2-1

其各模块的主要功能如下。

(1) 信源编码完成两个功能：一是提高信息传输的有效性；二是完成模数转换，实现数字化传输。信源译码是信源编码的逆过程。

(2) 加密、解密是为了实现保密通信，保证所传信息的安全。

(3) 信道编、译码是为了增强数字信息传输的可靠性。

(4) 数字调制是把数字基带信号搬移到高频处，形成适合传输的带通信号，解调则是从收到的带通信号中恢复出原始发送信号的过程。

例 1.2.4 某信源符号集由 A、B、C、D、E、F 组成，设每个符号独立出现，其概率分别为 1/4、1/4、1/16、1/8、1/16、1/4，试求该信源输出符号的平均信息量。

解 用离散信源熵的计算式(1-1-2)得

$$
\begin{aligned}
H(S) &= \sum_{i=1}^{6} P(s_i) I(s_i) \\
&= \frac{1}{4}\text{lb}4 + \frac{1}{4}\text{lb}4 + \frac{1}{16}\text{lb}16 + \frac{1}{8}\text{lb}8 + \frac{1}{16}\text{lb}16 + \frac{1}{4}\text{lb}4 \\
&= 2.375\ \text{比特 / 符号}
\end{aligned}
$$

例 1.2.5　国际莫尔斯电码用“点”和“划”的序列发送英文字母，“点”用持续一单位的电流脉冲表示，“划”用持续 3 单位的电流脉冲表示，且“划”出现的概率是“点”出现概率的 1/3。求：

(1) “点”和“划”的信息量。

(2) “点”和“划”的平均信息量。

解　(1) “划”出现的概率是“点”出现的概率的 1/3，即 $P_1=(1/3)P_2$，且 $P_1+P_2=1$，所以 $P_1=1/4$，$P_2=3/4$。故有

“划”的信息量：$I_1=-\text{lb}(1/4)=2$ 比特

“点”的信息量：$I_2=-\text{lb}(3/4)=0.415$ 比特

(2) 平均信息量：$H=\frac{3}{4}\times 0.415+\frac{1}{4}\times 2=0.81$ 比特/符号

例 1.2.6　某信源产生 a、b、c、d 四种符号，各符号独立出现。

(1) 四种符号的出现概率分别为 1/2、1/4、1/8、1/8，试求该信源熵。

(2) 四种符号等概出现时，求信源的熵。

解　(1) 由题意可得信源熵为

$$
\begin{aligned}
H(S) &= -\sum_{i=1}^{4} P(s_i)\text{lb}P(s_i) \\
&= -\frac{1}{2}\text{lb}\,\frac{1}{2} - \frac{1}{4}\text{lb}\,\frac{1}{4} - \frac{1}{8}\text{lb}\,\frac{1}{8} - \frac{1}{8}\text{lb}\,\frac{1}{8} \\
&= 1.75\ \text{比特 / 符号}
\end{aligned}
$$

(2) 四种符号等概时，每个符号的概率均为 1/4，所以信源熵为

$$
\begin{aligned}
H(S) &= -\sum_{i=1}^{4} P(s_i)\text{lb}P(s_i) \\
&= -\frac{1}{4}\text{lb}\,\frac{1}{4} - \frac{1}{4}\text{lb}\,\frac{1}{4} - \frac{1}{4}\text{lb}\,\frac{1}{4} - \frac{1}{4}\text{lb}\,\frac{1}{4} \\
&= 2\ \text{比特 / 符号}
\end{aligned}
$$

评注：当信源的各种符号等概时，信源熵达到最大 lb$M$ 比特/符号。故二进制信源最大熵为 1 比特/符号，四进制信源最大熵为 2 比特/符号，八进制为 3 比特/符号，十六进制为 4 比特/符号等。

例 1.2.7　某信源的符号集由 A、B、C、D 和 E 组成，设每一符号独立出现，其出现概率分别为 1/4、1/8、1/8、3/16 和 5/16，信源以 1000 Baud 速率传送信息。

(1) 求传送 1 小时的信息量。

(2) 求传送 1 小时可能达到的最大信息量。

解　(1) 信源熵为

$$
H(s) = \frac{1}{4}\times\text{lb}4 + 2\times\frac{1}{8}\times\text{lb}8 + \frac{3}{16}\times\text{lb}\,\frac{16}{3} + \frac{5}{16}\times\text{lb}\,\frac{16}{5} = 2.23\ \text{比特 / 符号}
$$

平均信息速率为

$$R_b = R_B H(s) = 1000 \times 2.23 = 2230 \text{ b/s}$$

1 小时内传输的信息量为

$$I = R_b \times T = 2230 \times 3600 = 8.028 \text{ Mb}$$

(2) 信源中各符号等概时，信源熵为最大，即

$$H_{max} = \text{lb}5 = 2.322 \text{ 比特 / 符号}$$

1 小时内传输的最大信息量为

$$I_{max} = R_B \times H_{max} \times T = 1000 \times 2.322 \times 3600 = 8.359 \text{ Mb}$$

例 1.2.8 设某数字传输系统传送二进制码元的速率为 2400 Baud，试求该系统的信息速率；若该系统改为传送十六进制信号码元，码元速率不变，则这时的系统信息速率是多少(设各码元独立且等概出现)？

解 (1) $M=2$，$R_B=2400$ Baud 时，信息速率为

$$R_b = R_B \text{lb}M = 2400 \times \text{lb}2 = 2400 \text{ b/s}$$

(2) $M=16$，$R_B=2400$ Baud 时，信息速率为

$$R_b = R_B \text{lb}M = 2400 \times \text{lb}16 = 9600 \text{ b/s}$$

可见，当码元速率相同时，多进制系统的信息速率更高。在以后的学习中会发现，信号传输时占用信道带宽与码元速率有关。所以多进制系统可能具有更高的有效性。

例 1.2.9 一个传输二进制数字信号的通信系统，1 分钟传送了 72 000 bit 的信息量。求：

(1) 系统的码元速率为多少？

(2) 如果每分钟传送的信息量仍为 72 000 bit，但改用传输八进制信号，则系统的码元速率为多少？

解 根据 1 分钟传输的信息量求得信息速率为

$$R_b = \frac{72\,000}{60} = 1200 \text{ b/s}$$

(1) 二进制时，$M=2$，根据码元速率与信息速率间的关系得码元速率为

$$R_B = \frac{R_b}{\text{lb}M} = \frac{1200}{\text{lb}2} = 1200 \text{ Baud}$$

(2) 八进制时，$M=8$，每分钟传输的信息量不变，即仍有 $R_b=1200$ b/s，此时码元速率为

$$R_B = \frac{R_b}{\text{lb}M} = \frac{1200}{\text{lb}8} = \frac{1200}{3} = 400 \text{ Baud}$$

评注：信息速率相同时，八进制系统的码元速率比二进制系统的码元速率低，因此传输时会占用更少的带宽，故有效性高。

另外需要说明的是，此题在解题过程使用了各符号独立等概的条件，但题目并没有说明，以后碰到这类情况，就按此方法处理。

例 1.2.10 已知某四进制数字传输系统的信息速率为 2400 b/s，接收端在半个小时内共收到 216 个错误码元，试计算该系统的误码率 P_e。

解 根据误码率公式 $P_e=\dfrac{\text{错误码元数}}{\text{传输总码元数}}$，已知半小时内收到的错误码元数为 216(个)，

故只要求出半小时内传输的总码元数即可。总码元数等于码元速率与传输时长的乘积。

由信息速率可求出码元速率为

$$R_B = \frac{R_b}{\text{lb}M} = \frac{2400}{\text{lb}4} = 1200 \text{ Baud}$$

半小时内传输的总码元数为

$$N = R_B \cdot t = 1200 \times 30 \times 60 = 2.16 \times 10^6 \text{个}$$

进而可求得误码率为

$$P_e = \frac{216}{2.16 \times 10^6} = 10^{-4}$$

1.3 拓展提高题及解析

例 1.3.1 已知某系统的信源和信宿输出分别为二进制随机变量 X 和 Y，服从如下联合分布：$P(X=Y=0)=P(X=0, Y=1)=P(X=Y=1)=1/4$。试求信源熵 $H(X)$、信宿熵 $H(Y)$、条件熵 $H(X|Y)$及联合熵 $H(X, Y)$。

解 由题意可知，X、Y 的概率分布分别为

$$P(X=0)=P(X=1)=\frac{1}{2}, \quad P(Y=0)=P(Y=1)=\frac{1}{2}$$

由 $H(S)=-\sum_{i=1}^{M} P(s_i)\text{lb}P(s_i)$ 可得信源熵为

$$H(X) = \frac{1}{2} \times \text{lb}2 + \frac{1}{2} \times \text{lb}2 = 1 \text{ 比特 / 符号}$$

$$H(Y) = \frac{1}{2} \times \text{lb}2 + \frac{1}{2} \times \text{lb}2 = 1 \text{ 比特 / 符号}$$

所以，条件熵为

$$\begin{aligned}
H(X \mid Y) &= \sum_{j=0}^{1} P(Y=j) H(X \mid Y=j) \\
&= -\sum_{i=0}^{1}\sum_{j=0}^{1} P(X=i, Y=j)\text{lb}P(X=i \mid Y=j) \\
&= -\sum_{i=0}^{1}\sum_{j=0}^{1} P(X=i, Y=j)\text{lb}\frac{P(X=i, Y=j)}{P(Y=j)} \\
&= -\frac{1}{4} \times 4 \times \text{lb}\frac{1}{2} \\
&= 1 \text{ 比特 / 符号}
\end{aligned}$$

联合熵为

$$H(X,Y) = H(Y) + H(X \mid Y) = 2 \text{ 比特 / 符号}$$

例 1.3.2 设 X 是二进制符号，其概率分布为$\{p_1, p_2\}$，$p_1 + p_2 = 1$。试：

(1) 写出 X 的熵 $H(X)$随 p_1变化的函数关系式，并画出相应的曲线图。

(2) 证明熵在 $p_1=p_2=0.5$ 时最大，写出熵的最大值。

解 (1)

$$H(X)=-\sum P(x_i)\mathrm{lb}P(x_i)=-p_1\mathrm{lb}p_1-p_2\mathrm{lb}p_2$$
$$=-p_1\mathrm{lb}p_1-(1-p_1)\mathrm{lb}(1-p_1)$$

函数曲线图如图 1-3-1 所示。

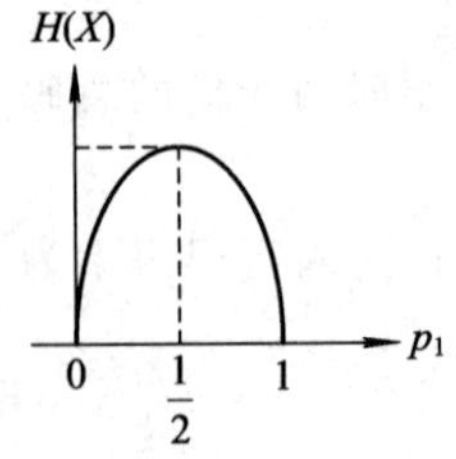

图 1-3-1

(2) 对 $H(X)$求导，得

$$\frac{\partial H(X)}{\partial p_1}=\mathrm{lb}(1-p_1)-\mathrm{lb}p_1=0$$

得 $p_1=p_2=0.5$，将其代入 $H(X)$式中，得

$$H(X)_{\max}=-2\times\frac{1}{2}\mathrm{lb}\,\frac{1}{2}=1\ \text{比特 / 符号}$$

例 1.3.3 已知某信源输出如表 1-3-1 所示。

表 1-3-1

x_i	x_1	x_2	x_3	x_4
P_i	1/2	1/4	1/8	1/8

试求：

(1) 信源熵 $H(X)$；

(2) 若进行 Huffman 编码，试问如何编码？并求编码效率 η。

解 (1) 信源熵为

$$H(X)=-\sum P(x_i)\mathrm{lb}P(x_i)$$
$$=-\frac{1}{2}\mathrm{lb}\,\frac{1}{2}-\frac{1}{4}\mathrm{lb}\,\frac{1}{4}-\frac{1}{8}\mathrm{lb}\,\frac{1}{8}-\frac{1}{8}\mathrm{lb}\,\frac{1}{8}$$
$$=1.75\ \text{比特 / 符号}$$

(2) Huffman 编码如表 1-3-2 所示。

表 1-3-2

信源符号 x_i	概率 $P(x_i)$	编码过程	码字 W_i	码长 K_i
x_1	$\frac{1}{2}$	1	1	1
x_2	$\frac{1}{4}$	1 1	01	2
x_3	$\frac{1}{8}$	1 0	001	3
x_4	$\frac{1}{8}$	0 0	000	3

Huffman 码的平均码长为

$$\bar{K}=\sum_{i=1}^{4}P(x_i)K_i=\frac{1}{2}\times1+\frac{1}{4}\times2+\frac{1}{8}\times3+\frac{1}{8}\times3=1.75\ \text{码元 / 符号}$$

编码效率为

$$\eta=\frac{H(X)}{\bar{K}}=1$$

例1.3.4 某离散信源 X 的输出取值于$\{A, B\}$。信源每次输出一个符号，前后符号之间有统计相关性。前一次输出 X' 和当前输出 X 之间的转移概率 $P(X|X')$ 为：$P(A|A)=0.8$，$P(B|A)=0.2$，$P(A|B)=0.6$，$P(B|B)=0.4$。

(1) 求信源输出 A 或 B 的概率 $P(A)$ 和 $P(B)$。

(2) 分别求出前一次输出为 A 或 B 条件下的条件熵 $H(X|A)$ 和 $H(X|B)$，并求 $H(X|X')$。

(3) 若信源的输出符号统计独立，且 A、B 的出现概率相等，求 $H(X|X')$。

解 (1) 令 $P(X=A)=\mu$，由于信源平稳，故有 $P(X'=A)=\mu$。由全概率公式

$$P(X=A)=P(X=A \mid X'=A)P(X'=A)+P(X=A \mid X'=B)P(X'=B)$$

即

$$\mu=0.8\mu+0.6(1-\mu)$$

解得

$$P(A)=\mu=\frac{3}{4}, \quad P(B)=1-\mu=\frac{1}{4}$$

(2) 前一次输出为 A 时，本次输出为 A 的概率 $P(A|A)$ 是 0.8，输出为 B 的概率 $P(B|A)$ 是 0.2，条件熵为

$$H(X \mid A)=-0.8\text{lb}0.8-0.2\text{lb}0.2 \approx 0.72 \text{ 比特 / 符号}$$

前一次输出为 B 时，本次输出为 A 的概率 $P(A|B)$ 是 0.6，输出为 B 的概率 $P(B|B)$ 是 0.4，条件熵为

$$H(X \mid B)=-0.6\text{lb}0.6-0.4\text{lb}0.4 \approx 0.97 \text{ 比特 / 符号}$$

平均条件熵为

$$H(X \mid X')=H(X \mid A)P(A)+H(X \mid B)P(B) \approx \frac{0.72 \times 3}{4}+\frac{0.97}{4}$$

$$\approx 0.78 \text{ 比特 / 符号}$$

(3) 当信源的输出前后独立时，$H(X|X')=H(X)$。又因为 X 等概取值于$\{A, B\}$，故

$$H(X \mid X')=H(X)=\text{lb}2=1 \text{ 比特 / 符号}$$

例1.3.5 设 X、Y 是两个独立的二进制随机变量，均等概取值于$\{+1, -1\}$。令 $Z=X+Y$，则 Z 是一个取值于$\{-2, 0, +2\}$的三进制随机变量。试求：

(1) 熵 $H(X)$、$H(Y)$、$H(Z)$。

(2) 联合熵 $H(X, Y)$、$H(X, Y, Z)$、$H(X, Z)$。

(3) 互信息 $I(X; Y)$、$I(X; Z)$、$I(X, Y; Z)$。

解 (1) 由于 $P(X=-1)=P(X=+1)=P(Y=-1)=P(Y=+1)=1/2$，$Z=X+Y$，故

$$H(X)=H(Y)=\text{lb}2=1 \text{ bit}$$

$$P(Z=-2)=P(Z=+2)=\frac{1}{4}, \quad P(Z=0)=\frac{1}{2}$$

进而

$$H(Z)=\frac{1}{4}\text{lb}4+\frac{1}{4}\text{lb}4+\frac{1}{2}\text{lb}2=1.5 \text{ bit}$$

(2) 由于 X、Y 相互独立，故

$$H(X,Y)=H(X)+H(Y)=2 \text{ bit}$$

$$H(X,Z)=H(Z \mid X)+H(X)=2 \times \frac{1}{2}\text{lb}2+1=2 \text{ bit}$$

$$H(X,Y,Z) = H\left(\frac{1}{4},\frac{1}{4},\frac{1}{4},\frac{1}{4}\right) = 4 \times \frac{1}{4}\text{lb}4 = 2\ \text{bit}$$

(3)
$$I(X;Y)=H(Y)-H(Y|X)=0$$
$$I(X;Z)=H(Z)-H(Z|X)=1.5-\text{lb}2=0.5\ \text{bit}$$
$$I(X,Y;Z)=H(Z)-H(Z|X,Y)=H(Z)=1.5\ \text{bit}$$

1.3.6 设A系统为二进制传输系统，码元速率为2000 Baud，占用信道带宽为2000 Hz；B系统为四进制传输系统，码元速率为1000 Baud，占用信道带宽为1000 Hz。试问：A、B两个系统中哪个系统的有效性更高？

解 信息频带利用率能准确反映系统的有效性。

A系统：信息传输速率 $R_b=R_B\text{lb}M=2000\times\text{lb}2=2000\ \text{b/s}$

频带利用率 $\eta_A=\dfrac{R_b}{B}=\dfrac{2000}{2000}=1\ (\text{b/s})/\text{Hz}$

B系统：信息传输速率 $R_b=R_B\text{lb}4=1000\times\text{lb}4=2000\ \text{b/s}$

频带利用率 $\eta_B=\dfrac{R_b}{B}=\dfrac{2000}{1000}=2\ (\text{b/s})/\text{Hz}$

所以，B系统的有效性更好。

评注：尽管码元速率、信息速率、码元频带利用率、信息频带利用率都可用来衡量系统的有效性，但前三者都需要特定的条件。例如，若进制相同且占用相同的带宽，则码元速率越高的系统其有效性越高；若占用相同的系统带宽，则信息传输速率越高的系统其有效性越高；若进制相同，则码元频带利用率越大，系统的有效性越高。所以，衡量不同系统的有效性，最准确的指标是信息频带利用率。

例1.3.7 某系统采用脉冲组形式传输信息。每个脉冲组包含4个信息脉冲和1个休止脉冲。每个脉冲的宽度为1 ms，信息脉冲选自脉冲集，脉冲集中的脉冲共有16种，且16种脉冲等概出现，求码元(脉冲)速率和平均信息速率。

解 (1) 每个脉冲的宽度为 $T_S=1$ ms，故

$$R_B = \frac{1}{T_S} = \frac{1}{1\times10^{-3}} = 1000\ \text{Baud}$$

(2) 每5个脉冲中有4个信息脉冲，只有信息脉冲才携带信息。16种信息脉冲等概出现，每个信息脉冲携带的信息量为 $I=\text{lb}M=\text{lb}16=4(\text{bit})$，故信息传输速率为

$$R_b = \frac{4\times4}{5T_S} = \frac{16}{5}\times R_B = \frac{16}{5}\times1000 = 3200\ \text{b/s}$$

例1.3.8 某信息源的符号集由A、B、C、D组成，对于传输的每一个符号用二进制脉冲编码表示：00对应A，01对应B，10对应C，11对应D，每个二进制脉冲的宽度为5 ms。假设每一符号独立出现。

(1) 不同符号等概率出现时，试计算传输的平均信息速率。

(2) 若每个符号出现的概率分别为 $P_A=1/5$、$P_B=1/4$、$P_C=1/4$、$P_D=3/10$，试计算传输的平均信息速率。

解 (1) 信源输出符号共有四种，是四进制信源。每个符号用两位二进制码表示，每个二进制码元宽度为5 ms，故一个四进制信源符号占据的时间宽度为 $T_S=10$ ms，所以四进制信源的码元速率为

$$R_B = \frac{1}{T_S} = \frac{1}{10 \times 10^{-3}} = 100 \text{ Baud}$$

各符号独立等概时，四进制信源的熵为 $H=\text{lb}4=2$ 比特/符号，故平均信息速率为

$$R_b = R_B \cdot H = 100 \times 2 = 200 \text{ b/s}$$

(2) 各个符号的出现不等概时，信源熵和平均信息速率分别为

$$H = -\sum_{i=1}^{4} P_i \text{lb} P_i = -\frac{1}{5}\text{lb}\,\frac{1}{5} - \frac{1}{4}\text{lb}\,\frac{1}{4} - \frac{1}{4}\text{lb}\,\frac{1}{4} - \frac{3}{10}\text{lb}\,\frac{3}{10} = 1.985 \text{ 比特 / 符号}$$

$$R_b = R_B \cdot H = 100 \times 1.985 = 198.5 \text{ b/s}$$

例 1.3.9 某信源输出 A、B、C、D 四种符号，独立等概，传输时每个符号用 2 位二进制码表示，如 A：00，B：01，C：10，D：11。已知信息传输速率 $R_b=1$ Mb/s，试求：

(1) 信源输出的码元速率。

(2) 该信源工作 1 小时发出的信息量。

(3) 若在 1 小时内收到的信息中，大致均匀地发现了 36 个错误比特，求误比特率和误码(符号)率。

解 (1) 信源是四进制信源，即 $M=4$，且独立等概，故由信息速率即可求得码元速率为

$$R_B = \frac{R_b}{\text{lb}M} = \frac{1 \times 10^6}{\text{lb}4} = 5 \times 10^5 \text{ Baud}$$

(2) 信息速率乘以时间长度等于这段时间内的信息量，故 1 小时发出的信息量为

$$I = R_b T = 1 \times 10^6 \times 60 \times 60 = 3.6 \times 10^9 \text{ bit}$$

(3) 根据误比特率定义得

$$P_b = \frac{\text{错误比特数}}{\text{传输总比特数}} = \frac{36}{3.6 \times 10^9} = 1 \times 10^{-8}$$

码元速率乘以时间长度即为码元总数，故 1 小时内传输的总码元(符号)数为

$$N = R_B T = 5 \times 10^5 \times 3600 = 1.8 \times 10^9 \text{个}$$

由于 1 个四进制码元由 2 个二进制码元组成，故在独立等概时，每个二进制码元携带 1 bit 信息。已知这 36 个错误比特均匀分散在接收信息中，可认为 36 bit 的错误导致 36 个四进制码元发生错误，即每个四进制码元中只有 1 位二进制码元错误。因此，此四进制系统的误码率为

$$P_e = \frac{\text{错误接收的码元数}}{\text{传输的总码元数}} = \frac{36}{1.8 \times 10^9} = 2 \times 10^{-8}$$

评注：在多进制系统中，想确切得到误码率与误比特率的关系几乎是不可能的，因为很难知道错误比特的分布规律。在误比特率较低时，可看成错误比特分散在各个多进制码元中，1 bit 信息的错误导致 1 个多进制码元的错误(或 1 个码元中只错 1 个比特)，从而得到误码率与误比特率之间的近似关系式为

$$P_b = \frac{P_e}{\text{lb}M}$$

这虽然是近似，但与实际情况较接近。

例 1.3.10 一幅黑白图像含有 4×10^5 个像素，设每个像素有 16 个等概率出现的亮度等级。

(1) 试求每幅黑白图像的平均信息量。

(2) 若每秒钟传输 24 幅黑白图像，其信息速率为多少？

解 (1) 由题意可得，每个像素的平均信息量为

$$H = \text{lb}M = \text{lb}16 = 4 \text{ 比特 / 像素}$$

故一幅黑白图像的平均信息量为

$$I = 4 \times 10^5 \times 4 = 1.6 \times 10^6 \text{ bit}$$

(2) 当每秒传输 24 幅黑白图像时，信息速率为

$$R_b = 24 \times I = 24 \times 1.6 \times 10^6 = 3.84 \times 10^7 \text{ b/s}$$

1.4 本章自测题与参考答案

1.4.1 自测题

一、填空题

1. 通信系统的传输对象是________，它负责携带________传输给信宿，依据________为载体。

2. 通信的目的是快速准确地传递信息。所以________和________是通信系统的两个主要性能指标。模拟通信系统中，有效性用________来衡量，可靠性用输出信噪比来衡量，输出信噪比的定义是____________，如果输出信噪比为 1000，则为________分贝(dB)。

3. 一个消息携带的信息量与消息出现的概率有关，通常用的单位是比特(bit)。已知一个符号带有 2 bit 信息，则这个符号出现的概率为________。若符号占用时间宽度为 1 μs，则符号(码元)速率为________。

4. 信源编码的作用有两个方面，即________转换和降低________。

5. 四进制数字传输系统的信息传输速率为 2000 b/s，接收端在 1 分钟内共收到 120 个错误码元，180 个错误比特，则此系统的误码率为________，误比特率为________。

6. 码元宽度为 1 ms 的四进制数字信号，其信息速率为________。

7. 某离散信源输出二进制符号，在________条件下，每个二进制符号携带 1 bit 信息量；在________条件下，每个二进制符号携带的信息量小于 1 bit。

8. 四进制信源符号 X 的概率分布分别是{1/2, 1/4, 1/8, 1/8}，经过 Huffman 编码后平均每符号的码长是 ________bit。

9. 模拟信号数字化属于________编码，差错控制编码属于________编码。

10. 某 4 个信源符号，概率分布为{3/8, 1/4, 1/4, 1/8}，其信息熵为________，符号速率为 32 kBaud，信息速率为____________。4 符号信源的最大熵为________，最大信息速率为________。

二、选择题

1. 下列信号一定是数字信号的是(　　　　)。

A. 时间上离散(信息在幅度上)　　　　B. 脉冲幅度离散(信息在幅度上)

C. 频率只有一种取值(信息在幅度上)　　D. 相位有两种取值(信息在幅度上)

2. 下列属于数字通信优点的是(　　)。

A. 抗噪声能力强　　B. 占用更多的信道带宽

C. 对同步系统要求高　　D. 存在通信门限

3. 一个事件的发生概率越(　　)，所包含的信息量越(　　)。

A. 高；高　　B. 大；大　　C. 大；丰富　　D. 小；大

4. 十六进制数字信号的传码率是1200 Baud，则传信率为(　　)；如果传信率不变，则八进制传码率为(　　)。

A. 1600 b/s；1200 Baud　　B. 1600 b/s；3200 Baud

C. 4800 b/s；2400 Baud　　D. 4800 b/s；1600 Baud

5. 信源发出符号A的概率为0.25，接收端收到10个符号A所获得的信息量为(　　)。

A. 10 bit　　B. 15 bit　　C. 20 bit　　D. 25 bit

6. 符号A的出现概率为1/2，占据时间宽度为0.1 ms；符号B的概率为1/4，占据时间宽度为0.2 ms。则(　　)。

A. 符号A携带的信息量多　　B. 符号B携带的信息量多

C. 符号A与B携带相同的信息量　　D. 无法确定

7. 信源符号等概时的信源熵比不等概时的(　　)。

A. 小　　B. 大　　C. 一样大　　D. 无法比较

8. 每秒钟传输2000个码元的通信系统，其码元速率为(　　)。

A. 2000码元　　B. 2000 b/s　　C. 2000 Baud/s　　D. 2000 Baud

9. 某离散信源输出A_1，A_2，…，A_8八种不同符号，符号速率为2400 Baud，每个符号出现的概率分别为$P(A_1)=P(A_2)=1/16$，$P(A_3)=1/8$，$P(A_4)=1/4$，其余符号等概出现，则该信源的平均信息速率为(　　)。

A. 5000 b/s　　B. 5600 b/s　　C. 6000 b/s　　D. 6900 b/s

10. 有3个数字通信系统，系统A的信息传输速率为1 Mb/s，传输时需要信道带宽1 MHz；系统B的信息传输速率为2 Mb/s，占用信道带宽2 MHz；系统C的信息传输速率3 Mb/s，占用信道带宽3 MHz。这三个系统中(　　)。

A. 系统A的有效性最高　　B. 系统B的有效性最高

C. 系统C的有效性最高　　D. 三个系统的有效性相同

三、简答题

1. 什么是模拟通信与数字通信？数字通信有何优缺点？

2. 画出数字通信系统的框图，并说明各部分的作用。

3. 什么是信源符号的信息量？什么是离散信源的信息熵？

4. 简述码元速率、信息速率的定义及单位，并说明二进制和多进制时两者之间的关系。

四、综合题

1. (1) 已知二元离散信源具有“0”“1”两个符号，若出现“0”的概率为1/3，求出现“1”的信息量。

(2) 若某离散信源由0、1、2、3四种符号组成，出现概率为

$$\begin{pmatrix} 0 & 1 & 2 & 3 \\ 3/8 & 1/4 & 1/4 & 1/8 \end{pmatrix}$$

求该信源的熵。

(3) 某离散信源有三种可能的符号，即 A、B 和 C，出现概率分别为 0.9、0.08 和 0.02。请为该信源设计一个哈夫曼(Huffman)编码，并求出该编码的平均码长。

2. 某二进制离散无记忆信源，输出两种符号“0”和“1”，若“0”的概率为 0.7。

(1) 求符号“0”和“1”所包含的信息量及信源符号的平均信息量。

(2) 设码元宽度为 1 ms，求码元速率和信息速率。

(3) 设码元宽度不变，此信源能输出的最大信息速率是多少？

3. 设某四进制数字传输系统中每个码元的持续时间(宽度)为 833×10^{-6} s，连续工作 1 小时后，接收端收到 6 个错码，且每个错误码元中仅发生 1 bit 的错误。

(1) 求该系统的码元速率和信息速率。

(2) 求该系统的误码率和误比特率。

4. 某二进制数字通信系统，码元传输速率为 4000 Baud，它的信息速率为多少？若 10 分钟内收到 60 个误码，则系统误码率为多少？若保持信息速率不变，改用四进制传输，求此四进制系统的码元速率为多少？

1.4.2 参考答案

一、填空

1. 消息；信息；信号。

2. 有效性；可靠性；信号带宽；输出信号功率/输出噪声功率；30。

3. 0.25；1 MBaud。4. A/D；数码率。5. 2×10^{-3}；1.5×10^{-3}。6. 2×10^{3} b/s。

7. 各符号等概；各符号不等概。8. 1.75。9. 信源；信道。

10. 1.905 比特/符号；60.96 kb/s；2 比特/符号；64 kb/s。

二、选择题

1. B；2. A；3. D；4. D；5. C；6. B；7. B；8. D；9. D；10. D。

三、简答题

1. 信道中传输模拟信号的通信称为模拟通信；信道中传输数字信号的通信称为数字通信。数字通信的优点：① 抗噪声能力强，远距离传输时无噪声积累；② 采用信道编码技术降低误码率，即差错可控；③ 易于加密处理，提高信息传输的安全性；④ 便于综合传输、便于接口、便于集成等。

缺点：① 占据较宽的信道带宽；② 系统复杂(或对同步要求高)；③ 存在通信门限。

2. 系统框图见图 1-1-3。

(1) 信源/信宿的作用是完成消息与原始电信号之间的转换。

(2) 信源编码器的作用是完成模/数转换或数据压缩，信源译码器则完成相反的功能。通过信源编/译码，提高信息传输的有效性。

(3) 加密/解密器的作用是对信息加密和解密，提高信息传输的安全性。

(4) 信道编/译码器的作用是对信息进行差错控制，提高信息传输的可靠性。

(5) 调制器的作用是完成基带信号的频谱搬移，使其适合于信道传输；解调器则完成频谱的反搬移，恢复原基带信号。

(6) 信道是信号传输的通道。

3. (1) 信源符号的信息量定义为 $I=-\text{lb}P$，单位为比特(bit)，其中 P 为信源符号出现的概率；

(2) 离散无记忆信源的熵定义为 $H(S)=\sum_{i=1}^{M}P(s_i)I(s_i)=-\sum_{i=1}^{M}P(s_i)\text{lb}P(s_i)$，单位是比特/符号，其中 $P(s_i)$是符号 s_i 的出现概率。信源熵的物理含义是平均每个符号所携带的信息量。

4. (1) 码元速率：单位时间(通常为 1 s)内的传输码元(符号)数目，记作 R_B或 R_S，单位为码元/秒或波特(Baud，可简写为 B)。

(2) 信息速率：单位时间内传输的信息量，记作 R_b，单位为比特/秒(简写为 bit/s 或 b/s 或 bps)。

(3) 两者间关系：各个符号等概时(通常满足)，$R_b=R_B\text{lb}M$ b/s。

四、综合题

1. (1) 由已知 $P_0=\frac{1}{3}$得，$P_1=1-\frac{1}{3}=\frac{2}{3}$，则

$$I_1=-\text{lb}P_1=-\text{lb}\,\frac{2}{3}=0.58\text{ bit}$$

(2) 由已知得

$$H(X)=-\sum_{i=1}^{4}P(x_i)\text{lb}P(x_i)=-\frac{3}{8}\text{lb}\,\frac{3}{8}-\frac{1}{4}\text{lb}\,\frac{1}{4}-\frac{1}{4}\text{lb}\,\frac{1}{4}-\frac{1}{8}\text{lb}\,\frac{1}{8}$$
$$=1.905\text{ 比特 / 符号}$$

(3) Huffman 编码如图 1-4-1 所示。

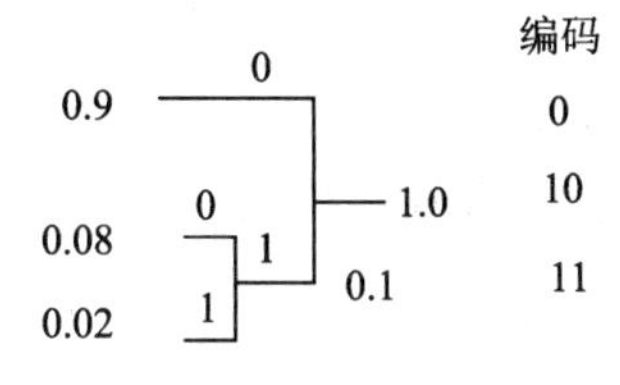

图 1-4-1

平均编码长度为

$$0.9\times1+0.1\times2=1.1\text{ bit}$$

2. (1) 信源只输出两种符号，两种符号的概率之和为 1，由 $P(0)=0.7$，得 $P(1)=0.3$，故两个符号所包含的信息量分别为

$$I(0)=-\text{lb}P(0)=-\text{lb}0.7=0.515\text{ bit}$$
$$I(1)=-\text{lb}P(1)=-\text{lb}0.3=1.74\text{ bit}$$

信源符号的平均信息量为

$$H(S)=P(0)I(0)+P(1)I(1)$$
$$=0.7\times0.515+0.3\times1.737=0.882\text{ 比特 / 符号}$$

(2) 码元宽度 $T_s=1\ \text{ms}=1\times10^{-3}\ \text{s}$，码元速率为

$$R_B=\frac{1}{T_S}=\frac{1}{1\times10^{-3}}=1000\ \text{Baud}$$

信息速率等于码元速率和码元(符号)平均信息量的乘积，即

$$R_b=R_B\cdot H(S)=1000\times0.882=882\ \text{b/s}$$

(3) 码元宽度不变，即码元速率不度，要使信源输出最大信息速率，信源熵必须达到最大。当二进制信源的两个符号等概时，信源熵达最大值 1 比特/符号。所以，此信源能输出的最大信息速率为

$$R_b=R_B\cdot H_{max}(S)=1000\times1=1000\ \text{b/s}$$

评注：码元速率只与码元宽度有关。而信息速率则既与码元速率有关，又与每个码元携带的信息量有关。

3. (1) 码元速率为

$$R_B=\frac{1}{T_b}=\frac{1}{833\times10^{-6}}=1200\ \text{Baud}$$

信息速率为

$$R_b=R_B\text{lb}M=1200\times2=2400\ \text{b/s}$$

(2) 1 小时传送的总码元数为

$$N=R_BT=1200\times3600=4.32\times10^6\text{个}$$

误码率为

$$P_e=\frac{N_e}{N}=\frac{6}{4.32\times10^6}=1.39\times10^{-6}$$

若每个错误码元中仅发生 1 bit 的错误，则错误的比特数 $N_{eb}=N_e$，传输的总比特数 $N_b=N\text{lb}M$，误比特率为

$$P_b=\frac{N_{eb}}{N_b}=\frac{N_e}{N\text{lb}M}=\frac{P_e}{\text{lb}M}=6.94\times10^{-7}$$

4. (1) 信息速率为

$$R_b=R_B\text{lb}M=4000\times1=4000\ \text{b/s}$$

(2) 由于 $R_B=4000$ Baud，则 10 分钟内传输的总码元数为

$$N=R_BT=4000\times10\times60=2.4\times10^6\text{个}$$

误码率为

$$P_e=\frac{N_e}{N}=\frac{60}{2.4\times10^6}=2.5\times10^{-5}$$

(3)
$$R_B=\frac{R_b}{\text{lb}M}=\frac{4000}{\text{lb}4}=\frac{4000}{2}=2000\ \text{Baud}$$

第2章 信号与噪声

2.1 考点提要

2.1.1 常用信号的分类

1. 确知信号和随机信号

能够用确定的时间表达式描述的信号称为确知信号。反之，则为随机信号。

2. 周期信号和非周期信号

在$(-\infty, +\infty)$区间内，每隔一定的时间按相同规律重复变化的信号称为周期信号。反之，则称为非周期信号。例如，正弦波信号、周期矩形脉冲序列等为周期信号，而单个矩形脉冲、阶跃信号等为非周期信号。

3. 能量信号和功率信号

实信号 $x(t)$消耗在 1 Ω 电阻上的能量 E 和平均功率 P 分别定义为

$$E = \int_{-\infty}^{\infty} x^2(t)\mathrm{d}t \tag{2-1-1}$$

$$P = \overline{x^2(t)} = \lim_{T\to\infty} \frac{1}{T}\int_{-\frac{T}{2}}^{\frac{T}{2}} x^2(t)\mathrm{d}t \tag{2-1-2}$$

(1) 若 E 有限，P 为零，则称 $x(t)$为能量信号。如宽度为 τ、高度为 A 的矩形脉冲是一个典型的能量信号，因为其能量 $E=A^2\tau$，功率 $P=0$。

(2) 若 P 有限，E 无限，则称 $x(t)$为功率信号。如正弦信号 $x(t)=A\sin2\pi ft$ 是一个功率信号，因为其功率 $P=\frac{1}{2}A^2$，能量 $E=\infty$。

持续时间有限的信号通常是能量信号，而持续时间无限的信号(可能为周期信号，也可能为非周期信号)则通常是功率信号。

注意：同一个信号可以分属于不同的信号分类，如正弦信号既是周期信号，又是功率信号。

2.1.2 确知信号及其时频域分析*

信号的性质，可以从时域和频域两个不同的角度来描述。

信号的频域特性(或频率特性)，反映了信号各频率分量的分布情况，可用频谱(一般指幅度谱和相位谱)、能量谱密度或功率谱密度来描述，通过运用傅里叶级数和傅里叶变换来实现。傅里叶级数适用于周期信号，而傅里叶变换则对周期信号和非周期信号都适用。

信号的频域特性是信号最重要、最本质的性质之一，它不仅关系到信号占用的频带宽度，还涉及通信系统的滤波特性和抗噪声性能等。

1. 周期信号的频谱分析*

通过对信号的频谱进行分析，可以获得如下信息：

(1) 信号所包含的频率成分。

(2) 各频率成分幅度、相位的大小。

(3) 主要能量或功率集中的频率范围(涉及信号带宽)等。

周期信号的频谱分析采用傅氏级数展开的方法。展开式有三种：基本表示式、余弦函数表示式和指数函数表示式。其中，指数函数表示式最为有用，周期为 T_0 的信号 $x(t)$ 可表示成如下所示的指数形式：

$$x(t) = \sum_{n=-\infty}^{\infty} V_n e^{j2\pi n f_0 t} \tag{2-1-3}$$

其中，$V_n = \frac{1}{T_0}\int_{-\frac{T_0}{2}}^{\frac{T_0}{2}} x(t) e^{-j2\pi n f_0 t} dt$，$f_0 = \frac{1}{T_0}$ 称为信号的基频，基频的 n 倍(n 为整数，$-\infty < n < +\infty$)称为 n 次谐波频率。当 $n=0$ 时，有 $V_0 = \frac{1}{T_0}\int_{-\frac{T_0}{2}}^{\frac{T_0}{2}} x(t) dt$，表示信号的时间平均值，即直流分量。

当 $x(t)$ 为实偶信号时，V_n 为实偶函数。V_n 反映了周期信号中各次谐波的幅度值和相位值，$V_n - f$ 关系曲线称为周期信号的频谱，$|V_n| - f$ 关系曲线称为振幅谱。

例如，周期矩形脉冲序列和周期冲激脉冲序列的时域波形分别如图 2-1-1(a)、(b) 所示。

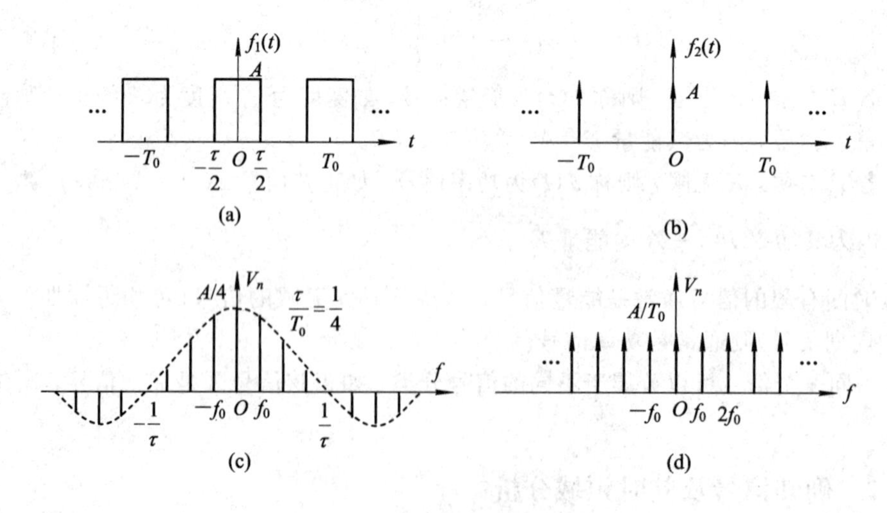

图 2-1-1　周期信号的频谱实例

对于周期矩形脉冲序列：

$$V_n = \frac{A\tau}{T_0}\left(\frac{\sin n\pi f_0\tau}{n\pi f_0\tau}\right) = \frac{A\tau}{T_0}\mathrm{Sa}(n\pi f_0\tau)$$

对于周期冲激脉冲序列：

$$V_n = \frac{A}{T_0}$$

对应的 V_n-f 关系曲线分别如图 2-1-1(c)、(d)所示。

由此可见，周期信号频谱有如下特点：

(1) 离散性。V_n 只在 $f=nf_0$($n=0$，±1，±2，…)时才有值，因此周期信号的频谱由离散的谱线组成，谱线间隔为 $f_0=1/T_0$。

(2) 谐波性。谱线位置都在 $f=nf_0$ 处，nf_0 称为基波 f_0 的 n 次谐波，故称周期信号的频谱具有谐波性。

2. 非周期信号的频谱分析

非周期信号 $x(t)$的傅里叶变换

$$X(f) = \int_{-\infty}^{\infty} x(t)\mathrm{e}^{-\mathrm{j}2\pi ft}\mathrm{d}t \tag{2-1-4}$$

定义为 $x(t)$的频谱密度函数(简称频谱函数)。

注意：傅里叶变换存在的充分条件是信号在无限区间内绝对可积。但当引入冲激函数之后，许多原本不满足绝对可积条件的信号，如周期信号、阶跃信号、符号函数等也存在傅里叶变换。从而可把各种信号的分析方法统一起来，使傅里叶变换在信号与系统的分析中获得了十分广泛的应用。

$X(f)-f$ 之间的关系图称为频谱图。当 $X(f)$是复函数时，$X(f)=|X(f)|\mathrm{e}^{-\mathrm{j}\varphi(f)}$，其中$|X(f)|-f$ 称为振幅谱，$\varphi(f)-f$ 称为相位谱。$X(f)$具有如下特点：

(1) $X(f)$是连续谱。

(2) $X(f)$与 $x(t)$之间一一对应，记为 $x(t)\leftrightarrow X(f)$。

(3) 当 $x(t)$是实偶函数时，$X(f)$是实偶函数，可直接画出频谱 $X(f)-f$。

1) 典型信号的频谱*

(1) 宽度为 τ、高度为 A 的矩形脉冲，其频谱为 $X(f)=A\tau\mathrm{S_a}(\pi f\tau)$，主要特点如下：

① 频谱连续且无限扩展，理论上带宽等于无穷大。

② 频谱形状为取样函数，频率为零处幅度值最大，等于矩形脉冲的面积。

③ 频谱具有等间隔的零点，正频率第一个零点处为 $1/\tau$。信号 90%以上的能量集中在第一个零点以内，当以第一个零点来定义信号带宽时，矩形脉冲信号的带宽为 $B=1/\tau$。

(2) 幅度为 1 的冲激信号，其频谱为 $X(f)=1$，是一常数。

(3) 宽度为 τ、高度为 A 的升余弦脉冲，其频谱为 $X(f)=\frac{A\tau}{2}\mathrm{Sa}(\pi f\tau)\frac{1}{1-f^2\tau^2}$，主要特点如下：

① 频谱在零频处具有最大值 $A\tau/2$，此值等于余弦脉冲的面积。

② 频谱有等间隔的零点，正频率上第一个零点位置为 $2/\tau$。若用第一个零点来定义信号带宽，则相同宽度的升余弦脉冲的带宽是矩形脉冲带宽的两倍。

(4) 指数信号 $x(t)=A\mathrm{e}^{\mathrm{j}2\pi nf_0 t}$，其频谱为 $X(f)=A\delta(f-f_0)$。

(5) 余弦信号 $x(t)=A\cos 2\pi f_0 t$，其频谱为 $X(f)=\frac{A}{2}[\delta(f-f_0)+\delta(f+f_0)]$。

(6) 周期信号 $x(t)=\sum_{n=-\infty}^{\infty}V_n\mathrm{e}^{\mathrm{j}2\pi nf_0 t}$，其频谱为 $X(f)=\sum_{n=-\infty}^{\infty}V_n\delta(f-nf_0)$。

由于信号的时间表达式与其频谱之间具有一一对应关系。因此，若已知信号的频谱，利用傅氏反变换即可求得其对应的时间表达式。要求重点记忆矩形频谱、升余弦频谱的傅氏反变换。

通信原理课程中可能用到的傅里叶变换见表 2-1-1。

表 2-1-1 常用信号的傅里叶变换

序号	时域信号 $x(t)$	频域信号 $X(f)$
1	$\begin{cases} A & \lvert t\rvert\leqslant\frac{\tau}{2} \\ 0 & \lvert t\rvert>\frac{\tau}{2}\end{cases}$ (幅度为 A、宽度为 τ 的矩形脉冲)	$A\tau\mathrm{Sa}(\pi f\tau)$
2	$2Af_0\mathrm{Sa}(2\pi f_0 t)$ (取样函数)	$\begin{cases} A & \lvert f\rvert\leqslant f_0 \\ 0 & \lvert f\rvert>f_0\end{cases}$ (幅度为 A、宽度为 $2f_0$ 的矩形频谱特性)
3	$\delta(t)$ (冲激函数)	1
4	1 (直流)	$\delta(f)$
5	$\begin{cases} \frac{A}{2}\left(1+\cos\frac{2\pi}{\tau}t\right) & \lvert t\rvert\leqslant\frac{\tau}{2} \\ 0 & \lvert t\rvert>\frac{\tau}{2}\end{cases}$ (升余弦脉冲)	$\frac{A\tau}{2}\mathrm{Sa}(\pi f\tau)\frac{1}{1-f^2\tau^2}$
6	$Af_0\mathrm{Sa}(2\pi f_0 t)\frac{1}{1-4f_0^2t^2}$	$\begin{cases} \frac{A}{2}\left(1+\cos\frac{\pi}{f_0}f\right) & \lvert f\rvert\leqslant f_0 \\ 0 & \lvert f\rvert>f_0\end{cases}$ (升余弦频谱特性)
7	$\sum_{n=-\infty}^{\infty}V_n\mathrm{e}^{\mathrm{j}2\pi nf_0 t}$ (周期为 $T_0=1/f_0$ 的周期信号)	$\sum_{n=-\infty}^{\infty}V_n\delta(f-nf_0)$
8	$\cos 2\pi f_0 t$	$\frac{1}{2}[\delta(f+f_0)+\delta(f-f_0)]$
9	$\sin 2\pi f_0 t$	$\frac{\mathrm{j}}{2}[\delta(f+f_0)-\delta(f-f_0)]$
10	$\mathrm{e}^{\mathrm{j}2\pi f_0 t}$(复指数信号)	$\delta(f-f_0)$
11	$U(t)$(阶跃函数)	$\frac{1}{2}\delta(f)+\frac{1}{\mathrm{j}2\pi f}$

续表一

序号	时域信号 $x(t)$	频域信号 $X(f)$
12	$\cos 2\pi f_0 t U(t)$	$\frac{1}{4}[\delta(f+f_0)+\delta(f-f_0)]+\frac{\mathrm{j}f}{2\pi(f_0^2-f^2)}$
13	$\sin 2\pi f_0 t U(t)$	$\frac{\mathrm{j}}{4}[\delta(f+f_0)-\delta(f-f_0)]+\frac{f}{2\pi(f_0^2-f^2)}$
14	$\begin{cases} A & 0<\lvert t\rvert<\frac{(1-\alpha)\tau}{4} \\ \frac{A}{2}\left[1+\sin\frac{2\pi}{\tau\alpha}\left(\frac{\tau}{4}-\lvert t\rvert\right)\right] & \frac{(1-\alpha)\tau}{4}\leqslant\lvert t\rvert\leqslant\frac{(1+\alpha)\tau}{4} \\ 0 & 其他\ t \end{cases}$ （余弦滚降，当 $a=1$ 时是升余弦脉冲）	$\frac{A\tau}{2}\mathrm{Sa}\left(\frac{\pi f\tau}{2}\right)\frac{\cos\left(\frac{\alpha\pi f\tau}{2}\right)}{1-\alpha^2 f^2\tau^2}$
15	$\frac{1}{\pi t}\frac{\sin(\pi f_0 t)\cos(\alpha\pi f_0 t)}{-4\alpha^2 f_0^2 t^2}$	$\begin{cases} 1 & 0<\lvert f\rvert<(1-\alpha)\frac{f_0}{2} \\ \frac{1}{2}\left[1+\sin\frac{\pi}{\alpha f_0}\left(\frac{f_0}{2}-\lvert f\rvert\right)\right] & \frac{(1-\alpha)f_0}{2}\leqslant\lvert f\rvert\leqslant(1+\alpha)\frac{f_0}{2} \\ 0 & 其他\ f \end{cases}$ （余弦滚降频谱特性，$\alpha=1$ 时是升余弦频谱特性）
16	$\begin{cases} A\cos\left(\frac{\pi t}{\tau}\right) & \lvert t\rvert<\frac{\tau}{2} \\ 0 & \lvert t\rvert>\frac{\tau}{2} \end{cases}$ （半余弦脉冲）	$\frac{2A\tau}{\pi}\cdot\frac{\cos(\pi f\tau)}{1-4f^2\tau^2}$
17	$\begin{cases} A & 0<\lvert t\rvert<(1-\alpha)\frac{\tau}{4} \\ \frac{A}{2}\left[1+\frac{4}{\alpha\tau}\left(\frac{\tau}{4}-\lvert t\rvert\right)\right] & \frac{(1-\alpha)\tau}{4}\leqslant\lvert t\rvert\leqslant\frac{(1+\alpha)\tau}{4} \\ 0 & 其他\ t \end{cases}$ （梯形脉冲，当 $\alpha=1$ 时是三角脉冲）	$\frac{A\tau}{2}\mathrm{Sa}\left(\frac{\pi f\tau}{2}\right)\mathrm{Sa}\left(\frac{\alpha\pi f\tau}{2}\right)$
18	$Af_0\mathrm{Sa}(\pi f_0 t)\mathrm{Sa}(\alpha\pi f_0 t)$	$\begin{cases} A & 0<\lvert f\rvert<(1-\alpha)\frac{f_0}{2} \\ \frac{A}{2}\left[1+\frac{2}{\alpha f_0}\left(\frac{f_0}{2}-\lvert f\rvert\right)\right] & \frac{(1-\alpha)f_0}{2}\leqslant\lvert f\rvert\leqslant\frac{(1+\alpha)f_0}{2} \\ 0 & 其他\ f \end{cases}$ （梯形频谱特性，$a=1$ 时三角形频谱特性）
19	$\begin{cases} A\left(1-\frac{2}{\tau}\lvert t\rvert\right) & \lvert t\rvert\leqslant\frac{\tau}{2} \\ 0 & \lvert t\rvert>\frac{\tau}{2} \end{cases}$ （三角脉冲）	$\frac{A\tau}{2}\mathrm{Sa}^2\left(\frac{\pi f\tau}{2}\right)$
20	$Af_0\mathrm{Sa}^2(\pi f_0 t)$	$\begin{cases} A\left(1-\frac{\lvert f\rvert}{f_0}\right) & \lvert f\rvert\leqslant f_0 \\ 0 & \lvert f\rvert>f_0 \end{cases}$ （三角形频谱特性）
21	$\mathrm{e}^{-a\lvert t\rvert}$，$a\geqslant 0$（双边指数脉冲）	$\frac{2a}{a^2+(2\pi f)^2}$

续表二

序号	时域信号 $x(t)$	频域信号 $X(f)$
22	$e^{-at}U(t)$，$a\geqslant 0$(单边指数脉冲)	$\dfrac{1}{a+j2\pi f}$
23	$te^{-at}U(t)$，$a\geqslant 0$(指数脉冲)	$\dfrac{1}{(a+j2\pi f)^2}$
24	$\lvert t\rvert$	$\dfrac{-2}{(2\pi f)^2}$
25	$e^{-\frac{t^2}{2a^2}}$，$a>0$(钟形脉冲)	$a\sqrt{2\pi}\exp\left[-\dfrac{a^2(2\pi f)^2}{2}\right]$
26	$(e^{-at}\sin 2\pi f_0 t)U(t)$，$a>0$ (单边减幅正弦信号)	$\dfrac{2\pi f_0}{(a+j2\pi f)^2+(2\pi f_0)^2}$
27	$(e^{-at}\cos 2\pi f_0 t)U(t)$，$a>0$ (单边减幅余弦信号)	$\dfrac{a+j2\pi f}{(a+j2\pi f)^2+(2\pi f_0)^2}$
28	$\begin{cases}1 & t>0\\-1 & t<0\end{cases}$ (符号函数 sgn)	$\dfrac{1}{j\pi f}$

2) 傅里叶变换的常用运算特性

(1) 线性叠加：$F[Ax_1(t)+Bx_2(t)]=AF[x_1(t)]+BF[x_2(t)]$。

(2) 对偶性：若 $X(f)=F[x(t)]$，则 $F[X(t)]=x(-f)$。

(3) 时移特性：若 $X(f)=F[x(t)]$，则 $F[x(t-t_0)]=X(f)e^{-j2\pi ft_0}$。

应用：$F[AD_\tau(t-\tau/2)]=A\tau\mathrm{Sa}(\pi f\tau)e^{-j\pi f\tau}$。

(4) 频移特性：若 $X(f)=F[x(t)]$，则 $F[x(t)e^{j2\pi f_0 t}]=X(f-f_0)$。

(5) 调制特性：若 $X(f)=F[x(t)]$，则

$$F[x(t)\cos 2\pi f_0 t]=\frac{1}{2}[X(f+f_0)+X(f-f_0)] \tag{2-1-5}$$

$$F[x(t)\sin 2\pi f_0 t]=\frac{j}{2}[X(f+f_0)-X(f-f_0)] \tag{2-1-6}$$

(6) 卷积特性：若 $X(f)=F[x(t)]$和 $Y(f)=F[y(t)]$，则

$$F[(x(t)*y(t)]=X(f)Y(f)$$

即时域卷积，频域相乘。应用：信号通过线性系统。

$$F[(x(t)y(t)]=X(f)*Y(f)$$

即时域相乘，频域卷积。应用：调制特性。

说明：卷积运算通常很烦琐，但当其中一个函数为冲激函数(或冲激序列函数)时，卷积运算会变得十分简便。例如，$x(t)*\delta(t-t_0)=x(t-t_0)$，$X(f)*\delta(f-f_c)=X(f-f_c)$。

3. 能量谱和功率谱*

1) 能量信号的能量——帕塞瓦尔定理

设某实信号 $x(t)$为能量信号，其频谱为 $X(f)$，则此信号的能量 E 由下式决定：

$$E=\int_{-\infty}^{\infty} x^2(t)\mathrm{d}t=\int_{-\infty}^{\infty} |X(f)|^2\mathrm{d}f \tag{2-1-7}$$

说明：求能量信号的能量可在时域中求，也可在频域中求，这体现了能量信号的能量在时域与频域中保持守恒。

能量谱密度定义为 $G(f)=|X(f)|^2$，它反映了能量信号的能量随频率的分布情况，对能量谱求积分等于信号的总能量。

2）功率信号的功率——帕塞瓦尔定理

设某实信号 $x(t)$ 为功率信号，则此信号的功率 P 由下式决定：

$$P=\lim_{T\to\infty}\frac{1}{T}\int_{-\frac{T}{2}}^{\frac{T}{2}} x^2(t)\mathrm{d}t=\int_{-\infty}^{\infty}\lim_{T\to\infty}\frac{1}{T}|X_T(f)|^2\mathrm{d}f \tag{2-1-8}$$

式中，$X_T(f)$ 为 $x(t)$ 的截短信号 $x_T(t)$ 的傅里叶变换。

说明：求功率信号的功率可在时域求，也可在频域求。

功率信号的功率谱密度定义为 $P(f)=\lim\limits_{T\to\infty}\frac{1}{T}|X_T(f)|^2$，它反映了功率信号的功率随频率的分布情况，对功率谱求积分等于信号的总功率。

对于周期为 T_0 的周期性功率信号，则有

$$P=\frac{1}{T_0}\int_{-\frac{T_0}{2}}^{\frac{T_0}{2}} x^2(t)\mathrm{d}t=\sum_{n=-\infty}^{\infty}|V_n|^2 \tag{2-1-9}$$

为周期信号的帕塞瓦尔定理，式中 $|V_n|$ 为周期信号 $x(t)$ 的第 n 次谐波的振幅。周期信号的功率谱密度为 $P(f)=\sum\limits_{n=-\infty}^{\infty}|V_n|^2\delta(f-nf_0)$。

需要注意：① 功率谱、能量谱与信号并非一一对应，例如，两个不同的信号可能具有相同的能量谱或功率谱；② 由于 $G(f)$、$P(f)$ 分布在 $-\infty<f<\infty$，故称为双边谱。但对于实信号，$G(f)$ 和 $P(f)$ 均为偶函数，因此可只画出正频率部分，幅度变为原来的两倍（相当于负频率部分叠加到了正频率上），则相应地称为单边谱。

4. 信号的带宽*

信号的带宽是由信号的功率谱或能量谱在频域的分布规律决定的。通常将信号能量或功率集中的频域区间的宽度称为带宽。带宽的定义主要有以下几种。

(1) 3 dB 带宽：指信号的能量谱或功率谱下降到峰值的一半时所对应的频率值（正频率轴上）。

(2) 等效矩形带宽：当矩形的面积等于功率谱或能量谱曲线下的面积时（矩形高度等于谱密度峰值）正频率轴方向上矩形的宽度。

(3) 第一零点带宽：用能量谱或功率谱中第一个零点所对应的频率作为带宽。在后面的学习中，如果没有特别指明，信号带宽均指第一零点带宽。

(4) 百分比带宽：在能量谱或功率谱中以集中一定百分比能量或功率的区间宽度定义的带宽。

需要注意：信号带宽是人为定义的，即使同一信号，不同定义下的带宽通常会不同。

5. 波形相关

波形相关研究波形间的相关程度，是信号波形之间相似性或关联性的一种度量，用相

关函数、归一化相关函数和相关系数来描述，相关函数分互相关和自相关两类。

1）互相关函数

(1) 对于能量信号，互相关函数定义为

$$R_{12}(\tau)=\int_{-\infty}^{\infty}x_1(t)x_2(t+\tau)\mathrm{d}t$$

(2) 对于一般功率信号，互相关函数定义为

$$R_{12}(\tau)=\lim_{T\to\infty}\frac{1}{T}\int_{-\frac{T}{2}}^{\frac{T}{2}}x_1(t)x_2(t+\tau)\mathrm{d}t$$

(3) 对于周期信号，互相关函数定义为

$$R_{12}(\tau)=\frac{1}{T_0}\int_{-\frac{T_0}{2}}^{\frac{T_0}{2}}x_1(t)x_2(t+\tau)\mathrm{d}t$$

2）自相关函数

当 $x_1(t)=x_2(t)$ 时，互相关函数即成为自相关函数，记为 $R(\tau)$。

自相关函数的特点：

(1) $R(\tau)$ 是偶函数，即 $R(\tau)=R(-\tau)$。

(2) $R(0)\geqslant R(\tau)$，$R(0)$ 等于信号的总能量（能量信号）或总功率（功率信号）。

(3) 周期信号的 $R(\tau)$ 也是周期性的，且其周期与信号周期相同。

(4) 自相关函数与能量谱或功率谱是一对傅氏变换（确知信号的维纳－辛钦定理），即

对于能量信号：

$$R(\tau)\leftrightarrow G(f)$$

对于功率信号：

$$R(\tau)\leftrightarrow P(f)$$

3）归一化互相关函数

归一化互相关函数定义为

$$\frac{R_{12}(\tau)}{\sqrt{R_{11}(0)\cdot R_{22}(0)}}$$

4）互相关系数

互相关系数定义为

$$\rho_{12}=\frac{R_{12}(0)}{\sqrt{R_{11}(0)\cdot R_{22}(0)}}$$

互相关系数 ρ_{12} 的值在 -1 到 $+1$ 间变化，即 $-1\leqslant\rho_{12}\leqslant 1$。

讨论：

(1) 当 $v_1(t)=v_2(t)$ 时，$R_{12}(0)=R_{11}(0)=R_{22}(0)$，可得 $\rho_{12}=1$，为自相关系数。

(2) 当 $v_1(t)=-v_2(t)$ 时，$R_{12}(0)=-R_{11}(0)=-R_{22}(0)$，得 $\rho_{12}=-1$。

(3) 当 $\rho_{12}=0$ 时，称 $v_1(t)$ 与 $v_2(t)$ 不相关。

2.1.3 随机变量及其数字特征

1. 随机变量的定义

随机变量：以一定的概率取某些值的变量，可分为离散随机变量和连续随机变量两种。

离散随机变量：取值个数为有限或无穷可数，其各种取值可能性的大小用概率来描述。

连续随机变量：变量可能的取值充满某一有限或无限区间，其各种取值的可能性大小用概率密度函数来表示。

对概率密度函数求积分等于概率。设连续随机变量 X 的概率密度函数为 $f(x)$，则随机变量 X 取值小于等于 x_0 的概率为

$$P(X \leqslant x_0) = \int_{-\infty}^{x_0} f(x)\mathrm{d}x \tag{2-1-10}$$

2. 几种常见的概率密度函数*

(1) 均匀分布：在区间[a, b]均匀分布的随机变量 X 的概率密度函数为 $f(x)=\dfrac{1}{b-a}$。例如，正弦振荡器产生的正弦信号的初相 θ 在[0, 2π)区间内均匀分布，其 $f(\theta)=\dfrac{1}{2\pi}$。

(2) 高斯分布(正态分布)：均值为 a、方差为 σ^2 的高斯随机变量，其概率密度函数为

$$f(x) = \frac{1}{\sqrt{2\pi}\sigma}\exp\left[-\frac{(x-a)^2}{2\sigma^2}\right] \tag{2-1-11}$$

例如，信道中噪声的瞬时值服从零均值高斯分布，常称为高斯噪声。

(3) 瑞利分布：窄带高斯噪声的包络(瞬时值)服从瑞利分布。

(4) 莱斯分布：窄带高斯噪声加上正弦(余弦)信号的包络(瞬时值)服从莱斯分布。当信号幅度趋近零时，莱斯分布退化为瑞利分布；当信号幅度相对于噪声较大时，莱斯分布趋近于正态分布。

3. 随机变量的数字特征*

1) 数学期望(均值)

数学期望是指随机变量取值的统计平均。

对于离散随机变量，数学期望定义为

$$E(X) = \sum_{i=1}^{n} x_i P(x_i)$$

对于连续随机变量，数学期望定义为

$$E(X) = \int_{-\infty}^{\infty} xf(x)\mathrm{d}x$$

数学期望的性质如下：

(1) $E(C)=C$，C 为常数。

(2) $E(X+Y)=E(X)+E(Y)$。

(3) $E(XY)=E(X)E(Y)$，X、Y 相互独立。

(4) $E(X+C)=E(X)+C$。

(5) $E(CX)=CE(X)$。

2) 方差

方差是反映随机变量取值的集中程度。方差越小，说明随机变量取值越集中。

对于离散随机变量，方差定义为

$$\sigma_X^2 = D(X) = \sum_{i=1}^{n} [x_i - E(X)]^2 P(x_i)$$

对于连续随机变量，方差定义为

$$\sigma_X^2 = D(X) = \int_{-\infty}^{\infty} [x - E(X)]^2 f(x) \mathrm{d}x$$

方差的性质如下：

(1) $D(C)=0$，C 为常数。

(2) $D(X+Y)=D(X)+D(Y)$，X、Y 相互独立。

(3) $D(X+C)=D(X)$。

(4) $D(CX)=C^2 D(X)$。

(5) $D(X)=E(X^2)-E^2[X]$。

若 X 为电压信号，则 $E^2[X]=a^2$ 为直流功率，$D(X)=\sigma^2$ 为交流功率，$E[X^2]=a^2+\sigma^2$ 为信号总功率。

3) 协方差、相关矩和相关系数

两个随机变量 X、Y 的协方差定义为

$$\mathrm{Cov}[XY] = E[(X-EX)(Y-EY)] = E[XY] - EXEY \tag{2-1-12}$$

两个随机变量 X、Y 之间的相关矩定义为

$$E[XY] = \int_{-\infty}^{\infty}\int_{-\infty}^{\infty} xyf(x,\ y)\mathrm{d}x\mathrm{d}y \tag{2-1-13}$$

两个随机变量 X、Y 的相关系数反映了它们之间的相关程度，定义为

$$\rho = \frac{\mathrm{Cov}[XY]}{\sqrt{D[X]D[Y]}} = \frac{\mathrm{Cov}[XY]}{\sigma_X \sigma_Y} \tag{2-1-14}$$

对于随机变量，有三个重要概念：

(1) 当协方差 $\mathrm{Cov}[XY]=0$ 时，相关系数 $\rho=0$，称两个随机变量是不相关的。

(2) 当相关矩 $E[XY]=0$ 时，称两个随机变量是正交的。

(3) 当两个随机变量的联合概率密度函数等于两个随机变量各自概率密度函数的乘积，即 $f(x,\ y)=f(x)f(y)$ 时，称两个随机变量是独立的。

独立与不相关的关系：独立的两个随机变量一定是不相关的，而不相关的两个随机变量不一定独立。只有当两个随机变量均服从高斯分布时，不相关的两个随机变量也一定是独立的。

2.1.4 随机过程的基本概念

1. 随机过程的概念

随机过程的定义：包含有随机变量的时间函数。如 $X(t)=2\cos(2\pi t+Y)$ 是一个随机过程，其中 Y 是离散随机变量，设它取值 0 和 $\pi/2$ 的概率相同，即 $P(Y=0)=0.5$，$P(Y=\pi/2)=0.5$。

随机过程的特点：

(1) 随机过程在任意时刻的取值都是随机变量。

(2) 当随机变量取某个值时，随机过程变成时间的函数，此时间的函数称为随机过程的一个实现或一个样本函数。故随机过程也定义为全体样本函数的集合。

2. 随机过程的统计特性

1）一维概率密度函数

若随机过程在任意时刻 t 的取值是一个随机变量，则此随机变量的概率密度函数称为随机过程的一维概率密度函数，记作 $f_1(x; t)$，它描述了随机过程在某个时刻的统计特性。

2）二维概率密度函数

若在任意两个时刻 t_1、t_2 对随机过程取值得到两个随机变量 $X(t_1)$和 $X(t_2)$，则这两个随机变量的联合概率密度函数称为随机过程的二维概率密度函数，记作 $f_2(x_1, x_2; t_1, t_2)$，它描述了随机过程两个不同时刻取值间的联系。

3）n 维概率密度函数

若在任意 t_1，t_2，…，t_n 时刻对随机过程取值得到 n 个随机变量 $X(t_1)$，$X(t_2)$，…，$X(t_N)$，则这 n 个随机变量的联合概率密度函数称为随机过程的 n 维概率密度函数，记作 $f_n(x_1, x_2, \cdots, x_n; t_1, t_2, \cdots, t_n)$，它描述了随机过程 n 个时刻取值之间的联系。

可见，n 越大，对随机过程统计特性的描述就越充分，但复杂程度随之增大。实际应用中主要使用一维统计特性，二维统计特性偶尔涉及。

3. 随机过程的数字特征*

随机过程数字特征的定义是基于随机过程在任意时刻的取值是一随机变量。与随机变量一样，随机过程的数字特征主要有数学期望、方差、自相关函数和协方差函数。

1）数学期望(均值)

随机过程的数学期望定义为

$$E[X(t)] = \int_{-\infty}^{+\infty} x f_1(x; t)\mathrm{d}x = a(t) \tag{2-1-15}$$

含义：表示随机过程在任意时刻 t 取值时所对应随机变量的均值。由于不同时刻对应不同的随机变量，不同随机变量的均值也可能不同，因此随机过程的均值通常是时间的函数。

2）方差

随机过程的方差定义为

$$D[X(t)] = E\{[X(t) - a(t)]^2\} = E[X^2(t)] - a^2(t) = \sigma^2(t) \tag{2-1-16}$$

含义：表示随机过程在任意时刻 t 取值时所对应随机变量的方差。由于不同时刻对应不同的随机变量，不同随机变量的方差也可能不同，因此随机过程的方差通常是时间的函数。

3）自相关函数和(自)协方差函数

随机过程的数学期望和方差描述了随机过程在某个时刻的数字特征。为刻画随机过程在任意两个不同时刻时所对应随机变量之间的关联程度，要用自相关函数和协方差函数来表示。

(1) 自相关函数：

$$R_X(t_1, t_2) = E[X(t_1)X(t_2)] = \int_{-\infty}^{\infty}\int_{-\infty}^{\infty} x_1 x_2 f_2(x_1, x_2; t_1, t_2)\mathrm{d}x_1\mathrm{d}x_2 \tag{2-1-17}$$

含义：表示 t_1、t_2 时刻所对应随机变量 $X(t_1)$、$X(t_2)$之间的相关矩。设 $t_2>t_1$，令 $t_2=t_1+\tau$，τ 是两随机变量之间的时间间隔，则自相关函数定义成 $R_X(t_1, t_1+\tau)=E[X(t_1)X(t_1+\tau)]$。还可用 t 代替 t_1，得到更常用的表示形式 $R_X(t, t+\tau)=E[X(t)X(t+\tau)]$。可见，随机过程的自相关函数通常与时间起点 t_1(或 t)及时间间隔 τ 有关。

(2) 协方差函数：

$$C_X(t_1, t_2)=E\{[X(t_1)-a(t_1)][X(t_2)-a(t_2)]\}=R_X(t_1, t_2)-a(t_1)a(t_2) \tag{2-1-18}$$

含义：表示 t_1、t_2 时刻所对应随机变量 $X(t_1)$、$X(t_2)$之间的协方差。注意，当 $a(t_1)a(t_2)=0$ 时，$C_X(t_1, t_2)=R_X(t_1, t_2)$。

2.1.5 平稳随机过程*

1. 平稳随机过程的定义

1) 狭义(严格)平稳随机过程

随机过程 $X(t)$的任意 n 维概率密度函数与时间起点无关，即

$$f_n(x_1, x_2, \cdots, x_n; t_1, t_2, \cdots, t_n)=f_n(x_1, x_2, \cdots, x_n; t_1+\Delta t, t_2+\Delta t, \cdots, t_n+\Delta t) \tag{2-1-19}$$

故有如下重要结论：

(1) 一维概率密度函数与时间无关，即 $f_1(x; t)=f_1(x)$。

(2) 二维概率密度函数只与时间间隔 $\tau=t_2-t_1$ 有关，即 $f_2(x_1,x_2; t_1,t_2)=f_2(x_1,x_2; \tau)$。

2) 广义平稳随机过程*

随机过程 $X(t)$的均值为常数，方差为常数，自相关函数只与时间间隔 τ 有关，即

$$\begin{cases} E[X(t)]=a \\ D[X(t)]=\sigma^2 \\ E[X(t)X(t+\tau)]=R_X(\tau) \end{cases} \tag{2-1-20}$$

几点说明：

(1) 狭义平稳一定是广义平稳的。这是因为当 $X(t)$为狭义平稳随机过程时，一定有

$$\begin{cases} E[X(t)]=\int_{-\infty}^{+\infty} x f_1(x)\mathrm{d}x=a \\ D[X(t)]=E\{[X(t)-a]^2\}=\int_{-\infty}^{\infty}(x-a)^2 f_1(x)\mathrm{d}x=\sigma^2 \\ R_X(t, t+\tau)=E[X(t)X(t+\tau)]=\int_{-\infty}^{\infty}\int_{-\infty}^{\infty} x_1x_2 f_2(x_1, x_2; \tau)\mathrm{d}x_1\mathrm{d}x_2=R_X(\tau) \end{cases}$$

(2) 广义平稳随机过程不一定是狭义平稳的，但服从高斯分布的随机过程是个例外。服从高斯分布的随机过程如果是广义平稳的，则一定也是狭义平稳的。

(3) 欲证广义平稳，只要证均值为常数、自相关函数只与时间间隔 τ 有关即可，即只需满足

$$\begin{cases} E[X(t)]=a \\ E[X(t)X(t+\tau)]=R_X(\tau) \end{cases} \tag{2-1-21}$$

即可，这是因为当这两个条件满足时，方差一定是常数，即

$$D[X(t)] = E\{[X(t)-a(t)]^2\} = E[X^2(t)] - a^2 = R(0) - a^2 = \sigma^2$$

(4) 通信系统中的随机信号和噪声绝大多数是广义平稳随机过程。以后若不作特别说明，平稳随机过程均指广义平稳随机过程。

2. 平稳随机过程的各态历经性

设 $x(t)$是平稳随机过程 $X(t)$的任意一个样本函数，它是时间的确定函数，其时间平均和自相关函数分别为

$$\begin{cases} \overline{x(t)} = \lim\limits_{T\to\infty} \dfrac{1}{T}\displaystyle\int_{-\frac{T}{2}}^{\frac{T}{2}} x(t)\mathrm{d}t = \bar{a} \\ \overline{x(t)x(t+\tau)} = \lim\limits_{T\to\infty} \dfrac{1}{T}\displaystyle\int_{-\frac{T}{2}}^{\frac{T}{2}} x(t)x(t+\tau)\mathrm{d}t = R_x(\tau) \end{cases} \tag{2-1-22}$$

若满足 $\bar{a}=a$，$R_x(\tau)=R_X(\tau)$，即任意一个样本函数的时间平均等于随机过程的统计平均，则称该平稳随机过程具有各态历经性或遍历性。

含义：平稳随机过程的每一个样本都经历了随机过程的各种可能的状态，即任一样本函数都包含了随机过程的全部统计特性。

意义：可用任一样本函数的时间特征(如均值、自相关函数等)来代替随机过程的统计特征(如数学期望、自相关函数等)，使研究和计算得到简化。

各态历经与平稳的关系：各态历经过程一定是平稳的，但平稳过程不一定是各态历经的。通信系统中所遇到的随机信号和噪声，一般均能满足各态历经条件。

3. 平稳随机过程自相关函数的性质

平稳随机过程的自相关函数是一个非常重要的概念。它不仅在时域描述随机过程，通过对它的傅里叶变换，还能反映平稳随机过程的频域特性。平稳随机过程自相关函数具有如下重要性质：

(1) $R(\tau)=R(-\tau)$，是 τ 的偶函数。

(2) $|R(\tau)|\leqslant R(0)$，$R(0)$值最大。

(3) $R(0)=E[X^2(t)]=S$，其中 $S=a^2+\sigma^2$，是 $X(t)$的平均功率。

(4) $R(\infty)=a^2$，是 $X(t)$的直流功率。

(5) $R(0)-R(\infty)=\sigma^2$，是 $X(t)$的交流功率，即方差。

(6) $R(\tau)\leftrightarrow P(f)$，即 $R(\tau)$与功率谱密度 $P(f)$是一对傅里叶变换，可表示为

$$\begin{cases} P(f) = \displaystyle\int_{-\infty}^{\infty} R(\tau)\mathrm{e}^{-\mathrm{j}2\pi f\tau}\mathrm{d}\tau \\ R(\tau) = \displaystyle\int_{-\infty}^{\infty} P(f)\mathrm{e}^{\mathrm{j}2\pi f\tau}\mathrm{d}f \end{cases} \tag{2-1-23}$$

这就是著名的**维纳-辛钦定理**，它是联系时域和频域分析的基本式子。需要说明的是，随机过程是持续时间无限的非周期功率信号，其频谱特性用功率谱密度 $P(f)$来描述。$P(f)$具有如下特点：

① 功率谱具有非负性，即 $P(f)\geqslant 0$。

② $P(f)$是偶函数，即 $P(f)=P(-f)$。

2.1.6 高斯随机过程*

高斯随机过程，指任意 n 维概率密度函数服从高斯(正态)分布的随机过程，又称为正

态随机过程。通信系统中的信道噪声常为高斯随机过程。

1. 重要性质

(1) 若高斯随机过程是广义平稳的，则它也是狭义平稳的。

(2) 若高斯随机过程的某两个取值(随机变量)互不相关，则这两个随机变量也是统计独立的。

(3) 多个高斯随机过程之和仍为高斯随机过程(数字特征可能会改变)。

(4) 高斯随机过程通过线性系统(或经线性变换)后仍为高斯随机过程(数字特征可能会改变)。

2. 一维分布

尽管高斯随机过程的 n 维概率密度函数很复杂，但实际应用时用得最多的是一维概率密度函数。

高斯随机过程在任意时刻上的取值都是一个高斯随机变量，其概率密度函数为

$$f(x)=\frac{1}{\sqrt{2\pi}\sigma}\exp\left[-\frac{(x-a)^2}{2\sigma^2}\right] \qquad (2-1-24)$$

其中，a 为数学期望，σ^2 为方差。$f(x)$曲线如图 2-1-2 所示。

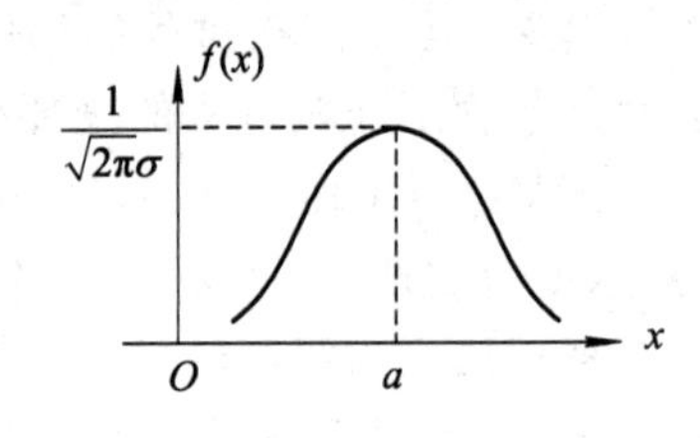

图 2-1-2 一维高斯概率密度函数

1) 一维分布的特性

(1) $f(x)$对称于 $x=a$，在 $x\to\pm\infty$时，$f(x)\to 0$。

(2) $\int_{-\infty}^{a} f(x)\mathrm{d}x=\int_{a}^{\infty} f(x)\mathrm{d}x=\frac{1}{2}$，显然$\int_{-\infty}^{\infty} f(x)\mathrm{d}x=1$。

(3) a 是随机变量取值的分布中心，σ 表示取值的集中程度。σ 一定时，改变 a，图形左右平移，形状不变；a 一定时，改变 σ，图形将随着 σ 的减小而变高和变窄(曲线下的面积恒为 1)，但图形的中心位置不变。

(4) 当 $a=0$，$\sigma^2=1$ 时，称为标准正态分布，记为 $N(0, 1)$。

2) 两个常见概率

当我们研究高斯噪声对数字通信的影响时，通常对图 2-1-3 中阴影部分所对应的概率感兴趣。利用下面的结论会对推导数字通信系统的误码率带来方便。

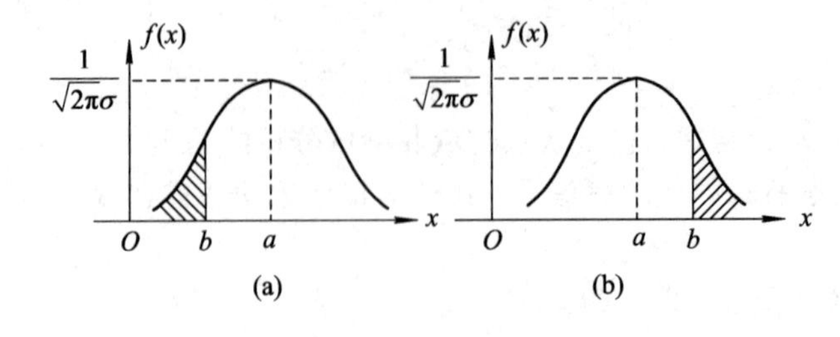

图 2-1-3 两个常见的概率

(1) 当 $b\leqslant a$ 时，如图 2-1-3(a)所示，阴影部分的概率为

$$P(X \leqslant b)=\int_{-\infty}^{b} \frac{1}{\sqrt{2\pi}\sigma} \exp\left[-\frac{(x-a)^2}{2\sigma^2}\right] \mathrm{d}x=\frac{1}{2} \operatorname{erfc}\left(\frac{a-b}{\sqrt{2}\sigma}\right) \quad (2-1-25)$$

(2) 当 $b \geqslant a$ 时，如图 2-1-3(b)所示，阴影部分的概率为

$$P(X \geqslant b)=\int_{b}^{\infty} \frac{1}{\sqrt{2\pi}\sigma} \exp\left[-\frac{(x-a)^2}{2\sigma^2}\right] \mathrm{d}x=\frac{1}{2} \operatorname{erfc}\left(\frac{b-a}{\sqrt{2}\sigma}\right) \quad (2-1-26)$$

其中，$\operatorname{erfc}(x)=\frac{2}{\sqrt{\pi}} \int_{x}^{\infty} \exp(-t^2) \mathrm{d}t$，$x \geqslant 0$，称为误差补函数，其函数值可通过查表或Matlab 自带函数得到，是自变量的递减函数：$\operatorname{erfc}(0)=1$，$\operatorname{erfc}(\infty)=0$，且 $\operatorname{erfc}(-x)=2-\operatorname{erfc}(x)$。当 $x \gg 1$ 时(实际应用中只要 $x>2$ 即可)，有

$$\operatorname{erfc}(x) \approx \frac{1}{x\sqrt{\pi}} \mathrm{e}^{-x^2} \quad (2-1-27)$$

2.1.7 随机过程通过线性系统*

随机过程通过线性系统示意图如图 2-1-4 所示。输出随机过程 $Y(t)$等于输入随机过程 $X(t)$与系统冲激响应 $h(t)$的卷积，即

$$Y(t)=X(t) * h(t)=\int_{-\infty}^{\infty} X(t-u) h(u) \mathrm{d}u=\int_{-\infty}^{\infty} X(u) h(t-u) \mathrm{d}u \quad (2-1-28)$$

利用关系式(2-1-28)，可以证明：

(1) 若输入 $X(t)$是平稳随机过程，则输出 $Y(t)$也是平稳随机过程。这是因为：

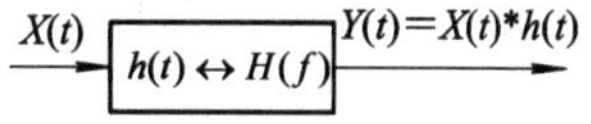

图 2-1-4 随机过程通过线性系统

① $E[Y(t)]=E[X(t)] \cdot H(0)=a_X \cdot H(0)$是常数，$H(0)$是 $H(f)$在 $f=0$ 时的值。

② $R_Y(t, t+\tau)=E[Y(t)Y(t+\tau)]=R_Y(\tau)$，只与时间间隔 τ 有关。

(2) 若输入 $X(t)$是平稳随机过程，其功率谱密度为 $P_X(f)$，则输出 $Y(t)$的功率谱密度为

$$P_Y(f)=|H(f)|^2 P_X(f) \quad (2-1-29)$$

此结论十分有用：

① 对 $P_Y(f)$积分可求得 $Y(t)$的功率，即 $S_Y=\int_{-\infty}^{\infty} P_Y(f) \mathrm{d}f$。

② 对 $P_Y(f)$求傅里叶反变换可求得 $Y(t)$的自相关函数 $R_Y(\tau)$，这种方法有时比直接计算 $R_Y(\tau)=E[Y(t)Y(t+\tau)]$更为方便。

(3) 若输入随机过程是高斯的，则输出随机过程也是高斯的(数字特征可能不同)。

2.1.8 几种典型的噪声模型*

1. 白噪声

功率谱密度在整个频率范围内为常数，即

$$P_n(f)=\frac{n_0}{2} \quad -\infty<f<\infty \quad (2-1-30)$$

是一个理想的宽带随机过程。实际通信系统中，如果噪声的带宽远大于系统的带宽，并且它的功率谱在系统带宽内接近常数，就可以将它看作白噪声。

自相关函数与功率谱密度之间是一对傅里叶变换，故白噪声的自相关函数为

$$R_n(\tau)=F^{-1}\left[\frac{n_0}{2}\right]=\frac{n_0}{2}\delta(\tau) \tag{2-1-31}$$

白噪声的功率谱及自相关函数图形如图 2-1-5 所示。

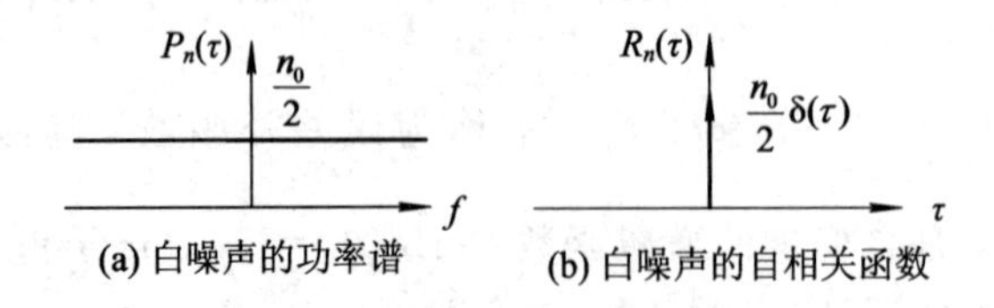

图 2-1-5　白噪声的功率谱及自相关函数

白噪声的特点：

(1) 白噪声的自相关函数 $R_n(\tau)=\frac{n_0}{2}\delta(\tau)$，即 $\tau\neq0$ 时，$R_n(\tau)=0$，这说明任意两个不同时刻的取值是不相关的(噪声为零均值)。

(2) 若白噪声是高斯的，则任意两个不同时刻的取值不仅不相关，而且是统计独立的。

2. 理想低通白噪声

白噪声通过理想低通滤波器后得到的噪声称为理想低通白噪声。白噪声及其通过理想低通滤波器的功率谱及自相关函数图形如图 2-1-6 所示。

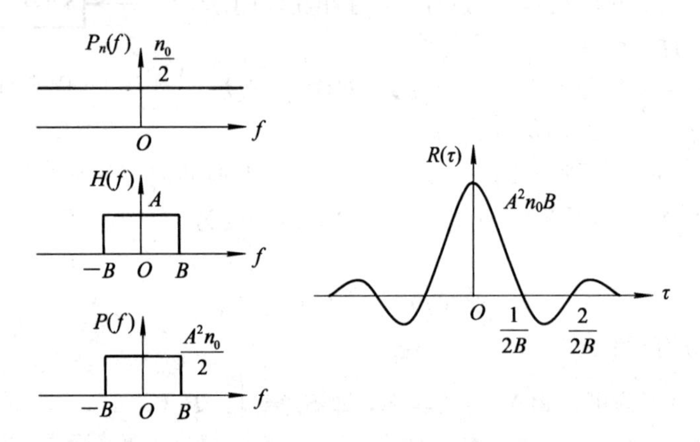

图 2-1-6　白噪声及其通过理想低通滤波器的功率谱及自相关函数

理想低通白噪声的特点：

(1) 输出噪声功率为 $\sigma_n^2=A^2n_0B$，其中 B 为滤波器的带宽。

(2) 输出噪声的自相关函数为

$$R(\tau)=\int_{-B}^{B}\frac{A^2n_0}{2}\mathrm{e}^{\mathrm{j}2\pi f\tau}\mathrm{d}f=A^2n_0B\mathrm{Sa}(2\pi B\tau) \tag{2-1-32}$$

当 $\tau=\frac{k}{2B}(k=\pm1,\ \pm2,\ \pm3,\ \cdots)$时，$R(\tau)=0$。这个结论的物理意义是：理想低通白噪声上间隔为 $\tau=\frac{k}{2B}(k=\pm1,\ \pm2,\ \pm3,\ \cdots)$的两个瞬时值之间是不相关的，如果白噪声又

是高斯的，则这两个瞬时值也是相互独立的。

3. 理想带通白噪声

白噪声通过理想带通滤波器后的输出噪声称为理想带通白噪声。理想带通滤波器传输特性及输出噪声功率谱密度示意图如图 2-1-7 所示。

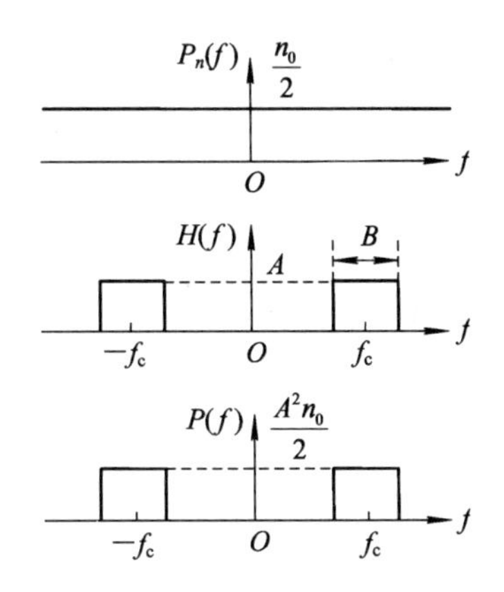

图 2-1-7 白噪声通过理想带通滤波器

输出噪声的方差和自相关函数分别为

$$\begin{cases}\sigma^2 = \int_{-\infty}^{\infty} P(f)\mathrm{d}f = \int_{-f_c-B/2}^{-f_c+B/2} \frac{A^2 n_0}{2}\mathrm{d}f + \int_{f_c-B/2}^{f_c+B/2} \frac{A^2 n_0}{2}\mathrm{d}f = A^2 n_0 B \\ R(\tau) = F^{-1}[P(f)] = A^2 n_0 B\mathrm{Sa}(\pi B\tau)\cos 2\pi f_c \tau\end{cases} \tag{2-1-33}$$

4. 窄带高斯噪声

若高斯白噪声通过窄带系统($B \ll f_c$)，则输出噪声称为窄带高斯噪声。其功率谱密度示意图如图 2-1-8 所示。

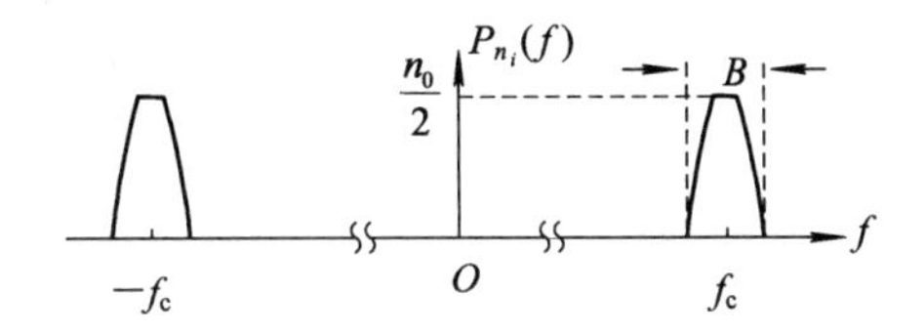

图 2-1-8 窄带高斯噪声的功率谱

1) 时域表达式

(1) 包络表达式：$n_i(t)=R(t)\cos[2\pi f_c t+\varphi(t)]$，其中 $R(t)\geqslant 0$ 和 $\varphi(t)$分别是窄带高斯噪声的包络和相位，均为低通型随机信号。

(2) 正交表达式：$n_i(t)=n_c(t)\cos 2\pi f_c t-n_s(t)\sin 2\pi f_c t$，其中 $n_c(t)=R(t)\cos\varphi(t)$称为同相分量，$n_s(t)=R(t)\sin\varphi(t)$称为正交分量，两者也均为低通型随机信号。

包络表达式和正交表达式分别用于包络解调器和相干解调器的抗噪声性能分析。

2) 统计特性

当 $n_i(t)$是窄带平稳高斯噪声且均值为 0，方差为 $\sigma_n^2=n_0 B$ 时，有如下结论：

(1) $n_c(t)$和 $n_s(t)$是平稳高斯随机过程，且均值和方差都与 $n_i(t)$相同，即

$$\begin{cases} E[n_c(t)] = E[n_s(t)] = E[n_i(t)] = 0 \\ D[n_c(t)] = D[n_s(t)] = D[n_i(t)] = \sigma_n^2 \end{cases} \quad (2-1-34)$$

(2) 包络 $R(t)$ 的瞬时值服从瑞利分布，相位 $\varphi(t)$ 的瞬时值服从均匀分布，概率密度函数分别为

$$\begin{cases} f(r) = \dfrac{r}{\sigma_n^2}\exp\left[-\dfrac{r^2}{2\sigma_n^2}\right] & r \geqslant 0 \\ f(\varphi) = \dfrac{1}{2\pi} & 0 \leqslant \varphi \leqslant 2\pi \end{cases} \quad (2-1-35)$$

5. 正弦波加窄带高斯噪声

若通信系统中传输的信号为 $A\cos(2\pi f_c t+\theta)$，则接收机带通滤波器输出的信号为正弦波加窄带高斯噪声的形式，即

$$\begin{aligned} r(t) &= A\cos(2\pi f_c t + \theta) + n_i(t) \\ &= [A\cos\theta + n_c(t)]\cos 2\pi f_c t - [A\sin\theta + n_s(t)]\sin 2\pi f_c t \\ &= Z_c(t)\cos 2\pi f_c t - Z_s(t)\sin 2\pi f_c t \\ &= Z(t)[\cos 2\pi f_c t + \varphi(t)] \end{aligned} \quad (2-1-36)$$

式中，$Z_c(t)$ 和 $Z_s(t)$ 分别是正弦波加上窄带高斯噪声的同相和正交分量，$Z(t)$ 是随机包络，$\varphi(t)$ 是随机相位。本课程中会用到的统计特性如下：

(1) $Z_c(t)=A\cos\theta+n_c(t)$ 的瞬时值是高斯随机变量，且

$$\begin{cases} E[Z_c(t)] = A\cos\theta \\ D[Z_c(t)] = D[n_c(t)] = \sigma_n^2 \end{cases} \quad (2-1-37)$$

(2) $Z_s(t)=A\sin\theta+n_s(t)$ 的瞬时值是高斯随机变量，且

$$\begin{cases} E[Z_s(t)] = A\sin\theta \\ D[Z_s(t)] = D[n_s(t)] = \sigma_n^2 \end{cases} \quad (2-1-38)$$

(3) 正弦波加窄带高斯噪声的包络 $Z(t)$ 服从莱斯分布，其概率密度函数为

$$f(z) = \begin{cases} \dfrac{z}{\sigma^2}\exp\left[-\dfrac{A^2+z^2}{2\sigma^2}\right]I_0\left(\dfrac{Az}{\sigma^2}\right) & z \geqslant 0 \\ 0 & z < 0 \end{cases} \quad (2-1-39)$$

式中 $I_0(z)$ 为零阶贝塞尔函数。当余弦(或正弦)信号的振幅 $A=0$ 时，莱斯分布退化为瑞利分布；当 A 相对于噪声较大时，莱斯分布趋近于正态分布。

2.2 典型例题及解析

例 2.2.1 已知 $x(t)$ 为图 2-2-1 所示宽度为 2 ms、幅度为 1 V 的矩形脉冲。

(1) 写出 $x(t)$ 的傅里叶变换表示式。

(2) 画出它的频谱函数图。

解 (1) 利用矩形脉冲频谱函数的表达式，并将脉冲宽度 $\tau=0.002$ s 和脉冲幅度

$A=1$ V 代入即可得到结果为

$$X(f) = A\tau \text{Sa}(\pi f\tau) = 0.002\text{Sa}(0.002\pi f)$$

评注：代入时应将时间单位换算成秒，这样频率的单位才是赫兹。

(2) 频谱函数如图 2-2-2 所示。

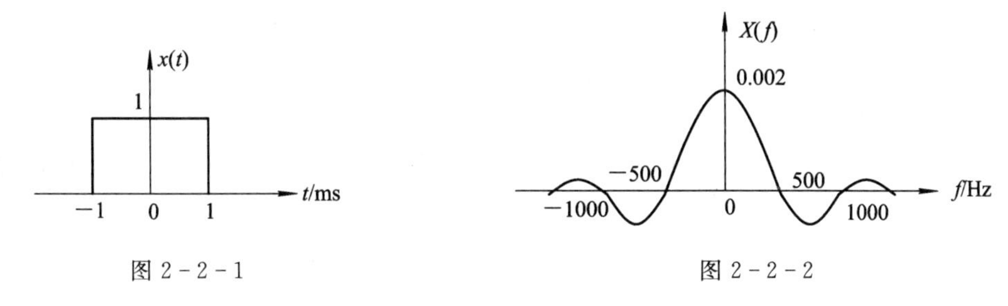

图 2-2-1　　　　图 2-2-2

评注：① 画此频谱图时抓住三点即可，a. 取样函数的形状；b. 最大幅度为 $A\tau$，即为矩形的面积；c. 正频率方向第一个零点为 $\frac{1}{\tau}$，即矩形脉冲宽度的倒数，其他零点依次为 $\frac{2}{\tau}$，$\frac{3}{\tau}$，…，负频率方向的零点位置与它们对称。② 取样函数在通信原理的学习中会经常用到，其形状、最大幅度值及频率轴上的零点分布应熟记。

例 2.2.2　已知 $x(t)$ 的波形如图 2-2-3 所示。

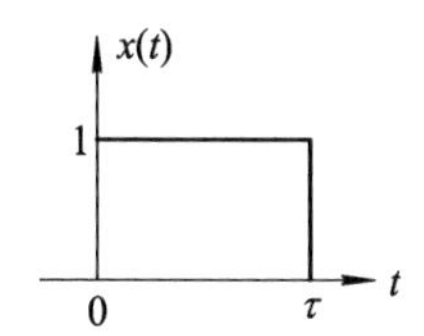

图 2-2-3

(1) 如果 $x(t)$ 为电压并加到 1 Ω 电阻上，求消耗的能量为多大。

(2) 求 $x(t)$ 的能量谱密度 $G(f)$。

(3) 求 $x(t)$ 的卷积 $x(t) * x(t)$。

解　(1) 在时域中，对 1 Ω 电阻上的瞬时功率求积分，即

$$E = \int_{-\infty}^{\infty} \frac{x^2(t)}{R}\text{d}t = \int_{-\infty}^{\infty} x^2(t)\text{d}t = \int_0^{\tau} 1 \cdot \text{d}t = \tau$$

(2) 由能量谱的定义 $G(f) = |X(f)|^2$ 可知，需先求出 $x(t)$ 的频谱。$x(t)$ 是由中心在原点、幅度为 1 V、宽度为 τ 的矩形脉冲时延 $\tau/2$ 得到的信号。根据本题给出的有关参数，中心在原点的矩形脉冲的频谱为

$$D(f) = \tau\text{Sa}(\pi f\tau)$$

利用时移特性得时延 $\tau/2$ 后信号的频谱为

$$X(f) = \tau\text{Sa}(\pi f\tau) \cdot \text{e}^{-\text{j}2\pi f\tau/2} = \tau\text{Sa}(\pi f\tau) \cdot \text{e}^{-\text{j}\pi f\tau}$$

由此得到信号的能量谱密度为

$$G(f) = \tau^2\text{Sa}^2(\pi f\tau)$$

评注：能量谱只与信号的振幅谱有关，与相位谱无关。由于时延只影响信号的相位谱，因此时延对信号的能量谱不产生作用。

(3) 可以用卷积运算直接求，也可以先求出卷积结果的频谱，然后再求其傅里叶反变换。

方法 1：用卷积运算直接求，即

$$x(t)*x(t)=\int_{-\infty}^{\infty}x(u)x(t-u)\mathrm{d}u=\begin{cases}t & t\in[0,\tau)\\ 2\tau-t & t\in[\tau,2\tau)\\ 0 & \text{其他}\end{cases}$$

方法 2：由(2)中已经求出的频谱 $X(f)$ 和卷积特性得

$$F[x(t)*x(t)]=X(f)\cdot X(f)=\tau^2\mathrm{Sa}^2(\pi f\tau)\cdot \mathrm{e}^{-\mathrm{j}2\pi f\tau}$$

此频谱由 $\tau^2\mathrm{Sa}^2(\pi f\tau)$ 和 $\mathrm{e}^{-\mathrm{j}2\pi f\tau}$ 组成，前者的傅里叶反变换为三角波形，可从表 2-1-1 常用信号的傅里叶变换表中查得，仔细对比表达式，确定 $\tau^2\mathrm{Sa}^2(\pi f\tau)$ 频谱所对应的三角波的幅度为 τ、宽度为 2τ。根据时移特性，频谱上乘以 $\mathrm{e}^{-\mathrm{j}2\pi f\tau}$ 等效为时间上时延 τ。故同样可得

$$x(t)*x(t)=\begin{cases}t & t\in[0,\tau)\\ 2\tau-t & t\in[\tau,2\tau)\\ 0 & \text{其他}\end{cases}$$

例 2.2.3 设随机变量 X、Y 和随机变量 θ 之间的关系为：$X=\cos\theta$，$Y=\sin\theta$，并设 θ 在 0 至 2π 范围内均匀分布，试说明 X 和 Y 是不相关的，但却不是统计独立的。

解 (1) 要说明 X 和 Y 不相关，需证明其协方差 $\mathrm{Cov}(X, Y)=0$。根据定义

$$\mathrm{Cov}(X, Y)=E[(X-a_X)(Y-a_Y)]$$

已知 $f(\theta)=\dfrac{1}{2\pi}$，$\theta\in[0, 2\pi)$，可得

$$a_X=E(X)=\int_{-\infty}^{\infty}xf(x)\mathrm{d}x=\int_0^{2\pi}\cos\theta f(\theta)\mathrm{d}\theta=\frac{1}{2\pi}\int_0^{2\pi}\cos\theta\mathrm{d}\theta=0$$

$$a_Y=E(Y)=\int_{-\infty}^{\infty}yf(y)\mathrm{d}y=\int_0^{2\pi}\sin\theta f(\theta)\mathrm{d}\theta=\frac{1}{2\pi}\int_0^{2\pi}\sin\theta\mathrm{d}\theta=0$$

因此有

$$\mathrm{Cov}(X, Y)=E[XY]=E[\cos\theta\sin\theta]=\frac{1}{2}E[\sin2\theta]=\frac{1}{2}\int_0^{2\pi}\sin2\theta\cdot\frac{1}{2\pi}\mathrm{d}\theta=0$$

(2) 要说明 X 和 Y 不是统计独立的，只要证明存在 a、b 且有 $P(X\leqslant a, Y\leqslant b)\neq P(X\leqslant a)P(Y\leqslant b)$ 即可。设 $a=b=\dfrac{1}{2}$，则有

$$P\left(X\leqslant\frac{1}{2}, Y\leqslant\frac{1}{2}\right)=P\left(\cos\theta\leqslant\frac{1}{2}, \sin\theta\leqslant\frac{1}{2}\right)=P\left(\frac{5\pi}{6}\leqslant\theta\leqslant\frac{5\pi}{3}\right)=\int_{\frac{5\pi}{6}}^{\frac{5\pi}{3}}\frac{1}{2\pi}\mathrm{d}\theta=\frac{5}{12}$$

$$P\left(X\leqslant\frac{1}{2}\right)=P\left(\cos\theta\leqslant\frac{1}{2}\right)=P\left(\frac{\pi}{3}\leqslant\theta\leqslant\frac{5\pi}{3}\right)=\int_{\frac{\pi}{3}}^{\frac{5\pi}{3}}\frac{1}{2\pi}\mathrm{d}\theta=\frac{2}{3}$$

$$P\left(Y\leqslant\frac{1}{2}\right)=P\left(\sin\theta\leqslant\frac{1}{2}\right)=P\left(0\leqslant\theta\leqslant\frac{\pi}{6}\text{ 或 }\frac{5\pi}{6}\leqslant\theta\leqslant2\pi\right)=\int_0^{\frac{\pi}{6}}\frac{1}{2\pi}\mathrm{d}\theta+\int_{\frac{5\pi}{6}}^{2\pi}\frac{1}{2\pi}\mathrm{d}\theta=\frac{2}{3}$$

可见，$P\left(X\leqslant\frac{1}{2}, Y\leqslant\frac{1}{2}\right)\neq P\left(X\leqslant\frac{1}{2}\right)P\left(Y\leqslant\frac{1}{2}\right)$，所以 X 和 Y 不是统计独立的。

例 2.2.4 两个随机过程 $X(t)$、$Y(t)$ 的样本函数如图 2-2-4 所示，假设各样本函数等概出现。

(1) 求 $X(t)$ 的数学期望 $a_X(t)$ 和自相关函数 $R_X(t, t+\tau)$。问 $X(t)$ 平稳吗？

(2) 求 $Y(t)$ 的数学期望 $a_Y(t)$ 和自相关函数 $R_Y(t, t+\tau)$。问 $Y(t)$ 平稳吗？

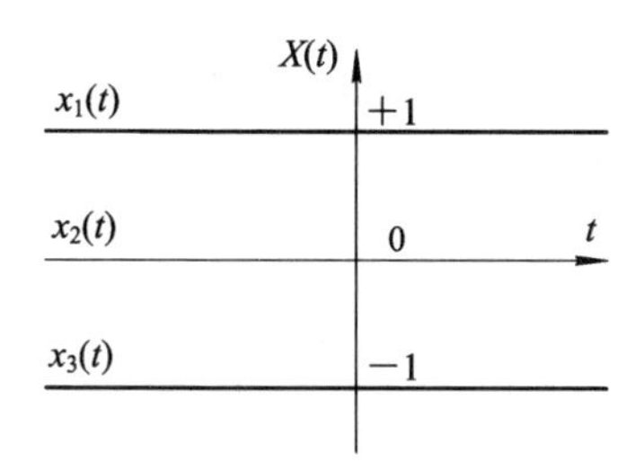

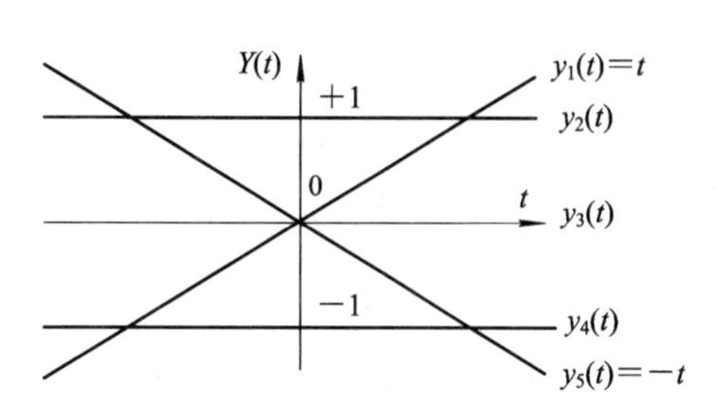

图 2-2-4

解 (1) 对于随机过程 $X(t)$，有

$$a_X(t)=E[X(t)]=\sum_{i=1}^{3}x_i(t)P_i=\frac{1}{3}[+1+0+(-1)]=0$$

$$R_X(t,\ t+\tau)=E[X(t)X(t+\tau)]=\sum_{i=1}^{3}x_i(t)x_i(t+\tau)P_i=\frac{1}{3}[(-1)^2+0+1^2]=\frac{2}{3}$$

由于均值 $a_X(t)$是常数，自相关函数 $R_X(t,\ t+\tau)$与时间 t 无关，故随机过程 $X(t)$是广义平稳的。

(2) 对于随机过程 $Y(t)$，有

$$a_Y(t)=E[Y(t)]=\sum_{i=1}^{5}x_i(t)P_i=\frac{1}{5}[1+0+(-1)+t+(-t)]=0$$

$$\begin{aligned}R_Y(t,\ t+\tau)&=E[Y(t)Y(t+\tau)]=\sum_{i=1}^{5}y_i(t)y_i(t+\tau)P_i\\&=\frac{1}{5}[1\times1+0\times0+(-1)\times(-1)+t(t+\tau)+(-t)(-t-\tau)]\\&=\frac{2}{5}(1+t^2+t\tau)\end{aligned}$$

由于自相关函数 $R_Y(t,\ t+\tau)$与时间 t 有关，故随机过程 $Y(t)$不是广义平稳的。

例 2.2.5 随机信号 $X(t)=A\cos(\omega_0t-\theta)$，已知随机变量 A 的统计特性为 $N(1,\ 1)$，θ 是$(-\pi,\ \pi)$内均匀分布的随机变量，且 A 与 θ 统计独立。

(1) 判断 $X(t)$的广义平稳性并给出证明。

(2) 计算 $X(t)$的协方差函数及自相关系数。

(3) 计算 $X(t)$的平均功率及功率谱密度。

解 (1) 因为随机变量 A 的统计特性为 $N(1,\ 1)$，所以 $E[A]=1$，$D[A]=1$。

又因为 $D[A]=E[A^2]-E^2[A]$，所以 $E[A^2]=D[A]+E^2[A]=2$。

随机信号 $X(t)$的均值为

$$E[X(t)]=E[A\cos(\omega_0t-\theta)]=E[A]\cdot E[\cos(\omega_0t-\theta)]=0$$

自相关函数为

$$\begin{aligned}E[X(t)X(t+\tau)]&=E[A^2]E[\cos(\omega_0t-\theta)\cos(\omega_0t+\omega_0\tau-\theta)]\\&=\frac{1}{2}E[A^2]\cos\omega_0\tau=\cos\omega_0\tau\end{aligned}$$

综上所述，随机信号 $X(t)$的均值为 0，为常数，自相关函数为 $\cos\omega_0\tau$，只与时间间隔 $\tau=t_2-t_1$有关，所以 $X(t)$为广义平稳随机过程。

(2) 协方差函数为

$$\begin{aligned} C_X(t_1, t_2) &= E\{[X(t_1) - E[X(t_1)]][X(t_2) - E[X(t_2)]]\} \\ &= E[X(t_1)X(t_2)] - E[X(t_1)]E[X(t_2)] \\ &= E[A\cos(\omega_0 t_1 - \theta)A\cos(\omega_0 t_2 - \theta)] \\ &= \frac{1}{2}E[A^2]\cos\omega_0(t_1 - t_2) \\ &= \cos\omega_0(t_1 - t_2) \end{aligned}$$

因为

$$\begin{aligned} \sigma_X^2(t) &= D[X(t)] = E[X^2(t)] - E^2[X(t)] \\ &= E[A^2\cos^2(\omega_0 t - \theta)] \\ &= E[A^2]E\left[\frac{1 + \cos(2\omega_0 t - 2\theta)}{2}\right] = \frac{1}{2}E[A^2] = 1 \end{aligned}$$

自相关系数为

$$\rho_X(t_1, t_2) = \frac{C_X(t_1, t_2)}{\sigma_X(t_1)\sigma_X(t_2)} = \frac{\cos\omega_0(t_1 - t_2)}{\sigma_X(t_1)\sigma_X(t_2)} = \cos\omega_0(t_1 - t_2)$$

(3) 由(1)知 $E[X(t)]=0$，得

$$\begin{aligned} R_X(t_1, t_2) &= (x(t_1, t_2) + E[x(t_1)]E[x(t_2)] \\ &= C_X(t_1, t_2) \\ &= \cos\omega_0(t_1 - t_2) \\ &= R_X(\tau) \end{aligned}$$

$X(t)$的平均功率为

$$P = R_X(\tau)\big|_{\tau=0} = \cos\omega_0\tau\big|_{\tau=0} = 1$$

自相关函数与其功率谱密度为一对傅里叶变换，即 $P_X(f) \leftrightarrow R_X(\tau)$，而 $R_X(\tau)=\cos\omega_0\tau$，所以，功率谱密度为

$$P_X(f) = \int_{-\infty}^{\infty} R_X(\tau)\mathrm{e}^{-\mathrm{j}2\pi f\tau}\,\mathrm{d}\tau = \frac{1}{2}[\delta(f - f_0) + \delta(f + f_0)]$$

例 2.2.6 考虑随机过程 $Z(t)=X\cos2\pi f_0 t - Y\sin2\pi f_0 t$，其中 X、Y 是独立的高斯随机变量，两者均值均为 0，方差均是 σ^2。试说明 $Z(t)$也是高斯的，且均值为 0，方差为 σ^2，自相关函数 $R_Z(\tau)=\sigma^2\cos2\pi f_0\tau$。

解 (1) 由于 $\cos2\pi f_0 t$、$\sin2\pi f_0 t$ 任意时刻的值是确定的，因此 $Z(t)$在任意时刻的值是高斯随机变量 X、Y 的线性组合，故也是高斯随机变量。

(2) $Z(t)$的均值为

$$\begin{aligned} a_Z(t) &= E[Z(t)] = E[X\cos2\pi f_0 t - Y\sin2\pi f_0 t] \\ &= \cos2\pi f_0 t \cdot E(X) - \sin2\pi f_0 t \cdot E(Y) = 0 \end{aligned}$$

(3) $Z(t)$的方差可用下列两种方法中的任一种来求。

方法 1：

$$\begin{aligned} \sigma_Z^2(t) &= D[Z(t)] = D[X\cos2\pi f_0 t - Y\sin2\pi f_0 t] \\ &= (\cos2\pi f_0 t)^2 \cdot D(X) + (-\sin2\pi f_0 t)^2 \cdot D(Y) \\ &= (\cos2\pi f_0 t)^2\sigma^2 + (\sin2\pi f_0 t)^2\sigma^2 = \sigma^2 \end{aligned}$$

方法 2：

$$E[Z^2(t)]=E(X^2\cos^2 2\pi f_0 t-XY\sin 4\pi f_0 t+Y^2\sin^2 2\pi f_0 t)$$
$$=\cos^2 2\pi f_0 t\cdot E(X^2)-\sin 4\pi f_0 t\cdot E(XY)+\sin^2 2\pi f_0 t\cdot E(Y^2)$$
$$=\cos^2 2\pi f_0 t\cdot \sigma^2-\sin 4\pi f_0 t\cdot 0+\sin^2 2\pi f_0 t\cdot \sigma^2=\sigma^2$$
$$\sigma_Z^2(t)=D[Z(t)]=E[Z^2(t)]-E^2[Z(t)]=\sigma^2-0=\sigma^2$$

(4) $Z(t)$的自相关函数为

$$R_Z(t,\ t+\tau)=E[Z(t)\cdot Z(t+\tau)]$$
$$=E\{(X\cos 2\pi f_0 t-Y\sin 2\pi f_0 t)\cdot[X\cos 2\pi f_0(t+\tau)-Y\sin 2\pi f_0(t+\tau)]\}$$
$$=E[X^2\cos 2\pi f_0(t+\tau)\cos 2\pi f_0 t+Y^2\sin 2\pi f_0(t+\tau)\sin 2\pi f_0 t]$$
$$=\sigma^2[\cos 2\pi f_0(t+\tau)\cos 2\pi f_0 t+\sin 2\pi f_0(t+\tau)\sin 2\pi f_0 t]$$
$$=\sigma^2\cos 2\pi f_0\tau=R_Z(\tau)$$

例 2.2.7 广义平稳的随机过程 $X(t)$通过图 2-2-5 所示的线性时不变系统，已知 $X(t)$的自相关函数为 $R_X(\tau)$，功率谱为 $P_X(f)$。试求：

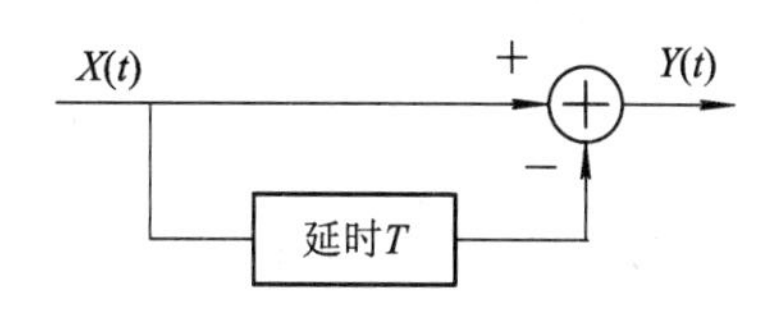

图 2-2-5

(1) 输出过程 $Y(t)$的自相关函数。

(2) $Y(t)$的功率谱。

(3) 写出系统的传递函数。

解 (1) 根据给定系统组成，输出随机过程 $Y(t)=X(t)-X(t-T)$，其自相关函数为

$$R_Y(\tau)=E[Y(t)Y(t+\tau)]$$
$$=E[X(t)X(t+\tau)]-E[X(t)X(t+\tau-T)]-$$
$$E[X(t-T)X(t+\tau)]+E[X(t-T)X(t+\tau-T)]$$
$$=R_X(\tau)-R_X(\tau-T)-R_X(\tau+T)+R_X(\tau)$$
$$=2R_X(\tau)-R_X(\tau-T)-R_X(\tau+T)$$

(2) $R_Y(\tau)$的傅里叶变换为 $Y(t)$的功率谱，即

$$P_X(f)=F[2R_X(\tau)]-F[R_X(\tau-T)]-F[R_X(\tau+T)]$$
$$=2P_X(f)-P_X(f)\mathrm{e}^{-\mathrm{j}2\pi fT}-P_X(f)\mathrm{e}^{+\mathrm{j}2\pi fT}$$
$$=2P_X(f)-P_X(f)\cdot 2\cos 2\pi fT$$
$$=2P_X(f)(1-\cos 2\pi fT)$$

(3) 由 $Y(t)=X(t)-X(t-T)$，得

$$Y(f)=X(f)-X(f)\mathrm{e}^{-\mathrm{j}2\pi fT}=X(f)[1-\mathrm{e}^{-\mathrm{j}2\pi fT}]$$

进而可得

$$H(f)=\frac{Y(f)}{X(f)}=1-\mathrm{e}^{-\mathrm{j}2\pi fT}=1-\cos 2\pi fT+\mathrm{j}\sin 2\pi fT$$

评注：本题中利用了 $R_X(\tau)\leftrightarrow P_X(f)$以及时移特性 $R_X(\tau\pm T)\leftrightarrow P_X(f)\mathrm{e}^{\pm\mathrm{j}2\pi fT}$。

例 2.2.8 已知某均值为 0、自相关函数为 $10\delta(\tau)$的高斯过程，通过带宽为 B Hz 的理想低通滤波器。试求：

(1) 输出过程的功率谱密度和自相关函数。

(2) 输出过程的一维概率密度函数。

解 (1) 因为 $R(\tau)\leftrightarrow P(f)$，且输入过程的自相关函数为 $R_i(\tau)=10\delta(\tau)$，所以输入过

程的 $P_i(f)=10$。

输出过程的功率谱密度为 $P_0(f)=P_i(f)|H(f)|^2$，而

$$H(f)=\begin{cases}1 & |f|\leqslant B\\ 0 & \text{其他}\end{cases}$$

所以

$$P_0(f)=\begin{cases}10 & |f|\leqslant B\\ 0 & \text{其他}\end{cases}$$

又有输出过程中 $R(\tau)\leftrightarrow P(f)$，得

$$R(\tau)=20B\mathrm{Sa}(2\pi B\tau)$$

(2) 由于其输入过程是一个高斯过程，且经过理想低通滤波器，所以其输出过程也是高斯平稳随机过程，且均值为 0，方差为 $20B$，所以其一维概率密度函数为

$$f(x)=\frac{1}{\sqrt{40\pi B}}\exp\left(-\frac{x^2}{40B}\right)$$

例 2.2.9 一个零均值的平稳高斯白噪声，其双边功率谱密度为 $n_0/2$、通过一个如图 2-2-6 所示的 RC 低通滤波器，试求：

(1) 滤波器输出噪声的功率谱密度 $P_0(f)$、自相关函数 $R_0(\tau)$、输出功率 P_0。

(2) 写出输出噪声的一维概率密度函数 $f(x)$。

解 (1) RC 低通滤波器的传递函数 $H(f)$ 为

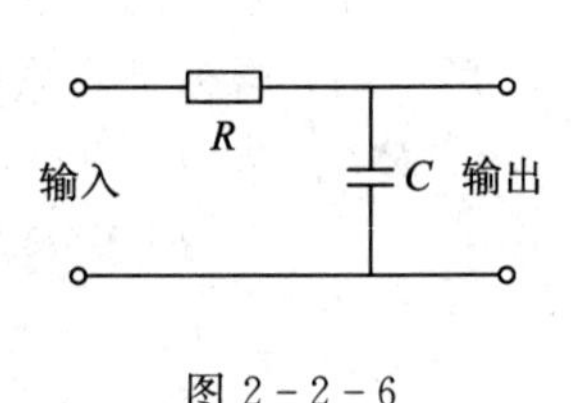

图 2-2-6

$$H(f)=\frac{\dfrac{1}{\mathrm{j}2\pi fC}}{R+\dfrac{1}{\mathrm{j}2\pi fC}}=\frac{1}{1+\mathrm{j}2\pi fRC}$$

平稳随机过程通过线性系统后有

$$P_0(f)=P_i(f)\,|H(f)|^2=\frac{n_0/2}{1+(2\pi fRC)^2}$$

对其做傅里叶反变换，得自相关函数

$$R_0(\tau)=\frac{n_0}{4RC}\exp\left(-\frac{|\tau|}{RC}\right)$$

进而可求得

$$P_0=R_0(0)=\frac{n_0}{4RC}$$

(2) 输出为高斯过程，其均值 a 为

$$a=\sqrt{R_0(\infty)}=0$$

方差为

$$\sigma^2=R_0(0)-R_0(\infty)=R_0(0)=\frac{n_0}{4RC}$$

所以有

$$f(x)=\frac{1}{\sqrt{2\pi\sigma^2}}\exp\left(-\frac{x^2}{2\sigma^2}\right)=\sqrt{\frac{2RC}{\pi n_0}}\exp\left(-\frac{2RCx^2}{n_0}\right)$$

例 2.2.10 均值为 0、双边功率谱密度为 $n_0/2$ 的高斯白噪声 $n_w(t)$ 输入如图 2-2-7

所示系统。其中BPF和LPF分别是幅度增益为1的理想带通滤波器和理想低通滤波器。BPF的中心频率是f_c、带宽是$2B$，LPF的截止频率是B。

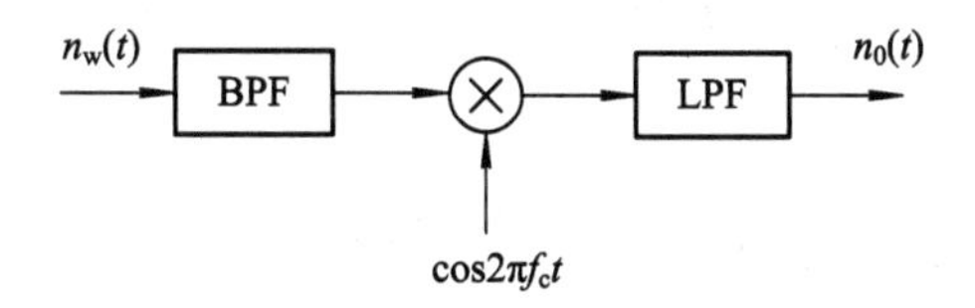

图 2-2-7

(1) 求输出噪声$n_0(t)$的均值和功率。

(2) 求输出噪声$n_0(t)$的功率谱密度。

解　(1) 噪声$n_w(t)$经过BPF之后成为窄带高斯噪声，其表达式为

$$n(t)=n_c(t)\cos 2\pi f_c t-n_s(t)\sin 2\pi f_c t$$

其中，$n(t)$、$n_c(t)$、$n_s(t)$都是均值为0的平稳高斯过程，功率均为$2n_0B$。经过LPF后的输出为

$$n_0(t)=\frac{1}{2}n_c(t)$$

所以，输出噪声$n_0(t)$的均值为0，功率为

$$P_0=\frac{1}{4}P_{n_c}=\frac{1}{2}n_0B$$

(2) 因为LPF的带宽为B，所以功率谱密度$P_{n_0}(f)$在$|f|\leqslant B$内为常数，在$|f|>B$内为0，而

$$P_0=2B\times P_{n_0}(f)=\frac{1}{2}n_0B$$

故输出噪声$n_0(t)$的功率谱密度为

$$P_{n_0}(f)=\begin{cases}n_0/4 & |f|\leqslant B\\ 0 & \text{其他}\end{cases}$$

2.3 拓展提高题及解析

例 2.3.1　已知功率信号$x(t)=A\cos(200\pi t)\sin(2000\pi t)$，试求：

(1) 该信号的平均功率。

(2) 该信号的功率谱密度。

(3) 该信号的自相关函数。

解　(1) 利用三角公式$2\sin A\cos B=\sin(A-B)+\sin(A+B)$将$x(t)$转换成两个正弦之和，即

$$x(t)=A\cos(200\pi t)\sin(2000\pi t)=\frac{A}{2}\sin(1800\pi t)+\frac{A}{2}\sin(2200\pi t)$$

其功率等于两个正弦信号的功率之和，故$x(t)$的平均功率为

$$S=\frac{1}{2}\left(\frac{A}{2}\right)^2+\frac{1}{2}\left(\frac{A}{2}\right)^2=\frac{A^2}{4}$$

(2) 用欧拉公式将周期信号 $x(t)=\frac{A}{2}\sin(1800\pi t)+\frac{A}{2}\sin(2200\pi t)$ 表示成指数型级数形式，即

$$\begin{aligned}x(t)&=\frac{A}{4\mathrm{j}}[\mathrm{e}^{\mathrm{j}2200\pi t}-\mathrm{e}^{-\mathrm{j}2200\pi t}+\mathrm{e}^{\mathrm{j}1800\pi t}-\mathrm{e}^{-\mathrm{j}1800\pi t}]\\&=V_1\mathrm{e}^{\mathrm{j}2\pi\times1100t}+V_{-1}\mathrm{e}^{-\mathrm{j}2\pi\times1100t}+V_2\mathrm{e}^{\mathrm{j}2\pi\times900t}+V_{-2}\mathrm{e}^{-\mathrm{j}2\pi\times900t}\end{aligned}$$

式中，$V_1=V_2=\frac{A}{4\mathrm{j}}$、$V_{-1}=V_{-2}=-\frac{A}{4\mathrm{j}}$，用公式 $P(f)=\sum_{n=-\infty}^{+\infty}|V_n|^2\delta(f-nf_0)$ 得功率谱为

$$P_x(f)=\frac{A^2}{16}[\delta(f-1100)+\delta(f+1100)+\delta(f-900)+\delta(f+900)]$$

功率谱密度示意图如图 2-3-1 所示。

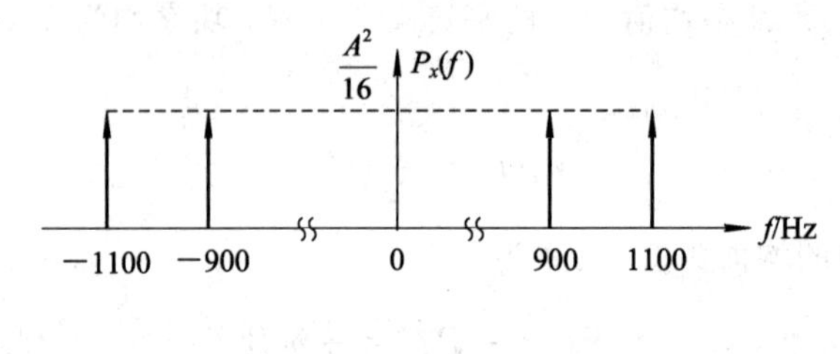

图 2-3-1

(3) 周期信号的功率谱密度与其自相关函数是一对傅里叶变换，故其自相关函数为

$$\begin{aligned}R_x(\tau)&=F^{-1}[P_x(f)]\\&=\frac{A^2}{16}F^{-1}[\delta(f-1100)+\delta(f+1100)]+\frac{A^2}{16}F^{-1}[\delta(f-900)+\delta(f+900)]\\&=\frac{A^2}{16}\times2\cos(2\pi\times1100\times\tau)+\frac{A^2}{16}\times2\cos(2\pi\times900\times\tau)\\&=\frac{A^2}{8}\cos(2200\pi)\tau+\frac{A^2}{8}\cos(1800\pi)\tau\end{aligned}$$

评注：此题涉及的知识点，① 三角公式；② 欧拉公式；③ 周期信号的指数表示；④ 周期信号功率谱密度表示式；⑤ 功率谱密度与自相关函数是一对傅里叶变换；⑥ 余弦信号的傅里叶变换。

例 2.3.2 设 $n_1=\int_0^T n(t)\varphi_1(t)\mathrm{d}t$，$n_2=\int_0^T n(t)\varphi_2(t)\mathrm{d}t$，其中 $n(t)$ 是双边功率谱密度为 $n_0/2$ 的高斯白噪声，$\varphi_1(t)$ 和 $\varphi_2(t)$ 为确知函数，求 n_1 和 n_2 统计独立的条件。

解 由题意知 n_1 和 n_2 的均值分别为

$$E[n_1]=E\left[\int_0^T n(t)\varphi_1(t)\mathrm{d}t\right]=\int_0^T E[n(t)]\varphi_1(t)\mathrm{d}t=0$$

$$E[n_2]=E\left[\int_0^T n(t)\varphi_2(t)\mathrm{d}t\right]=\int_0^T E[n(t)]\varphi_2(t)\mathrm{d}t=0$$

又因为 $n(t)$ 是高斯过程，所以 n_1 和 n_2 是服从高斯分布的随机变量，且均值均为 0，故欲使 n_1 和 n_2 统计独立，需满足 $C[n_1n_2]=E[n_1n_2]=0$(不相关)即可。因为

$$E[n_1n_2] = E\left[\int_0^T n(t)\varphi_1(t)\mathrm{d}t\int_0^T n(t)\varphi_2(t)\mathrm{d}t\right]$$
$$= E\left[\int_0^T\int_0^T n(t)\varphi_1(t)n(t')\varphi_2(t')\mathrm{d}t\mathrm{d}t'\right]$$
$$= \int_0^T\int_0^T E[n(t)n(t')]\varphi_1(t)\varphi_2(t')\mathrm{d}t\mathrm{d}t'$$
$$= \frac{n_0}{2}\int_0^T\int_0^T\delta(t-t')\varphi_1(t)\varphi_2(t')\mathrm{d}t\mathrm{d}t'$$
$$= \frac{n_0}{2}\int_0^T\varphi_1(t)\varphi_2(t)\mathrm{d}t$$

所以，n_1和 n_2统计独立的条件为

$$\int_0^T\varphi_1(t)\varphi_2(t)\mathrm{d}t = 0$$

即 $\varphi_1(t)$和 $\varphi_2(t)$正交。

例 2.3.3　考虑随机过程 $Z(t)=X(t)\cos(2\pi f_0t)-Y(t)\sin(2\pi f_0t)$，其中 $X(t)$和 $Y(t)$是高斯的、零均值、独立的随机过程，且有 $R_X(\tau)=R_Y(\tau)$。

(1) 试证 $R_Z(\tau)=R_X(\tau)\cos2\pi f_0\tau$。

(2) 设 $R_X(\tau)=\sigma^2\mathrm{e}^{-a|\tau|}(a>0)$，求功率谱密度函数 $P_Z(f)$，并作图。

解　(1) 由随机过程自相关函数的定义，有

$$\begin{aligned}R_Z(\tau) &= E\{[X(t)\cos(2\pi f_0t)-Y(t)\sin(2\pi f_0t)]\cdot\\ &\quad [X(t+\tau)\cos(2\pi f_0(t+\tau))-Y(t+\tau)\sin(2\pi f_0(t+\tau))]\}\\ &= E[X(t+\tau)X(t)\cos(2\pi f_0(t+\tau))\cos(2\pi f_0t)]-\\ &\quad E[X(t)Y(t+\tau)\cos(2\pi f_0t)\sin(2\pi f(t+\tau))]-\\ &\quad E[Y(t)X(t+\tau)\sin(2\pi f_0t)\cos(2\pi f(t+\tau))]+\\ &\quad E[Y(t+\tau)Y(t)\sin(2\pi f_0(t+\tau))\sin(2\pi f_0t)]\end{aligned}$$

由于已知随机过程 $X(t)$与 $Y(t)$是独立的，且为零均值平稳过程，所以有

$$E[X(t)Y(t+\tau)] = E[X(t)]\cdot E[Y(t+\tau)] = 0$$
$$E[Y(t)X(t+\tau)] = E[Y(t)]\cdot E[X(t+\tau)] = 0$$

则上式为

$$\begin{aligned}R_Z(\tau) &= R_X(\tau)\cos(2\pi f_0(t+\tau))\cos(2\pi f_0t)+R_Y(\tau)\sin(2\pi f_0(t+\tau))\sin(2\pi f_0t)\\ &= R_X(\tau)[\cos(2\pi f_0(t+\tau))\cos(2\pi f_0t)+\sin(2\pi f_0(t+\tau))\sin(2\pi f_0t)]\\ &= R_X(\tau)\cos(2\pi f_0\tau)\end{aligned}$$

(2) $P_Z(f)$与 $R_Z(\tau)=R_X(\tau)\cos(2\pi f_0\tau)$是一对傅里叶变换。

查常用函数傅里叶变换表可得到 $R_X(\tau)=\sigma^2\mathrm{e}^{-a|\tau|}$(双边指数脉冲)的傅里叶变换为

$$F[\sigma^2\mathrm{e}^{-a|\tau|}] = \frac{2a\sigma^2}{a^2+(2\pi f)^2}$$

再利用调制特性即可得到

$$P_Z(f)=F[R_Z(\tau)]=F[R_X(\tau)\cos(2\pi f_0\tau)]$$
$$=\frac{1}{2}\left[\frac{2a\sigma^2}{a^2+[2\pi(f-f_0)]^2}+\frac{2a\sigma^2}{a^2+[2\pi(f+f_0)]^2}\right]$$
$$=\frac{a\sigma^2}{a^2+[2\pi(f-f_0)]^2}+\frac{a\sigma^2}{a^2+[2\pi(f+f_0)]^2}$$
$$=a\sigma^2\cdot\left[\frac{1}{a^2+4\pi^2(f-f_0)^2}+\frac{1}{a^2+4\pi^2(f+f_0)^2}\right]$$

是频谱函数$\frac{a\sigma^2}{a^2+(2\pi f)^2}$分别在频率轴上的左右搬移，$f_0\gg0$ 时的示意图如图 2-3-2 所示。

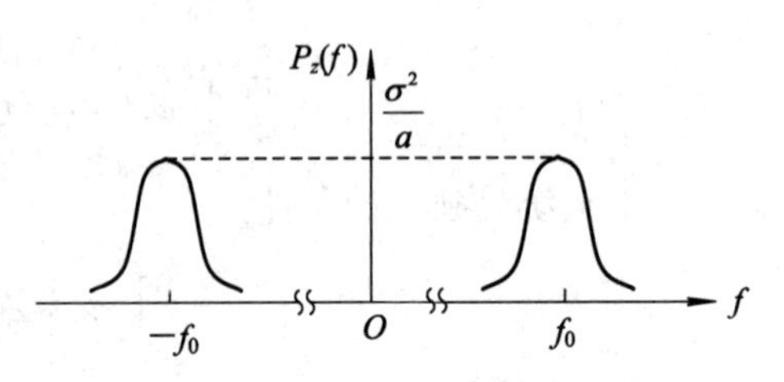

图 2-3-2

例 2.3.4 随机过程 $X(t)$ 的功率谱如图 2-3-3(a)所示。

(1) 确定 $X(t)$ 的自相关函数 $R_X(\tau)$，并用图示表示。

(2) $X(t)$ 所含直流功率是多少？

(3) $X(t)$ 的交流功率是多少？

(4) 当 $X(t)$ 的取样速率为多少时，可以使样本间不相关？是否统计独立？

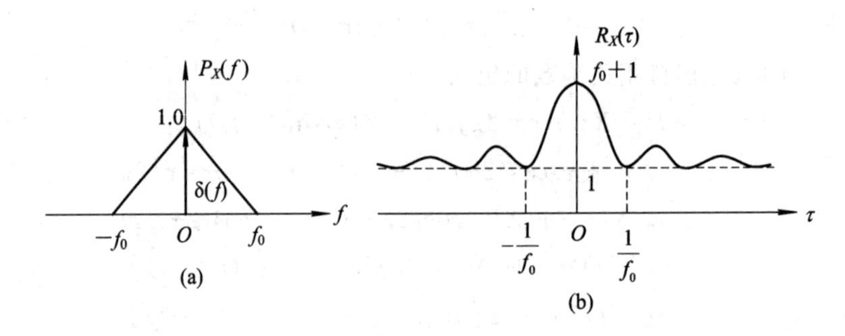

图 2-3-3

解 (1) 对功率谱求傅里叶反变换即可得到随机过程的自相关函数。由题意可知，随机过程的功率谱由两部分组成：三角脉冲和冲激函数。查常用函数的傅里叶变换表得到三角脉冲的傅里叶反变换为 $f_0\mathrm{Sa}^2(\pi f_0\tau)$，冲激函数的傅里叶反变换为 1.0。因此得随机过程的自相关函数为 $R_X(\tau)=f_0\mathrm{Sa}^2(\pi f_0\tau)+1$，如图 2-3-3(b)所示。

(2) 两种方法可求得直流功率：对直流功率谱求积分或用自相关函数来求。

对直流功率谱求积分：

$$a_X^2=\int_{-\infty}^{\infty}\delta(f)\mathrm{d}f=1$$

或用自相关函数求得：

$$a_X^2=\lim_{\tau\to\infty}[f_0\mathrm{Sa}^2(\pi f_0\tau)+1]=1$$

(3) 交流功率的求法也有两种：对三角功率谱求积分或用自相关函数来求。

对三角功率谱求积分等于三角形的面积，即

$$\sigma_X^2=\frac{1}{2}\times2f_0\times1=f_0$$

利用自相关函数求得：

$$\sigma_X^2 = R_X(0) - a_X^2 = f_0 + 1 - 1 = f_0$$

(4) 利用协方差可判别两个随机变量是否相关。由协方差与自相关函数间的关系得

$$C_X(\tau) = R_X(\tau) - a_X^2 = f_0 \mathrm{Sa}^2(\pi f_0 \tau)$$

可见，当 $\tau = \dfrac{n}{f_0}(n=1, 2, \cdots)$时 $C_X(\tau)=0$，即相隔 τ 的两个取样值(随机变量)之间是不相关的。因此，当取样速率为$\dfrac{1}{\tau}=\dfrac{f_0}{n}(n=1, 2, \cdots)$时可使样本间不相关。当 $X(t)$是高斯随机过程时，样本之间也是统计独立的。反之，则不然。

例 2.3.5 某高斯随机过程 $X(t)$，均值为 0，自相关函数为 $R_X(\tau)=\mathrm{e}^{-|\tau|}$，通过线性网络输出 $Y(t)=A+BX(t)$，试求：

(1) 输入随机过程的一维概率密度函数。

(2) 输出随机过程的一维概率密度函数。

(3) 输出随机过程的功率。

(4) 输出随机过程的自相关函数。

解 (1) 输入过程是平稳高斯过程，任意时刻的取值服从高斯分布，均值为 0，方差为 $\sigma_X^2=R_X(0)-a_X^2=1$，故其一维概率密度函数为

$$f_X(x) = \frac{1}{\sqrt{2\pi}\sigma_X}\mathrm{e}^{-\frac{(x-a_X)^2}{2\sigma_X^2}} = \frac{1}{\sqrt{2\pi}}\mathrm{e}^{-\frac{x^2}{2}}$$

(2) 当 $X(t)$加到线性系统输入端时，输出随机过程 $Y(t)=A+BX(t)$仍为平稳高斯随机过程，任意时刻的取值为高斯随机变量，均值和方差分别为

$$a_Y = E[Y(t)] = E[A + BX(t)] = E(A) + E[BX(t)] = A + BE[X(t)] = A$$

$$\sigma_Y^2 = E\{[Y(t) - E[Y(t)]]^2\} = E[(BX(t))^2] = B^2E[X^2(t)] = B^2$$

其中，$E[X^2(t)]=a_X^2+\sigma_X^2=0+1=1$。则输出随机过程的一维概率密度函数为

$$f_Y(y) = \frac{1}{\sqrt{2\pi}\sigma_Y}\mathrm{e}^{-\frac{(x-a_Y)^2}{2\sigma_Y^2}} = \frac{1}{\sqrt{2\pi}B}\mathrm{e}^{-\frac{(x-A)^2}{2B^2}}$$

(3) 输出随机过程的功率为

$$P_Y = a_Y^2 + \sigma_Y^2 = A^2 + B^2$$

(4) 输出随机过程的自相关函数为

$$\begin{aligned} R_X(\tau) &= E[Y(t)Y(t+\tau)] = E\{[A + BX(t)][A + BX(t+\tau)]\} \\ &= E(A^2) + E[ABX(t+\tau)] + E[ABX(t)] + E[B^2X(t)X(t+\tau)] \\ &= A^2 + ABa_X + ABa_X + B^2R_X(\tau) \\ &= A^2 + B^2R_X(\tau) \quad (\text{因为 } a_X = 0) \end{aligned}$$

例 2.3.6 已知某独立随机序列 A_n的均值为 0，方差为 σ^2，定义随机过程 $X(t)$为 $X(t)=\sum\limits_{n=-\infty}^{\infty} A_n \mathrm{sinc}(2W(t-nT))$。

(1) 求 $X(t)$的功率谱密度。

(2) 若 $T=\dfrac{1}{2W}$，求 $X(t)$的功率。

(3) 令 $X_1(t)$ 是零均值平稳过程，其功率谱密度为 $P_{X_1}(f)=\frac{n_0}{2}\Pi\left(\frac{f}{2W}\right)$，取 $A_n=X_1(nT)$，$T=\frac{1}{2W}$，求 $X(t)$的功率谱密度及其功率，问 $X_1(t)$和 $X(t)$有什么关系？

注：函数 $\Pi(f)$定义为

$$\Pi(f)=\begin{cases}1 & |f|<0.5\\ 0.5 & f=\pm 0.5\\ 0 & \text{其他}\end{cases}$$

解 (1) $X(t)$是信号 $\sum_{n=-\infty}^{\infty}A_n\delta(t-nT)$ 通过冲激响应为 $g(t)=\text{sinc}(2Wt)\leftrightarrow G(f)=\frac{1}{2W}G_{2W}(f)$的系统所得，其中 $E[A_n]=0$，$D[A_n]=\sigma^2$，$G_{2W}(f)=\begin{cases}1 & |f|\leqslant W\\ 0 & \text{其他}\end{cases}$。所以

$$P_X(f)=\frac{\sigma^2}{T}\mid G(f)\mid^2=\frac{\sigma^2}{T}\left|\frac{1}{2W}G_{2W}(f)\right|^2=\frac{\sigma^2}{(2W)^2T}G_{2W}(f)$$

(2) 当 $T=\frac{1}{2W}$时，$P_X(f)=\frac{\sigma^2}{2W}G_{2W}(f)$，进而

$$P_X=\int_{-\infty}^{\infty}P_X(f)\mathrm{d}f=\int_{-W}^{W}\frac{\sigma^2}{2W}\mathrm{d}f=\sigma^2$$

(3) 由 $P_{X_1}(f)$可以求得：

$$P_{X_1}=\sigma^2=\int_{-\infty}^{\infty}P_{X_1}(f)\mathrm{d}f=\int_{-W}^{W}\frac{n_0}{2}\mathrm{d}f=n_0W$$

$$R_{X_1}(\tau)=F^{-1}[P_{X_1}(f)]=n_0W\text{sinc}(2W\tau)$$

由于 $A_n=X_1\left(\frac{n}{2W}\right)$表示对 $X_1(t)$以$\frac{1}{2W}$的间隔取样，且 $R_{X_1}\left(\frac{1}{2W}\right)=0$，所以任意两个样值不相关。所以

$$P_X(f)=\frac{\sigma^2}{(2W)^2T}G_{2W}(f)=\frac{n_0}{2}G_{2W}(f)$$

$$P_X=\int_{-\infty}^{\infty}P_X(f)\mathrm{d}f=\int_{-W}^{W}\frac{n_0}{2}\mathrm{d}f=n_0W$$

$X(t)$是由随机过程 $X_1(t)$按奈奎斯特速率取样后通过低通滤波器所得，所以 $X(t)$和 $X_1(t)$是相等的。

例 2.3.7 设有随机序列$\{A_k\}$，其元素以独立等概方式取值于$\{+1, -1\}$。用此随机序列构造一个随机过程 $X(t)=\sum_{k=-\infty}^{\infty}A_kg(t-kT_s)$，其中 $g(t)=\text{sinc}\left(\frac{t}{T_s}\right)$。

(1) 求 $X(t)$的均值 $E[X(t)]$。

(2) 求 $X(t)$的自相关函数 $R_X(t,\tau)=E[X(t)X(t+\tau)]$。

(3) 求 $a(t)=g(t)g(t+\tau)$的傅立叶变换 $A(f)$在 $f=\pm\frac{1}{T_s}$，$\pm\frac{2}{T_s}$，…处的值。

(4) 判断 $X(t)$是否广义平稳。

解 (1) 由题意得

$$E[X(t)]=E\left[\sum_{k=-\infty}^{\infty}A_kg(t-kT_s)\right]=\sum_{k=-\infty}^{\infty}E[A_k]g(t-kT_s)=0$$

(2) 由题意得

$$E[A_kA_m]=\begin{cases}1 & k=m\\0 & k\neq m\end{cases}$$

$$\begin{aligned}R_X(t,\tau)&=E[X(t)X(t+\tau)]=E\Big[\sum_{k=-\infty}^{\infty}A_kg(t-kT_s)\sum_{m=-\infty}^{\infty}A_mg(t+\tau-mT_s)\Big]\\&=\sum_{k=-\infty}^{\infty}\sum_{m=-\infty}^{\infty}E[A_kA_m]g(t-kT_s)g(t+\tau-mT_s)\\&=\sum_{k=-\infty}^{\infty}g(t-kT_s)g(t+\tau-kT_s)\\&=g(t)g(t+\tau)\otimes\sum_{k=-\infty}^{\infty}\delta(t-kT_s)\end{aligned}$$

(3) $g(t)=\text{sinc}\left(\dfrac{t}{T_s}\right)\leftrightarrow G(f)=T_sD_{\frac{1}{T_s}}(f)$，其中 $D_{\frac{1}{T_s}}(f)=\begin{cases}1 & |f|\leqslant\dfrac{1}{2T_s}\\0 & 其他\end{cases}$，进而得

$$A(f)=G(f)*[G(f)e^{j2\pi f\tau}]$$

由卷积性质可知 $A(f)$ 的非零值范围为 $\left(-\dfrac{1}{T_s},+\dfrac{1}{T_s}\right)$，所以 $A\left(\pm\dfrac{1}{T_s}\right)=A\left(\pm\dfrac{2}{T_s}\right)=\cdots=0$。

(4) 由(2)知 $R_X(t,\tau)=E[X(t)X(t+\tau)]=g(t)g(t+\tau)\otimes\sum\limits_{k=-\infty}^{\infty}\delta(t-kT_s)$，不仅与 τ 有关，还与 t 有关，故 $X(t)$ 不是广义平稳的。

例 2.3.8 已知某通信系统误比特率 P_b 的求解问题可归结为求概率 $P_b=P\{\xi<-1\}$，其中随机变量 $\xi=n_1+n_2+n_1n_2$，n_1、n_2 是独立同分布的零均值高斯随机变量，方差均为 σ^2，试求 P_b。

解 依题意，得

$$\begin{aligned}P_b&=P\{\xi<-1\}=P\{1+\xi<0\}=P\{1+n_1+n_2+n_1n_2<0\}\\&=P\{(1+n_1)(1+n_2)<0\}\\&=P\{(1+n_1)<0,(1+n_2)>0\}+P\{(1+n_1)>0,(1+n_2)<0\}\\&=P\{(1+n_1)<0\}P\{(1+n_2)>0\}+P\{(1+n_1)>0\}P\{(1+n_2)<0\}\end{aligned}$$

(因为 n_1、n_2 相互独立)

因为

$$P\{(1+n_1)<0\}=P(n_1<-1)=\frac{1}{2}\text{erfc}\left(\frac{a-b}{\sqrt{2}\sigma}\right)\Bigg|_{\substack{a=E[n_1]=0\\b=-1}}=\frac{1}{2}\text{erfc}\left(\frac{1}{\sqrt{2}\sigma}\right)$$

$$P\{(1+n_2)<0\}=P\{(1+n_1)<0\}=\frac{1}{2}\text{erfc}\left(\frac{1}{\sqrt{2}\sigma}\right)$$

$$P\{(1+n_1)>0\}=P\{(1+n_2)>0\}=1-\frac{1}{2}\text{erfc}\left(\frac{1}{\sqrt{2}\sigma}\right)$$

代入 P_b式子，得

$$P_b=\text{erfc}\left(\frac{1}{\sqrt{2}\sigma}\right)\left[1-\frac{1}{2}\text{erfc}\left(\frac{1}{\sqrt{2}\sigma}\right)\right]$$

例 2.3.9 零均值频带有限的白噪声 $n(t)$，具有功率谱 $P_n(f)=10^{-6}$ W/Hz，其频率

范围为-100 kHz～100 kHz。

（1）试证噪声的均方根值约为0.45 V。

（2）求$R_n(\tau)$，且问$n(t)$和$n(t+\tau)$在什么间距上不相关？

（3）设$n(t)$是服从高斯分布的，试求在任一时刻t，$n(t)$超过0.45 V的概率是多少？超过0.9 V的概率是多少？

解 （1）功率谱为$P_n(f)=10^{-6}$ W/Hz、频率范围为-100 kHz～100 kHz的噪声的平均功率为

$$S=\int_{-\infty}^{\infty}P(f)\mathrm{d}f=\int_{-10^5}^{10^5}10^{-6}\mathrm{d}f=0.2\ \mathrm{W}$$

所以，噪声的均方根值$\sqrt{S}=0.45$ V。

（2）自相关函数$R_n(\tau)$与功率谱密度是一对傅里叶变换。已知噪声的功率谱是个矩形谱，由常用信号傅里叶变换可知，幅度为A、宽度为$2f_0$的矩形频谱的傅里叶反变换为

$$x(t)=2Af_0\mathrm{Sa}(\pi\cdot 2f_0t)$$

由已知条件：噪声功率谱幅度为$P_n(f)=10^{-6}$ W/Hz、频率范围为-100 kHz～100 kHz可知，$A=10^{-6}$，$f_0=10^5$，代入上式且将时间t换成τ，得到噪声自相关函数为

$$R_n(\tau)=0.2\mathrm{Sa}(2\pi\times10^5\tau)$$

由于噪声均值为0，因此$C_n(\tau)=R_n(\tau)=0.2\mathrm{Sa}(2\pi\times10^5\tau)$。

当$C_n(\tau)=0$时，$n(t)$和$n(t+\tau)$不相关。要使$0.2\mathrm{Sa}(2\pi\times10^5\tau)=0$，需满足$2\pi\times10^5\tau=k\pi$，$(k=\pm1, \pm2, \cdots)$，解得$\tau=\dfrac{k}{2\times10^5}$。故当间距$\tau=5, 10, 15, \cdots(\mu\mathrm{s})$时两取样值不相关。

（3）已知$n(t)$是高斯随机过程，故其任意时刻的取值是个高斯随机变量，且均值为0，方差为$\sigma_n^2=S-E^2[n(t)]=S-0=0.2$。因此，$n(t)$瞬时值的概率密度函数为

$$f(n)=\frac{1}{\sqrt{2\pi}\sigma_n}\exp\left(-\frac{n^2}{2\sigma_n^2}\right)$$

示意图如图2-3-4所示。则有

$$P(n\geqslant0.45)=P(n\leqslant-0.45)=\frac{1}{2}\mathrm{erfc}\left(\frac{0.45}{\sqrt{2}\sigma_n}\right)$$

$$=\frac{1}{2}\mathrm{erfc}(0.71)=0.16$$

$$P(n\geqslant0.9)=P(n\leqslant-0.9)=\frac{1}{2}\mathrm{erfc}\left(\frac{0.9}{\sqrt{2}\sigma_n}\right)$$

$$=\frac{1}{2}\mathrm{erfc}(1.42)=0.023$$

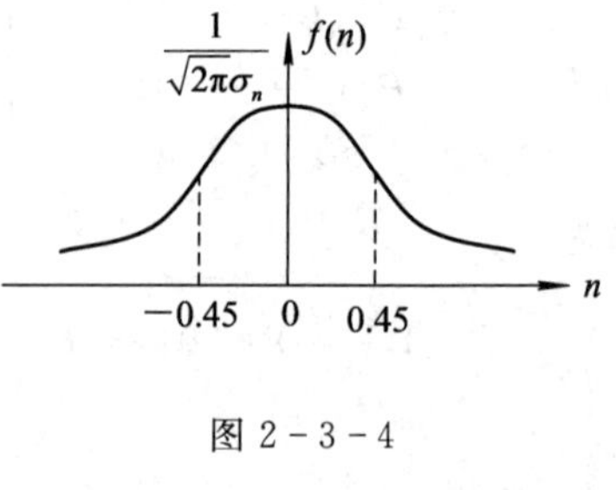

图2-3-4

例2.3.10 功率谱为$n_0/2$、均值为0的高斯白噪声，通过一个中心频率为f_0、幅度为1、带宽为B的理想带通滤波器，输出随机噪声为$y(t)$。

（1）求输出随机噪声的自相关函数。

（2）当$\tau=1/B$时，写出$y(t)$和$y(t+\tau)$的联合概率密度函数。

（3）若$z(t)=y(t)\cos2\pi f_0t-y(t+\tau)\sin2\pi f_0t$，求其一维概率密度函数。

（4）将τ将变成$\tau=2/B$和$\tau=1/(2B)$，（2）和（3）两项的结果是否依然成立？

解　(1) 白噪声通过理想带通滤波器后的功率谱为

$$P_Y(f)=\begin{cases}\dfrac{n_0}{2} & f_0-\dfrac{B}{2}\leqslant |f|\leqslant f_0+\dfrac{B}{2}\\ 0 & \text{其他}\end{cases}$$

对其进行傅里叶反变换得自相关函数为

$$R_Y(\tau)=F^{-1}[P_Y(f)]=n_0B\mathrm{Sa}(\pi B\tau)\cos 2\pi f_0\tau$$

(2) 由题意可得 $E[Y(t)]=0$，因此 $Y(t)$ 上相隔 $\tau=1/B$ 的两个随机变量间的协方差为

$$C_y(\tau=1/B)=R_y(\tau=1/B)=n_0B\mathrm{Sa}(\pi B/B)\cos(2\pi f_0/B)=0$$

事实上，$\tau=1/B$ 是自相关函数 $R_Y(\tau)$ 包络的第一个零点。可见，$y(t)$ 和 $y(t+\tau)$ 是不相关的。由于输入噪声是高斯的，因此输出也是高斯的，故 $y(t)$ 和 $y(t+\tau)$ 也是独立的。独立的两个随机变量的联合概率密度函数等于两个随机变量各自概率密度函数的积，即

$$f(y_1,y_2)=f(y_1)\cdot f(y_2)=\frac{1}{\sqrt{2\pi}\sigma_1}\exp\left[-\frac{(y_1-a_1)^2}{2\sigma_1^2}\right]\cdot\frac{1}{\sqrt{2\pi}\sigma_2}\exp\left[-\frac{(y_2-a_2)^2}{2\sigma_2^2}\right]$$

其中，$a_1=a_2=E[y(t)]=E[y(t+\tau)]=0$，$\sigma_1^2=\sigma_2^2=D[y(t)]=D[y(t+\tau)]=\int_{-\infty}^{\infty}P_Y(f)\mathrm{d}f=n_0B$，代入上式得

$$f(y_1,y_2)=\frac{1}{2\pi n_0B}\exp\left(-\frac{y_1^2+y_2^2}{2n_0B}\right)$$

(3) 由于 $\cos 2\pi f_0t$ 和 $\sin 2\pi f_0t$ 都是确定值，因此 $z(t)=y(t)\cos 2\pi f_0t-y(t+\tau)\sin 2\pi f_0t$ 是两个高斯随机过程 $y(t)$ 和 $y(t+\tau)$ 的线性组合，故也是高斯随机过程。对于高斯随机过程，只要知道其均值和方差，即可确定其一维概率密度函数。

因为

$$\begin{aligned}a_z&=E[z(t)]=E[y(t)\cos 2\pi f_0t-y(t+\tau)\sin 2\pi f_0t]\\&=\cos 2\pi f_0t\cdot E[y(t)]-\sin 2\pi f_0t\cdot E[y(t+\tau)]=0\\ \sigma_z^2&=D[z(t)]=D[y(t)\cos 2\pi f_0t-y(t+\tau)\sin 2\pi f_0t]\\&=\cos^2 2\pi f_0t\cdot D[y(t)]+\sin^2 2\pi f_0t\cdot D[y(t+\tau)]=n_0B\end{aligned}$$

故有

$$f(z)=\frac{1}{\sqrt{2\pi n_0B}}\exp\left[-\frac{z^2}{2n_0B}\right]$$

(4) 当 $\tau=2/B$ 时，上述(2)、(3)两项结果仍然成立。但当 $\tau=1/(2B)$ 时，上述结果不成立。因为 $C_y(\tau=2/B)=R_y(\tau=2/B)=0$，而 $C_y(\tau=1/(2B))=R_y(\tau=1/(2B))\neq 0$。即相隔 $\tau=2/B$ 的两个随机变量仍然是独立的，而相隔 $\tau=1/(2B)$ 的两个随机变量不是独立的。

评注：此题较难，综合应用了以下知识点。

(1) 随机过程通过线性系统后的功率谱公式。

(2) 随机过程的功率谱与其自相关函数是一对傅里叶变换(即由功率谱可求出自相关函数)。

(3) 若线性系统的输入是高斯的，则输出也是高斯的。

(4) 两个高斯随机变量的线性组合是高斯的。

(5) 利用协方差判别随机过程两个不同时刻的取值是否相关。

(6) 两个高斯随机变量若不相关，它们也是独立的。

(7) 有关求均值和方差的公式。

(8) 高斯随机变量的概率密度函数由均值和方差唯一确定等。

2.4 本章自测题与参考答案

2.4.1 自测题

一、填空题

1. 宽度为 1 ms、高度为 1 V 的矩形脉冲，其频谱函数的表达式为________，幅度第一个零点的位置是________，故用第一个零点定义的矩形脉冲信号的带宽是________。

2. 若 $X(f)=F[x(t)]$，则 $F[x(t)\cos 2\pi f_0 t]=$________，此特性称为调制特性。

3. 宽度为 τ、高度为 A 的矩形脉冲信号的能量谱 $G(f)=$________，能量 $E=$________。

4. 均值为 0、功率谱密度为 $P_X(f)$ 的平稳随机过程通过传输特性为 $H(f)$ 的线性系统，则输出随机过程 $Y(t)$ 的均值 $a_Y=$________，功率谱密度 $P_Y(f)=$________。

5. 各态历经平稳随机过程的数学期望、方差和自相关函数可由该过程的任一实现的________平均获得。

6. 一个广义平稳随机过程 $\xi(t)$ 的功率谱密度函数为 $P(f)=[\delta(f-f_0)+\delta(f+f_0)]/4$，则它的自相关函数 $R_\xi(\tau)$ 为________，功率 P 为________。

7. 若信道中高斯白噪声双边功率谱为 $n_0/2$，则自相关函数 $R(\tau)=$________，噪声总功率为________。若低通白噪声截止频率为 f_m，则自相关函数 $R(\tau)=$________，噪声总功率为________。

8. 维纳-辛钦定理表明：平稳随机过程的________(时域)与________(频域)是一对傅里叶变换。

9. 广义平稳随机过程的两个特点分别是________和________。

10. 设 $X_c(t)$、$X_s(t)$ 是两个独立同分布的零均值平稳高斯随机过程、f_c 足够大，则 $X_c(t)\cos 2\pi f_c t-X_s(t)\sin 2\pi f_c t$ 是________，$X_c(t)\cos 2\pi f_c t-\dfrac{1}{2}X_s(t)\sin 2\pi f_c t$ 是________，$A(t)=\sqrt{X_c^2(t)+X_s^2(t)}$ 是________。

二、选择题

1. 周期 $T_0=1$ ms、矩形宽度 $\tau=0.1$ ms 的周期矩形脉冲信号，其频谱是由许多谱线组成的离散谱，谱线之间的间隔为(　　)。

A. 10 Hz　　B. 100 Hz　　C. 1000 Hz　　D. 10 000 Hz

2. 宽度为 10 ms 的矩形脉冲，其第一个零带宽为(　　)。

A. 10 Hz　　B. 100 Hz　　C. 200 Hz　　D. 1000 Hz

3. 宽度为 10 ms 的升余弦脉冲，其第一个零带宽为(　　)。

A. 10 Hz　　B. 100 Hz　　C. 200 Hz　　D. 1000 Hz

4. 二进制基带信号码元的基本波形为半占空的矩形脉冲，脉冲宽度为 1 ms，则码元速率和第一个零点定义的信号带宽分别为(　　)。

A. 1000Baud，1000 Hz　　B. 1000Baud，500 Hz

C. 500Baud，1000 Hz　　D. 1000Baud，2000 Hz

5. 高斯随机变量 X 的概率密度函数如图 2-4-1 所示，则概率 $P(X\leqslant b)=($　　)。

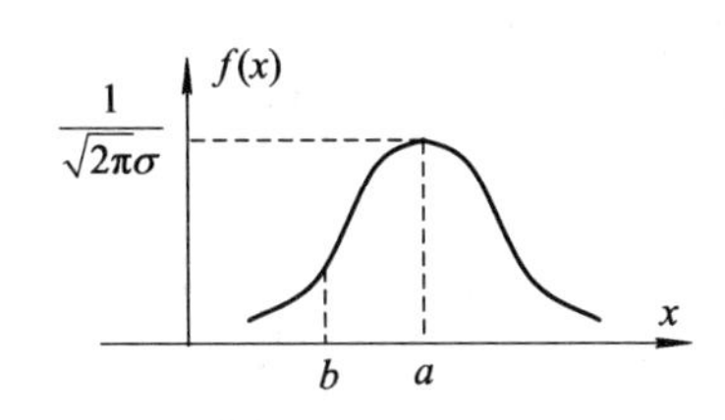

图 2-4-1

A. $\frac{1}{2}\text{erfc}\left(\frac{a-b}{\sqrt{2}\sigma}\right)$　　B. $\frac{1}{2}\text{erfc}\left(\frac{a+b}{\sqrt{2}\sigma}\right)$　　C. $\frac{1}{2}\text{erfc}\left(\frac{a}{\sqrt{2}\sigma}\right)$　　D. $\text{erfc}\left(\frac{b}{\sqrt{2}\sigma}\right)$

6. 设平稳随机过程 $X(t)$ 的自相关函数为 $R(\tau)$，则 $R(0)$ 表示 $X(t)$ 的(　　)。

A. 平均功率　　B. 总能量　　C. 方差　　D. 直流功率

7. 单边功率谱密度为 n_0 的白噪声通过中心频率为 f_c、幅度为 1、带宽为 B 的理想带通滤波器，则输出随机过程的功率为(　　)。

A. n_0B　　B. $2n_0B$　　C. $\frac{1}{2}n_0B$　　D. n_0f_c

8. 随机过程 AWGN 的瞬时值服从(　　)。

A. 均匀分布　　B. 瑞利分布　　C. 莱斯分布　　D. 高斯分布

9. 零均值窄带高斯过程，包络服从(　　)分布。

A. 均匀　　B. 莱斯　　C. 瑞利　　D. 高斯

10. 正弦波加窄带高斯随机过程的包络的一维分布服从(　　)分布。

A. 瑞利　　B. 莱斯　　C. 泊松　　D. 均匀

三、简答题

1. 分别写出宽度为 τ、幅度为 A 的矩形脉冲和升余弦脉冲的频谱函数表达式，并指出它们第一个零点的位置。如果以第一个零点位置定义信号带宽的话，两个信号中哪个信号在传输过程中会占用更宽的信道?

2. AWGN 的中文全称是什么? “A”“W”“G”的含义分别是什么?

3. 狭义平稳随机过程是如何定义的? 广义平稳随机过程是如何定义的? 它们之间的关系是怎样的?

4. 平稳随机过程的自相关函数是如何定义的? 从自相关函数可以得到随机过程的哪些数字特征?

四、综合题

1. 矩形脉冲信号如图 2-4-2 所示。

(1) 求其自相关函数 $R(\tau)$ 并画出图形。

(2) 画出 $R(\tau-\tau_0)$ 的图形。

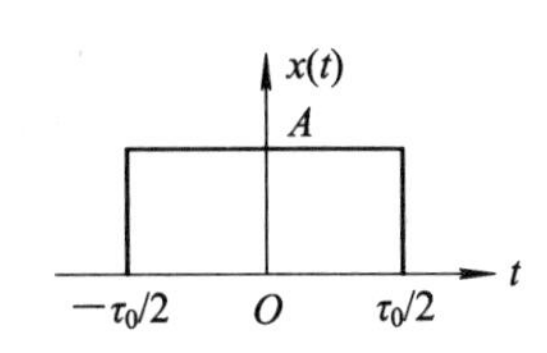

图 2-4-2

(3) 指出 $R(0)$ 的物理意义。

2. 设随机过程 $X(t)=\xi\cos(\omega_c t+\theta)$，其中 ξ 是均值为 0、方差为 σ^2 的高斯随机变量，θ 是在 $(-\pi, \pi)$ 内均匀分布的随机相位变量，且 ξ 与 θ 统计独立。试证明 $X(t)$ 为广义平稳随机过程。

3. 设线性系统的输入为 $X(t)$，输出为 $Y(t)=X(t+T)-X(t-T)$。已知 $X(t)$ 为平稳随机过程，自相关函数为 $R_X(\tau)$。试证明：

(1) $R_Y(\tau)=2R_X(\tau)-R_X(\tau+2T)-R_X(\tau-2T)$

(2) $P_Y(f)=4P_X(f)\sin^2(2\pi fT)$

4. 已知图 2-4-3 中相乘器的输入 $X(t)$ 是广义平稳随机过程，其均值为 a，自相关函数为 $R_X(\tau)$，功率谱密度为 $P_X(f)$，载波为 $\cos(\omega_c t+\theta)$，其中 θ 是在 $[-\pi, \pi]$ 上均匀分布的随机相位，且 $X(t)$ 与 θ 统计独立，试求：

(1) $Y(t)$ 的均值。

(2) $Y(t)$ 的自相关函数。

(3) $Y(t)$ 是否广义平稳随机过程？

(4) $Y(t)$ 的功率谱密度。

X(t)　Y(t)　$\cos(\omega_c t+\theta)$

图 2-4-3

2.4.2 参考答案

一、填空题

1. $10^{-3}\mathrm{Sa}(10^{-3}\pi f)$；1000 Hz；1000 Hz。2. $\frac{1}{2}[X(f+f_0)+X(f-f_0)]$。

3. $A^2\tau^2\mathrm{Sa}^2(\pi f\tau)$；$A^2\tau$。4. 0；$P_X(f)|H(f)|^2$。5. 时间。6. $\frac{1}{2}\cos 2\pi f_0 t$；0.5 W。

7. $\frac{n_0}{2}\delta(\tau)$；$\infty$；$n_0 f_m \mathrm{Sa}(2\pi f_m\tau)$；$n_0 f_m$。8. 自相关函数；功率谱密度。

9. 数学期望(或均值)$E[X(t)]=m_x$ 为常数；自相关函数 $R_X(t_1, t_2)=R_X(\tau)$ 只与 $t_2-t_1=\tau$ 有关。

10. 平稳高斯过程；循环平稳高斯过程；平稳非高斯过程。

二、选择题

1. C；2. B；3. C；4. C；5. A；6. A；7. A；8. D；9. C；10. B。

三、简答题

1. 矩形脉冲信号的频谱表达式为 $X(f)=A\tau\mathrm{Sa}(\pi f\tau)$，第一个零点位置 $f=1/\tau$。

升余弦脉冲的频谱表达式为 $X(f)=\frac{A\tau}{2}\mathrm{Sa}(\pi f\tau)\frac{1}{(1-f^2\tau^2)}$，第一个零点位置 $f=2/\tau$。

可见，用第一个零点来定义信号带宽时，矩形脉冲信号的带宽为 $1/\tau$，而升余弦脉冲的带宽为 $2/\tau$，故在传输过程中升余弦脉冲会占用更宽的信道。

2. AWGN 的英文全称是 Additive White Gaussian Noise，中文全称是加性白高斯噪声。“A”表示加性，其含义是该噪声是以相加的形式叠加在信号上；“W”表示白，其含义是噪声的功率谱密度在很大范围内为常数；“G”表示高斯，其含义是噪声的瞬时值服从高斯分布。

3. (1) 若随机过程的任意 n 维概率密度函数与时间起点无关，则称它为狭义平稳随机过程。

(2) 若随机过程的均值和方差为常数，自相关函数只与时间间隔 τ 有关，即 $E[X(t)]=a$，$D[X(t)]=\sigma^2$，$E[X(t)X(t+\tau)]=R_X(\tau)$，则称为广义平稳随机过程。

狭义平稳一定是广义平稳的，反之不一定成立。

4. (1) 平稳随机过程自相关函数定义为 $R(\tau)=E[X(t)X(t+\tau)]$。

(2) 从自相关函数可得到随机过程的多个数字特征：

① $R(0)$是随机过程的平均功率；

② $R(\infty)$是随机过程的直流功率，直流功率的平方根即为均值；

③ $R(0)-R(\infty)$是随机过程的交流功率，即随机过程的方差。

四、综合题

1. (1) 能量信号的能量谱与其自相关函数是一对傅里叶变换。因此，可首先求得$x(t)$的能量谱 $G(f)=|X(f)|^2=A^2\tau_0^2\mathrm{Sa}^2(\pi f\tau_0)$，再由常用函数傅里叶变换表可查得其傅里叶反变换为三角脉冲，作简单对比得矩形信号的自相关函数为

$$R(\tau)=F^{-1}[G(f)]=F^{-1}[A^2\tau_0^2\mathrm{Sa}^2(\pi f\tau_0)]=\begin{cases}A^2\tau_0\left(1-\dfrac{1}{\tau_0}|\tau|\right) & |\tau|\leqslant\tau_0\\ 0 & |\tau|>\tau_0\end{cases}$$

如图 2-4-4 所示。

(2) $R(\tau-\tau_0)$的图形是 $R(\tau)$向右移 τ_0，如图 2-4-5 所示。

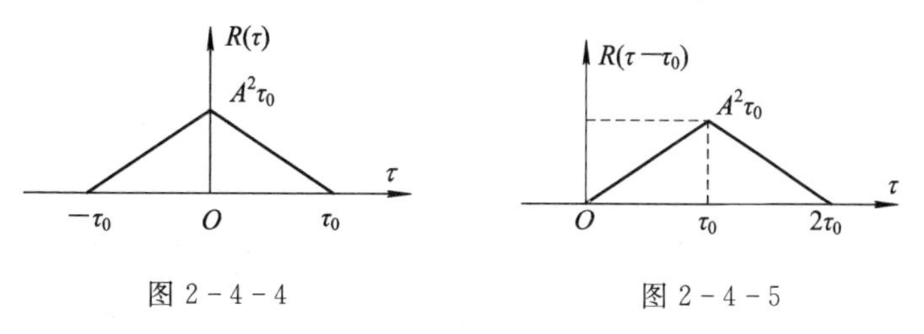

图 2-4-4　　图 2-4-5

(3) $R(0)=A^2\tau_0$，其值等于能量信号的总能量。

2. $E[X(t)]=E[\xi\cos(\omega_c t+\theta)]=E[\xi]\cdot E[\cos(\omega_c t+\theta)]=0$ (已知 $E[\xi]=0$)

$$\begin{aligned}R_X(t,\ t+\tau)&=E[X(t)X(t+\tau)]=E\{[\xi\cos(\omega_c t+\theta)]\cdot[\xi\cos(\omega_c(t+\tau)+\theta)]\}\\&=E[\xi^2]\cdot E[\cos(\omega_c t+\theta)\cos(\omega_c(t+\tau)+\theta)]\\&=\sigma^2\cdot\frac{1}{2}\{E[\cos(\omega_c t+2\theta+2\omega_c\tau)]+E(\cos\omega_c\tau)\}\\&=\frac{1}{2}\sigma^2\cos 2\pi f_c\tau\end{aligned}$$

其中，$E[\cos(\omega_c t+2\theta+\omega_c\tau)]=\int_{-\pi}^{\pi}\cos(\omega_c t+2\theta+\omega_c\tau)f(\theta)\mathrm{d}\theta=0$，$E[\xi^2]=a_\xi^2+\sigma_\xi^2=0+\sigma_\xi^2=\sigma^2$。

可见，$X(t)$的均值为零(常数)，自相关函数与 t 无关，只与时间间隔 τ 有关，故为广义平稳随机过程。

3.（1）根据自相关函数的定义，得

$$\begin{aligned}R_Y(\tau) &= E[Y(t)Y(t+\tau)] \\ &= E\{[X(t+T)-X(t-T)]\cdot[X(t+\tau+T)-X(t+\tau-T)]\} \\ &= E[X(t+T)X(t+\tau+T)-X(t+T)X(t+\tau-T)- \\ &\quad X(t-T)X(t+\tau+T)+X(t-T)X(t+\tau-T)] \\ &= R_X(\tau)-R_X(\tau-2T)-R_X(\tau+2T)+R_X(\tau) \\ &= 2R_X(\tau)-R_X(\tau-2T)-R_X(\tau+2T)\end{aligned}$$

（2）对 $R_Y(\tau)$ 求傅里叶变换得 $Y(t)$ 的功率谱密度为

$$\begin{aligned}P_Y(f) &= F[R_Y(\tau)] = F[2R_X(\tau)-R_X(\tau-2T)-R_X(\tau+2T)] \\ &= 2F[R_X(\tau)]-F[R_X(\tau-2T)]-F[R_X(\tau+2T)] \\ &= 2P_X(f)-P_X(f)\mathrm{e}^{-\mathrm{j}2\pi f\cdot 2T}-P_X(f)\mathrm{e}^{\mathrm{j}2\pi f\cdot 2T} \\ &= 2P_X(f)-2P_X(f)\cos 4\pi fT \\ &= 2P_X(f)(1-\cos 4\pi fT) \\ &= 4P_X(f)\sin^2(2\pi fT)\end{aligned}$$

4.（1）由图 2-4-3 可知，$Y(t)=X(t)\cos(\omega_c t+\theta)$，则

$$\begin{aligned}E[Y(t)] &= E[X(t)\cos(\omega_c t+\theta)] = E[X(t)]\cdot E[\cos(\omega_c t+\theta)] \\ &= a\cdot E(\cos\omega_c t\cos\theta-\sin\omega_c t\sin\theta) \\ &= a\cdot\cos\omega_c tE(\cos\theta)-a\sin\omega_c tE(\sin\theta) \\ &= 0\end{aligned}$$

其中，$E(\cos\theta)=\int_{-\pi}^{\pi}\cos\theta\frac{1}{2\pi}\mathrm{d}\theta=0$。

同理，$E(\sin\theta)=0$。

（2）由已知得

$$\begin{aligned}R_Y(t,\ t+\tau) &= E[Y(t)Y(t+\tau)] \\ &= E[X(t)\cos(\omega_c t+\theta)\cdot X(t+\tau)\cos(\omega_0 t+\omega_0\tau+\theta)] \\ &= \frac{1}{2}E[X(t)X(t+\tau)]E[\cos\omega_0\tau+\cos(2\omega_0 t+\omega_0\tau+2\theta)] \\ &= \frac{1}{2}R_X(\tau)\cos\omega_0\tau\end{aligned}$$

（3）由(1)、(2)可知，$Y(t)$ 的均值为 0，为常数；$Y(t)$ 的自相关函数为 $\frac{1}{2}R_X(\tau)\cos\omega_0\tau$，只与时间间隔 τ 有关，因此 $Y(t)$ 是广义平稳过程。

（4）由维纳-欣钦定理可知，平稳随机过程的功率谱密度是其自相关函数的傅里叶变换，则有

$$\begin{aligned}P_Y(f) &= \int_{-\infty}^{\infty}R_Y(\tau)\mathrm{e}^{-\mathrm{j}2\pi f\tau}\mathrm{d}\tau = \int_{-\infty}^{\infty}\frac{1}{2}R_X(\tau)\cos 2\pi f_c t\mathrm{e}^{-\mathrm{j}2\pi f\tau}\mathrm{d}\tau \\ &= \frac{1}{4}[P_X(f-f_0)+P_X(f+f_0)]\end{aligned}$$

第3章 信 道

3.1 考点提要

3.1.1 信道的定义、分类和模型*

1. 信道的定义

信道是以传输媒质为基础的信号通道。信道有如下特点：

(1) 信道是通信系统不可缺少的组成部分。

(2) 信道特性对通信系统性能起到至关重要的作用。

(3) 信号通过信道时会受到损伤，主要是因为信道特性不理想以及信道中的噪声和干扰。

2. 信道的分类*

从不同角度出发，信道的分类方法有很多种。

(1) 按传输媒质不同，信道可分为有线信道和无线信道。

有线信道：架空明线、双绞线、被覆线、多芯屏蔽线、同轴电缆、光缆等。

无线信道：短波电离层反射、无线对流层散射、无线视距、卫星中继、移动无线信道等。

(2) 按传输媒质的特性不同，信道可分为恒参信道和随参信道。

恒参信道：传输特性(参数)不变或变化缓慢，在一段时间内近似恒定，也称为时不变信道。例如，有线信道、无线视距、卫星中继信道等。

随参信道：传输特性(参数)随时间随机变化，也称为时变信道。随参信道存在多径效应，且每条路径对信号的延时和衰落随时间随机变化，从而使输出信号产生衰落，所以随参信道也称为衰落信道或变参信道。例如，短波电离层反射信道、无线对流层散射信道、移动无线信道等。

(3) 按信道所涉及的范围不同，信道可分为狭义信道和广义信道。

狭义信道：仅指传输媒质，又可分为有线信道和无线信道。

广义信道：以传输媒质为核心扩大了范围(包括了更多部件)的信号通道。常用的广义信道有两种，即调制信道和编码信道，如图 3-1-1 所示。

① 调制信道：调制器输出端到解调器输入端的信号通道，用于研究调制与解调问题。

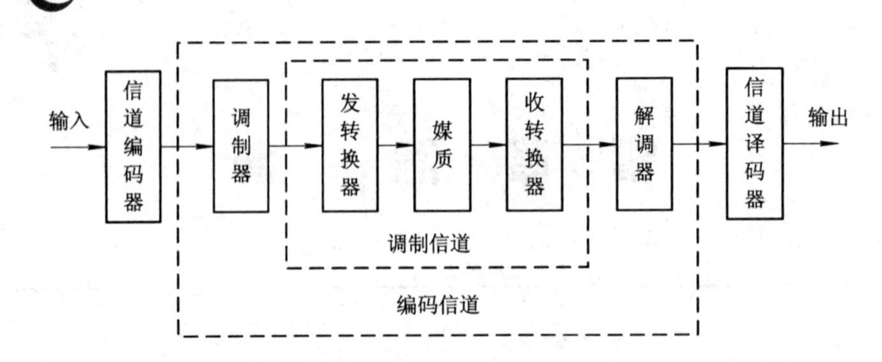

图 3-1-1　调制信道和编码信道

除了传输媒质外还包括了发转换器和收转换器。

② 编码信道：信道编码器输出端到信道译码器输入端的信号通道，用于研究编码与译码问题。除了调制信道外还包括了调制器与解调器。

对于广义信道，还需要说明：① 根据所研究的对象和关心的问题的不同，还可以定义其他形式的广义信道；② 由于广义信道包含了狭义信道，它的性能和狭义信道的特性密切相关，其通信质量在很大程度上依赖于传输媒质特性；③ 以后提到的信道可以是狭义信道也可以是广义信道，视具体情况而定。

3. 信道的模型*

信道模型可用来描述物理信道的特性及其对信号传输带来的影响。

1）调制信道模型

图 3-1-2　调制信道模型

调制信道的输入与输出都是连续信号，它可模型化为时变线性网络，如图 3-1-2 所示。其输出与输入的关系为

$$e_o(t)=k(t)e_i(t)+n(t) \tag{3-1-1}$$

式中，$k(t)$和 $n(t)$对输入信号来讲都是干扰，$k(t)$为乘性干扰，$n(t)$为加性干扰(噪声)。

乘性干扰 $k(t)$依赖于网络特性，随信号出现(即当输入信号为零时，乘性干扰消失)，反映了信道对信号产生的失真情况。根据 $k(t)$随时间的变化快慢，可将调制信道分为恒参信道和随参信道。乘性干扰对信号的影响较大，需要采用专门的技术加以克服。对于恒参信道，可采用均衡技术；对于随参信道，可采用分集技术。

$n(t)$在表达式中以相加的形式出现，称为加性干扰(噪声)，它独立于信号而始终存在。

2）编码信道模型

编码信道的输入与输出均为离散信号，我们关心的是数字信号经信道传输后的差错情况，即误码率，因此编码信道的模型常用转移概率来描述。编码信道可分为有记忆信道和无记忆信道两类。

二进制无记忆编码信道的模型如图 3-1-3 所示。图中 $P(0/0)$、$P(1/1)$为正确转移概率，$P(1/0)$、$P(0/1)$为错误转移概率，且有

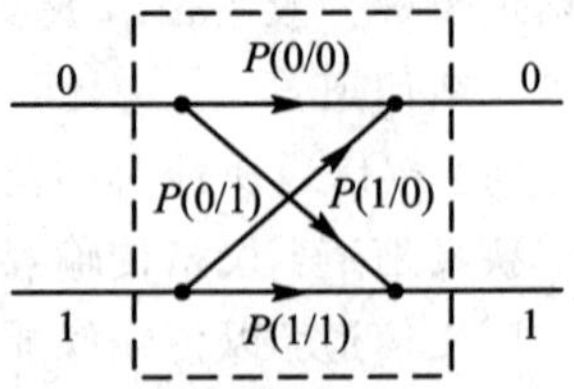

图 3-1-3　二进制编码信道模型

$$P(0/0)=1-P(1/0)$$

$$P(1/1)=1-P(0/1)$$

故编码信道的平均误码率为

$$P_e=P(0)P(1/0)+P(1)P(0/1) \tag{3-1-2}$$

由于编码信道包含调制信道，且它的特性也紧紧依赖于调制信道，因而本章重点讨论调制信道。

3.1.2 恒参信道特性及其对信号传输的影响*

恒参信道的特点是 $k(t)$ 基本不随时间变化，因此恒参信道是一个线性时不变系统，可用传输特性 $H(\omega)=|H(\omega)|e^{-j\varphi(\omega)}$ 来描述，其中 $|H(\omega)|\sim\omega$ 为幅频特性，$\varphi(\omega)\sim\omega$ 为相频特性。

1. 恒参信道实例

常见的恒参信道实例有双绞线、同轴电缆、光纤信道、微波视距中继信道、卫星中继信道等。

2. 理想信道传输特性*

信号通过时不产生失真的信道称为理想信道。理想信道的幅频特性和相频特性具有如下特点。

1）幅频特性

表达式：$|H(\omega)|=K_0$，为常数。

图形：一条水平线，如图 3-1-4(a)所示。

物理意义：不同频率分量的信号通过信道时，受到的幅度衰减(或放大)的比例相同。

2）相频特性或群时延特性

表达式：相频特性 $\varphi(\omega)=\omega\tau_d$，与频率呈线性关系。

群时延特性 $\tau(\omega)=\dfrac{d\varphi(\omega)}{d\omega}=\tau_d$，为常数。

图形：相频特性是一条经过原点的斜直线，群时延特性是一条水平线，如图 3-1-4(b)、(c)所示。

物理意义：不同频率分量的信号通过理想信道时，受到的时间延迟相同。

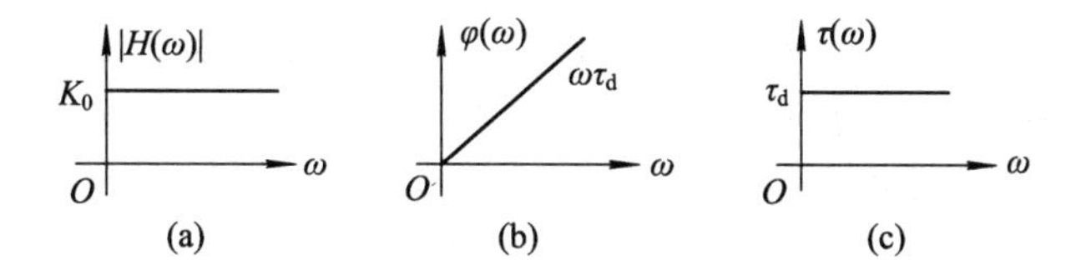

图 3-1-4 理想信道的幅频、相频及群时延牧场生曲线

可见，信号通过理想信道时，只有幅度上的衰减及时间上的延迟。因此，若图 3-1-4 所示信道输入 $e_i(t)$，则其输出 $e_o(t)=K_0e_i(t-\tau_d)$。

3. 两种失真及其影响

实际恒参信道并不理想，会对信号产生两种失真：幅频失真和相频失真。如图 3-1-5 所示为典型音频电话信道的传输特性。

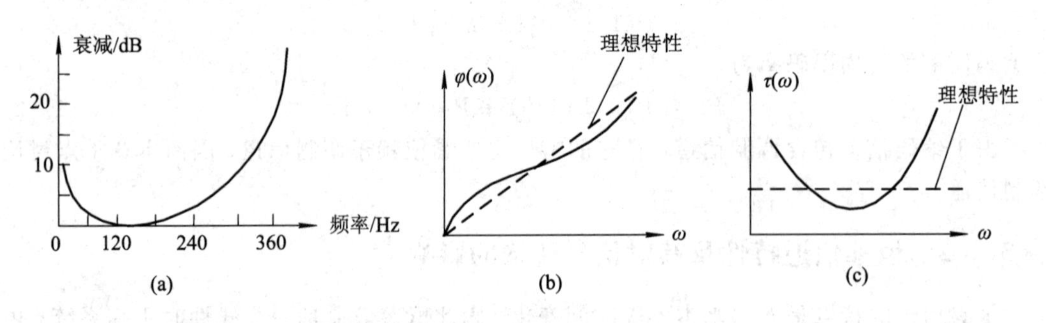

图 3-1-5　典型音频电话信道的传输特性

其幅频特性和相频特性有如下特点：

1）幅频特性

图形：不是一条水平线，如图 3-1-5(a)所示。

物理意义：不同频率分量的信号通过信道受到不同程度的衰减。当非单频信号通过它时产生波形失真，这种由幅频特性不理想引起的失真称为幅频失真。

影响：对模拟通信造成波形失真，输出信噪比下降；对数字信号引起码间干扰，从而产生误码。

2）相频特性或群时延特性

图形：如图 3-1-5(b)、(c)所示。

物理意义：不同频率分量的信号通过信道受到不同的时间延迟。当非单频信号通过它时同样会产生波形失真，这种由相频特性不理想引起的失真称为相频失真，也称为群时延失真。

影响：对模拟话音通信影响并不显著，因为人耳对相频失真不敏感；对数字通信影响较大，尤其是当传输速率较高时，会引起严重的码间干扰，造成误码。

结论*：实际信道存在幅频失真和相频失真，幅频失真和相频失真都是线性失真(失真不会产生新频率分量)，线性失真通常用“均衡”技术加以弥补。

3.1.3　随参信道特性及其对信号传输的影响*

1. 随参信道实例

常见的随参信道实例有短波电离层反射信道、对流层散射信道、陆地移动信道等。

陆地移动信道中，当移动台和基站天线在视距范围之内时，电波传播的主要方式是直射波。直射波传播可以按**自由空间传播**来分析。设发射机输出给发射天线的功率为 P_T，则接收天线上获得的功率为

$$P_R = P_T G_T G_R \left(\frac{\lambda}{4\pi d}\right)^2 \tag{3-1-3}$$

式中，G_T 为发射天线增益，G_R 为接收天线增益，d 为收发天线之间的直线距离，λ 为工作频率的波长，$\lambda^2/4\pi$ 为各向同性天线的有效接收面积。自由空间损耗定义为在 G_T、G_R 都为 1 时，发射功率与接收功率的比值，即

$$L_{fs} = \frac{P_T}{P_R} = \left(\frac{4\pi d}{\lambda}\right)^2 \tag{3-1-4}$$

用 dB 表示为

$$[L_{fs}] = 32.44 + 20\lg d + 20\lg f \text{ dB} \tag{3-1-5}$$

式中，d 的单位为 km；f 为工作频率，单位为 MHz。可见，自由空间传播损耗与距离 d 及频率 f 的平方呈正比，距离或频率每增加一倍，传播损耗增加 6 dB。

当移动台在运动中通信时，接收信号频率会发生变化，称为多普勒效应，这是任何波动过程都具有的特性。多普勒效应所引起的附加频移称为多普勒频移，可用下式表示：

$$f_D = \frac{v}{\lambda}\cos\alpha \tag{3-1-6}$$

这里，α 是入射电波与移动台运动方向的夹角，见图 3-1-6，v(m/s)是运动速度，λ(m)是工作频率波长。f_D 为多普勒频移，单位 Hz。上式中，v/λ 与入射角无关，是 f_D 的最大值，称 $f_m = v/\lambda$ 为最大多普勒频移。

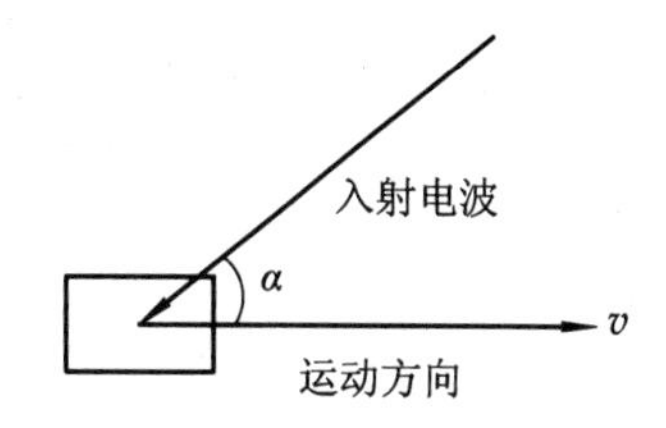

图 3-1-6 多普勒频移示意图

2. 随参信道传输特性*

随参信道的传输特性主要取决于其传输媒质(如电离层、对流层等)。随参信道的传输媒质有以下三个特点：

(1) 对信号幅度的衰耗随时间变化。

(2) 对信号的传输时延随时间变化。

(3) 多径传播。

多径传播是指从发射点发出的信号经由多条路径传输后到达同一接收点。不同的路径，对信号的衰减和时延不同，而且由于信道的时变特性，每条路径对信号的衰减和时延都随时间随机变化，所以接收端收到的信号将是衰减和时延都随机变化的各路径信号的合成，如图 3-1-7 所示。

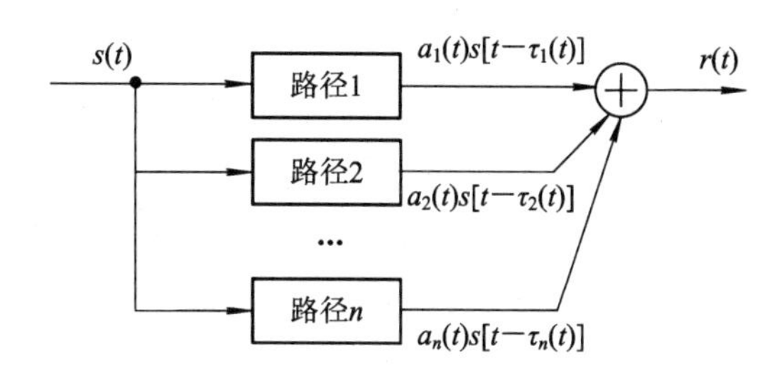

图 3-1-7 多径传播示意图

3. 多径传播对信号传输的影响*

1) 多径衰落与频率弥散

在图 3-1-7 中，设发送信号为单频余弦波 $s(t) = A\cos\omega_c t$，其波形和功率谱示意图如图 3-1-8(a)、(b)所示，则经 n 条路径传播后的接收信号为

$$r(t) = \sum_{i=1}^{n} a_i(t)\cos\omega_c[t - \tau_i(t)] = V(t)\cos[\omega_c t + \varphi(t)] \tag{3-1-7}$$

其中，$V(t)$是合成波 $r(t)$的包络，$\varphi(t)$是合成波 $r(t)$的相位，它们都是缓慢变化的随机过程。当 n 足够大时，包络 $V(t)$的一维分布服从瑞利分布，相位 $\varphi(t)$在 $0 \sim 2\pi$ 内均匀分布。故 $r(t)$是一个窄带平稳高斯过程，其波形和功率谱如图 3-1-8(c)、(d)所示。

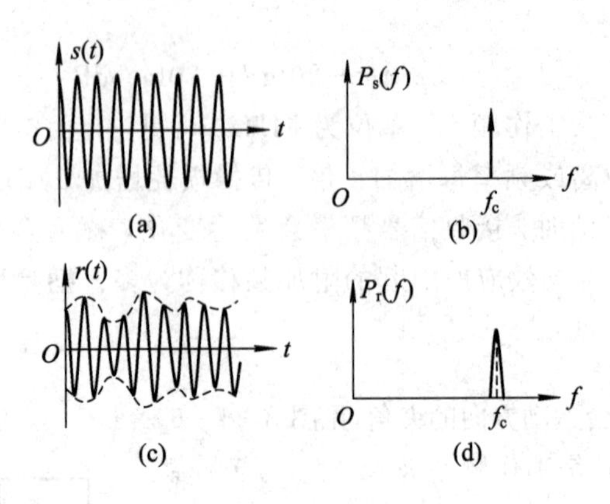

图 3-1-8 发送信号与多径接收信号对比

从图 3-1-8 可见，多径传播对信号传输有如下影响。

(1) 瑞利衰落。从波形看，振幅恒定的发送信号经多径传播后变成包络(振幅)随机起伏的波形。这种包络随机起伏的现象称为衰落。由于包络的一维分布服从瑞利分布，故又称其为瑞利衰落。

(2) 频率弥散(频率扩散)。从频域看，多径传播使单一频率变成了一个窄带谱，这种频谱的扩张现象称为频率弥散。

2) 频率选择性衰落

设发送信号 $s(t)$ 是一个含有丰富频率成分的信号(如矩形脉冲信号)，此情况下，多径传播还会引起频率选择性衰落。所谓频率选择性衰落，是指信号频谱中的某些频率分量被衰落的现象。

例如：假设只有两条路径，对信号的衰减比例相同，相对时延差为 τ，模型如图 3-1-9 所示。

接收信号 $r(t)=ks(t-t_0)+ks(t-t_0-\tau)$，两边求傅里叶变换，得信道传输特性为

$$H(\omega)=k\mathrm{e}^{-\mathrm{j}\omega t_0}(1+\mathrm{e}^{-\mathrm{j}\omega\tau}) \tag{3-1-8}$$

其幅频特性为 $|H(\omega)|=k|1+\mathrm{e}^{-\mathrm{j}\omega\tau}|=2k|\cos(\omega\tau/2)|$，示意图如图 3-1-10 所示。

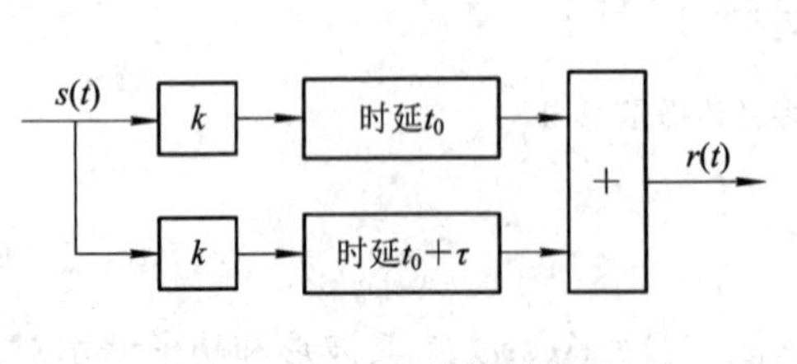

图 3-1-9 两径传播模型

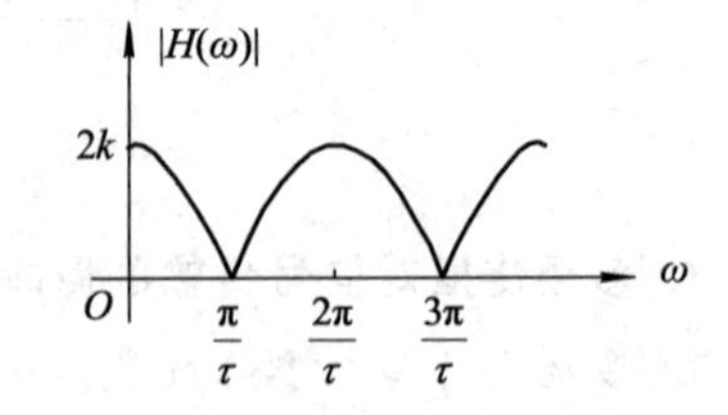

图 3-1-10 两径信道的幅频特性

由图 3-1-10 可见，幅频特性在 $f=\frac{2n+1}{2\tau}$ ($n=0$, 1, 2, 3, …)处有零点，假如 $\tau=0.5$ ms，则信号中频率为 1000 Hz、3000 Hz、5000 Hz 等分量被衰减到零，这些频率附近的分量也将受到很严重的衰落。

在有多条路径的传播中，设最大多径时延差为 τ_m，则定义多径信道的相关带宽为

$$B_c = \frac{1}{\tau_m} \tag{3-1-9}$$

它表示信道传输特性相邻零点的频率间隔。如果传输信号的频谱宽于 B_c，则该信号经信道传输后将产生明显的频率选择性衰落。为避免这种情况的出现，必须限制信号的带宽。在工程设计中，信号的带宽通常取(1/5～1/3)B_c。

4. 随参信道特性的改善——分集接收*

随参信道对信号传输影响最大的是由多径引起的衰落。抗衰落的有效措施之一是分集技术。

1) 分集的含义

分集的含义有两层：一是分散传输，使接收端能够获得多个统计独立的、携带同一信息的衰落信号；二是集中处理，即接收机将收到的多个统计独立的衰落信号进行适当的合并，从而改善系统性能。

2) 常用分集方式

(1) 空间分集：接收端设置多副天线，其间有足够距离，从而使多个接收信号统计独立。

(2) 频率分集：以不同载波频率传输同一信息，若载频频差足够大，则各个接收信号统计独立。

(3) 角度分集：用多个方向性天线，从不同角度接收从同一发射点来的信号，使接收到的多个信号统计独立。

(4) 极化分集：分别接收不同极化的信号。

3) 分集信号的分并方式

(1) 选择式合并：在多路接收信号中，选择信噪比最高的一路作为输出。

(2) 等增益合并：将接收到的各路信号以相同的加权系数进行相加，相加后的信号作为输出。

(3) 最大比值合并：各路接收信号乘以各自的加权系数后相加作为输出。每路信号的加权系数与其信噪比呈正比。

3.1.4 信道容量*

信道容量是指信道无差错传输信息的最大速率，通常用 C 表示。

信道可概括为两类，即离散信道和连续信道。

(1) 离散信道：其输入输出都是取值离散的信号，如编码信道。

(2) 连续信道：其输入输出都是取值连续的信号，如调制信道。

1. 离散信道的信道容量

离散信道的信道容量可表示为

$$C = \max_{\{P(X)\}} \mathrm{R} = \max_{\{P(X)\}} I(X, Y) \cdot r = \max_{\{P(X)\}} [H(X) - H(X \mid Y)] \cdot r \quad \text{b/s} \tag{3-1-10}$$

其中：r 是符号速率；$H(X)$为信源熵，与信源概率分布有关；$H(X|Y)$为条件熵，与信道转移概率有关，转移概率又与信道特性有关。

2. 连续信道的信道容量

连续信道的信道容量由香农公式给出。加性高斯白噪声条件下连续信道的香农公式为

$$C = B\mathrm{lb}\left(1+\frac{S}{N}\right)= B\mathrm{lb}\left(1+\frac{S}{n_0 B}\right)\quad \mathrm{b/s} \tag{3-1-11}$$

式中，B 为信道带宽(单位：Hz)，S 为信道输出端的信号功率(单位：W)，n_0 为噪声单边功率谱密度(单位：W/Hz)，$N=n_0B$ 为信道输出端的噪声功率(单位：W)。

由香农公式可得到如下结论：

(1) 增大信号功率，能提高信道容量，且有当 $S\to\infty$时，$C\to\infty$。

(2) 降低信道噪声功率谱密度，能提高信道容量，且有当 $n_0\to 0$ 时，$C\to\infty$。

(3) 增加信道带宽，可在一定范围内增加信道的容量，且有当 $B\to\infty$时，$C\to 1.44\dfrac{S}{n_0}$。

(4) 维持同样的信道容量 C，带宽 B 与信噪比 S/N 可互换。如利用宽带信号来换取所要求的信噪比的下降，广泛应用的扩频通信就基于这一点。

3.2 典型例题及解析

例 3.2.1 某调制信道的模型为如图 3-2-1 所示的两端口网络。试求该网络的传输特性，并分析信号通过该信道后产生了哪些类型的失真。

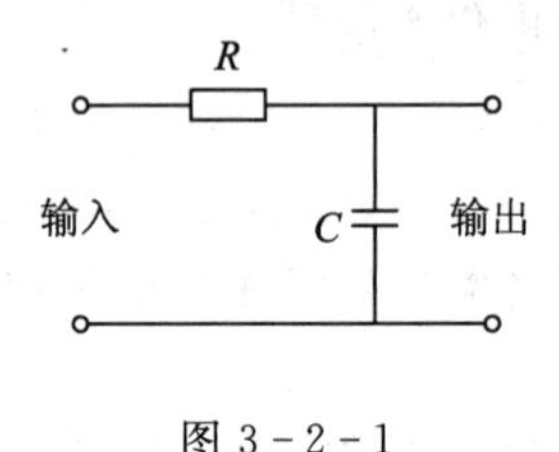

图 3-2-1

解 该信道的传输函数为

$$H(\omega)=\frac{\dfrac{1}{\mathrm{j}\omega C}}{R+\dfrac{1}{\mathrm{j}\omega C}}=\frac{1}{1+\mathrm{j}\omega RC}=\frac{1}{\sqrt{1+(\omega RC)^2}}\mathrm{e}^{-\mathrm{j}\arctan(\omega RC)}$$

其中幅频特性、相频特性及群时延特性分别为

$$|H(\omega)|=\frac{1}{\sqrt{1+(\omega RC)^2}},\quad \varphi(\omega)=-\arctan(\omega RC),\quad \tau(\omega)=\frac{\mathrm{d}\varphi(\omega)}{\mathrm{d}\omega}=\frac{RC}{1+(\omega RC)^2}$$

分析幅频特性、相频特性或群时延特性可以得到：

(1) $|H(\omega)|\neq$常数，信号通过此系统会产生幅频失真。

(2) $\varphi(\omega)$与 ω 呈非线性关系或 $\tau(\omega)\neq$常数，信号通过该信道会产生相频失真。

因此，信号通过图 3-2-1 所示的系统既会产生幅频失真，又会产生相频失真。

例 3.2.2 某发射机发射功率为 10 W，载波频率为 900 MHz，发射天线增益 $G_T=3$，接收天线增益 $G_R=2$。试求在自由空间中，距离发射机 10 km 处的路径损耗及接收机的接收功率。

解 (1) 将距离 $d=10\ \text{km}=10\ 000\ \text{m}$、工作频率 $f=900\ \text{MHz}=9\times10^8\ \text{Hz}$ 代入自由空间损耗公式得

$$L_{fs}=32.44+20\lg d+20\lg f=111.525\ \text{dB}$$

(2) 将发射功率 $P_T=10\ \text{W}$、$G_T=3$、$G_R=2$、$d=10\ \text{km}=10\ 000\ \text{m}$、$\lambda=\frac{c}{f}=\frac{3\times10^8}{9\times10^8}=\frac{1}{3}\ \text{m}$ 代入接收机接收功率公式得

$$\frac{P_T}{P_R}(\text{dB})=111.525-3-2=106.525\ \text{dB}$$

故有

$$P_R=\frac{P_T}{10^{10.6525}}=10^{-9.6525}\approx5.54\times10^{-10}\ \text{W}$$

例 3.2.3 假设某随参信道有两条路径，路径时差为 $\tau=1\ \text{ms}$，试求该信道在哪些频率上传输损耗最大？哪些频率上传输信号最有利？

解 设该信道两条路径对信号的衰减比例相同，均为 k，则该信道的幅频特性为

$$|H(\omega)|=k|1+e^{-j\omega\tau}|=2k|\cos(\omega\tau/2)|$$

当 $f=\frac{(2n+1)}{2\tau}=(n+1/2)\times10^3(n=0, 1, 2, 3, \cdots)\text{Hz}$ 时，$|H(\omega)|=0$，对传输信号的损耗最大。

当 $f=\frac{n}{\tau}=n\times10^3(n=0, 1, 2, 3, \cdots)\ \text{Hz}$ 时，$|H(\omega)|=2k$，传输信号最有利。

例 3.2.4 有扰连续信道的信道容量为10^4 b/s，信道带宽为 3 kHz。如果将信道带宽提高到 10 kHz，在保持信道容量不变的情况下，信号噪声功率比可降到多少？

解 若 $C=10^4$ b/s 且 $B=3\ \text{kHz}=3000\ \text{Hz}$，则所需的信噪比为

$$\frac{S}{N}=2^{\frac{C}{B}}-1=2^{\frac{10\ 000}{3000}}-1=2^{\frac{10}{3}}-1\approx9\ \text{dB}$$

若保持 $C=10^4$ b/s，信道带宽提高到 $B=10\ \text{kHz}=10\ 000\ \text{Hz}$，则所需的信噪比为

$$\frac{S}{N}=2^{\frac{C}{B}}-1=2^{\frac{10\ 000}{10\ 000}}-1=2-1=1\ \text{dB}$$

可见，在保持信道容量不变时，提高信道带宽可换取对信噪比要求的降低。这种信噪比和带宽的互换在通信工程中有很大的用处。例如，在宇宙飞船与地面的通信中，飞船上的发射机功率不可能很大，因此可用增大带宽的方法来换取对信噪比要求的降低。相反，如果信道频带比较紧张，如有线载波电话信道，这时主要考虑频带利用率，可通过提高信号功率来提高信噪比，从而降低对信道带宽的要求。

例 3.2.5 某电视信号每帧有 1024×540 个像素，每个像素有 3 个色彩强度和 1 个亮度参数，它们各有 8 级，每秒有 25 帧。信道信噪比为 30 dB。

(1) 求电视信号的信息速率。

(2) 求传输该信号所需要的信道带宽。

(3) 若信道带宽限制在 8 MHz，求所需的信噪比。

解 (1) 每个像素的信息量为

$$I_p=\text{lb}(4\times8)=5\ \text{bit/pix}$$

每帧图像的信息量为

$$I = 1024 \times 540 \times I_{\mathrm{p}} = 1024 \times 540 \times 5 = 2.7648 \times 10^6 \text{ bit/frame}$$

电视信号的信息速率为

$$R_{\mathrm{b}} = 25 \times I = 25 \times 2.7648 \times 10^6 = 6.912 \times 10^7 \text{ b/s}$$

(2) 由香农公式 $C = B\mathrm{lb}\left(1+\frac{S}{N}\right)$ 可知

$$B = \frac{C}{\mathrm{lb}\left(1+\frac{S}{N}\right)} = \frac{6.912 \times 10^7}{\mathrm{lb}(1+1000)} = 6.9347 \text{ MHz}$$

(3) 若信道带宽限制在 8 MHz，则

$$\mathrm{lb}\left(1+\frac{S}{N}\right) = \frac{C}{B} = \frac{8.912 \times 10^7}{8 \times 10^6} = 8.64$$

所以

$$\frac{S}{N} = 2^{8.64} - 1 = 397.9323$$

$$\left(\frac{S}{N}\right)_{\mathrm{dB}} = 10\lg\left(\frac{S}{N}\right) = 25.9981 \text{ dB} \approx 26 \text{ dB}$$

3.3 拓展提高题及解析

例 3.3.1 有多径传播信道模型如图 3-3-1 所示，设 t_0 和 τ_{d} 均为常数。

(1) 当输入信号为 $s(t)$ 时，求输出信号 $r(t)$。

(2) 对该信道的传输特性加以讨论。

(3) 信号通过此信道有失真吗？

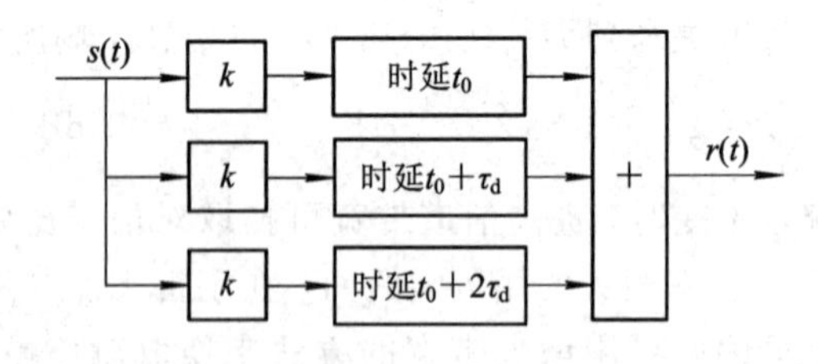

图 3-3-1

解 (1) 根据信道模型直接写出输出信号表达式为

$$r(t) = ks(t-t_0) + ks(t-t_0-\tau_{\mathrm{d}}) + ks(t-t_0-2\tau_{\mathrm{d}})$$

(2) 方法一：直接写出冲激响应，再求傅里叶变换得信道传输特性。

$$h(t) = k\delta(t-t_0) + k\delta(t-t_0-\tau_{\mathrm{d}}) + k\delta(t-t_0-2\tau_{\mathrm{d}})$$

$$\begin{aligned} H(\omega) &= F[k\delta(t-t_0) + k\delta(t-t_0-\tau_{\mathrm{d}}) + k\delta(t-t_0-2\tau_{\mathrm{d}})] \\ &= k\mathrm{e}^{-\mathrm{j}\omega t_0} + k\mathrm{e}^{-\mathrm{j}\omega(t_0+\tau_{\mathrm{d}})} + k\mathrm{e}^{-\mathrm{j}\omega(t_0+2\tau_{\mathrm{d}})} \\ &= k\mathrm{e}^{-\mathrm{j}\omega(t_0+\tau_{\mathrm{d}})}[\mathrm{e}^{+\mathrm{j}\omega\tau_{\mathrm{d}}} + 1 + \mathrm{e}^{-\mathrm{j}\omega\tau_{\mathrm{d}}}] \\ &= k(1+2\cos\omega\tau_{\mathrm{d}})\mathrm{e}^{-\mathrm{j}\omega(t_0+\tau_{\mathrm{d}})} \end{aligned}$$

方法二：在输出信号表达式两边求傅里叶变换，再根据系统传输特性的定义求得。

$$F[r(t)]=F[ks(t-t_0)+ks(t-t_0-\tau_d)+ks(t-t_0-2\tau_d)]$$

$$R(\omega)=kS(\omega)e^{-j\omega t_0}+kS(\omega)e^{-j\omega(t_0+\tau_d)}+kS(\omega)e^{-j\omega(t_0+2\tau_d)}$$

$$H(\omega)=\frac{R(\omega)}{S(\omega)}=ke^{-j\omega t_0}+ke^{-j\omega(t_0+\tau_d)}+ke^{-j\omega(t_0+2\tau_d)}=k(1+2\cos\omega\tau)e^{-j\omega(t_0+\tau_d)}$$

讨论：

① 其幅频特性 $|H(\omega)|=k(1+2\cos\omega\tau_d)$，其相频特性 $\varphi(\omega)=\omega(t_0+\tau_d)$，群时延特性为 $\tau(\omega)=t_0+\tau_d$。

② 幅频特性不是一条水平线，故有幅频失真；相频特性是 ω 的线性函数，群时延特性是一条水平线，此信道无相频失真。

(3) 单频信号通过此信道无失真，非单频信号通过有失真，因为此信道有幅频失真。

例 3.3.2 已知已调信号 $s(t)=m(t)\cos 2.02\pi\times10^5 t$ 为窄带信号，在 $s(t)$ 的频带范围内信道幅频特性为常数(假设为 1)，相频特性为 $\varphi(f)=2\pi(f-10^5)t_0+\varphi_0$，其中 t_0、φ_0 为常数，信道输出信号为 $y(t)$。

(1) 若载波频率 $f_c=10^5$ Hz，写出已调信号 $s(t)$ 的复包络与信道的等效低通传输函数 $H_L(f)$。

(2) 求信道输出信号的复包络 $y_L(t)$ 和输出信号 $y(t)$ 的表达式，写出信道的群时延。

(3) 写出信道在 $f=10^5$ Hz 附近的时延特性，问在什么情况下，该系统无相频特性失真。

解 (1) 已调信号 $s(t)$ 的复包络为

$$s_L(t)=[s(t)+j\hat{s}(t)]e^{-j2\pi f_c t}=m(t)e^{j2.02\pi f_c t}e^{-j2\pi f_c t}=m(t)e^{j0.02\pi f_c t}$$

信道的等效低通传输函数为

$$H_L(f)=\frac{1}{2}[2H(f+f_c)u(f+f_c)]=e^{j[-2\pi f t_0-\varphi_0]}$$

(2) 由 $Y_L(f)=S_L(f)H_L(f)=M(f-0.01f_c)e^{-j2\pi f t_0}e^{-j\varphi_0}$，得

$$y_L(t)=m(t-t_0)e^{j0.02\pi f_c(t-t_0)}e^{-j\varphi_0}$$

$$\begin{aligned}y(t)&=\mathrm{Re}[y_L(t)e^{j2\pi f_c t}]=\mathrm{Re}[m(t-t_0)e^{j0.02\pi f_c(t-t_0)}e^{-j\varphi_0}e^{j2\pi f_c t}]\\&=m(t-t_0)\cos[0.02\pi f_c(t-t_0)+2\pi f_c t-\varphi_0]\end{aligned}$$

群时延为

$$\tau_G(f)=\frac{d\varphi(f)}{2\pi df}=t_0$$

(3) $\tau(f)=\dfrac{\varphi(f)}{2\pi f}=\dfrac{2\pi(f-10^5)t_0+\varphi_0}{2\pi f}$，当 $\varphi_0=2\pi\times10^5 t_0$ 时，为 $\tau(f)=t_0$ 常数，此时系统无相频特性失真。

例 3.3.3 写出高斯噪声条件下的香农信道容量公式，并

(1) 证明当信号功率与噪声功率谱密度 n_0 一定时，无限增大信道带宽，信道容量趋于一定值。

(2) 带宽与信噪比的互换含义是什么，以调制信号为例加以说明。

解 由香农公式 $C=B\mathrm{lb}\left(1+\dfrac{S}{n_0B}\right)$，可以得到：

(1) 其他值都一定，当 $B\to\infty$ 时有

$$\lim_{B\to\infty}C=\frac{S}{n_0}\cdot\frac{Bn_0}{S}\mathrm{lb}\left(1+\frac{S}{n_0B}\right)\approx\frac{S}{n_0}\cdot 1.44=1.44\frac{S}{n_0}$$

其中利用了关系式 $\lim\limits_{x\to 0}\frac{1}{x}\mathrm{lb}(1+x)=\mathrm{lbe}\approx 1.44$，所以当信号功率与噪声功率谱密度 n_0 一定时，无限增大信道带宽，信道容量趋于一定值。

(2) 带宽与信噪比的互换含义：减小带宽，同时提高信噪比可以维持原来的信道容量。在调制信号中，如果信噪比一定，增大带宽可以增加信道容量，但同时可能造成信噪比下降。

例 3.3.4 设数字信号每比特信号能量为 E_b，信道噪声的双边功率谱密度为 $n_0/2$。试证明：信道无差错传输的最小 E_b/n_0 为 -1.6 dB。

证明 信号功率为 $S=E_bR_b$，噪声功率为 $N=n_0B$，令 $C=R_b$，得到

$$C=B\mathrm{lb}\left(1+\frac{S}{N}\right)=B\mathrm{lb}\left(1+\frac{E_b}{n_0}\frac{C}{B}\right)$$

对上式作适当变换，得 $\frac{E_b}{n_0}=\frac{2^{\frac{C}{B}}-1}{\frac{C}{B}}$。当 $\frac{C}{B}\to 0$ 时，得 $\frac{E_b}{n_0}$ 的最小值为

$$\left(\frac{E_b}{n_0}\right)_{\min}=\lim_{\frac{C}{B}\to 0}\frac{2^{\frac{C}{B}}-1}{\frac{C}{B}}=\lim_{\frac{C}{B}\to 0}\frac{2^{\frac{C}{B}}\ln 2}{1}=\ln 2=0.693$$

用分贝来表示，得

$$\left(\frac{E_b}{n_0}\right)_{\min\,\mathrm{dB}}=10\lg 0.693=-1.6\ \mathrm{dB}$$

例 3.3.5 某高斯随机变量 X 通过加性高斯白噪声信道传输，信道输出为 $Y=X+n$，其中 n 是高斯噪声。已知 $E[X]=E[n]=0$，$E[X^2]=P$，$E[n^2]=\sigma^2$。求信道输入和输出之间的互信息 $I(X;Y)$。

解 互信息为

$$I(X;Y)=H(Y)-H(Y\mid X)$$

Y 是均值为零、方差为 $E[Y^2]=P+\sigma^2$ 的高斯随机变量，其概率密度函数为

$$f_Y(y)=\frac{1}{\sqrt{2\pi(P+\sigma^2)}}\exp\left[-\frac{y^2}{2(P+\sigma^2)}\right]$$

故此

$$\begin{aligned}H(Y)&=-E[\mathrm{lb}f_Y(y)]=-E\left[\mathrm{lb}\left(\frac{1}{\sqrt{2\pi(P+\sigma^2)}}\exp\left(-\frac{y^2}{2(P+\sigma^2)}\right)\right)\right]\\&=\mathrm{lb}\sqrt{2\pi(P+\sigma^2)}+\frac{1}{\ln 2}E\left[\frac{y^2}{2(P+\sigma^2)}\right]\\&=\mathrm{lb}\sqrt{2\pi(P+\sigma^2)}+\frac{1}{2\ln 2}\end{aligned}$$

$$H(Y\mid X)=H(X+n\mid X)=H(n)=\mathrm{lb}\sqrt{2\pi\sigma^2}+\frac{1}{2\ln 2}$$

因此

$$I(X;Y)=\mathrm{lb}\sqrt{2\pi(P+\sigma^2)}-\mathrm{lb}\sqrt{2\pi\sigma^2}=\frac{1}{2}\mathrm{lb}\left(1+\frac{P}{\sigma^2}\right)$$

3.4 本章自测题与参考答案

3.4.1 自测题

一、填空题

1. 按传输媒质可将信道分成无线信道和有线信道，典型的无线信道有超短波视距中继信道、________等，典型的有线信道有________、________等；按传输媒质的特性可将信道分成恒参信道和随参信道，在短波电离层反射信道、卫星中继信道、光纤信道、陆地移动信道中，属于恒参信道的是____________，属于随参信道的是____________。

2. 调制信道可用一个时变线性网络来等效，信号通过时会受到_______干扰和_______干扰的影响。

3. 在图 3-4-1 所示的两个信道中，传输性能较好的信道是________。

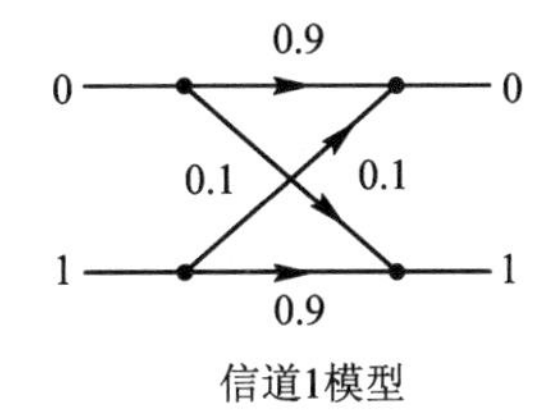

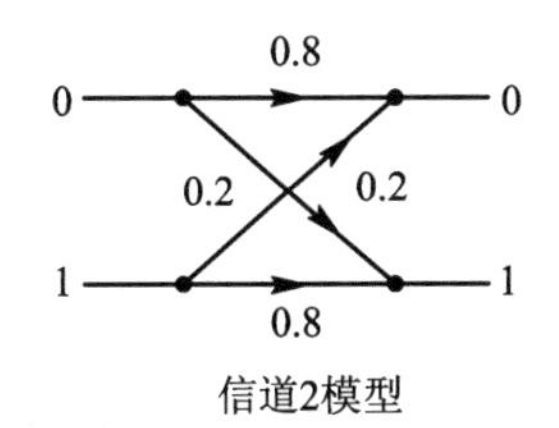

图 3-4-1

4. 若信道的幅频特性和群时延特性如图 3-4-2 所示。信道输入端的信号为 $s(t)=2\cos 20\pi t+3\cos 10\pi t$，则信道输出端的信号为________。

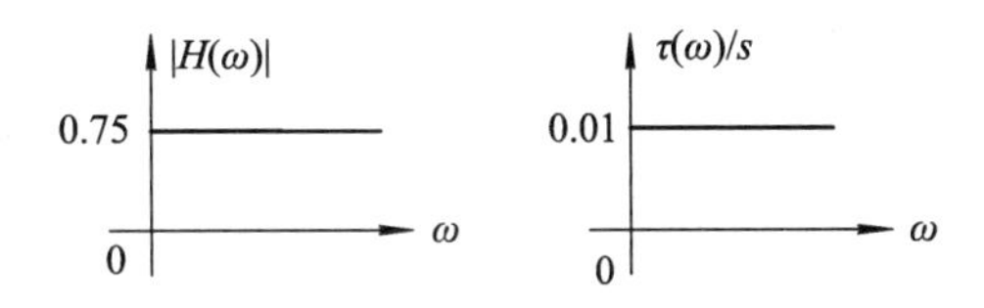

图 3-4-2

5. 随参信道有三个特点，一是对信号的衰减程度随时间而变，二是________随时间而变，三是________。

6. 随参信道的多径传播会引起________衰落、________衰落和频率________。

7. 信号在随参信道中传输时，产生频率选择性衰落的主要原因是________。

8. 某电离层发射信道的最大多径时延差为 2 ms，为避免频率选择性衰落，工程上认为在该信道上传输数字信号的码元速率不应超过________Baud。

9. 香农信道容量公式 $C=B\text{lb}\left(1+\dfrac{S}{n_0 B}\right)$ 是在________条件下推导得到的。

10. 若信道传输带宽为 10 kHz，信噪比为 30 dB，则该信道的最高信息传输速率理论值为________b/s。

二、选择题

1. 下列信道中属于随参信道的是(　　　　)。

A. 双绞线　　B. 卫星中继信道　　C. 短波信道　　D. 微波中继信道

2. 在数字通信系统模型中，编码信道的范围是(　　　　)。

A. 从数字调制器输出到数字解调器输入 B. 从信道编码器输出到信道译码器输入

C. 从信源编码器输出到信源译码器输入 D. 从信道编码器输入到信道译码器输出

3. 下列信道中会引起多径衰落的信道是(　　　　)。

A. 同步轨道卫星中继信道　　B. 有线电视视频电缆

C. 网线　　D. 陆地移动信道

4. 在最大时延差为 τ_m 的多径信道中传输信号，为避免出现严重的频率选择性衰落，应将传输信号的带宽限制在(　　　　)。

A. $1/\tau_m$　　B. $(3\sim5)/\tau_m$　　C. $(1/5\sim1/3)/\tau_m$　　D. $(3\sim5)\tau_m$

5. 信号 $s(t)=2\cos4\pi t+\cos8\pi t$ 通过传输特性如图 3-4-3 所示的恒参信道，其输出(　　　　)。

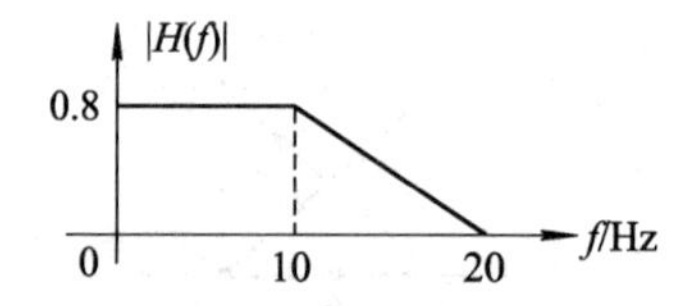

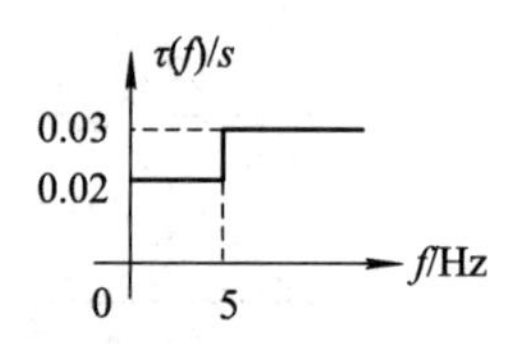

图 3-4-3　某信道幅频特性和相频特性

A. 有幅频失真　　B. 有相频失真

C. 既有幅频失真，又有相频失真　　D. 既无幅频失真，又无相频失真

6. 恒参信道的相频失真，对模拟通话质量影响(　　　　)。

A. 很大　　B. 不显著　　C. 显著　　D. 不存在

7. 恒参信道传输特性的不理想会引起信号的(　　　　)失真和(　　　　)失真。

A. 高频；低频　　B. 幅频；相频　　C. 低频；相位　　D. 码间；频率

8. 下列选项中，(　　　　)与无线通信中的多径现象无关。

A. 码间干扰　　B. 门限效应　　C. 频率选择性衰落　　D. 瑞利衰落

9. 下列 4 个信道中信道容量最大的是(　　　　)。

A. 带宽为 $B=3$ kHz，信噪比 $S/N=10$ dB

B. 带宽为 $B=3$ kHz，信噪比 $S/N=10$

C. 带宽为 $B=3$ kHz，信号功率 $S=3$ mW，噪声单边功率谱密度 $n_0=1\times10^{-7}$ W/Hz

D. 带宽为 $B=6$ kHz，信号功率 $S=3$ mW，噪声单边功率谱密度 $n_0=1\times10^{-7}$ W/Hz

10. 给定信号功率 S 和噪声单边功率谱密度 n_0，当信道带宽 $B\to\infty$ 时，信道容量(　　　　)。

A. 趋近于 0　　B. 趋近于无穷大　　C. 趋近于 $1.44S/n_0$　　D. 趋近于 S/n_0

三、简答题

1. 什么是二进制编码信道？画出示意图并求出误码率公式。

2. 简述分集接收的原理，并给出不同支路信号合并的主要方式。

3. 请写出著名的香农连续信道容量公式，并说明各个参数的含义及单位。

4. 假设某随参信道有两条路径，路径时差为 $\tau=10$ ms，试求该信道在哪些频率上传输损耗最大？哪些频率上传输信号最有利？

四、综合题

1. 信号 $s_1(t)=2\cos 8\pi t+2\cos 16\pi t$ 和信号 $s_2(t)=2\cos 30\pi t+2\cos 35\pi t$ 分别通过图 3-4-4 所示的恒参信道。

(1) 指出它们存在何种失真。

(2) 写出输出信号表达式。

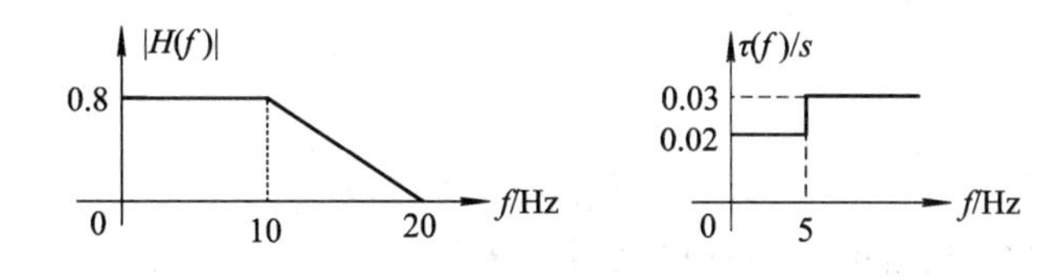

图 3-4-4 某信道幅频特性和群延时特性

2. 设某随参信道的最大多径时延差为 2 μs，为避免发生频率选择性衰落，试估算在该信道上传输的数字信号的码元脉冲宽度。

3. 已知某信道无差错传输的最大信息速率为 $R_{\max}$ b/s，信道的带宽为 $B=\frac{R_{\max}}{2}$ Hz，设信道中噪声为高斯白噪声，其功率谱密度为$\frac{n_0}{2}$ W/Hz，试求此时系统中信号的平均功率。

4. 某一待传输的图片约含 2.5×10^6 个像素，为了很好地重现图片，需要将每个像素量化为 16 个量化电平之一，假若所有这些亮度电平等概出现且互不相干，并设加性高斯噪声信道中的信噪比为 30 dB，试计算用 3 min 传送一张这样的图片所需的最小信道带宽(假设不压缩编码)。

3.4.2 参考答案

一、填空题

1. 短波电离层反射信道；同轴电缆；光纤；卫星中继信道和光纤信道；短波电离层反射信道和陆地移动信道。
2. 乘性干扰；加性干扰。
3. 信道 1。因为信道 1 的错误转移概率 0.1 小于信道 2 的错误转移概率 0.2。
4. $2\times0.75\cos 20\pi(t-0.01)+3\times0.75\cos 10\pi(t-0.01)=0.75s(t-0.01)$，是输入信号的缩小和时延。
5. 传输时延；多径传播。6. 瑞利衰落(多径衰落)；频率选择性；弥散(扩散)。
7. 多径传播。8. 167。9. 带宽有限、平均功率有限的高斯白噪声连续信道。
10. 9.97×10^4。

二、选择题

1. C；2. B；3. D；4. C；5. D；6. B；7. B；8. B；9. D；10. C。

三、简答题

1. 以二进制为编码进制的信道称为二进制编码信道，示意图如图 3-4-5 所示。其中，$P(0/0)$和 $P(1/1)$为正确转移概率，$P(0/1)$和 $P(1/0)$为错误转移概率。

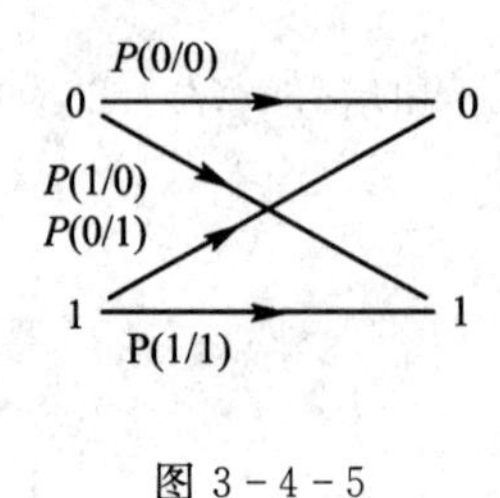

图 3-4-5

误码率公式为

$$P_e = P(0)P(1/0) + P(1)P(0/1)$$

2. (1) 分集接收，是指接收端对它收到的多个衰落特性相互独立(携带同一信息)的信号进行特定处理的一种方法，它不仅可以降低发射功率，而且还可以降低信号电平起伏。

分集的基本原理是通过多个信道(时间、频率或者空间)接收到承载相同信息的多个副本，由于多个信道的传输特性不同，信号多个副本的衰落就不会相同。接收机使用多个副本包含的信息能比较正确地恢复出原发送信息。

(2) 不同支路信号合并的主要方式如下。

① 选择性合并：选择性合并是检测所有分集支路的信号，以选择其中信噪比最高的那一支路的信号作为合并器的输出。

② 最大比值合并：最大比值合并是一种最佳合并方式，它对多路信号进行同相加权合并，权重是由各支路信号所对应的信号功率与噪声功率的比值所决定的，最大比值合并的输出 SNR 等于各支路 SNR 之和。

③ 等增益合并：等增益合并无需对信号加权，各支路的信号是等增益相加的。

3. 著名的香农连续信道容量公式为 $C=B\text{lb}\left(1+\frac{S}{N}\right)=B\text{lb}\left(1+\frac{S}{n_0B}\right)$(b/s)。其中：$B$为信道带宽，单位为赫兹(Hz)；$S$ 为信号功率，单位为瓦(W)；n_0 为高斯白噪声的单边功率谱密度，单位为瓦/赫兹(W/Hz)。

4. 该信道的幅频特性为$|H(f)| =k|1+e^{-j2\pi f\tau}|=2k|\cos(\pi f\tau)|$，由此可知：

在 $f=\frac{(2n+1)}{2\tau}=(n+1/2)\times 10^3$ (Hz) ($n=0, 1, 2, \cdots$) 时，$|H(f)|=2k|\cos(\pi f\tau)|=0$，对传输信号的损耗最大，将信号衰减到零。

在 $f=\frac{n}{\tau}=n\times 10^3$(Hz)($n=0, 1, 2, \cdots$)时，$|H(f)|=2k|\cos(\pi f\tau)|=2k$，对传输信号的损耗最小，传输信号最有利。

四、综合题

1. (1) 信号 $s_1(t)$含有两个频率成分，频率分别为 4 Hz 和 8 Hz。由图 3-4-4 所示的幅频特性可知，这两个频率成分通过时，均受到信道的衰减，且衰减幅度相同，均为 0.8，故 $s_1(t)$通过此信道时不会引起幅频失真。由信道的群时延特性可见，4 Hz 频率成分通过时受到的时间延时为0.02 s，而8 Hz频率成分通过时则会受到0.03 s的时间延时，可见有群时延失真，即有相频失真。同理，$s_2(t)$的两个频率成分分别是15 Hz和17.5 Hz，通过图3-4-4所示的信道时，受到的幅度衰减分别为0.4和0.2，受到的时间延时均为0.03 s，故$s_2(t)$通过此信道时存在幅频失真，但不会引起群时延(相频)失真。

(2) 综合上述分析，$s_1(t)=2\cos 8\pi t+2\cos 16\pi t$通过信道后的输出表达式为

$$s_{1o}(t)=2\times 0.8\cos 8\pi(t-0.02)+2\times 0.8\cos 16\pi(t-0.03)$$

$s_2(t)=2\cos 30\pi t+2\cos 35\pi t$通过信道后的输出表达式为

$$s_{2o}(t)=2\times 0.4\cos 30\pi(t-0.03)+2\times 0.2\cos 35\pi(t-0.03)$$

2. 为避免出现频率选择性衰落，通常取信号带宽

$$B=\left(\frac{1}{5}\sim\frac{1}{3}\right)B_c=\frac{1/5\sim 1/3}{\tau_m}$$

码元宽度等于数字基带信号带宽的倒数，所以信号码元宽度为

$$T_s=\frac{1}{B}=(3\sim 5)\tau_m=(6\sim 10)\mu s$$

3. 对信道容量公式$C=B\text{lb}\left(1+\frac{S}{n_0B}\right)$作适当变换，并将最大信息速率代入信道容量可得

$$\left(1+\frac{S}{n_0B}\right)=2^{C/B}=4$$

求得

$$S=(4-1)n_0B=\frac{3}{2}n_0R_{\max}(\text{W})$$

4. 由题意知，每个像素的信息量为

$$-\text{lb}\left(\frac{1}{16}\right)=4\ \text{bit}$$

故一张图片的信息量为

$$I=2.5\times 10^6\times 4=10^7\ \text{bit}$$

3 min传送一张图片所需的信息速率为

$$R_b=\frac{10^7}{3\times 60}=\frac{1}{18}\times 10^6\ \text{b/s}$$

又已知信道中信噪比为30 dB，即$30=10\lg(S/N)$，所以信噪比$S/N=1000$。由香农公式$C=B\text{lb}\left(1+\frac{S}{N}\right)$得

$$C=B\text{lb}\left(1+\frac{S}{N}\right)=B\text{lb}(1+1000)\geqslant R_b=\frac{1}{18}\times 10^6$$

从中可求得

$$B\geqslant\frac{\frac{1}{18}\times 10^6}{\text{lb}(1+1000)}\approx 5.57\ \text{kHz}$$

即3 min传送一张这样的图片所需的最小信道带宽约为5.57 kHz。

第 4 章 模拟调制系统

4.1 考点提要

4.1.1 调制的作用与分类

1. 调制的作用

调制的定义：按调制(基带)信号的变化规律去控制高频正弦(余弦)波或周期性脉冲信号的某些参量，使受控参量随调制信号的变化而变化的过程。

调制的作用：① 从时域看，使受控参量携带需要传输的基带信号；② 从频域看，可使基带信号的频谱搬移到给定信道内。通过调制，可实现：

(1) 信号与信道的匹配；

(2) 可缩小天线的尺寸；

(3) 可实现频率分配；

(4) 可实现频分多路复用；

(5) 可减小噪声和干扰的影响。

解调是调制的逆过程，其作用是从已调信号中恢复出调制信号。

2. 调制的分类

(1) 按调制信号是模拟信号还是数字信号，可分为模拟调制和数字调制。

(2) 按载波是正弦(余弦)波还是周期性脉冲信号，可分为正弦(余弦)载波调制和脉冲调制。

(3) 按被调参量可分为幅度调制、频率调制和相位调制，后两种统称为角度调制。

(4) 按调制前后信号频谱结构是否发生变化，可分为线性调制和非线性调制。若调制后的频谱仅在位置上发生了搬移，并未产生新的频率成分，则为线性调制；若调制后的频谱还产生了新的频率成分，则为非线性调制。

本章主要讨论正弦载波模拟调制，主要包括以下两种。

(1) 幅度调制(线性调制)：调制信号控制载波的振幅，包括完全调幅(AM)、双边带(DSB)、单边带(SSB)、残留边带(VSB)；

(2) 角度调制(非线性调制)：调制信号控制载波的角度，包括频率调制(FM)和相位调制(PM)。

4.1.2　幅度调制*

幅度调制的一般模型如图 4-1-1 所示，其中 $m(t)$ 为调制信号，均值为 0；载波 $c(t)=\cos 2\pi f_c t$；$h(t)$ 是滤波器的冲激响应；$s_m(t)$ 为已调信号。

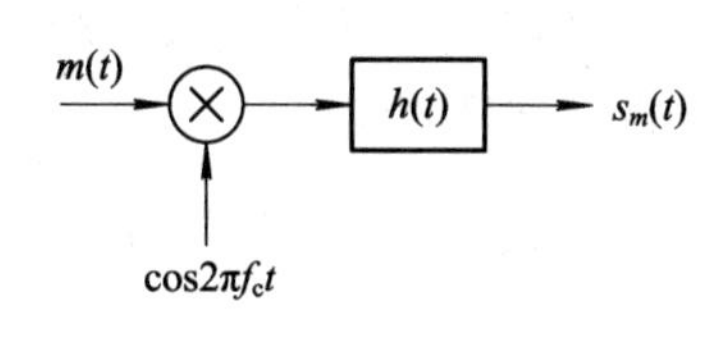

图 4-1-1　幅度调制的一般模型

选择不同特性的滤波器可得到不同的幅度调制方式。

(1) 完全振幅调制(AM，标准调幅)：滤波器是个全通网络，调制信号 $m(t)$ 在与载波相乘之前叠加上一个直流分量 A_0，且要求 $A_0 \geqslant |m(t)|_{\max}$。

(2) 抑制载波的双边带调制(DSB)：滤波器为全通网络。

(3) 单边带调制(SSB)：滤波器是截止频率为 f_c 的高通或低通网络。

(4) 残留边带调制(VSB)：滤波器为特定的具有互补特性的网络。

1. 完全幅度调制(AM)*

1) AM 调制原理

AM 调制模型如图 4-1-2 所示，其时域表达式为

$$s_{AM}(t) = [A_0 + m(t)]\cos 2\pi f_c t = A(t)\cos 2\pi f_c t \tag{4-1-1}$$

式中，$\overline{m(t)}=0$，且 $A_0 \geqslant |m(t)|_{\max}$，$A(t)=A_0+m(t)$ 为已调信号的振幅。调制过程波形如图 4-1-3 所示。

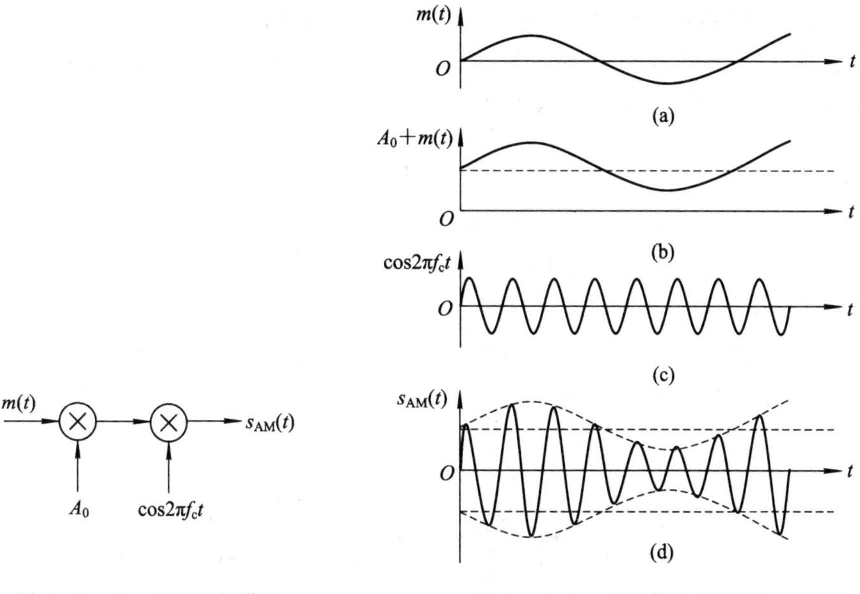

图 4-1-2　AM 调制模型

图 4-1-3　AM 信号波形图

衡量 AM 信号调制程度(深度)的参数是调幅系数或称为调幅度，反映基带信号改变载波幅度的程度，定义为

$$m = \frac{A(t)_{\max} - A(t)_{\min}}{A(t)_{\max} + A(t)_{\min}} \tag{4-1-2}$$

一般 $m \leqslant 1$，当 $m=1$ 时称为满调幅。当 $m(t)=A_m\cos 2\pi f_m t$ 时，$m=|m(t)|_{\max}/A_0 = A_m/A_0$。

2) AM信号的频谱及带宽

AM信号的频谱为

$$s_{AM}(f)=\frac{A_0}{2}[\delta(f-f_c)+\delta(f+f_c)]+\frac{1}{2}[M(f-f_c)+M(f+f_c)] \tag{4-1-3}$$

如图4-1-4所示，由图得到：

(1) AM信号频谱 $s_{AM}(f)$是调制信号频谱$M(f)$的线性搬移；

(2) AM信号有载波分量 f_c，便于载波同步的提取；

(3) AM信号的频谱中含有对称于载频的上、下两个边带，它们具有相同的信息；

(4) AM信号的带宽 $B_{AM}=2f_H$，f_H 是模拟基带信号的最高频率。

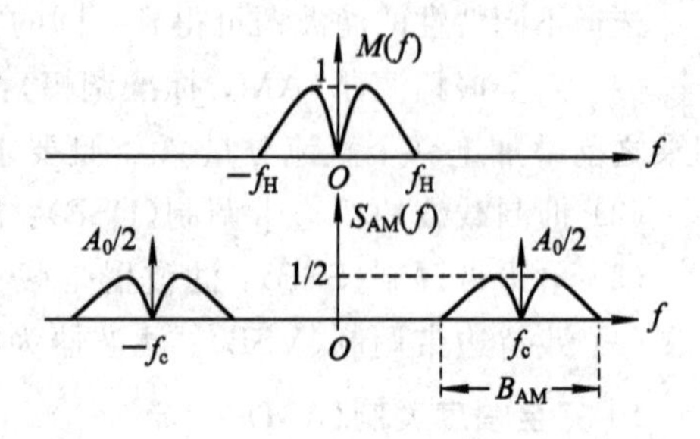

图4-1-4 AM信号的频谱

3) AM信号的功率和传输效率

AM信号的平均功率为

$$P_{AM}=\frac{A_0^2}{2}+\frac{\overline{m^2(t)}}{2}=P_c+P_s \tag{4-1-4}$$

式中，$P_c=A_0^2/2$ 为载波功率，$P_s=\overline{m^2(t)}/2$ 为边带信号功率。

调制效率(传输效率)定义为携带信息的边带功率与调制信号总功率之比。此值越大，表明调幅信号平均功率中真正携带信息的部分越多。

$$\eta_{AM}=\frac{P_s}{P_{AM}}=\frac{P_s}{P_c+P_s}=\frac{\overline{m^2(t)}}{A_0^2+\overline{m^2(t)}} \tag{4-1-5}$$

η_{AM}通常很小。例如，方波信号满调幅时的 $\eta_{AM}=50\%$，这也是AM调制能达到的最大传输效率。可见，AM信号的功率利用率很低。

4) AM信号的解调

AM信号的解调可用相干解调或包络解调。实际应用中，主要采用电路简单的包络解调(是一种非相干解调方法)，原理框图如图4-1-5所示。

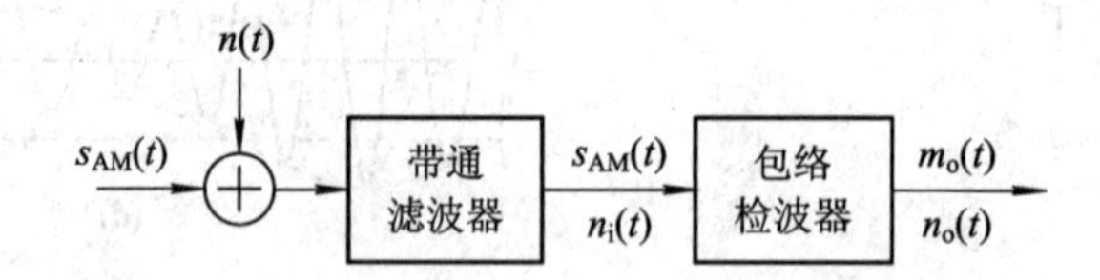

图4-1-5 AM信号包络解调器

图4-1-5中，包络检波器输出 $s_{AM}(t)$的包络 $A_0+m(t)$，隔直流后输出

$$m_o(t)=m(t) \tag{4-1-6}$$

衡量输出信号质量用输出信噪比，即

$$\frac{S_o}{N_o}=\frac{\text{解调器输出端调制信号的平均功率}}{\text{解调器输出端噪声的平均功率}}=\frac{\overline{m_o^2(t)}}{\overline{n_o^2(t)}} \tag{4-1-7}$$

经推导得 AM 包络解调器的输出信噪比为

$$\frac{S_o}{N_o}=\frac{\overline{m^2(t)}}{2n_0 f_H} \tag{4-1-8}$$

解调器的性能用调制制度增益 G 来衡量，它定义为解调器的输出信噪比与输入信噪比之比，即

$$G=\frac{S_o/N_o}{S_i/N_i} \tag{4-1-9}$$

G 值越大，表明解调器对输入信噪比的改善越多，解调器抗噪声性能越好。

AM 包络解调器的调制制度增益为

$$G_{AM}=\frac{2\,\overline{m^2(t)}}{A_0^2+\overline{m^2(t)}} \tag{4-1-10}$$

为能采用包络解调，要求 $A_0\geqslant|m(t)|_{max}$，故 $G_{AM}\leqslant 1$。例如，当调制信号为正弦信号且满调幅时，可求得 $G_{AM}=\frac{2}{3}$。由此可见，解调器对输入信噪比不但没有改善，而且恶化了，这说明包络解调器的抗噪声性能是比较差的。除此之外，包络解调器还存在“门限效应”，即存在一个门限值，当输入信噪比小于门限值时，输出信噪比将急剧下降。“门限效应”是包络检波器的非线性引起的。因此，包络解调器适合在大信噪比场合应用，如中短波调幅广播。当 $A_0<|m(t)|_{max}$时，AM 出现过调幅，不能采用包络解调。

AM 信号相干解调的原理框图如图 4-1-6 所示。

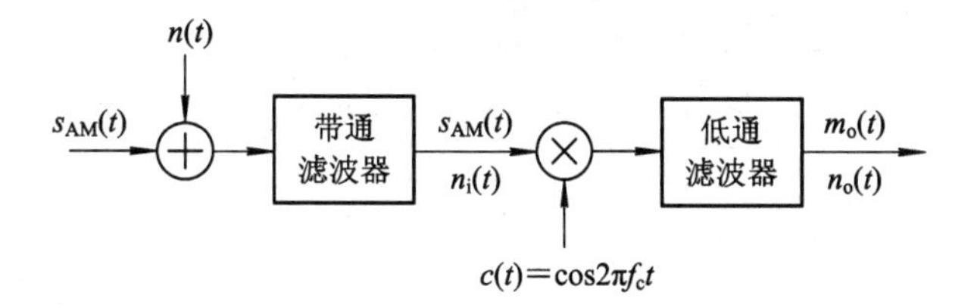

图 4-1-6　AM 信号相干解调器

经推导得 AM 相干解调器的输出信号：

$$m_o(t)=\frac{1}{2}m(t)$$

输出信噪比：

$$\frac{S_o}{N_o}=\frac{\overline{m^2(t)}}{2n_0 f_H}$$

调制制度增益：$G_{AM}=\dfrac{2\,\overline{m^2(t)}}{A_0^2+\overline{m^2(t)}}$，最大 $G_{AM}=\dfrac{2}{3}$(正弦满调幅)，同大信号包络解调。

2. 抑制载波的双边带(DSB)调制 *

1) DSB 调制原理

为提高调制效率，在 AM 信号中去掉载波，由此得到 DSB 调制。DSB 调制框图如图 4-1-7 所示。DSB 信号的表达式

$$s_{DSB}(t)=m(t)\cos 2\pi f_c t \tag{4-1-11}$$

式中，$\overline{m(t)}=0$。调制过程波形图如图 4-1-8 所示。

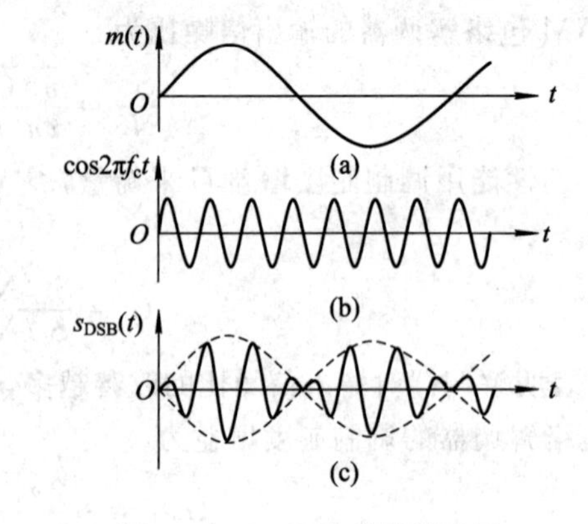

图 4-1-7　DSB 调制器　　　　图 4-1-8　DSB 信号波形图

2）DSB 信号的频谱、带宽和功率

DSB 信号频谱为

$$S_{\mathrm{DSB}}(f)=\frac{1}{2}[M(f-f_c)+M(f+f_c)] \tag{4-1-12}$$

如图 4-1-9 所示，包含两个信号边带。

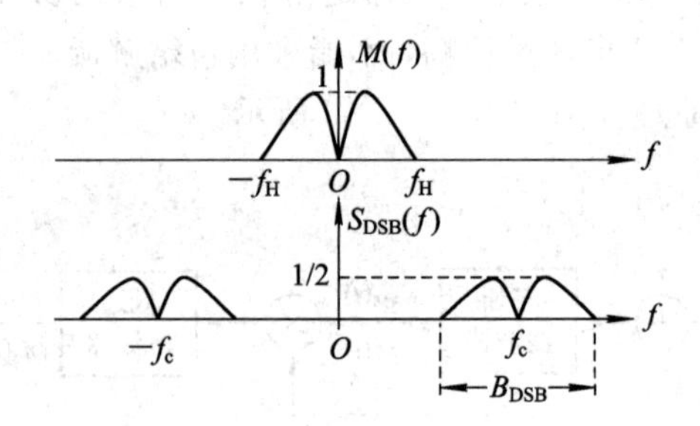

图 4-1-9　DSB 信号的频谱

DSB 信号带宽：$B_{\mathrm{DSB}}=2f_{\mathrm{H}}$，与 AM 信号带宽相同。

DSB 信号功率：$P_{\mathrm{DSB}}=\frac{1}{2}\overline{m^2(t)}=P_s$。故 DSB 调制效率 $\eta_{\mathrm{AM}}=\frac{P_s}{P_{\mathrm{DSB}}}=1$。

3）DSB 信号的解调

DSB 信号只能采用相干解调(同步解调)，解调方框图同图 4-1-6。

(1) 解调器输出信噪比为

$$\frac{S_o}{N_o}=\frac{\frac{1}{4}\overline{m^2(t)}}{\frac{1}{4}n_0B}=\frac{\overline{m^2(t)}}{n_0B}=\frac{\overline{m^2(t)}}{2n_0f_{\mathrm{H}}} \tag{4-1-13}$$

(2) 解调器输入信噪比为

$$\frac{S_i}{N_i}=\frac{\frac{1}{2}\overline{m^2(t)}}{n_0B}=\frac{\overline{m^2(t)}}{4n_0f_{\mathrm{H}}} \tag{4-1-14}$$

(3) DSB 相干解调器的调制制度增益为

$$G_{\mathrm{DSB}}=\frac{S_o/N_o}{S_i/N_i}=2 \tag{4-1-15}$$

可见，DSB 相干解调器使输入信噪比提高一倍，原因是相干解调把噪声中的正交分量抑制掉，从而使噪声功率减半。

由于相干解调需一个与接收信号中的载波同频同相的本地载波（称为相干载波），因此设备较 AM 包络解调复杂。

3. 单边带(SSB)调制*

SSB 是目前短波通信的一种重要调制方式。

1）SSB 信号的产生

用边带滤波器滤除双边带信号中的一个边带即为 SSB 调制。SSB 调制器原理框图如图 4-1-10 所示。根据边带滤波器传输特性 $H(f)$ 的不同，可产生上边带信号或下边带信号，频谱示意图如图 4-1-11 所示。

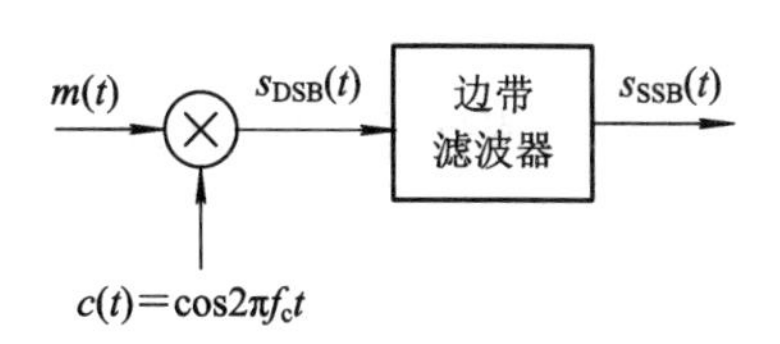

图 4-1-10　SSB 调制器

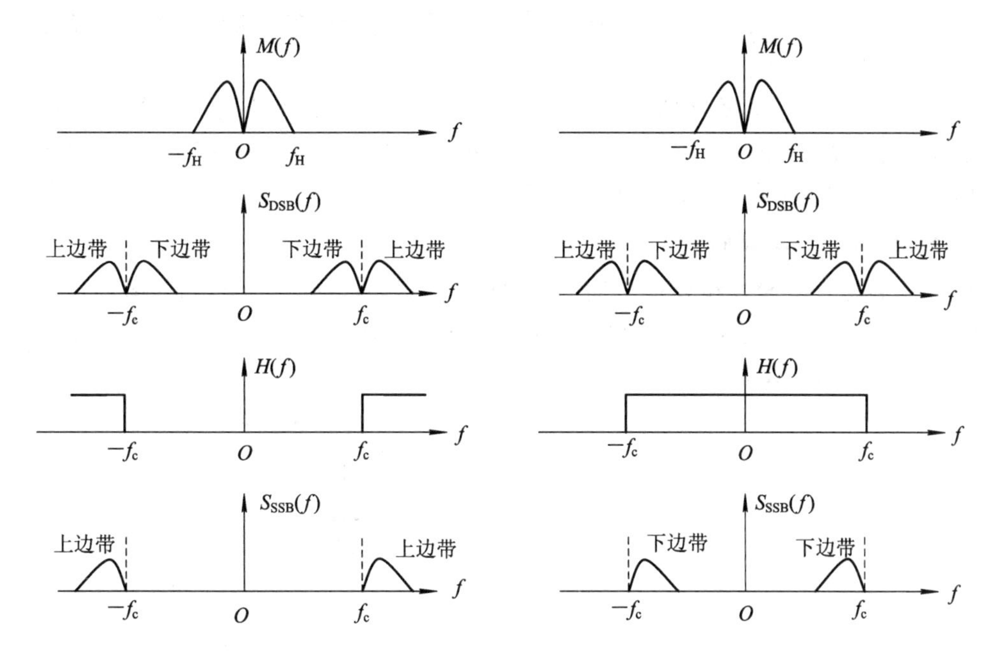

图 4-1-11　SSB 信号产生过程频谱示意图

结论：

(1) SSB 信号的带宽是 DSB 信号带宽的一半，即 $B_{SSB}=\frac{1}{2}B_{DSB}=f_H$；

(2) SSB 信号的时域表达式为 $s_{SSB}(t)=\frac{1}{2}m(t)\cos2\pi f_c t\mp\frac{1}{2}\hat{m}(t)\sin2\pi f_c t$，其中 $\hat{m}(t)$ 是 $m(t)$ 的希尔伯特变换，“−”表示上边带信号，“+”表示下边带信号；

(3) 可根据 SSB 时域表达式用合成方法产生 SSB 信号，即相移法；

(4) SSB 实现复杂。滤波法要求有陡峭的高通或低通滤波器传输特性，相移法需要一个对信号中所有频率成分移相 −90°的希尔伯特变换器。

2）SSB 信号的解调

SSB 与 DSB 一样，只能采用相干解调，解调框图同图 4-1-6，其中带通滤波器的带

宽为 f_H。

(1) 解调器输出信噪比为

$$\frac{S_o}{N_o}=\frac{\frac{1}{16}\overline{m^2(t)}}{\frac{1}{4}n_0B}=\frac{\overline{m^2(t)}}{4n_0f_H} \tag{4-1-16}$$

(2) 解调器输入信噪比为

$$\frac{S_i}{N_i}=\frac{\frac{1}{4}\overline{m^2(t)}}{n_0B}=\frac{\overline{m^2(t)}}{4n_0f_H} \tag{4-1-17}$$

(3) 解调器的调制制度增益为

$$G_{SSB}=\frac{S_o/N_o}{S_i/N_i}=1 \tag{4-1-18}$$

由式(4-1-18)可见，SSB 解调器对其输入信噪比并无改善，这是因为 SSB 信号和窄带高斯噪声中的正交分量都被抑制掉了。

需要注意的是，不能因为 $G_{SSB}=1$ 而 $G_{DSB}=2$，就认为在抗噪声性能上 DSB 系统优于 SSB 系统，这是由于 $B_{DSB}=2B_{SSB}$，故当有相同输入信号功率 S_i 和噪声功率谱密度 n_0 时，两者输出信噪比相等，即两者的抗噪声性能相同。

4. 残留边带(VSB)调制*

VSB 调制是介于 SSB 和 DSB 之间的一种折中方式。VSB 调制器框图如图 4-1-12 所示，先产生 DSB 信号，再用残留边带滤波器 $H_{VSB}(f)$ 形成残留边带信号，其调制过程的频谱示意图如图 4-1-13 所示。

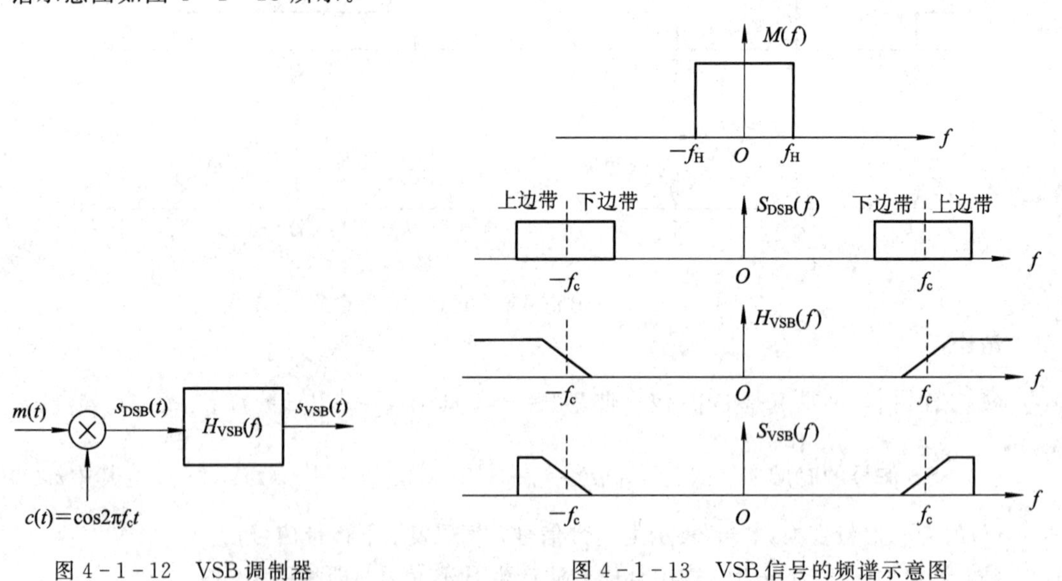

图 4-1-12 VSB 调制器

图 4-1-13 VSB 信号的频谱示意图

结论：

(1) VSB 信号带宽介于 DSB 和 SSB 信号带宽之间，即 $B_{SSB}<B_{VSB}<B_{DSB}$；

(2) VSB 比 SSB 所需带宽有所增加，但实现难度大大降低；

(3) VSB 信号只能采用相干解调，解调框图与 DSB 的相同，为保证无失真地恢复原调

制信号，残留边带滤波器的传输特性 $H_{VSB}(f)$在 f_c 处必须满足互补滚降特性，即

$$H_{VSB}(f+f_c)+H_{VSB}(f-f_c)=\text{常数} \quad |f|\leqslant f_H \tag{4-1-19}$$

(4) VSB 解调的抗噪声性能分析较为复杂，当残留边带不大时，可近似认为与 SSB 系统的抗噪声性能相同；

(5) VSB 广泛应用在广播电视信号的传输中。因为这些信号的低频分量十分丰富，如果采用 SSB 调制，对 SSB 的边带滤波器将提出过高要求。

综合上述，有如下结论：

(1) SSB 占用带宽最少，故频带利用率(有效性)最高；

(2) DSB 与 SSB 的抗噪声性能相同，优于 AM 调制；

(3) AM 包络解调最易实现，而 SSB 的实现最为困难。

4.1.3　角度调制*

载波的频率或相位随调制信号变化的调制称为角度调制，简称角调制。角度调制分为调频(FM)和调相(PM)。由于角度调制信号的频谱在搬移的同时频谱结构发生了变化，故属于非线性调制。

1. 角度调制的基本概念*

1) 角度调制的一般表达式

$$s_m(t)=A\cos[2\pi f_c t+\varphi(t)] \tag{4-1-20}$$

其中 A 是载波的恒定振幅；$\theta(t)=2\pi f_c t+\varphi(t)$是角度调制信号的瞬时相位，而 $\varphi(t)$是瞬时相位偏移；$\omega(t)=\mathrm{d}[2\pi f_c t+\varphi(t)]/\mathrm{d}t$ 是角度调制信号的瞬时角频率，而 $\mathrm{d}\varphi(t)/\mathrm{d}t$ 称为瞬时角频率偏移。

2) 调相(PM)

调相是指瞬时相位偏移随调制信号 $m(t)$作线性变化，即

$$\varphi(t)=K_P m(t) \tag{4-1-21}$$

其中 K_P 是常数，称为调相灵敏度，单位是弧度/伏(rad/V)。调相信号的表达式为

$$s_{PM}(t)=A\cos[2\pi f_c t+K_p m(t)] \tag{4-1-22}$$

3) 调频(FM)

调频是指瞬时角频率偏移随调制信号 $m(t)$而变化，即

$$\frac{\mathrm{d}\varphi(t)}{\mathrm{d}t}=K_f m(t) \tag{4-1-23}$$

其中 K_f 是常数，称为调频灵敏度，单位是弧度/(秒·伏)(rad/(s·V))。瞬时相位偏移为

$$\varphi(t)=K_f\int_{-\infty}^{t}m(\tau)\mathrm{d}\tau \tag{4-1-24}$$

调频信号的表达式为

$$s_{FM}(t)=A\cos\left[2\pi f_c t+K_f\int_{-\infty}^{t}m(\tau)\mathrm{d}\tau\right] \tag{4-1-25}$$

结论：

(1) PM 和 FM 信号非常相似，若不知道调制信号 $m(t)$，则无法判定一个角调制信号是调相信号还是调频信号；

(2) 调频与调相可相互转换。调制信号积分后调相即为调频信号；调制信号微分后调频则为调相信号。

(3) 角度调制信号的两个重要参量

① 最大频率偏移：$\Delta\omega=|\omega(t)-\omega_c|_{max}$(最大瞬时角频率偏移)及 $\Delta f=\Delta\omega/(2\pi)$(最大瞬时频率偏移)

② 最大相位偏移：$\Delta\theta=|\Delta\theta(t)|_{max}=|\theta(t)-2\pi f_c t|_{max}$，最大瞬时相位偏移。对于调频信号，又称调频指数 m_f，有 $m_f=K_f\left|\int_{-\infty}^{t}m(\tau)d\tau\right|_{max}$。

2. 窄带调频(NBFM)

当 $\left|K_f\left[\int_{-\infty}^{t}m(\tau)d\tau\right]\right|_{max}\ll\frac{\pi}{6}$(或0.5)时的调频称为窄带调频。NBFM信号表达式为

$$s_{NBFM}(t)\approx\cos2\pi f_c t-\left[K_f\int_{-\infty}^{t}m(\tau)d\tau\right]\sin2\pi f_c t \tag{4-1-26}$$

NBFM信号的频谱为

$$S_{NBFM}(f)=\frac{1}{2}[\delta(f+f_c)+\delta(f-f_c)]-\frac{K_f}{2}\left[\frac{M(f+f_c)}{2\pi(f+f_c)}-\frac{M(f-f_c)}{2\pi(f-f_c)}\right] \tag{4-1-27}$$

频谱示意图如图4-1-14所示。由位于$\pm f_c$的载频和载频两侧的边频组成，但边频与原调制信号频谱相比有失真。NBFM信号的带宽是调制信号带宽的2倍，与AM信号的带宽相同，即$B_{NBFM}=2f_H=B_{AM}$。

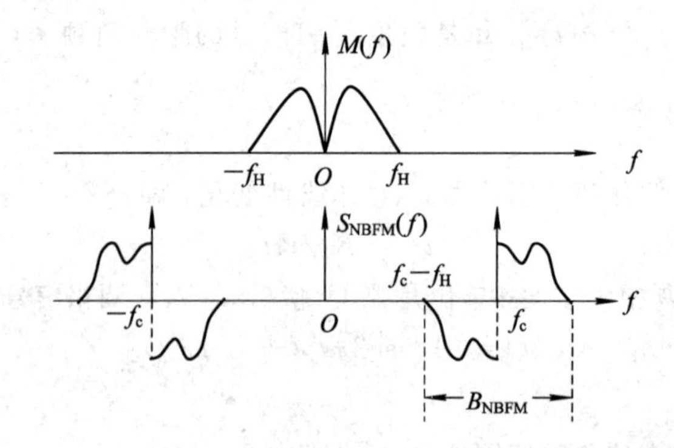

图4-1-14 NBFM信号的频谱示意图

3. 宽带调频(WBFM)*

当 $\left|K_f\int_{-\infty}^{t}m(\tau)d\tau\right|_{max}\gg\pi/6$(或0.5)时的调频称为宽带调频。

以单音调制信号为例，设调制信号为单音信号 $m(t)=A_m\cos2\pi f_m t$。

WBFM信号的表达式为

$$\begin{aligned}s_{FM}(t)&=A\cos\left[2\pi f_c t+K_f\int_{-\infty}^{t}A_m\cos2\pi f_m\tau d\tau\right]=A\cos[2\pi f_c t+m_f\sin2\pi f_m t]\\&=\sum_{n=-\infty}^{+\infty}AJ_n(m_f)\cos[2\pi(f_c+nf_m)t]\end{aligned} \tag{4-1-28}$$

式中，$m_f=\frac{A_m K_f}{2\pi f_m}=\frac{\Delta\omega}{2\pi f_m}=\frac{\Delta f}{f_m}$为调频指数。

WBFM 的频谱为

$$S_{FM}(f)=\frac{1}{2}A\sum_{n=-\infty}^{+\infty}J_n(m_f)[\delta(f-f_c-nf_m)+\delta(f+f_c+nf_m)] \quad (4-1-29)$$

频谱示意图如图 4-1-15 所示。

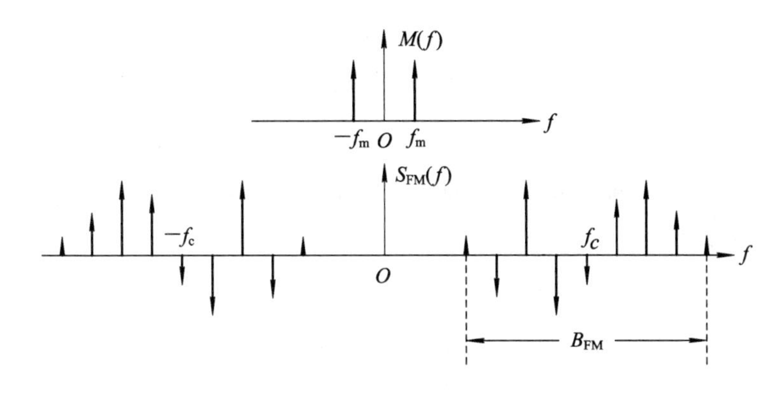

图 4-1-15　单音宽带调频信号的频谱示意图

结论：

(1) 宽带调频即便调制信号为单音，其对应的调频信号却包含有无穷多个频率成分；

(2) 该调频信号的振幅谱为线谱，它对称分布于载波的两边，线谱间的间隔为 f_m，各边频幅度取决于贝塞尔函数的值；

(3) 当 n 为奇数时，上下边频极性相反；当 n 为偶数时，上下边频极性相同；

(4) n 增大，边频分量减小，当 $n>m_f+1$ 时，边频分量可忽略不计。故单音宽带调频信号的带宽近似为

$$B_{WBFM}=2(m_f+1)f_m=2(\Delta f+f_m) \quad (4-1-30)$$

式中 Δf 为最大频偏。若 $m_f\gg1$，则有 $B_{WBFM}\approx2\Delta f$。

(5) 将上述结果推广，得到一般调制信号时的宽带调频信号带宽为

$$B_{WBFM}=2(D+1)f_m \quad (4-1-31)$$

其中，f_m 是调制信号的最高频率，D 是最大频偏 Δf 与 f_m 的比值。

4. 调频信号的产生

调频信号的产生方法有两种：直接法和间接法。

1) 直接法

直接法就是用调制信号直接控制正弦波振荡器的频率，使其随调制信号作线性变化。压控振荡器(VCO)就是一个频率调制器。直接法的优点是容易实现，且可以获得较大的频偏；缺点是频率稳定度不高，需要频率自动控制系统。

2) 间接法

间接法是将调制信号积分后对载波进行相位调制，从而产生窄带调频信号(NBFM)。然后，再利用倍频器把 NBFM 信号变换成宽带调频信号(WBFM)(阿姆斯特朗法)。其原理框图如图 4-1-16 所示。N 次倍频器的作用是提高调频指数 m_f，从而获得宽带调频

信号。

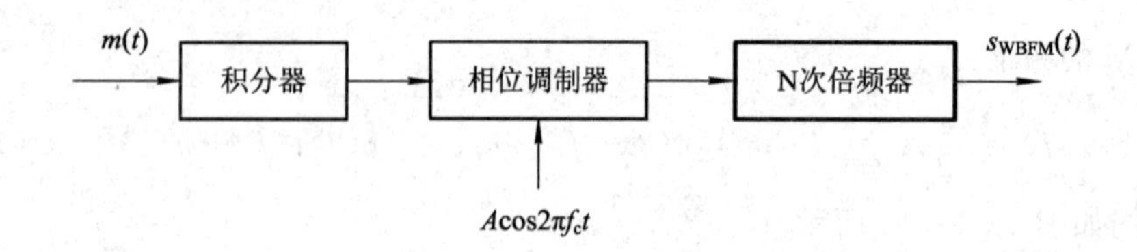

图 4-1-16 间接调频框图

窄带调频信号也可由正交分量与同相分量合成得到，即

$$s_{\mathrm{NBFM}}(t) \approx \cos 2\pi f_c t - \left[K_f \int_{-\infty}^{t} m(\tau)\mathrm{d}\tau\right]\sin 2\pi f_c t \tag{4-1-32}$$

与直接调频法相比，间接法产生调频信号的优点是频率稳定度好。缺点是需要多次倍频和混频，因此电路较为复杂。

5. 调频信号的解调*

调频信号解调的目的是从调频信号 $s_{\mathrm{FM}}(t)=A\cos\left[2\pi f_c t + K_f\int_{-\infty}^{t} m(\tau)\mathrm{d}\tau\right]$ 中恢复出调制信号 $m(t)$。

1）非相干解调

非相干解调器框图如图 4-1-17 所示。限幅器使调频信号的幅度保持恒定，带通滤波器滤除噪声；微分器的作用是使得调频波的幅度随调制信号 $m(t)$ 变化，即

$$s_d(t) = -A[2\pi f_c + K_f m(t)]\sin\left[2\pi f_c t + K_f\int_{-\infty}^{t} m(\tau)\mathrm{d}\tau\right] \tag{4-1-33}$$

包络检波器检出其幅度并经低通滤波器滤除直流后即得到解调输出

$$m_o(t) = K_d K_f m(t) \tag{4-1-34}$$

式中，K_d 为鉴频灵敏度，单位为 V/(rad/s)。

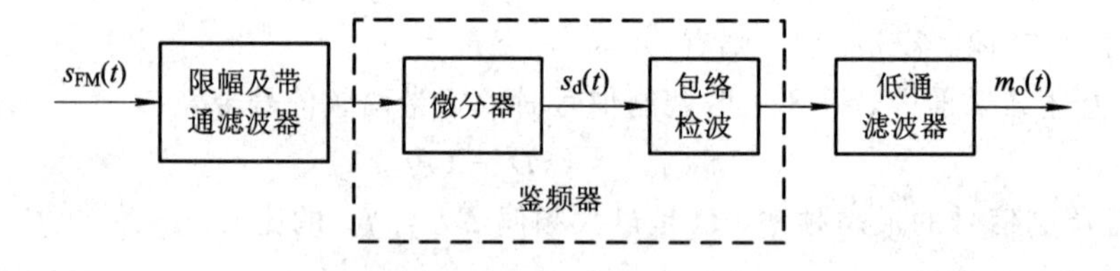

图 4-1-17 调频信号的非相干解调

结论：

(1) 解调过程不需要相干载波，故为非相干解调；

(2) 由于采用了包络检波器，此法又称为包络解调；

(3) 微分器和包络检波器完成鉴频功能，这两部分电路组成了鉴频器，所以此解调方法也称为鉴频法。

2）相干解调器

窄带调频信号可表示成同相和正交两个部分，因此可采用相干解调，框图如图 4-1-18 所示。

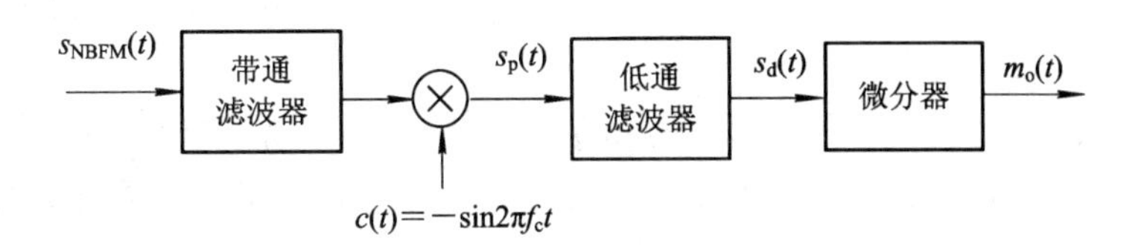

图 4-1-18　窄带调频信号的相干解调

设接收窄带调频信号为 $s_{NBFM}(t)\approx\cos2\pi f_ct-\left[K_f\int_{-\infty}^{t}m(\tau)d\tau\right]\sin2\pi f_ct$，经简单运算得到各信号表示为

$$s_p(t)=-\frac{1}{2}\sin4\pi f_ct+\left[\frac{1}{2}K_f\int_{-\infty}^{t}m(\tau)d\tau\right](1-\cos4\pi f_ct) \tag{4-1-35}$$

$$s_d(t)=\frac{1}{2}K_f\int_{-\infty}^{t}m(\tau)d\tau \tag{4-1-36}$$

$$m_o(t)=\frac{1}{2}K_fm(t) \tag{4-1-37}$$

说明：相干解调仅适用于 NBFM 信号，而非相干解调对于 NBFM 和 WBFM 信号均适用，且不需要相干载波（注意，此处相干载波为 $c(t)=-\sin2\pi f_ct$，而不是 $c(t)=\cos2\pi f_ct$），因而设备简单，故它是调频信号的主要解调方式。

6. 调频系统的抗噪声性能*

调频系统抗噪声性能分析的模型如图 4-1-19 所示。

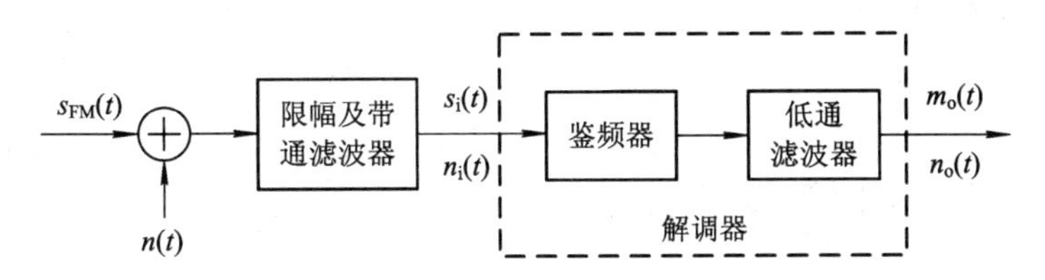

图 4-1-19　调频信号非相干解调器抗噪声性能分析模型

调频信号的抗噪声性能分析同样需要计算解调器输入信噪比、输出信噪比和调制制度增益。设接收调频信号为 $s_{FM}(t)=A\cos\left[2\pi f_ct+K_f\int_{-\infty}^{t}m(\tau)d\tau\right]$，经数学分析得。

(1) $\frac{S_i}{N_i}=\frac{A^2}{2n_0B_{FM}}$。其中 $S_i=\frac{A^2}{2}$是输入调频信号的功率；$N_i=n_0B_{FM}$是输入噪声的功率。

(2) 输入信噪比足够大时，信号与噪声可分开计算，此时输出信噪比为

$$\frac{S_o}{N_o}=\frac{3A^2K_f^2\overline{m^2(t)}}{8\pi^2n_0f_m^3} \tag{4-1-38}$$

式中，f_m 是低通滤波器的截止频率。

(3) 当 $m(t)=A_m\cos2\pi f_mt$ 时，$\frac{S_o}{N_o}=\frac{3}{2}m_f^2\frac{A^2/2}{n_0f_m}$，故调制制度增益为

$$G_{FM}=\frac{S_o/N_o}{S_i/N_i}=\frac{3}{2}m_f^2\frac{B_{FM}}{f_m}=3m_f^2(m_f+1) \tag{4-1-39}$$

式中，$B_{FM}=2(m_f+1)f_m$。

由上可见，在大输入信噪比下，随着 m_f 的增大，一方面，G_{FM}迅速增大，可使调频系

统的抗噪声性能迅速提高；另一方面，信号带宽也随之增大。因此调频系统是以增加传输带宽来换取输出信噪比改善的。

另外，调频信号的非相干解调器也同样存在“门限效应”。故调频系统以带宽换取输出信噪比改善也是有限制的。因为带宽增大会导致输入噪声功率增大，从而使输入信噪比下降，最终出现“门限效应”，从而使输出信噪比急剧下降。

4.1.4 频分复用(FDM)

在一个信道上同时传输多路信号的技术称为多路复用技术。常用的多路复用技术有频分复用、时分复用、码分复用等。

频分复用是将所给定的信道带宽分割成互不重叠的多个子区间，利用调制技术使每路信号占据其中一个子区间，然后将它们一起发射出去。在接收端则采用不同中心频率的带通滤波器分离出各路信号，解调后恢复出每路对应的基带信号。

频分复用系统原理框图如图 4-1-20 所示。图中的频率 f_{c1}、f_{c2}、…、f_{cn} 称为副载波，调制方式可以是任意的模拟调制方式，但最常用的是 SSB 调制，因为 SSB 调制最节省频带。采用 SSB 调制的频分复用信号的频谱结构如图 4-1-21 所示。显然，n 路频分复用信号的带宽为

$$B_n = nf_m + (n-1)f_g \qquad (4-1-40)$$

式中，f_m 为单路基带信号的带宽，f_g 为两路信号间的保护频带。

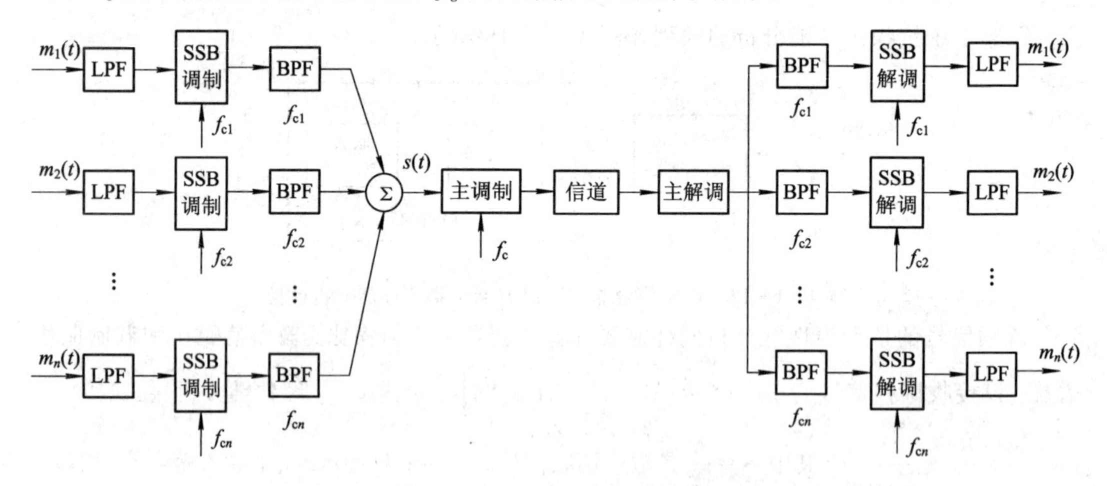

图 4-1-20 FDM 原理方框图

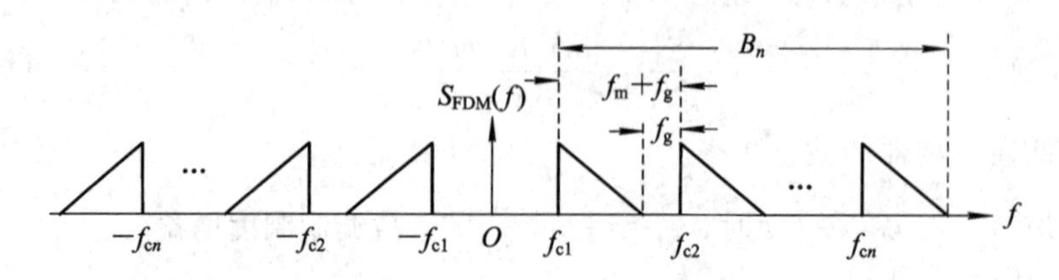

图 4-1-21 复用信号频谱结构示意图

合路后的频分复用信号原则上可以直接在信道中传输，但在某些场合，还需要进行主载波调制，对复用信号的频谱进一步搬移。主载波调制也可以是任意调制方式，但为了提

高抗干扰能力，通常采用宽带 FM 方式。

FDM 主要应用于模拟通信系统，如多路载波电话、FM 广播等，提高了信道的利用率，其缺点是：

(1) 需要一系列中心频率不同的带通滤波器，设备复杂；

(2) 系统非线性会引起路际串扰。

4.2 典型例题及解析

例 4.2.1 调幅信号 $s_{AM}(t)=0.2\cos(2\pi\times10^4 t)+5\cos(2\pi\times1.2\times10^4 t)+0.2\cos(2\pi\times1.4\times10^4 t)$ 伏。试问：

(1) 载波的频率和幅度为多少？

(2) 调制信号是什么？

(3) 调幅系数 m 为多少？

解 用三角公式将调幅信号转换成标准表达形式

$$\begin{aligned}s_{AM}(t) &= 5\cos(2\pi\times1.2\times10^4 t)+0.4\cos(2\pi\times1.2\times10^4 t)\cos(2\pi\times0.2\times10^4 t)\\ &=[5+0.4\cos(2\pi\times0.2\times10^4 t)]\cos(2\pi\times1.2\times10^4 t)\end{aligned}$$

由此可知：

(1) 载波的频率和幅度分别为 1.2×10^4 Hz 和 5 V。

(2) 调制信号为 $m(t)=0.4\cos(2\pi\times0.2\times10^4 t)$。

(3) 设 $A(t)=5+0.4\cos(2\pi\times0.2\times10^4 t)$，由定义得到调幅系数为

$$m=\frac{A(t)_{max}-A(t)_{min}}{A(t)_{max}+A(t)_{min}}=\frac{5.4-4.6}{5.4+4.6}=\frac{0.8}{10}=0.08$$

例 4.2.2 现有 AM 调制信号 $s_{AM}(t)=(1+A_m\cos2\pi f_m t)\cos2\pi f_c t$。

(1) A_m 为何值时，AM 出现过调幅？

(2) 如果 $A_m=0.5$，试问此信号能否用包络检波器进行解调，包络检波的输出信号是什么？

解 (1) 设 $A(t)=1+A_m\cos2\pi f_m t$

当 $|A_m\cos2\pi f_m t|_{max}>1$ 时出现过调幅，所以 $A_m>1$，调幅信号出现过调幅。

(2) 当 $A_m=0.5$ 时，没有出现过调幅，所以可以用包络检波器进行解调，包络检波器检出包络 $A(t)=1+0.5\cos2\pi f_m t$，经隔直流后输出信号 $m_o(t)=0.5\cos2\pi f_m t$。

例 4.2.3 已知 $s_{AM}(t)=[A+m(t)]\cos2\pi f_c t$

(1) 求总功率 P_{AM}。

(2) 指出载波功率 P_c 及边带功率 P_s。

(3) 求出信号的频谱，并画图。

解 (1) 总功率为

$$P_{AM}=\frac{1}{2}\times[A^2+\overline{m^2(t)}]=\frac{1}{2}A^2+\frac{1}{2}\overline{m^2(t)}$$

(2) 载波功率为 $P_c=\frac{1}{2}A^2$，边带功率为 $P_s=\frac{1}{2}\overline{m^2(t)}$

(3) 信号频谱为

$$s_{AM}(f)=\frac{A}{2}[\delta(f-f_c)+\delta(f+f_c)]+\frac{1}{2}[M(f-f_c)+M(f+f_c)]$$

信号频谱图如图 4-2-1 所示。

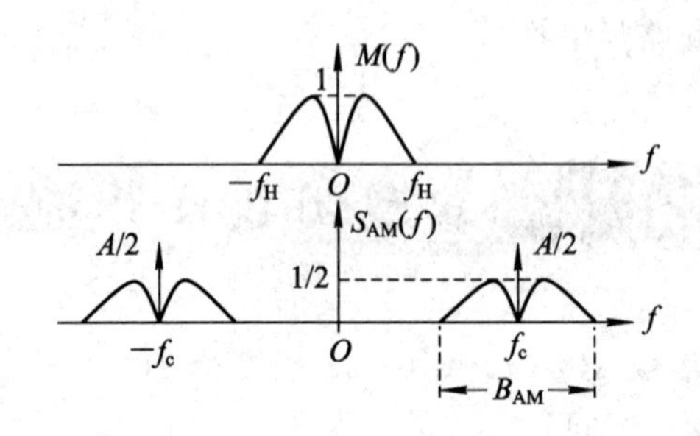

图 4-2-1　AM 信号的频谱图

例 4.2.4　已知 $s_{AM}(t)=(100+30\cos2\pi f_m t+10\cos6\pi f_m t)\cos2\pi f_c t$。求：

(1) 调幅波的调幅系数 m。

(2) 调制效率 η_{AM}。

解　(1) 设 $A(t)=100+30\cos2\pi f_m t+10\cos6\pi f_m t$，由定义得调幅系数为

$$m=\frac{A(t)_{\max}-A(t)_{\min}}{A(t)_{\max}+A(t)_{\min}}=\frac{(100+30+10)-(100-30-10)}{(100+30+10)+(100-30-10)}=\frac{80}{200}=\frac{2}{5}$$

(2) 调制效率定义为

$$\eta_{AM}=\frac{P_s}{P_{AM}}=\frac{P_s}{P_c+P_s}$$

其中，$P_s=\frac{1}{2}\left(\frac{1}{2}\times30^2+\frac{1}{2}\times10^2\right)=250$，$P_c=\frac{1}{2}\times100^2=5000$。

代入调制效率公式得

$$\eta_{AM}=\frac{250}{5250}=\frac{1}{21}$$

例 4.2.5　已知调制信号 $m(t)=A_m\cos2\pi f_m t$，载波 $c(t)=A\cos2\pi f_c t$，进行 DSB 调制，试画出已调信号加到包络解调器后的输出波形。

解　DSB 信号的表达式为

$$\begin{aligned}s_{DSB}(t)&=A_m\cos2\pi f_m t\cdot A\cos2\pi f_c t\\&=AA_m\cos2\pi f_m t\cos2\pi f_c t\end{aligned}$$

其波形图参见图 4-1-8。当该 DSB 信号加到包络解调器时，包络检波器输出其包络，如图 4-2-2 所示。

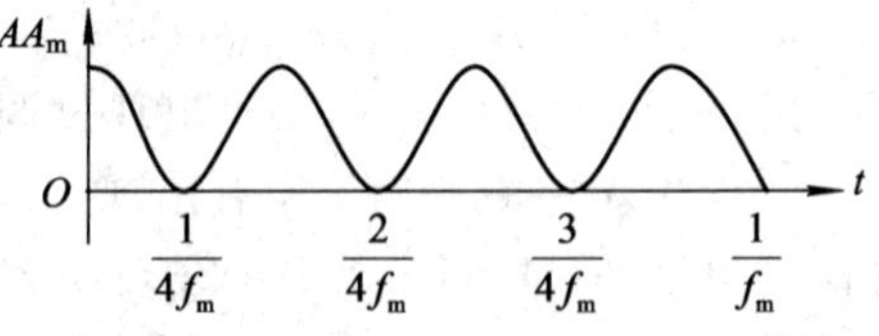

图 4-2-2

例 4.2.6　设某信道具有均匀的双边噪声功率谱密度：$n_0/2=0.5\times10^{-3}$ W/Hz，在该信道中传输抑制载波的单边带信号，载频为 100 kHz，已调信号功率为 10 kW。若接收机的输入信号在加至解调器前，先经过带宽为 5 kHz 的理想带通滤波器。试求：

(1) 该理想带通滤波器的中心频率。

(2) 解调器输入端的信噪功率比。

(3) 解调器输出端的信噪功率比。

解 (1) 依题意知，带通滤波器的频带宽度为 $B=f_H=5$ kHz。

若为下边带调制，则带通滤波器的中心频率为

$$f_0=f_c-\frac{f_H}{2}=100-\frac{5}{2}=97.5\ \text{kHz}$$

若为上边带调制，则带通滤波器的中心频率为

$$f_0=f_c+\frac{f_H}{2}=100+\frac{5}{2}=102.5\ \text{kHz}$$

(2) 解调器输入端信号功率为 $S_i=10$ kW，噪声功率为

$$N_i=2B\times P_n(f)=n_0B=2\times 0.5\times 10^{-3}\times 5\times 10^{3}=5\ \text{W}$$

解调器输入端信噪比为 $S_i/N_i=2000\approx 33$ dB。

(3) SSB 解调器的信噪比增益为 $G_{SSB}=1$，解调器输出端的信噪比

$$\frac{S_0}{N_0}=\frac{G_{SSB}S_i}{N_i}=\frac{S_i}{N_i}=2000\approx 33\ \text{dB}$$

例 4.2.7 当本地载波存在相位误差 $\Delta\theta$ 时，DSB 解调器的输出为多少？试分别求当 $\Delta\theta$ 为 0、$\pi/3$、$\pi/2$ 时解调器输出信号的大小。

解 设接收到的双边带信号为 $s_{DSB}(t)=m(t)\cos 2\pi f_c t$，则本地载波为

$$c(t)=\cos(2\pi f_c t+\Delta\theta)$$

根据 DSB 解调器框图，接收到的双边带信号与本地载波相乘得到

$$m(t)\cos 2\pi f_c t\cdot\cos(2\pi f_c t+\Delta\theta)=\frac{1}{2}m(t)\cos(4\pi f_c t+\Delta\theta)+\frac{1}{2}m(t)\cos\Delta\theta$$

经低通滤波器后输出 $m_o(t)=\frac{1}{2}m(t)\cos\Delta\theta$。由此可得：

① 当 $\Delta\theta=0$ 时，解调器输出最大值 $m_o(t)=\frac{1}{2}m(t)$；

② 当 $\Delta\theta=\pi/3$ 时，解调器输出 $m_o(t)=\frac{1}{4}m(t)$；

③ 当 $\Delta\theta=\pi/2$ 时，解调器输出 $m_o(t)=0$。

例 4.2.8 设某调制信号 $m(t)=\cos 2\pi f_1 t+\cos 2\pi f_2 t$，载波为 $c(t)=\cos 2\pi f_c t$。试写出当 $f_2=2f_1$，载波频率 $f_c=5f_1$ 时相应的 SSB 信号表达式。

解 首先写出双边带信号表达式，再分别取其中的上边带信号和下边带信号。

$$\begin{aligned}s_{DSB}(t)&=m(t)\cos 2\pi f_c t=\cos 2\pi f_1 t\cdot\cos 2\pi f_c t+\cos 2\pi f_2 t\cdot\cos 2\pi f_c t\\&=\frac{1}{2}[\cos 2\pi(f_c+f_1)t+\cos 2\pi(f_c-f_1)t]+\\&\quad\frac{1}{2}[\cos 2\pi(f_c+f_2)t+\cos 2\pi(f_c-f_2)t]\end{aligned}$$

上边带信号为

$$s_{USB}(t)=\frac{1}{2}[\cos 2\pi(f_c+f_1)t+\cos 2\pi(f_c+f_2)t]=\frac{1}{2}[\cos 12\pi f_1 t+\cos 14\pi f_1 t]$$

下边带信号为

$$s_{LSB}(t)=\frac{1}{2}[\cos 2\pi(f_c-f_1)t+\cos 2\pi(f_c-f_2)t]=\frac{1}{2}[\cos 6\pi f_1 t+\cos 8\pi f_1 t]$$

例 4.2.9 已知调频信号 $s_m(t)=10\cos[10^6\pi t+8\cos10^3\pi t]$，调频灵敏度 $K_f=400\pi$ rad/(s·V)，求：

(1) 载波频率 f_c、调频指数和最大频偏。

(2) 此调频信号的带宽 B_{FM}。

(3) 调制信号 $m(t)$。

解 由题意，载波频率为 $f_c=\dfrac{10^6\pi}{2\pi}=5\times10^5$ Hz，$\varphi(t)=8\cos10^3\pi t$，因此有

$$\Delta\omega(t)=\frac{d\varphi(t)}{dt}=-8000\pi\sin1000\pi t=K_f m(t)=400\pi m(t)$$

得调制信号为

$$m(t)=-20\sin1000\pi t$$

最大频偏

$$\Delta f=\frac{\Delta\omega(t)_{\max}}{2\pi}=\frac{8000\pi}{2\pi}=4000\ \text{Hz}=4\ \text{kHz}$$

调频指数

$$m_f=\frac{\Delta f}{f_m}=\frac{4000}{500}=8$$

调频信号的带宽

$$B_{FM}=2(m_f+1)\cdot f_m=2(8+1)\times500=9000\ \text{Hz}=9\ \text{kHz}$$

例 4.2.10 已知话音信号 $m(t)$ 的频率范围限制在 0～4 kHz，其单边带下边带调制信号时域表达式为 $s_m(t)=m(t)\cos\omega_c t+\hat{m}(t)\sin\omega_c t$，其中 $\hat{m}(t)$ 是 $m(t)$ 的希尔伯特变换。

(1) 试画出一种产生该单边带信号的原理框图。

(2) 如采用相干解调器对该信号进行解调，当输入信噪比为 20 dB 时，试计算解调的输出信噪比。

(3) 将以上 10 路单边带调制信号进行频分复用，然后再采用 FM 调制方式进行频谱搬移，调制指数为 $m_f=3$，试计算 FM 信号的带宽。

解 (1) 原理框图如图 4-2-3 所示。

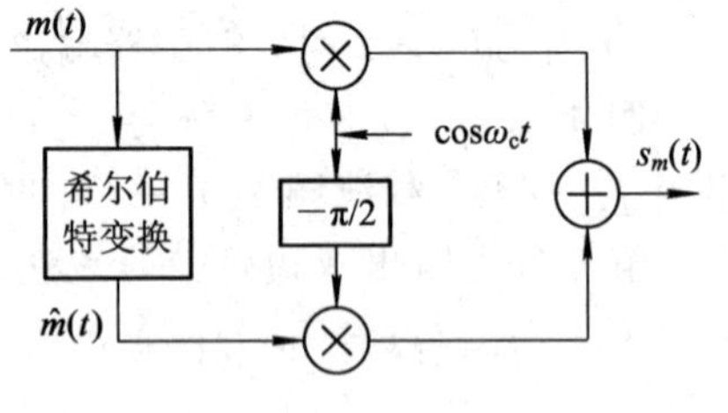

图 4-2-3

(2) 由于 SSB 信号的调制制度增益为 1，则输出信噪比等于输入信噪比，所以 $S_0/N_0=20$ dB。

(3) 10 路信号的总带宽为

$$f_m=10\times4=40\ \text{kHz}$$

FM 信号的带宽为

$$B_{FM}=2f_m(m_f+1)=2\times40\times(3+1)=320\ \text{kHz}$$

4.3 拓展提高题及解析

例 4.3.1 已知调制信号 $m(t)=\cos(2000\pi t)+\cos(4000\pi t)$，载波为 $\cos10^4\pi t$，进行单边带调制，试确定单边带信号的表示式，并画出频谱图。

解　方法 1：依据单边带信号的正交表达式

$$s_{\mathrm{SSB}}(t)=\frac{1}{2}m(t)\cos 2\pi f_{c}t \mp \frac{1}{2}\hat{m}(t)\sin 2\pi f_{c}t$$

其中"－"和"＋"分别表示上边带信号和下边带信号，$\hat{m}(t)$是 $m(t)$的希尔伯特变换。故有

$$\begin{aligned}\hat{m}(t) &= \cos\left(2000\pi t-\frac{\pi}{2}\right)+\cos\left(4000\pi t-\frac{\pi}{2}\right)\\ &= \sin 2000\pi t+\sin 4000\pi t\end{aligned}$$

代入单边带表达式，并作相应的三角函数运算得

上边带信号　$$s_{\mathrm{USB}}(t)=\frac{1}{2}\cos 12\ 000\pi t+\frac{1}{2}\cos 14\ 000\pi t$$

下边带信号　$$s_{\mathrm{LSB}}(t)=\frac{1}{2}\cos 8000\pi t+\frac{1}{2}\cos 6000\pi t$$

它们的频谱函数分别为

上边带频谱

$$\begin{aligned}S_{\mathrm{USB}}(f) = &\frac{1}{4}[\delta(f-6000)+\delta(f+6000)]+\\ &\frac{1}{4}[\delta(f+7000)+\delta(f-7000)]\end{aligned}$$

下边带频谱

$$\begin{aligned}S_{\mathrm{LSB}}(f) = &\frac{1}{4}[\delta(f-4000)+\delta(f+4000)]+\\ &\frac{1}{4}[\delta(f+3000)+\delta(f-3000)]\end{aligned}$$

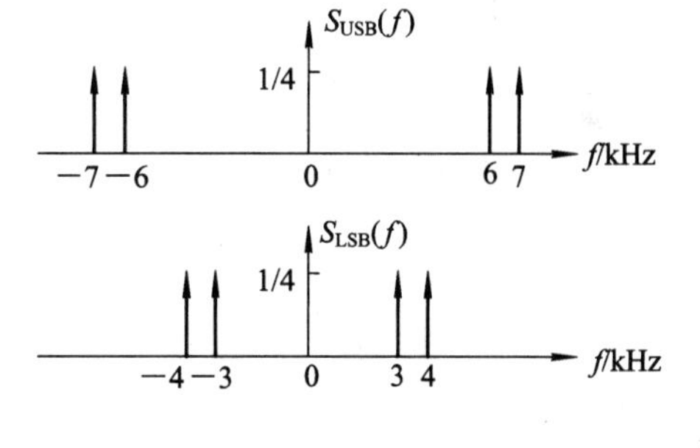

图 4－3－1　频谱图

频谱图如图 4－3－1 所示。

方法 2：先产生 DSB 信号，再分别取上边带和下边带即可。

双边带信号为

$$\begin{aligned}s_{\mathrm{DSB}}(t) &= m(t)c(t)=[\cos(2000\pi t)+\cos(4000\pi t)]\cos 10^{4}\pi t\\ &= \frac{1}{2}[\cos(12\ 000\pi t)+\cos(8000\pi t)+\cos(14\ 000\pi t)+\cos(6000\pi t)]\end{aligned}$$

双边带信号中频率高于载波频率的成分为上边带信号，低于载波频率的成分则为下边带信号。由于载波频率 $f_{c}=5000$ Hz，因此得到

上边带信号　$$s_{\mathrm{USB}}(t)=\frac{1}{2}\cos 12000\pi t+\frac{1}{2}\cos 14000\pi t$$

下边带信号　$$s_{\mathrm{LSB}}(t)=\frac{1}{2}\cos 8000\pi t+\frac{1}{2}\cos 6000\pi t$$

例 4.3.2　对抑制载波的双边带信号进行相干解调，设接收信号功率为 2 mW，载波频率为 100 kHz，并设调制信号 $m(t)$的频带限制在 4 kHz，信道噪声双边功率谱密度 $P_{n}(f)=2\times 10^{-3}\ \mu\mathrm{W/Hz}$。

(1) 求解调器中理想带通滤波器的传输特性 $H(f)$。

(2) 求解调器输入端的信噪功率比。

(3) 求解调器输出端的信噪功率比。

(4) 求解调器输出端的噪声功率谱密度。

解 (1) 为保证信号顺利通过和尽可能地滤除噪声，解调器中带通滤波器的带宽等于已调信号带宽，即 $B=2f_m=2\times4=8$ kHz，其中心频率为 100 kHz，故有

$$H(f)=\begin{cases}1 & 96\ \text{kHz}\leqslant|f|\leqslant104\ \text{kHz}\\0 & \text{其他}\end{cases}$$

(2) 已知解调器的输入信号功率 $S_i=2\ \text{mW}=2\times10^{-3}$ W，输入噪声功率为

$$N_i=2P_n(f)\cdot B=2\times2\times10^{-3}\times10^{-6}\times8\times10^3=3.2\times10^{-5}\ \text{W}$$

得输入信噪比为

$$\frac{S_i}{N_i}=62.5$$

(3) DSB 调制制度增益 $G_{DSB}=2$，则解调器输出信噪比

$$\frac{S_o}{N_o}=G\cdot\frac{S_i}{N_i}=2\times62.5=125$$

(4) 根据相干解调器的输出噪声与输入噪声的功率关系

$$N_o=\frac{1}{4}N_i=8\times10^{-6}\ \text{W}$$

则输出噪声功率谱密度

$$P_{n_o}(f)=\frac{N_o}{2f_m}=\frac{8\times10^{-6}}{8\times10^3}=10^{-3}\ \mu\text{W/Hz}\qquad|f|\leqslant4\times10^3\ \text{Hz}$$

例 4.3.3 某一角度调制信号 $s(t)=1000\cos[2\pi f_ct+10\cos(2\pi f_mt)]$，其中 $f_m=1$ kHz，$f_c=10$ MHz。

(1) 若已知 $s(t)$是调制信号为 $m(t)$的调相信号，其相位偏移常数(调相灵敏度)$K_p=5$ rad/V，请写出调制信号 $m(t)$的表达式。

(2) 若已知 $s(t)$是调制信号为 $m(t)$的调频信号，其频率偏移常数(调频灵敏度)$K_f=2\pi\times5000$ rad/(s·V)，请写出调制信号 $m(t)$的表达式。

(3) 请写出 $s(t)$的近似带宽。

(4) 若 $s(t)$是调频信号，求调制制度增益 G_{FM}。

解 (1) 由调相信号定义得

$$s(t)=1000\cos[2\pi f_ct+10\cos(2\pi f_mt)]=1000\cos[2\pi f_ct+K_pm(t)]$$

因此
$$m(t)=\frac{10\cos(2\pi f_mt)}{K_p}=2\cos(2\pi f_mt)$$

(2) 由调频信号定义得

$$s(t)=1000\cos[2\pi f_ct+10\cos(2\pi f_mt)]=1000\cos\left[2\pi f_ct+K_f\int_{-\infty}^{t}m(\tau)\mathrm{d}\tau\right]$$

故有
$$\int_{-\infty}^{t}m(\tau)\mathrm{d}\tau=\frac{10}{K_f}\cos(2\pi f_mt)$$

得到
$$m(t)=-\frac{10\times2\pi f_m}{K_f}\sin(2\pi f_mt)=-2\sin(2\pi f_mt)$$

(3) 根据调相信号与调频信号之间的关系，一个角度调制信号既可看作调相信号，也可看作调频信号。故求信号带宽时可将其看作调频信号，根据调频信号带宽的公式有

$$B=2f_m(m_f+1)=2\times1\times(10+1)=22\ \text{kHz}$$

其中调频指数等于最大相位偏移 $m_f=\varphi(t)_{max}=[10\cos(2\pi f_m t)]_{max}=10$。

(4) $G_{FM}=3m_f^2(m_f+1)=3\times10^2\times(10+1)=3300$。

例 4.3.4　调制器方框图和调制信号 $m(t)$ 的频谱如图 4-3-2 所示，载波 $f_1\ll f_2$，$f_1>f_H$，且理想低通滤波器的截止频率为 f_1，试求输出信号 $s(t)$，并说明 $s(t)$ 为何种已调信号。

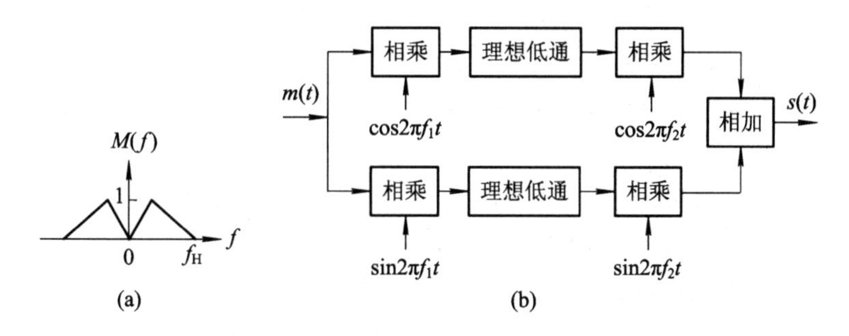

图 4-3-2

解　上支路相乘器的输出 $m(t)\cos2\pi f_1 t$ 是一个载波频率为 f_1 的双边带信号，此双边带信号经截止频率为 f_1 的理想低通滤波器后得到的输出是一个下边带信号(设为 $s_1(t)$)，其表达式为

$$s_1(t)=\frac{1}{2}m(t)\cos2\pi f_1 t+\frac{1}{2}\hat{m}(t)\sin2\pi f_1 t$$

下支路相乘器的输出 $m(t)\sin2\pi f_1 t=m(t)\cos(2\pi f_1 t-90°)$ 是一个载波为 $\cos(2\pi f_1 t-90°)$ 的双边带信号，载波频率为 f_1，经过截止频率为 f_1 的低通滤波器后也是一个下边带信号(设为 $s_2(t)$)，其表达式为

$$\begin{aligned}s_2(t)&=\frac{1}{2}m(t)\cos(2\pi f_1 t-90°)+\frac{1}{2}\hat{m}(t)\sin(2\pi f_1 t-90°)\\&=\frac{1}{2}m(t)\sin2\pi f_1 t-\frac{1}{2}\hat{m}(t)\cos2\pi f_1 t\end{aligned}$$

由图 4-3-2(b)，调制器输出信号 $s(t)$ 为

$$\begin{aligned}s(t)&=s_1(t)\cdot\cos2\pi f_2 t+s_2(t)\cdot\sin2\pi f_2 t\\&=\left[\frac{1}{2}m(t)\cos2\pi f_1 t+\frac{1}{2}\hat{m}(t)\sin2\pi f_1 t\right]\cdot\cos2\pi f_2 t+\\&\quad\left[\frac{1}{2}m(t)\sin2\pi f_1 t-\frac{1}{2}\hat{m}(t)\cos2\pi f_1 t\right]\cdot\sin2\pi f_2 t\\&=\frac{1}{2}m(t)[\cos2\pi f_1 t\cos2\pi f_2 t+\sin2\pi f_1 t\sin2\pi f_2 t]+\\&\quad\frac{1}{2}\hat{m}(t)[\sin2\pi f_1 t\cos2\pi f_2 t-\cos2\pi f_1 t\sin2\pi f_2 t]\\&=\frac{1}{2}m(t)\cos2\pi(f_2-f_1)t-\frac{1}{2}\hat{m}(t)\sin2\pi(f_2-f_1)t\end{aligned}$$

与单边带信号表达式对比可见，$s(t)$ 是一个载波频率为 (f_2-f_1) 的上边带信号。

例 4.3.5　图 4-3-3 中 $s(t)=m(t)\cos2\pi f_c t-\hat{m}(t)\sin2\pi f_c t$ 是已调信号，其中基带调制信号 $m(t)$ 的带宽为 100 Hz、功率为 2 W，$\hat{m}(t)$ 是 $m(t)$ 的希尔伯特变换，$f_c=1000$ Hz。

加性高斯白噪声的单边功率谱密度为 $n_0 = 10^{-5}$ W/Hz，理想低通滤波器 LPF 的截止频率是 100 Hz。试：

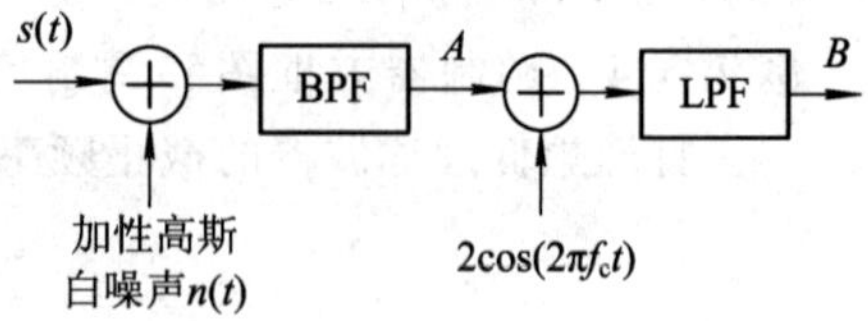

图 4-3-3

(1) 求 $s(t)$的功率、带宽。

(2) 若 BPF 的通带是 1000 Hz～1100 Hz，画出 A 点和 B 点噪声的双边功率谱密度图，并求 B 点的信噪比。

(3) 若 BPF 的通带是 950 Hz～1100 Hz，画出 A 点和 B 点噪声的双边功率谱密度图，并求 B 点的信噪比。

解 (1) $s(t)$为上边带信号，其功率为：$P_s = P_m = 2$ W，带宽为 $B = f_m = 100$ Hz。

(2) 噪声双边功率谱密度如图 4-3-4 所示。B 点信号为 $s_0(t) = m(t) + n_c(t)$，$n_c(t)$为 $n(t)$的同相分量，两者谱密度值大小相同，故信噪比为

$$\left(\frac{S}{N}\right)_B = \frac{P_m}{P_{nB}} = \frac{2}{100 \times 10^{-5}} = 2000$$

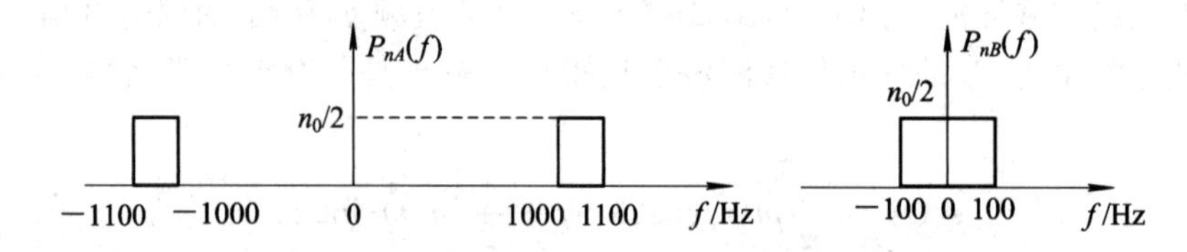

图 4-3-4

(3) 噪声双边功率谱密度如图 4-3-5 所示。B 点信号为 $s_0(t) = m(t) + n_c(t)$，故信噪比为

$$\left(\frac{S}{N}\right)_B = \frac{P_m}{P_{nB}} = \frac{2}{\int_{-100}^{100} P_{nB}(f)\,df} = \frac{2}{150 \times 10^{-5}} = \frac{4000}{3}$$

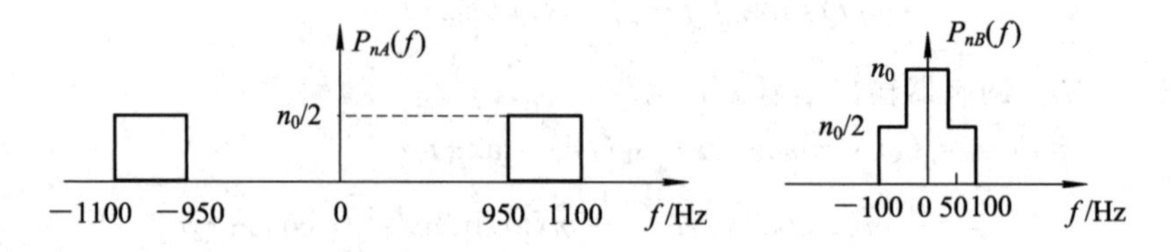

图 4-3-5

例 4.3.6 将某双边带信号通过残留边带滤波器，已知残留边带带滤波器特性如图 4-3-6 所示。若调制信号 $m(t) = A\cos 500\pi t$，载波频率为 10 kHz，试求残留边带信号表达式。

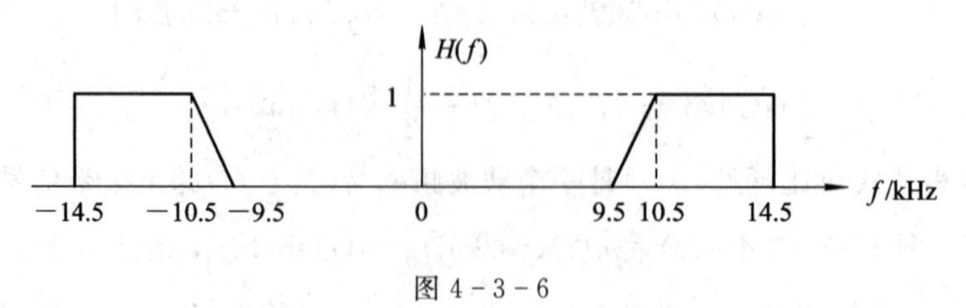

图 4-3-6

解　首先写出双边带信号的表达式，再将其通过残留边带滤波器即得到残留边带信号

$$s_{DSB}(t)=m(t)\cos 2\pi f_c t=A\cos 500\pi t\cdot\cos 2\pi f_c t$$
$$=\frac{1}{2}A[\cos 2\pi(f_c+250)t+\cos 2\pi(f_c-250)t]$$
$$=\frac{1}{2}A[\cos(2\pi\cdot 10\ 250t)+\cos(2\pi\cdot 9750t)]$$

由此表达式可知，此双边带调制信号有两个频率成分，一个频率为 10 250 Hz，另一个频率为 9750 Hz，这两个频率通过图 4-3-6 所示的残留边带滤波器后，幅度分别衰减到原来的 0.75 和 0.25 倍。因此得到残留边带信号为

$$s_{VSB}(t)=\frac{3}{8}A\cos(2\pi\cdot 10\ 250t)+\frac{1}{8}A\cos(2\pi\cdot 9750t)$$
$$=\frac{3}{8}A\cos(20\ 500\pi t)+\frac{1}{8}A\cos(19\ 500\pi t)$$

例 4.3.7　某 FM 传输系统，接收机输入信号表达式为 $s(t)=A\cos(10^7\pi t+4\sin 10^4\pi t)$，调频灵敏度 $K_f=5\times 10^3\ \pi\text{rad}/(\text{s}\cdot\text{V})$，信道噪声双边功率谱为 $n_0/2=2\times 10^{-10}$ W/Hz。求：

(1) 原调制信号的表达式。

(2) 调制指数和最大频偏。

(3) 频带宽度。

(4) 若要求输出信噪比为 36.8 dB，求 A。

解　(1) 由已知

$$s_{FM}(t)=A\cos\left[\omega_c t+K_f\int_{-\infty}^{t}m(\tau)\mathrm{d}\tau\right]=A\cos(10^7\pi t+4\sin 10^4\pi t)$$

则

$$K_f\int_{-\infty}^{t}m(\tau)\mathrm{d}\tau=4\sin 10^4\pi t$$

对两边求导可得：$K_f m(t)=4\times 10^4\pi\cos 10^4\pi t$，因此可得原调制信号 $m(t)=8\cos 10^4\pi t$。

(2) 调制指数：

$$m_f=K_f\left|\int_{-\infty}^{t}m(\tau)\mathrm{d}\tau\right|_{\max}=4$$

由 $m_f=\Delta f/f_m$，得最大频偏

$$\Delta f=m_f f_m=4f_m=4\times\frac{10^4\pi}{2\pi}=2\times 10^4\ \text{Hz}$$

(3) 频带宽度：

$$B_{FM}=2(m_f+1)f_m=2(\Delta f+f_m)=2\times 5\times\frac{10^4\pi}{2\pi}=5\times 10^4\ \text{Hz}$$

(4) 输入信号功率为 $S_i=\frac{1}{2}A^2$

输入噪声功率为

$$N_i=n_0 B_{FM}=2\times 2\times 10^{-10}\times 5\times 10^4=2\times 10^{-5}\ \text{W}$$

输入信噪比为

$$\frac{S_i}{N_i}=\frac{A^2}{2N_i}=\frac{A^2}{4\times10^{-5}}$$

输出信噪比要求为

$$\left(\frac{S_o}{N_o}\right)_{dB}=36.8\ \text{dB}=10\lg\frac{S_o}{N_o}$$

得$\dfrac{S_o}{N_o}\approx4786$ W。

调制器的制度增益：

$$G_{FM}=\frac{S_o/N_o}{S_i/N_i}=3m_f^2(m_f+1)=3\times16\times5=240$$

则有

$$\frac{S_i}{N_i}=\frac{S_o/N_o}{G_{FM}}=\frac{4786}{240}=\frac{A^2}{4\times10^{-5}}$$

得 $A=2.82\times10^{-2}$。

例 4.3.8 图 4-3-7 中 $s(t)=m(t)\cos(2\pi f_c t+\theta)$是 DSB-SC 已调信号，其中模拟基带信号 $m(t)$的功率为 P_m、带宽为 B。$n_W(t)$是双边功率谱密度为 $N_0/2$ 的加性高斯白噪声。理想带通滤波器的通带范围正好能使 $s(t)$通过，理想低通滤波器的截止频率是 B。试：

(1) 以 $\cos(2\pi f_c t)$为参考载波，写出已调信号 $s(t)$的复包络 $s_L(t)$、同相分量 $I(t)$、正交分量 $Q(t)$的表达式。

(2) 求 $I(t)$、$Q(t)$的功率。

(3) 写出带通滤波器输出噪声 $n(t)$的表达式，并求 $n(t)$的同相分量 $n_c(t)$、正交分量 $n_s(t)$的功率。

(4) 求低通滤波器输出端有用信号 $s_o(t)$及噪声 $n_o(t)$的功率。

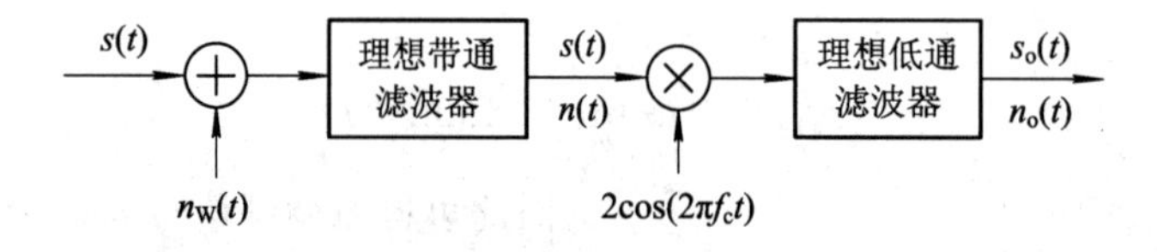

图 4-3-7

解 (1) 依题意，$s(t)=m(t)\cos(2\pi f_c t+\theta)=\text{Re}[m(t)e^{j(2\pi f_c t+\theta)}]$，故有

$$s_L(t)=m(t)e^{j\theta},\quad I(t)=m(t)\cos\theta,\quad Q(t)=m(t)\sin\theta$$

(2) $P_I=P_m\cos^2\theta$，$P_Q=P_m\sin^2\theta$

(3) $n(t)$为窄带高斯白噪声，$n(t)=n_c(t)\cos2\pi f_c t-n_s(t)\sin2\pi f_c t$，进而有

$$P_{n_c}=P_{n_s}=P_n=2\times\frac{N_o}{2}\times2B=2N_oB$$

(4) $s_o(t)=I(t)=m(t)\cos\theta$，$P_{s_o}=P_I=P_m\cos^2\theta$，

$$n_o(t)=n_c(t),\quad P_{n_o}=P_{n_c}=2N_oB$$

例 4.3.9 图 4-3-8(a)中 $r(t)=s(t)+n(t)$，其中 $s(t)=m(t)\cos2\pi f_c t-\hat{m}(t)\sin2\pi f_c t$ 是已调信号，载频为 $f_c=5$ kHz，$m(t)$是功率为 3 W、带宽为 2 kHz 的基带信号，$\hat{m}(t)$是 $m(t)$的希尔伯特变换，$n(t)$是窄带噪声，其功率谱密度如图 4-3-8(b)所

示，图中纵坐标的单位是 W/kHz，LPF 是截止频率为 2 kHz 的理想低通滤波器。试：

(1) 问 $s(t)$是什么调制方式的信号，并求 $s(t)$)的带宽和功率。

(2) 求 $y_1(t)$和 $y_2(t)$的表达式。

(3) 求两个输出端各自的信噪比(折算为 dB 值)。

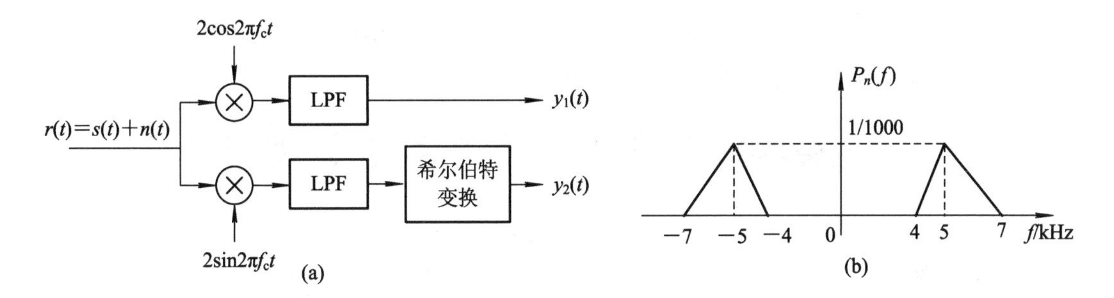

图 4-3-8

解　(1) 由已调信号的表达式可知，$s(t)$是 SSB 上边带调制信号，其带宽等于基带信号 $m(t)$的带宽，为 $B=2$ kHz，功率为

$$P_s = \frac{1}{2}P_m + \frac{1}{2}P_m = P_m = 3\ \text{W}$$

(2) 由 $n(t)=n_c(t)\cos 2\pi f_c t - n_s(t)\sin 2\pi f_c t$ 得

$$y_1(t) = [r(t)\cdot 2\cos 2\pi f_c t]_{\text{LPF}} = [[s(t)+n(t)]\cdot 2\cos 2\pi f_c t]_{\text{LPF}} = m(t)+n_c(t)$$

$$y_2(t) = H[[r(t)\cdot 2\sin 2\pi f_c t]_{\text{LPF}}] = H[-\hat{m}(t)-n_s(t)] = -m(t)-\hat{n}_s(t)$$

(3) $P_{n_c} = P_{n_s} = P_n = 2\int_4^7 P_n(f)\mathrm{d}f = 2\times\frac{1}{2}\times(7-4)\times\frac{1}{1000} = \frac{3}{1000}$

对 $y_1(t)$有

$$\left(\frac{S}{N}\right)_1 = \frac{P_m}{P_{n_c}} = \frac{3}{\frac{3}{1000}} = 1000 = 30\ \text{dB}$$

对 $y_2(t)$有

$$\left(\frac{S}{N}\right)_2 = \frac{P_m}{P_{n_s}} = 1000 = 30\ \text{dB}$$

例 4.3.10　已知某单一正弦调制信号的频率 $f_m=1000$ Hz，对其进行角度调制，已调信号的表达式为

$$s(t) = 10\cos(2\pi f_c t + 25\cos 2\pi f_m t)$$

(1) 若已调信号为调频波，频率偏移常数为 5 Hz/V，试求调制信号的表达式。

(2) 若已调信号为调相波，相位偏移常数为 10 rad/V，试求调制信号的表达式。

(3) 当 f_m增加 5 倍，其他条件不变时，试求调频波的调制指数及已调信号的带宽。

解　(1) 已调信号为调频波，$K_f'=5$ Hz/V，则调频灵敏度 $k_f=2\pi K_f'$，有

$$m(t) = \frac{1}{2\pi K_f'}\cdot\frac{\mathrm{d}\varphi(t)}{\mathrm{d}t} = -\frac{1}{2\pi\times 5}\times 25\times 2\pi f_m \sin 2\pi f_m t = -5000\sin 2000\pi t$$

(2) 已调信号为调相波，$K_p=10$ rad/V，则

$$m(t) = \frac{\varphi(t)}{K_p} = \frac{1}{10}\times 25\cos 2\pi f_m t = 2.5\cos 2000\pi t$$

(3) 由(1)知，$\Delta f=K_f|m(t)|_{max}=\left|\frac{1}{2\pi}\cdot\frac{d\varphi(t)}{dt}\right|_{max}=25f_m$，所以调频指数为

$$m_f=\frac{\Delta f}{f_m}=25$$

已调信号的带宽为 $B=2(1+m_f)f_m=52f_m$，当 f_m增加 5 倍，有

$$B'=52f_m'=52\times5\times f_m=260\ \text{kHz}$$

4.4 本章自测题与参考答案

4.4.1 自测题

一、填空题

1. 某 AM 系统的调制指数 $M=1$，基带调制信号 $m(t)$的均值为零、带宽为 1 kHz、功率为 1 W、最大幅度为 2 V，已调信号的表达式为 $s(t)=\sqrt{\frac{2}{5}}[A+m(t)]\cos(2\pi f_c t)$，则 A 为________V。$s(t)$的带宽为________kHz、功率为________W、调制效率为________。

2. 设基带信号是最高频率为 3.4 kHz 的语音信号，则 AM 信号的带宽为________，SSB 信号的带宽为________，DSB 信号的带宽为________。

3. $\cos(200\pi t)$的希尔伯特变换是________。

4. 将模拟基带信号先微分再调频，得到的是________信号。

5. 在 AM、DSB、SSB、FM 中，可靠性最好的是________，与 DSB 具有相同有效性的调制方式是________，与 DSB 具有相同可靠性的是________。

6. 在残留边带调制系统中，为了不失真地恢复信号，残留边带滤波器的传输特性应满足________________。

7. 设基带信号 $m(t)$的带宽为 500 Hz、最大幅度为 1 V、平均功率为 0.2 W，则 AM 信号$[1+m(t)]\cos(2\pi f_c t)$的带宽是________kHz、调幅指数是________、调制效率是______。

8. 在 FM 系统中，若信道噪声为加性高斯白噪声，当接收信号的幅度增加 1 倍，则鉴频器输出信号功率增大________分贝，鉴频器输出噪声功率增大________分贝。

9. 用基带信号 $m(t)=2\cos4000\pi t$ 对载波 $c(t)=20\cos2\pi f_c t$ 进行调频，若调频的调频指数是 $m_f=9$，则调频信号的时域表达式 $s(t)=$________，其信号带宽 $B=$________Hz。

10. 10 路带宽为 4 kHz 的话音信号通过 SSB 调制组成频分复用信号，然后经宽带调频后传输，设调频指数为 $m_f=9$，则调频前后信号的带宽之比为________，接收端鉴频器输入输出端的信噪比之比为________。

二、选择题

1. 在 AM、DSB、SSB、VSB 四种调制系统中，有效性最好的是(　　)。

A. AM　　B. DSB　　C. SSB　　D. VSB

2. 设调制信号 $m(t)=2\cos20\pi t$，已调信号 $s(t)=2[2+m(t)]\cos2\pi f_c t$，则调幅指数是

(　　)，调制效率是(　　)。

A. 1/4；1　B. 1/3；1　C. 1；1/2　D. 1；1/3

3. 设均值为零的基带信号为 $m(t)$，载波为 $2\cos\omega_c t$，$A_0 \geqslant |m(t)|_{max}$，则 SSB 上边带信号的表达式为(　　)。

A. $[A_0+m(t)]\cos\omega_c t$　B. $m(t)\cos\omega_c t$

C. $m(t)\cos\omega_c t-\hat{m}(t)\sin\omega_c t$　D. $m(t)\cos\omega_c t+\hat{m}(t)\sin\omega_c t$

4. 某角度调制信号为 $s(t)=10\cos(2\times10^6\pi t+10\cos2000\pi t)$，其最大频偏为(　　)。

A. 1 MHz　B. 2 MHz　C. 1 kHz　D. 10 kHz

5. 模拟调制信号的制度增益从高到低的依次顺序是(　　)。

A. AM，VSB，DSB，FM　B. AM，VSB，SSB，FM

C. FM，DSB，VSB，SSB　D. SSB，VSB，AM，FM

6. VSB 与 SSB 相比，具有下列哪个显著的优点(　　)。

A. VSB 解调无需相干本振　B. VSB 占用更小的带宽

C. VSB 调制不需要陡峭的滤波器　D. VSB 节省发射功率

7. AM 信号一般采用(　　)解调，而 DSB 和 SSB 信号必须采用(　　)解调。

A. 包络；相干　B. 鉴频器；同步

C. 相干；差分相干　D. 相干；包络

8. 下列关于模拟调制系统的正确描述是(　　)。

A. 完全振幅调制系统中，不可以选用同步解调方式；

B. DSB 的解调器增益是 SSB 的 2 倍，所以，DSB 系统的抗噪声性能优于 SSB 系统；

C. FM 信号和 DSB 信号的有效带宽是 SSB 信号有效带宽的 2 倍；

D. 采用鉴频器对调频信号进行解调时可能产生“门限效应”。

9. 下列模拟通信系统中可能存在门限效应的是(　　)。

A. 相干 AM　B. DSB　C. FM　D. VSB

10. 频分复用信号中各路基带信号在频域(　　)，在时域(　　)。

A. 不重叠，重叠　B. 重叠，不重叠

C. 不重叠，不重叠　D. 重叠，重叠

三、简答题

1. 简述通信系统中采用调制的目的。

2. 试从抗噪声性能、频谱利用率、设备复杂度三个方面比较 AM、DSB、SSB、VSB 和宽带 FM 调制技术。

3. 什么是门限效应？AM 信号采用包络解调法为什么会产生门限效应？

4. 试简述频分复用的目的及应用。

四、综合题

1. 设调幅信号 $s(t)=(2+2\cos20\pi t)\cos200\pi t$，求：

(1) 调幅度(调幅系数)m。

(2) 频谱表达式 $S(f)$并画出频谱示意图。

(3) 画出此信号相干解调方框图，求出抑制直流后的输出 $m_o(t)$。

(4) 调制效率 η。

2. 调频立体声广播中，音乐信号最高频率为 $f_H=15$ kHz，最大频偏 $\Delta f=75$ kHz，求该调频信号的带宽。

3. 角度调制信号 $s(t)=500\cos[2\pi f_c t+5\cos 2\pi f_m t]$，其中 $f_m=1$ kHz，$f_c=1$ MHz。

(1) 若已知 $s(t)$是调制信号 $m(t)$的调相信号，其相位偏移常数(调相灵敏度) $K_p=5$ rad/V，请写出调制信号 $m(t)$的表达式。

(2) 若已知 $s(t)$是调制信号为 $m(t)$的调频信号，其频率偏移常数(调频灵敏度) $K_f=5000\times 2\pi$ rad/(s · V)，请写出调制信号 $m(t)$的表达式。

(3) 请写出 $s(t)$的近似带宽。

(4) 求其调制制度增益。

4. 某频分复用系统框图如图 4-1-20 所示。设复用的话音有 15 路，每路话音的最高频率为 3.4 kHz，复用时两路之间留有保护频带 0.6 kHz，带通信道的中心频率为 1 MHz。求：

(1) 复用信号 $s(t)$的带宽。

(2) 若主调制采用 DSB 调制，则所需信道带宽为多少？

(3) 主调制所采用的载波频率为多少？

4.4.2 参考答案

一、填空题

1. 2；2；1；1/5。2. 6.8 kHz；3.4 kHz；6.8 kHz。3. $\sin 200\pi t$。4. PM。

5. FM；AM；SSB。6. $H_{VSB}(f+f_c)+H_{VSB}(f-f_c)=C \quad |f|\leqslant f_H$。7. 1；1；1/6。

8. 6；0。9. $s(t)=20\cos(2\pi f_c t+9\sin 4000\pi t)$；40 000。10. 1:20；1:2430。

二、选择题

1. C；2. D；3. C；4. D；5. C；6. C；7. A；8. D；9. C；10. A

三、简答题

1. 通过调制可实现：① 信号与信道的匹配；② 可缩小天线的尺寸；③ 可实现频率分配；④ 可实现频分多路复用；⑤ 可减小噪声和干扰的影响。

2. ① 抗噪声性能：宽带 FM 最好，DSB、SSB、VSB 次之，AM 最差。

② 频谱利用率：SSB 最好，VSB 较高，DSB、AM 次之，宽带 FM 最差。

③ 设备复杂度：非相干 AM 最简单，DSB、宽带 FM 次之，VSB 较复杂，SSB 最复杂。

3. 小信噪比时，解调输出信号无法与噪声分开，有用信号"淹没"在噪声之中，这时输出信噪比不是按比例地随着输入信噪比下降，而是急剧恶化，这种现象称为门限效应。由于包络检波器的非线性作用，所以 AM 信号包络解调会产生门限效应。

4. 频分复用的目的是提高信道的利用率。频分复用技术主要应用在多路载波电话系统、调频广播等模拟通信系统中。

四、综合题

1. (1) 调幅度 $m=\dfrac{(2+2\cos 20\pi t)_{\max}-(2+2\cos 20\pi t)_{\min}}{(2+2\cos 20\pi t)_{\max}+(2+2\cos 20\pi t)_{\min}}=\dfrac{4}{4}=1$

(2) 调幅信号的频谱

$$S(f)=\frac{A_0}{2}[\delta(f-f_c)+\delta(f+f_c)]+\frac{1}{2}[M(f-f_c)+M(f+f_c)]$$
$$=[\delta(f-100)+\delta(f+100)]+\frac{1}{2}[\delta(f+110)+\delta(f+90)+\delta(f-110)+\delta(f-90)]$$

如图4-4-1。

(3) 相干解调方框图如图4-4-2所示，输出 $m_0(t)=\cos 20\pi t$。

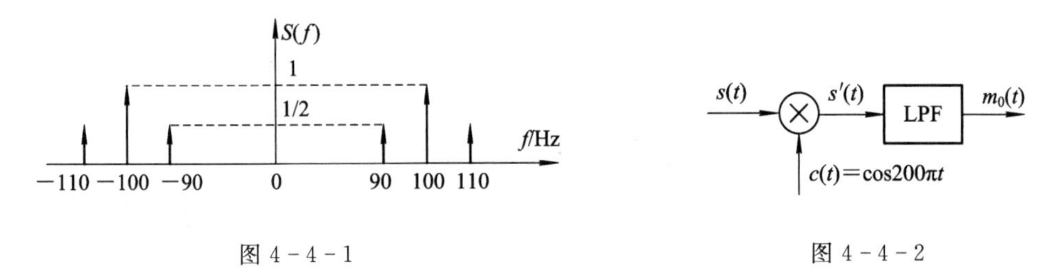

图4-4-1　　图4-4-2

(4) 调制效率 $\eta=\frac{P_s}{P_c+P_s}=\frac{1}{2+1}=\frac{1}{3}$。

2. 由题意可得

$$D=\frac{\Delta f}{f_H}=5$$

代入宽带调频信号的带宽公式，有

$$B_{WBFM}=2(D+1)f_H=2(5+1)\times 15=180\quad(\text{kHz})$$

3. (1) $s(t)=500\cos[2\pi f_c t+5\cos 2\pi f_m t]=500\cos[2\pi f_c t+K_p m(t)]$，因此

$$m(t)=\frac{5\cos 2\pi f_m t}{K_p}=\cos 2\pi f_m t$$

(2) $s(t)=500\cos[2\pi f_c t+5\cos 2\pi f_m t]=500\cos\left[2\pi f_c t+K_f\int_{-\infty}^{t}m(\tau)\mathrm{d}\tau\right]$，故

$$\int_{-\infty}^{t}m(\tau)\mathrm{d}\tau=\frac{5}{K_f}\cos 2\pi f_m t$$

$$m(t)=-\frac{5\times 2\pi f_m}{K_f}\sin 2\pi f_m t=-\sin 2\pi f_m t$$

(3) 将其看作调频信号，则最大相位偏移即调频指数为 $m_f=5$，因此带宽为

$$B=2(m_f+1)f_m=2(5+1)\times 1=12\ \text{kHz}$$

(4) 调制制度增益 $G=3m_f^2(m_f+1)=3\times 5^2\times(5+1)=450$。

4. (1) 15路话音信号复用后的带宽为 $B=nf_m+(n-1)f_g=15\times 3.4+14\times 0.6=59.4$ (kHz)。

(2) DSB调制后的信号带宽是调制信号带宽的两倍，故所需信道带宽为 $59.4\times 2=118.8$ kHz。

(3) 由信道中心频率可知，DSB调制时载波频率 $f_c=1$ MHz。

第5章　数字基带传输系统

5.1 考点提要

5.1.1　数字基带传输系统的构成

数字基带信号是指频谱集中在零频附近的数字信号，如计算机输出的二进制码元序列。

数字基带传输是指数字基带信号在低通信道上的传输，相应的系统称为数字基带传输系统。

典型的数字基带传输系统的方框图如图5-1-1所示，主要由码型变换器、发送滤波器、信道、接收滤波器、位同步提取电路、取样判决器及码元再生器组成。

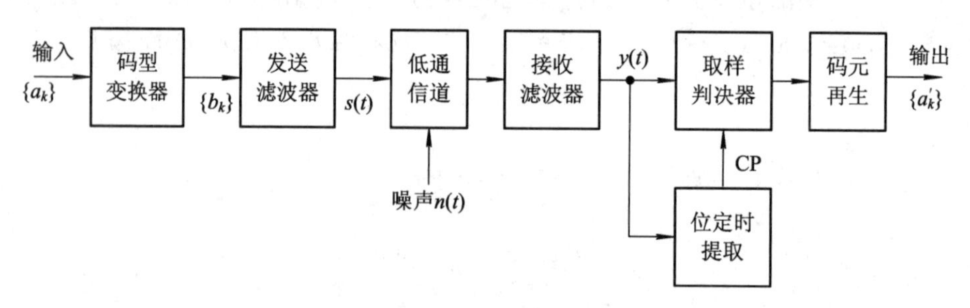

图5-1-1　数字基带传输系统方框图

图5-1-1中各部分的作用如下。

(1) 码型变换：改变输入信号的码型，使其适合信道传输。

(2) 发送滤波器：变换输入信号的波形，使其适合信道传输。码型变换器和发送滤波器合起来称为信道信号形成器，即产生适合信道传输的基带信号。

(3) 低通信道：传输媒介，适合低通信号传输，故为低通信道。信号通过信道会产生失真且还会受到噪声干扰。

(4) 接收滤波器：校正(均衡)接收信号的失真且滤除带外噪声。

(5) 位定时提取电路：提取控制取样时刻的定时信号(位信号又称位同步信号)，此部分内容将在同步原理一章中介绍。

(6) 取样判决器：在位同步信号控制下对信号取样，并对含有失真和噪声的取样值做出判决。

(7) 码元再生器：完成译码并产生所需要的数字基带信号。

5.1.2　数字基带信号的码型、波形及其功率谱分析*

数字基带信号是数字信息的电波形，由码型和波形两个方面确定。

1. 数字基带信号的码型*

1) 数字基带传输系统对码型的要求

(1) 数字基带信号不含直流，低频分量和高频分量小；

(2) 无长连“0”、连“1”，便于位定时信号的提取；

(3) 功率谱主瓣宽度窄，以提高频带利用率；

(4) 编、译码实现简单等。

2) 常用码型

数字基带信号的码型有很多，各有特点。图 5-1-2 是以矩形波为基础的几种常见码型。

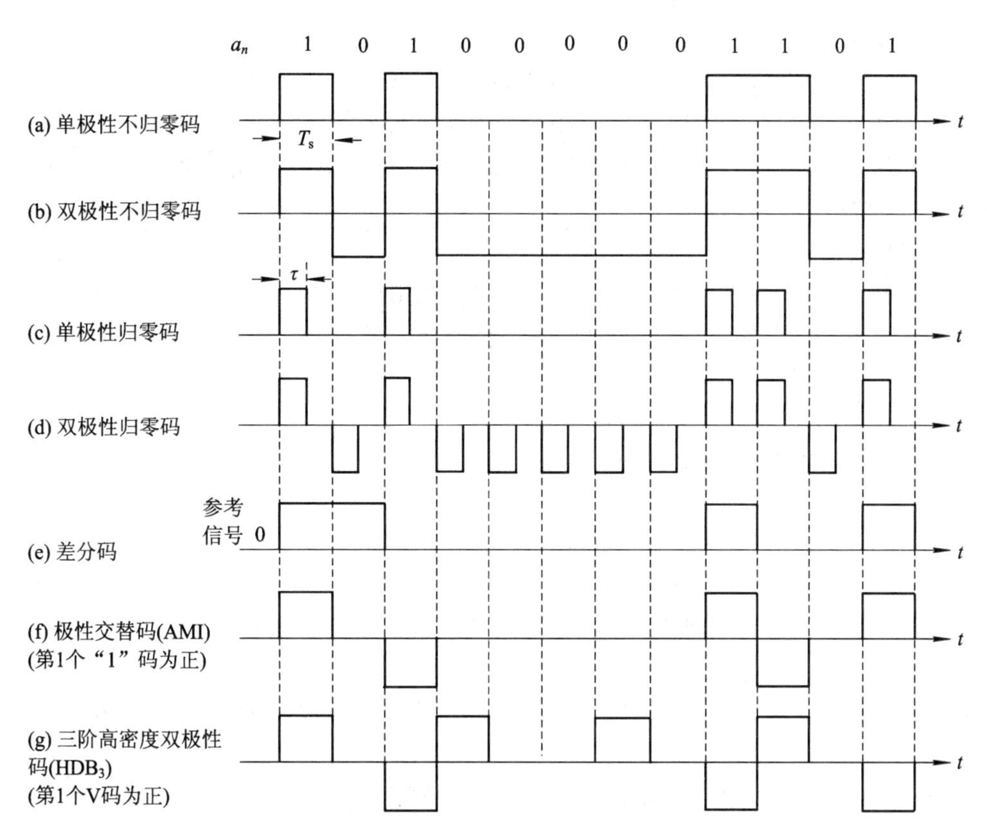

图 5-1-2　几种常见码型

(1) 单极性不归零码(全占空)。

编码规则：“1”码用宽度等于码元宽度的正脉冲表示，“0”码用零电平表示。

优点：简单，是信息的常用表示方法。

缺点：含有直流和丰富的低频分量，且无位定时分量。

（2）双极性不归零码（全占空）。

编码规则："1"码和"0"码分别用宽度等于码元宽度的正负脉冲来表示。

优点：简单，"1""0"等概时无直流。

缺点：有丰富的低频分量且"1""0"不等概时有直流，无位定时分量。

（3）单极性归零码。

编码规则："1"码用宽度小于码元宽度的正脉冲表示，"0"码用零电平表示。

优点：有位定时分量。

缺点：有直流和丰富的低频分量；和不归零码相比，带宽会变宽，频带利用率降低。例如，当脉冲宽度等于码元宽度的一半（半占空）时，数字基带信号的带宽是全占空波形的2倍。

（4）双极性归零码。

编码规则："1"码和"0"码分别用宽度小于码元宽度的正负脉冲表示。

优点："1""0"等概时无直流，"1""0"不等概时有位定时分量。

缺点：有丰富的低频分量且"1""0"不等概时有直流，"1""0"等概时无位定时分量。可见，频谱特性与信源统计特性有关。

（5）差分码。

编码规则：$b_n = b_{n-1} \oplus a_n$，其中 b_n 为差分码，a_n 为信息码。起始位 b_0 称为参考信号，可任意设定为"0"或"1"，如图 5-1-2 中设参考信号为"0"。

优点：信息携带在差分码的相邻码元的变化上，可解决数字相位调制中的反向工作（相位模糊）问题。

（6）极性交替码（AMI 码）。

编码规则：信息中的"0"码用零电平表示，"1"码则交替地用正、负脉冲表示。

优点：不管"1""0"是否等概，数字基带信号无直流分量，且低频分量小；编、译码简单。

缺点：长连"0"时难以获取位定时信息。

（7）三阶高密度双极性码（HDB_3）。

编码规则：

① 当信息码的连 0 个数不大于 3 时，与 AMI 码相同；

② 当连 0 个数大于 3 时，每 4 个连 0 段改为 000V 或 100V（第一个 4 连 0 任意选择 000V 或 100V 代替，对于其余的 4 连 0 段，当两个相邻 V 间有奇数个 1 时，用 000V，反之用 1000V）；

③ "1"码极性交替，第一个"1"码的极性可任意。V 码自成一体极性交替，但第一个 V 码的极性必须与前一个"1"码同极性。

说明：从编码规则可见，给定信息的 HDB_3 码通常不唯一。

编码过程如图 5-1-3 所示。

(a)	1	0	1	1	0	0	0	0	0	0	1	0	0	0	0	0	0	0	0
(b)	1	0	1	1	1	0	0	V	0	1	0	0	0	V	1	0	0	V
(c)	−	0	+	−	+	0	0	+	0	−	0	0	0	−	+	0	0	+

图 5-1-3　HDB_3 码编码过程

译码规则：

① 当遇到两个相邻的同极性码时，后者即为 V 码，将 V 码连同其前三位码均还原为“0”码；

② 将所有的±1 均恢复为“1”码。

特点：它是 AMI 码的改进。保留了 AMI 码的优点，克服了 AMI 码遇到长连 0 时无法提取位定时信息的缺点。

说明：差分码、AMI 码和 HDB_3 码的编译码方法，需要熟练掌握。

2. 数字基带信号的波形

数字基带信号常用的波形有矩形脉冲、三角脉冲、钟形脉冲和升余弦脉冲等。这些波形的形成由发送滤波器完成。

不同的码型和波形会影响数字基带信号的功率谱特性。

3. 数字基带信号的功率谱分析*

从数字基带信号的功率谱可以确定其带宽、有无直流分量和位定时分量等相关信息。

二进制数字基带信号(“1”“0”相互独立)的双边功率谱密度为

$$P(f)=f_bP(1-P)\left|G_1(f)-G_2(f)\right|^2+f_b^2\sum_{n=-\infty}^{\infty}\left|PG_1(nf_b)+(1-P)G_2(nf_b)\right|^2\delta(f-nf_b) \tag{5-1-1}$$

将双边功率谱密度中的负频率部分折叠到正频率上，即可得到单边功率谱密度为

$$P(f)=2f_bP(1-P)\left|G_1(f)-G_2(f)\right|^2+f_b^2\left|PG_1(0)+(1-P)G_2(0)\right|^2\delta(f)$$
$$+2f_b^2\sum_{n=1}^{\infty}\left|PG_1(nf_b)+(1-P)G_2(nf_b)\right|^2\delta(f-nf_b) \tag{5-1-2}$$

其中，$G_1(f)$、$G_2(f)$分别是“1”码和“0”码对应波形的频谱函数，P 及 $1-P$ 分别是“1”码和“0”码出现的概率，$f_b=1/T_s$ 是码元速率，T_s 是码元宽度。

相关结论：

(1) 数字基带信号功率谱由连续谱(第一项)、离散谱(第二项)组成。

(2) 由连续谱 $f_bP(1-P)\left|G_1(f)-G_2(f)\right|^2$ 可确定信号的带宽，常用谱的第一个零点计算。由于“1”码和“0”码采用不同的波形，因此 $G_1(f)\neq G_2(f)$，故连续谱总在存在的。例如，波形为矩形脉冲时，全占空码型信号的带宽为 $B=1/T_s=f_b$；半占空码型信号的带宽为 $B=\dfrac{1}{T_s/2}=2f_b$。

(3) $n=0$ 时的离散谱为直流功率谱 $f_b^2\left|PG_1(0)+(1-P)G_2(0)\right|^2\delta(f)$。由它确定直流成分是否存在。若 $f_b^2\left|PG_1(0)+(1-P)G_2(0)\right|=0$，则直流不存在。例如“1”“0”等概的双极性码，由于 $G_1(0)=-G_2(0)$，故无直流分量。直流功率为 $f_b^2\left|PG_1(0)+(1-P)G_2(0)\right|^2$。

(4) $n=\pm1$ 时的离散谱为位定时分量谱 $f_b^2\left|PG_1(\pm f_b)+(1-P)G_2(\pm f_b)\right|^2\delta(f\pm f_b)$，位定时分量功率为 $2f_b^2\left|PG_1(f_b)+(1-P)G_2(f_b)\right|^2$。若 $2f_b^2\left|PG_1(f_b)+(1-P)G_2(f_b)\right|^2=0$，则信号中不存在位定时分量。例如，全占空矩形信号，不论其是单极性还是双极性码，由于 $G_1(f_b)=G_2(f_b)=0$，故均无位定时分量。

5.1.3 数字基带信号的无码间干扰传输*

1. 数字基带信号的传输

数字基带传输系统可简化为如图 5-1-4 所示的模型。

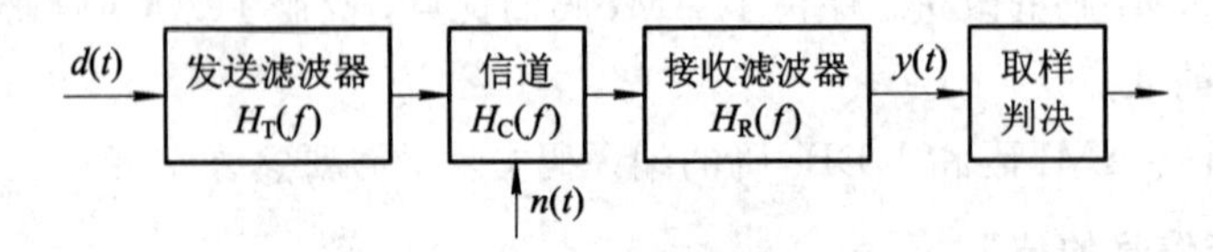

图 5-1-4 数字基带传输系统模型

输入：$d(t)=\sum_{k=-\infty}^{\infty}b_k\delta(t-kT_s)$，$d(t)$为冲激脉冲序列；

系统总传输特性：$H(f)=H_T(f)H_C(f)H_R(f)$，其冲激响应为$h(t)=F^{-1}[H(f)]$。

接收滤波器输出：$y(t)=\sum_{k=-\infty}^{\infty}b_kh(t-kT_s)+n_R(t)$，用于取样判决。

分析表明，图 5-1-4 所示数字基带传输系统中影响判决正确性(误码率)的主要因素有两个：

(1) 系统传输特性不理想及信道带限引起的码间干扰(ISI)；

(2) 信道中的噪声。

为使数字基带传输系统的误码率尽可能小，必须最大限度地减小 ISI 和噪声的影响。

2. 码间干扰(ISI)*

码间干扰就是前面码元的接收波形蔓延到后续码元的时间区域，从而对后续码元的取样判决产生干扰。如图 5-1-5 所示，(a)为发送信号$d(t)$，对应信息 110；发送端每发送一个冲激脉冲，接收滤波器输出一个冲激响应 $h(t)\leftrightarrow H(f)$，如图(b)所示。若在每个码元的结束时刻取样，如图(c)所示，则t_3 时的取样值为 $a_1+a_2+a_3$，其中 a_1+a_2 是第一、二个码元蔓延到第三个码元取样时刻的值，这个值就是码间干扰，它会对第三个码元的判决产生影响。如果码间干扰足够大，可能会出现 $a_1+a_2+a_3>0$，此时判决结果为“1”(双极性信号的判决电平常为 0)，从而出现误码。

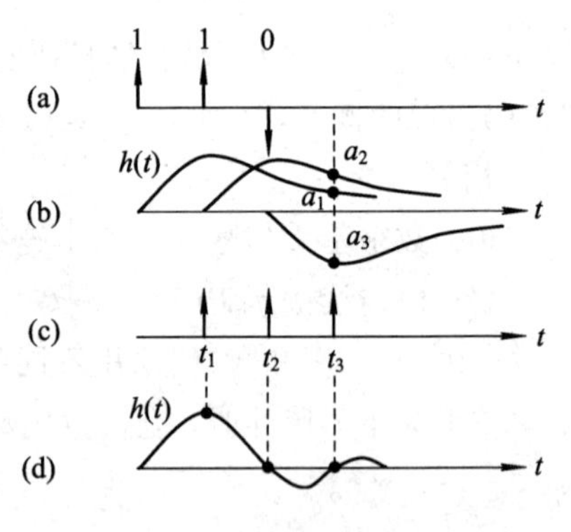

图 5-1-5 码间干扰(ISI)示意图

由此可见：

(1) 产生码间干扰的原因是由于系统的总传输特性 $H(f)$不理想及信道带限，导致接收码元波形 $h(t)$畸变、展宽和拖尾；

(2) 码间干扰会使系统的误码率上升；

(3) 为避免码间干扰，应使系统的冲激响应 $h(t)$在其他码元的取样时刻取值为 0，如图 5-1-5(d)所示。

3. 无码间干扰条件及奈奎斯特准则*

无码间干扰系统应满足的条件是：

(1) 从时域来看，系统冲激响应 $h(t)$ 应满足

$$h(nT_s)=\begin{cases}1(\text{或其他常数}) & n=0\\ 0 & n\neq 0\end{cases}\tag{5-1-3}$$

式中，nT_s 是第 n 个码元的取样时刻。此条件的含义是：冲激响应在本码元取样时刻不为0，而在其他码元的取样时刻均为0。

(2) 从频域来看，系统的传输特性 $H(f)$ 应满足

$$H_{eq}(f)=\sum_{k=-\infty}^{\infty}H\left(f+\frac{k}{T_s}\right)=\text{常数}\qquad |f|\leqslant\frac{1}{2T_s}\tag{5-1-4}$$

式中，$1/T_s$ 为码元速率，此条件称为奈奎斯特第一准则。称 $H_{eq}(f)$ 为等效低通特性，令 $W=1/(2T_s)$，为等效低通的带宽。式(5-1-4)可理解为：以频率0为中心、按 $1/T_s$ 宽度对传输特性进行分割，然后各段移至 $|f|\leqslant 1/(2T_s)$ 区间并进行叠加，叠加结果 $H_{eq}(f)$ 在此区域为常数。当 $H_{eq}(f)$ 为常数时，系统是无码间干扰的，否则就有码间干扰。

满足上述任一条件时，以码元速率 $1/T_s$ 进行传输，系统无码间干扰。

上述两条件是等价的，具体采用何式来判别系统有无码间干扰，需视具体情况而定。

4. 无码间干扰传输特性实例*

1) 理想低通特性

理想低通的传输特性和冲激响应分别为

$$H(f)=\begin{cases}A & |f|\leqslant B\\ 0 & f\text{为其他值}\end{cases}\tag{5-1-5}$$

$$h(t)=2AB\,\mathrm{Sa}(2\pi Bt)\tag{5-1-6}$$

如图5-1-6所示。

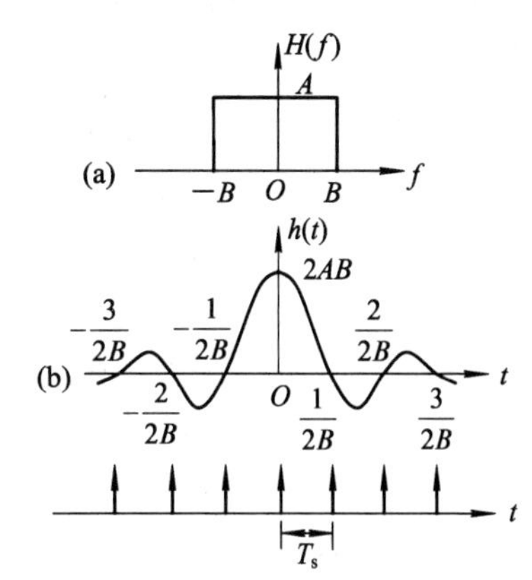

图5-1-6　理想低通传输特性

由图可得：

(1) 当 $T_s=\frac{n}{2B}(n=1, 2, 3, \cdots)$，即 $R_B=\frac{2B}{n}$ Baud $(n=1, 2, 3, \cdots)$ 时，取样时刻无码间干扰。

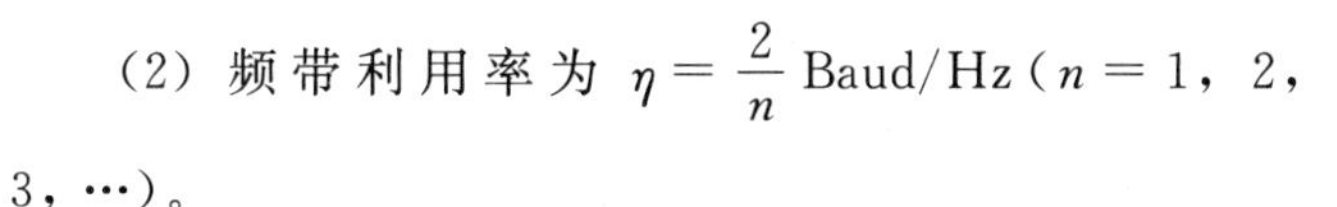

(2) 频带利用率为 $\eta=\frac{2}{n}$ Baud/Hz $(n=1, 2, 3, \cdots)$。

(3) 最大无码间干扰传输速率为 $R_{B,\max}=2B$，此速率称为奈奎斯特速率，对应的间隔 $T_{s,\min}=\frac{1}{2B}$ 称为奈奎斯特码元间隔。此时的频带利用率 $\eta=2$ Baud/Hz 是数字传输系统无码间干扰时的最大频带利用率，也称为奈奎斯特频带利用率。

优点：频带利用率高。

缺点：理想低通特性无法实现；即使近似实现，由于冲激响应尾巴衰减较慢（与 t 成反比），当取样时刻有偏差时，实际取样值中会存在较大的码间干扰，因此对位定时的精度要求高。

2）升余弦传输特性

升余弦传输特性和其冲激响应分别为

$$H(f)=\begin{cases}\dfrac{A}{2}\left(1+\cos\dfrac{\pi}{B}f\right) & |f|\leqslant B\\ 0 & |f|\geqslant B\end{cases} \tag{5-1-7}$$

$$h(t)=AB\,\frac{\mathrm{Sa}(2B\pi t)}{1-4B^2t^2} \tag{5-1-8}$$

如图 5-1-7 所示。由图可得：

（1）当 $T_s=\dfrac{n}{2B}(n=2, 3, 4, \cdots)$，即 $R_B=\dfrac{2B}{n}$ $(n=2, 3, 4, \cdots)$时，取样时刻无码间干扰。

（2）最大无码间干扰传输速率为 $R_{B,\max}=B$，最大频带利用率为 $\eta_{\max}=1$ Baud/Hz，该频带利用率是理想低通特性系统最大频带利用率的一半。

优点：物理可实现，且冲激响应（可查表得到）拖尾振荡小、衰减快（与 t^3 成反比），故对位定时精度要求低。

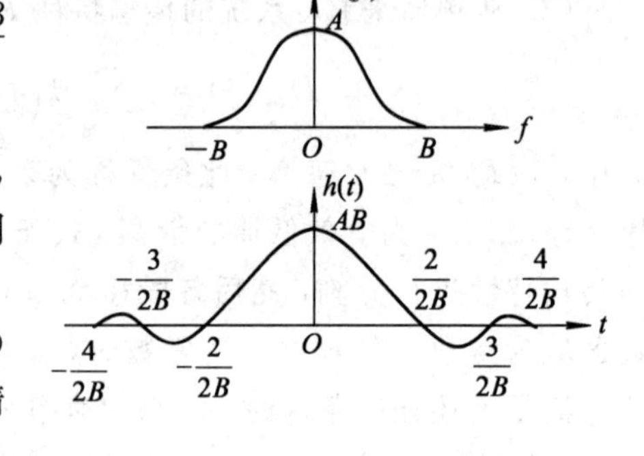

图 5-1-7

缺点：与理想低通特性相比，频带利用率低。

3）滚降特性

滚降特性可概括表示为

$$H(f)=\begin{cases}A & |f|\leqslant W-W_1\\ \text{滚降段} & W-W_1\leqslant |f|\leqslant W+W_1\\ 0 & |f|\geqslant W+W_1\end{cases} \tag{5-1-9}$$

滚降段的曲线通常是升余弦或直线，两种滚降时的传输特性如图 5-1-8 所示。滚降的快慢用滚降系数来表示，滚降系数定义为 $\alpha=W_1/W$，显然 $0\leqslant\alpha\leqslant1$。滚降开始点的频率可表示为 $W-W_1=(1-\alpha)W$，滚降结束点的频率（即系统的带宽 B）可表示为 $B=W+W_1=(1+\alpha)W$，W 为滚降的中心点的频率。

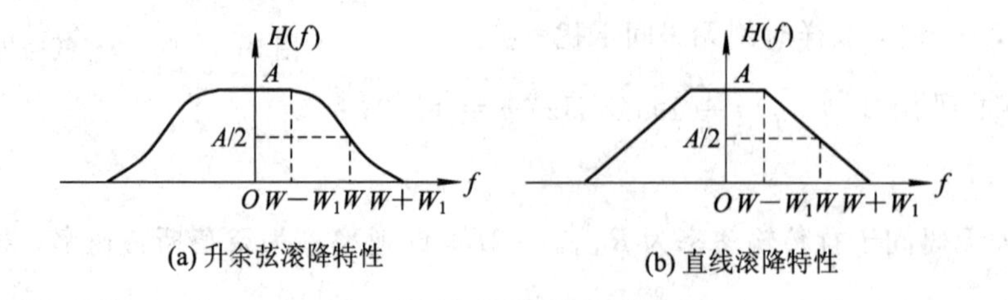

(a) 升余弦滚降特性

(b) 直线滚降特性

图 5-1-8　滚降特性

根据奈奎斯特第一准则，只要滚降部分对于$(W, A/2)$点呈现中心对称，滚降特性就可实现 $\eta=\dfrac{R_{B,\max}}{B}=\dfrac{2}{1+\alpha}$ Baud/Hz 的无码间干扰传输。因此，升余弦滚降和直线滚降特性都是无码间干扰传输特性。

最大无码间干扰传输速率可用滚降中心点频率 W（即等效理想低通带宽）来计算。

(1) 最大无码间干扰传输速率：$R_{\mathrm{B,\,max}}=2W$，由于带宽 $B=(1+\alpha)W$，故已知滚降传输特性的带宽 B 和滚降系数 α 时，系统的最大无码间干扰传输速率为 $R_{\mathrm{B,\,max}}=\dfrac{2B}{(1+\alpha)}$ Baud。

(2) 最大频带利用率为 $\dfrac{2}{1+\alpha}$ Baud/Hz。

(3) 无码间干扰传输速率为

$$R_{\mathrm{B}}=\frac{2W}{n}\quad(n=1,\,2,\,3,\,\cdots)\tag{5-1-10}$$

相应的频带利用率为

$$\eta=\frac{R_{\mathrm{B}}}{(1+\alpha)W}=\frac{2}{(1+\alpha)n}\ \text{Baud/Hz}\quad(n=1,\,2,\,3,\,\cdots)\tag{5-1-11}$$

优点：物理可实现；冲激响应的尾巴衰减快(与 t^3 成反比)，可降低对位定时精度的要求。

缺点：频带利用率下降。如 $\alpha=1$ 时，其最大频带利用率为 1 Baud/Hz，是理想低通特性最大频带利用率的一半。

当 $\alpha=0$ 时滚降特性即为理想低通特性；当 $\alpha=1$ 时，升余弦滚降特性变成升余弦特性，直线滚降特性即为三角形特性。

5.1.4　二进制数字基带信号的最佳接收*

1. 最佳接收的概念

不考虑码间干扰，只考虑信道噪声影响时系统误码率最小的接收，称为最佳接收。

二进制数字基带信号的接收机框图如图 5-1-9 所示，最佳接收分为两部分：最佳滤波和最佳检测。

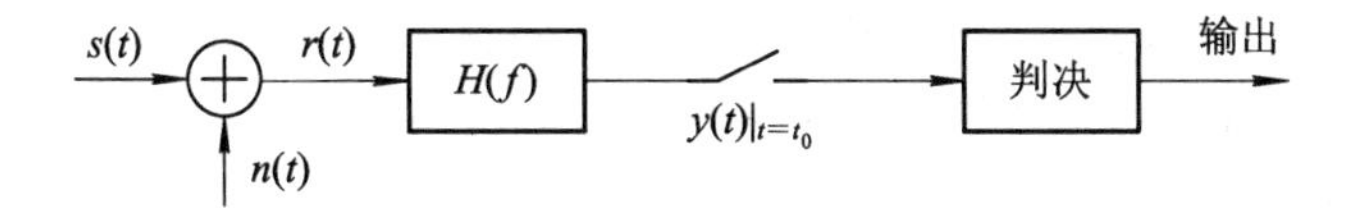

图 5-1-9　数字基带信号接收机框图

最佳接收滤波器：针对接收信号 $r(t)=s(t)+n(t)$，设计出一个最佳滤波器，使滤波器的输出 $y(t)$ 最有利于判决。最佳滤波的实现方法之一为匹配滤波器(MF：matched filter)。

最佳检测：针对滤波器的输出 $y(t)$，设计出最佳的检测判决方法，使恢复出的序列和发送序列间的误码最少，即使误码率 $P_e=P(1/0)P(0)+P(0/1)P(1)$ 最小。

2. 匹配滤波器*

定义：使输出信号的瞬时功率与输出噪声的平均功率之比达到最大的线性滤波器。即匹配滤波器是输出最大瞬时信噪比的最佳滤波器。

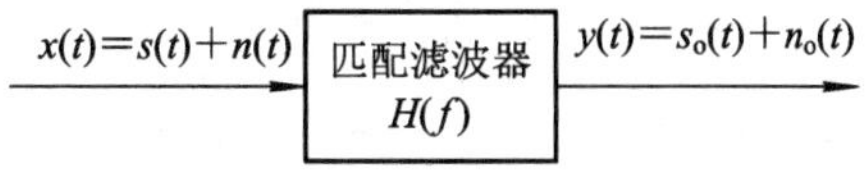

$x(t)=s(t)+n(t)$ → 匹配滤波器 $H(f)$ → $y(t)=s_o(t)+n_o(t)$

图 5-1-10　匹配滤波器示意图

匹配滤波器的示意图如图 5-1-10 所示。

输入信号 $s(t)$ 的频谱为 $S(f)$，其匹配滤波器的传递特性为

$$H(f)=kS^*(f)\mathrm{e}^{-\mathrm{j}2\pi f t_0}，k\ 为非零常数\tag{5-1-12}$$

注意：信号不同，对应的匹配滤波器也不同。所以对某个信号匹配的滤波器，对于其他信号就不再是匹配滤波器了。

匹配滤波器的冲激响应为

$$h(t) = ks(t_0 - t) \tag{5-1-13}$$

是输入信号 $s(t)$ 的镜像 $s(-t)$ 在时间上再向右平移 t_0，幅度上有一个固定的因子 k。式中，t_0 通常取输入信号的终止时刻，原因：保证匹配滤波器物理可实现且又能获得最早判决。

匹配滤波器的输出信号为

$$s_o(t) = kR_s(t - t_0) \tag{5-1-14}$$

$R_s(t)$ 为输入信号 $s(t)$ 的自相关函数。在 $t = t_0$ 时刻输出最大值 $s_o(t_0) = kE$，其中 $E = \int_{-\infty}^{\infty} |S(f)|^2 \mathrm{d}f$ 为输入信号的能量。

说明：匹配滤波器的输出信号在形式上与输入信号的时间自相关函数相同，仅差一个常数因子 k，以及在时间上延迟 t_0。从这个意义上来说，匹配滤波器可以看成是一个计算输入信号自相关函数的相关器，在取样时刻 t_0 达到最大值。因此可以用相关器来代替匹配滤波器。

输出最大瞬时信噪比

$$r_{o\max} = \frac{2E}{n_0} \tag{5-1-15}$$

表明最大信噪比只与信号的能量和白噪声的功率谱密度有关，与信号波形无关。故为方便起见，上述式中的常数 k 通常可取值为 1。

注意：

(1) 相同能量不同波形的信号，其匹配滤波器的传输特性是不同的。

(2) 匹配滤波器的传输特性与信号频谱有关，而信号频谱的幅频特性通常不为常数，也就是说匹配滤波器的幅频特性通常是不理想的，所以信号通过匹配滤波器后会产生严重的波形失真。

(3) 匹配滤波器只能用于接收数字信号。对数字信号的传输而言，我们关心的是取样判决是否正确，不大关心波形是否失真，而匹配滤波器能获取最大输出信噪比，它有利于取样判决，减小误码率，所以匹配滤波器适合于接收数字信号。由于匹配滤波器会使传输波形产生严重的波形失真，所以它不能用于模拟信号的接收。

3. 最佳检测

最佳检测问题的实质就是如何确定判决区域，使系统总误码率 P_e 为最小。对于二进制数字基带传输系统，系统总误码率 P_e 见式(5-1-16)。为求得 P_e，除了需要已知信源发送“0”和“1”码的先验概率 $P(0)$ 和 $P(1)$ 外，还需要计算两个错误转移概率：发端发“0”而收端错判为“1”的概率 $P(1/0)$ 和发端发“1”而收端错判为“0”的错误概率 $P(0/1)$，它们都与判决变量的概率分布和判决门限有关。这样，最佳检测问题即为：已知发端发“0”和“1”时，收端判决变量 y 的概率密度函数 $f_0(y)$ 和 $f_1(y)$(如图 5-1-11 所示)，如何确定使误码率最小的判决门限的问题。

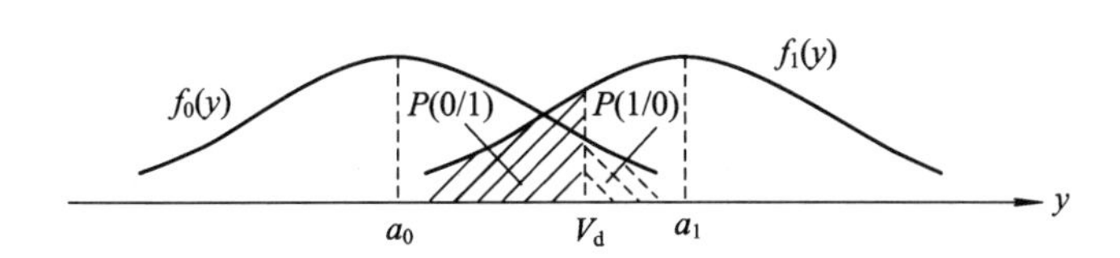

图 5-1-11　判决变量 y 的概率密度函数

可先任意选择判决门限 V_d，且判决准则为$\begin{cases} y \geqslant V_d & 判为“1” \\ y < V_d & 判为“0” \end{cases}$，求出此时的 P_e，即

$$P_e = P(1/0)P(0) + P(0/1)P(1) = P(0)\int_{V_d}^{\infty} f_0(y)\mathrm{d}y + P(1)\int_{-\infty}^{V_d} f_1(y)\mathrm{d}y \tag{5-1-16}$$

当 $P(0)$、$P(1)$及 $f_0(y)$、$f_1(y)$已知时，显然 P_e 和判决门限 V_d 的选择有关。根据求极值的方法可知，使误码率最小意味着寻求合适的判决门限，使误码率 P_e 达到最小，这样最佳检测问题就转变成了寻找最佳判决门限的问题。

二进制数字基带信号最佳检测的一般步骤如下。

(1) 求出发送“0”码和“1”码时判决变量 y 的表达式及其条件概率密度函数 $f_0(y)$、$f_1(y)$。

(2) 求出最佳判决门限 V_d^*：

$$\frac{\mathrm{d}P_e}{\mathrm{d}V_d} = 0 \Rightarrow \frac{f_1(V_d)}{f_0(V_d)} = \frac{P(0)}{P(1)} = \lambda_0 \tag{5-1-17}$$

(3) 求出最小误码率：

$$P_{e,\min} = P(0)\int_{V_d^*}^{\infty} f_0(y)\mathrm{d}y + P(1)\int_{-\infty}^{V_d^*} f_1(y)\mathrm{d}y \tag{5-1-18}$$

4. 二进制数字基带信号的最佳接收机结构及其抗噪声性能*

加性高斯白噪声信道中二进制数字基带信号的最佳接收机结构如图 5-1-12 所示。

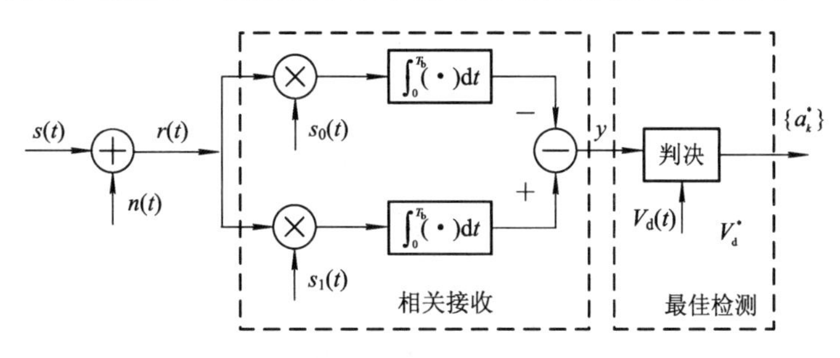

图 5-1-12　二进制数字基带信号的最佳接收机框图

假设在每个码元间隔内 $t \in [0, T_b]$，发送码元“1”时，发送滤波器输出的波形 $s(t)$为 $s_1(t)$；发送码元“0”时，发送滤波器输出的波形 $s(t)$为 $s_0(t)$。

在双边谱密度为 $n_0/2$ 的高斯白噪声信道中，假如发送信号的比特能量为 E_b，发“1”“0”的概率分别为 $P(1)$、$P(0)$。

(1) 发送等能量信号，如双极性信号、正交信号等时，信号 $s_1(t)$和 $s_0(t)$有相同能量 $E_b = \int_0^{T_b} s_0^2(t)\mathrm{d}t = \int_0^{T_b} s_1^2(t)\mathrm{d}t$，最佳接收机判决器输入信号(即判决变量 y)为均值为$\pm a$、

方差为 $\sigma_n^2=n_0E_b(1-\rho)$（其中，$a=E_b(1-\rho)$，$\rho=\dfrac{\int_0^{T_b}s_1(t)s_0(t)\mathrm{d}t}{E_b}$ 为两信号间的相关系数，$-1\leqslant\rho\leqslant1$，双极性信号时 $\rho=-1$、正交信号时 $\rho=0$）的高斯随机变量，概率密度函数如图 5-1-13 所示。

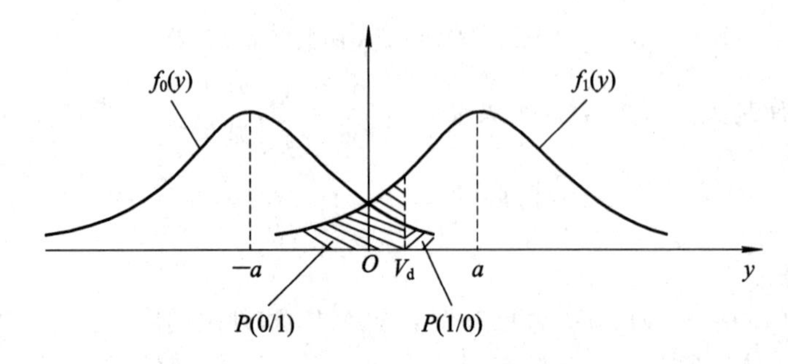

图 5-1-13　判决变量 y 的概率密度函数

按二进制数字基带信号最佳检测的一般步骤，可得最佳判决门限为

$$V_d^*=\frac{\sigma_n^2}{2a}\ln\frac{P(0)}{P(1)}=\frac{n_0}{2}\ln\frac{P(0)}{P(1)} \tag{5-1-19}$$

当"1""0"等概发送时，有 $V_d^*=0$。进而，得系统误码率公式为

$$P_e=\frac{1}{2}\mathrm{erfc}\left(\frac{a}{\sqrt{2}\sigma_n}\right)=\frac{1}{2}\mathrm{erfc}\left[\sqrt{\frac{E_b(1-\rho)}{2n_0}}\right] \tag{5-1-20}$$

讨论：

① 当 ρ 取最小值 $\rho=-1$ 时，误码率 P_e 将达到最小，此时系统误码率为

$$P_e=\frac{1}{2}\mathrm{erfc}\left[\sqrt{\frac{E_b}{n_0}}\right] \tag{5-1-21}$$

此即发送信号先验等概时，二进制信号最佳接收机所能达到的最小误码率，此时相应的发送信号 $s_0(t)$ 及 $s_1(t)$ 之间的互相关系数 $\rho=-1$，被称为最佳波形，如双极性信号。

② 当互相关系数 $\rho=0$ 时，发送信号为非最佳波形（如正交频率信号、2FSK），系统误码率为

$$P_e=\frac{1}{2}\mathrm{erfc}\left[\sqrt{\frac{E_b}{2n_0}}\right] \tag{5-1-22}$$

③ 当互相关系数 $\rho=1$ 时，发送信号完全相同，系统误码率为

$$P_e=\frac{1}{2} \tag{5-1-23}$$

此即二进制数字通信系统的最高误码率，接收机的接收结果和随机猜测的一样。

（2）发送不等能量信号，如单极性信号、2ASK（$E_0=0$，$E_1=E_b$，$\rho=0$），则发送信号的平均能量为 $E=E_b/2$。按上述相同的分析方法，可得发送"1"时判决变量 y 为均值为 $a=E_b$、方差为 $\sigma_n^2=n_0E_b/2$ 的高斯随机变量；发送"0"时判决变量 y 为均值为 0、方差为 $\sigma_n^2=n_0E_b/2$ 的高斯随机变量。此时的最佳判决门限为

$$V_d^*=\frac{a}{2}+\frac{\sigma_n^2}{a}\ln\frac{P(0)}{P(1)}=\frac{a}{2}+\frac{n_0}{2}\ln\frac{P(0)}{P(1)} \tag{5-1-24}$$

当"1""0"等概发送时，有 $V_d^*=a/2$。系统误码率公式为

$$P_e = \frac{1}{2}\text{erfc}\left(\frac{a}{2\sqrt{2}\sigma_n}\right) = \frac{1}{2}\text{erfc}\left[\sqrt{\frac{E_b}{4n_0}}\right] \tag{5-1-25}$$

说明：上述误码率公式，不仅适用于数字基带传输系统，也适用于数字频带传输系统。

5. 二进制最佳基带传输系统

最佳基带传输系统：消除码间干扰且错误概率最小的系统。

发送信号功率一定的条件下，误码率最小的最佳基带传输系统的设计步骤：

(1) 先选择一个无码间干扰的系统总传输函数 $H(f)$；

(2) 将 $H(f)$开平方，一分为二；

(3) 一半作为发送滤波器的传输函数，另一半作为接收滤波器的传输函数。

5.1.5 二进制非最佳基带传输系统*

非最佳基带传输系统：不采用最佳接收机接收的数字基带传输系统。

数字基带信号的非最佳接收机框图如图 5-1-14 所示。

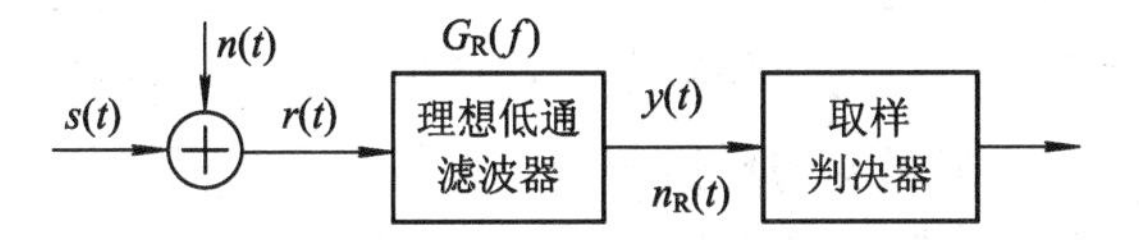

图 5-1-14 数字基带信号的非最佳接收机框图

系统性能分析同最佳传输系统，主要包括以下步骤：

(1) 求出判决变量的概率密度函数；

(2) 求出最佳判决门限；

(3) 求出误码率。

可得高斯白噪声信道中发送幅度为 A 的双极性矩形脉冲波形的系统误码率公式

$$P_e = \frac{1}{2}\text{erfc}\left(\frac{A}{\sqrt{2}\sigma_n}\right) \tag{5-1-26}$$

式中，σ_n^2 为低通滤波器输出噪声的方差。当接收滤波器 $G_R(f)$为幅度为 1、带宽为 $1/T_b$ 的理想低通滤波器时，有 $\sigma_n^2=\frac{n_0}{2}\times\frac{2}{T_b}=\frac{n_0}{T_b}$，$E_b=A^2T_b$，式(5-1-26)可重写为

$$P_e = \frac{1}{2}\text{erfc}\left[\sqrt{\frac{E_b}{2n_0}}\right] \tag{5-1-27}$$

与式(5-1-21)相比，同样的 E_b/n_0 下，有更大的误码率。最佳判决门限为

$$V_d^* = \frac{\sigma_n^2}{2A}\ln\frac{P(0)}{P(1)} \tag{5-1-28}$$

与最佳基带传输系统相比，非最佳基带传输系统虽然不能获得好的抗噪声性能，但其对接收滤波器的要求不高，实现相对简单，且体现了信号接收的一般概念，有助于对信号接收概念的理解。

5.1.6 多进制数字基带信号的传输

多进制数字基带信号的传输是指基带信道上传输的是多进制数字基带信号。

一个 M 进制的码元携带有 $\mathrm{lb}M$ 比特的信息。当信息速率相同时，一个 M 进制码元的宽度等于 $\mathrm{lb}M$ 个二进制码元的宽度，即 $T_s=(\mathrm{lb}M)T_b$，这里 T_s 表示一个 M 进制码元的宽度，T_b 表示一个比特的宽度。

在多进制数字基带传输系统中，取样判决电路要判决出 M 个电平，因此需要设置 $(M-1)$ 个门限电平。

1. 功率谱与带宽

M 进制数字基带信号有 M 个电平，可将 M 进制数字基带信号分解为若干个在时间上不重叠的二进制数字基带信号。当码元之间相互独立时，M 进制数字基带信号的功率谱就等于这分解出来的若干个二进制数字基带信号的功率谱之和。

(1) 对于 M 进制单极性数字基带信号，如果各种不同电平出现的概率相等，可分解为 $(M-1)$ 个幅度分别为 1、2、…、$(M-1)$，出现概率均为 $1/M$ 的单极性数字基带信号；

(2) 对于双极性 M 进制数字基带信号，可以看作由 M 个电平分别为 ±1、±3、±5、…、$\pm(M-1)$，且出现概率均为 $1/M$ 的单极性二进制数字基带信号相加得到。

尽管相加后的功率谱结构可能比较复杂，但就功率谱的零点位置及主瓣宽度而言，M 进制数字基带信号与由它分解出来的任何一个二进制数字基带信号是相同的。因此，当 M 进制码元的宽度为 T_s 时，其带宽(功率谱第一个零点)为

$$B=\frac{1}{T_s}=R_B\quad(\mathrm{Hz})\tag{5-1-29}$$

在数值上等于码元速率。

结论：在码元速率相同、基本波形相同的条件下，M 进制数字基带信号的信息速率是二进制数字基带信号信息速率的 $\mathrm{lb}M$ 倍，但所需的信道带宽却是相同的，故可获得更高的频带利用率。

2. 无码间干扰传输速率

假设系统为无码间干扰传输，传输特性为理想低通。

(1) 无码间干扰传输速率：$R_B=\frac{2B}{k}(k=1, 2, 3, \cdots)$，其中 B 是理想低通传输特性的带宽。

(2) 信息传输速率：$R_b=R_B\mathrm{lb}M$，其中 M 是进制数。

(3) 频带利用率：码元频带利用率 $\eta=\frac{\text{码元速率}}{\text{信道带宽}}=\frac{2}{k}$ Baud/Hz，最大频带利用率 $\eta_{\max}=2$ Baud/Hz；信息频带利用率 $\eta=\frac{\text{信息速率}}{\text{信道带宽}}=\frac{2\mathrm{lb}M}{k}$ (b/s)/Hz，最大频带利用率 $\eta_{\max}=2\mathrm{lb}M$ (b/s)/Hz。

在相同带宽的条件下，多进制系统能传输更高的信息速率。在多进制系统中，用信息频带利用率，能更好地反映出多进制系统有效性高的特点。

3. 误码率

多进制系统与二进制系统相比，有效性提高了，但可靠性却下降了。

双边功率谱密度为 $n_0/2$ 的高斯白噪声信道中多进制数字基带传输系统的误码率为

$$P_e=\frac{M-1}{M}\text{erfc}\left(\frac{d}{\sqrt{2}\sigma_n}\right)=\begin{cases}\dfrac{M-1}{M}\text{erfc}\left(\sqrt{\dfrac{E_s}{4n_0}}\right) & \text{单极性信号}\\[2ex] \dfrac{M-1}{M}\text{erfc}\left(\sqrt{\dfrac{E_s}{n_0}}\right) & \text{双极性信号}\end{cases}\tag{5-1-30}$$

式中，$d=AT_s$，码元宽度为 T_s，E_s 为发“1”时匹配滤波器输入端的码元能量。单极性信号的幅度分别为 0、$2A$、…、$2(M-1)A$，$E_s=(2A)^2T_s$；双极性信号的幅度分别为 $\pm A$、$\pm 3A$、…、$\pm(M-1)A$，$E_s=A^2T_s$。

5.1.7　眼图

眼图是取样判决器输入端波形在示波器上显示出来的类似于眼睛的图形。利用眼图可方便地估计和调整系统性能。

1. 眼图的形成

(1) 将待测波形接到示波器的 Y 轴上；

(2) 水平扫描周期设置为码元周期或码元周期的整数倍；

(3) 调整扫描信号的开始时刻，使其与待测信号同步。

2. 眼图的作用*

眼图模型如图 5-1-15 所示。

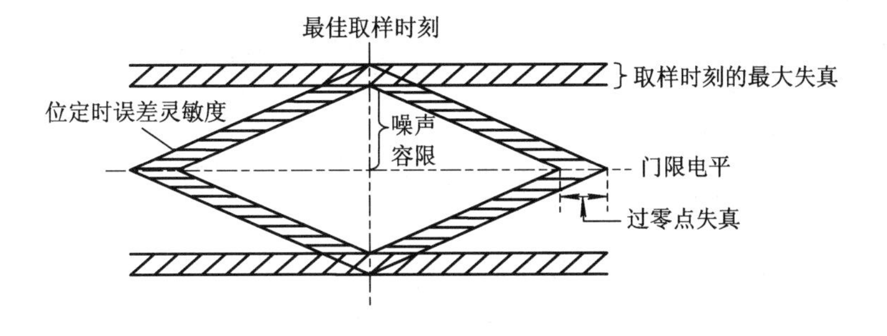

图 5-1-15　眼图模型

从图中可以了解到的信息有：

(1) 最佳取样时刻应当在眼睛张开最大的时刻；

(2) 眼图的斜率表示对位定时误差的灵敏度，斜边越陡，对定时误差越灵敏；

(3) 阴影区的垂直高度表示信号的最大失真量，它是噪声和码间干扰叠加的结果；

(4) 图中央的横轴位置对应判决门限电平，图中为 0 电平；

(5) 在取样时刻，上、下阴影区间隔距离之半为噪声容限，噪声瞬时值超过它就可能发生错判。

当码间干扰十分严重时，“眼睛”会完全闭合起来，系统的性能将急剧恶化，此时须对码间干扰进行校正。

5.1.8 均衡*

1. 均衡的基本概念

尽管从理论上可以设计出无码间干扰传输系统，但在实现过程中，由于实际信道的传输特性难以精确测量且可能随时间变化等各种因素，实际系统总存在码间干扰。为降低码间干扰的影响，通常在接收滤波器和取样判决器之间插入一个滤波器，用于校正或补偿系统，此滤波器称为均衡器。均衡器常被看作接收滤波器的一部分。

均衡是现代数字通信，尤其是高速数字传输中的重要技术之一。

均衡器的实现方法分频域实现和时域实现两种。

(1) 频域均衡的目标是校正系统的传输特性，使得包含均衡器在内的整个系统的传输特性满足无码间干扰条件。

(2) 时域均衡的目标是校正系统的冲激响应，使取样点上无码间干扰。

目前，高速数据传输主要采用时域均衡方法。

2. 时域均衡器*

包含时域均衡器的传输系统如图 5-1-16 所示。时域均衡器通常用横向滤波器来实现，如图 5-1-17 所示。

图 5-1-16 具有时域均衡的传输系统

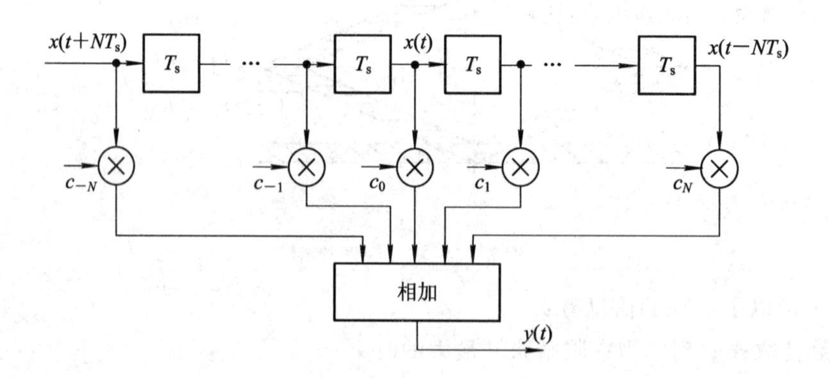

图 5-1-17 横向滤波器均衡器原理图

均衡器输出与输入及抽头系数间的关系为

$$y_k = \sum_{n=-N}^{N} c_n x_{k-n} \tag{5-1-31}$$

通过计算可以证明，由 $2N$ 个延迟单元组成的横向滤波器，可以消除前后各 N 个取样时刻上的码间干扰。因此，要想消除所有取样时刻上的码间干扰，需要使用无限长横向滤波器，这是物理不可实现的。故时域均衡只能降低码间干扰的程度，不能完全消除码间干扰。

3. 均衡性能指标*

常用峰值失真(或峰值畸变)和均方失真来衡量均衡效果。

1) 峰值失真

输出峰值失真为

$$D_y = \frac{1}{y_0}\sum_{\substack{k=-\infty \\ k\neq 0}}^{\infty} |y_k| \tag{5-1-32}$$

式中，y_k是第k个码元取样时刻均衡器输出的取样值。

输入峰值失真为

$$D_x = \frac{1}{x_0}\sum_{\substack{k=-\infty \\ k\neq 0}}^{\infty} |x_k| \tag{5-1-33}$$

式中，x_k是第k个码元取样时刻均衡器输入的取样值。

峰值失真表示在$k\neq 0$的所有取样时刻系统冲激响应的绝对值之和与$k=0$取样时刻系统冲激响应值之比值，它也表示系统在某取样时刻受到前后码元干扰的最大可能值，即峰值。

输出峰值失真表示系统码间干扰的大小，此值愈小愈好。而输出峰值失真与输入峰值失真之差表示均衡效果。

在输入取样值序列$\{x_k\}$给定时，如果按下式

$$y_k = \begin{cases} 0 & 1 \leqslant |k| \leqslant N \\ 1 & k = 0 \end{cases}$$

即

$$\begin{cases} \sum\limits_{n=-N}^{N} c_n x_{k-n} = 0 & k = \pm 1, \pm 2, \cdots, \pm N \\ \sum\limits_{n=-N}^{N} c_n x_{k-n} = 1 & k = 0 \end{cases} \tag{5-1-34}$$

构造的$2N+1$个联立方程来设计或调整抽头系数c_n，则可迫使均衡器输出的各取样值y_k($|k|\leqslant N$，$k\neq 0$)为零。这种调整叫做“迫零”调整，所设计的均衡器称为迫零均衡器。此时D_y有最小值，均衡效果达到最佳。

2) 均方失真

均方失真为

$$e^2 = \frac{1}{y_0^2}\sum_{\substack{k=-\infty \\ k\neq 0}}^{\infty} y_k^2 \tag{5-1-35}$$

均方误差为

$$\overline{e^2} = E(y_k - a_k)^2 \tag{5-1-36}$$

当$\{a_k\}$是随机数据序列时，使$\overline{e^2}$最小化与均方失真最小化是一致的。按最小均方误差准则可构成自适应均衡器。

5.1.9　部分响应系统*

部分响应技术是通过相关编码使前后码元间引入某种相关性，从而形成预期的响应波

形和频谱结构，达到 2 Baud/Hz 的最高频带利用率，并使波形尾巴振荡衰减加快。目前常用的部分响应系统是第Ⅰ类和第Ⅳ类。

第Ⅰ类部分响应系统的冲激响应 $h(t)$ 是两个相隔一个码元间隔 T_s 的 $\mathrm{Sa}(\pi t/T_s)$ 的合成波形。

$$h(t)=\mathrm{Sa}\left(\frac{\pi t}{T_s}\right)+\mathrm{Sa}\left(\frac{\pi(t-T_s)}{T_s}\right)=\frac{T_s^2\sin(\pi t/T_s)}{\pi t(T_s-t)} \tag{5-1-37}$$

$h(t)$ 的幅度约与 t^2 成反比，波形拖尾的衰减速度加快了。系统的传输特性为

$$H(f)=\begin{cases}2T_s\cos\pi fT_s\mathrm{e}^{-\mathrm{j}\pi fT_s} & |f|\leqslant\dfrac{1}{2T_s}\\ 0 & |f|>\dfrac{1}{2T_s}\end{cases} \tag{5-1-38}$$

限制在 $\pm1/(2T_s)$ 区间之内，而且呈余弦型。这种缓变的滚降过渡特性与陡峭衰减的理想低通特性有明显的不同，这时系统的带宽为 $B=1/(2T_s)$。当码元速率为 $R_s=1/T_s$ 时，即码元间隔为 T_s 时，系统的频带利用率为

$$\eta=\frac{R_s}{B}=\frac{1/T_s}{1/(2T_s)}=2\ \mathrm{Baud/Hz} \tag{5-1-39}$$

达到了基带传输系统的极限频带利用率。

第Ⅰ类部分响应系统如图 5-1-18 所示。

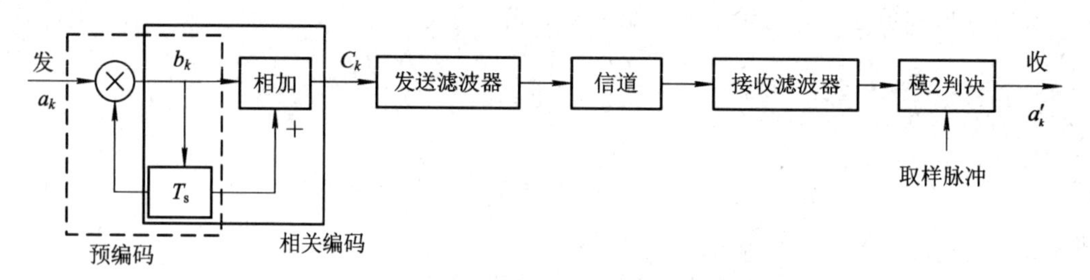

图 5-1-18　第Ⅰ类部分响应系统组成框图

相关编码过程中人为地引入了码间干扰，使当前码元只对下一个码元产生码间干扰。这一有规律的码间干扰可通过预编码和模 2 判决来消除。

预编码的作用是为了避免相关编码而引起的“差错传播”现象，先将输入信息 a_k 转换成相对码 b_k。

因此，整个上述处理过程可概括为“预编码——相关编码——模 2 判决”过程。其中，预编码公式为

$$b_k=a_k\oplus b_{k-1}\quad(\text{模 2 加}) \tag{5-1-40}$$

相关编码公式为

$$C_k=b_k+b_{k-1}\quad(\text{算术加}) \tag{5-1-41}$$

在接收端对 C_k 作模 2 判决，便可恢复 a_k，即

$$[C_k]_{\mathrm{mod2}}=[b_k+b_{k-1}]_{\mathrm{mod2}}=b_k\oplus b_{k-1}=a_k \tag{5-1-42}$$

注意：以上式中 a_k 和 b_k 的进制数 $L=2$。若 $L>2$，则需将“模 2 加”改为“模 L 加”，“模 2 判决”改为“模 L 判决”。

第Ⅳ类部分响应系统如图 5-1-19 所示。由图可知，这里的相关编码使当前码元只对后面第二个码元产生码间干扰。

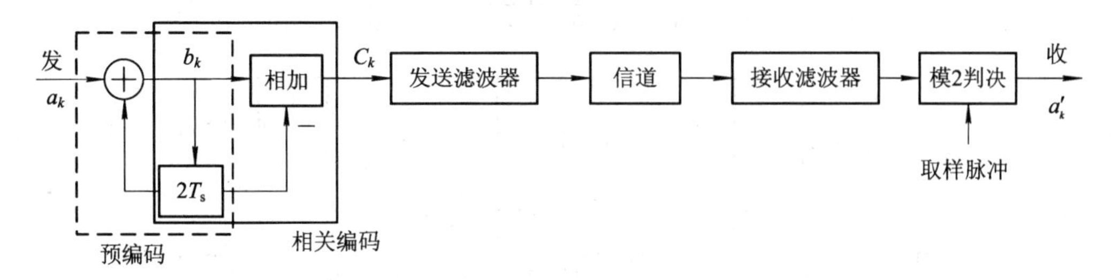

图 5-1-19　第Ⅳ类部分响应系统组成框图

当 $L=2$ 时，预编码为

$$b_k = a_k \oplus b_{k-2} \quad \text{（模 2 加）} \tag{5-1-43}$$

相关编码公式为

$$C_k = b_k - b_{k-2} \quad \text{（算术减）} \tag{5-1-44}$$

对 C_k 作模 2 判决以恢复 a_k，即

$$[C_k]_{\text{mod2}} = [b_k - b_{k-2}]_{\text{mod2}} = b_k \oplus b_{k-2} = a_k \tag{5-1-45}$$

部分响应系统的缺点：当输入数据为 L 进制时，相关编码电平数要超过 L。如第Ⅰ、Ⅳ类部分响应信号的电平数为$(2L-1)$。因此，部分响应系统的抗噪声性能变差。

5.2　典型例题及解析

例 5.2.1　已知某二进制信息序列为 10011000001100000101，画出它所对应的单极性半占空归零码、双极性全占空码、AMI 码、HDB_3码的波形图。(基本波形用矩形)

解　(1) 单极性码：+100+1+100000+1+100000+10+1，波形如图 5-2-1(a)所示。

(2) 双极性码：+1−1−1+1+1−1−1−1−1−1+1+1−1−1−1−1−1+1−1+1，波形如图 5-2-1(b)所示。

(3) AMI 码：+100−1+100000−1+100000−10+1。用全占空矩形表示的 AMI 波形如图 5-2-1(c)所示(第一个“1”码也可用负极性)。

(4) HDB_3 码：第一个特殊序列选用“100V”，第一位信息采用“+1”时的编码过程如下：

原信息序列：	1	0	0	1	1	[0	0	0	0]	0	1	1	[0	0	0	0]	0	1	0	1
加V码破坏长连零：	1	0	0	1	1	1	0	0	V	0	1	1	1	0	0	V	0	1	0	1
标上极性：	+1	0	0	−1	+1	[−1	0	0	−V]	0	+1	−1	[+1	0	0	+V]	0	−1	0	+1
变V加1：	+1	0	0	−1	+1	−1	0	0	−1	0	+1	−1	+1	0	0	+1	0	−1	0	+1

用全占空矩形表示的波形如图 5-2-1(d)所示。

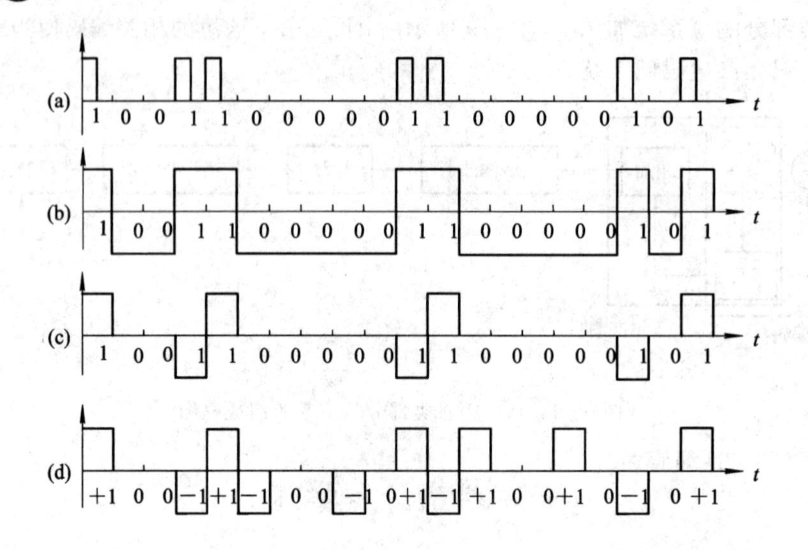

图 5-2-1

例 5.2.2 试求出 16 位全 0 码、16 位全 1 码及 32 位循环码的 HDB_3 码。(32 位循环码为 11101100011111001101001000001010)。

解 HDB_3 码编码的具体过程请参见 5.1.2 节和例 5.2.1 解，这里不再重复。下面给出的 HDB_3 码是基于第一个 4 连 0 用 100 V 代替，第一个"1"码用正极性。

(1) 16 位全 0 码的 HDB_3 码：

+1 0 0 +1 −1 0 0 −1 +1 0 0 +1 −1 0 0 −1

(2) 16 位全 1 码的 HDB_3 码：

+1 −1 +1 −1 +1 −1 +1 −1 +1 −1 +1 −1 +1 −1 +1 −1

(3) 32 位循环码的 HDB_3 码：

+1−1+10−1+1000−1+1−1+1−100+1−10+100−1+100+100−10+10

需要注意：如果信息中连 0 个数不超过 3 个，则其 HDB_3 码和 AMI 码相同。

例 5.2.3 随机序列 $\{a_n\}$ 中的 $a_n \in \{+1、-1\}$，为独立等概的二进制随机变量。由 $\{a_n\}$ 构成的冲激序列 $s(t)$ 通过脉冲成形滤波器后得到 PAM 信号 $y(t)$，如图 5-2-2(a) 所示。

(1) 若成形滤波器的冲激响应 $g(t)$ 如图 5-2-2(b) 所示，试写出 $y(t)$ 的功率谱表达

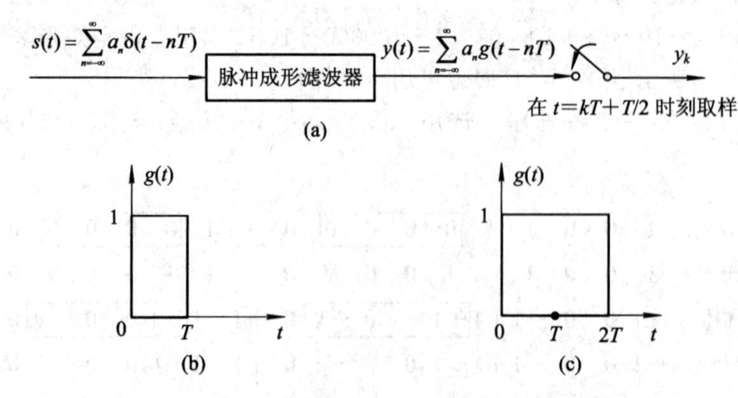

图 5-2-2

式，并画出功率谱密度图(标上频率值)。

(2) 若成形滤波器的冲激响应 $g(t)$ 如图 5-2-2(c)所示，试写出 $y(t)$ 的功率谱表达式，并画出功率谱密度图(标上频率值)。

(3) 在成形滤波器的冲激响应 $g(t)$ 如图 5-2-2(c)的情形下，写出第 k 个取样值 y_k 的表达式，写出 y_k 的各种可能取值及其发生概率，指出 y_k 中是否存在码间干扰。

解　设 $P_s(f)$ 是 $s(t)$ 的功率谱密度，$G(f)$ 是 $g(t)$ 的傅里叶变换，则 $y(t)$ 的功率谱密度为

$$P_Y(f)=P_s(f)\mid G(f)\mid^2$$

由于 $E[a_n]=0$，$E[a_n^2]=1$，$\delta(t)$ 的傅里叶变换为 1，所以 $P_s(f)=1/T$。

因此，

$$P_Y(f)=\frac{\mid G(f)\mid^2}{T}$$

(1) 由图 5-2-2(b)得

$$G(f)=T\text{sinc}(fT)$$

则 $y(t)$ 的功率谱密度为

$$P_Y(f)=T\text{sinc}^2(fT)$$

如图 5-2-3 所示。

(2) 由图 5-2-2(c)得

$$G(f)=2T\text{sinc}(2fT)$$

则 $y(t)$ 的功率谱密度为

$$P_Y(f)=4T\text{sinc}^2(2fT)$$

如图 5-2-4 所示。

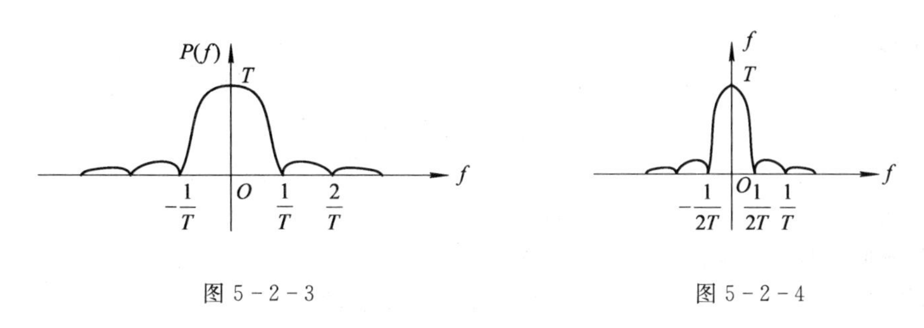

图 5-2-3　　　　图 5-2-4

(3) 由题意得

$$y_k=y\left(kT+\frac{T}{2}\right)=\sum_{n=-\infty}^{\infty}a_n g\left(kT+\frac{T}{2}-nT\right)=a_k+a_{k-1}$$

则 y_k 的可能取值为 −2、0、+2，相应概率分布为 1/4、1/2、1/4，y_k 中存在码间干扰。

例 5.2.4　已知一个以升余弦脉冲为基础的全占空双极性二进制随机脉冲序列，“1”码和“0”码分别为正、负升余弦脉冲，其宽度为 T_b，幅度为 2 V，“1”码概率为 0.6，“0”码概率为 0.4。

(1) 画出该随机序列功率谱示意图(标出频率轴上的关键参数)。

(2) 求该随机序列的直流电压幅度。

(3) 能否从该随机序列中提取 $1/T_b$ 频率成分？

(4) 求该随机序列的带宽。

解 由已知条件可得“1”码波形如图 5-2-5 所示。

故“1”码波形的频谱为 $G_1(f)=T_b\text{Sa}(\pi fT_b)\dfrac{1}{1-f^2T_b^2}$，又由于“0”码波形 $g_2(t)=-g_1(t)$，因此得到 $G_2(f)=-T_b\text{Sa}(\pi fT_b)\dfrac{1}{1-f^2T_b^2}$。

将“1”码、“0”码波形的频谱及它们的概率代入二进制数字基带信号双边功率谱公式，得到

$$P(f)=0.96T_b\text{Sa}^2(\pi fT_b)\left(\frac{1}{1-f^2T_b^2}\right)^2+0.04\delta(f)+\frac{0.04}{\pi^2}\delta(f-f_b)+\frac{0.04}{\pi^2}\delta(f+f_b)$$

其中 $f_b=1/T_b$。

(1) 由上述功率谱表达式可知，功率谱的连续谱最大值为 $0.96T_b$，形状由升余脉冲频谱的平方决定，功率谱中只有直流分量谱和位定时分量谱两种离散谱。因此功率谱如图 5-2-6 所示。

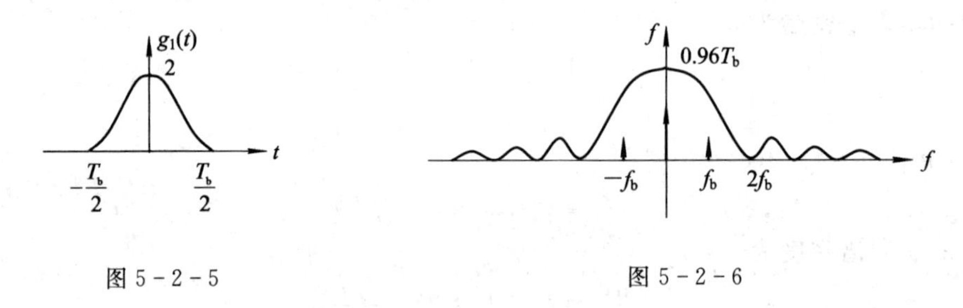

图 5-2-5　　　　图 5-2-6

(2) 由功率谱公式得直流功率谱为 $0.04\delta(f)$，因此可得直流功率为 $\int_{-\infty}^{+\infty}0.04\delta(f)\mathrm{d}f=0.04$ W，故直流电压为 0.2 V。

(3) 由于功率谱中含有 $1/T_b=f_b$ 的成分，所以能够从此信号中直接提取位定时信号。

(4) 功率谱第一个零点在 $2/T_b=2f_b$ 处，所以此随机序列的第一零点带宽为 $2/T_b$，即等于二进制码元速率的 2 倍。

例 5.2.5 已知矩形、升余弦传输特性如图 5-2-7 所示。当采用以下速率传输时，指出哪些无码间干扰，哪些会引起码间干扰。

(1) $R_B=1000$ Baud　　(2) $R_B=2000$ Baud

(3) $R_B=1500$ Baud　　(4) $R_B=3000$ Baud

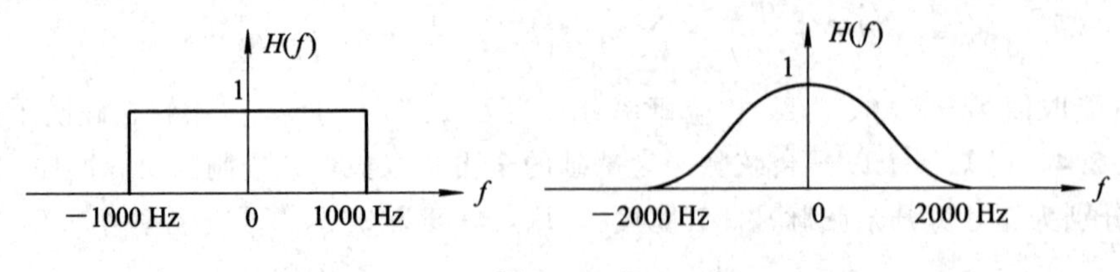

图 5-2-7

解 (1) 理想低通滤波器的带宽为 1000 Hz，此系统所有的无码间干扰速率有 $\dfrac{2\times1000}{n}(n=1, 2, 3, \cdots)$，当 $n=1$，2 时得无码间干扰速率为 2000 Baud 和 1000 Baud。所

以用这两个速率传输无码间干扰，而用 1500 Baud 和 3000 Baud 则有码间干扰。

（2）当升余弦特性的带宽为 2000 Hz 时，其所有无码间干扰速率为$\frac{2\times 2000}{n}$（n=2，3，4，…），故用 2000 Baud 和 1000 Baud 传输是无码间干扰的，而用 1500 Baud 和 3000 Baud 则有码间干扰。

例 5.2.6　设 $a=1$ 的升余弦滚降无码间干扰基带传输系统的输入为八进制码元，传信率为 3600 b/s。

（1）画出该系统传输特性 $H(\omega)$，写出 $H(\omega)$的表达式。

（2）计算该系统带宽和频带利用率。

解　（1）依题意得，码元速率 $R_B=R_b/\text{lb}8=3600/3=1200$(Baud)。

该系统传输特性 $H(\omega)$为

$$H(\omega)=\begin{cases}\dfrac{A}{2}\left(1+\cos\dfrac{\omega T_s}{2}\right) & |\omega|\leqslant\dfrac{2\pi}{T_s}\\ 0 & |\omega|>\dfrac{2\pi}{T_s}\end{cases}$$

如图 5-2-8 所示。其中，$T_s=1/R_B=1/1200$(s)，A 为非零常数。

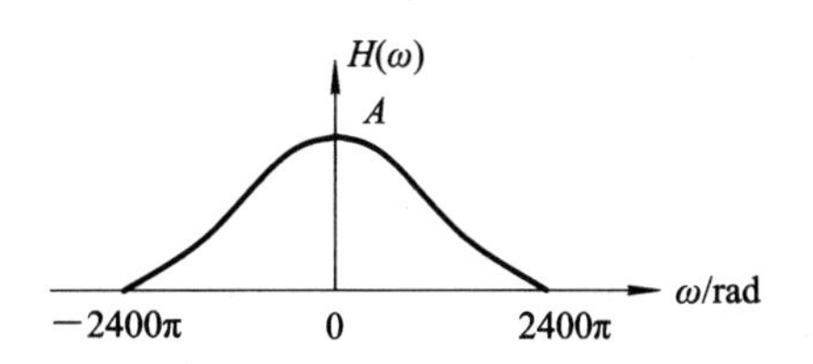

图 5-2-8

（2）此传输特性为升余弦，带宽为 $B=R_B(1+\alpha)/2$，故系统带宽为

$$B=R_B=1200\ \text{Hz}$$

系统的频带利用率为

$$\eta=\frac{R_B}{B}=1\ \text{Baud/Hz}$$

例 5.2.7　设有三种数字基带传输系统的传输特性，如图 5-2-9(a)、(b)、(c)所示。

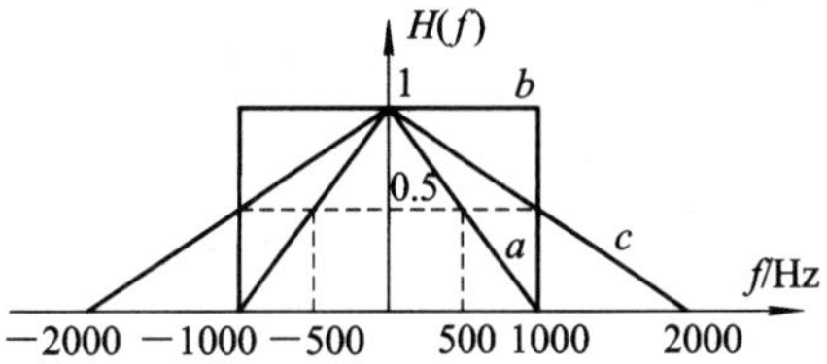

（1）三种系统在传输码元速率 $R_B=1000$ Baud 的数字基带信号时，是否存在码间干扰？

（2）若无码间干扰，则频带利用率为多少？

（3）若取样时刻（位定时）存在偏差，哪种系统会引起较大的码间干扰？

（4）选用哪种系统更好？简要说明理由。

图 5-2-9

解　（1）对于 a 传输特性，它的等效低通特性的带宽为

$$W_a=500\ \text{Hz}$$

故最大无码间干扰传输速率为

$$R_{\text{Bmax}}=2W_a=1000\ \text{Baud}$$

对于 b 传输特性，它是一理想低通特性，其无码间干扰传输速率为

$$R_B=\frac{2B_b}{n}(n=1,2,3,\cdots)=\frac{2000}{n}(n=1,2,3,\cdots)=2000\ \text{Baud、}1000\ \text{Baud 等}$$

对于 c 传输特性，其等效低通特性的带宽为

$$W_c=1000\ \text{Hz}$$

故无码间干扰速率有

$$R_B = \frac{2W_c}{n}(n=1, 2, 3, \cdots) = \frac{2000}{n}(n=1, 2, 3, \cdots) = 2000\ \text{Baud、}1000\ \text{Baud 等}$$

可见，当传输速率为 $R_B=1000$ Baud 时，上述三种系统均无码间干扰。

(2) 由频带利用率公式，得三种系统的频带利用率分别为

a 系统：$\eta_a = \frac{R_B}{B_a} = \frac{1000}{1000} = 1$ Baud/Hz

b 系统：$\eta_b = \frac{R_B}{B_b} = \frac{1000}{1000} = 1$ Baud/Hz

c 系统：$\eta_c = \frac{R_B}{B_c} = \frac{1000}{2000} = 0.5$ Baud/Hz

其中 B_a、B_b 和 B_c 分别是三个系统的带宽。

(3) 取样时刻偏差引起的码间干扰的大小依赖于系统冲激响应“尾部”的收敛速率。“尾部”收敛速率越快，时间偏差引起的码间干扰就越小；反之，则越大。

传输特性 b 是理想低通特性，其冲激响应为 $h_b(t)=2000\text{Sa}(2000\pi t)$，与时间 t 成反比，“尾部”收敛速率慢，故时间偏差会引起较大的码间干扰。

传输特性 a 和 c 是三角特性，通过查常见信号的傅里叶变换表，得到两种特性的冲激响应分别为

$$h_a(t) = 1000\text{Sa}^2(1000\pi t)$$
$$h_c(t) = 2000\text{Sa}^2(2000\pi t)$$

可见，它们均与时间 t^2 成反比，“尾部”收敛快，故时间偏差引起的码间干扰较小。

(4) 选用何种特性的系统传输数字基带信号，需要考虑可实现性、频带利用率及定时偏差引起的码间干扰的大小。系统 b 是理想低通系统，难以实现；系统 a 和 c 都是物理可实现的，且位定时引起的码间干扰较小，但系统 a 的频带利用率较高，故选用 a 系统较好。

例 5.2.8 匹配滤波器能否用于模拟信号的接收？为什么？

解 不能。因为匹配滤波器传输特性与信号频谱有关，而信号频谱的幅频特性通常不为常数，也就是说匹配滤波器的幅频特性通常是不理想的，所以信号通过匹配滤波器会产生严重的波形失真。

评注：对数字信号的传输而言，关心的是取样判决是否正确，而不大关心波形是否失真，故匹配滤波器可用于数字信号的接收，不能用于模拟信号的接收。

5.2.9 将图 5－2－10 所示的幅度为 A 伏，宽为 τ_0 秒的矩形脉冲加到与其相匹配的匹配滤波器上，则滤波器输出是一个三角形脉冲。

(1) 求这个脉冲的峰值。

(2) 如果把功率谱密度为 $n_0/2$(W/Hz)的白噪声加到此滤波器的输入端上，计算输出端上的噪声平均功率。

(3) 设信号和白噪声同时出现于滤波器的输入端，试计算在输出脉冲峰值时的输出信噪比。

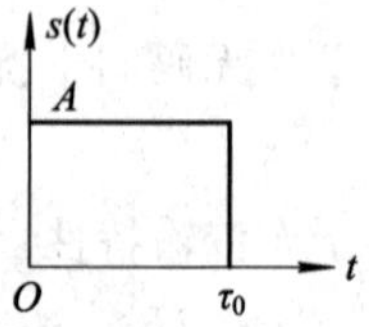

图 5－2－10

解 (1) 匹配滤波器输出为

$$s_o(t) = kR_s(t-t_0)$$

其中 k 是任取的一个常数(为方便，一般令 $k=1$)，$R_s(t)$是输入信号 $s(t)$的自相关函数。故

输出信号的最大值发生在 $t=t_0$ 时刻(通常取 $t_0=\tau_0$)，为

$$s_o(t)\mid_{\max}=s_o(t_0)=kR_s(0)=k\int_0^{\tau_0}s^2(t)\mathrm{d}t=kA^2\tau_0$$

(2) 方法1：求出输出噪声功率谱，对功率谱积分求得输出噪声平均功率。

匹配滤波器传输特性为

$$H(f)=kS^*(f)\cdot \mathrm{e}^{-\mathrm{j}2\pi ft_0}=kA\tau_0\mathrm{Sa}(\pi f\tau_0)\mathrm{e}^{+\mathrm{j}\pi f\tau_0}\cdot \mathrm{e}^{-\mathrm{j}2\pi f\tau_0}=kA\tau_0\mathrm{Sa}(\pi f\tau_0)\mathrm{e}^{-\mathrm{j}\pi f\tau_0}$$

故匹配滤波器输出噪声功率谱为

$$P_{n_o}(f)=P_{n_i}(f)\mid H(f)\mid^2=\frac{n_0k^2A^2\tau_0^2}{2}\mathrm{Sa}^2(\pi f\tau_0)$$

因此，求得输出噪声的平均功率为

$$S_{n_o}=\int_{-\infty}^{\infty}P_{n_o}(f)\mathrm{d}f=\int_{-\infty}^{\infty}\frac{n_0k^2A^2\tau_0^2}{2}\mathrm{Sa}^2(\pi f\tau_0)\mathrm{d}f=\frac{1}{2}n_0k^2A^2\tau_0$$

由帕塞瓦尔定理可知，式中 $\int_{-\infty}^{\infty}A^2\tau_0^2\mathrm{Sa}^2(\pi\tau_0 f)\mathrm{d}f=\int_{-\frac{\tau_0}{2}}^{\frac{\tau_0}{2}}A^2\mathrm{d}t=A^2\tau_0$ 是高度为 A、宽度为 τ_0 的矩形脉冲的能量 E。

方法2：用输出噪声时间表达式求出噪声平均功率。

设匹配滤波器的冲激响应为 $h(t)$，其输入噪声为 $n(t)$，则输出噪声为

$$n_o(t)=n(t)*h(t)=\int_{-\infty}^{\infty}h(u)n(t-u)\mathrm{d}u$$

输出噪声的平均功率为

$$\begin{aligned}S_{n_o}&=E[n_o^2(t)]=E\left[\int_{-\infty}^{\infty}h(u)n(t-u)\mathrm{d}u\cdot\int_{-\infty}^{\infty}h(w)n(t-w)\mathrm{d}w\right]\\&=E\left[\int_{-\infty}^{\infty}\int_{-\infty}^{\infty}h(u)h(w)n(t-u)n(t-w)\mathrm{d}u\mathrm{d}w\right]\\&=\int_{-\infty}^{\infty}\int_{-\infty}^{\infty}h(u)h(w)E[n(t-u)n(t-w)]\mathrm{d}u\mathrm{d}w\\&=\int_{-\infty}^{\infty}\int_{-\infty}^{\infty}R_n(u-w)h(u)h(w)\mathrm{d}u\mathrm{d}w\\&=\frac{n_0}{2}\int_{-\infty}^{\infty}\int_{-\infty}^{\infty}\delta(u-w)h(u)h(w)\mathrm{d}u\mathrm{d}w\\&=\frac{n_0}{2}\int_{-\infty}^{\infty}h^2(u)\mathrm{d}u=\frac{n_0k^2}{2}\int_{-\infty}^{\infty}s^2(t)\mathrm{d}t=\frac{1}{2}n_0k^2A^2\tau_0\end{aligned}$$

(3) 输出脉冲峰值时的输出信噪比即为最大信噪比 $r_{o\max}$，为

$$r_{o\max}=\frac{(kA^2\tau_0)^2}{\frac{1}{2}n_0k^2A^2\tau_0}=\frac{2A^2\tau_0}{n_0}=\frac{2E}{n_0}$$

其中 $E=\int_{-\infty}^{\infty}s^2(t)\mathrm{d}t=\int_0^{\tau_0}A^2\mathrm{d}t=A^2\tau_0$ 为信号能量。

例5.2.10　在双边功率谱密度为 $n_0/2$ 的高斯白噪声信道中，试设计一个对如图5-2-11所示的匹配滤波器并确定：

(1) 匹配滤波器的冲激响应和输出波形？

(2) 最大输出信噪比时刻？

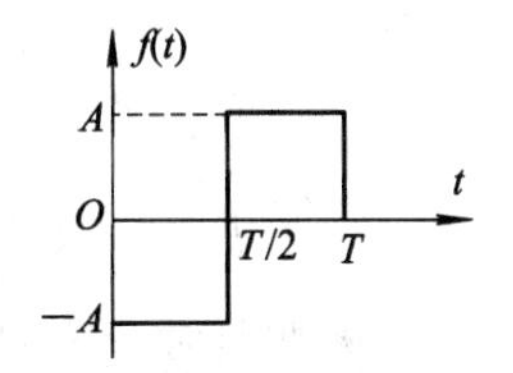

图5-2-11

(3) 最大输出信噪比?

解 (1) 匹配滤波器的冲激响应 $h(t)=Kf(t_0-t)$，取 $K=1$，$t_0=T$，得 $h(t)=f(T-t)$，匹配滤波器的冲激响应波形如图 5-2-12 所示。

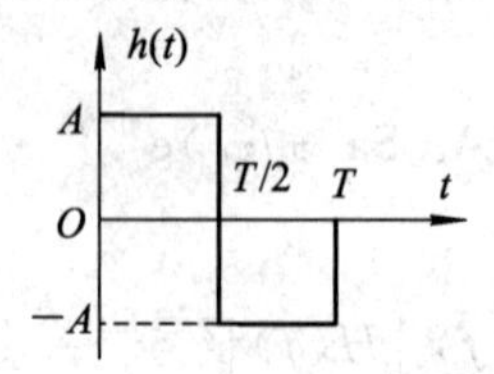

图 5-2-12

输出波形为 $f_0(t)=f(t)*h(t)$，根据 $f(t)$和 $h(t)$的波形，可得

$$f_0(t)=\begin{cases}-A^2t & 0\leqslant t\leqslant \dfrac{T}{2}\\ A^2(3t-T) & \dfrac{T}{2}<t\leqslant T\\ A^2(4T-3t) & T<t\leqslant \dfrac{3T}{2}\\ A^2(t-2T) & \dfrac{3T}{2}<t\leqslant 2T\\ 0 & \text{其他}\end{cases}$$

匹配滤波器的输出波形如图 5-2-13 所示。

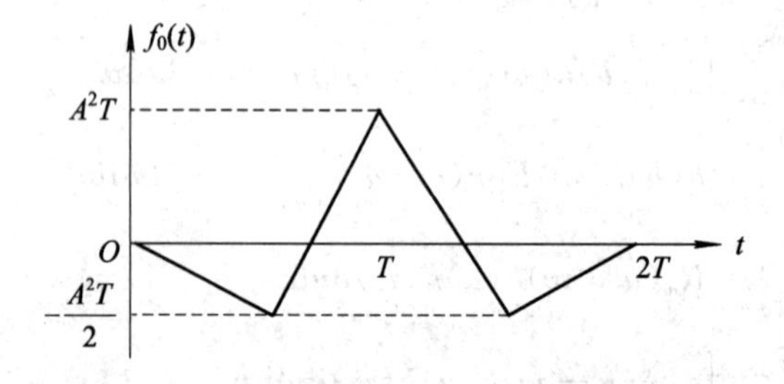

图 5-2-13

(2) 因为 $f(t)$的结束时刻为 T，所以最大输出信噪比时刻为 $t_0=T$。

(3) 最大输出信噪比：$r_{0\max}=2E/n_0=2A^2T/n_0$。

例 5.2.11 已知某二进制数字基带传输系统，取样判决时刻信号电压的绝对值为 0.8 V，噪声的方差 $\sigma_n^2=20$ mW，试分别求传输单极性码和双极性码时系统的误码率。

解 由题已知 $a=0.8$ V，$\sigma_n=\sqrt{20\times10^{-3}}=\sqrt{2}\times10^{-1}$。

代入相应系统误码率公式，得单极性码时系统的误码率为

$$P_e=\frac{1}{2}\text{erfc}\left(\frac{a}{2\sqrt{2}\sigma_n}\right)=\frac{1}{2}\text{erfc}(2)\approx\frac{1}{2}\times0.004\ 68=2.34\times10^{-3}$$

双极性码时系统的误码率为

$$P_e=\frac{1}{2}\text{erfc}\left(\frac{a}{\sqrt{2}\sigma_n}\right)=\frac{1}{2}\text{erfc}(4)\approx\frac{1}{2}\times1.6\times10^{-8}=8\times10^{-9}$$

例 5.2.12　在噪声双边功率谱密度为 $n_0/2$ 的高斯信道上传输等概二进制数字信号，最佳接收分别以 $s_0(t)$、$s_1(t)$代表“0”“1”码。

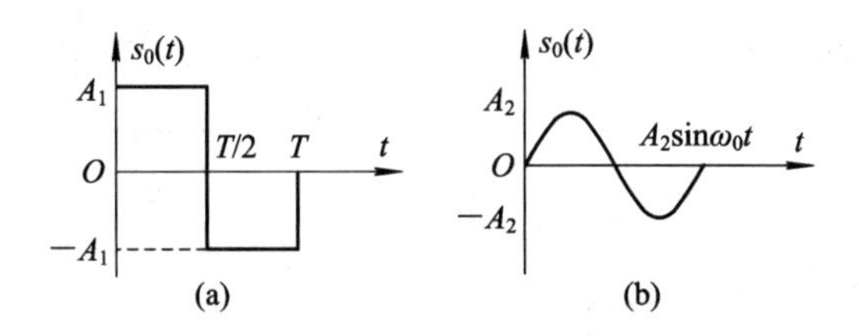

图 5-2-14

(1) 画出(相关型)最佳接收机框图。

(2) 若 $s_0(t)$波形如图 5-2-14(a)所示，设计另一信号 $s_1(t)$的最佳波形。

(3) 若接收的波形为 $s_0(t)$，如图 5-2-14(b)所示，画出接收机主要点波形(无需表达式)。

(4) 求该接收机误码率。

(5) 若将 $s_0(t)$改为图 5-2-14(b)所示波形重做(2)、(4)，两波形性能相同吗？说明理由。

解　(1) 相关型最佳接收机框图如图 5-2-15 所示。

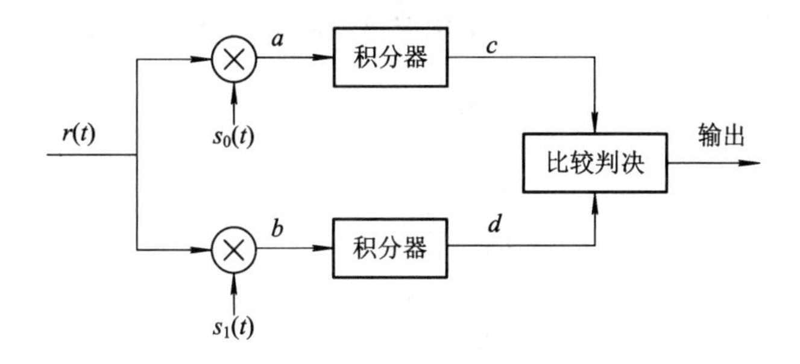

图 5-2-15

(2) 设计 $s_1(t)$为$-s_0(t)$时，构成双极性基带传输系统，系统抗噪声性能最优。$s_1(t)$波形如图 5-2-16 所示。

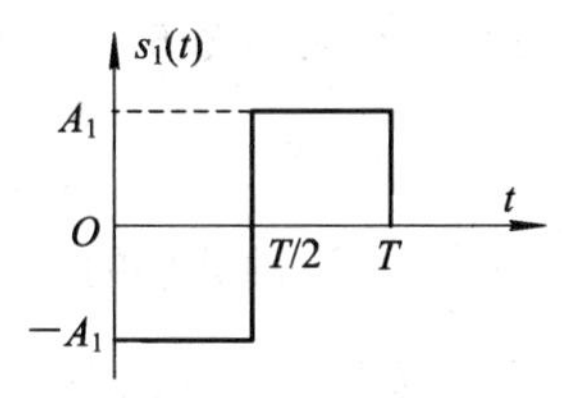

图 5-2-16

(3) 接收信号为图 5-2-14(a)所示 $s_0(t)$时，图 5-2-15 中 a、b、c、d 点处的波形分别如图 5-2-17(a)、(b)、(c)、(d)所示。

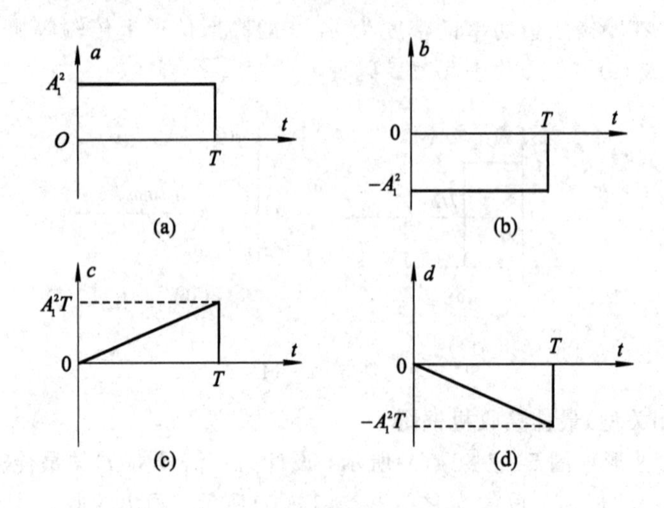

图 5-2-17

(4) 依题意得 $E_b=\int_0^T s_0^2(t)\mathrm{d}t=\int_0^T A_1^2\mathrm{d}t=A_1^2T$，$\rho=\frac{1}{E_b}\int_0^T s_0(t)s_1(t)\mathrm{d}t=-1$，接收机误码率为

$$P_e=\frac{1}{2}\mathrm{erfc}\sqrt{\frac{E_b(1-\rho)}{2n_0}}=\frac{1}{2}\mathrm{erfc}\sqrt{\frac{E_b}{n_0}}=\frac{1}{2}\mathrm{erfc}\sqrt{\frac{A_1^2T}{n_0}}$$

(5) 若将 $s_0(t)$改为图 5-2-14(b)所示波形，则(2)中的 $s_1(t)$如图 5-2-18 所示。

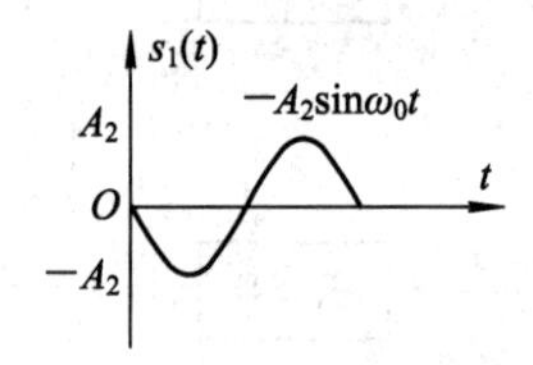

图 5-2-18

(4)中 $E_b=\int_0^T s_0^2(t)\mathrm{d}t=\int_0^T A_2^2\sin^2\omega_0 t\mathrm{d}t=\frac{1}{2}A_2^2T$，接收机误码率为

$$P_e=\frac{1}{2}\mathrm{erfc}\sqrt{\frac{E_b(1-\rho)}{2n_0}}=\frac{1}{2}\mathrm{erfc}\sqrt{\frac{E_b}{n_0}}=\frac{1}{2}\mathrm{erfc}\sqrt{\frac{A_2^2T}{2n_0}}$$

当 $A_1=A_2$时，$A_1^2T>\frac{1}{2}A_2^2T$，即 $s_0(t)$采用图 5-2-14(a)波形时系统发送的比特能量 E_b高于采用图 5-2-14(b)波形时的，此时图 5-2-14(a)波形的系统误码率比较低，抗噪声性能好。而当 $A_2=\sqrt{2}A_1$ 时，$A_1^2T=\frac{1}{2}A_2^2T$，两波形的比特能量 E_b相同，系统误码率相同。

例 5.2.13 已知数字基带传输系统接收波形 $x(t)$的取样值 $x_{-1}=0.1$，$x_0=1$，$x_1=0.2$，其余为 0，现采用 3 抽头的时域均衡器对其均衡。

(1) 画出时域均衡器框图。

(2) 计算迫零均衡时各抽头系数。

(3) 计算均衡器输出 y_k值。

(4) 计算 x_k、y_k的峰值失真，并比较大小。

解　(1) 时域均衡器框图如图 5-2-19 所示。

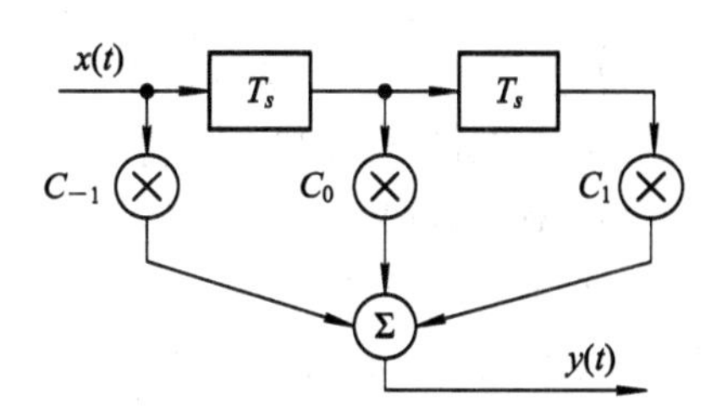

图 5-2-19

(2) 设各抽头系数为 C_{-1}、C_0、C_1，由时域均衡原理应满足的条件可列出方程组

$$\begin{bmatrix} x_0 & x_{-1} & x_{-2} \\ x_1 & x_0 & x_{-1} \\ x_2 & x_1 & x_0 \end{bmatrix} \begin{bmatrix} C_{-1} \\ C_0 \\ C_1 \end{bmatrix} = \begin{bmatrix} 0 \\ 1 \\ 0 \end{bmatrix}$$

将 $x(t)$ 的取样值代入，得

$$\begin{cases} C_{-1} + 0.1C_0 = 0 \\ 0.2C_{-1} + C_0 + 0.1C_1 = 1 \\ 0.2C_0 + C_1 = 0 \end{cases}$$

解得

$$\begin{cases} C_{-1} = -0.1042 \\ C_0 = 1.042 \\ C_1 = -0.2084 \end{cases}$$

(3) 由 $y_k = \sum_{n=-N}^{N} c_n x_{k-n}$ 可得：$y_{-2} = -0.01042$，$y_{-1} = 0$，$y_0 = 1$，$y_1 = 0$，$y_2 = -0.04168$。

(4) 输入、输出峰值失真分别为

$$D_x = \frac{1}{x_0} \sum_{\substack{k=-\infty \\ k \neq 0}}^{\infty} |x_k| = 0.3$$

$$D_y = \frac{1}{y_0} \sum_{\substack{k=-\infty \\ k \neq 0}}^{\infty} |y_k| = 0.0521$$

显然，$D_y < D_x$，均衡后的峰值失真为均衡前的 17.37%。

例 5.2.14　一个低通信道可用带宽为 10 kHz。

(1) 若采用 $\alpha = 0.25$ 的升余弦滚降传输特性，其最大符号速率为多少？

(2) 若采用第Ⅰ类部分响应系统特性，其最大符号速率为多少？

(3) 若要传输的信息速率为 80 kb/s。在(1)、(2)方式中传输信号的电平数为多少？

解　(1) 依题意，有系统带宽 $B = 10$ kHz。在升余弦滚降传输系统中，有

$$\frac{R_{B,\max}}{2} = \frac{B}{1+\alpha}$$

故有

$$R_{B,\max} = \frac{2B}{1+\alpha} = \frac{2 \times 10}{1+0.25} = 16 \text{ kBaud}$$

(2) 在第Ⅰ类部分响应系统中 $\eta_{\max}=\frac{R_{\mathrm{B\,max}}}{B}=2$ Baud/Hz，所以

$$R_{\mathrm{B\,max}}=2B=20\ \mathrm{kBaud}$$

(3) 在(1)中 $R_b=R_{\mathrm{B,\,max}}\mathrm{lb}M_1=16\mathrm{lb}M_1=80$ kb/s，得 $M_1=32$。

在(2)中 $R_b=R_{\mathrm{B,\,max}}\mathrm{lb}M_2=20\mathrm{lb}M_2=80$ kb/s，得 $M_2=16$。

例 5.2.15 设有如图 5-2-20 所示的传输系统，其中的"单双变换"是将码元"1""0"分别用+1 V、-1 V 表示，T_s是码元宽度，输入二进制序列 0010110。

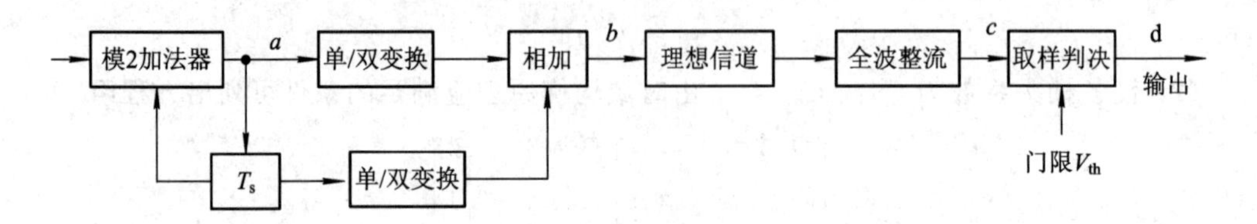

图 5-2-20

(1) 写出 a、b、c 点的序列。

(2) 确定门限值 V_d的值。

(3) 求 d 序列。

解 (1) 设$\{x_n\}$=0010110，则 $a_n=x_n\oplus a_{n-1}$(模 2 加)，$b_n=a_n+a_{n-1}$(代数加)，b_n经全波整流变为 c_n，d_n=对$\{c_n\}$取样判决。

	x_n	0	0	1	0	1	1	0
	a_{n-1}	0	0	0	1	1	0	1
a 点：	a_n	0	0	1	1	0	1	1
b 点：	b_n	-2	-2	0	2	0	0	2
c 点：	c_n	2	2	0	2	0	0	2

(2) 判决门限 $V_d=[\max(c_n)-\min(c_n)]/2=1$ V。$c_n>V_d$，判为 0；$c_n<V_d$，判为 1。

(3) d_n序列为 0010110。

5.3 拓展提高题及解析

例 5.3.1 在实际的数字基带传输系统中，除了 AMI 码和 $\mathrm{HDB_3}$码外，有时还会碰到 CMI 码、双相码(曼彻斯特码)和密勒码等。CMI 的编码规则为：信息为"0"码时用双比特"01"表示；信息为"1"码时，则交替地用"11"或"00"来表示。

(1) 设信息序列为 1110010100…，求相应的 CMI 码。

(2) 以矩形全占空脉冲作为信号的波形，画出上述 CMI 码的波形图。

(3) 设信息速率为 1000 b/s，则以矩形全占空脉冲为波形的 CMI 码信号的第一过零点带宽为多少？与相应的双极性全占空码信号相比，频带利用率发生了什么变化？

解 (1) 根据 CMI 码的编码规则，信息序列 1110010100…的 CMI 码如图 5-3-1(a)所示，假设第 1 个"1"码用"11"表示。

（2）上述 CMI 码信号的波形图如图 5－3－1(b)所示。

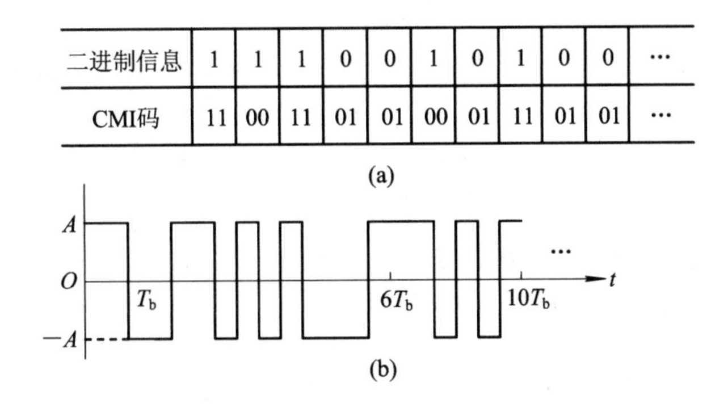

二进制信息	1	1	1	0	0	1	0	1	0	0	…
CMI码	11	00	11	01	01	00	01	11	01	01	…

(a)

(b)

图 5－3－1

（3）在 CMI 码中，信息序列中一个比特用 CMI 码的 2 个比特表示，故在 CMI 码中矩形宽度 T_{CMIb} 变为二进制信息比特宽度 T_b 的一半。因此，CMI 码连续谱的主瓣宽度为比特速率的 2 倍，即 CMI 码的第一过零点带宽为

$$B_{\mathrm{CMI}} = 2R_b = 2\times1000 = 2000\ \mathrm{Hz}$$

相应的全占空双极性矩形信号的带宽在数值上等于二进制码元速率，即 1000 Hz。可见，CMI 码的频带利用率下降了。

例 5.3.2　设有单极性二进制基带传输系统，“0”码和“1”码的概率分别为 0.3 和 0.7，总传输特性为

$$H(f) = H_T(f)H_C(f)H_R(f) = \begin{cases}10 & |f|\leqslant 10^3 \\ 0 & |f|>10^3\end{cases}$$

其中，$H_C(f)=1$，$H_T(f)=H_R(f)$，信道噪声为 $n_0=10^{-6}$ W/Hz 的零均值高斯白噪声，接收端取样时刻“1”码幅度为 10 V，“0”码幅度为 0(不考虑码间干扰)，求最佳判决门限和最小误码率。

解　（1）由式(5－1－24)可知，单极性基带传输系统的最佳判门限电平表达式为

$$V_d^* = \frac{a}{2}+\frac{\sigma_n^2}{a}\ln\frac{P(0)}{P(1)}$$

其中 a 是发送“1”码时取样值中的信号电平，σ_n^2 是取样时刻噪声的平均功率。

接收滤波器输出端噪声功率谱密度为

$$P_{n_o}(f) = \frac{n_0}{2}\,|H_R(f)|^2$$

故接收滤波器输出端即取样时刻噪声的平均功率为

$$\sigma_n^2 = \int_{-\infty}^{\infty}P_{n_o}(f)\mathrm{d}f = \int_{-\infty}^{\infty}\frac{n_0}{2}\,|H_R(f)|^2\mathrm{d}f = \int_{-1000}^{1000}\frac{10^{-6}}{2}\times10\mathrm{d}f = 0.01\ \mathrm{W}$$

且 $a=10$ V，故判决门限电平为

$$V_d^* = \frac{10}{2}+\frac{0.01}{10}\ln\frac{0.3}{0.7}\approx 4.15\ \mathrm{V}$$

（2）发送“1”码时，取样值为 $y=10+n$，是一个均值为 $a=10$ V、方差为 σ_n^2 的高斯随机变量，因此其概率密度函数为

$$f_1(y)=\frac{1}{\sqrt{2\pi}\sigma_n}\exp\left[-\frac{(y-a)^2}{2\sigma_n^2}\right]$$

发送"0"码时，取样值为 $y=n$，是一个均值为0、方差为 σ_n^2 的高斯随机变量，其概率密度函数为

$$f_0(y)=\frac{1}{\sqrt{2\pi}\sigma_n}\exp\left[-\frac{y^2}{2\sigma_n^2}\right]$$

当判规则为：$y\geqslant V_{\mathrm{d}}^*$ 判为"1"码，反之则判为"0"码时，最小误码率为

$$\begin{aligned}P_{\mathrm{e}}&=P(0)P(1/0)+P(1)P(0/1)\\&=0.3\int_{V_{\mathrm{d}}^*}^{\infty}f_0(y)\mathrm{d}y+0.7\int_{-\infty}^{V_{\mathrm{d}}^*}f_1(y)\mathrm{d}y\\&=0.3\int_{V_{\mathrm{d}}^*}^{\infty}\frac{1}{\sqrt{2\pi}\sigma_n}\exp\left[-\frac{y^2}{2\sigma_n^2}\right]\mathrm{d}y+0.7\int_{-\infty}^{V_{\mathrm{d}}^*}\frac{1}{\sqrt{2\pi}\sigma_n}\exp\left[-\frac{(y-a)^2}{2\sigma_n^2}\right]\mathrm{d}y\\&=0.3\times\frac{1}{2}\mathrm{erfc}\left(\frac{V_{\mathrm{d}}^*}{\sqrt{2}\sigma_n}\right)+0.7\times\frac{1}{2}\mathrm{erfc}\left(\frac{a-V_{\mathrm{d}}^*}{\sqrt{2}\sigma_n}\right)\\&=0.15\mathrm{erfc}(29.3)+0.35\mathrm{erfc}(41.4)\end{aligned}$$

例 5.3.3 有四种基带传输系统的特性 $H(f)$ 如图 5-3-2 所示，其中 a、b 为直线滚降，c、d 为余弦滚降。试求：

(1) 无码间干扰时四种系统的最高码元速率和最高频带利用率。

(2) 写出 a、b 两种系统的三种无码间干扰传输速率(从最大起)。

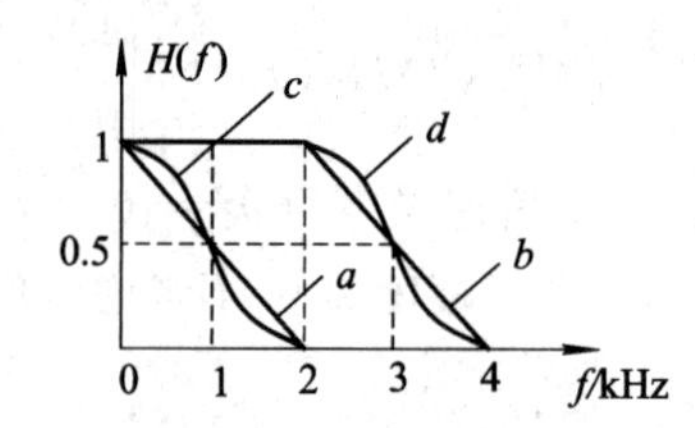

图 5-3-2

解 (1) 对于 a、c 传输特性，它们的等效低通带宽相同，即

$$W_a=W_c=1\ \mathrm{kHz}$$

故最大无码间干扰传输速率为

$$R_{\mathrm{B,\,max}}=2W_a=2W_c=2000\ \mathrm{Baud}$$

两种特性的带宽相同，均为 $B_a=B_c=2$ kHz，故其最高频带利用为

$$\eta_a=\eta_c=\frac{R_{\mathrm{B,\,max}}}{B_a}=\frac{2000}{2000}=1\ \mathrm{Baud/Hz}$$

对于 b、d 传输特性，它们的等效低通带宽也相同，为

$$W_b=W_d=3\ \mathrm{kHz}$$

故最大无码间干扰传输速率为

$$R_{\mathrm{B,\,max}}=2W_b=2W_d=6000\ \mathrm{Baud}$$

两种特性的带宽相同，均为 $B_b=B_d=4$ kHz，故 b、d 传输系统的最高频带利用为

$$\eta_b=\eta_d=\frac{R_{\mathrm{B,\,max}}}{B_b}=\frac{6000}{4000}=1.5\ \mathrm{Baud/Hz}$$

（2）由式(5-1-10)可知，滚降系统的无码间干扰传输速率为

$$R_B = \frac{2W}{n} \quad (n = 1, 2, 3, \cdots)$$

故对于 a 特性，从最大开始的三个无码间干扰传输速率分别为

$$R_B = \frac{2W_a}{n}(n = 1, 2, 3) = \frac{2000}{n}(n = 1, 2, 3) = 2000 \text{ Baud、} 1000 \text{ Baud、} \frac{2000}{3}\text{Baud}$$

对于 b 传输特性，从最大开始的三个无码间干扰传输速率分别为

$$R_B = \frac{2W_b}{n}(n = 1, 2, 3) = \frac{6000}{n}(n = 1, 2, 3) = 6000 \text{ Baud、} 3000 \text{ Baud、} 2000 \text{ Baud}$$

例 5.3.4　图 5-3-3 中，输入速率为 R_b=9600 b/s 的二进制信号，经串并变换成 3 个并行支路的二进制序列，再经 D/A 变换输出八进制矩形不归零脉冲序列，再经网孔均衡器变换成冲激脉冲序列，然后经滚降因子 α=0.5 的升余弦滚降特性系统进行元码间干扰传输。

（1）D/A 输出端信号的码元速率为多少？

（2）传输系统的带宽为多少？系统的频带利用率为多少 b/s/Hz？

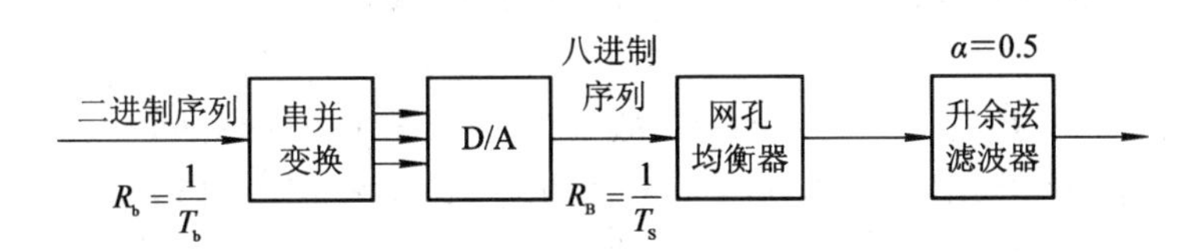

图 5-3-3

解　图 5-3-3 中的 1/3 串并变换和 D/A 转换器将二进制矩形脉冲序列变换成了八进制矩形脉冲序列，故 D/A 输出端的码元宽度为输入端二进制码元宽度的 3 倍，即

$$T_s = 3T_b$$

由此可得，D/A 输出端信号的码元速率为

$$R_B = \frac{1}{T_s} = \frac{1}{3T_b} = \frac{1}{3}R_b = 3200 \text{ Baud}$$

（2）由升余弦滚降传输特性的滚降段中点(等效理想低通带宽)可求出最大无码间干扰传输速率。设升余弦滚降特性的滚降段的中点频率为 W，则可传输的最大无码间干扰传输速率是 W 的两倍，即

$$R_{B,\max} = 2W$$

将码元速率 R_B=3200 Baud 代入即可得 W=1600 Hz。再利用滚降特性带宽 B 与 W 及滚降系数 α 间的关系，可求得

$$B = (1+\alpha)W = (1+0.5) \times 1600 = 2400 \text{ Hz}$$

系统的频带利用率为

$$\eta = \frac{R_b}{B} = \frac{R_B \text{lb} 8}{2400} = \frac{9600}{2400} = 4 \text{ (b/s)/Hz}$$

例 5.3.5　二进制信息序列经 M PAM 调制(将二进制转换成 M 进制)及升余弦滚降滤波后在低通型信道中进行无码间干扰传输，信道带宽为 3000 Hz，若升余弦滚降滤波器的滚降系数 α 分别为 0、0.5、1。

(1) 请分别求出系统无码间干扰传输的最大码元速率。

(2) 若 M PAM 的进制数为 16，请求出相应的二进制信息速率。

解 (1) 对于具有滚降特性的系统，只要求出滚降的中心点频率 W，最大无码间干扰传输速率即为 W 的 2 倍。

带宽 B 与中心点频率 W 及滚降系数 α 间的关系式为 $B=(1+\alpha)W$，因此 $W=\dfrac{B}{1+\alpha}$，故得

① $\alpha=0$ 时，$W=\dfrac{B}{1+\alpha}=\dfrac{3000}{1+0}=3000\ \text{Hz}$，最大无码间干扰传输速率 $R_{\text{B, max}}=2W=2\times 3000=6000\ \text{Baud}$。

② $\alpha=0.5$ 时，$W=\dfrac{B}{1+\alpha}=\dfrac{3000}{1+0.5}=2000\ \text{Hz}$，最大无码间干扰传输速率 $R_{\text{B, max}}=2W=4000\ \text{Baud}$。

③ $\alpha=1$ 时，$W=\dfrac{B}{1+\alpha}=\dfrac{3000}{1+1}=1500\ \text{Hz}$，最大无码间干扰传输速率 $R_{\text{B, max}}=2W=3000\ \text{Baud}$。

(2) 根据信息速率 R_b 与码元速率 R_B 之间的关系式 $R_b=R_B\cdot \text{lb}M$，相应的信息速率分别为

① $\alpha=0$ 时，由于 $R_{\text{B, max}}=6000\ \text{Baud}$，故 $R_b=6000\cdot \text{lb}16=24\ 000\ \text{b/s}$。

② $\alpha=0.5$ 时，由于 $R_{\text{B, max}}=4000\ \text{Baud}$，故 $R_b=4000\cdot \text{lb}16=16\ 000\ \text{b/s}$。

③ $\alpha=1$ 时，由于 $R_{\text{B, max}}=3000\ \text{Baud}$，故 $R_b=3000\cdot \text{lb}16=12\ 000\ \text{b/s}$。

例 5.3.6 已知图 5-3-4 所示的系统是在加性高斯白噪声干扰条件下，对某个脉冲 $g(t)$ 匹配的匹配滤波器。

(1) 请写出该匹配滤波器的冲激响应 $h(t)$ 及其传递函数 $H(f)$ 的表达式。

(2) 假设 $g(t)$ 在 $(0, T)$ 之外为 0，请写出脉冲 $g(t)$ 的表达式并画出波形。

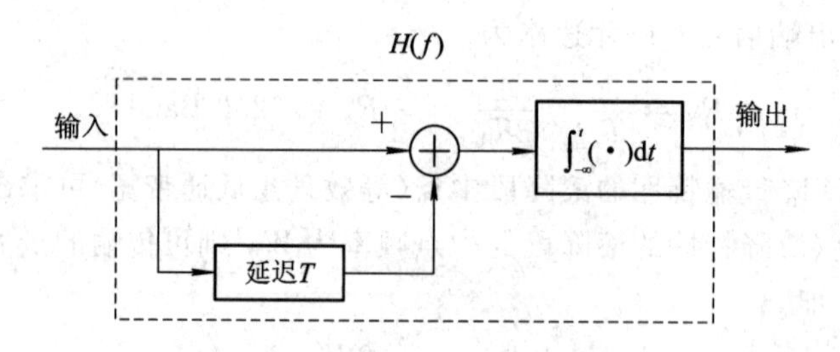

图 5-3-4

解 (1)
$$h(t)=\int_{-\infty}^{t}[\delta(\tau)-\delta(\tau-T)]\mathrm{d}\tau=\begin{cases}1 & 0<t<T\\ 0 & 其他\end{cases}$$

$$H(f)=\frac{1-\mathrm{e}^{-\mathrm{j}2\pi fT}}{\mathrm{j}2\pi f}=T\text{sinc}(fT)\mathrm{e}^{-\mathrm{j}\pi fT}$$

(2) 设最佳取样时刻是 t_0，由 $h(t)=g(t_0-t)$ 得 $g(t)=h(t_0-t)$。再由 $g(t)$ 在 $(0, T)$ 之外为 0 得 $t_0=T$，因此

$$g(t)=h(T-t)=\begin{cases}1 & 0<t<T\\ 0 & 其他\end{cases}$$

其波形如图5-3-5所示。

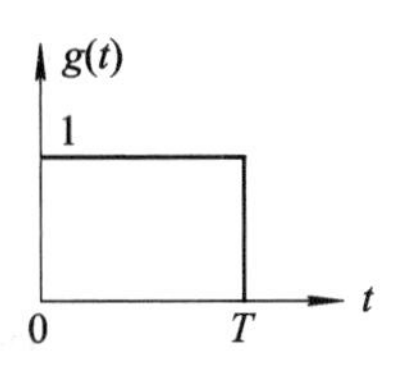

图5-3-5

例5.3.7　已知二进制序列的"1"和"0"分别由$s_1(t)$和$s_2(t)$波形表示，"1"与"0"等概率出现。

$$s_1(t)=A \qquad 发"1"码 \qquad 0\leqslant t\leqslant T_b$$
$$s_2(t)=0 \qquad 发"0"码 \qquad 0\leqslant t\leqslant T_b$$

在信道传输中受到加性高斯白噪声$n_w(t)$的干扰，加性噪声的均值为0、双边功率谱密度为$n_0/2$，其接收框图如图5-3-6所示。设信号通过低通滤波器的失真可忽略。

$$r(t)=s_i(t)+n_w(t) \quad i=1 或 2 \quad 0\leqslant t\leqslant T_b$$

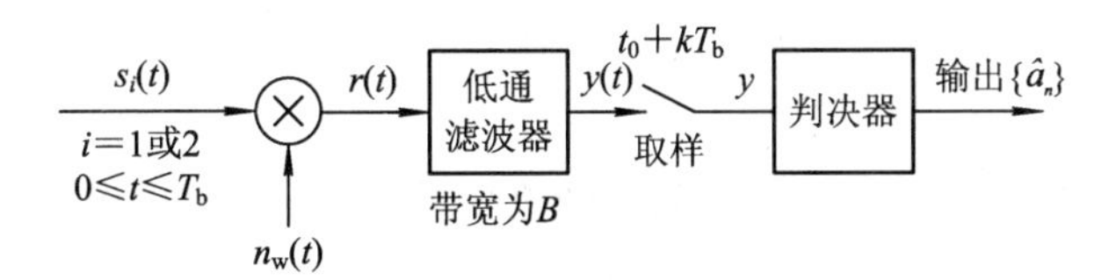

图5-3-6

(1) 若发送$s_1(t)$，请

① 写出$y(t)$的表达式；

② 求出取样值y的条件均值$E(y/s_1)$及条件方差$D(y/s_1)$；

③ 写出y的条件概率密度函数$f_1(y)$。

(2) 若发送$s_2(t)$，请

① 写出$y(t)$表达式；

② 求出取样值y的条件均值$E(y/s_2)$及条件方差$D(y/s_2)$；

③ 写出y的条件概率密度函数$f_2(y)$。

(3) 画出$f_1(y)$及$f_2(y)$的图。

(4) 求最佳判决门限V_d^*值。

(5) 详细推导出平均误比特率计算公式。

解　(1) 当发送$s_1(t)$时

① 低通滤波器输出$y(t)$由信号和噪声两部分组成。由于信号波形通过低通滤波器的失真可忽略，因此，信号部分等于发送信号$s_1(t)$；噪声等于信道中的白噪声通过低通滤波器后的剩余(低通)噪声，用$n_l(t)$来表示，则低通滤波器输出$y(t)$表示为

$$y(t)=s_1(t)+n_l(t)=A+n_l(t) \quad 0\leqslant t\leqslant T_b$$

② 在最佳取样时刻对$y(t)$取样得

$$y=A+n_l$$

其中n_l是取样时刻噪声的瞬时值。由于$n_l(t)$是零均值高斯白噪声通过低通滤波器后的噪

声，故有 $E[n_l(t)]=0$、$D[n_l(t)]=\sigma_n^2=n_0B$，所以 $y=A+n_l$ 也是一个高斯随机变量，且均值和方差分别为

$$E[y/s_1]=E[A+n_l]=A$$
$$D[y/s_1]=D[A+n_l]=D[n_l]=n_0B$$

其中 B 是低通滤波器的带宽。

③ 根据前面的分析，当发送信号 $s_1(t)$ 时，取样值 $y=A+n_l$ 是均值为 A、方差为 n_0B 的高斯随机变量，故其概率密度函数为

$$f_1(y)=\frac{1}{\sqrt{2\pi n_0B}}\exp\left[-\frac{(y-A)^2}{2n_0B}\right]$$

(2) 当发送 $s_2(t)=0$ 时

① 低通滤波器的输出 $y(t)$ 表示为

$$y(t)=s_2(t)+n_l(t)=n_l(t)\quad 0\leqslant t\leqslant T_b$$

② 对 $y(t)$ 取样，样值只有噪声的瞬时值，即

$$y=n_l$$

显然，此时 y 的条件均值和条件方差分别为

$$E[y/s_2]=E[n_l]=0$$
$$D[y/s_2]=D[n_l]=n_0B$$

③ y 是均值为 0、方差也为 n_0B 的高斯随机变量，其概率密度函数为

$$f_2(y)=\frac{1}{\sqrt{2\pi n_0B}}\exp\left[-\frac{y^2}{2n_0B}\right]$$

(3) $f_1(y)$ 及 $f_2(y)$ 的图形如图 5-3-7 所示。

(4) 由于“1”“0”等概率，故最佳判决门限 V_d^* 应为两个取样值均值的平均，即

$$V_T=\frac{1}{2}(0+A)=\frac{A}{2}$$

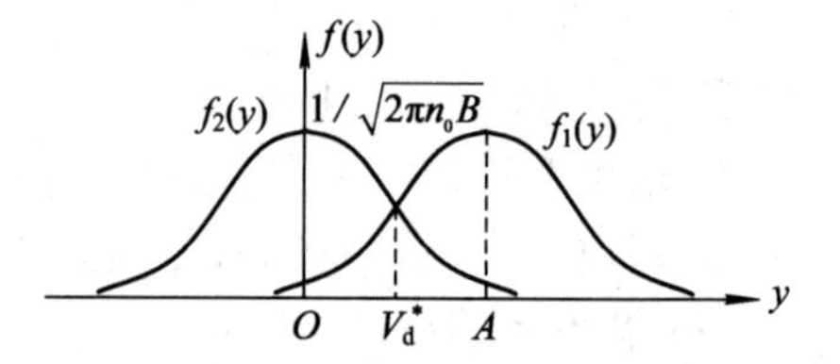

图 5-3-7

(5) 概率密度函数及判决门限确定后，即可求出平均误比特率。判决规则为

$$\begin{cases}y\geqslant V_d^* & 判“1” \\ y\leqslant V_d^* & 判“0”\end{cases}$$

则发送“1”码时错判成“0”的概率为

$$P(0/1)=\int_{-\infty}^{V_d^*}f_1(y)\mathrm{d}y=\int_{-\infty}^{V_d^*}\frac{1}{\sqrt{2\pi n_0B}}\exp\left[-\frac{(y-A)^2}{2n_0B}\right]\mathrm{d}y=\frac{1}{2}\mathrm{erfc}\left(\sqrt{\frac{A^2}{8n_0B}}\right)$$

同样，发送“0”码时错判成“1”码的概率为

$$P(1/0)=\int_{V_d^*}^{\infty}f_2(y)\mathrm{d}y=\int_{V_d^*}^{\infty}\frac{1}{\sqrt{2\pi n_0B}}\exp\left[-\frac{y^2}{2n_0B}\right]\mathrm{d}y=\frac{1}{2}\mathrm{erfc}\left(\sqrt{\frac{A^2}{8n_0B}}\right)=P(0/1)$$

系统平均误比特率为

$$P_b=P(1)P(0/1)+P(0)P(1/0)=\frac{1}{2}\mathrm{erfc}\left(\sqrt{\frac{A^2}{8n_0B}}\right)=\frac{1}{2}\mathrm{erfc}\left(\frac{A}{2\sqrt{2}\sigma_n}\right)$$

式中，A 是发“1”时取样时刻的信号值，σ_n 是噪声方差的开平方(零均值时噪声方差等于噪

声功率）。

评注：本题的解题过程实际上就是接收机接收滤波器采用低通滤波器时的误码率推导过程及步骤。

例 5.3.8　某二进制基带传输系统在[0，T]时间内等概发送下列两个信号之一：

$$s_1(t)=\begin{cases}\sin\dfrac{2\pi t}{T} & 0\leqslant t\leqslant T\\ 0 & \text{其他}\end{cases},\quad s_2(t)=0$$

发送信号叠加了双边功率谱密度为 $n_0/2$ 的高斯白噪声 $n(t)$后成为接收信号 $r(t)=s(t)+n(t)$。在接收端采用匹配滤波器进行最佳接收，其最佳取样时刻 t_0 的输出值为 y。试：

（1）写出最佳取样时刻 t_0，画出匹配滤波器冲激响应的波形图。

（2）求出发送 $s_1(t)$、$s_2(t)$条件下 y 的均值、方差以及条件概率密度函数。

（3）求出该系统的平均误比特率表达式。

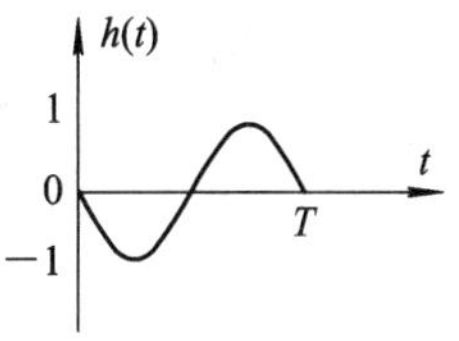

图 5 - 3 - 8

解　（1）$t_0=T$，$h(t)=s_1(T-t)$，如图 5 - 3 - 8 所示。

（2）发送 $s_1(t)$时，$y=\int_0^T[s_1(t)+n(t)]s_1(t)\mathrm{d}t=\int_0^T s_1^2(t)\mathrm{d}t+\int_0^T n(t)s_1(t)\mathrm{d}t=E_1+Z$

其中 $E_1=\int_0^T s_1^2(t)\mathrm{d}t=\frac{1}{2}T$，$E[Z]=0$，$D[Z]=\frac{1}{2}n_0E_1$。

所以，

$$E[y|s_1]=E_1,\ D[y|s_1]=\frac{1}{2}n_0E_1$$

条件概率密度为

$$f(y\mid s_1)=\frac{1}{\sqrt{\pi n_0E_1}}\exp\left[-\frac{(y-E_1)^2}{n_0E_1}\right]$$

同理，发送 $s_2(t)$时，条件概率密度函数为

$$f(y\mid s_1)=\frac{1}{\sqrt{\pi n_0E_1}}\exp\left[-\frac{y^2}{n_0E_1}\right]$$

（3）最佳判决门限为：$V_\mathrm{d}^*=\frac{E_1}{2}$。

平均误比特率为

$$P_\mathrm{e}=\frac{1}{2}P(e\mid s_1)+\frac{1}{2}P(e\mid s_2)=\frac{1}{2}\mathrm{erfc}\sqrt{\frac{E_1}{4n_0}}=\frac{1}{2}\mathrm{erfc}\sqrt{\frac{T}{8n_0}}$$

例 5.3.9　在理想带限及加性高斯白噪声干扰的信道条件下，最佳基带传输系统如图 5 - 3 - 9 所示。图中的发送滤波器、信道和接收滤波器的总传输特性为

$$H(f)=G_\mathrm{T}(f)\cdot C(f)\cdot G_\mathrm{R}(f)=|H_{\text{升余弦}}(f)|\mathrm{e}^{-\mathrm{j}2\pi ft_0}$$

其中 $C(f)$是带宽为 B、幅度为 1 的理想低通特性，接收滤波器的传输特性 $G_\mathrm{R}(f)$与发送滤波器的传输特性 $G_\mathrm{T}(f)$共轭匹配，即

$$G_\mathrm{R}(f)=G_\mathrm{T}^*(f)\mathrm{e}^{-\mathrm{j}2\pi ft_0}$$

$$|G_\mathrm{T}(f)|=|G_\mathrm{R}(f)|=\sqrt{|H_{\text{升余弦}}(f)|}$$

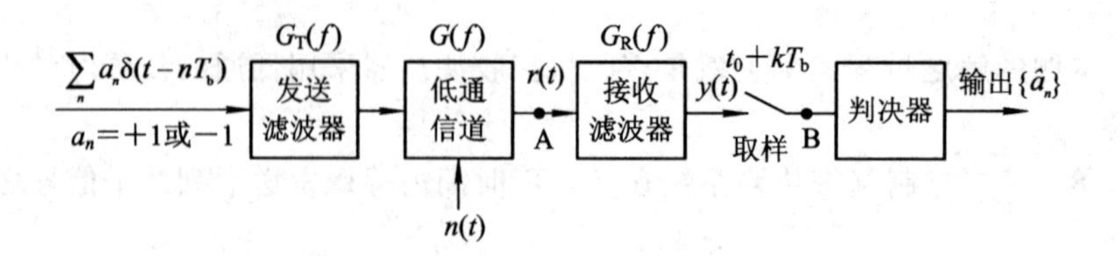

图 5-3-9

$G_T(f)$、$C(f)$和$G_R(f)$在信道带宽内均为线性相移。

已知信道噪声是均值为0、功率谱密度为$n_0/2$的加性高斯白噪声，接收滤波器输入端的信号平均比特能量为E_b。

(1) 请求出在最佳取样时刻取样值中的信号幅度值、瞬时信号功率及噪声平均功率、取样时刻取样值的信噪比。

(2) 请推导出该系统的平均误比特率计算公式为

$$P_b=\frac{1}{2}\mathrm{erfc}\left(\sqrt{\frac{E_b}{n_0}}\right)$$

解 这是一个实际的数字基带传输系统模型。整个系统的$H(f)$具有升余弦传输特性，显然满足无码间干扰条件，是一个无码间干扰系统。而且，由题意可知，发“1”时接收码元的频谱为

$$R(f)=F[\delta(t)]\cdot G_T(f)\cdot C(f)=G_T(f)$$

又已知接收滤波器的传输特性$G_R(f)$为

$$G_R(f)=G_T^*(f)\mathrm{e}^{-\mathrm{j}2\pi f t_0}$$

可见，接收滤波器与接收信号匹配，故接收机是最佳接收机。综上两点，图5-3-9给出的基带传输系统是无码间干扰的最佳系统。

因为A点接收信号平均能量E_b是已知参数，所以，本题所求结论均需用E_b来表示。为此，首先求出接收滤波器输入端的信号平均比特能量E_b与系统中其他参数的关系式。

根据题意且不失一般性，设升余弦传输特性的幅度为A，则本题中升余弦传输特性的表达式为

$$H_{升余弦}(f)=\begin{cases}\frac{A}{2}(1+\cos\pi fB) & |f|\leqslant B\\ 0 & |f|>B\end{cases}$$

当发送信号是双极性信号时，发“1”码时的比特能量与发“0”码时的比特能量是相同的，因此，接收信号平均比特能量就等于发“1”码或发“0”码时的比特能量。以发送端发送“1”码为例，不考虑噪声时接收码元信号的频谱为

$$R(f)=F[\delta(t)]\cdot G_T(f)\cdot C(f)=G_T(f)$$

根据帕塞瓦尔定理，接收码元能量(二进制码元能量即为比特能量)为

$$E_b=\int_{-\infty}^{+\infty}|G_T(f)|^2\mathrm{d}f=\int_{-B}^{+B}\left|\frac{A}{2}(1+\cos\pi fB)\right|\mathrm{d}f=AB$$

(1) 由于发“1”和发“0”时的取样值是不同的，下面分两种情况讨论。

① 发“1”码即发送信号为$\delta(t)$时，不考虑噪声时，接收滤波器输出信号的频谱为

$$Y(f)=F[\delta(t)]\cdot G_T(f)\cdot C(f)\cdot G_R(f)=|H_{升余弦}(f)|\mathrm{e}^{-\mathrm{j}2\pi f t_0}$$

$$=\begin{cases}\dfrac{A}{2}(1+\cos\pi fB)\mathrm{e}^{-\mathrm{j}2\pi ft_0} & |f|\leqslant B\\ 0 & |f|>B\end{cases}$$

求其傅里叶反变换(查表得到升余弦频谱的冲激响应，再经 t_0 时延)，得到接收滤波器输出端的信号为

$$y(t)=F^{-1}[Y(f)]=AB\mathrm{Sa}[2B\pi(t-t_0)]\cdot\frac{1}{1-4B^2(t-t_0)^2}$$

由此可见，t_0 时刻是最佳取样时刻，在此时刻取样能得到最大取样值。

a. 最大取样值为 $AB=E_b$；

b. 瞬时信号功率为 $(AB)^2=E_b^2$；

c. 噪声平均功率为 $\frac{1}{2}ABn_0=\frac{1}{2}n_0E_b$。求法如下：

先求出接收滤波器输出端的噪声功率谱为

$$P_{n_o}(f)=\frac{n_0}{2}|G_R(f)|^2=\begin{cases}\dfrac{n_0}{2}\cdot\dfrac{A}{2}(1+\cos\pi fB) & |f|\leqslant B\\ 0 & |f|>B\end{cases}$$

再对此功率谱求积分即可得到噪声功率为

$$P_{n_o}=\int_{-\infty}^{+\infty}P_{n_o}(f)\mathrm{d}f=\int_{-\infty}^{+\infty}\frac{n_0}{2}|G_R(f)|^2\mathrm{d}f=\int_{-B}^{B}\frac{n_0}{2}\cdot\frac{A}{2}(1+\cos\pi fB)\mathrm{d}f=\frac{1}{2}ABn_0$$

d. 取样时刻的信噪比等于取样时刻的信号瞬时功率除以噪声平均功率，结果为

$$\frac{E_b^2}{n_0E_b/2}=\frac{2E_b}{n_0}$$

评注：此结论与“匹配滤波器”部分内容中所得到的最大信噪比结论一致。

② 发“0”码即发送信号为 $-\delta(t)$ 时，用与发“1”码时相同的演算过程，得到相关结果如下。

a. 最大取样值为 $-AB=-E_b$

b. 瞬时信号功率为 $(-AB)^2=E_b^2$

c. 噪声平均功率为 $\frac{1}{2}ABn_0=\frac{1}{2}n_0E_b$

d. 取样时刻的信噪比为 $2E_b/n_0$

(2) 当考虑噪声时，设取样判决时刻的接收信号为

$$y=a+n \quad 发“1”码$$
$$y=-a+n \quad 发“0”码$$

其中 a 是取样时刻信号的瞬时幅度，n 为取样时刻噪声的瞬时值。设取样时刻噪声的平均功率为 σ_n^2，则根据式(5-1-20)，当“1”“0”等概且判决门限电平为 0 时，系统的平均误比特率为

$$P_b=\frac{1}{2}\mathrm{erfc}\left(\frac{a}{\sqrt{2}\sigma_n}\right)$$

由(1)小题结果，$a=E_b$，$\sigma_n=\sqrt{\frac{1}{2}n_0E_b}=\frac{\sqrt{2n_0E_b}}{2}$，代入上式，得到用比特能量 E_b 和噪声功率谱密度 n_0 表示的系统平均误比特率为

$$P_b = \frac{1}{2}\text{erfc}\left(\sqrt{\frac{E_b}{n_0}}\right)$$

例 5.3.10 某数字基带传输系统，在取样时刻的取样值为 $y=a+n+i_m$。其中，a 的取值为等概率的$+1$、-1，n 是均值为0、方差为 σ^2 的高斯随机变量。i_m 是取样时刻的码间干扰，i_m 有3个可能值：$-\frac{1}{2}$，0，$\frac{1}{2}$，它们的出现概率分别为$\frac{1}{4}$，$\frac{1}{2}$，$\frac{1}{4}$。求：该系统的平均误比特率计算公式。

解 本题给定系统为等概的双极性系统，最佳判决门限为发"1"和发"0"时取样值数学期望的均值。

发"1"时，$E[y]=E[+1+n+i_m]=1+E[n]+E[i_m]=1$

发"0"时，$E[y]=E[-1+n+i_m]=-1+E[n]+E[i_m]=-1$

故判决门限电平为 $V_d^* =\frac{1}{2}[+1-1]=0$，判决规则应为

$$V_d^* \geqslant 0，判“1”码$$
$$V_d^* \leqslant 0，判“0”码$$

系统误比特率计算方法为 $P_b=P(1)P(0/1)+P(0)P(1/0)$，下面分别计算 $P(0/1)$和 $P(1/0)$。

(1) 发送"1"码时，码间干扰可能值有3种。

① 码间干扰取值$-\frac{1}{2}$时。

$$E[y] = E[+1+n-1/2] = 0.5+E[n] = 0.5$$
$$D[y] = E[+1+n-1/2] = D[n] = \sigma^2$$

可见，y 是均值为0.5、方差为 σ^2 的高斯随机变量，其概率密度函数为

$$f(y) = \frac{1}{\sqrt{2\pi}\sigma}\exp\left[-\frac{(y-0.5)^2}{2\sigma^2}\right]$$

错判概率为

$$P(0/1) = \int_{-\infty}^{0} \frac{1}{\sqrt{2\pi}\sigma}\exp\left[-\frac{(y-0.5)^2}{2\sigma^2}\right]dy = \frac{1}{2}\text{erfc}\left(\frac{0.5}{\sqrt{2}\sigma}\right)$$

② 码间干扰取值为0时。

$$E[y] = E[+1+n] = 1+E[n] = 1$$
$$D[y] = E[+1+n] = D[n] = \sigma^2$$

由此可知，y 是均值为1、方差为 σ^2 的高斯随机变量，其概率密度函数为

$$f(y) = \frac{1}{\sqrt{2\pi}\sigma}\exp\left[-\frac{(y-1)^2}{2\sigma^2}\right]$$

错判概率为

$$P(0/1) = \int_{-\infty}^{0} \frac{1}{\sqrt{2\pi}\sigma}\exp\left[-\frac{(y-1)^2}{2\sigma^2}\right]dy = \frac{1}{2}\text{erfc}\left(\frac{1}{\sqrt{2}\sigma}\right)$$

③ 码间干扰取值$+\frac{1}{2}$时。

$$E[y] = E[+1+n+1/2] = 1.5+E[n] = 1.5$$

$$D[y]=E[+1+n+1/2]=D[n]=\sigma^2$$

所以，y 是均值为 1.5、方差为 σ^2 的高斯随机变量，其概率密度函数为

$$f(y)=\frac{1}{\sqrt{2\pi}\sigma}\exp\left[-\frac{(y-1.5)^2}{2\sigma^2}\right]$$

错判概率为

$$P(0/1)=\int_{-\infty}^{0}\frac{1}{\sqrt{2\pi}\sigma}\exp\left[-\frac{(y-0.5)^2}{2\sigma^2}\right]\mathrm{d}y=\frac{1}{2}\mathrm{erfc}\left(\frac{1.5}{\sqrt{2}\sigma}\right)$$

综合上述，发送“1”码时，发生错判的平均概率为

$$\begin{aligned}P(0/1)&=\frac{1}{4}\cdot\frac{1}{2}\mathrm{erfc}\left(\frac{0.5}{\sqrt{2}\sigma}\right)+\frac{1}{2}\cdot\frac{1}{2}\mathrm{erfc}\left(\frac{1}{\sqrt{2}\sigma}\right)+\frac{1}{4}\cdot\frac{1}{2}\mathrm{erfc}\left(\frac{1.5}{\sqrt{2}\sigma}\right)\\&=\frac{1}{8}\mathrm{erfc}\left(\frac{0.5}{\sqrt{2}\sigma}\right)+\frac{1}{4}\mathrm{erfc}\left(\frac{1}{\sqrt{2}\sigma}\right)+\frac{1}{8}\mathrm{erfc}\left(\frac{1.5}{\sqrt{2}\sigma}\right)\end{aligned}$$

(2) 发送“0”码时，根据码间干扰的不同取值，也分三种情况求解，方法与上相同。

① 码间干扰取值 $-\dfrac{1}{2}$ 时。

$$E[y]=E[-1+n-1/2]=-1.5+E[n]=-1.5$$
$$D[y]=E[+1+n-1/2]=D[n]=\sigma^2$$

y 是均值为 -1.5、方差为 σ^2 的高斯随机变量，其概率密度函数为

$$f(y)=\frac{1}{\sqrt{2\pi}\sigma}\exp\left[-\frac{(y+1.5)^2}{2\sigma^2}\right]$$

错判概率为

$$P(1/0)=\int_{0}^{\infty}\frac{1}{\sqrt{2\pi}\sigma}\exp\left[-\frac{(y+1.5)^2}{2\sigma^2}\right]\mathrm{d}y=\frac{1}{2}\mathrm{erfc}\left(\frac{1.5}{\sqrt{2}\sigma}\right)$$

② 码间干扰值为 0 时。

$$E[y]=E[-1+n]=-1+E[n]=-1$$
$$D[y]=E[+1+n]=D[n]=\sigma^2$$

y 是均值为 -1、方差为 σ^2 的高斯随机变量，其概率密度函数为

$$f(y)=\frac{1}{\sqrt{2\pi}\sigma}\exp\left[-\frac{(y+1)^2}{2\sigma^2}\right]$$

错判概率为

$$P(1/0)=\int_{0}^{\infty}\frac{1}{\sqrt{2\pi}\sigma}\exp\left[-\frac{(y+1)^2}{2\sigma^2}\right]\mathrm{d}y=\frac{1}{2}\mathrm{erfc}\left(\frac{1}{\sqrt{2}\sigma}\right)$$

③ 码间干扰取值 $+\dfrac{1}{2}$ 时。

$$E[y]=E[-1+n+1/2]=-0.5+E[n]=-0.5$$
$$D[y]=E[+1+n+1/2]=D[n]=\sigma^2$$

y 是均值为 -0.5、方差为 σ^2 的高斯随机变量，其概率密度函数为

$$f(y)=\frac{1}{\sqrt{2\pi}\sigma}\exp\left[-\frac{(y+0.5)^2}{2\sigma^2}\right]$$

错判概率为

$$P(1/0)=\int_0^{\infty}\frac{1}{\sqrt{2\pi}\sigma}\exp\left[-\frac{(y+0.5)^2}{2\sigma^2}\right]dy=\frac{1}{2}\mathrm{erfc}\left(\frac{0.5}{\sqrt{2}\sigma}\right)$$

故发送“0”码时，发生错判的概率为

$$P(1/0)=\frac{1}{4}\cdot\frac{1}{2}\mathrm{erfc}\left(\frac{0.5}{\sqrt{2}\sigma}\right)+\frac{1}{2}\cdot\frac{1}{2}\mathrm{erfc}\left(\frac{1}{\sqrt{2}\sigma}\right)+\frac{1}{4}\cdot\frac{1}{2}\mathrm{erfc}\left(\frac{1.5}{\sqrt{2}\sigma}\right)$$

$$=\frac{1}{8}\mathrm{erfc}\left(\frac{0.5}{\sqrt{2}\sigma}\right)+\frac{1}{4}\mathrm{erfc}\left(\frac{1}{\sqrt{2}\sigma}\right)+\frac{1}{8}\mathrm{erfc}\left(\frac{1.5}{\sqrt{2}\sigma}\right)$$

可见，$P(0/1)=P(1/0)$，且“1”“0”等概，所以系统平均误比特率为

$$P_b=\frac{1}{8}\mathrm{erfc}\left(\frac{0.5}{\sqrt{2}\sigma}\right)+\frac{1}{4}\mathrm{erfc}\left(\frac{1}{\sqrt{2}\sigma}\right)+\frac{1}{8}\mathrm{erfc}\left(\frac{1.5}{\sqrt{2}\sigma}\right)$$

评注：本题是取样判决时刻有码间干扰的误码率推导过程。

5.4 本章自测题与参考答案

5.4.1 自测题

一、填空题

1. 数字基带传输系统由码型变换器、发送滤波器、信道、接收滤波器、位定时提取电路、取样判决器和码元再生器组成。其中码型变换器和发送滤波器的作用是________，接收滤波器的作用是________。

2. 当 HDB_3 码为－10＋1－1＋100＋10－1000－1＋100＋1 时，原信息为________。此信息的差分码为(初始位设为 1)________________。

3. 二进制基带信号码元的基本波形为半占空的矩形脉冲，脉冲宽度为 1 ms，则码元速率为________，用第一个零点定义的信号带宽为________。

4. 设某数字信号的速率是 100 b/s，幅度是±1 V。在双极性归零码、双极性不归零码、AMI 码、HDB_3 码几种码型中，能隔直流传输且功率最小的是________，连零电平不超过 3 bit 的是 ________。AMI 码(全占空矩形波形)的主瓣带宽是________ Hz，半占空比双极性 RZ 码的主瓣带宽是________ Hz。

5. 设某数字基带传输系统的符号间隔是 T，总体冲激响应是 $x(t)$，总体传递函数是 $X(f)$。若该系统的接收端在取样点无码间干扰，则 $x(t)$ 满足________，$X(f)$ 满足________。

6. 设基带传输系统的数据速率是 72 kb/s。若采用 8 PAM，无码间干扰传输最少需要的信道带宽是________ kHz，采用滚降因子为 $\alpha=0.5$ 的升余弦滚降后，需要的带宽是________ kHz；若采用 64 PAM，最少需要的信道带宽是________ kHz，采用滚降因子为 $\alpha=1$ 的升余弦滚降后，需要的带宽是________ kHz。

7. 对于带宽为 2000 Hz 的理想低通系统，其最大无码间干扰传输速率为________，最大频带利用率为________，此频带利用率称为________，是数字通信系统的最大(或极限)

频带利用率。当传输信号为四进制时，理想低通传输系统的最大频带利用率为________ b/s/Hz。

8. 与输入信号 $s(t)$ 相匹配的滤波器的冲激响应 $h(t)$ 为________，传输特性 $H(f)$ 为________，匹配滤波器输出端的信号 $s_o(t)$ 为________，输出最大信噪比 $r_{o\max}$ 为________。

9. 部分响应系统通过引入人为的码间干扰使频带利用率达到________极限。二进制第Ⅰ类部分响应系统的频带利用率是________ b/s/Hz。

10. 当信道特性不理想时，数字基带传输系统的总体传输函数将不满足奈奎斯特准则，此时可在接收端使用均衡器来减小取样点的________。

二、选择题

1. 数字基带传输系统中的信道是(　　)。

A. 低通信道　　B. 高通信道　　C. 带通信道　　D. 频带信道

2. 在下面所给的码型中，当“1”“0”等概时，含有位定时分量的是(　　)。

A. 单极性不归零码(全占空)　　B. 单极性归零码

C. 双极性不归零码　　D. 双极性归零码

3. 对于信息序列中出现的0000，HDB_3 编码将其进行替换。如果0000之前的 HDB_3 编码结果中，最后一个V是+1，最后一个非零符号是+1，那么0000将被替换为(　　)。

A. −100−1　　B. +100−1　　C. 000−1　　D. 000+1

4. 码元速率相同、波形均为矩形脉冲的数字基带信号，半占空码型信号的带宽是全占空码型信号带宽的(　　)倍。

A. 0.5　　B. 1.5　　C. 2　　D. 3

5. 与理想低通传输特性相比，以下不是升余弦传输特性特点的是(　　)。

A. 冲激响应的拖尾衰减快，故对位定时精度的要求低

B. 物理可实现

C. 最大频带利用率是理想低通特性最大频带利用率的一半

D. 频带利用率高

6. 若数字基带传输系统的设计遵循奈奎斯特准则，则可以实现(　　)。

A. 取样点无码间干扰　　B. 判决后无误码

C. 判决前无噪声　　D. 取样前无波形失真

7. 某升余弦滚降系统发送信号的功率谱密度如图5-4-1所示，该系统的滚降系数是(　　)。

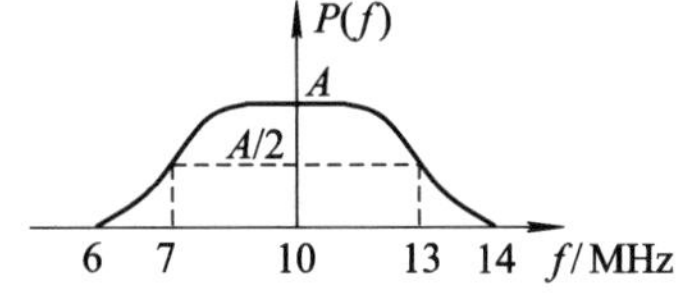

图5-4-1

A. 1/4　　B. 1/3　　C. 1/2　　D. 1

8. 设加性高斯白噪声的单边功率谱密度为 n_0，输入信号的能量为 E，则匹配滤波器的

最大输出信噪比为(　　)。

A. $\frac{E}{2n_0}$　　B. $\frac{E}{n_0}$　　C. $\frac{2E}{n_0}$　　D. $\frac{4E}{n_0}$

9. 在数字通信系统中，对于各种原因引起的码间干扰，可以采用(　　)技术来消除或减小干扰的影响。

A. 时域均衡　　B. 部分响应　　C. 匹配滤波　　D. 升余弦滚降

10. 为了提高频带利用率，部分响应系统引入了人为的(　　)。

A. 码间干扰　　B. 比特差错　　C. 噪声　　D. 频谱滚降

三、简答题

1. 设某二进制序列为 0010000110000000001，试编出相应的 HDB_3 码，并简要说明该码的特点。

2. 采用部分响应系统传输信息有什么优点？付出了什么代价？

3. 什么是码间干扰？其产生的主要原因是什么？它对通信质量有什么影响？为了消除码间干扰，基带系统的传输特性 $H(f)$ 应满足什么条件？

4. 简述在数字传输系统中，造成误码的主要因素和产生的原因。

5. 何谓匹配滤波，试问匹配滤波器的冲激响应和信号波形有何关系？

四、综合题

1. 已知某双极性不归零随机脉冲序列，其码元速率为 R_B，“1”“0”等概，“1”码波形如图 5-4-2 所示。

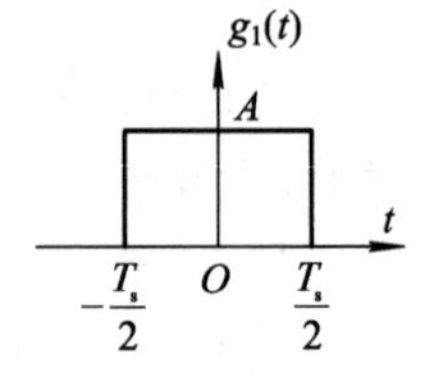

图 5-4-2

(1) 求其功率谱表达式，并画出示意图(标出关键频率点的值)。

(2) 求此数字基带信号的带宽。

(3) 求直流分量及位定时分量的功率。

2. 设基带传输系统的发送滤波器、信道及接收滤波器的总传输特性为 $H(f)$，若要求以 2000 Baud 的码元速率传输，则图 5-4-3 所示的 $H(f)$ 是否满足取样点无码间干扰条件？请说明理由。

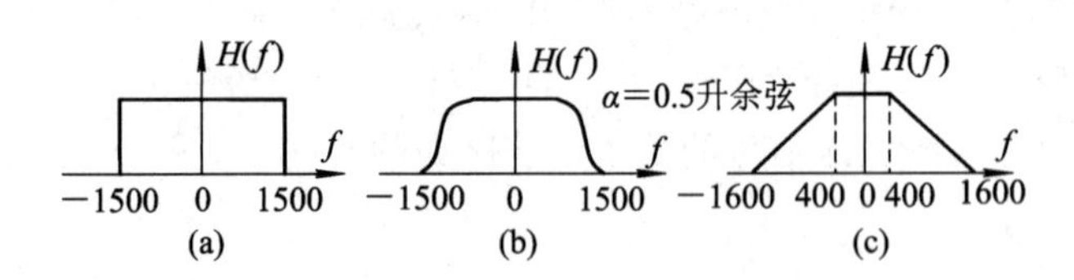

图 5-4-3

3. 设输入信号为如图 5-4-4 所示的占空比为 1/2 的矩形脉冲，要设计其匹配滤波器，试求：

(1) 该滤波器的冲激响应(求表达式，或者画图，但需标明有关参数)。

(2) 该滤波器的输出信号(求表达式，或者画图，但需标明有关参数)。

(3) 设 AWGN 的单边功率谱密度为 n_0，求该滤波器输出最大信噪比。

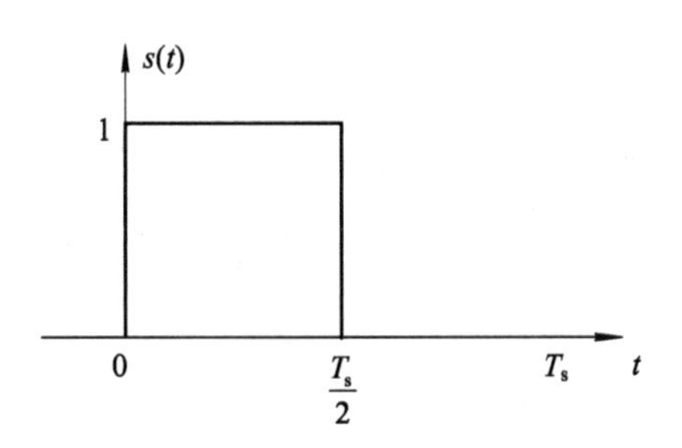

图 5-4-4

4. 某二进制数字通信系统在$[0, T_b]$时间内等概发送$s(t)\in\{\pm g(t)\}$，已知$T_b=2s$、$g(t)$如图5-4-5所示。发送信号叠加了单边功率谱密度为n_0的高斯白噪声$n(t)$后成为$r(t)=s(t)+n(t)$。在接收端采用匹配滤波器进行最佳接收，其最佳取样时刻的输出值为y。试：

(1) 求$s(t)$的平均能量E_s。

(2) 确定最佳取样时刻，画出匹配滤波器的冲激响应波形。

(3) 求发送$-g(t)$条件下y的均值、方差、概率密度函数。

(4) 写出最佳判决门限。

(5) 求该系统的平均误比特率。

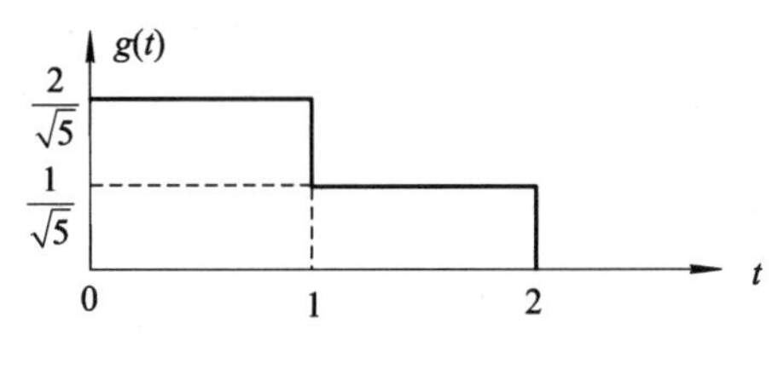

图 5-4-5

5. 设有一个三抽头的均衡器，如图5-4-6所示。$c_{-1}=-1/4$，$c_0=1$，$c_{+1}=-1/2$；均衡器输入$x(t)$在各取样点上的取值分别为：$x_{-1}=1/4$，$x_0=1$，$x_{+1}=1/2$，其余都为0。试求均衡器输出$y(t)$在各取样点上的值，以及均衡前后信号的峰值畸变。

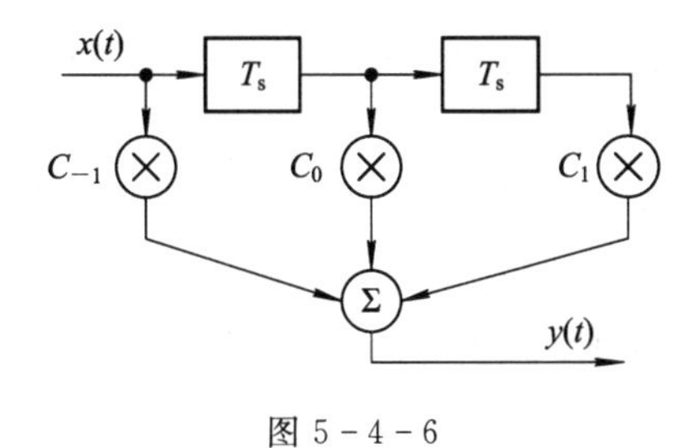

图 5-4-6

5.4.2 参考答案

一、填空题

1. 将输入变换成适合信道传输的信号；滤除带外噪声并对接收信号进行校正。

2. 10110000010000000 0；(1)001000000111111111。3. 500 Baud；1000 Hz。

4. AMI码；HDB_3 码；100；200。5. $x(nT)=\begin{cases}常数 & n=0\\ 0 & n\neq 0\end{cases}$；$\sum_{n=-\infty}^{\infty}X\left(f-\frac{n}{T}\right)=$ 常数。

6. 12；18；6；12。7. 4000 Baud；2 Baud/Hz；奈奎斯特频带利用率；4。

8. $ks(t_0-t)$；$kS^*(f)\mathrm{e}^{-\mathrm{j}2\pi f t_0}$；$kR_s(t-t_0)$；$\frac{2E}{n_0}$。9. 奈奎斯特；2。10. 码间干扰。

二、选择题

1. A；2. B；3. A；4. C；5. D；6. A；7. B；8. C；9. A；10. A。

三、简答题

1. 一种 HDB_3 码：00＋1000＋1－1＋1－100－1＋100＋10－1。

特点：① 不管“1”“0”是否等概，均无直流；② 高、低频分量小；③ 有＋1、－1 和 0 三个电平；④ 连“0”个数不超过 3 个等。

2. 采用部分响应系统传输信息的优点有：① 使频带利用率提高到理论上的最大值；② 加速传输波形尾巴的衰减；③ 降低对位定时精度的要求。

上述优点是以牺牲可靠性为代价的。

3. ① 码间干扰(ISI)是前面码元波形的拖尾蔓延到当前码元的取样时刻上，从而对当前码元的判决造成干扰(或不同码元间的相互干扰)。

② 其产生的主要原因是信道特性的不理想或信道带限造成接收信号的展宽和失真。

③ 码间干扰会使接收信号产生失真，造成系统误码率上升。

④ 一个数字传输系统是否存在码间干扰取决于系统的传输特性 $H(f)$ 和码元传输速率 $\frac{1}{T_s}$(T_s 是码元间隔)。为了消除码间干扰，基带传输系统的传输特性应满足

$$\sum_{k=-\infty}^{\infty}H\left(f+\frac{k}{T_s}\right)=常数 \quad |f|\leqslant\frac{1}{2T_s}$$

此条件称为奈奎斯特第一准则。

4. 在数字通信系统中造成误码的两大因素是码间干扰和信道噪声。码间干扰是由于基带传输系统总特性不理想或信道带限造成的；信道噪声是一种加性随机干扰，来源有很多，主要代表是起伏噪声。

5. 通过线性滤波器对接收信号进行滤波，使得抽样时刻上滤波器的输出信噪比最大的过程称为匹配滤波。

匹配滤波器的冲激响应是信号波形的镜像，然后在时间轴上向右平移了一个码元周期。

四、综合题

1. (1) 由题意得 $f_b=R_B=1000$ Hz、$P=1-P=0.5$，$G_1(f)=AT_s\mathrm{Sa}(\pi f T_s)$，$G_2(f)=-G_1(f)$，$T_s=1/R_B$，将它们代入双边功率谱密度表达式可得到 $P(f)=A^2T_s\mathrm{Sa}^2(\pi f T_s)$，示意图如图 5-4-7 所示。

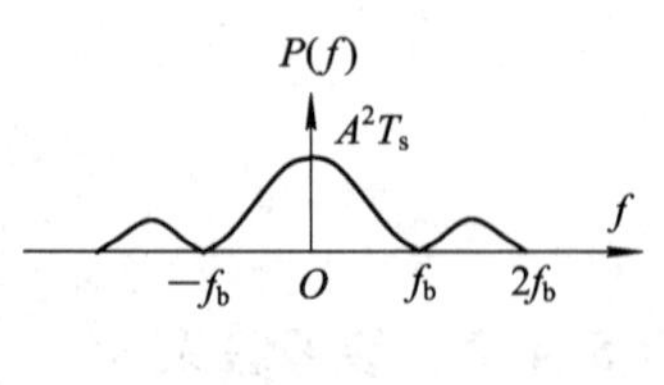

图 5-4-7

(2) 第一个零点带宽为 $B=f_b=R_B$。

(3) 功率谱公式中 $n=0$ 时的离散谱即为直流谱，得 $f_b^2|PG_1(0)+(1-P)G_2(0)|^2\delta(f)=0$，故直流功率等于 0。同理，$n=\pm1$ 时的离散谱为位定时分量谱，得 $f_b^2|PG_1(f_b)+$

$(1-P)G_2(f_b)|^2\delta(f-f_b)+f_b^2|PG_1(-f_b)+(1-P)G_2(-f_b)|^2\delta(f+f_b)=0$，位定时分量功率为 0。其中 $G_1(0)=-G_2(0)=AT_s$，$G_1(f_b)=-G_2(f_b)=0$，$G_1(-f_b)=-G_2(-f_b)=0$。

2.（1）对于图 5-4-3(a)，其所有无码间传输干扰速率为

$$R_B=\frac{2B}{n}\quad(n=1,2,3,\cdots)$$

将带宽 $B=1500$ Hz 代入上式，得到无码间干扰速率为 3000 Buad、1500 Baud、1000 Baud，…。可见，2000 Baud 不属于其中，故在此系统上传输 2000 Baud 的码元传输速率是有码间干扰的。

（2）对于图 5-4-3(b)，升余弦滚降特性的带宽为 $B=1500$ Hz、滚降系数 $\alpha=0.5$，其等效理想低通带宽(即滚降段中点频率)为 $W=\frac{B}{1+\alpha}=\frac{1500}{1+0.5}=1000$ Hz，故最大无码间干扰传输速率为

$$R_{B,\max}=2W=2\times1000=2000\ \text{Baud}$$

因此，以 2000 Baud 的速率在此系统上传输时，在取样点上无码间干扰。

（3）对于图 5-4-3(c)所示的直线滚降特性，容易求得滚降中点频率为

$$W=\frac{1}{2}(400+1600)=1000\ \text{Hz}$$

其最大无码间干扰传输速率为

$$R_{B,\max}=2W=2\times1000=2000\ \text{Baud}$$

所以，在此系统上以 2000 Baud 的速率传输信息，在取样点上也是无码间干扰的。

3.（1）滤波器的冲激响应，如图 5-4-8 所示，即

$$h(t)=s(t_0-t),\quad t_0=T_s$$

所以

$$h(t)=s(T_s-t)=\begin{cases}1 & \frac{T_s}{2}<t<T_s\\ 0 & \text{其他}\end{cases}$$

（2）滤波器的输出信号，如图 5-4-9 所示，即

$$s_o(t)=R(t-T_s)=\int_{-\infty}^{\infty}s(x)s(x+t-T_s)\mathrm{d}x=\begin{cases}-\frac{T_s}{2}+t & \frac{T_s}{2}\leqslant t<T_s\\ \frac{3T_s}{2}-t & T_s\leqslant t\leqslant\frac{3T_s}{2}\\ 0 & \text{其他}\end{cases}$$

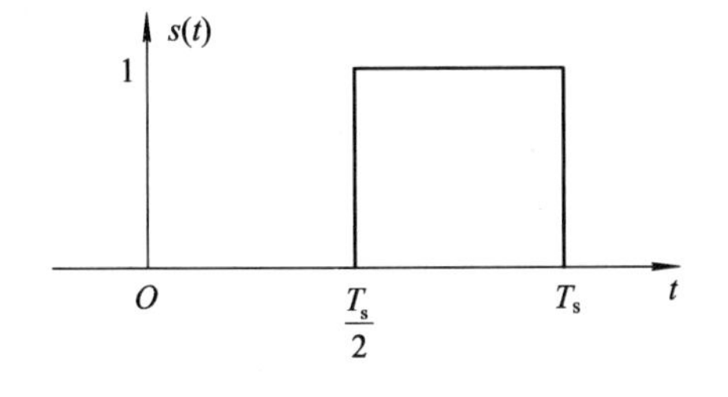

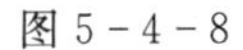
图 5-4-8

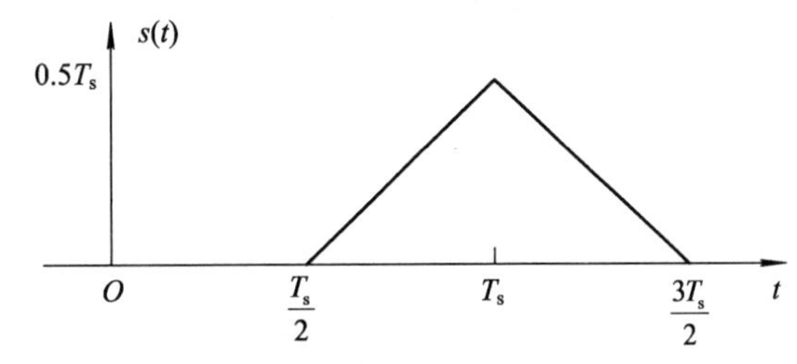

图 5-4-9

(3) 输出最大信噪比

$$\left(\frac{S}{N}\right)_{\max}=\frac{2E}{n_0}=\frac{2R(0)}{n_0}=\frac{T_s}{n_0}$$

4. (1) $E_s=E_g=\int_0^2 g^2(t)\mathrm{d}t=\int_0^1\frac{4}{5}\mathrm{d}t+\int_1^2\frac{1}{5}\mathrm{d}t=\frac{4}{5}+\frac{1}{5}=1\ \mathrm{J}$

(2) $t_0=T=2$ s，匹配滤波器的冲激响应 $h(t)$ 的波形如图 5-4-10 所示。

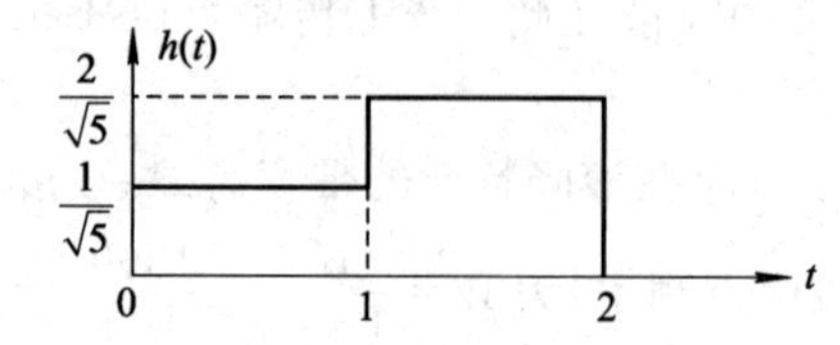

图 5-4-10

(3) 发送 $-g(t)$ 时，$y=[-g(t)+n(t)]*h(t)=-E_g+Z_1$

$$E[y]=-1,\ D[y]=\frac{1}{2}n_0$$

概率密度为

$$f(y)=\frac{1}{\sqrt{\pi n_0}}\exp\left[\frac{(y+1)^2}{n_0}\right]$$

(4) 由于发送信号等概，得最佳判决门限为：$V_d^*=0$。

(5) 依题意得 $P=01$，故系统平均误比特率为

$$P_e=\frac{1}{2}\mathrm{erfc}\sqrt{\frac{E_s}{n_0}}=\frac{1}{2}\mathrm{erfc}\sqrt{\frac{1}{n_0}}$$

5. 根据时域均衡输入输出公式，有

$$y_{-2}=x_{-1}c_{-1}=-\frac{1}{16}$$

$$y_{-1}=x_0c_{-1}+x_{-1}c_0=0$$

$$y_0=x_{+1}c_{-1}+x_0c_0+x_{-1}c_{+1}=\frac{3}{4}$$

$$y_{+1}=x_{+1}c_0+x_0c_1=0$$

$$y_{+2}=x_{+1}c_{+1}=-\frac{1}{4}$$

可见，$y(t)$ 的 y_{-1} 及 y_{+1} 被校正到零，y_{-2} 和 y_{+2} 不为零，仍有码间干扰。如果要 y_{-2} 和 y_{+2} 也为零，需要再增加两节延时和两个抽头。

用式(5-1-30)求得均衡前信号的峰值畸变为

$$D_x=\frac{1}{x_0}(|x_{-1}|+|x_1|)=\frac{1}{4}+\frac{1}{2}=\frac{3}{4}$$

用式(5-1-29)求得均衡后信号的峰值畸变为

$$D_y=\frac{1}{y_0}(|y_{-2}|+|y_{-1}|+|y_1|+|y_2|)=\frac{4}{3}\left(\frac{1}{16}+\frac{1}{4}\right)=\frac{5}{12}$$

显然，经过均衡补偿后峰值畸变减小，相应的码间干扰也减小了。

第 6 章　数字频带传输系统

6.1 考点提要

6.1.1　数字调制的基本概念

数字信号的传输方式有两种：① 数字信号在低通信道中的传输，称为数字基带传输；② 数字信号在带通信道中传输，称为数字频带传输。

由于数字基带信号是功率谱集中在零频附近的低通信号，与带通信道不匹配，因此，在数字频带系统的发送端，需要将数字基带信号的频谱搬移至带通信道的通带范围内，这个频谱的搬移过程称为数字调制。频谱搬移前的基带信号称为调制信号，而频谱搬移后的信号则称为已调信号。在数字频带系统的接收端，还需将已调信号的频谱进行反搬移，还原发送时的数字基带信号，这个频谱的反搬移过程称为数字解调。

完成数字调制和解调的部件分别称为数字调制器和数字解调器。包含数字调制和解调的数字传输系统称为数字频带系统。

数字调制的实现方法：用数字基带信号控制载波(余弦波或正弦波)的参数，使载波的参数随着数字基带信号的变化而变化。载波有三个基本参数：振幅、频率和相位。根据数字基带信号控制载波参数的不同，相应地有三种基本调制方式：数字振幅调制(ASK)、数字频率调制(FSK)和数字相位调制(PSK)。

当数字基带信号是二进制时，三种基本调制方式分别称为二进制振幅调制(2ASK)、二进制频率调制(2FSK)和二进制相位调制(2PSK)；当数字基带信号是多进制时，则称为多进制振幅调制(MASK)、多进制频率调制(MFSK)和多进制相位调制(MPSK)。

从时域看，数字调制使载波携带数字基带信号；从频域看，数字调制实现了数字基带信号频谱的搬移。

6.1.2　二进制振幅调制(2ASK)*

1. 2ASK 调制

2ASK 调制原理：用二进制数字基带信号控制载波的振幅使其随之变化。如信息为“1”码时，载波振幅为 A_1；信息为“0”码时，载波振幅为 A_0，$A_1 \neq A_0$。通常取 $A_0=0$，A_1 为某个正电平。故 2ASK 又称 OOK(on-off keying)，其时域波形如图 6-1-1 所示。

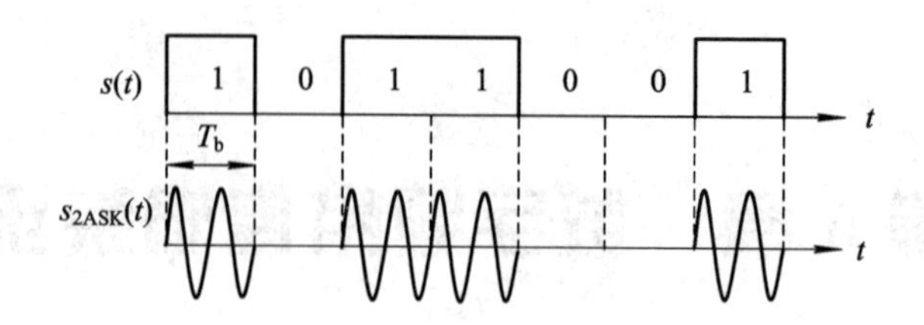

图 6-1-1　2ASK 波形

1）2ASK 信号的表达式

$$s_{2ASK}(t)=s(t)\cdot A\cos 2\pi f_c t \tag{6-1-1}$$

式中，$A\cos 2\pi f_c t$ 为载波，$s(t)$是单极性不归零矩形数字基带信号。

2）2ASK 信号的产生

产生 2ASK 信号的部件称为 2ASK 调制器，其框图如图 6-1-2 所示。

3）2ASK 信号的功率谱

$$P_{2ASK}(f)=\frac{A^2}{4}[P(f+f_c)+P(f-f_c)] \tag{6-1-2}$$

其中，$P(f)$是数字基带信号 $s(t)$的功率谱。$s(t)$是单极性全占空矩形信号，当“1”“0”等概，且矩形脉冲的幅度为 1 时，则由式(5-1-1)可得其功率谱为

$$P(f)=\frac{T_b}{4}\mathrm{Sa}^2(\pi f T_b)+\frac{1}{4}\delta(f) \tag{6-1-3}$$

2ASK 信号的功率谱示意图如图 6-1-3 所示。由于在这里主要关心信号带宽问题，故图中只标出了横坐标的有关频率参数，图中 $f_b=1/T_b$，数值上等于码元速率。

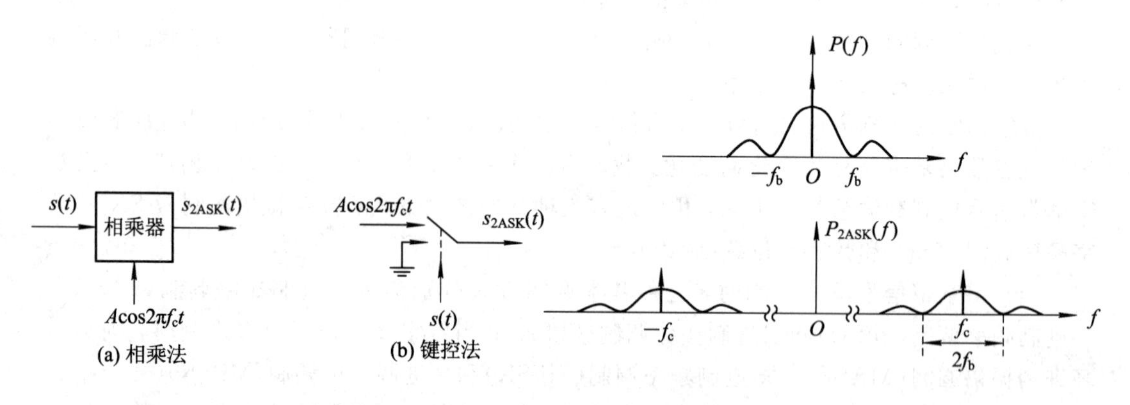

图 6-1-2　2ASK 调制器

图 6-1-3　2ASK 信号的功率谱

结论：

(1) ASK 信号的功率谱是调制信号 $s(t)$功率谱分别搬移到$\pm f_c$ 处，由离散谱和连续谱两部分组成。

(2) 2ASK 信号的带宽(第一过零点带宽)为

$$B_{2ASK}=2f_b \tag{6-1-4}$$

可见，2ASK 信号的带宽在数值上等于数字基带信号码元速率的 2 倍。

(3) 2ASK 调制系统的频带利用率为

$$\eta_{2ASK} = \frac{R_b}{B_{2ASK}} = \frac{f_b}{2f_b} = 0.5 \text{ b/s/Hz} \tag{6-1-5}$$

2. 2ASK 解调

从频域看，解调就是将已调信号的频谱搬移回来，还原为数字基带信号；从时域看，解调的目的就是将已调信号上携带的数字基带信号恢复出来。

2ASK 信号的解调有两种方法：① 相干解调；② 包络解调(一种非相干解调)。

1）相干解调

相干解调也称为同步解调，它需要一个和接收信号中的载波同频同相的本地载波，即相干载波。

2ASK 信号相干解调器框图如图 6－1－4 所示。

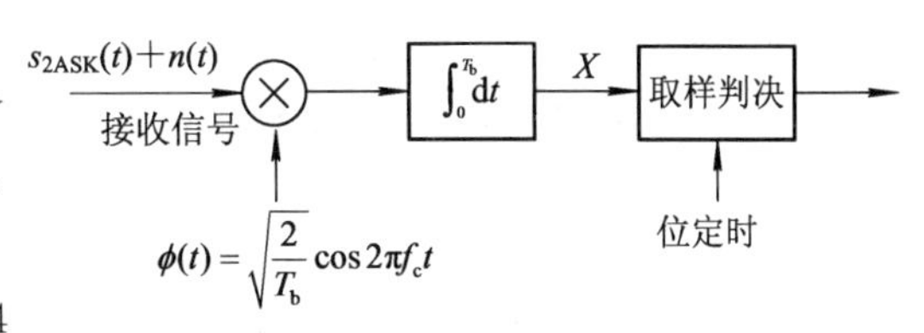

图 6－1－4　2ASK 相干解调器

图 6－1－4 中，当信道中的噪声为加性高斯白噪声时，积分器的输出值(即判决器的输入值)为

$$X = \int_0^{T_b} [s_{2ASK}(t) + n(t)] \cdot \phi(t)\mathrm{d}t = \int_0^{T_b} s_{2ASK}(t) \cdot \phi(t)\mathrm{d}t + \int_0^{T_b} n(t) \cdot \phi(t)\mathrm{d}t$$

X 是一个高斯随机变量，经计算得其均值和方差分别为

$$\begin{cases} E[X] = \sqrt{E_b},\ D[X] = \dfrac{n_0}{2} & \text{发“1”时} \\ E[X] = 0,\ D[X] = \dfrac{n_0}{2} & \text{发“0”时} \end{cases}$$

“1”“0”等概时，最佳判决门限为 $V_d^* = \sqrt{E_b}/2$，误码率为

$$P_e = \frac{1}{2}\mathrm{erfc}\left(\sqrt{\frac{E_b}{4n_0}}\right) \tag{6-1-6}$$

其中，$E_b = \frac{1}{2}A^2 T_b$ 是发“1”时接收机输入端 2ASK 信号的比特能量，n_0 是信道高斯白噪声的单边功率谱密度。

2）包络解调

包络解调是一种非相干解调方式，不需要相干载波。2ASK 信号的包络解调器框图如图 6－1－5 所示，其中的匹配滤波器与发“1”时的 2ASK 信号相匹配。当 $E_b \gg n_0/2$ 且“1”“0”等概时，最佳判决门限 $V_d^* \approx \sqrt{E_b}/2$，误码率为

$$P_e \approx \frac{1}{2}\exp\left(-\frac{E_b}{4n_0}\right) \tag{6-1-7}$$

注意：E_b 是发“1”时接收到的 2ASK 信号的比特能量，不是平均比特能量。

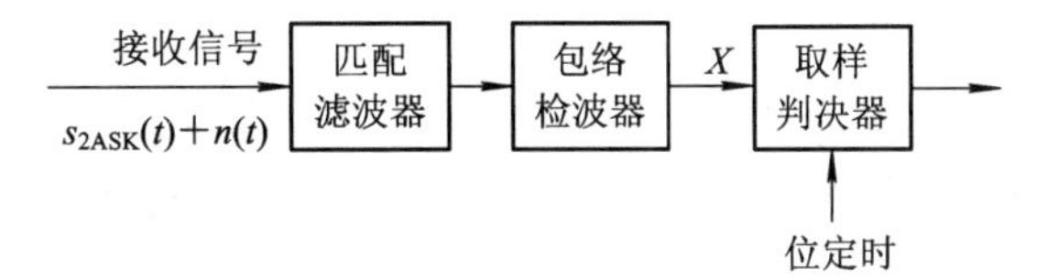

图 6－1－5　2ASK 信号的包络解调器

3）相干解调与包络(非相干)解调的比较

(1) 取样值的概率分布：对于相干解调器，不管发送“1”码还是“0”码，用于判决的取样值均服从高斯分布。而对于包络解调器，当发送“1”码时，包络检波器的输出是信号加窄带高斯噪声的包络，其瞬时取样值服从莱斯分布；当发送“0”码时，包络检波器的输出是窄带高斯噪声的包络，其瞬时取样值服从瑞利分布。

(2) 相干解调需要精确的同步载波，故解调器中包含有载波提取电路，所以相干解调在实现上较非相干解调复杂。

(3) 相干解调的误码性能优于非相干解调的。即在相同 E_b/n_0 下，相干解调的误码率更低。

(4) 在大信噪比下，即 E_b/n_0 较大时，相干解调与非相干解调的误码性能趋于一致。

所以，在实际应用中，大信噪比条件下采用非相干解调，小信噪比条件下则采用相干解调。

6.1.3 二进制频率调制(2FSK)*

1. 2FSK 调制

2FSK 调制原理：用二进制数字基带信号控制载波的频率使其随之变化。如信息为“1”码时，载波频率为 f_1，信息为“0”码时，载波频率为 f_2。反之亦然。其时域波形如图 6-1-6 所示。2FSK 信号可分为相位连续 2FSK 和相位不连续 2FSK，无特殊说明，本节的 2FSK 均指相位不连续 2FSK。

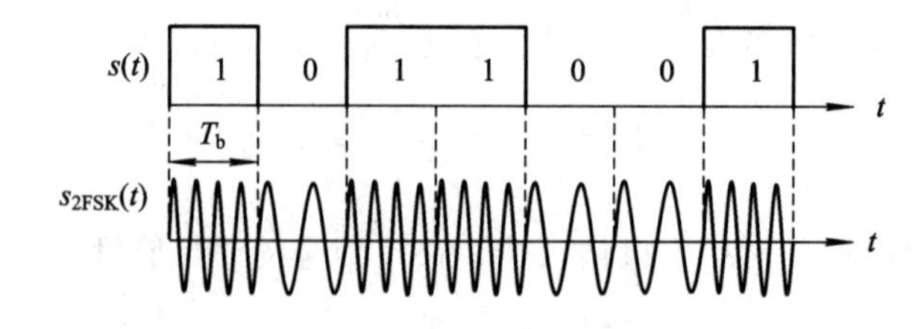

图 6-1-6 2FSK 波形

1）2FSK 信号的表达式

$$s_{2FSK}(t)=s(t)\cdot A\cos 2\pi f_1 t+\overline{s(t)}\cdot A\cos 2\pi f_2 t \tag{6-1-8}$$

式中，$s(t)$是单极性全占空矩形数字基带信号，$\overline{s(t)}$是 $s(t)$的反相信号。

2）2FSK 信号的产生

产生 2FSK 信号的部件称为 2FSK 调制器，其框图如图 6-1-7 所示，这是键控法的一种具体实现。

3）2FSK 信号的功率谱

由 2FSK 波形图可见，2FSK 信号可分解为两个载波频率分别为 f_1 及 f_2 的 2ASK 信号，故 2FSK 信号的功率谱就等于这两个 2ASK 信号的功率谱之和，示意图如图 6-1-8 所示。

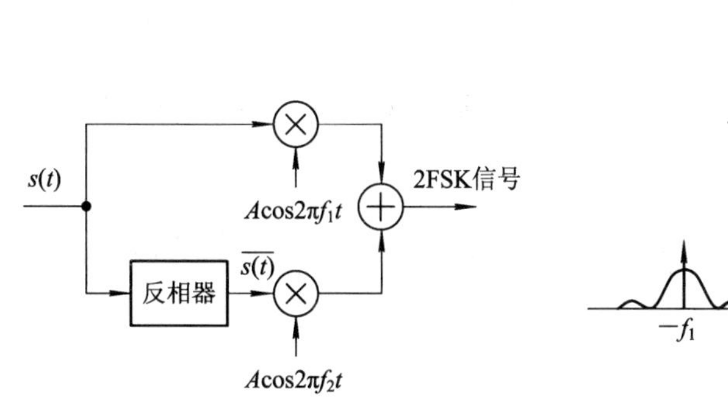

图 6-1-7 2FSK 调制器

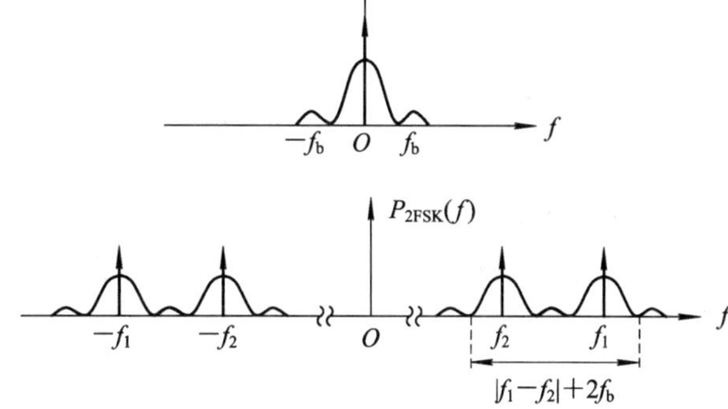

图 6-1-8 2FSK 信号的功率谱

结论：

(1) 2FSK 的功率谱由连续谱和离散谱(f_1、f_2)两部分组成。当$|f_1-f_2|$较大时，功率谱呈现出双峰形状；当$|f_1-f_2|$较小时，则变为单峰谱。

(2) 2FSK 信号的带宽为

$$B_{2FSK}=|f_1-f_2|+2f_b \tag{6-1-9}$$

图 6-1-8 中两个主瓣不重叠时的最小带宽为

$$B_{2FSK}=4f_b \tag{6-1-10}$$

(3) 2FSK 调制系统的频带利用率为

$$\eta_{2FSK}=\frac{R_b}{B_{2FSK}}=\frac{f_b}{|f_1-f_2|+2f_b}<0.5\ (b/s)/Hz \tag{6-1-11}$$

显然，2FSK 系统的频带利用率比 2ASK 系统的低。

2. 2FSK 解调

2FSK 信号的解调也有两种方法：① 相干解调；② 包络解调。

1) 相干解调

2FSK 信号的相干解调器框图如图 6-1-9 所示。

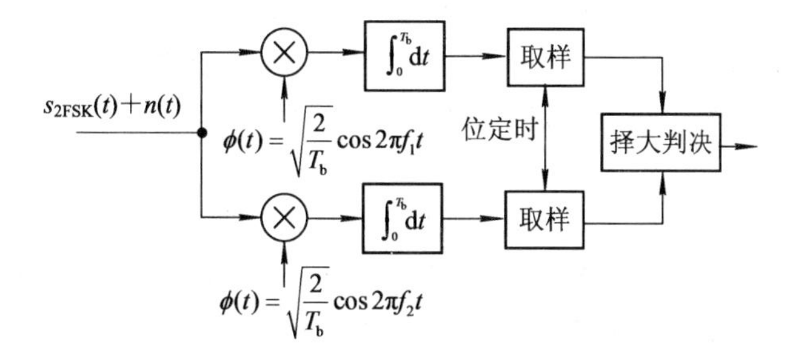

图 6-1-9 2FSK 相干解调器

2FSK 解调器的判决是比较上、下两个支路的取样值的大小，如果上支路的取样值大，则说明发送的载波频率为 f_1，根据调制规则，这也就意味着发送端发送的是“1”；反之，则发送端发送的是“0”。由此可见，2FSK 解调无需固定的判决门限，这是 2FSK 优于 2ASK 之处。

2FSK 的误码性能优于 2ASK。2FSK 相干解调的误码率为

$$P_e = \frac{1}{2}\mathrm{erfc}\left(\sqrt{\frac{E_b}{2n_0}}\right) \tag{6-1-12}$$

式中，E_b 是发“1”时接收机输入端的 2FSK 信号的比特能量，也是 2FSK 信号的平均比特能量。

2）包络解调

2FSK 信号的包络解调器如图 6-1-10 所示。上、下两支路的匹配滤波器分别对发“1”和发“0”时的 2FSK 信号相匹配。

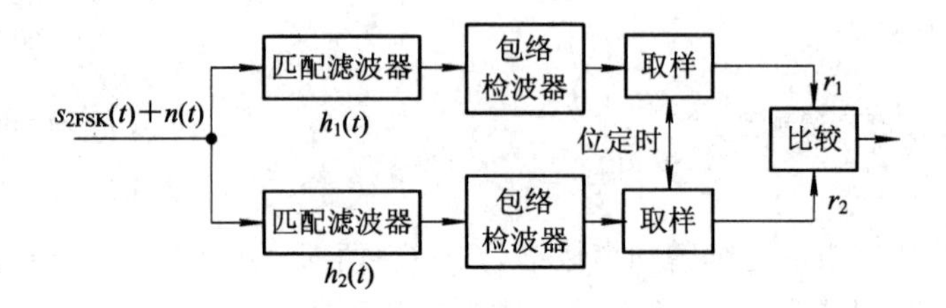

图 6-1-10　2FSK 信号的包络解调器

在最佳取样时刻同时对上下支路包络检波器的输出取样，比较两个取样值的大小，从而判决出发送的是“1”码还是“0”码。判决规则如下

$$\begin{cases} r_1 \geqslant r_2 & \text{判“1”} \\ r_1 < r_2 & \text{判“0”} \end{cases}$$

2FSK 包络解调的误码率为

$$P_e = \frac{1}{2}\exp\left(-\frac{E_b}{2n_0}\right) \tag{6-1-13}$$

3）相干解调与包络(非相干)解调的比较

(1) 取样值的概率分布：对于相干解调器，上、下支路积分器的输出值均服从高斯分布。对于包络解调器，发送“1”码时，上支路有信号，包络检波器的输出是信号加窄带高斯噪声的包络，其瞬时值服从莱斯分布；而此时的下支路没有信号，包络检波器的输出只是窄带高斯噪声的包络，故其瞬时值服从瑞利分布。当发送“0”码时，则上支路包络检波器输出的瞬时值服从瑞利分布，下支路包络检波器输出的瞬时值服从莱斯分布。

(2) 相干解调需精确的同步载波，故解调器中包含有载波提取电路，所以相干解调实现较非相干解调复杂。

(3) 相干解调的误码性能优于非相干解调。即在相同 E_b/n_0 下，相干解调的误码率更低。

(4) 在大信噪比下，E_b/n_0 较大，相干解调与非相干解调的误码性能趋于一致。

所以，在实际应用中，大信噪比条件下采用非相干解调，小信噪比条件下则采用相干解调。

6.1.4　二进制绝对相位调制(2PSK)*

1. 2PSK 调制

2PSK 调制原理：用二进制数字基带信号控制载波的相位使其随之变化，也称为

BPSK。如信息为“1”码时，使载波相位反相；信息为“0”码时，使载波保持不变，此规则称为“1”变“0”不变。反之，称为“0”变“1”不变。2PSK 信号的时域波形如图 6－1－11 所示。

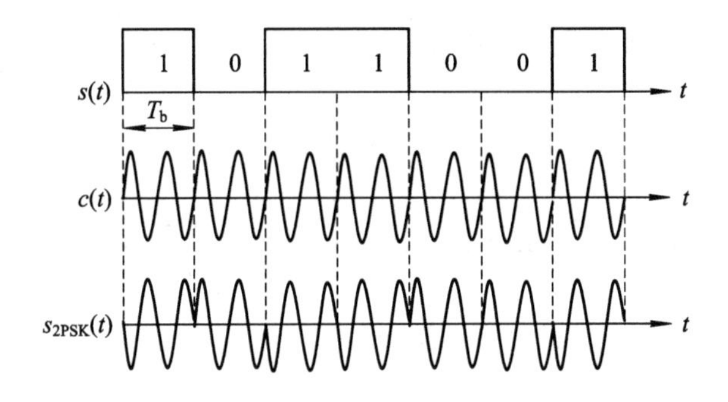

图 6－1－11　2PSK 波形

必须强调的是，根据 2PSK 调制规则，画 2PSK 波形时一定要先画出未调载波，因为 2PSK 的相位是以未调载波相位为参考的，尤其是当码元宽度不是载波周期的整数倍时，这点至关重要。

1）2PSK 信号的表达式

$$s_{2PSK}(t)=s'(t)\cdot A\cos 2\pi f_c t \tag{6-1-14}$$

式中，$s'(t)$是与 $s(t)$对应的双极性不归零矩形信号，如采用“1”变“0”不变规则时，两者的对应关系为

$$\begin{cases} s(t)=1\Rightarrow s'(t)=-1 \\ s(t)=0\Rightarrow s'(t)=+1 \end{cases}$$

2）2PSK 信号的产生

2PSK 信号的产生可用相乘法也可用键控法，如图 6－1－12 所示。

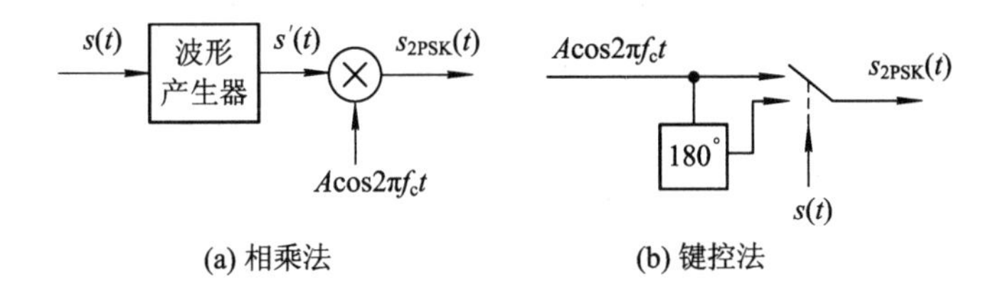

图 6－1－12　2PSK 调制器

3）2PSK 信号的功率谱

根据 2PSK 波形的表达式(6－1－14)，可得 2PSK 信号的功率谱为

$$P_{2PSK}(f)=\frac{A^2}{4}[P(f+f_c)+P(f-f_c)] \tag{6-1-15}$$

式中，$P(f)$是数字基带信号 $s'(t)$的功率谱。$s'(t)$是双极性不归零矩形信号，当“1”“0”等概时，其功率谱为

$$P(f)=\frac{T_b}{4}\mathrm{Sa}^2(\pi f T_b) \tag{6-1-16}$$

2PSK 信号的功率谱示意图如图 6－1－13 所示。可见，2PSK 信号的功率谱与 2ASK 信号的相比，只少了一个离散分量。

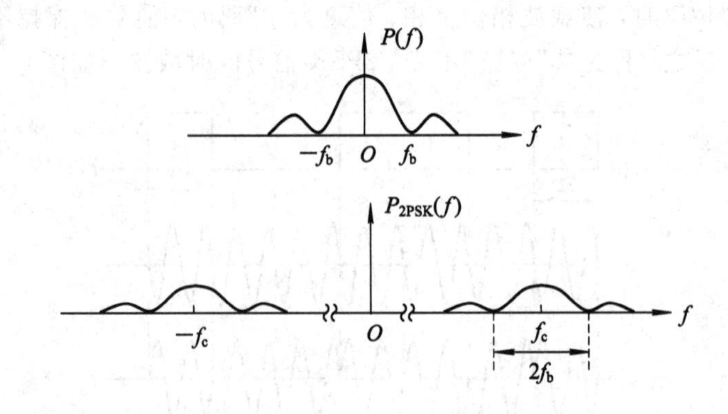

图 6-1-13　2PSK 信号的功率谱

结论：

(1) 2PSK 信号的功率谱只有连续谱。连续谱的主瓣宽度数值上等于二进制码元速率的 2 倍。

(2) 2PSK 信号的带宽为

$$B_{2PSK} = 2f_b \tag{6-1-17}$$

(3) 2PSK 调制系统的频带利用率为

$$\eta_{2PSK} = \frac{R_b}{B_{2PSK}} = \frac{f_b}{2f_b} = 0.5\ (\text{b/s})/\text{Hz} \tag{6-1-18}$$

与 2ASK 系统的频带利用率相同，优于 2FSK 的。

2. 2PSK 解调

2PSK 是用相对于载波的相位差来传输信息的，故解调时必须要有相干载波作为参考，因而只能采用相干解调。2PSK 信号的相干解调法又称为极性比较法，解调器框图如图6-1-14 所示。

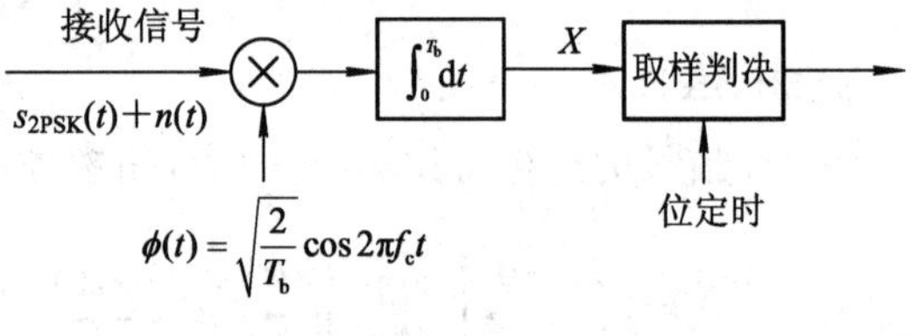

接收信号 $s_{2PSK}(t)+n(t)$　$\int_0^{T_b}dt$　X　取样判决　位定时　$\phi(t)=\sqrt{\frac{2}{T_b}}\cos 2\pi f_c t$

图 6-1-14　2PSK 相干解调器

需要注意的是，虽然图 6-1-14 与图 6-1-4 表面上看是一样的，但图 6-1-14 中接收信号是双极性的，故判决门限在“1”“0”等概时为零。

另外还要注意的是，解调的目的是恢复发送信息，因此解调器的判决规则一定要与调制规则相一致。例如，当调制规则采用“1”变“0”不变时，判决规则应为

$$\begin{cases} X \leqslant 0 & \text{判“1”} \\ X > 0 & \text{判“0”} \end{cases}$$

若调制规则采用“0”变“1”不变，则判决规则相应地要变为

$$\begin{cases} X \leqslant 0 & \text{判“0”} \\ X > 0 & \text{判“1”} \end{cases}$$

2PSK 相干解调的误码率为

$$P_e = \frac{1}{2}\text{erfc}\left(\sqrt{\frac{E_b}{n_0}}\right) \tag{6-1-19}$$

式中，$E_b=\frac{1}{2}A^2T_b$ 是发"1"时接收机输入端的 2PSK 信号的比特能量，也是 2PSK 信号的平均比特能量。n_0 是信道高斯白噪声的单边功率谱密度。

3. 2PSK 调制存在的问题

2PSK 信号在解调时需要一个与接收 2PSK 信号中的载波同频同相的本地载波，而这个本地载波是由载波提取电路产生的。但有些载波提取电路提取的本地载波存在相位模糊，即提取的本地载波可能与接收 2PSK 信号中的载波同频同相，也有可能是同频反相。当同频同相时，相干解调后还原的信息与发送的信息相同(无误码时)，若出现同频反相，则解调后的信息与发送信息完全相反("1""0"对换)，这种情况称为反向工作。反向工作时的解调器输出波形如图 6-1-15 所示。

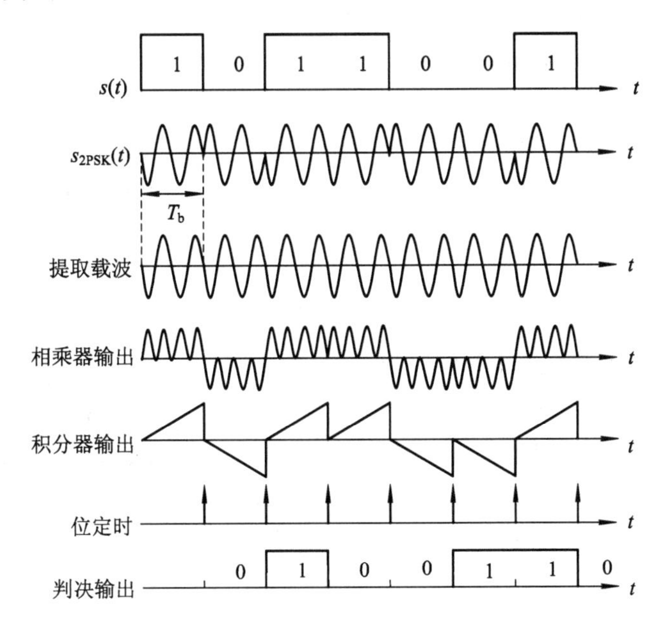

图 6-1-15　2PSK 相干解调反向工作时的波形

需要指出的是，由于载波提取电路提取的本地载波是否与所需载波反相完全是随机的，所以解调器输出的信息是否反相也是无法知道的。反向工作对于数字信号的传输来说当然是不能允许的。解决 2PSK 反向工作问题的一种常用方法是采用二进制相对相位调制，即 2DPSK。

6.1.5　二进制相对相位调制(2DPSK)*

二进制相对相位调制也称为二进制差分相位调制。

1. 2DPSK 调制

2DPSK 调制原理：用二进制数字基带信号去控制相邻两个码元内载波的相位差使其随之变化。例如，当信息为"1"时，本码元内的载波初相相对于前一码元的载波初相改变 180°，即与前一码元内的载波反相(变)；当信息为"0"时，本码元内的载波初相相对于前一码元内的载波初相改变 0 度，即与前一码元内的载波同相(不变)，此即"1"变"0"不变规则。

根据此规则的 2DPSK 波形如图 6-1-16 所示，图中设载波频率等于码元速率的 2 倍，即一个码元间隔内画 2 个周期的载波。

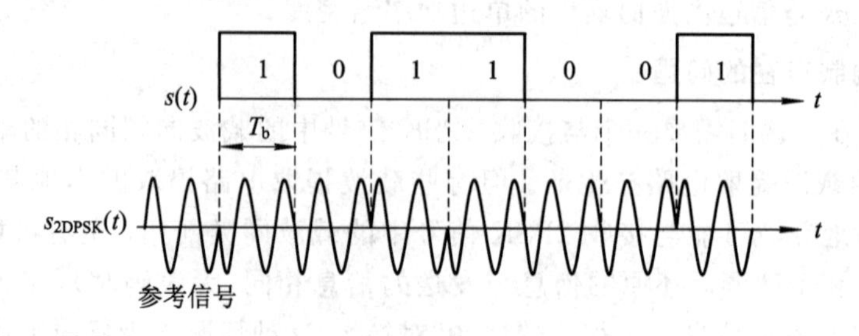

图 6-1-16　2DPSK 波形

注意：在 2PSK 调制时也采用了"1"变"0"不变规则，但两处的"变"与"不变"的参考点是不同的。在 2PSK 中，"变"与"不变"的参考点是当前的参考载波相位；而在 2DPSK 中，参考点则是前一码元内的载波相位。

1) 2DPSK 信号的产生

2DPSK 调制器如图 6-1-17 所示，由差分编码器和 2PSK 调制器两部分组成。首先将输入的二进制信息序列 a_n(取值为"1"或"0")进行差分编码，得到二进制相对码序列 b_n，编码规则为

$$b_n = a_n \oplus b_{n-1} \tag{6-1-20}$$

再将相对码进行 2PSK 调制，即可得到 2DPSK 信号。

2) 2DPSK 信号的功率谱

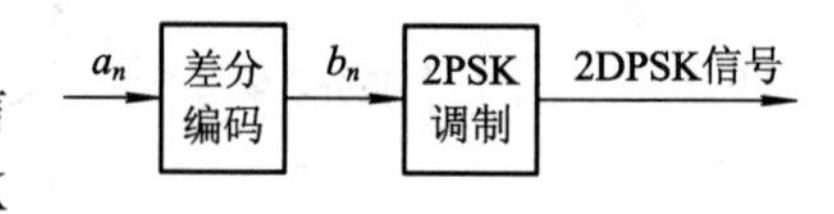

图 6-1-17　2DPSK 调制器

由图 6-1-17 可见，调制器输出端的信号对于信息 a_n 而言是 2DPSK 信号，但对于 b_n 来讲却是 2PSK 信号。当信息"1""0"等概且统计独立时，b_n 所对应的双极性不归零矩形信号的功率谱与 a_n 所对应的功率谱相同，故 2DPSK 与 2PSK 具有相同的功率谱、带宽及相同的频带利用率。

2. 2DPSK 解调

2DPSK 信号的解调有极性比较法和相位比较法两种，其中极性比较法属于相干解调，而相位比较法则是一种非相干解调。

1) 极性比较法解调

此解调方案完全是图 6-1-17 所示 2DPSK 调制的反过程，解调器框图如图 6-1-18 所示。

首先对接收的 2DPSK 信号进行 2PSK 极性比较法解调得到相对码序列 b_n'，然后对 b_n' 进行差分译码得到原信息序列 a_n'。差分译码的规则为

$$a_n' = b_n' \oplus b_{n-1}' \tag{6-1-21}$$

此解调器的特点：

(1) 可以克服反向工作问题。这是因为无论 2PSK 解调器的输出序列 b_n' 是否反向，其差分译码后的最终信息 a_n' 与原信息序列 a_n 都是完全相同的(不考虑噪声影响)，如图 6-1-19 所示。

（2）相同条件下误码率比 2PSK 的大。在输入信号误码率较低时，差分译码器输出端的误码率近似等于输入端误码率的两倍。设 2PSK 解调器的误码率为 P_{eB}，则差分译码后的误码率为

$$P_{eD} \approx 2P_{eB}(1-P_{eB}) \approx 2P_{eB} \tag{6-1-22}$$

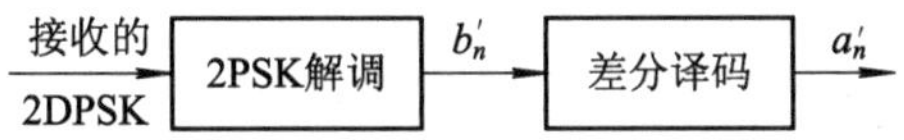

图 6－1－18　2DPSK 极性比较法解调

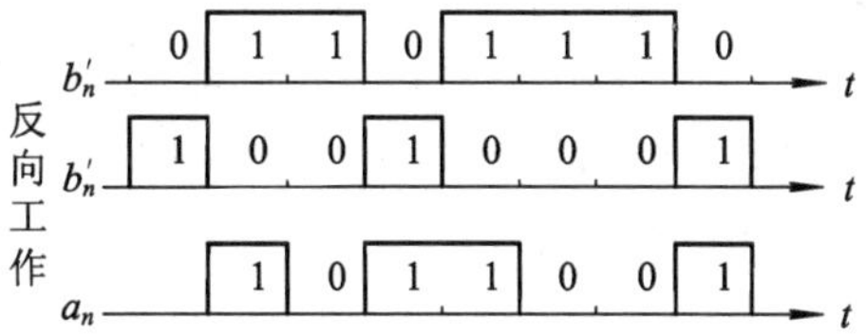

图 6－1－19　差分译码克服反向工作示意图

2）相位比较法解调

相位比较法解调又称为差分相干解调。该解调方案是根据其调制的定义设计的。2DPSK 调制时，用“1”“0”信息控制相邻码元的载波相位差，这意味着，2DPSK 相邻码元的载波相位差与信息相对应。因此，接收到 2DPSK 信号后，只要检测出相邻码元的载波相位差即可还原信息。基于这个思想的 2DPSK 相位比较法解调器如图 6－1－20 所示。图中各点波形如图 6－1－21 所示。

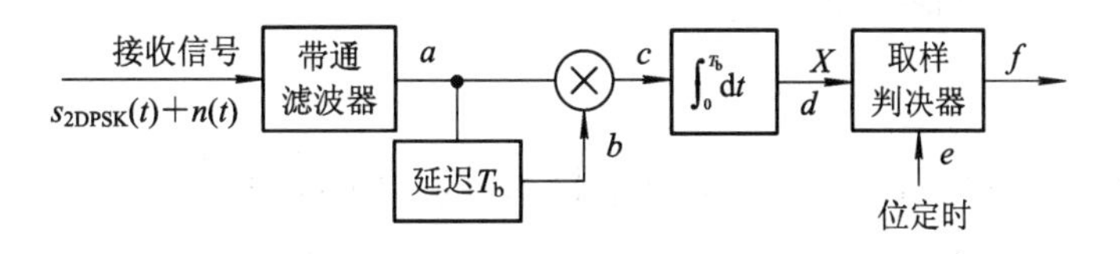

图 6－1－20　2DPSK 相位比较法解调器

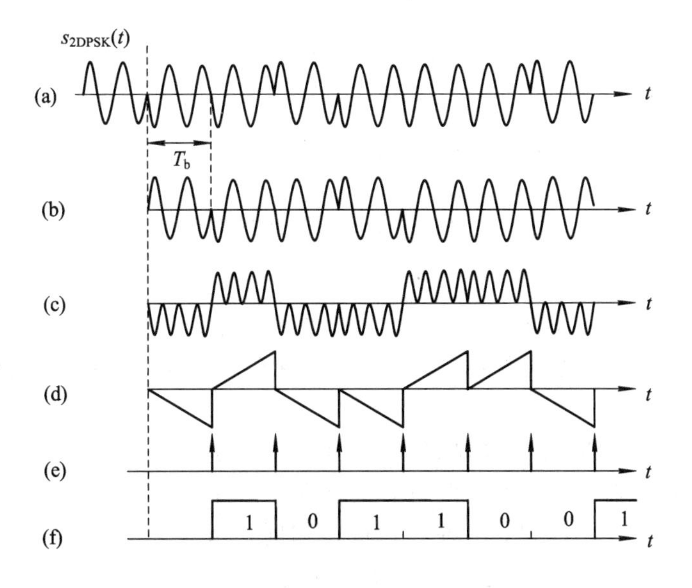

图 6－1－21　2DPSK 相位比较法解调器各点波形

（1）延时器的作用是使前后相邻的两个码元中的信号在时间上对齐。

(2) 相乘器的作用是比较同一时间区域内两个载波的相位，如果反相，相乘结果为负，如果同相，则相乘结果为正。

(3) 积分器在滤除噪声的同时累积相乘器的输出，若相乘器输出为正，积分器在码元结束时刻的输出为正；反之，则为负。

(4) 取样判决器对积分器的输出进行取样判决，当取样值大于零时，说明相邻两个码元内的载波相位是同相的；否则，则为反相的。如果调制时采用的规则为"1"变"0"不变的话，则判决规则应为

$$\begin{cases} X \geqslant 0 & 判“0” \\ X < 0 & 判“1” \end{cases}$$

相位比较法解调器的误码率为

$$P_e = \frac{1}{2}\exp\left(-\frac{E_b}{n_0}\right) \tag{6-1-23}$$

式中，$E_b = \frac{1}{2}A^2 T_b$ 是发"1"或发"0"时接收 2DPSK 信号的比特能量。

相同 E_b/n_0 下，2DPSK 极性比较法解调在误码性能上优于相位比较法解调，但相位比较法不需要同频同相的本地载波，因而实现更为方便。

6.1.6 二进制调制性能比较*

1. 有效性

有效性可用频带利用率表示，也可用相同信息速率下的带宽表示。

1) 带宽

$$B_{2ASK} = B_{2PSK} = B_{2DPSK} = 2f_b = \frac{2}{T_b}$$

$$B_{2FSK} = |f_2 - f_1| + 2f_b$$

2) 频带利用率

$$\eta_{2ASK} = \eta_{2PSK} = \eta_{2DPSK} = 0.5\ (\text{b/s})/\text{Hz}$$

$$B_{2FSK} < 0.5\ \text{b/s/Hz}$$

结论：2ASK、2PSK、2DPSK 的有效性相同，2FSK 最差。

2. 可靠性

可靠性可用误码率和误比特率表示，对于二进制数字调制，误码率与误比特率相等。在本章各种调制系统的性能分析中均认为系统是无码间干扰的，因此，误码率也体现了系统的抗噪声性能。

另外，本章各解调器框图中的积分器也可用低通滤波器代替，包络解调器中的匹配滤波器也可用带通滤器代替，由此得到的接收机称为普通接收机，而采用积分器或匹配滤波器的接收机为最佳接收机，两种接收机在相同信道条件下的抗噪声性能是不同的。为对比，表 6-1-1 列出了二进制数字调制系统采用不同接收机和不同解调方法时的误码率。

表 6-1-1　二进制数字调制技术的误码率*

		相干解调	非相干解调	说　明
振幅调制 2ASK	最佳	$P_e=\frac{1}{2}\text{erfc}\left(\sqrt{\frac{E_b}{4n_0}}\right)$	$P_e=\frac{1}{2}\exp\left(-\frac{E_b}{4n_0}\right)$	E_b 是发“1”时接收信号的比特能量，“1”“0”等概
	普通	$P_e=\frac{1}{2}\text{erfc}\left(\sqrt{\frac{r}{4}}\right)$	$P_e=\frac{1}{2}\exp\left(-\frac{r}{4}\right)$	
频率调制 2FSK	最佳	$P_e=\frac{1}{2}\text{erfc}\left(\sqrt{\frac{E_b}{2n_0}}\right)$	$P_e=\frac{1}{2}\exp\left(-\frac{E_b}{2n_0}\right)$	同上
	普通	$P_e=\frac{1}{2}\text{erfc}\left(\sqrt{\frac{r}{2}}\right)$	$P_e=\frac{1}{2}\exp\left(-\frac{r}{2}\right)$	
相位调制 2PSK	最佳	$P_e=\frac{1}{2}\text{erfc}\left(\sqrt{\frac{E_b}{n_0}}\right)$	—	同上
	普通	$P_e=\frac{1}{2}\text{erfc}(\sqrt{r})$	—	
相位调制 2DPSK	最佳	$P_e=\text{erfc}\left(\sqrt{\frac{E_b}{n_0}}\right)$	$P_e=\frac{1}{2}\exp\left(-\frac{E_b}{n_0}\right)$	同上
	普通	$P_e=\text{erfc}(\sqrt{r})$	$P_e=\frac{1}{2}\exp(-r)$	

注意：普通接收机的误码率公式中常采用信噪比 $r=\frac{S}{N}$，其中 $S=\frac{1}{2}A^2$ 为接收信号的功率，$N=n_0B$ 为噪声功率，$B=2f_b$。可见，$r=\frac{\frac{1}{2}A^2}{n_0 2f_b}=\frac{\frac{1}{2}A^2T_b}{2n_0}=\frac{E_b}{2n_0}$。

关于数字调制技术抗噪声性能，有如下结论：

(1) 对每一种调制方式而言，相干解调优于非相干解调，最佳解调优于普通解调。

(2) 对不同调制方式而言，相位调制最好，其次是频率调制，最差是振幅调制。在相同 P_e 下，对 E_b/n_0 的要求是：2PSK 比 2FSK 低 3 dB，2FSK 比 2ASK 低 3 dB。

(3) 对相位调制而言，2PSK 优于 2DPSK，如同样采用相干解调，2DPSK 的误码率近似为 2PSK 误码率的两倍。

(4) 就最佳门限而言，2ASK 要求的最佳门限与接收信号电平有关，由于信道特性是不断变化的，因而解调器很难始终工作于最佳门限状态。2FSK 解调时是比较上、下两支路取样值的大小，故不受信道特性的影响。2PSK 的最佳门限电平为零，也不受信道特性的影响，可始终工作于最佳门限电平。

6.1.7 多进制数字调制的基本原理*

1. 多进制数字振幅调制 MASK

MASK 调制原理：用 M 进制数字基带信号控制载波的振幅使之随之变化，MASK 信号有 M 个离散的振幅值（含零）。

MASK 信号的表达式

$$s_{\mathrm{MASK}}(t) = s(t)\cos 2\pi f_c t \tag{6-1-24}$$

式中，$s(t)$是 M 进制的单极性不归零矩形脉冲信号。

1）带宽和频带利用率*

MASK 信号的功率谱是 M 进制数字基带信号 $s(t)$的功率谱在频率轴上的搬移，其形状与 2ASK 的相同，其主瓣宽度等于 M 进制数字基带信号码元速率的 2 倍，故 MASK 信号的带宽为

$$B_{\mathrm{MASK}} = 2R_{\mathrm{B}} \tag{6-1-25}$$

其中，$R_{\mathrm{B}}=1/T_s$，T_s 是 M 进制数字基带信号的码元宽度。

例如，信息速率为 1000 b/s 的数字基带信号进行 4ASK 调制，则 4ASK 信号的带宽为

$$B_{4\mathrm{ASK}} = 2R_{\mathrm{B}} = 2\times\frac{R_b}{\mathrm{lb}M} = 2\times\frac{1000}{\mathrm{lb}4} = 1000\ \mathrm{Hz}$$

MASK 调制的频带利用率为

$$\eta_{\mathrm{MASK}} = \frac{R_b}{B_{\mathrm{MASK}}} = \frac{R_{\mathrm{B}}\ \mathrm{lb}M}{2R_{\mathrm{B}}} = \frac{1}{2}\mathrm{lb}M\ (\mathrm{b/s})/\mathrm{Hz}$$

可见，进制数 M 越大，频带利用率越高。

2）误码性能

MASK 信号的解调与 2ASK 的相同，也可采用相干解调或包络解调。MASK 信号的解调框图与 2ASK 的完全相同，但判决门限电平需设置 $M-1$ 个，如 4ASK 信号，判决门限电平有 3 个。由此可见，在最大发送电平相同时，由于判决电平数增加，判决电平之间的间隔就会变小，受同样信道噪声影响时，更容易引起错判，故 MASK 信号的误码性能比 2ASK 的差。

结论：MASK 的频带利用率高，但抗噪声性能差，且是一种非恒包络调制，不适用于非线性信道。

MASK 调制主要应用于要求频带利用率高的恒参信道，如有线信道。

2. 多进制数字频率调制 MFSK

MFSK 调制原理：用 M 进制的数字基带信号控制载波的频率使之随之变化，MFSK 信号有 M 种离散的频率值。

MFSK 信号的表达式

$$s_{\mathrm{MFSK}}(t) = A\cos 2\pi f_i t,\quad 0\leqslant t\leqslant T_s,\ i=0,1,\cdots,M-1 \tag{6-1-26}$$

式中，f_i 是载波频率，有 M 种可能的取值，每种取值与 M 进制数字基带信号的一种码元相对应。

1）带宽和频带利用率*

MFSK 可看作是是 M 个不同载波频率、时间上不相容的 2ASK 信号的叠加。MFSK 信号的功率谱是这 M 个不同载波频率的 2ASK 信号功率谱之和，其带宽为

$$B_{\mathrm{MFSK}} = |f_{M-1} - f_0| + 2R_{\mathrm{B}} \tag{6-1-27}$$

式中，$R_{\mathrm{B}}=1/T_{\mathrm{s}}$ 为 M 进制数字基带信号的码元速率。

若两相邻载波频率之差等于 $2R_{\mathrm{B}}$，则功率谱主瓣刚好互不重叠，此时 MFSK 的带宽为

$$B_{\mathrm{MFSK}} = 2MR_{\mathrm{B}} \tag{6-1-28}$$

此时频带利用率为

$$\eta = \frac{R_{\mathrm{b}}}{B_{\mathrm{MFSK}}} = \frac{R_{\mathrm{B}}\,\mathrm{lb}M}{2MR_{\mathrm{B}}} = \frac{\mathrm{lb}M}{2M}\quad (\mathrm{b/s})/\mathrm{Hz} \tag{6-1-29}$$

可见，随着进制数 M 的增大，MFSK 信号的带宽变大，频带利用率下降。

2）误码性能

与 2FSK 一样，MFSK 信号的解调也有相干和包络解调两种。与 2FSK 不同的是，MFSK 解调器有 M 个支路，M 个支路上的取样值进行择大判决。

实际应用中的 MFSK 通常采用包络解调，其误码率的上界为

$$P_{\mathrm{e}} \leqslant \frac{M-1}{2}\exp\left(-\frac{E_{\mathrm{s}}}{2n_0}\right) \tag{6-1-30}$$

式中，E_{s} 是接收 MFSK 信号的符号能量。对于给定的某个 M 值，随着 E_{s}/n_0 的增大，此界越来越逼近于实际误码率。

结论：MFSK 的主要缺点是带宽大，频带利用率低；其优点是抗衰落能力优于 2FSK，这是因为在信息传输速率相同时 MFSK 的码元宽度更宽，因而能有效地减小由于多径效应造成的码间干扰的影响。

MFSK 一般应用在信息速率要求不高的衰落信道(如短波信道)中。

3. 多进制数字相位调制 MPSK 和 MDPSK*

与二进制数字相位调制一样，多进制数字相位调制也有绝对调相 MPSK 和相对调相 MDPSK 两种。在 MPSK 中，用 M 进制数字基带信号控制已调载波与未调载波之间的载波相位差；而在 MDPSK 中，则是用 M 进制数字基带信号控制已调载波前后两个码元内的载波相位差。

1）MPSK

MPSK 信号的表达式

$$s_{\mathrm{MPSK}}(t) = A\cos(2\pi f_c t + \varphi_i) \tag{6-1-31}$$

此表达式与 2PSK 的在形式上相同，但在 2PSK 中，φ_i 的取值只有两种如 0 和 π，而在 MPSK 中，φ_i 的取值有 M 种。例如 4PSK 中 φ_i 的取值有 4 种。

MPSK 信号的带宽为

$$B_{\mathrm{MPSK}} = 2R_{\mathrm{B}} \tag{6-1-32}$$

其中，$R_{\mathrm{B}}=1/T_{\mathrm{s}}$，$T_{\mathrm{s}}$ 是 M 进制码元的宽度。

频带利用率为

$$\eta_{\mathrm{MPSK}} = \frac{R_{\mathrm{b}}}{B_{\mathrm{MPSK}}} = \frac{R_{\mathrm{B}}\,\mathrm{lb}M}{2R_{\mathrm{B}}} = \frac{1}{2}\,\mathrm{lb}M\ (\mathrm{b/s/Hz}) \tag{6-1-33}$$

可见，进制数 M 越大，频带利用率越高。例如，4PSK 的频带利用率为 $\eta_{4PSK}=\frac{1}{2}\text{lb}4=1$ b/s/Hz，是 2PSK 频带利用率的 2 倍。

与 2PSK 解调一样，MPSK 信号的解调只能采用相干解调。噪声的存在会引起相邻相位之间的错判，从而导致解调器的误码。可以证明，当 $M\geqslant 4$ 时，MPSK 相干解调器的误码率近似为

$$P_e=\text{erfc}\left(\sqrt{\frac{E_s}{n_0}}\sin\left(\frac{\pi}{M}\right)\right) \tag{6-1-34}$$

式中，$E_s=\text{lb}M\cdot E_b$ 是平均符号能量。可见，随着进制数 M 的增大，误码性能下降，这是因为，当 M 增大时，设置的相位个数增加，使得相位间隔变小，因而受到噪声影响时更容易引起错判。

当调制规则采用格雷码编码，即相邻相位所对应的信息组之间只有一个比特不同时，由相邻相位之间的错判而导致的误码只会引起一个比特的错误。而通信系统中的误码绝大多数是由相邻相位的错判引起的，故我们可近似地认为，MPSK 系统中的一个误码引起一个比特的错误，因而，可得 MPSK 的误比特率为

$$P_b=\frac{P_e}{\text{lb}M}=\frac{1}{\text{lb}M}\text{erfc}\left(\sqrt{\frac{E_s}{n_0}}\sin\left(\frac{\pi}{M}\right)\right) \tag{6-1-35}$$

当 $M=4$，即 4PSK(QPSK)时，$E_s=2E_b$，所以误比特率为 $P_b=\frac{1}{2}\text{erfc}\left(\sqrt{\frac{E_b}{n_0}}\right)$。可见，就误比特率而言，4PSK 与 2PSK 具有相同的抗噪声性能。但 4PSK 的频带利用率却是 2PSK 频带利用率的 2 倍，因此 4PSK 在实际中得到了广泛应用。

2）MDPSK

MDPSK 表达式

$$s_{MDPSK}(t)=A\cos(2\pi f_c t+\varphi_k) \tag{6-1-36}$$

形式上与 MPSK 的相同。

MDPSK 的功率谱与 MPSK 的相同，其带宽为

$$B_{MDPSK}=\frac{2}{T_s}=2R_B \tag{6-1-37}$$

频带利用率为

$$\eta=\frac{R_b}{B_{MDPSK}}=\frac{R_B\,\text{lb}M}{2R_B}=\frac{1}{2}\,\text{lb}M\ (\text{b/s})/\text{Hz} \tag{6-1-38}$$

随着进制数 M 的增大，频带利用率变大。例如，$M=4$ 时，4DPSK 信号的频带利用率为 1 b/s/Hz，是 2DPSK 的 2 倍。

在实际应用中，MDPSK 信号的解调通常采用差分相干解调，此方法的基本思想是检测出 MDPSK 波形相邻码元内的载波相位差，再根据调制时载波相位差与信息组之间的对应关系，从而恢复出所传输的信息。当 $M\geqslant 4$，且 E_b/n_0 较大时，MDPSK 差分相干解调的误码率近似为

$$P_e=\text{erfc}\left(\sqrt{\frac{2E_s}{n_0}}\sin\left(\frac{\pi}{2M}\right)\right) \tag{6-1-39}$$

当采用格雷码编码时，一个误码近似产生一个比特的错误，故 MDPSK 的误比特率为

$$P_b = \frac{P_e}{\text{lb}M} \tag{6-1-40}$$

比较 MDPSK 差分相干解调和 MPSK 解调的误码率(或误比特率)公式，在误码率相同时，差分相干 MDPSK 与 MPSK 所需的每符号能量之比为

$$\lambda = \frac{\sin^2\left(\frac{\pi}{M}\right)}{2\sin^2\left(\frac{\pi}{2M}\right)} \tag{6-1-41}$$

当 $M=4$ 时，$\lambda \approx 1.7$(2 dB)，当 $M>4$ 时，$\lambda \approx 2$(3 dB)。这就是说，在两种调制方式达到相同的误码率时，MDPSK 差分相干解调器所需的功率要比 MPSK 解调器所需的功率大 2～3 个分贝。但差分相干 MDPSK 的优点是解调时无需提取相干载波，所以设备简单。

结论：

(1) 实际应用中 MDPSK 主要采用差分相干解调，其误码性能比 MPSK 的差，但设备简单。

(2) 随着进制数 M 的增大，MPSK 及 MDPSK 的频带利用率提高，但误码率上升，即误码性能(抗噪声性能)下降。所以，实际应用中，主要采用四进制相位调制，在某些对频带利用率要求较高的场合，也有采用八进制相位调制的。

(3) M 进制相位调制的频带利用率比 MFSK 高，抗噪声性能比 MASK 好。故 M 进制数字相位调制的应用比 MASK 和 MFSK 更为广泛。

4. 正交振幅调制 QAM*

QAM(也可记为 MQAM)是一种振幅和相位同时都受到控制的数字调制方式。当 $M>4$ 时，QAM 信号星座图中相邻点的欧氏距离大于 MPSK、MASK 等的，其抗噪声能力增强。

QAM 信号的表达式为

$$s(t) = A_i \cos(2\pi f_c t + \varphi_i) \tag{6-1-42}$$

式中，$[A_i, \varphi_i]$是已调波的振幅和相位，受控于数字基带信号，M 进制中不同的码元对应于不同的$[A_i, \varphi_i]$。将上式展开可得正交表达式

$$s(t) = I(t)\cos 2\pi f_c t - Q(t)\sin 2\pi f_c t \tag{6-1-43}$$

其中，$I(t)=A_i\cos\varphi_i$，$Q(t)=A_i\sin\varphi_i$。可见，MQAM 信号是由两个相互正交的载波组成，分别被 $I(t)$和 $Q(t)$所调制。由式(6-1-43)可得 QAM 正交调制器，如图 6-1-22 所示，图中 $M=2^{2k}$，$L=\sqrt{M}$。QAM 可看作是两个正交的振幅键控信号之和。

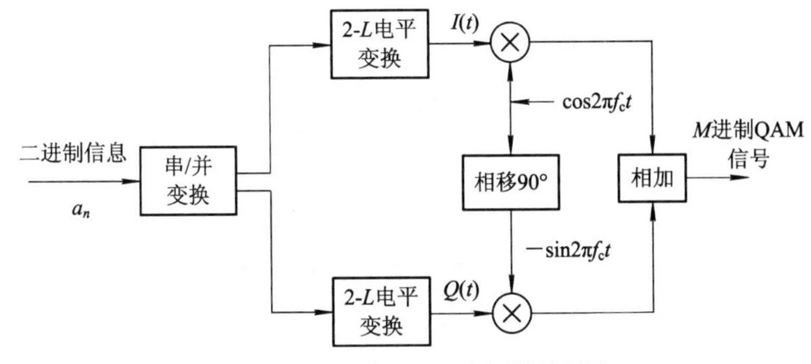

图 6-1-22　QAM 正交调制器框图

1）QAM 调制的特点

（1）包络不恒定，不适合在非线性信道中传输，故主要用于有线通信，如有线电视等。

（2）频带利用率高：带宽为 $B_{\mathrm{MQAM}}=\dfrac{2}{T_s}=\dfrac{2}{\mathrm{lb}M\cdot T_b}=\dfrac{2R_b}{\mathrm{lb}M}$，其频带利用率为

$$\eta=\frac{R_b}{B_{\mathrm{QAM}}}=\frac{1}{2}\,\mathrm{lb}M\ (\mathrm{b/s/Hz}) \tag{6-1-44}$$

（3）误码率公式为

$$\begin{aligned}P_e&\approx 2\left(1-\frac{1}{\sqrt{M}}\right)\mathrm{erfc}\left(\sqrt{\frac{3E_{av}}{2(M-1)n_0}}\right)\\&=2\left(1-\frac{1}{\sqrt{M}}\right)\mathrm{erfc}\left(\sqrt{\frac{E_0}{n_0}}\right)\end{aligned} \tag{6-1-45}$$

其中，E_{av}是 MQAM 接收信号的平均符号能量，E_0为接收信号中幅度最小的正交或同相分量的符号能量。可见，在相同 E_{av}/n_0 下，随着进制数 M 的增大，QAM 的误码率增大。当上、下支路采用格雷码编码，且 P_e 较小时，可近似认为每个误码是由一个支路的错误引起的，此时误比特率近似为

$$P_b=\frac{P_e}{\mathrm{lb}M}$$

MQAM 小结：

（1）M 越大，频带利用率越高；

（2）M 越大，可靠性越差，可见，有效性和可靠性往往是矛盾的；

（3）MQAM 是非恒包络调制，不适用于非线性信道，故目前主要应用于有线等线性恒参信道的通信中，如在有线 MODEM 中已采用了 32QAM、64QAM、128QAM、256QAM 等调制方式。

2）16QAM 调制

16QAM 是 $M=16$ 的一种典型的 QAM。16QAM 的调制器原理框图如图 6-1-23 所示。图中 2-4 电平变换器是一个四电平双极性基带信号产生器。其输入/输出波形图如图 6-1-24 所示。双比特信息和四个双极性电平之间的对应关系应符合格雷码要求，即相邻两电平所表示的两个双比特信息中只有一位不同。波形图 6-1-24 中所采用的对应关系是：01→−3、00→−1、10→+1、11→+3。

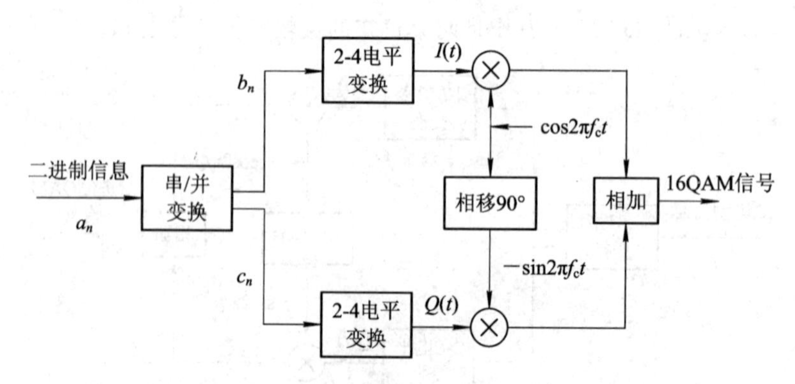

图 6-1-23　16QAM 调制器原理框图

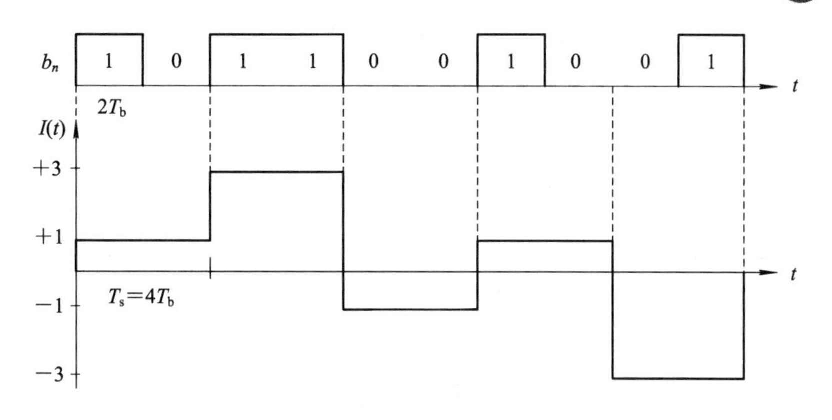

图 6-1-24 2-4电平变换器的输入/输出波形

两个电平变换器的输出 $I(t)$ 和 $Q(t)$ 分别与两个正交的载波 $\cos 2\pi f_c t$、$-\sin 2\pi f_c t$ 相乘，然后相加得到16QAM信号，其表达式为

$$s_{16QAM}(t) = I(t)\cos 2\pi f_c t - Q(t)\sin 2\pi f_c t = A_i \cos(2\pi f_c t + \varphi_i) \qquad (6-1-46)$$

式中 $I(t)=\pm1$、±3，$Q(t)=\pm1$、±3，由于 $I(t)$ 和 $Q(t)$ 可能的组合有16种，所以合成后的QAM信号有16个状态，如图6-1-25所示，此图也称为星座图。

对于16QAM，星座图除了图6-1-25所示的方形结构外，还有星形或其他结构，如图6-1-26所示。在方形16QAM星座图中，信号点共有3种振幅值和12种相位值，而星形16QAM中只有2种振幅值和8种相位值。在多径衰落信道中，信号振幅和相位取值越多，受到的影响就越大，因而星形16QAM比方形16QAM更具吸引力。但方形星座的QAM信号的产生与接收更容易实现，因而在实际通信中应用广泛。

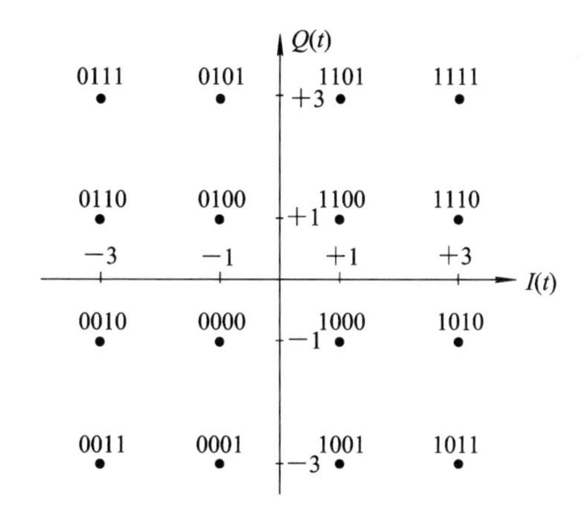

图 6-1-25 16QAM星座图

（信息比特 $a_1a_2a_3a_4$，$a_1a_3 \to b_n$，$a_2a_4 \to c_n$）

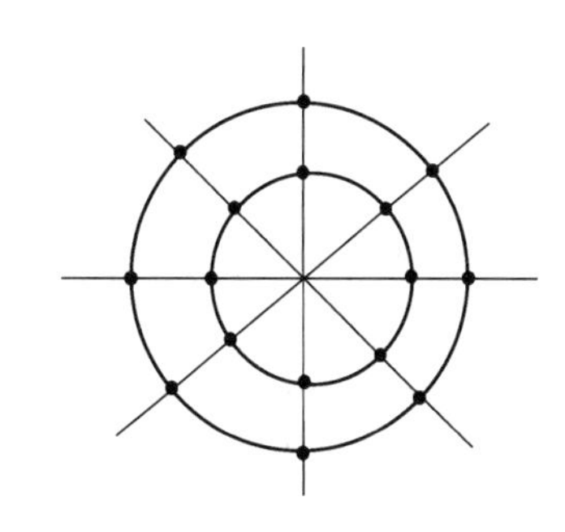

图 6-1-26 星形16QAM星座

16QAM解调是图6-1-23所示调制的逆过程，也可采用正交解调。其解调原理图如图6-1-27所示。针对图6-1-25所示星座图的解调器中，取样判决器有3个门限电平，分别是0、±2，判决规则如下：

（1）当取样值介于0和+2之间时，判为+1电平，输出双比特信息10；

（2）当取样值大于+2时，判为+3电平，输出双比特信息11；

(3) 当取样值介于 0 和 −2 之间时，判为 −1 电平，输出双比特信息 00；

(4) 当取样值小于 −2 时，判为 −3 电平，输出双比特信息 01。

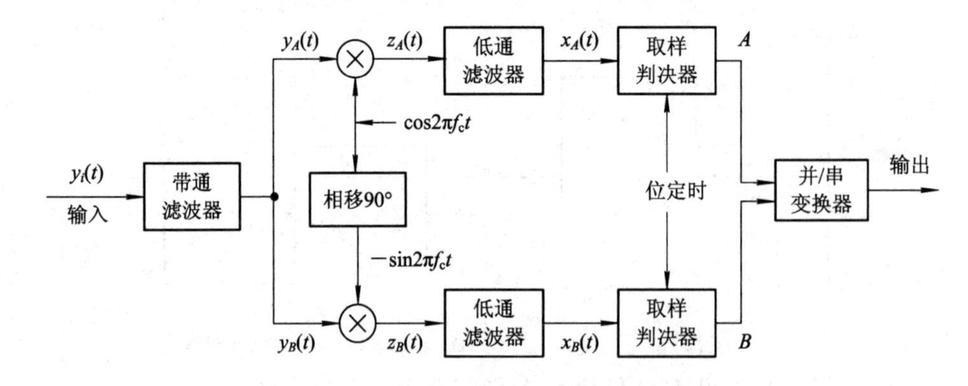

图 6-1-27　16QAM 解调器原理框图

方形星座 16QAM 和 16PSK 进行比较，在最大振幅值相等的条件下，方形星座 16QAM 中信号点间的最小欧氏距离为最大振幅的 0.47 倍，而 16PSK 信号点间的最小欧氏距离为最大振幅的 0.39 倍。这表明，16QAM 系统有优于 16PSK 系统的抗噪声性能。

6.1.8　典型的多进制数字调制方式*

1. QPSK 调制*

数字调制中最常用的是四进制 PSK，也称为正交相移键控(QPSK：quadrature phase shift keying)，其带宽是 2PSK 的两倍。载波的相位取值共 4 个，它们间隔相等，例如取 0、π/2、π 和 3π/2(π/2 体系)，或取 π/4、3π/4、5π/4 和 7π/4(π/4 体系)。

QPSK 调制器方框图如图 6-1-28(a)所示，可看成是由两个 2PSK 调制器组成。图中，输入的串行二进制信息序列经过串/并变换，分成两路速率减半的序列，再由电平发生器产生双极性两电平信号 $I(t)$ 和 $Q(t)$，它们分别用作同相和正交基带信号，然后对 $\cos(2\pi f_c t)$ 和 $\sin(2\pi f_c t)$ 进行调制，相加后便得到如图 6-1-28(b)所示星座图的 QPSK 信号。

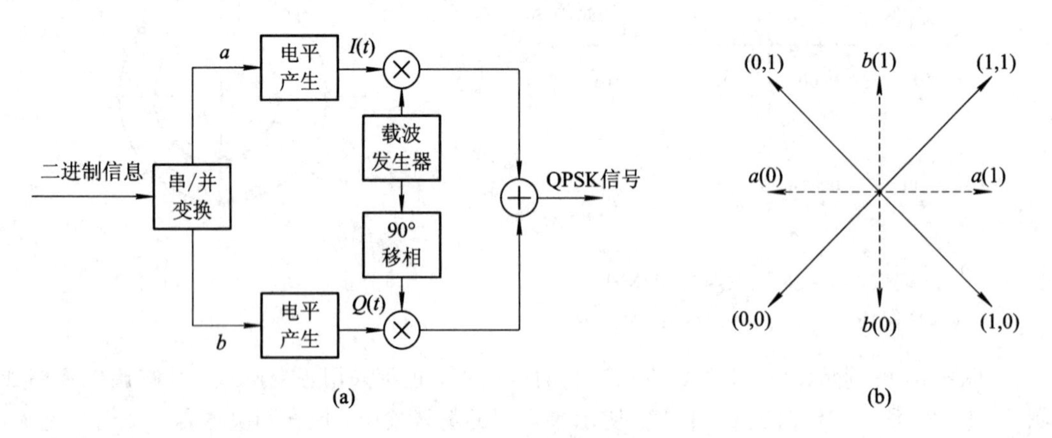

图 6-1-28　QPSK 信号调制器方框图

对 4PSK 信号的解调可以采用与 2PSK 信号类似的解调方法进行解调，解调原理图如图 6-1-29 所示。同相支路和正交支路分别采用相干解调方式解调，得到 $x_A(t)$ 和 $x_B(t)$，经取样判决和并/串变换器，将上、下支路得到的并行数据恢复成串行数据。

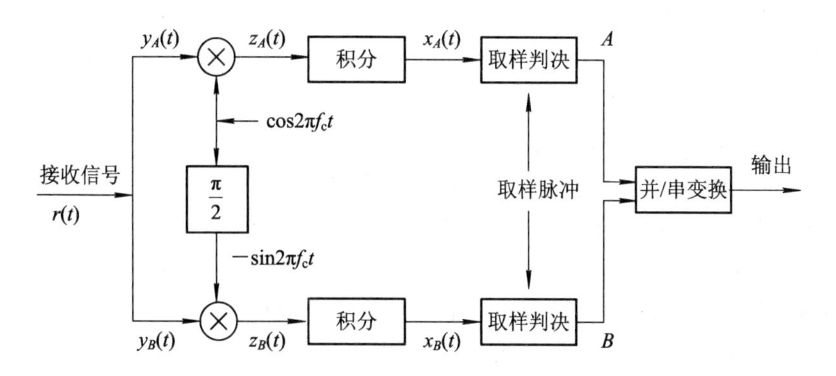

图 6-1-29　QPSK 信号的正交解调器

不考虑噪声及传输畸变时，输入到解调器的 QPSK 信号码元可表示为

$$r(t)=a\cos(\omega_c t+\varphi_n) \tag{6-1-47}$$

其中：$\phi_n=\pi/4$、$3\pi/4$、$5\pi/4$ 和 $7\pi/4$。上下两支路 $y_A(t)=y_B(t)=r(t)$，两路相乘器输出分别为

$$z_A(t)=a\cos(\omega_c t+\varphi_n)\cos\omega_c t=\frac{a}{2}\cos(2\omega_c t+\varphi_n)+\frac{a}{2}\cos\varphi_n$$

$$z_B(t)=a\cos(\omega_c t+\varphi_n)[-\sin\omega_c t]=\frac{-a}{2}\sin(2\omega_c t+\varphi_n)+\frac{a}{2}\sin\varphi_n \tag{6-1-48}$$

积分后输出分别为

$$x_A(t)=\frac{a}{2}\cos\varphi_n,\quad x_B(t)=\frac{a}{2}\sin\varphi_n \tag{6-1-49}$$

根据 4PSK($\pi/4$ 体系)信号的相位配置规定，取样判决器按如下准则判决：

(1) 正取样值判为 1；

(2) 负取样值判为 0。

即判决器是按极性来判决的。两路取样判决器输出 A、B，再经并/串变换器就可恢复串行数据信息。

2. OQPSK 调制*

随着输入数据的不同，QPSK 信号的相位会在四种相位上跳变。每相隔 $2T_s$，相位跳变量可能为±90°或±180°，如图 6-1-30(a)中的箭头所示。当发生对角过渡，即产生 180°

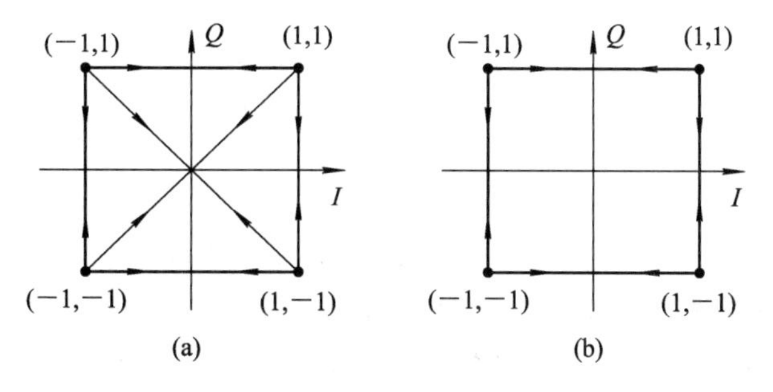

图 6-1-30　QPSK 信号和 OQPSK 信号的相位关系

相移时，经过带限之后所形成的包络起伏必然达到最大，即出现包络零陷。为减小带限后已调信号的包络起伏，可在调制中使基带信号的正交分量 $s_Q(t)$ 相对于同相分量 $s_I(t)$ 延时半个码元间隔(称为一个信息间隔)。这种将正交分量延时一段时间的四相相移键控调制方式称为偏移四相相移键控，缩写为 OQPSK(offset QPSK)。

OQPSK 调制原理：先对输入数据作串/并变换，再使其错开半个输入码元间隔 T_s，然后分别对两个正交的载波进行 2PSK 调制，最后叠加为 OQPSK 信号。

和 QPSK 信号一样，未滤波的 OQPSK 信号也具有恒包络特性，并且也是无穷大的带宽。OQPSK 中(I, Q)两个脉冲不会同时变化状态，并且两个脉冲串的偏移为 $T_s/2$，而相隔 $T_s/2$ 的两信号之间总的相位差变化只能是±90°，这使得星座图中信号点只能沿正方形的四个边移动，不再会出现沿对角线移动，如图 6-1-30(b)所示。这样，滤波后的 OQPSK 信号和滤波后的 QPSK 信号将有着很大的不同。更具体地讲，滤波后的 OQPSK 信号中包络最大值与最小值之比约为$\sqrt{2}$，不可能再出现比值为无穷大的情形。

比较可知，QPSK 和 OQPSK 在正频率范围的功率谱是相同的。在实际系统中，OQPSK 比 QPSK 用得更多。

3. DQPSK 调制

在 2PSK 信号相干解调过程中会产生 180°相位模糊。同样，对 4PSK 信号相干解调也会产生相位模糊问题，并且是 0°、90°、180°和 270°四个相位模糊。因此，在实际中更实用的是四相相对移相调制，即 4DPSK 方式，也称 DQPSK。

DQPSK 信号是利用前后码元间的相对载波相位变化来表示数字信息。若以前一双比特码元相位作为参考，$\Delta\varphi_n$ 为当前双比特码元与前一双比特码元初相差，分别取值 0、$\pi/2$、π 和 $3\pi/2$(即按 $\pi/2$ 体系进行相位配置)。DQPSK 信号产生原理图如图 6-1-31 所示，图中串/并变换器将输入的二进制序列分为速率减半的两个并行序列 a 和 b，再通过差分编码器将其编为四进制差分码，然后用绝对调相的调制方式实现 DQPSK 信号。

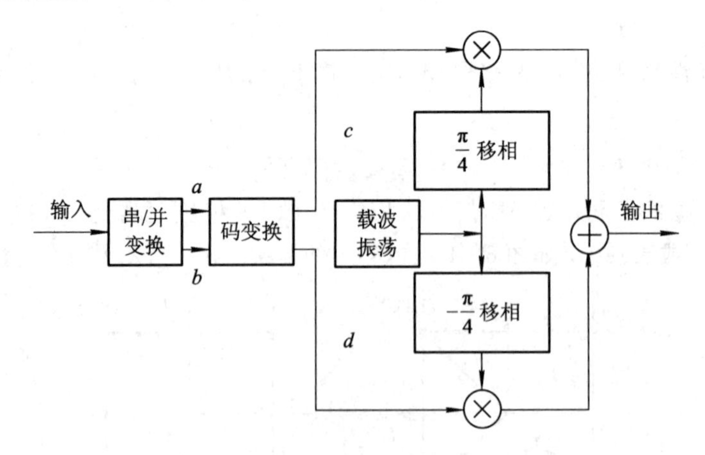

图 6-1-31　DQPSK 信号产生原理图

DQPSK 信号的解调可以采用相干解调加码反变换器方式(极性比较法)，也可以采用差分相干解调方式(相位比较法)。DQPSK 信号极性比较法解调器原理图如图 6-1-32 所示。与 QPSK 相干解调不同之处在于，并/串变换之前需要增加码反变换器。码反变换器的功能与发送端的相反，它需要将判决器输出的相对码恢复成绝对码。

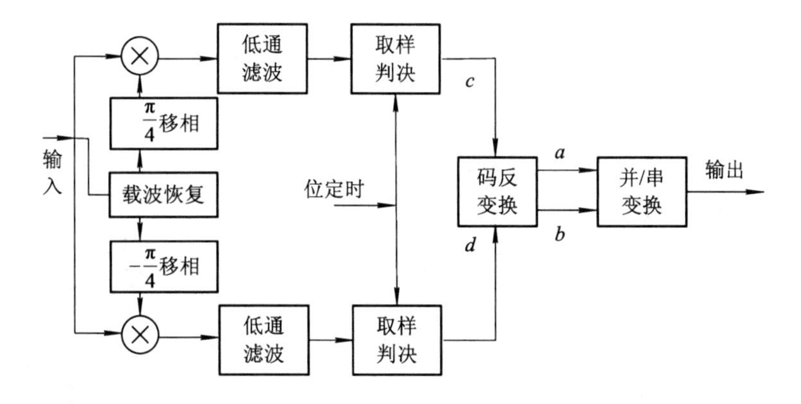

图 6-1-32　DQPSK 信号极性比较法解调器原理图

DQPSK 信号差分相干解调器的原理图如图 6-1-33 所示。

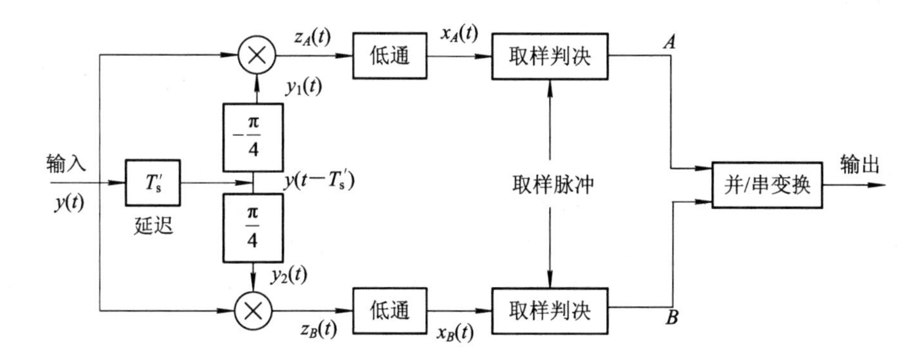

图 6-1-33　DQPSK 信号差分相干解调器原理框图

不考虑噪声及信道畸变，接收机输入某一 DQPSK 码元及其前一码元可分别表示为

$$\begin{cases} y(t) = a\cos(\omega_0 t + \varphi_n) \\ y(t - T_s') = a\cos(\omega_0 t + \varphi_{n-1}) \end{cases} \tag{6-1-50}$$

其中：φ_n 为本码元的初相，φ_{n-1} 是前一码元的初相。$y(t-T_s')$ 经 $\pi/4$ 相移分别为

$$\begin{cases} y_1(t) = a\cos\left(\omega_0 t + \varphi_{n-1} - \dfrac{\pi}{4}\right) \\ y_2(t) = a\cos\left(\omega_0 t + \varphi_{n-1} + \dfrac{\pi}{4}\right) \end{cases} \tag{6-1-51}$$

两路相乘输出分别为

$$\begin{cases} z_A(t) = \dfrac{a^2}{2}\cos\left(2\omega_0 t + \varphi_n + \varphi_{n-1} - \dfrac{\pi}{4}\right) + \dfrac{a^2}{2}\cos\left(\varphi_n - \varphi_{n-1} + \dfrac{\pi}{4}\right) \\ z_B(t) = \dfrac{a^2}{2}\cos\left(2\omega_0 t + \varphi_n + \varphi_{n-1} + \dfrac{\pi}{4}\right) + \dfrac{a^2}{2}\cos\left(\varphi_n - \varphi_{n-1} - \dfrac{\pi}{4}\right) \end{cases} \tag{6-1-52}$$

两路低通滤波器输出分别为

$$\begin{cases} X_A(t) = \dfrac{a^2}{2}\cos\left(\varphi_n - \varphi_{n-1} + \dfrac{\pi}{4}\right) \\ X_B(t) = \dfrac{a^2}{2}\cos\left(\varphi_n - \varphi_{n-1} - \dfrac{\pi}{4}\right) \end{cases} \tag{6-1-53}$$

根据 DQPSK（π/2 体系）的信号的相位配置规定，即可按极性进行信号判决。两路取样判决器输出 A、B，再经并/串变换器就可恢复串行数据信息。

4. π/4－DQPSK 调制

π/4－DQPSK 是采用 π/4 体系相位配置的一种 4DPSK 调制，具有以下特点：

（1）已调信号的相位被均匀分配为相距 π/4 的 8 个相位点，如图 6－1－34 所示；

（2）码元转换时的相位突跳限于 ±π/4 或 ±3π/4；

（3）可以使用差分检测，以避免相干检测中相干载波的相位模糊问题。

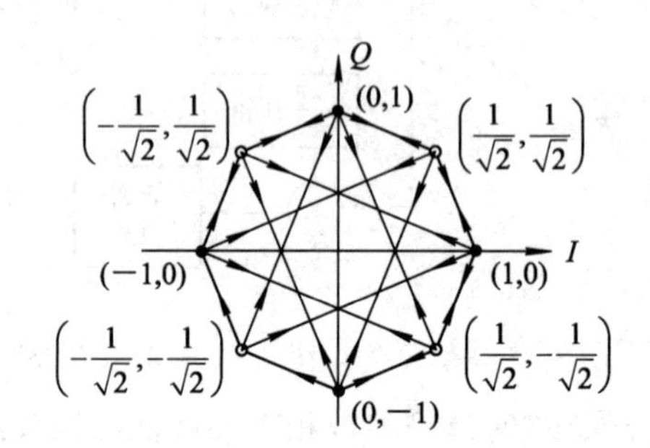

图 6－1－34　π/4－DQPSK 信号的相位关系

π/4－DQPSK 也可看作是在 QPSK 和 OQPSK 基础上发展起来的一种恒包络调制方式。比较可知，QPSK 的最大相位变化为 180°，OQPSK 的最大相位变化为 90°，而 π/4－DQPSK 的最大相位变化则为 135°。因此，带限后的 π/4－DQPSK 信号保持恒包络的性能比带限后的 QPSK 好，但比 OQPSK 更容易受包络变化的影响。π/4－DQPSK 最吸引人的性能是它可以采用非相干检测，这将大大简化接收机设计。此外，研究表明，在存在多径扩展和衰落时，π/4－DQPSK 的工作性能要优于 OQPSK。正是这两大优点使得 π/4－DQPSK 调制技术受到重视。

5. MSK 调制*

最小频移键控（MSK，Minimum Shift Keying）是调制指数 $h=0.5$、相位连续的一种 2FSK 调制，可以看作是 2FSK 的改进。其特点是：

（1）调制指数 $h=0.5$。调制指数的定义为 $h=\dfrac{f_1-f_2}{f_b}$，其中 $f_b=\dfrac{1}{T_b}$，在数值上等于信息速率 R_b。将 $h=0.5$ 代入调制指数的定义式得 $f_1-f_2=0.5f_b$，即两个载波频率之差为 $0.5f_b$。若设 f_1、f_2 的中间值为 f_c，则 $f_c=\dfrac{1}{2}(f_1+f_2)$，$f_1=f_c+0.25f_b$，$f_2=f_c-0.25f_b$，如图 6－1－35 所示。

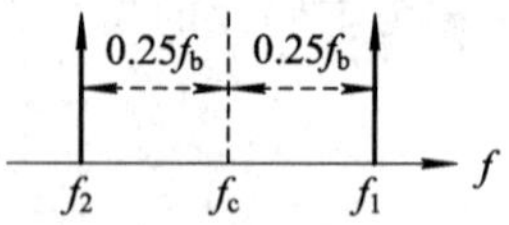

图 6－1－35　频率间的关系

（2）相邻码元间 MSK 信号的相位是连续的，即后一码元中 MSK 信号的起始相位等于前一码元内 MSK 信号的末端相位。

经数学推导可得到，MSK 信号的归一化双边功率谱密度为

$$P_{\text{MSK}}(f) = \frac{8T_b}{\pi^2}\left[\frac{\cos 2\pi(f-f_c)T_b}{1-16\,(f-f_c)^2T_b^2}\right]^2 \tag{6-1-54}$$

由此表达式可发现，MSK 功率谱的主瓣宽度为 $1.5f_b$，包含 99.5% 的功率，功率谱示意图如图 6－1－36 所示。

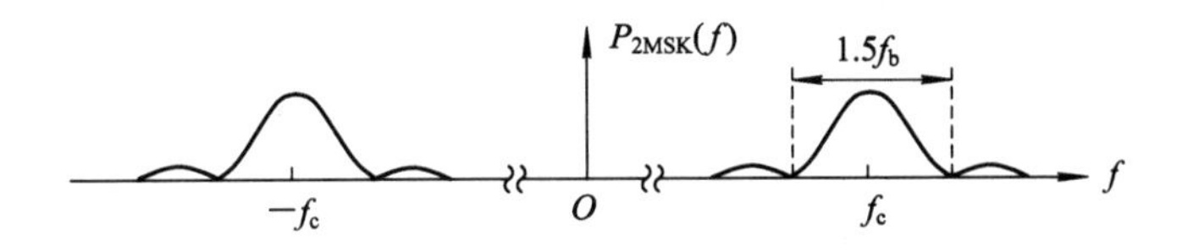

图 6-1-36　MSK 信号的功率谱示意图

故 MSK 信号带宽为

$$B_{MSK} = 1.5f_b \tag{6-1-55}$$

频带利用率为

$$\eta_{MSK} = 0.67\ (\text{b/s})/\text{Hz} \tag{6-1-56}$$

与 2FSK 相比，相同传输速率下 MSK 占用更少的信道带宽，且旁瓣下降更快，故它对相邻频道的干扰较小。另外，MSK 由于其相位的连续性，使其在非线性信道上具有更好的频谱特性。

6. GMSK 调制

尽管 MSK 信号具有优良的功率谱特性，但在移动通信中，MSK 的频带利用率和功率谱的带外衰减速度仍不能满足需求，以至于在 25 kHz 信道间隔内传输 16 kb/s 的数字信号时，将会产生较为严重的邻道干扰，因此，需要将 MSK 调制方式加以改进。改进的方法是，在 MSK 调制器之前加入高斯低通滤波器，滤除数字基带信号中的高频分量，使得已调信号的功率谱更加紧凑。这种改进形式的 MSK 称为高斯最小频移键控，即 GMSK，如图 6-1-37 所示。

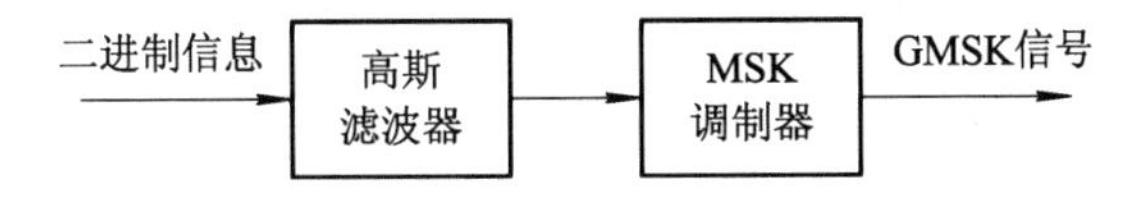

图 6-1-37　GMSK 调制器

高斯滤波器的传输特性为

$$H(f) = \exp\left[-\frac{\ln 2}{2}\left(\frac{f}{B}\right)^2\right] \tag{6-1-57}$$

式中 B 是高斯滤波器的 3 dB 带宽。对上式作傅里叶反变换，得此滤波器的冲激响应为

$$h(t) = \frac{\sqrt{\pi}}{\alpha}\exp\left(-\frac{\pi^2}{\alpha^2}t^2\right) \tag{6-1-58}$$

式中 $\alpha = \sqrt{\ln 2/2}/B$。由于 $h(t)$ 为高斯型特性，故称为高斯滤波器。

通过计算机仿真可以证实，GMSK 的功率谱更为紧凑，旁瓣衰减更快，因而带外辐射更小。欧洲数字蜂窝通信系统就采用了 GMSK 调制。

6.1.9　正交频分复用(OFDM)*

多载波调制：将高速率数据序列经串/并变换后转换成若干路低速数据流，各路低速率数据分别对不同的载波进行调制，然后叠加在一起构成多载波调制信号。

多载波调制系统原理框图如图 6-1-38 所示，其中 f_{c1}、f_{c2}、…、f_{cn} 称为子载波或副载波。接收端收到多载波调制信号后，用与发送端相同的多个子载波对信号进行解调，获得各路低速率数据，再通过并/串变换将多路低速率数据合并成一路高速数据流。

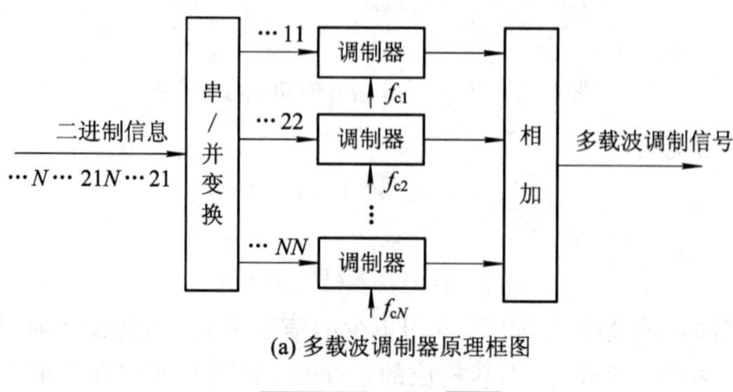

(a) 多载波调制器原理框图

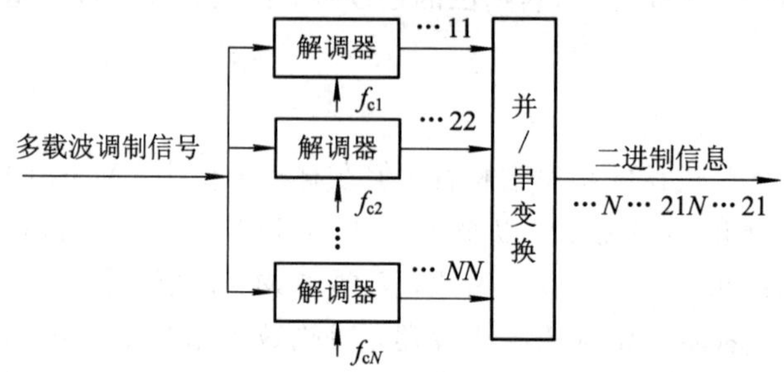

(b) 多载波信号解调器原理框图

图 6-1-38 多载波调制系统原理框图

当选择相邻两个子载波的频率间隔 $\Delta f=\frac{1}{T}$ 时，各个子载波之间是正交的，即满足

$$\int_0^T \cos(2\pi f_k t+\phi_k)\cos(2\pi f_j t+\phi_j)\,\mathrm{d}t=0 \quad k,\ j\in\{1,\ 2,\ \cdots,\ N\} \qquad (6-1-59)$$

T 为子信道的符号(码元)间隔，f_k、f_j 为任意两个不同的子载波频率，ϕ_k 和 ϕ_j 是任意的相位取值。满足式(6-1-59)条件的多载波调制即为正交频分复用(OFDM，Orthogonal Frequency-Division Multiplexing)。

OFDM 信号由 N 个子信道信号叠加而成，每个子信道信号的频谱都是以子载波频率为中心频率、主瓣宽度为 $2/T$ 的 $\mathrm{Sa}(x)$ 函数，相邻子信道信号频谱之间有 $1/T$ 宽度的重叠，OFDM 信号的频谱结构如图 6-1-39 所示。

OFDM 信号的主瓣带宽为

$$B_{\mathrm{OFDM}}=(N-1)\frac{1}{T}+\frac{2}{T}=\frac{N+1}{T}=(N+1)\Delta f \qquad (6-1-60)$$

图 6-1-39 OFDM 信号频谱结构示意

OFDM 的调制与解调可以用离散傅里叶反变换(IDFT)和离散傅里叶变换(DFT)来实现。用 DFT 实现 OFDM 的原理框图如图 6-1-40 所示。

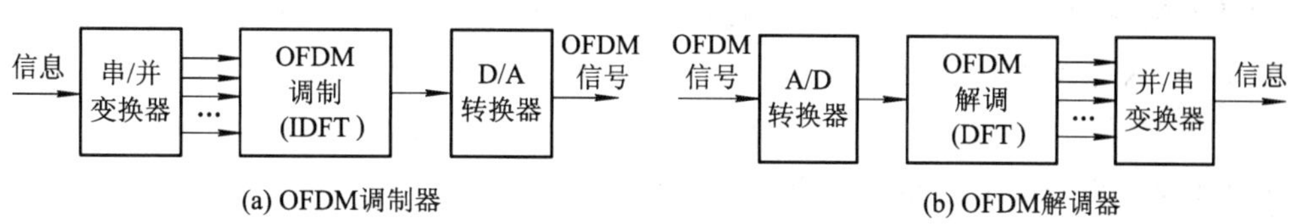

图 6-1-40　用 DFT 实现 OFDM 的原理框图

由于 OFDM 具有较强的抗多径传播和频率选择性衰落的能力，并有较高的频带利用率，因此已大量应用于数字音视频广播(DAB、DVB)、高清晰度电视(HDTV)的地面广播系统、接入网中的数字用户环路调制解调器、无线局域网、4G、5G 移动通信等系统中。

6.2 典型例题及解析

例 6.2.1　已知某 2ASK 调制系统，码元速率为 1000 Baud，载波信号为 $\cos 2\pi f_c t$，设数字基带信息为 10110。

(1) 画出由相乘法实现的 2ASK 调制器框图及其输出的 2ASK 信号波形(设 $T_b=2T_c$)。

(2) 画出 2ASK 信号的功率谱示意图。

(3) 求 2ASK 信号的带宽。

(4) 画出 2ASK 信号的最佳相干解调器框图及各点波形示意图。

(5) 画出 2ASK 信号的包络解调器框图及各点波形示意图。

解　(1) 由相乘法实现的 2ASK 调制器框图及 2ASK 波形如图 6-2-1(a)、(b)所示。

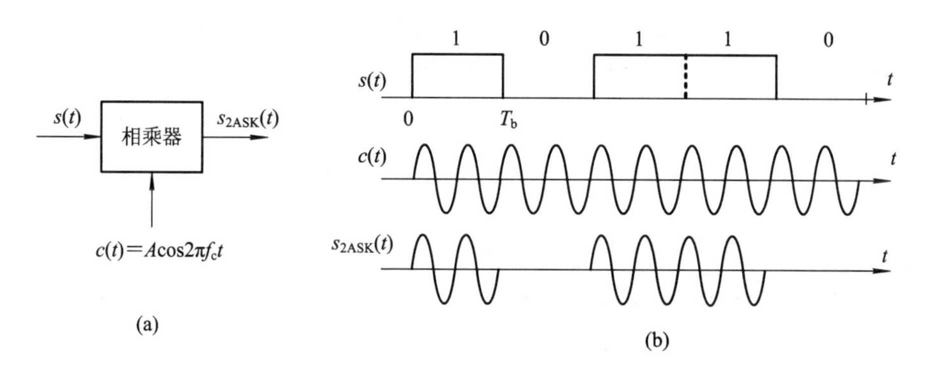

图 6-2-1　2ASK 调制器及波形

(2) 功率谱示意图如图 6-2-2 所示。

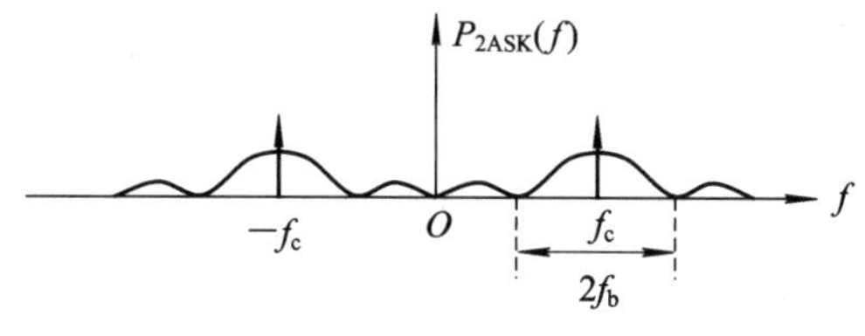

图 6-2-2　2ASK 信号功率谱

其中载波频率 $f_c=2000$ Hz，码元速率为 1000 Baud，因此 $f_b=1000$ Hz。

(3) 2ASK 信号的带宽为

$$B = 2f_b = 2\times 1000 = 2000\ \text{Hz}$$

(4) 2ASK 信号的最佳相干解调器如图 6-2-3 所示。

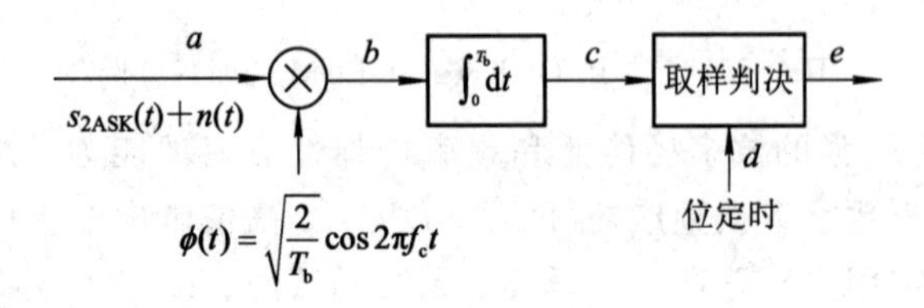

图 6-2-3　2ASK 相干解调器

各点波形如图 6-2-4 所示。

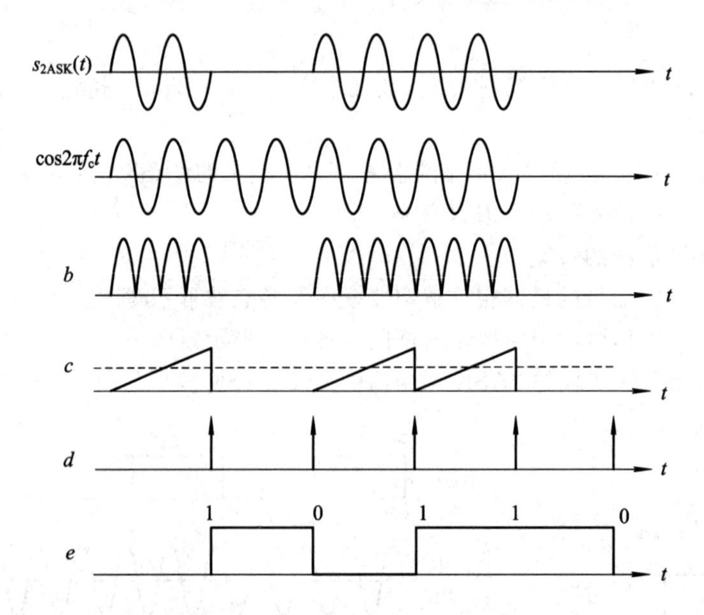

图 6-2-4　2ASK 相干解调器各点波形示意图

(5) 2ASK 信号的包络解调器框图如图 6-2-5 所示。

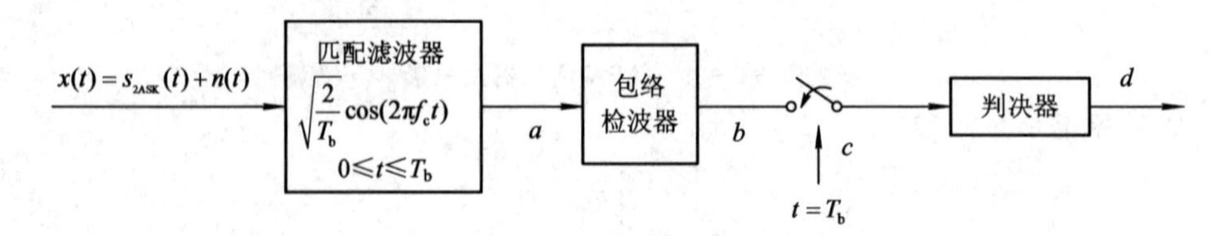

图 6-2-5　2ASK 包络解调器

各点波形如图 6-2-6 所示。

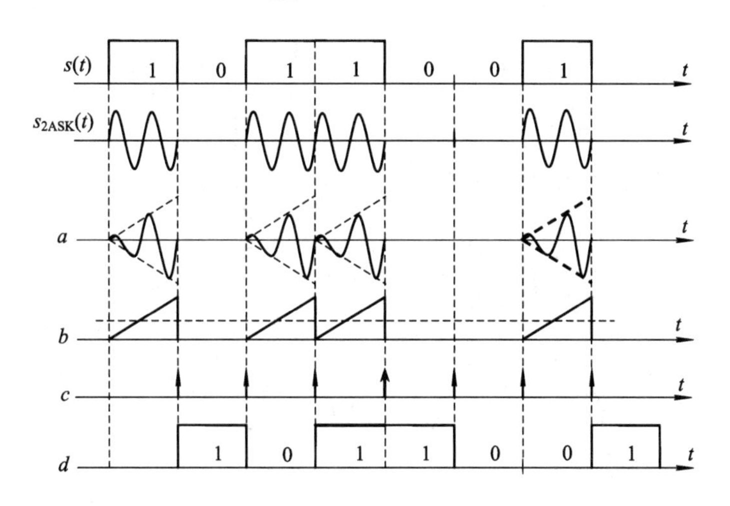

图 6-2-6　2ASK 包络解调器各点波形示意图

例 6.2.2　某一 2FSK 调制系统，码元速率为 4×10^6 Baud，已知 $f_1=8$ MHz，$f_2=16$ MHz。接收端输入信号的振幅 $a=20\ \mu\text{V}$，输入高斯白噪声的单边功率谱密度 $n_0=4\times10^{-18}$ W/Hz，试求：

(1) 该 2FSK 信号的带宽。

(2) 系统最佳相干解调和非相干解调时的误码率。

解　(1) 由题中已知参数可得，信号带宽：$B=|f_2-f_1|+2f_b=8+2\times4=16$ MHz。

(2) 2FSK 信号各种解调器的误码率公式均与 $E_b/(2n_0)$ 有关，故首先应根据已知条件计算出 $E_b/(2n_0)$ 的值。在计算过程中要注意各参数的单位：电压单位用伏、码元间隔单位用秒、频率单位用赫兹、功率谱密度单位用瓦/赫兹，码元速率单位用波特，信息速率单位用比特。由题中已知参数可得

$$\frac{E_b}{2n_0}=\frac{\frac{1}{2}a^2T_b}{2n_0}=\frac{\frac{1}{2}\times(20\times10^{-6})^2\times\frac{1}{4\times10^6}}{2\times4\times10^{-18}}=\frac{50\times10^{-18}}{8\times10^{-18}}=6.25$$

将其代入 2FSK 最佳相干解调误码率公式，得最佳相干解调时的误码率为

$$P_e=\frac{1}{2}\text{erfc}\left(\sqrt{\frac{E_b}{2n_0}}\right)=\frac{1}{2}\text{erfc}(2.5)=\frac{1}{2}\times4.1\times10^{-4}=2.05\times10^{-4}$$

将其代入 2FSK 包络解调器误码率公式，得非相干解调时的误码率为

$$P_e=\frac{1}{2}e^{-6.25}=\frac{1}{2}\times0.001\ 93=9.65\times10^{-4}$$

评注：由本题可看出相同 E_b/n_0 下，2FSK 相干解调在误码性能上优于非相干解调。

例 6.2.3　已知某数字信息 $\{a_n\}=1011010$，分别以下列两种情况画出 2PSK、2DPSK 信号的波形。调制规则为“1”变“0”不变。

(1) 码元速率为 1200 Baud，载波频率为 1200 Hz。

(2) 码元速率为 1200 Baud，载波频率为 2400 Hz。

解　(1) 码元速率为 1200 Baud、载波频率为 1200 Hz 时，一个码元内画一个周期的载波，如图 6-2-7 所示。

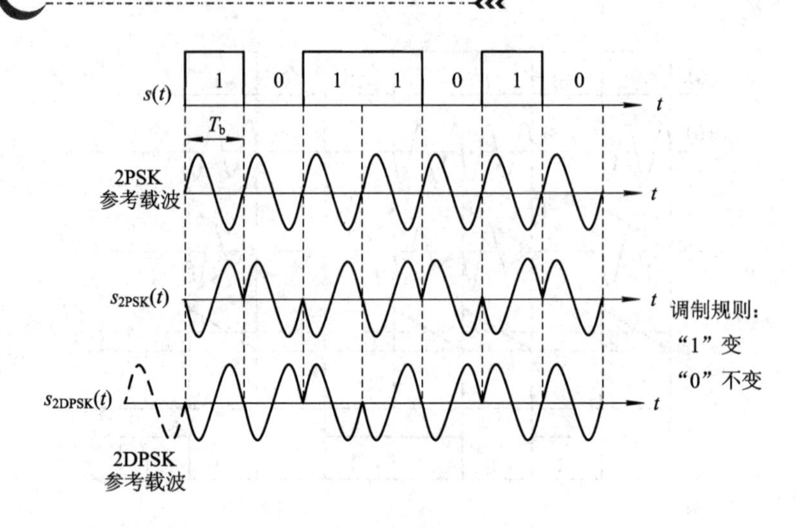

图 6-2-7　2PSK 和 2DPSK 波形

(2) 码元速率为 1200 Baud、载波频率为 2400 Hz 时，一个码元期间画 2 个周期的载波，如图 6-2-8 所示。

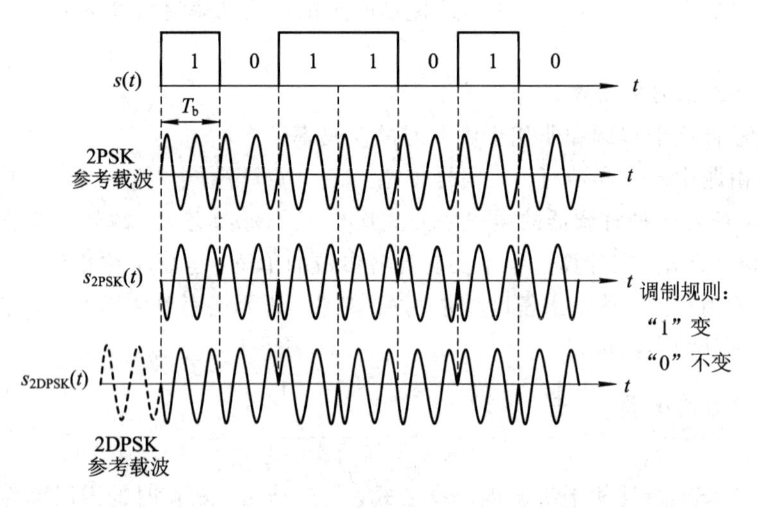

图 6-2-8　2PSK 和 2DPSK 波形

画 2PSK 和 2DPSK 波形时，一定要：

① 画参考信号。2PSK 需画出整个码元序列期间的参考载波；而 2DPSK 只需画出起始码元内的参考载波。

② 标出调制规则。如"1"变"0"不变。因为参考信号和调制规则不同，所画出的 2PSK 和 2DPSK 波形也会不同。

例 6.2.4　在某二进制相移键控系统中，已知二进制码元速率为 2.5×10^6 Baud，信道中加性高斯白噪声的功率谱密度 $n_0/2=2.5\times10^{-16}$ W/Hz。接收端采用最佳接收机接收，接收信号正弦波的幅度 $a=0.1$ mV，求：

(1) 如果接收信号是 2PSK 信号，则系统误码率为多少？

(2) 如果接收信号是 2DPSK 信号，采用极性比较法解调，则系统误码率为多少？

(3) 如果接收信号为 2DPSK 信号，采用相位比较法解调，则系统误码率又为多少？

解　2PSK 信号各种解调器的误码率公式均与 E_b/n_0 有关，故首先应根据已知条件计算出 E_b/n_0 的值，在计算过程中要注意各参数的单位：电压单位用伏、码元间隔单位用秒、频率单位用赫兹、功率谱密度单位用瓦/赫兹，码元速率单位用波特，信息速率单位用比特/秒。

比特能量为

$$E_b = \frac{1}{2}a^2 T_b = \frac{1}{2}(0.1\times10^{-3})^2\times\frac{1}{2.5\times10^6} = 2\times10^{-15}\ \text{J}$$

已知 $n_0/2=2.5\times10^{-16}$，得 $n_0=5\times10^{-16}$ W/Hz，所以

$$\frac{E_b}{n_0} = \frac{2\times10^{-15}}{5\times10^{-16}} = 4$$

(1) 将$\frac{E_b}{n_0}=4$ 代入 2PSK 最佳相干解调误码率公式，得 2PSK 的误码率为

$$P_e = \frac{1}{2}\text{erfc}\left(\sqrt{\frac{E_b}{n_0}}\right) = \frac{1}{2}\text{erfc}(2) = \frac{1}{2}\times4.68\times10^{-3} = 2.34\times10^{-3}$$

(2) 将$\frac{E_b}{n_0}=4$ 代入 2DPSK 极性比较法解调误码率公式，得系统误码率为

$$P_e = \text{erfc}\left(\sqrt{\frac{E_b}{n_0}}\right) = \text{erfc}(2) = 4.68\times10^{-3}$$

其误码率是 2PSK 解调误码率的两倍。

(3) 将$\frac{E_b}{n_0}=4$ 代入 2DPSK 相位比较法解调误码率公式，得系统误码率为

$$P_e = \frac{1}{2}e^{-\frac{E_b}{n_0}} = \frac{1}{2}e^{-4} = 9.16\times10^{-3}$$

评注：从上述三个误码率结果可见，二进制相位调制技术中，2PSK 抗噪声性能最好，其次是 2DPSK 相干解调，最差的是 2DPSK 非相干解调。

例 6.2.5　已知二进制码元传输速率为10^3 Baud，接收机输入噪声的双边功率谱密度 $n_0/2=10^{-10}$ W/Hz，现要求误码率 $P_e=5\times10^{-5}$。试分别计算出相干 2ASK、非相干 2FSK、差分相干 2DPSK 以及 2PSK 系统所要求的输入信号的比特能量 E_b。

解　(1) 相干 2ASK 时

根据给定的误码率 $P_e=5\times10^{-5}$ 及 2ASK 的误码率公式有

$$P_e = \frac{1}{2}\text{erfc}\left(\sqrt{\frac{E_b}{4n_0}}\right) = 5\times10^{-5},\quad \text{erfc}\left(\sqrt{\frac{E_b}{4n_0}}\right) = 10^{-4}$$

查误差补函数表可得

$$\sqrt{\frac{E_b}{4n_0}} = 2.75,\quad \frac{E_b}{4n_0} = 7.5625$$

进一步解得 2ASK 相干解调时输入信号的比特能量为

$$E_b = 7.5625\times4n_0 = 7.5625\times4\times2\times10^{-10} = 6.05\times10^{-9}\ \text{J}$$

(2) 非相干 2FSK 时

计算方法和过程与 2ASK 的相同。根据给定误码率及 FSK 非相干解调误码率公式有

$$P_e = \frac{1}{2}e^{-\frac{E_b}{2n_0}} = 5 \times 10^{-5}, \quad \frac{E_b}{2n_0} = 9.21$$

故得 2FSK 非相干解调时输入信号的比特能量为

$$E_b = 9.21 \times 2n_0 = 9.21 \times 2 \times 2 \times 10^{-10} \approx 3.68 \times 10^{-9}\ \text{J}$$

(3) 差分相干 2DPSK 时

根据给定误码率及 2DPSK 差分相干解调时的误码率公式得

$$P_e = \frac{1}{2}e^{-\frac{E_b}{n_0}} = 5 \times 10^{-5}, \quad \frac{E_b}{n_0} = 9.21$$

进而得到 2DPSK 差分相干解调时所需的接收信号比特能量为

$$E_b = 9.21 \times n_0 = 9.21 \times 2 \times 10^{-10} \approx 1.842 \times 10^{-9}\ \text{J}$$

(4) 2PSK 相干解调时

将已知的误码率代入 2PSK 相干解调误码率公式，得到

$$P_e = \frac{1}{2}\text{erfc}\left(\sqrt{\frac{E_b}{n_0}}\right) = 5 \times 10^{-5}$$

故

$$\frac{E_b}{n_0} = 7.5625$$

所以，2PSK 系统所要求的输入信号的比特能量为

$$E_b = 7.5625 \times n_0 = 7.5625 \times 2 \times 10^{-10} \approx 1.5 \times 10^{-9}\ \text{J}$$

评注：从以上各种系统所需的输入信号比特能量可见，当达到相同误码率时，2PSK 系统所需的比特能量最小，因此，2PSK 系统的抗噪声性能最好。

例 6.2.6 设发送数字信息序列为 01001011，试画出 $\pi/2$ 体系时的 4PSK 及 4DPSK 信号的波形。(双比特信息与相位或相位差之间的对应关系可自行设定，一个码元内画 2 个周期的载波。)(提示：$\pi/2$ 体系中，4PSK 的四个相位分别是 0、$\pi/2$、π、$3\pi/2$，4DPSK 的四个相位差分别为 0、$\pi/2$、π、$3\pi/2$。)

解 设定调制规则如图 6-2-9 所示。

在 4PSK 中，参考信号是未调载波；而在 4DPSK 中，参考信号是前一码元内的已调波。所以，画 4PSK 波形和 4DPSK 波形时，一定要画出相应的参考信号。

根据所设置规则及参考信号画出 4PSK 和 4DPSK 调制波形如图 6-2-10 所示。

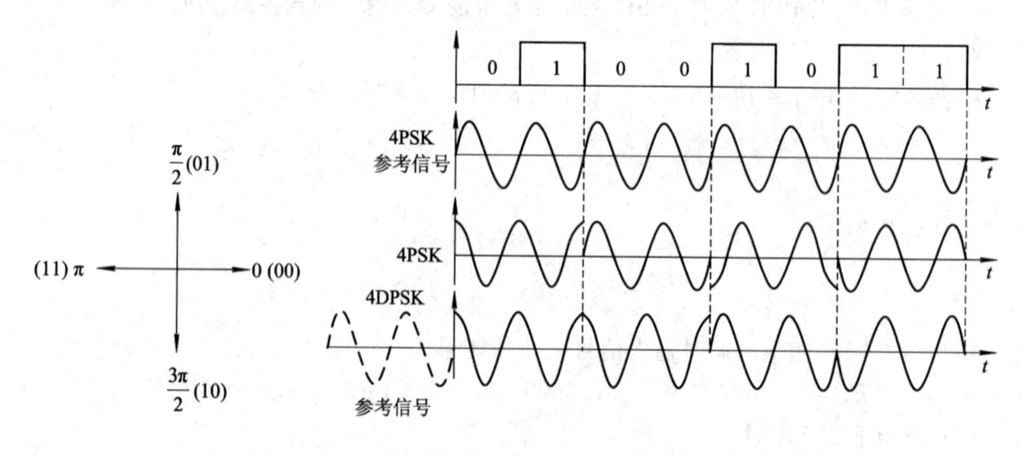

图 6-2-9 调制星座图

图 6-2-10 4PSK 与 4DPSK 信号波形

评注：有的时候，画 2PSK 或 4PSK 时没有画参考载波，如果能保证每个码元内参考载波的初相均为 0，这样画出的 2PSK 或 4PSK 波形也是正确的，否则画出的波形是错误的。要保证每个码元内参考载波的初相为 0，其条件是第一个码元内的参考载波初相为 0 且一个码元内的载波周期数必须是正整数，本题画的参考载波就满足此条件。

例 6.2.7　设信息代码为 1011010，载波频率为信息速率的 2 倍。

（1）画出 2PSK、2DPSK 信号的波形。

（2）画出 2PSK 普通接收机原理框图及各点波形。

（3）画出 2PSK 最佳接收机原理框图及各点波形。

（4）已知 2PSK 普通接收机误码率公式为 $P_e = \frac{1}{2}\text{erfc}\sqrt{\frac{S}{N}}$，请：① 说明此公式中的 S 与 N 的含义；② 给出 2PSK 最佳接收机的误码率公式，并说明其中各符号的含义。

解　（1）2PSK、2DPSK 波形图如图 6-2-11 所示，两种调制均采用"1"变"0"不变规则。

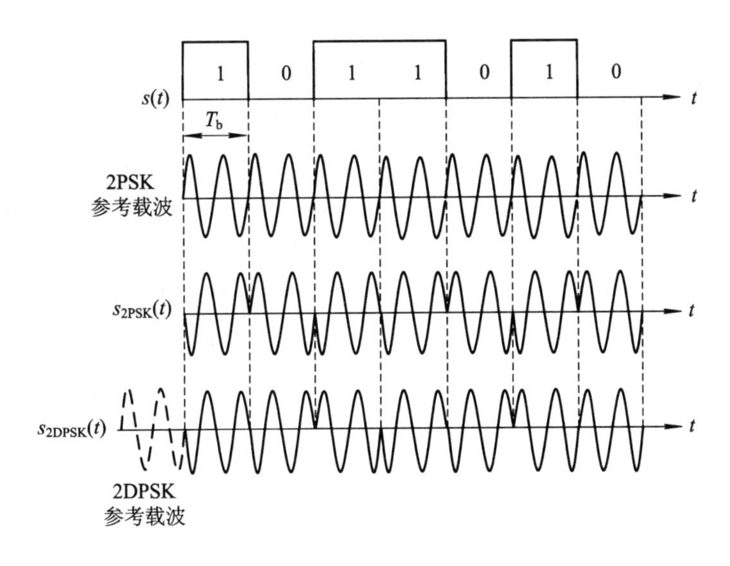

图 6-2-11　2PSK 及 2DPSK 波形

（2）2PSK 普通接收机原理框图如图 6-2-12 所示。解调器各点波形如图 6-2-13 所示，低通滤波器滤除高频成分，使输出波形更为平滑，其带宽等于数字基带信号的带宽。

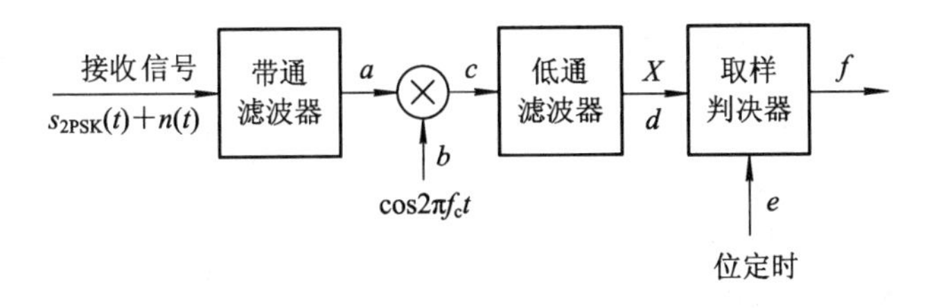

图 6-2-12　2PSK 普通相干解调器

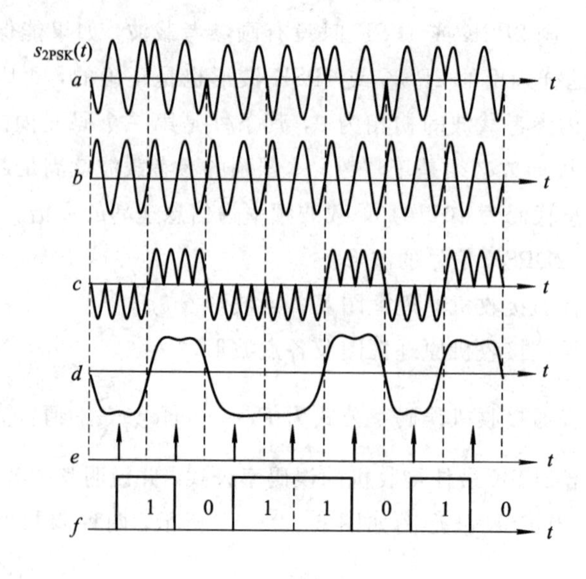

图 6-2-13 2PSK 普通相干解调器各点波形

(3) 2PSK 最佳相干解调器框图及各点波形分别如图 6-2-14 和图 6-2-15 所示。

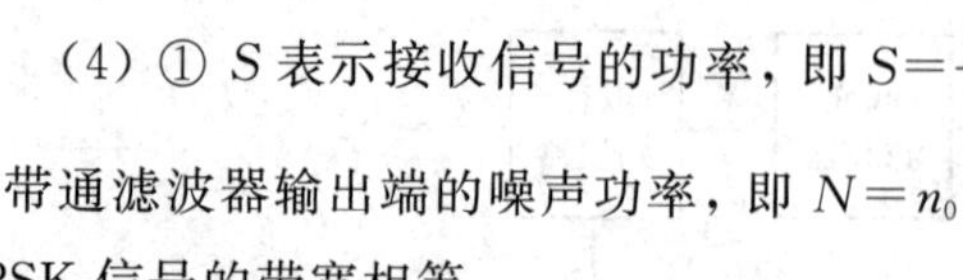

图 6-2-14 2PSK 最佳相干解调器

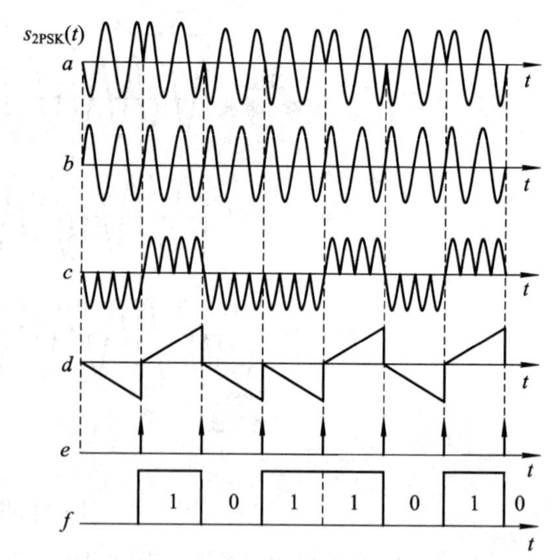

图 6-2-15 2PSK 最佳相干解调器各点波形

(4) ① S 表示接收信号的功率，即 $S=\frac{1}{2}a^2$，其中 a 是接收到的 2PSK 信号的幅度；N 是带通滤波器输出端的噪声功率，即 $N=n_0B$，其中 B 为带通滤波器的带宽，通常与接收 2PSK 信号的带宽相等。

② 2PSK 最佳相干解调器的误码率公式为 $P_e=\frac{1}{2}\mathrm{erfc}\sqrt{\frac{E_b}{n_0}}$，其中 E_b 为接收信号的比特能量，即 $E_b=\frac{1}{2}a^2T_b$，n_0 为加性高斯白噪声的单边功率谱密度。可以推导出：$\frac{S}{N}=\frac{E_b}{2n_0}$。

评注：在讨论数字解调器时，涉及普通接收机和最佳接收机两种结构。通过本例，读者能更好地理解两种接收机结构的异同点。无特殊说明时，本书采用的是最佳接收机结构。

例 6.2.8　对数字序列分别进行 2PSK 和 2DPSK 调制，传码率为 2048 kBaud，载波频率为 2048 kHz。码元与相位 φ 或相位变化 $\Delta\varphi$ 对应关系：0→0，1→π。信道噪声双边功率谱为 $n_0/2=10^{-12}$ W/Hz，接收端信号总功率为 0.1 mW。

(1) 设输入序列为 101101，分别画出 2PSK 和 2DPSK(参考相位为 0)的已调信号波形。

(2) 分别求 2PSK 和 2DPSK 信号普通相干接收的误码率。

(3) 求 2PSK 和 2DPSK 最佳接收时的误码率。

(4) 若改用 QPSK 调制传输，分别求其普通相干接收和最佳接收的误码率。

$\left(\text{近似公式 } \mathrm{erfc}(\sqrt{x})\approx\dfrac{1}{\sqrt{\pi x}}\mathrm{e}^{-x}\text{，当 } x\gg1\right)$

解　(1) 由题意知，每个码元周期内载波周期的个数 $n=f_c/R_B=1$，调制规则为"1"变"0"不变，故输入序列为 101101 时的 2PSK 和 2DPSK(参考相位为 0)信号波形如图 6-2-16 所示。

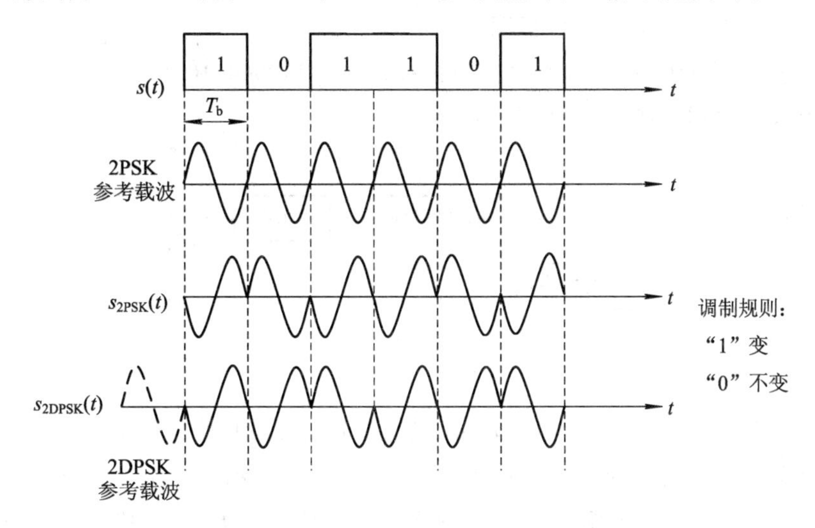

图 6-2-16　2PSK 和 2DPSK 波形

(2) 普通相干接收：$B_{2PSK}=B_{2DPSK}=2R_B=4096$ kHz，解调器信噪比

$$r=\frac{S}{N}=\frac{E_b/T_b}{n_0 B_{2PSK}}=\frac{E_b}{2n_0}=\frac{0.1\times10^{-3}}{2\times10^{-12}\times4096\times10^{3}}\approx12.21$$

故

$$P_{e2PSK}=\frac{1}{2}\mathrm{erfc}(\sqrt{r})\approx\frac{1}{2}\times\frac{1}{\sqrt{\pi\times r}}\mathrm{e}^{-r}\approx4.02\times10^{-7}$$

$$P_{e2DPSK}\approx2P_{e2PSK}\approx8.04\times10^{-7}$$

(3) 最佳接收：$\dfrac{E_b}{n_0}=2r\approx24.42$

$$P_{\mathrm{e2PSK}}=\frac{1}{2}\mathrm{erfc}\left(\sqrt{\frac{E_{\mathrm{b}}}{n_0}}\right)\approx\frac{1}{2}\times\frac{1}{\sqrt{\pi\times 2r}}\mathrm{e}^{-2r}\approx 1.42\times 10^{-12}$$

$$P_{\mathrm{e2DPSK}}\approx 2P_{\mathrm{e2PSK}}\approx 2.84\times 10^{-12}$$

(4) 改为 QPSK 调制传输，普通相干接收的误码率为

$$P_{\mathrm{eQPSK}}=\mathrm{erfc}\left(\sqrt{r}\sin\left(\frac{\pi}{4}\right)\right)=\mathrm{erfc}(2.47)\approx\frac{1}{\sqrt{3.14\times 2.47}}\mathrm{e}^{-2.47}\approx 3.04\times 10^{-2}$$

最佳接收：

$$P_{\mathrm{eQPSK}}=\mathrm{erfc}\left(\sqrt{\frac{E_{\mathrm{b}}}{n_0}}\sin\left(\frac{\pi}{4}\right)\right)=\mathrm{erfc}(3.49)\approx 9.2\times 10^{-3}$$

评注：本题中的普通相干接收实际上指的是表 6-1-1 中的普通接收。

例 6.2.9 某 DPSK 数字通信系统，信息速率为 R_{b}，输入数据为 110100010110。

(1) 写出相对码(设相对码的第一个比特为 1)。

(2) 画出 DPSK 发送框图。

(3) 写出 DPSK 发送信号的载波相位(设第一个比特的 DPSK 信号的载波相位为 0)。

(4) 画出 DPSK 信号的功率谱图(设输入数据是独立的等概序列)。

(5) 画出 DPSK 的非相干接收框图。

解 (1) 绝对码 110100010110 对应的相对码为 1011000011011。

(2) DPSK 发送框图如图 6-2-17 所示。

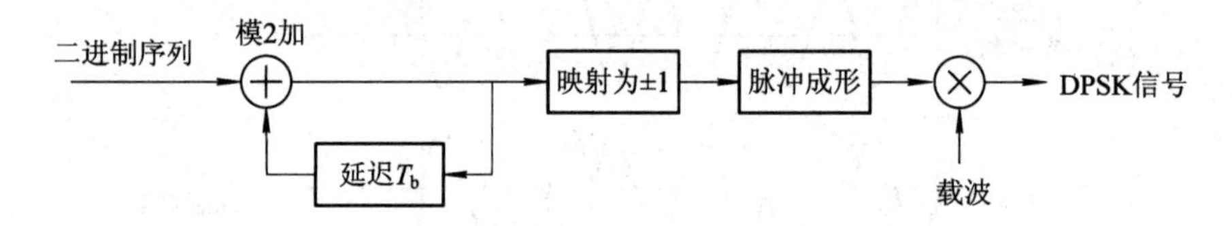

图 6-2-17

(3) 画出 DPSK 波形图，可得到 DPSK 发送信号的载波相位为：0π00ππππ00π00。

(4) 输入数据独立等概时，差分编码的结果也是独立等概的。此时 DPSK 的功率谱和 BPSK 的功率谱是一样的，如图 6-2-18 所示。二进制系统中码元速率与信息速率在数值上相同，即 $R_{\mathrm{B}}=R_{\mathrm{b}}$。

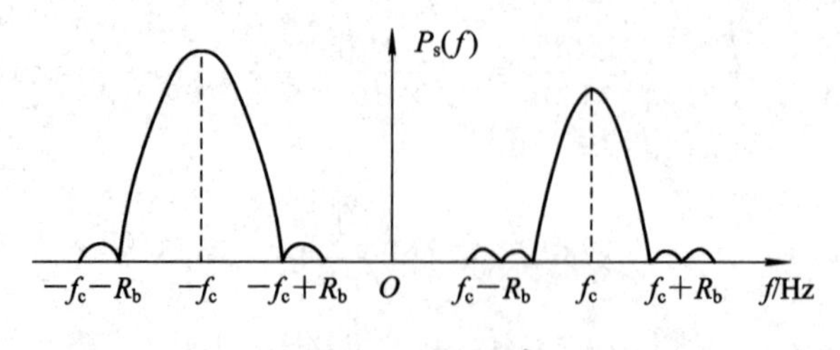

图 6-2-18

(5) DPSK 非相干接收机框图如图 6-2-19 所示。

评注：(5)中积分器可用低通滤波器代替，此时为非最佳接收。

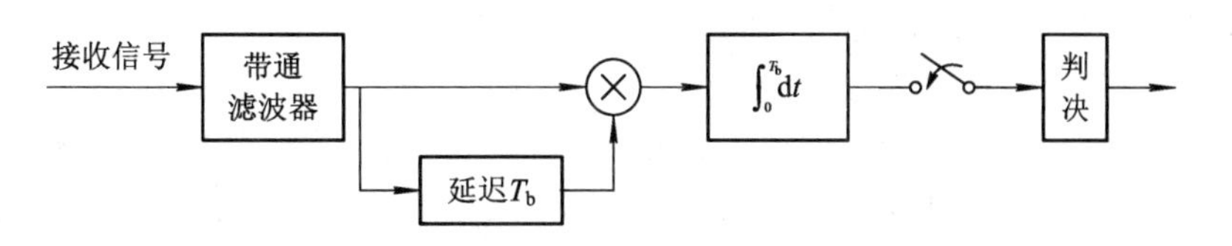

图 6-2-19

例 6.2.10　(1) 画出 8PSK 调制的星座图。

(2) 设计并画出 8QAM 调制的信号星座图。

(3) 分别计算它们的归一化平方最小欧氏距离 $d_{\min}^2/E_s$，其中 $d_{\min}$是最小欧氏距离，E_s是平均符号能量，并比较谁的抗噪声性能更好？

解　(1) 8PSK 调制的星座图之一如图 6-2-20 所示。

(2) 8QAM 调制的星座图之一如图 6-2-21 所示。

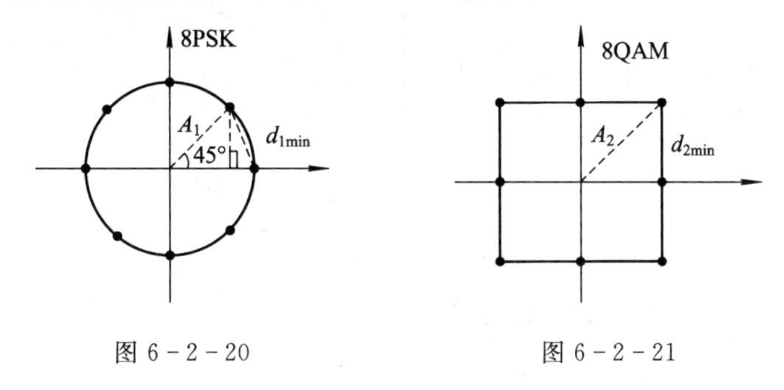

图 6-2-20　　图 6-2-21

(3) 对于 8PSK 调制，假设振幅为 A_1，则

$$d_{1\min}^2=\left(\frac{\sqrt{2}}{2}A_1\right)^2+\left(A_1-\frac{\sqrt{2}}{2}A_1\right)^2=(2-\sqrt{2})A_1^2$$

8PSK 信号的平均功率为

$$P_{8\text{PSK}}=\frac{1}{2}A_1^2=\frac{E_{s1}}{T_s}$$

得
$$E_{s1}=\frac{1}{2}A_1^2T_s$$

故 8PSK 的归一化平方最小欧氏距离：

$$\frac{d_{1\min}^2}{E_{s1}}=\frac{(2-\sqrt{2})A_1^2}{\frac{1}{2}A_1^2T_s}\approx\frac{1.17}{T_s}$$

对于 8QAM，假设最大振幅为 A_2，则

$$d_{2\min}^2=\frac{1}{2}A_2^2$$

8QAM 信号的平均功率为

$$P_{8\text{QAM}}=\frac{1}{8}\left(4\times\frac{1}{2}A_2^2+4\times\frac{1}{2}d_{2\min}^2\right)=\frac{3}{8}A_2^2=\frac{E_{s2}}{T_s}$$

得
$$E_{s2}=\frac{3}{8}A_2^2T_s$$

故 8QAM 的归一化平方最小欧氏距离：

$$\frac{d_{2\min}^2}{E_{s2}}=\frac{\frac{1}{2}A_2^2}{\frac{3}{8}A_2^2T_s}=\frac{4}{3T_s}\approx\frac{1.33}{T_s}$$

由于$\frac{d_{2\min}^2}{E_{s2}}>\frac{d_{1\min}^2}{E_{s1}}$，故 8QAM 的抗噪声性能更好。

例 6.2.11 设计一个 8PSK 信号产生器框图，对应的 8PSK 信号星座图如图 6-2-22 所示。

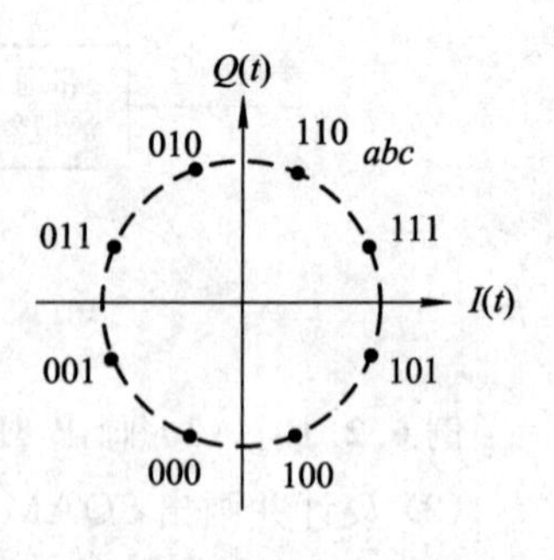

图 6-2-22 8PSK 星座图

解 8PSK 调制器结构框图如图 6-2-23 所示。

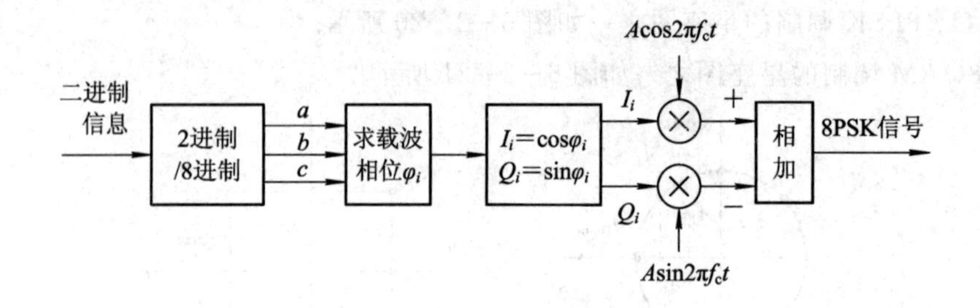

图 6-2-23 MPSK 正交调制器框图

由此调制器产生的 8PSK 信号表达式为

$$s(t)=\cos\varphi_i\cdot A\cos 2\pi f_c t-\sin\varphi_i\cdot A\sin 2\pi f_c t=A\cos(2\pi f_c t+\varphi_i)$$

其中 φ_i 的取值有 8 种。根据 8PSK 星座图，可列出 3 比特信息 abc 与 8 个发送相位 φ_i 以及 $\cos\varphi_i$、$\sin\varphi_i$ 之间的关系，如表 6-2-1。

表 6-2-1

a	b	c	φ_i	$\cos\varphi_i$	$\sin\varphi_i$
1	1	1	$\frac{\pi}{8}$	+0.924	+0.383
1	1	0	$\frac{3\pi}{8}$	+0.383	+0.924
0	1	0	$\frac{5\pi}{8}$	−0.383	+0.924
0	1	1	$\frac{7\pi}{8}$	−0.924	+0.383
0	0	1	$-\frac{7\pi}{8}$	−0.924	−0.383
0	0	0	$-\frac{5\pi}{8}$	−0.383	−0.924
1	0	0	$-\frac{3\pi}{8}$	+0.383	−0.924
1	0	1	$-\frac{\pi}{8}$	+0.924	−0.383

由此可见，当二进制信息送到 8PSK 调制器时，首先按每 3 比特一组进行分组，然后根据调制规则所对应的关系获得相位值 φ_i，进而得到 $\cos\varphi_i$ 和 $\sin\varphi_i$，最后将 $\cos\varphi_i$、$\sin\varphi_i$ 分别与余弦载波和正弦载波相乘、相减即可得到 8PSK 信号。

例 6.2.12　某 QAM 调制器的方框图如图 6-2-24 所示。求图中 A、B、C、D、E、F、G、H 各点的码元速率、信息速率、信号带宽、信号进制、频带利用率及各参数的单位，并将结果填入下表中(系统采用全占空矩形脉冲)。

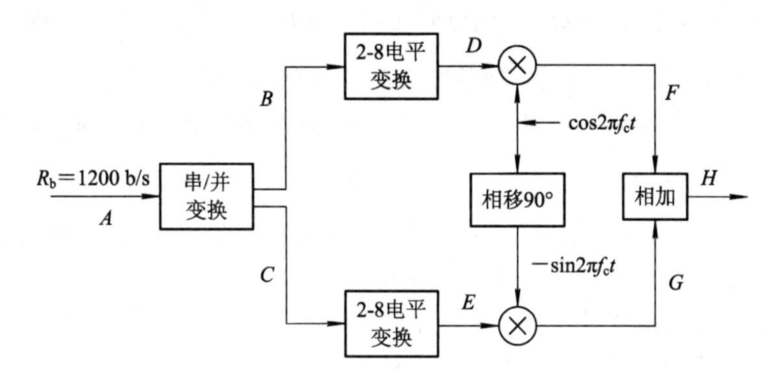

图 6-2-24　QAM 调制器

解　图 6-2-24 中各点的有关参数如表 6-2-2 所示。

表 6-2-2　各 点 参 数

	码元速率	信息速率	信号带宽	进制	频带利用率
单位	Baud	b/s	Hz		(b/s)/Hz
A	1200	1200	1200	2	1
B	600	600	600	2	1
C	600	600	600	2	1
D	200	600	200	8	3
E	200	600	200	8	3
F	200	600	400	8	1.5
G	200	600	400	8	1.5
H	200	1200	400	64	3

评注：① A 点信号经串/并变换分成两路，故 B、C 处的信息速率是 A 点处信息速率的一半，即 B、C 点的信息速率为 $R_{Bb}=R_{Cb}=\frac{1}{2}R_{Ab}=600$ b/s，且分成 2 路后的信号仍是二进制的，故 B、C 点信号的码元速率在数值上等于其信息速率，即为 600 Baud。

② D、E 点信号是 B、C 点信号变换为 8 进制后的信号，信息速率保持不变，即仍为 600 b/s，但码元速率变为 $R_{Ds}=R_{Es}=\frac{R_{Bb}}{\text{lb}8}=\frac{600}{3}=200$ Baud。

③ 当数字基带信号的波形采用全占空矩形脉冲时，数字基带信号的带宽等于其码元

速率，故 B、C 点信号的带宽为 600 Hz，D、E 点信号带宽为 200 Hz。

④ F、G 点信号为已调信号，其功率谱是 D、E 点信号功率谱的线性搬移，故其带宽是 D、E 点信号带宽的 2 倍，但信息速率及码元速率仍与 D、E 点信号相同，故进制也与 D、E 点信号的进制相同。

⑤ H 点信号是 F、G 点信号之和，故 H 点带宽等于 F 或 G 点信号的带宽，信息速率等于上、下支路信息速率之和，为 1200 b/s。但 H 点信号的码元种类却有 64 种(上支路 8 种×下支路 8 种)，故是 64 进制的，因此码元速率为 $R_{Hs}=\dfrac{R_{Hb}}{\text{lb}64}=\dfrac{1200}{6}=200$ Baud。

⑥ 当采用全占空矩形脉冲时，数字基带信号的频带利用率等于 $\eta=\text{lb}M$ (b/s)/Hz，数字调制信号（频谱线性搬移，如相位调制、振幅调制、QAM 调制）的频带利用率为$\eta=\dfrac{1}{2}\text{lb}M$ (b/s)/Hz。

例 6.2.13 速率为 $R_b=12\ 000$ b/s 的二进制数字信息经过 MQAM 调制后以 $R_B=2400$ Baud 的速率在 400～3400 Hz 的话音频带内传输。

(1) 发送端基带滤波器设计成平方根升余弦滚降滤波器，则滚降系数应设计成多少?

(2) 此时系统的频带利用率为多少 b/s/Hz?

(3) 此时的进制数 M 等于多少?

(4) 若采用方形星座图，I 路和 Q 路的符号电平数为多少?

解 (1) 基带成形滤波器的带宽为 $B=(3400-400)/2=1500$ Hz。

又因 $B=R_B(1+\alpha)/2$，则 $\alpha=2B/R_B-1=1/4=0.25$。

(2) 频带利用率为

$$\eta=\frac{R_b}{2B}=\frac{12\ 000}{3000}=4\ \text{(b/s)/Hz}$$

(3) 由码元速率与信息速率间的关系可知

$$\text{lb}M=\frac{R_b}{R_B}=\frac{12\ 000}{2400}=5$$

则 $M=32$。

(4) 采用方形星座图，I 路和 Q 路符号电平数为 6，星座图如图 6-2-25 所示。

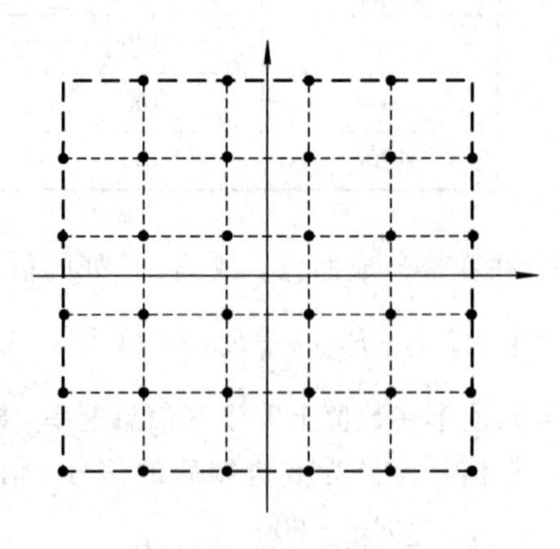

图 6-2-25 32QAM 方形星座

评注：本题的发送滤波器是平方根升余弦滚降滤波器，系统频带利用率与采用全占空矩形脉冲时的不同。

例 6.2.14　某 MSK 调制系统，码元速率为 1000 Baud，中心载波频率为 4000 Hz，设输入码元为 11010。

(1) 计算"0"码载波频率 f_0 和 1 码载波频率 f_1。

(2) 画出 MSK 信号的波形图。

(3) 画出对应的附加相位路径图。

(4) 确定各码元波形的初相。

解　(1) 由题意，得两个载波频率值分别为

$$f_0 = f_c - \frac{R_B}{4} = 3750 \text{ Hz}$$

$$f_1 = f_c + \frac{R_B}{4} = 4250 \text{ Hz}$$

(2) MSK 信号的波形图如图 6-2-26 所示。

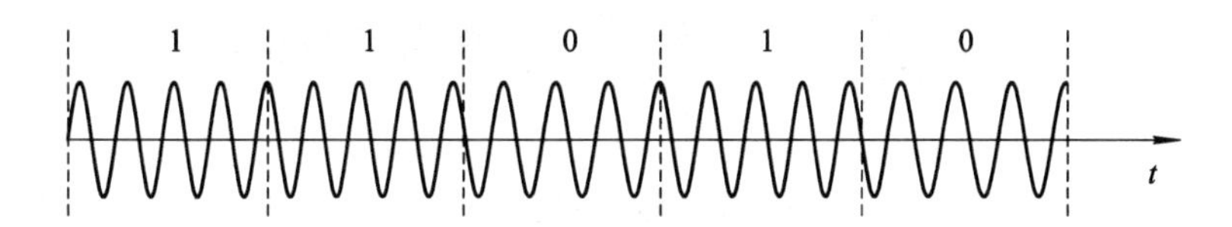

图 6-2-26　MSK 信号波形图

(3) 附加相位路径如图 6-2-27 所示。

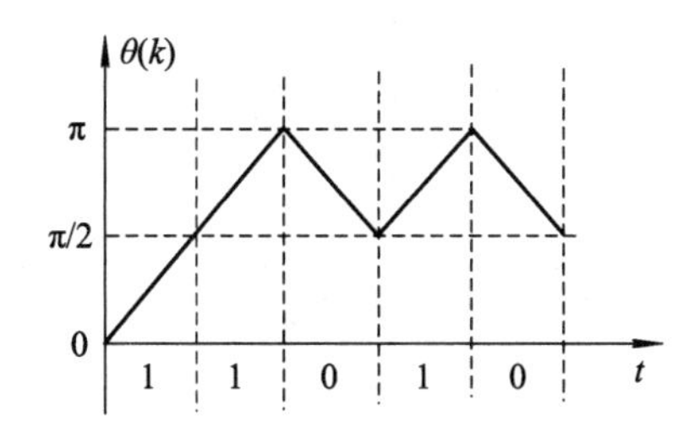

图 6-2-27　附加相位路径图

(4) 各码元波形的初相如表 6-2-3 所示。

表 6-2-3　MSK 信号各码元波形初相

输入	1	1	0	1	0
初相	0	π/2	π	π/2	π

例 6.2.15　某电话信道的通带范围为 600～3000 Hz，在此信道传输数字信息。

(1) 若采用 $\alpha=0.2$ 的升余弦滚降基带成形和 QPSK 调制，则最大传信率为多少？

(2) 若采用 $\alpha=0.5$ 的升余弦滚降基带成形和 16QAM 调制，则最大传信率为多少？

解　(1) 电话信道的带宽为

$$B = 3000 - 600 = 2400 \text{ Hz}$$

则调制前成形基带信号的最大带宽为

$$B_{\mathrm{b}}=\frac{1}{2}B=1200\ \mathrm{Hz}$$

当 $\alpha=0.2$ 时，最大无码间干扰传输速率为

$$R_{\mathrm{B}}=\frac{2B_{\mathrm{b}}}{(1+\alpha)}=\frac{2\times 1200}{1+0.2}=2000\ \mathrm{Baud}$$

对于 QPSK，$M=4$，最大传信率为

$$R_{\mathrm{b}}=R_{\mathrm{B}}\ \mathrm{lb}M=2000\times 2=4000\ \mathrm{b/s}$$

(2) 对 $\alpha=0.5$ 的升余弦滚降特性，最大无码间干扰传输速率为

$$R_{\mathrm{B}}=\frac{2B_{\mathrm{b}}}{(1+\alpha)}=\frac{2\times 1200}{1+0.5}=1600\ \mathrm{Baud}$$

对 16QAM，$M=16$，最大传信率为

$$R_{\mathrm{b}}=R_{\mathrm{B}}\ \mathrm{lb}M=1600\times 4=6400\ \mathrm{b/s}$$

6.3 拓展提高题及解析

6.3.1 2PSK 数字调制信号在传输过程中受到加性高斯白噪声的干扰，接收端 2PSK 信号的解调器框图如图 6-3-1 所示。设白噪声的双边功率谱密度 $P_n(f)=n_0/2$，接收机带通滤波器带宽为 $B=2/T_{\mathrm{b}}$，T_{b} 为二进制码元宽度。若二进制码元出现“1”码的概率为 1/3，出现“0”码的概率为 2/3。

(1) 求解调器最佳判决门限 V_{d}^{*}（写出推导过程）。

(2) 在近似认为取样点无码间干扰条件下，请推导出系统平均误码率计算公式（写出详细推导步骤）。

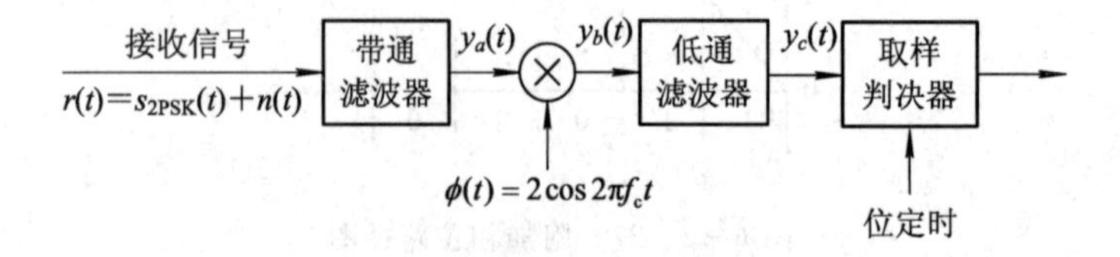

图 6-3-1 2PSK 解调器

解 本题是有关 2PSK 数字系统抗噪声性能分析的问题。无论是数字基带系统还是数字调制系统，抗噪声性能（误码率）的分析方法和步骤是相同的，如下：

① 求发“1”和发“0”时取样值的表达式；

② 取样值是信号和噪声值的混合，求出其概率密度函数；

③ 设置门限，求出系统平均误码率表达式 P_{e}；

④ 令 $\frac{\partial P_{\mathrm{e}}}{\partial V_{\mathrm{d}}^{*}}=0$，求出最佳判决门限 V_{d}^{*}；

⑤ 将 V_{d}^{*} 代入误码率表达式 P_{e}，求积分得解调系统平均误码率 P_{e} 公式，并将参数化成接收信号比特能量与噪声功率谱密度之比。

下面来进行详细求解。

① 求发“1”和发“0”时取样值的表达式。

设调制时采用的规则是“1”变“0”不变规则，且载波为 $\cos 2\pi f_c t$。则发“1”时，接收2PSK信号为 $s_{2PSK}(t)=-a\cos 2\pi f_c t$，其中 a 是接收信号的载波振幅。故解调器输入端2PSK信号和噪声的混合信号为

$$r(t)=s_{2PSK}(t)+n(t)=-a\cos 2\pi f_c t+n(t)$$

通过带通滤波器后的输出为

$$y_a(t)=s_{2PSK}(t)+n_i(t)=-a\cos 2\pi f_c t+n_c(t)\cos 2\pi f_c t-n_s(t)\sin 2\pi f_c t$$

由于带通滤波器的带宽等于2PSK信号的带宽，故2PSK能完全通过带通滤波器，而白噪声 $n(t)$ 通过带通滤波器后成为窄带高斯噪声 $n_i(t)=n_c(t)\cos 2\pi f_c t-n_s(t)\sin 2\pi f_c t$，其均值和方差分别为

$$E[n_i(t)]=0,\quad D[n_i(t)]=n_0 B$$

其中 $B=2f_b$ 是带通滤波器的带宽。

$y_a(t)$ 与本地载波 $\phi(t)=2\cos 2\pi f_c t$ 相乘输出

$$\begin{aligned}y_b(t)&=2[-a+n_c(t)]\cos^2 2\pi f_c t-2n_s(t)\cos 2\pi f_c t\sin 2\pi f_c t\\&=[-a+n_c(t)]+[-a+n_c(t)]\cos 4\pi f_c t-n_s(t)\sin 4\pi f_c t\end{aligned}$$

式中，$[-a+n_c(t)]\cos 4\pi f_c t$ 和 $n_s(t)\sin 4\pi f_c t$ 的功率谱均位于高频 $2f_c$ 处，因而，这两项被后面的低通滤波器滤掉，只有低频项 $[-a+n_c(t)]$ 能够通过低通滤波器。所以低通滤波器输出为

$$y_c(t)=-a+n_c(t)$$

假设在 t_1 时刻取样，则取样值为

$$y=-a+n_c(t_1)$$

当发送“0”时，接收2PSK信号为 $s_{2PSK}(t)=a\cos 2\pi f_c t$，因此，解调器的输入为

$$r(t)=s_{2PSK}(t)+n(t)=a\cos 2\pi f_c t+n(t)$$

同理，可得到低通滤波器的输出为

$$y_c(t)=a+n_c(t)$$

t_1 时刻的取样值为

$$y=a+n_c(t_1)$$

② 发“1”和发“0”时取样值的概率密度函数。

由于窄带高斯噪声 $n_i(t)$ 的同相分量 $n_c(t)$ 也是高斯随机过程，其瞬时值服从高斯分布，且有

$$E[n_c(t)]=E[n_i(t)]=0,\quad D[n_c(t)]=D[n_i(t)]=n_0 B$$

可见，发“1”时，取样值 $y=-a+n_c(t_1)$ 是高斯随机变量，其均值和方差分别为

$$E[y]=E[-a+n_c(t_1)]=-a,\quad \sigma_n^2=D[y]=D[-a+n_c(t_1)]=D[n_c(t_1)]=n_0 B$$

其概率密度函数为

$$f_1(y)=\frac{1}{\sqrt{2\pi}\sigma_n}\exp\left[-\frac{(y+a)^2}{2\sigma_n^2}\right]$$

同理，发送“0”时，低通滤波器输出端的取样值 $y=a+n_c(t_1)$ 是均值为 a、方差为 $\sigma_n^2=n_0 B$ 的高斯随机变量，其概率密度函数为

$$f_0(y) = \frac{1}{\sqrt{2\pi}\sigma_n}\exp\left[-\frac{(y-a)^2}{2\sigma_n^2}\right]$$

③ 求平均误码率表达式。

发“1”和发“0”时取样值的概率密度函数曲线如图 6-3-2 所示。

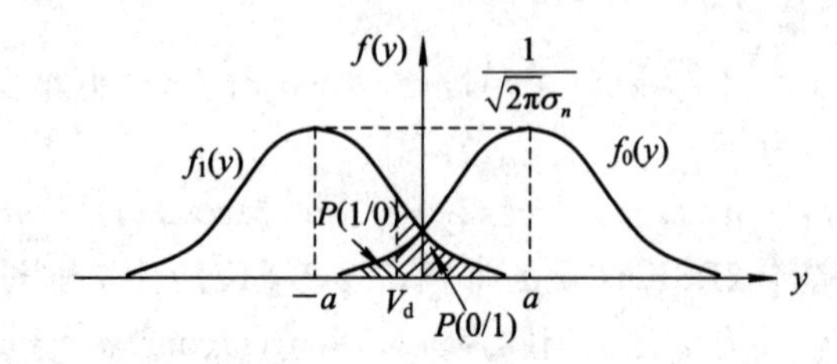

图 6-3-2

设判决门限为 V_d，根据“1”变“0”不变调制规则，对应的判决规则应为

$$\begin{cases} y > V_d & 判为“0” \\ y < V_d & 判为“1” \end{cases}$$

则发“0”码错判成“1”码的概率 $P(1/0)$以及发“1”码错判成“0”码的概率 $P(0/1)$分别为

$$P(1/0) = \int_{-\infty}^{V_d} f_0(y)\mathrm{d}y = \int_{-\infty}^{V_d} \frac{1}{\sqrt{2\pi}\sigma_n}\exp\left[-\frac{(y-a)^2}{2\sigma_n^2}\right]\mathrm{d}y$$

$$P(0/1) = \int_{V_d}^{\infty} f_1(y)\mathrm{d}y = \int_{V_d}^{\infty} \frac{1}{\sqrt{2\pi}\sigma_n}\exp\left[-\frac{(y+a)^2}{2\sigma_n^2}\right]\mathrm{d}y$$

由平均误码率公式 $P_e = P(0)P(1/0)+P(1)P(0/1)$得到

$$P_e = P(0)\cdot\int_{-\infty}^{V_d} \frac{1}{\sqrt{2\pi}\sigma_n}\exp\left[-\frac{(y-a)^2}{2\sigma_n^2}\right]\mathrm{d}y + P(1)\cdot\int_{V_d}^{\infty} \frac{1}{\sqrt{2\pi}\sigma_n}\exp\left[-\frac{(y+a)^2}{2\sigma_n^2}\right]\mathrm{d}y$$

④ 令$\frac{\partial P_e}{\partial V_d}=0$，有

$$P(0)\cdot\frac{1}{\sqrt{2\pi}\sigma_n}\exp\left[-\frac{(V_d-a)^2}{2\sigma_n^2}\right] - P(1)\cdot\frac{1}{\sqrt{2\pi}\sigma_n}\exp\left[-\frac{(V_d+a)^2}{2\sigma_n^2}\right] = 0$$

解得最佳判决门限电平为

$$V_d^* = \frac{\sigma_n^2}{2a}\ln\frac{P(1)}{P(0)}$$

⑤ 平均误码率为

$$\begin{aligned} P_e &= P(0)\cdot\int_{-\infty}^{V_d^*} \frac{1}{\sqrt{2\pi}\sigma_n}\exp\left[-\frac{(y-a)^2}{2\sigma_n^2}\right]\mathrm{d}y + P(1)\cdot\int_{V_d^*}^{\infty} \frac{1}{\sqrt{2\pi}\sigma_n}\exp\left[-\frac{(y+a)^2}{2\sigma_n^2}\right]\mathrm{d}y \\ &= \frac{2}{3}\times\frac{1}{2}\mathrm{erfc}\left(\frac{a-V_d^*}{\sqrt{2}\sigma_n}\right) + \frac{1}{3}\times\frac{1}{2}\mathrm{erfc}\left(\frac{V_d^*+a}{\sqrt{2}\sigma_n}\right) \\ &= \frac{1}{3}\mathrm{erfc}\left(\frac{a-V_d^*}{\sqrt{2}\sigma_n}\right) + \frac{1}{6}\mathrm{erfc}\left(\frac{V_d^*+a}{\sqrt{2}\sigma_n}\right) \end{aligned}$$

将 $V_d^* = \frac{\sigma_n^2}{2a}\ln\frac{P(1)}{P(0)}$代入上式，并令 $r=\frac{a^2}{2\sigma_n^2}$，可得平均误码率

$$P_e = \frac{1}{3}\mathrm{erfc}\left(\sqrt{r}+\frac{\ln 2}{4\sqrt{r}}\right) + \frac{1}{6}\mathrm{erfc}\left(\sqrt{r}-\frac{\ln 2}{4\sqrt{r}}\right)$$

讨论：当 $P(0)=P(1)=1/2$ 时，$V_d^*=\frac{\sigma_n^2}{2a}\ln\frac{P(1)}{P(0)}=0$，平均误码率公式变成

$$P_e=\frac{1}{4}\mathrm{erfc}\left(\frac{a}{\sqrt{2}\sigma_n}\right)+\frac{1}{4}\mathrm{erfc}\left(\frac{a}{\sqrt{2}\sigma_n}\right)=\frac{1}{2}\mathrm{erfc}\left(\frac{a}{\sqrt{2}\sigma_n}\right)=\frac{1}{2}\mathrm{erfc}(\sqrt{r})$$

又因为

$$r=\frac{a^2}{2\sigma_n^2}=\frac{\frac{1}{2}a^2}{n_0B}=\frac{\frac{1}{2}a^2}{n_0\frac{2}{T_b}}=\frac{\frac{1}{2}a^2T_b}{2n_0}=\frac{E_b}{2n_0}$$

因此，2PSK 采用低通滤波器解调时，平均误码率为

$$P_e=\frac{1}{2}\mathrm{erfc}\left(\sqrt{\frac{E_b}{2n_0}}\right)$$

与采用相关器的最佳解调器相比，要达到同样误码率，E_b/n_0 要提高一倍。

6.3.2　二进制数字频带传输系统中，基带信号选用符号速率 R_s 为 50 Baud 的 2PAM 调制，成形滤波器为幅度为 $A=1$ V 的不归零方波，调制载波为 $\cos2\pi f_ct$，则：

(1) 采用 2FSK 调制时，求使比特"0""1"对应的已调信号保持正交的最小频率间隔。

(2) 若采用 BPSK 调制，写出已调信号的功率谱密度。

(3) 若采用 OOK 调制，并在加性高斯白噪声信道中传输，信道中噪声的单边功率谱密度为 0.02 W/Hz。采用能量归一化的匹配滤波器进行解调，详细推导系统的误码率。

解　(1) 若已调信号保持正交，则最小频率间隔为：$|f_1-f_2|=\frac{1}{2T_s}=\frac{R_s}{2}=25$ Hz。

(2) 已调信号的功率谱为：

$$P_{\mathrm{BPSK}}(f)=\frac{A^2}{4}[P_b(f-f_c)+P_b(f+f_c)]=\frac{1}{200}\left[\mathrm{sinc}^2\left(\frac{(f-f_c)}{50}\right)+\mathrm{sinc}^2\left(\frac{(f+f_c)}{50}\right)\right]$$

其中：$P_b(f)=T_s\mathrm{sinc}^2(fT_s)$。

(3) 在 $0\leqslant t\leqslant T_s$ 发送 $s_1(t)$ 时，取样值 $y(T_s)$ 为：

$$\begin{aligned}y(T_s)&=\int_0^{T_s}[s_1(\tau)+n_w(\tau)]s_1(\tau)\mathrm{d}\tau\\&=\int_0^{T_s}s_1^2(\tau)\mathrm{d}\tau+\int_0^{T_s}n_w(\tau)s_1(\tau)\mathrm{d}\tau\\&=E_1+Z\end{aligned}$$

其中，$E_1=\int_0^{T_s}s_1^2(\tau)\mathrm{d}\tau=\frac{A^2}{2}T_s$，$Z=\int_0^{T_s}n_w(\tau)s_1(\tau)\mathrm{d}\tau$ 是高斯随机变量。$E[Z]=0$，

$$\begin{aligned}D[Z]&=E[Z^2]\\&=E\left[\int_0^{T_s}\int_0^{T_s}n_w(\tau_1)n_w(\tau_2)s_1(\tau_1)s_1(\tau_2)\mathrm{d}\tau_1\mathrm{d}\tau_2\right]\\&=\frac{N_0}{2}E_1\end{aligned}$$

故

$$f(y\mid s_1)=\frac{1}{\sqrt{\pi N_0E_1}}\exp\left[-\frac{(y-E_1)^2}{N_0E_1}\right]$$

同理，发送 $s_2(t)$ 时，可得：

$$f(y \mid s_2)=\frac{1}{\sqrt{\pi N_0 E_1}}\exp\left[-\frac{y^2}{N_0 E_1}\right]$$

在 $s_1(t)$ 和 $s_2(t)$ 等概出现时，最佳判决门限为 $V_d^*=\frac{E_1}{2}$，则：

$$P_b=P(e \mid s_1)=P(e \mid s_2)=\int_{-\infty}^{\frac{E_1}{2}} f(y \mid s_1)\mathrm{d}y$$

$$=\int_{-\infty}^{\frac{E_1}{2}}\frac{1}{\sqrt{\pi N_0 E_1}}\exp\left[-\frac{(y-E_1)^2}{N_0 E_1}\right]\mathrm{d}y$$

$$=\frac{1}{2}\mathrm{erfc}\left(\sqrt{\frac{E_1}{4N_0}}\right)=\frac{1}{2}\mathrm{erfc}\left(\frac{\sqrt{2}}{4}\right)$$

例 6.3.3 在图 6-3-3 所示的 QPSK 调制系统中，发送端输入的是独立等概的二进制序列，相位选择器输出的 QPSK 信号表达式为 $s(t)=\sqrt{2/T_s}\cos(2\pi f_c t+\theta)$，载波频率远大于二进制基带信号的带宽，即 $f_c \gg 1/T_s$，T_s 是符号间隔，θ 取值于 $\{\phi_i=(1-2i)\pi/4,\ i=1,2,3,4\}$，高斯白噪声 $n(t)$ 的双边功率谱密度为 $n_0/2$ W/Hz。

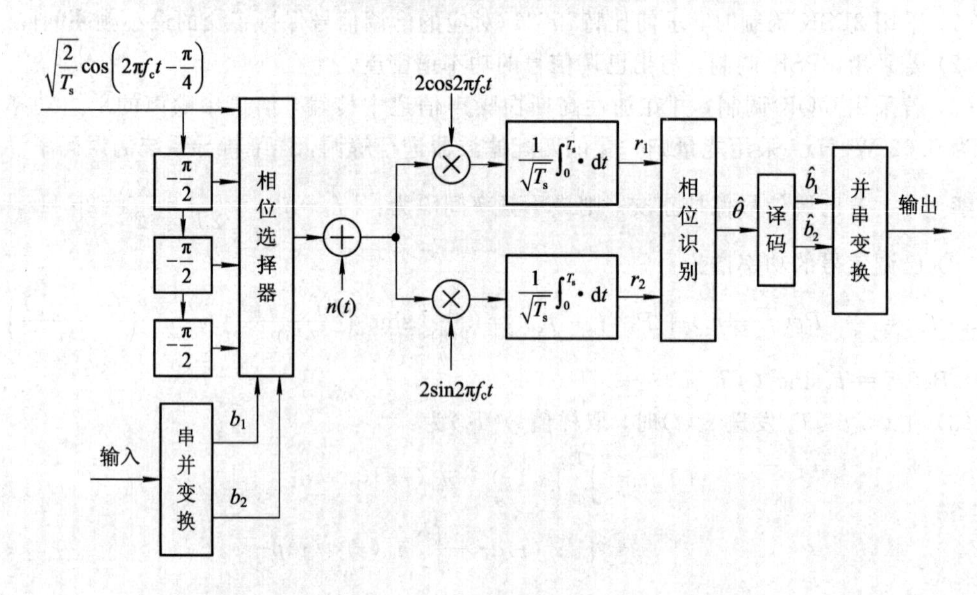

图 6-3-3

(1) 写出无噪声时 r_1、r_2 与发送相位 θ 的关系，并给出根据 r_1、r_2 的极性识别 θ 的规则。

(2) 设计一种调制规则(双比特信息 b_1b_2 与 θ 之间的关系)，并给出与此调制规则相对应的判决规则，给出简化的解调器框图。

(3) 设上、下支路的误比特率均为 P_b，求此 QPSK 系统的误码率。

解 (1) 首先求出 r_1、r_2 与发送相位 θ 的关系。

已知发送信号为

$$s(t)=\sqrt{\frac{2}{T_s}}\cos(2\pi f_c t+\theta)$$

根据系统框图，r_1 的表达式为

$$r_1 = \frac{1}{\sqrt{T_s}}\int_0^{T_s}\sqrt{\frac{2}{T_s}}\cos(2\pi f_c t+\theta)\cdot 2\cos 2\pi f_c t\mathrm{d}t$$

利用三角公式 $2\cos A\cos B=\cos(A-B)+\cos(A+B)$ 得

$$r_1 = \frac{\sqrt{2}}{T_s}\int_0^{T_s}[\cos\theta+\cos(4\pi f_c t+\theta)]\mathrm{d}t = \frac{\sqrt{2}}{T_s}\int_0^{T_s}\cos\theta\mathrm{d}t+\frac{\sqrt{2}}{T_s}\int_0^{T_s}\cos(4\pi f_c t+\theta)\mathrm{d}t$$

$$=\sqrt{2}\cos\theta$$

式中，当 $f_c \gg 1/T_s$ 时，有

$$\frac{\sqrt{2}}{T_s}\int_0^{T_s}\cos(4\pi f_c t+\theta)\mathrm{d}t \approx 0$$

同理，r_2 的表达式为

$$r_2 = \frac{1}{\sqrt{T_s}}\int_0^{T_s}\sqrt{\frac{2}{T_s}}\cos(2\pi f_c t+\theta)\cdot 2\sin 2\pi f_c t\mathrm{d}t$$

使用三角公式 $2\sin A\cos B=\sin(A-B)+\sin(A+B)$ 得

$$r_1 = \frac{\sqrt{2}}{T_s}\int_0^{T_s}[-\sin\theta+\sin(4\pi f_c t+\theta)]\mathrm{d}t = \frac{\sqrt{2}}{T_s}\int_0^{T_s}-\sin\theta\mathrm{d}t+\frac{\sqrt{2}}{T_s}\int_0^{T_s}\sin(4\pi f_c t+\theta)\mathrm{d}t$$

$$=-\sqrt{2}\sin\theta$$

根据上述得到的表达式，列出发送不同 θ 时 r_1、r_2 的极性，如表 6-3-1 所示。

表 6-3-1

θ	r_1 极性	r_2 极性
$-\frac{\pi}{4}$	+	+
$-\frac{3\pi}{4}$	+	−
$\frac{3\pi}{4}$	−	−
$\frac{\pi}{4}$	−	+

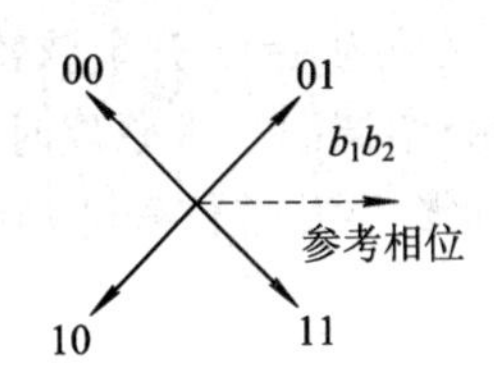

图 6-3-4 4PSK 的一种调制规则

可见，接收端根据(r_1，r_2)的极性即可判决出所发送的 θ。如(r_1，r_2)为(+，+)时，判发送 $\theta=-\pi/4$。

(2) 根据表 6-3-1 可采用如图 6-3-4 所示的调制规则。即当发送信息 $b_1b_2=11$、10、00 和 01 时，QPSK 信号的相位分别 $\theta=-\pi/4$、$-3\pi/4$、$3\pi/4$ 和 $\pi/4$。可见，相邻相位所对应的双比特信息中只有一位不同，符合格雷码的编码规则。当相邻相位发生错判时，如 $-3\pi/4$ 错判成 $3\pi/4$ 时，输出信息由 10 错成 00，只错一个比特。

与此调制规则相对应的判决规则为：

$$\begin{cases} r>0 & \text{判为“1”} \\ r<0 & \text{判为“0”} \end{cases}$$

如接收 QPSK 信号的相位 $\theta=-\pi/4$ 时，上支路 $r_1>0$，判“1”，下支路 $r_2>0$，判“1”，解调器输出双比特信息 11，与发送信息一致。可以验证，发送端发送任一双比特信息，按上述判决规则判决出来的信息都是正确的。由此也可见，解调器中的相位识别和译码可以简化

为上、下支路两个独立的判决器，如图 6-3-5 所示。

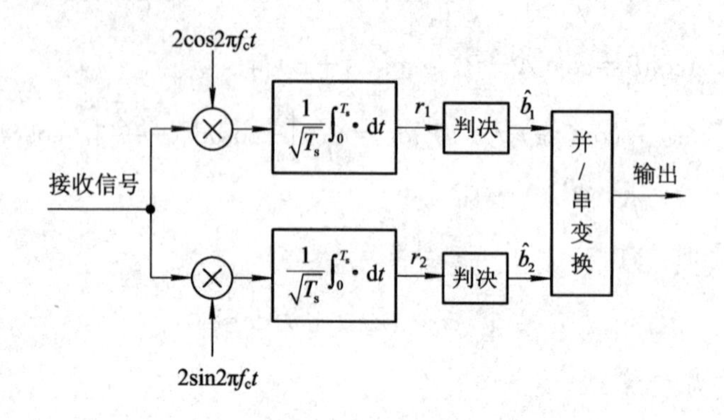

图 6-3-5　QPSK 解调器

(3) QPSK 解调器输出的一个码元由上、下支路各一个比特组成，只有当上、下支路的比特都正确时，解调器才能输出正确码元，故码元正确率为

$$P_c = P_{c1} \times P_{c2} = (1-P_b)(1-P_b) = (1-P_b)^2$$

其中 P_{c1} 和 P_{c2} 分别代表上、下支路的比特正确率。因此，误码率为

$$P_e = 1-P_c = 1-(1-P_b)^2 = 2P_b - P_b^2$$

例 6.3.4　设某带通信道的带宽为 4 kHz，当分别采用 2PSK、4PSK、8PSK、16QAM 数字调制进行无码间干扰传输时，可达到的最高比特率分别为多少？假设发送端成形滤波器采用滚降系数为 $\alpha=1$ 升余弦特性。

解　在介绍调制技术原理时，为讨论问题方便，数字基带信号的码元波形通常都采用矩形波，因此数字基带信号的功率谱和已调信号的功率谱都是无限扩展的，如图 6-3-6 所示。

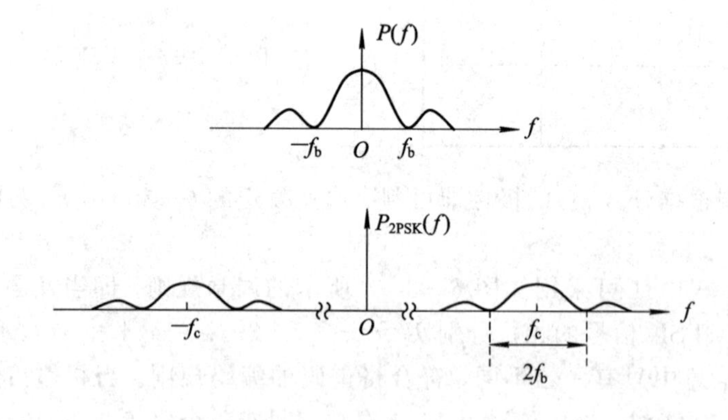

图 6-3-6　数字基带信号及 2PSK 信号功率谱

但实际应用中，信道的带宽都是有限的，为了将已调信号的频谱限制在一定的带宽之内，同时又要保证数字传输系统在取样判决点上无码间干扰，需要对数字基带信号进行成形滤波后，再进行调制。故带有成形滤波的数字调制系统模型如图 6-3-7 所示。图中参数：R_b 是输入信号的信息速率；R_B 为 M 进制码元速率；B_b 是成形滤波器带宽；B 是已调信号的带宽。

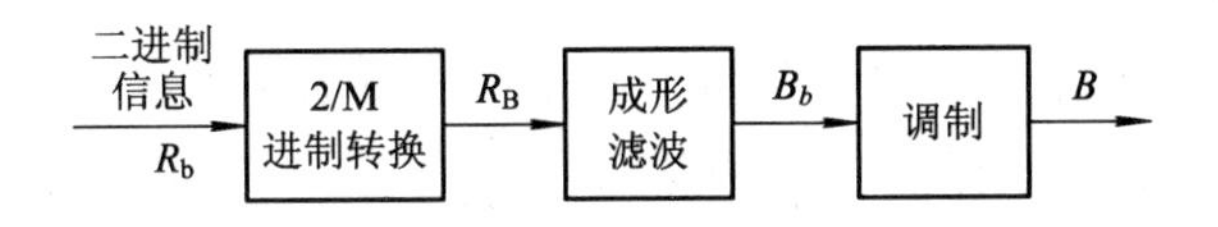

图 6-3-7

根据第一章、第五章及本章知识，有如下关系：

① $R_B=\dfrac{R_b}{\text{lb}M}$。

② $R_B=2W=\dfrac{2B_b}{(1+\alpha)}$，即最大无码间干扰传输速率等于等效理想低通带宽 W 的 2 倍，且滚降系统有 $W=\dfrac{B_b}{(1+\alpha)}$。

③ $B=2B_b$，即调制后信号的带宽是基带信号带宽的 2 倍，传输信道的带宽至少等于已调信号的带宽。

由上述关系式，即可求得：

(1) 对于 2PSK 调制，$M=2$，已知 $B=4$ kHz、$\alpha=1$ 时，有

$$B_b=\frac{1}{2}B=2\ \text{kHz},\quad R_B=\frac{2B_b}{(1+\alpha)}=2\ \text{kBaud},\quad R_b=R_B\text{lb}M=2\ \text{kb/s}$$

故 2PSK 调制时，系统能达到的最大无码间干扰传输信息速率为 2 kb/s。

(2) 对于 4PSK，$M=4$，已知 $B=4$ kHz、$\alpha=1$ 时，有

$$B_b=\frac{1}{2}B=2\ \text{kHz},\quad R_B=\frac{2B_b}{(1+\alpha)}=2\ \text{kBaud},\quad R_b=R_B\text{lb}M=4\ \text{kb/s}$$

故 4PSK 调制时，系统能达到的最大无码间干扰传输信息速率为 4 kb/s。

(3) 对于 8PSK，$M=8$，已知 $B=4$ kHz、$\alpha=1$ 时，有

$$B_b=\frac{1}{2}B=2\ \text{kHz},\quad R_B=\frac{2B_b}{(1+\alpha)}=2\ \text{kBaud},\quad R_b=R_B\text{lb}M=6\ \text{kb/s}$$

故 8PSK 调制时，系统能达到的最大无码间干扰传输信息速率为 6 kb/s。

(4) 对于 16QAM，$M=16$，已知 $B=4$ kHz、$\alpha=1$ 时，有

$$B_b=\frac{1}{2}B=2\ \text{kHz},\quad R_B=\frac{2B_b}{(1+\alpha)}=2\ \text{kBaud},\quad R_b=R_B\text{lb}M=8\ \text{kb/s}$$

故 16QAM 调制时，系统能达到的最大无码间干扰传输信息速率为 8 kb/s。

例 6.3.5　若某电话信道的频带宽度限定为 600～3000 Hz，信号在传输过程中受到双边功率谱密度为 $P_n(f)=n_0/2$ 的加性高斯白噪声的干扰。若要利用此电话信道传输 2400 b/s 的二进制数据序列，需要接入调制解调器(MODEM)进行无码间干扰的频带传输。请设计并画出最佳发送及接收系统的原理图。

解　本题综合应用无码间干扰数字基带传输系统的频带利用率、滚降特性的等效低通带宽、多进制数字调制系统的带宽等知识。

(1) 载波频率设计。

本题带通信道的通带范围为 600～3000 Hz，其带宽为 2400 Hz，中点频率为 1800 Hz，故调制时的载波频率为 $f_c=1800$ Hz。

(2) 综合考虑有效性和可靠性，调制方式可选用 MPSK 或 MQAM。

(3) 进制的选择。

为保证正常通信，调制后信号的带宽最大不能超过信道的带宽，设已调信号带宽为 $B=2400$ Hz，则调制前基带信号的带宽最大为

$$B_{\mathrm{b}}=\frac{1}{2}B=1200\ \mathrm{Hz}$$

设成形滤波器的滚降系数为 α，则基带信号的码元速率最大为

$$R_{\mathrm{B,\ max}}=\frac{2B_b}{1+\alpha}=\frac{2400}{1+\alpha}\ \mathrm{Baud}$$

系统能够传输的最大信息速率为

$$R_{\mathrm{b,\ max}}=\frac{2400}{1+\alpha}\cdot \mathrm{lb}M\ \mathrm{b/s}$$

讨论：

① 当 $\alpha=0$，$M=2$ 时，$R_{\mathrm{b,\ max}}=2400$ b/s，符合速率要求，但此时成形滤波器为理想低通特性，物理不可实现。

② 当 $\alpha=1$，$M=4$ 时，$R_{\mathrm{b,\ max}}=2400$ b/s，符合速率要求，此时成形滤波器可采用升余弦滤波器，调制技术可选用 4PSK。

③ 当 $\alpha=0.5$，$M=4$ 时，$R_{\mathrm{b,\ max}}=3200\ \mathrm{b/s}>2400\ \mathrm{b/s}$，可见，也满足传输速率的要求。因此，也可采用滚降系数为 0.5 的升余弦滤波器作为成形滤波器，调制技术选用 4PSK，此时传输频带还有不少余量。

可见，满足传输要求的系统可以有许多。综合考虑，本设计选用滚降系数 $\alpha=1$ 的升余弦成形滤波，再进行 4PSK 调制的方案。最佳发送和接收系统的原理图如图 6-3-8 所示。

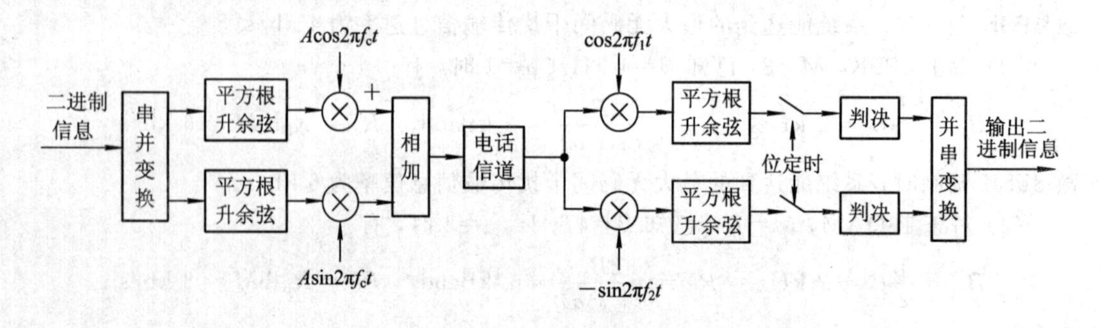

图 6-3-8 系统传输框图

评注：

① 收、发端各用平方根升余弦滤波器，这样整个系统传输特性是升余弦特性，确保无码间干扰，且收发匹配(能最大限度地降低噪声的影响)，故为最佳系统。

② 发送端载波的幅度为 A，接收端的载波是载波恢复电路提取的，为与发送端区别，画图时接收端载波的幅度为 1。另还需强调，发送端载波幅度的大小会影响接收信号的强度，但接收端的载波幅度对信号的解调不产生影响(接收到的有用信号和噪声均与之相乘)，即解调器的误码率与其无关，故解调时根据方便可任意设定其幅度。

例 6.3.6 设有一采用基带滚降成形的 MPSK 通信系统，若采用 4PSK 调制，并要求达到 4800 b/s 的信息速率，试计算：

(1) 求最小理论带宽。

(2) 若取滚降系数为 0.5，求所需的传输带宽。

(3) 若保持传输带宽不变，而数据速率加倍，则调制方式应如何变？

(4) 若保持调制方式不变，而数据速率加倍，则为保持相同的误码率，发送信号的功率如何变？

(5) 若给定传输带宽为 2.4 kHz，并改用 8PSK 调制，仍要求满足 4800 b/s 的速率，求滚降系数 α。

解　本题仍然是具有基带滚降成形的数字调制系统。故首先推导出具有滚降滤波器的 MQAM、MPSK 数字调制系统的带宽和频带利用率。

由于滚降滤波器带宽为 $B_b=(1+\alpha)W$，最大无码间干扰传输速率为 $R_B=2W$，W 为等效理想低通带宽。

经 MQAM 或 MPSK 调制后，已调信号的带宽是数字基带信号带宽的 2 倍，故已调信号的带宽为

$$B = 2B_b = 2(1+\alpha)W$$

滚降成形的调制系统的频带利用率为

$$\eta_{\max} = \frac{R_b}{B} = \frac{R_B \text{lb} M}{2(1+\alpha)W} = \frac{2W\ \text{lb} M}{2(1+\alpha)W} = \frac{\text{lb} M}{(1+\alpha)}\ (\text{b/s})/\text{Hz}$$

(1) 当 $\alpha=0$ 时，频带利用率最高，此时给定信息速率下所需的信道带宽最小。将 $R_b=4800$ b/s、$M=4$ 代入频带利用率公式得所需的最小理论带宽为

$$B = \frac{R_b}{\text{lb} M} = \frac{4800}{\text{lb} 4} = 2400\ \text{Hz}$$

(2) 当 $\alpha=0.5$ 时，代入频带利用率公式得所需信道带宽为

$$B = \frac{(1+\alpha)R_b}{\text{lb} M} = 3600\ \text{Hz}$$

(3) 由频带利用率公式可见，当 B 不变而提高信息传输速率时，必然要提高频带利用率，而提高频带利用率的有效途径是提高进制数 M。根据题意，数据速率加倍，则进制数由原来的 4 提高到 16，即可采用 16PSK。由于 16PSK 的可靠性比 16QAM 差，故可采用 16QAM 调制。

(4) 根据误码率公式，E_b/n_0 保持不变，则误码率不变。由于平均比特能量等于平均功率乘以比特间隔，即 $E_b=P_{av}T_b$，当信息速率加倍时，比特间隔 T_b 减半，因此，功率加倍才能保持比特能量不变。

(5) 由频带利用率公式得到

$$\frac{R_b}{B} = \frac{\text{lb} M}{(1+\alpha)}$$

将带宽 $B=2400$ Hz、进制数 $M=8$ 及信息速率 $R_b=4800$ b/s 代入得到滚降系数为 $\alpha=0.5$。

例 6.3.7　图 6-3-9 给出了某 MQAM 系统的发送框图，已知该系统的滚降系数是 0.5，发送信号 $s(t)$ 的带宽是 9 MHz。

(1) 求该系统的符号速率和以 Baud/Hz 为单位的频带利用率。

(2) 画出 $s(t)$ 的功率谱示意图。

(3) 若已知信息速率是 36 Mb/s，试确定出调制进制数 M。如欲将信息速率提升至

48 Mb/s，同时保持进制数和占用带宽不变，滚降系数 α 应如何调整？

（4）已知最佳接收时 M 进制 ASK 系统的误码率为 $P_{\text{eMASK}}=\dfrac{2(M-1)}{M}Q\left(\sqrt{\dfrac{d_{\min}^2}{2N_0}}\right)$，其中 $d_{\min}^2$ 为相邻信号点间的最小欧氏距离，N_0 为加性白高斯噪声的单边功率谱密度。试根据该公式给出上述 MQAM 信号在最佳接收时的误符号率表达式。

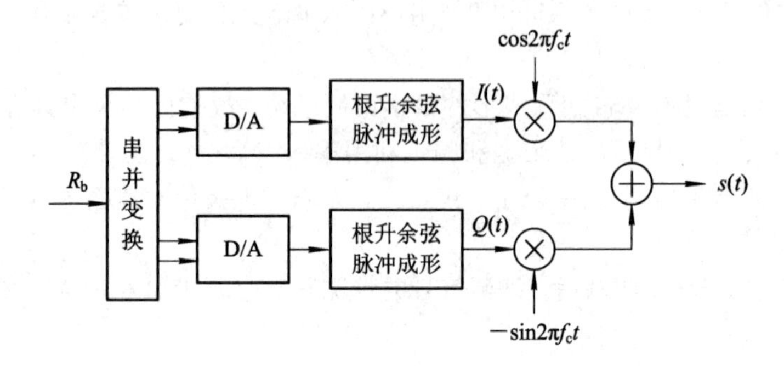

图 6-3-9　MQAM 系统发送机框图

解　（1）由题意知 $\dfrac{R_s}{2}(1+\alpha)=\dfrac{B}{2}$，故有

$$R_s=\frac{B}{1+\alpha}=\frac{9}{1+0.5}=6\ \text{MBaud}$$

符号频带利用率为

$$\frac{R_s}{B}=\frac{1}{1+\alpha}=\frac{1}{1+0.5}=\frac{2}{3}\ \text{Baud/Hz}$$

（2）载波频率为 f_c，$s(t)$的功率谱密度如图 6-3-10 所示。

（3）由于$\text{lb}M=\dfrac{R_b}{R_s}=\dfrac{36}{6}=6$，故进制数 $M=64$。

若 M、B 不变，$R_b=48$ Mb/s，则 $R_s=\dfrac{R_b}{\text{lb}M}=\dfrac{48}{6}=8$ MBaud。再由$\dfrac{R_s}{B}=\dfrac{1}{1+\alpha}$，得

$$\alpha=\frac{B}{R_s}-1=\frac{1}{8}$$

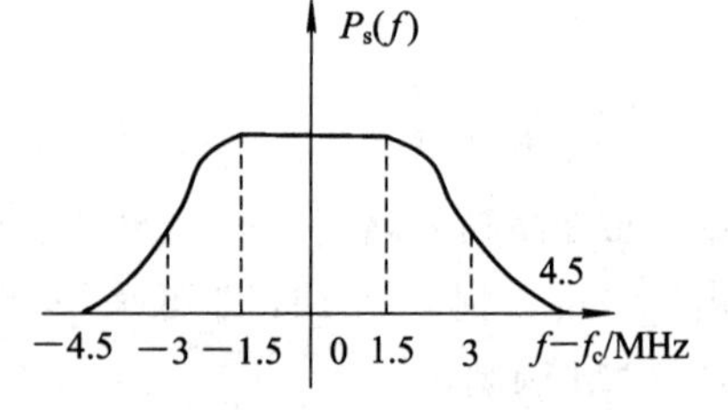

图 6-3-10　$s(t)$的功率谱密度

（4）由于图 6-3-9 中，上下支路分别为一个 $\sqrt{M}$ASK 调制，且相互独立，故系统总的误符号率为

$$P_{\text{eMQAM}}=1-(1-P_{\text{e}\sqrt{M}\text{ASK}})^2=2P_{\text{e}\sqrt{M}\text{ASK}}-P_{\text{e}\sqrt{M}\text{ASK}}^2$$

例 6.3.8　某 16 进制调制在归一化正交基函数下的星座点可以表示为 $s=2x+y$，其中 x，y 以独立等概方式取值于 QPSK 星座图{1+j，1−j，−1+j，−1−j}。试：

（1）画出该 16 进制调制的星座图。

（2）求平均符号能量 $E_s=\lfloor |s|^2 \rfloor$及星座点之间的最小距离。

（3）在星座图中标出星座点 $s=-3-3\text{j}$ 的判决区域。

（4）若星座点 $s=-3-3\text{j}$ 的信息比特是 0001，按格雷码规则标出相邻星座点信息比特。

解　(1) 由题意可得 16 进制调制的星座图如图 6－3－11 所示。

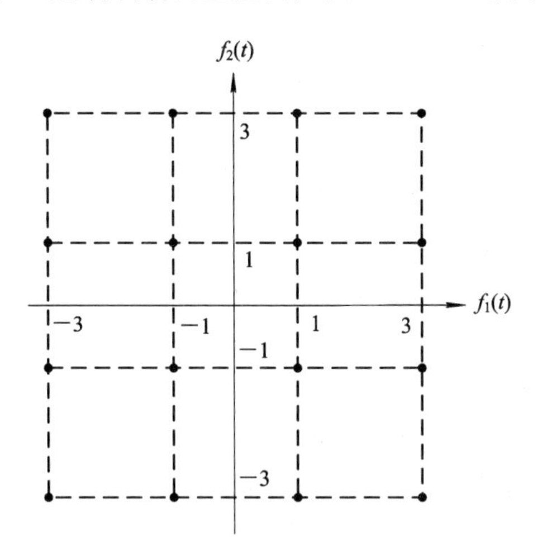

图 6－3－11　调制星座图

(2) 由星座图可得平均符号能量为：

$$E_s = \frac{1}{16}[4 \times 2 + 4 \times 18 + 8 \times 10] = 10$$

星座点间的最小距离：$d_{\min}=2$。

(3) 星座点 $s=-3-3\mathrm{j}$ 的判决区域如图 6－3－12 所示。

(4) 根据格雷码编码规则，可得相邻点的信息比特如图 6－3－13 所示。图中信息比特组记为 $a_1a_2b_1b_2$，其中 a_1a_2 映射到 $f_1(t)$：00→−3，01→−1，11→1，10→3；b_1b_2 映射到 $f_2(t)$：01→−3，11→−1，10→1，00→3。

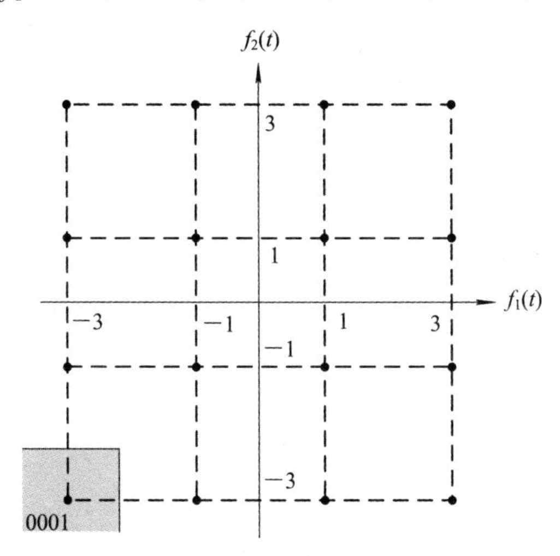

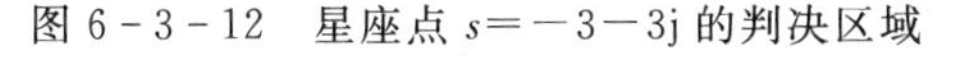

图 6－3－12　星座点 $s=-3-3\mathrm{j}$ 的判决区域

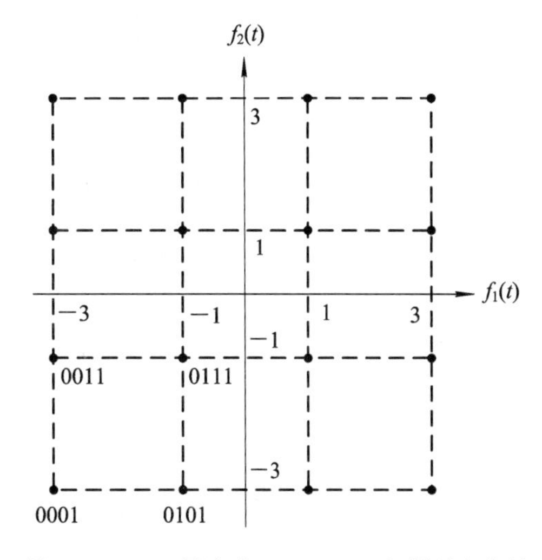

图 6－3－13　星座点 $s=-3-3\mathrm{j}$ 相邻星座点的信息比特

评注：(4)中结果实际上不唯一，与信息比特组的表示方法及其与 $f_1(t)$、$f_2(t)$间的映射关系有关。解题时要注明条件。

例 6.3.9　某二维 8 进制数字调制系统的归一化正交基函数为

$$f_1(t)=\begin{cases}1 & 0\leqslant t\leqslant 1\\ 0 & \text{其他}\end{cases},\quad f_2(t)=\begin{cases}1 & 0\leqslant t\leqslant \dfrac{1}{2}\\ -1 & \dfrac{1}{2}<t\leqslant 1\\ 0 & \text{其他}\end{cases}$$

星座图上8个星座点的坐标分别是：$s_1=(0, 0)$、$s_2=(-1, 1)$、$s_3=(1, -1)$、$s_4=(1, 0)$、$s_5=(1, 1)$、$s_6=(-1, -1)$、$s_7=(0, 1)$、$s_8=(-1, 0)$。试：

(1) 画出星座图，写出星座点之间的最小距离。

(2) 画出星座点 s_5 对应的发送信号波形 $s_5(t)$。

(3) 若各星座点等概出现，求平均符号能量 E，画出 s_1 的最佳判决区域。

(4) 若星座点 s_7 的出现概率为0，其他星座点等概出现，画出此时 s_1 的最佳判决区域。

解 (1) 由题意得星座图如图6-3-14所示。

由星座图可见，星座点之间的最小距离 $d_{\min}=1$。

(2) 由于 $s_5=(1, 1)$，故

$$s_5(t)=1\times f_1(t)+1\times f_2(t)=\begin{cases}2 & 0\leqslant t\leqslant \dfrac{1}{2}\\ 0 & \text{其他}\end{cases}$$

波形如图6-3-15所示。

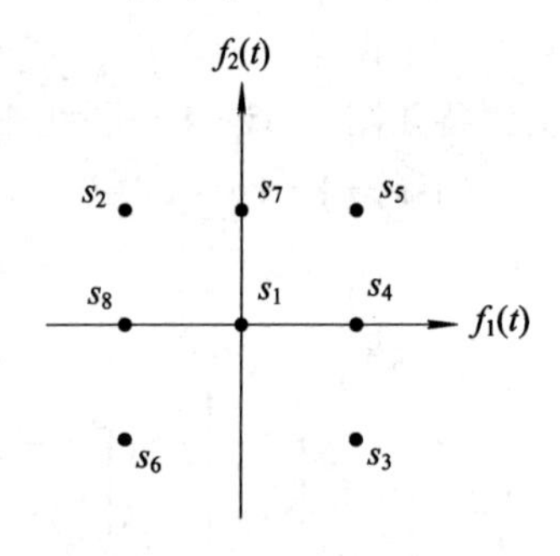

图6-3-14 星座图

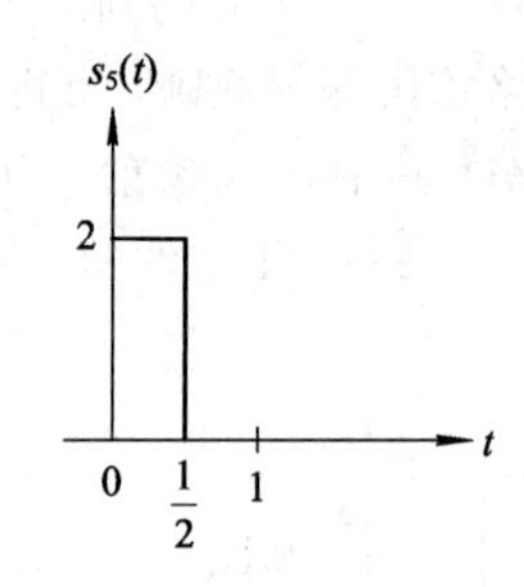

图6-3-15 $s_5(t)$波形

(3) 参照(2)可得8个星座点对应的信号波形为：

$$s_1(t)=0\times f_1(t)+0\times f_2(t)=0$$

$$s_2(t)=-1\times f_1(t)+1\times f_2(t)=\begin{cases}-2 & \dfrac{1}{2}<t\leqslant 1\\ 0 & \text{其他}\end{cases}$$

$$s_3(t)=1\times f_1(t)-1\times f_2(t)=\begin{cases}2 & \dfrac{1}{2}<t\leqslant 1\\ 0 & \text{其他}\end{cases}$$

$$s_4(t)=1\times f_1(t)+0\times f_2(t)=\begin{cases}1 & 0\leqslant t\leqslant 1\\ 0 & \text{其他}\end{cases}$$

$$s_5(t)=1\times f_1(t)+1\times f_2(t)=\begin{cases}2 & 0\leqslant t\leqslant \dfrac{1}{2}\\ 0 & \text{其他}\end{cases}$$

$$s_6(t) = -1 \times f_1(t) - 1 \times f_2(t) = \begin{cases} -2 & 0 \leqslant t \leqslant \dfrac{1}{2} \\ 0 & \text{其他} \end{cases}$$

$$s_7(t) = 0 \times f_1(t) + 1 \times f_2(t) = \begin{cases} 1 & 0 \leqslant t \leqslant \dfrac{1}{2} \\ -1 & \dfrac{1}{2} < t \leqslant 1 \\ 0 & \text{其他} \end{cases}$$

$$s_8(t) = -1 \times f_1(t) + 0 \times f_2(t) = \begin{cases} -1 & 0 \leqslant t \leqslant 1 \\ 0 & \text{其他} \end{cases}$$

这 8 个符号的信号能量分别为：0、2、2、1、2、2、1、1，故平均符号能量为：

$$E_s = \frac{1}{8}[0 + 1 \times 3 + 2 \times 4] = \frac{11}{8}$$

s_1 的最佳判决区域如图 6-3-16 所示，即 s_1 与其周围相邻星座点间连线的垂直平分线围成的区域。

（4）当星座点 s_7 的出现概率为 0，最佳判决域纵向对称，示意图如图 6-3-17 所示。

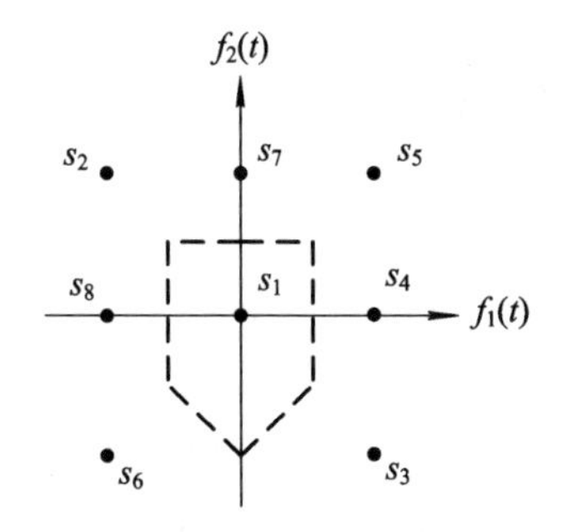

图 6-3-16　各星座点等概时 s_1 的最佳判决区域

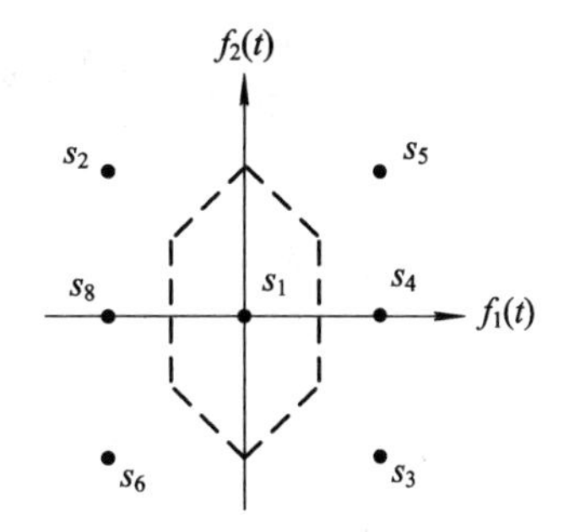

图 6-3-17　s_7 出现概率为 0 时 s_1 的最佳判决区域

例 6.3.10　某 FDM 系统有 3 个频谱互不交叠的子信道，子信道带宽均为 1 kHz。发端通过 3 个子信道发送信号，子信道 1、2、3 的发送功率 P_1、P_2、P_3 满足 $P_1+P_2+P_3=3$ W。三个子信道的功率增益分别为 $g_1=1$、$g_2=2$、$g_3=3$，子信道输出端的噪声功率均为 1 W。

（1）若子信道 1、2、3 的调制方式分别为 QPSK、16QAM、64QAM，且符号速率能达到奈奎斯特无码间干扰传输的极限，试分别求出各个子信道的传输速率(b/s)，并给出该系统的总传输速率及频带利用率(b/s/Hz)；

（2）利用香农公式，分别按如下条件求系统的总传输速率；

（a）$P_1=3$ W，$P_2=P_3=0$ W；

（b）$P_1=P_2=P_3=1$ W；

（c）$P_i=\beta g_i$，其中 β 是能满足 $P_1+P_2+P_3=3$ W 的系数。

解　（1）由题意及频带传输系统无码间干扰时的最大频带利用率为 1 Baud/Hz，则符号速率为 $R_s=B\eta_{max}=1$ kBaud，相应地各子信道的信息速率分别为：$R_{b1}=R_s \text{lb}4=2$ kb/s，$R_{b2}=R_s \text{lb}16=4$ kb/s，$R_{b3}=R_s \text{lb}64=6$ kb/s。总传输速率为：

$$R_b = R_{b1} + R_{b2} + R_{b3} = 12 \text{ kb/s}$$

频带利用率为：

$$\eta = \frac{R_b}{B_{总}} = \frac{12}{3} = 4\ (b/s)/Hz$$

（2）由香农公式得

（a）
$$R_{b1} = B\,lb\left(1+\frac{P_1 g_1}{N_1}\right) = 1\ k\times 2 = 2\ kb/s,\quad R_{b2} = R_{b3} = 0,$$
$$R_b = R_{b1} + R_{b2} + R_{b3} = 2\ kb/s$$

（b）
$$R_{b1} = B lb\left(1+\frac{P_1 g_1}{N_1}\right) = 1\ kb/s,\quad R_{b2} = lb3\ kb/s,\quad R_{b3} = 2\ kb/s,$$
$$R_b = R_{b1} + R_{b2} + R_{b3} = (3 + lb3)\ kb/s$$

（c）
$$\beta g_1 + \beta g_2 + \beta g_3 = 3 \Rightarrow \beta = \frac{1}{2},\text{故 } P_1 = \frac{1}{2},\ P_2 = 1,\ P_3 = \frac{3}{2},$$
$$R_{b1} = B lb\left(1+\frac{P_1 g_1}{N_1}\right) = lb\,\frac{3}{2}\ kb/s,\quad R_{b2} = lb3\ kb/s,\quad R_{b3} = lb\,\frac{11}{2}\ kb/s$$

所以，$R_b = R_{b1} + R_{b2} + R_{b3} = lb\frac{99}{4}\ kb/s$。

6.4 本章自测题与参考答案

6.4.1 自测题

一、填空题

1. 对 2ASK 信号进行包络解调，则发“1”码时判决器输入端信号的瞬时值服从______分布，发“0”码时瞬时值服从________分布。对 2ASK 信号进行相干解调，判决器输入端的信号瞬时值在发送“1”码及“0”码时都服从________分布。

2. 已知 2FSK 信号的两个载波频率为 9.8 kHz 和 12.8 kHz，码元速率为 1200 Baud，则已调信号的第一零点带宽为________。若要保持码元速率不变，改变载波频率同时要求主瓣频谱不重叠，则最小信号带宽为________。

3. 在 2PSK 信号解调过程中，由于相干载波反相导致解调器输出信息与原信息完全相反，这种现象称为________。

4. 考虑非相干解调时，OOK 信号可以采用________，2DPSK 信号可以采用________。

5. 设二进制数据独立等概、速率为 16 kb/s，则 2DPSK 信号的主瓣带宽是________kHz。

6. 当 M 增加时，MPSK 调制的频带利用率增加，误码率________。

7. 若某数字基带信号的信息速率为 $R_b = 90$ Mb/s，则其 16QAM 调制信号的符号速率 R_s 为________，带宽为________。

8. 在 16ASK、16FSK、16PSK 和 16QAM 几种数字调制方式中，抗噪声性能最强的是________，最弱的是________。

9. 8PSK 将 3 个比特 $b_1 b_2 b_3$ 映射到 8 个相位。采用格雷映射时，相邻相位对应的比特组之间的汉明距离是________。

10. 给定滚降系数 α、比特信噪比 E_b/n_0，OOK、OQPSK、8ASK 和 16QAM 几种数字

调制方式中包络起伏最小的是________，平均误比特率最小的是________，频带利用率最高的是________。

二、选择题

1. 在二进制数字调制系统中，抗噪声性能最好的是(　　)。

A. 2DPSK　　B. 2FSK　　C. 2ASK　　D. 2PSK

2. 与四进制符号－3，－1，＋1，＋3 对应的格雷码，可能是下面的(　　)。

A. 00，01，10，11　　B. 01，00，11，10

C. 00，01，11，01　　D. 00，01，11，10

3. 已知数字基带信号的信息速率为 2400 b/s，载波频率为 1 MHz，则 4PSK 信号的主瓣宽度为(　　)。

A. 2400 Hz　　B. 3600 Hz　　C. 4800 Hz　　D. 1 MHz

4. 下列调制方式中，属于非恒包络调制的是(　　)。

A. 4DPSK　　B. 4PSK　　C. 16QAM　　D. 2FSK

5. 若某 QPSK 系统的误比特率是 0.2，则其误符号率约是(　　)。

A. 0.04　　B. 0.18　　C. 0.2　　D. 0.36

6. 某数字调制系统的设计者从 QPSK 和 OQPSK 中选择了 OQPSK，其主要原因是该系统的(　　)不够理想。

A. 功率放大器线性度　　B. 滤波器幅频特性

C. 定时精度　　D. 载波同步

7. 设 32FSK 的数据速率是 30 kb/s，保持频率正交的最小频率间隔是(　　) kHz。

A. 3　　B. 6　　C. 15　　D. 30

8. OFDM 中循环前缀的点数应当大于(　　)。

A. 多径信道的抽头数　　B. IFFT 点数

C. 每符号的采样点数　　D. 子载波数

9. OQPSK 的(　　)比 QPSK 小。

A. 包络起伏　　B. 频带利用率　　C. 误比特率　　D. 复杂度

10. 在下列信道中，(　　)最适合采用 OFDM 技术。

A. AWGN 信道　　B. 瑞利信道　　C. 多径信道　　D. 莱斯信道

三、简答题

1. 什么是数字调制？它与模拟调制有什么区别？

2. 什么是相干解调？什么是非相干解调？各有什么特点？

3. 什么是绝对调相？什么是相对调相？它们有何区别？

4. 二进制数字调制系统的误码率主要与哪些因素有关？如何降低误码率？

5. 2DPSK 信号采用相干解调和差分相干解调的主要区别是什么？误码率性能有什么区别？

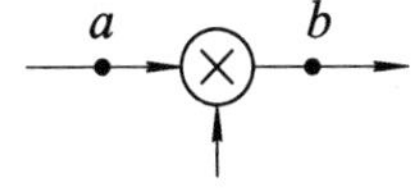

图 6－4－1

四、综合题

1. 图 6－4－1 中，a 点信号是幅度为 1 的单极性全占空矩形脉冲序列，码元间相互独立，且“1”“0”等概，码元速率为

1 MBaud。$f_c=4$ MHz，$A=1$ V。

(1) 画出 a 点信息为 1001 时 b 点的波形，并指出其为何种信号？

(2) 画出 a、b 两点处信号的功率谱示意图，标出频率轴上的有关参数。

(3) 求 a、b 两点处信号的带宽。

(4) 若要解调 b 点处的信号，可采用什么方法？

(5) 若信道加性高斯白噪声的功率谱密度为 $n_0=3.125\times10^{-8}$，求分别采用(4)中所述解调方法下的误码率。

2. 已知数字信息为$\{a_n\}=1100101$，码元速率为 1200 Baud，载波频率为 2400 Hz。

(1) 画出原始码$\{a_n\}$及相对码$\{b_n\}$的波形(假设初始为零电平，采用单极性全占空矩形脉冲及“1”变“0”不变的规则)；

(2) 画出相对码$\{b_n\}$的 2PSK 波形(采用“1”变“0”不变的调制规则)；

(3) 试画出该 2PSK 信号的功率谱草图并标注出相关参数；

(4) 请写出该 2PSK 信号最佳接收的误码率公式和第一过零点带宽。

3. 已知带通信道的频带范围是 100 MHz～110 MHz，欲通过此信道传输 32 Mb/s 的数据，试给出系统设计，包括确定调制进制数、符号速率、滚降系数，画出调制解调框图。

4. 图 6-4-2 是某四进制调制在归一化正交基下的星座图。图中 $f_1(t)$、$f_2(t)$是两个归一化的正交基函数，星座点 s_1 位于原点，s_2、s_3、s_4 位于一个重心在原点的正三角形的顶点上。已知星座点 s_2 对应的信号能量为 1，四个星座点等概出现。发送信号经过加性白高斯噪声信道传输，接收端采用最佳接收。令 $P_i=(e|s_i)$表示发送信号 s_i 条件下的错判概率。试：

(1) 根据信号星座图计算平均符号能量 E_s。

(2) 画出 s_1 的最佳判决域。

(3) 比较 P_1、P_2、P_3、P_4 的大小。

(4) 若已知 $P_1=0.003$，求发送 s_1 条件下的平均误比特率。

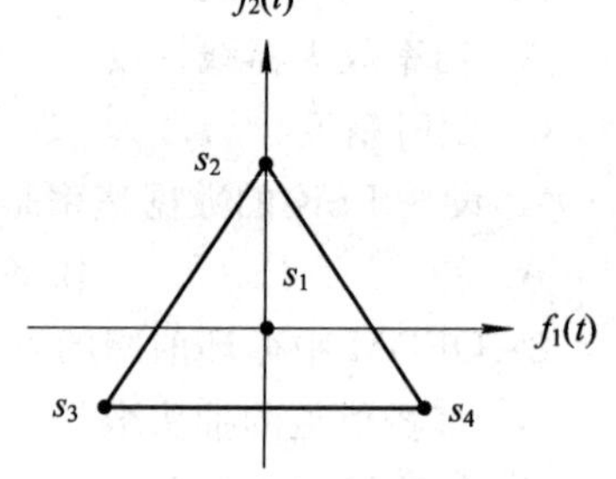

图 6-4-2

5. 已知电话信道可用的信号传输频带为 600～3000 Hz，调制载波频率为 1800 Hz，试说明：

(1) 采用 $\alpha=1$ 升余弦滚降基带成形时，QPSK 调制可以传输 2400 b/s 数据。

(2) 采用 $\alpha=0.5$ 升余弦滚降基带成形时，8PSK 可以传输 4800 b/s 数据。

6.4.2 参考答案

一、填空题

1. 莱斯；瑞利；高斯/正态。2. 5.4 kHz；4.8 kHz。3. 2PSK 的反向工作。

4. 包络解调；差分相干检测。5. 32。6. 增大。

7. $R_s=\dfrac{R_b}{\text{lb}M}=\dfrac{90}{4}=22.5$ MBaud；$B=2R_s=2\times22.5=45$ MHz。8. 16FSK；16ASK。

9. 1。10. OQPSK；OQPSK；16QAM。

二、选择题

1. D；2. D；3. A；4. C；5. D；6. A；7. C；8. A；9. A；10. C。

三、简答题

1. 用数字基带信号控制载波的某个参量，使载波的参量随着数字基带信号变化。

数字调制与模拟调制的原理完全相同，唯一的区别是基带信号，当基带信号是模拟信号时，称为模拟调制；当基带信号是数字信号时，则称为数字调制。

2. 相干解调是指解调时需要一个与接收信号中的载波同频同相的本地载波作为参考信号的解调方式。反之，解调时不需要相干载波的解调方式统称为非相干解调。

在相同信道条件下，相干解调的抗噪声性能优于非相干解调的抗噪声性能。但当信噪比较大时，两者的误码性能相接近。由于相干解调需要提取相干载波因而实现上较为复杂。故当信噪比较小时，为获得较好的抗噪声性能，通常采用相干解调，而当信噪比较大时，应选择实现简单的非相干解调。

3. 绝对调相是以未调载波的相位作为参考相位，而相对调相是以前一码元内的已调载波的相位作为参考相位。

它们的区别是：① 绝对调相只能采用相干解调(极性比较法)，而相对调相既可以采用相干解调(极性比较法)，也可以采用非相干解调(相位比较法)；② 在相同信道条件下，绝对调相的抗噪声性能优于相对调相的抗噪声性能；③ 绝对调相存在反向工作问题，而相对调相能够克服这个问题；④ 相对调相可通过对信息差分编码后再进行绝对调相来实现，故相对调相产生时多一个差分编码器。

4. 二进制数字调制系统的误码率大小主要与下列因素有关：

① 调制方式。不同的调制方式，误码率公式不同，三种基本调制方式中，2PSK 调制方式的误码性能最好，2ASK 调制方式的误码性能最差。

② 解调方法。即使同一种调制方式，采用相干解调时的误码性能优于非相干解调的误码性能。

③ 解调器(或接收机)输入端的信噪比。

降低误码率的方法有许多：

① 选择抗噪声性能优越的调制方式，如 2PSK 调制。

② 采用相干解调方式进行信号解调。

③ 增大发射机功率以提高信噪比等。

5. 2DPSK 信号采用相干解调时需要载波同步和码反变换，而采用差分相干解调时不需要。在相同的输入信噪比时，相干解调的误码率性能优于差分相干解调的性能，但大信噪比时，两者误码率的数量级差不多。

四、综合题

1. (1) b 点的波形如图 6-4-3 所示。可见，b 点波形为 2ASK 信号。

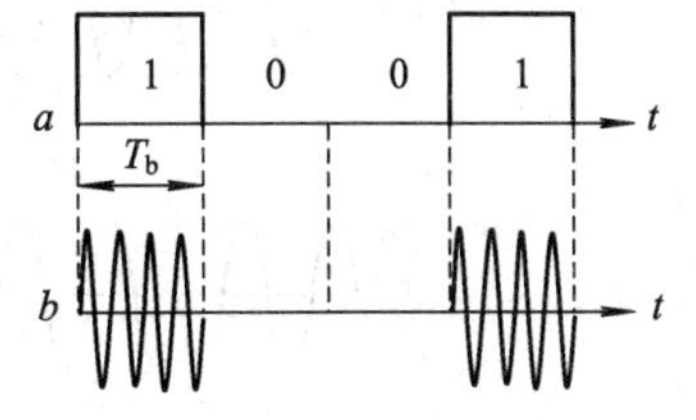

图 6-4-3

(2) a 点为单极性全占空矩形脉冲序列，其功率谱密度为 $P_a(f)=\frac{T_b}{4}\text{Sa}^2(\pi f T_b)+\frac{1}{4}\delta(f)$，功率谱示意图如图 6-4-4(a)所示。$b$ 点 2ASK 信号的功率谱则是 a 点信号功率谱搬移到载波频率上，如图 6-4-4(b)所示。

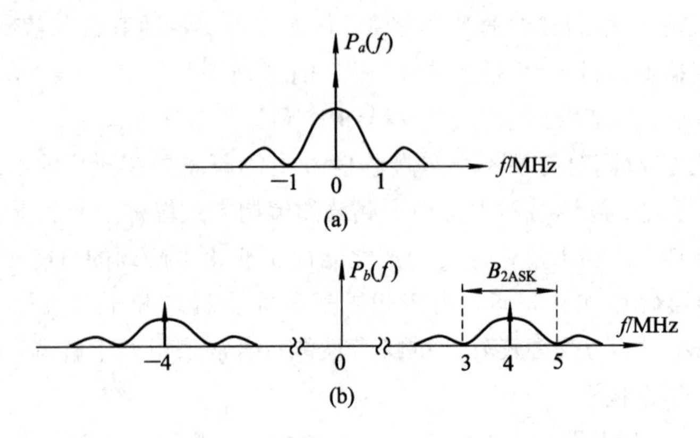

图 6-4-4

(3) 由图 6-4-4 可见，a 点信号带宽为 1 MHz，b 点 2ASK 信号的带宽为 2 MHz。

(4) 解调 b 点的 2ASK 信号可采用相干解调或包络解调(非相干)。

(5) 由 $\frac{E_b}{n_0}=\frac{\frac{1}{2}A^2T_b}{n_0}=\frac{\frac{1}{2}\times 1^2}{3.125\times 10^{-8}\times 10^6}=16$ 分别代入 2ASK 信号相干和非相干解调误码率公式，得相应误码率分别为

$$P_{e相干}=\frac{1}{2}\text{erfc}\left(\sqrt{\frac{E_b}{4n_0}}\right)=\frac{1}{2}\text{erfc}(2)=2.34\times 10^{-3}$$

$$P_{e非相干}=\frac{1}{2}\exp\left(-\frac{E_b}{4n_0}\right)=\frac{1}{2}\text{e}^{-4}=9.41\times 10^{-3}$$

2. (1)、(2) 原始码$\{a_n\}$、相对码$\{b_n\}$及其 2PSK 波形如图 6-4-5 所示。

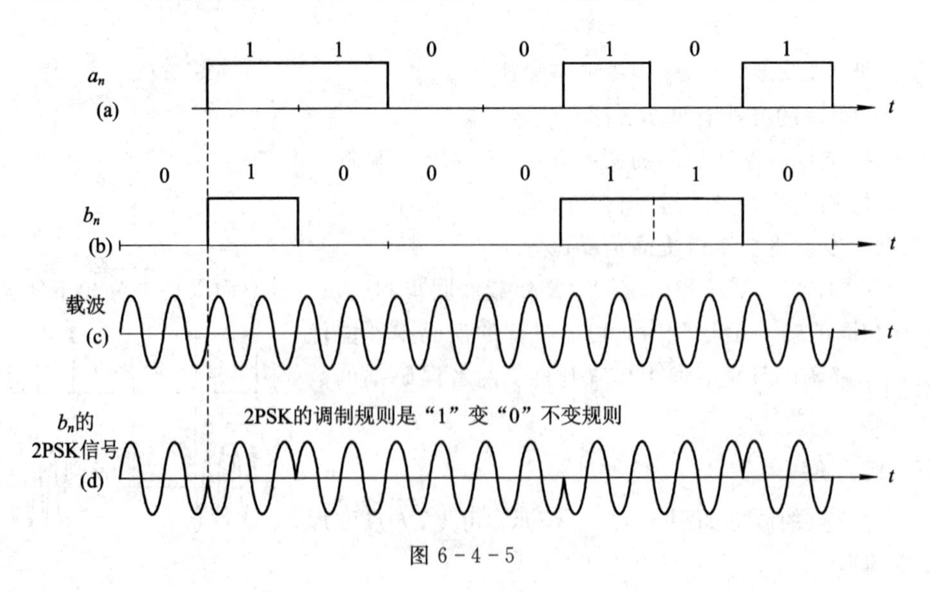

图 6-4-5

(3) $\{b_n\}$ 的 2PSK 信号的功率谱示意图如图 6－4－6 所示。

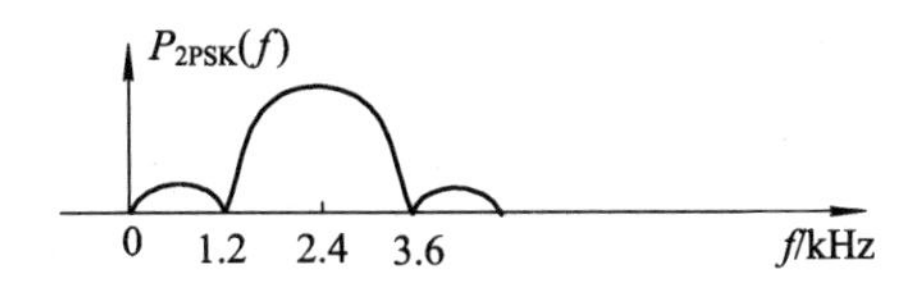

图 6－4－6

(4) 第一过零点带宽：$B=2f_b=2\times1.2\ \text{kHz}=2.4\ \text{kHz}$。

相干解调的误码率：$P_{e相干}=\text{erfc}\left(\sqrt{\dfrac{E_b}{n_0}}\right)$

非相干解调的误码率：$P_{e非相干}=\dfrac{1}{2}\exp\left(-\dfrac{E_b}{n_0}\right)$

3. 带宽 $B=110-100=10$ MHz，无码间干扰最大传输速率为 $R_s=10$ MBaud。故选择 $M=16$，则 $R_s=R_b/\text{lb}M=32/4=8$ MBaud，采用升余弦滚降特性成形，滚降系数 $\alpha=\dfrac{B/2}{R_s/2}-1=\dfrac{5}{4}-1=0.25$。

发送框图如图 6－4－7(a)所示，接收框图如图 6－4－7(b)所示。

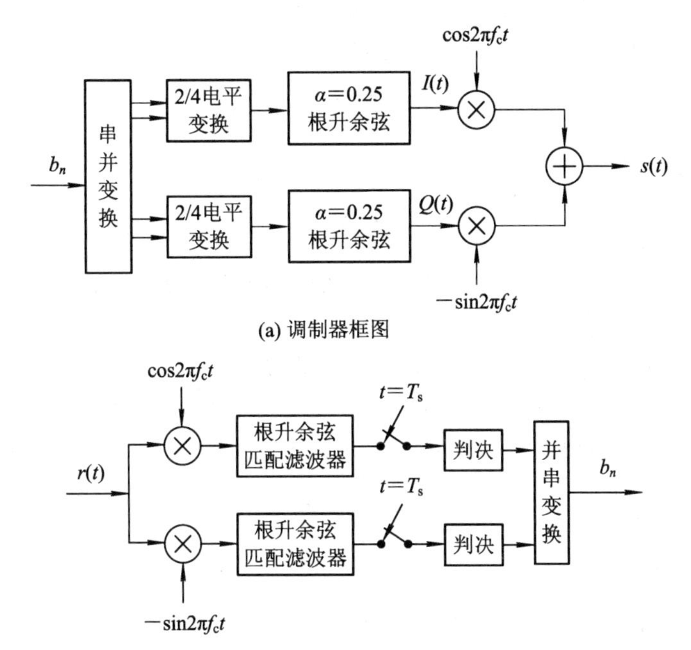

图 6－4－7 新设计传输系统框图

4. (1) 由题意得星座图中 4 个符号的能量分别为 $E_1=0$，$E_2=E_3=E_4=1$，平均能量为 $E_s=\dfrac{E_1+E_2+E_3+E_4}{4}=\dfrac{3}{4}$。

(2) s_1 的最佳判决区域如图 6－4－8 中阴影所示，即 s_1 与 s_2、s_3、s_4 连线的垂直平分线所围区域。

(3) 由对称性可知，$P_2=P_3=P_4$。由判决区域大小可知，$P_1>P_2=P_3=P_4$。

(4) $P(s_2|s_1)=P(s_3|s_1)=P(s_4|s_1)=\frac{P_1}{3}=0.001$，且发送 s_1 判错为其他 3 个符号的错误位数分别为 1、1、2(如 s_1 被编码为 00，其他 3 个符号被编码为 01、10、11)。所以发送 s_1 条件下的平均误比特率为

$$P_e=\frac{1}{2}\left(\frac{P_1}{3}\times 1+\frac{P_1}{3}\times 1+\frac{P_1}{3}\times 2\right)=\frac{2P_1}{3}=0.002$$

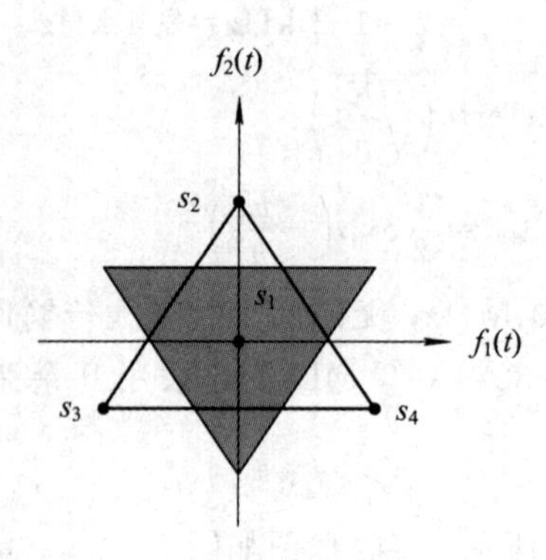

图 6-4-8　s_1的最佳判决区域

5. (1) 对于 $\alpha=1$ 的 QPSK，$M=4$，故码元速率为

$$R_B=\frac{R_b}{\text{lb}M}=\frac{2400}{\text{lb}4}=1200\ \text{Baud}$$

成形后基带信号的带宽为

$$B_b=(1+\alpha)W=(1+\alpha)\times\frac{1}{2}R_B=(1+1)\times\frac{1}{2}\times 1200=1200\ \text{Hz}$$

经 QPSK 调制后的信号的带宽是基带信号带宽的 2 倍，即 QPSK 信号的带宽为

$$B=2B_b=2\times 1200=2400\ \text{Hz}$$

由给定电话信道可知，此信号的带宽刚好等于信道带宽，且信号的中心频率(载波频率)等于信道通带的中点。故 $\alpha=1$ 的 QPSK 调制可以在此电话信道传输 2400 b/s 的数据。

(2) 对于 $\alpha=0.5$ 的 8PSK 信号，$M=8$，当信息速率为 4800 b/s 时，码元速率为

$$R_B=\frac{R_b}{\text{lb}M}=\frac{4800}{\text{lb}8}=1600\ \text{Baud}$$

成形后基带信号带宽为

$$B_b=(1+\alpha)W=(1+\alpha)\times\frac{1}{2}R_s=(1+0.5)\times\frac{1}{2}\times 1600=1200\ \text{Hz}$$

8PSK 信号的带宽是基带信号带宽的 2 倍，即

$$B=2B_b=2\times 1200=2400\ \text{Hz}$$

可见，也刚好能在带宽为 2400 Hz、中心频率为 1800 Hz 的信道上传输。

第 7 章　模拟信号数字传输系统

7.1 考点提要

7.1.1 模拟信号数字传输系统的基本概念

模拟信号在数字通信系统上的传输称为模拟信号的数字传输，相应的系统称为模拟信号数字传输系统，组成框图如图 7－1－1 所示。

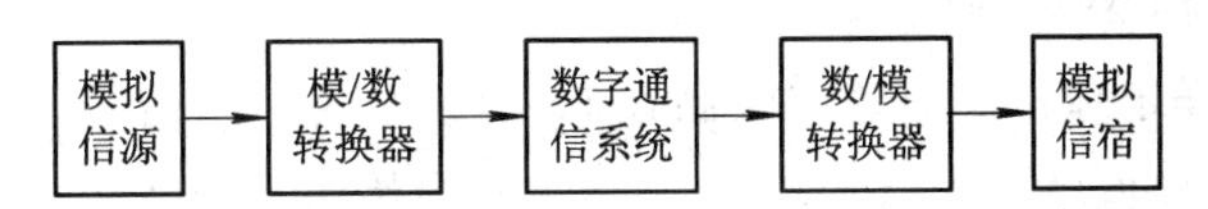

图 7－1－1　模拟信号数字传输系统

模拟信号的数字传输系统由以下三个部分组成：

(1) 模/数(A/D)转换。其作用是将模拟信号转换成数字信号。

(2) 数字通信系统。其作用是传输数字信息。数字通信系统可以是基带传输(第 5 章内容)，也可以是频带传输(第 6 章内容)。

(3) 数/模(D/A)转换。其作用是将数字信号转换为模拟信号。

常用的两种模拟信号数字化方法：脉冲编码调制(PCM)和增量调制(ΔM)。

7.1.2 脉冲编码调制(PCM)*

1. PCM 的三个基本步骤——取样、量化和编码

脉冲编码调制(PCM)是一种具体的语音信号数字化方法，广泛应用于光纤通信、数字微波通信和卫星通信中。

采用 PCM 数字化方法的模拟信号数字传输系统称为 PCM 系统，如图 7－1－2 所示。PCM 数字化方法包括取样、量化和编码三个步骤。数字化后的二进制码元序列称为 PCM 代码，此代码经数字通信系统传输后到达接收端，通过译码器和低通滤波器还原发送的模拟信号，实现模拟信号在数字通信系统上的传输。

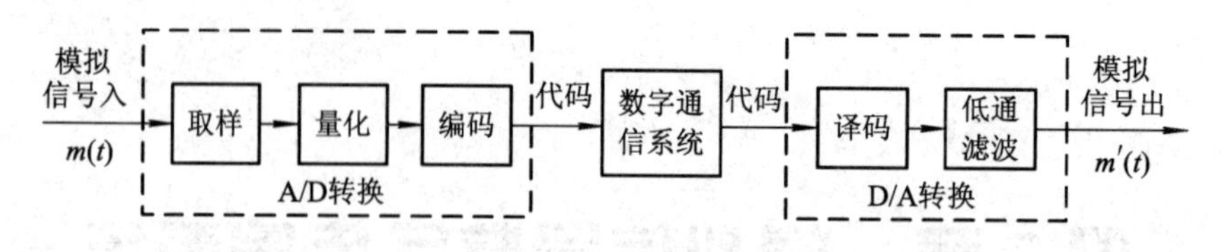

图 7-1-2　PCM 通信系统框图

1）取样

取样：将时间上连续的模拟信号变换为时间上离散的样值序列的过程。

取样的实现方法是将模拟信号与一个周期性的冲激序列进行相乘，取样过程及波形示意图如图 7-1-3 所示。

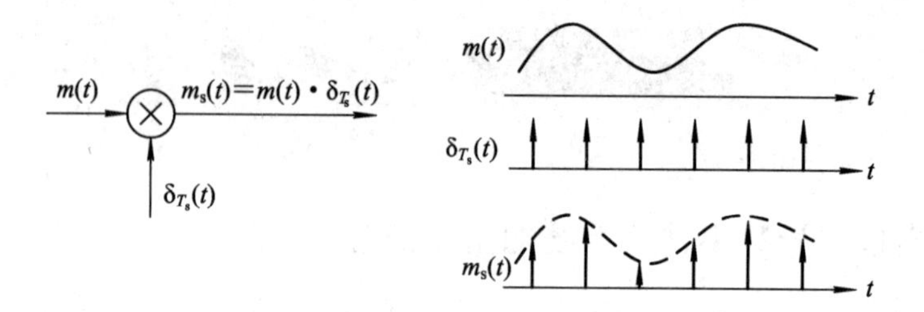

图 7-1-3　取样过程及波形示意图

(1) 低通信号的取样定理*。

低通信号的取样定理：一个频带限制在 $0\sim f_H$ 内的连续信号 $m(t)$，如果取样速率 $f_s\geqslant 2f_H$，则可以由样值序列 $m(kT_s)$ 无失真地重建原始信号 $m(t)$。

此定理即为奈奎斯特取样定理，$f_{smin}=2f_H$ 称为奈奎斯特取样速率(频率)，$T_{smin}=1/f_{smin}$ 称为奈奎斯特取样间隔。

意义：取样定理允许把时间连续信号变为时间离散信号又不失信息，从而为模拟信号数字化奠定了理论基础。

注意：取样后的信号仍为模拟信号，因为取样值仍然是连续的。

实际应用中应注意：

① 实际取样时，取样脉冲不是理想的冲激序列，而是有一定宽度的矩形脉冲序列。当脉冲宽度远小于其取样周期时，可近似为周期冲激序列，可以应用以上取样结果。

② 接收端用于恢复原模拟信号的低通滤波器不可能是理想的，有一定的滚降坡度，故要求取样速率 $f_s>2f_H$，一般取 $f_s=(2.5\sim3)f_H$。例如语音信号的最高频率为 3000～3400 Hz，取样频率一般取 8000 Hz。

③ 实际被取样的信号往往是时间受限的，故它不是带限信号。因此，取样之前应使用一个带限滤波器对其进行限带，否则会出现频谱混叠(频谱重叠)，此滤波器称为抗混叠滤波器。

(2) 带通信号的取样定理*。

带通信号的取样定理：一个带通信号 $m(t)$ 具有带宽 B 和最高频率 f_H，如果取样频率 $f_s=(2f_H)/m$，m 是一个不超过 f_H/B 的最大整数，那么 $m(t)$ 可以用取样值 $m(kT_s)$ 来表示。

下面分两种情况进行说明：

① 当最高频率是带宽的整数倍，即 $f_H=nB$ 时，此时 $f_H/B=n$ 是整数，$m=n$，所以 $f_s=(2f_H)/m=2B$，即取样频率为 $2B$。也就是说，带通信号的取样频率等于信号带宽的 2 倍。频谱示意图如图 7-1-4 所示。为作图方便，在该图中取 $n=4$，$f_H=4B$，$f_L=3B$。可见，图中频谱 $M_s(f)$既没有重叠也没有留有空隙，而且包含有原带通信号 $M(f)$的频谱，如图中有阴影的部分。显然，用带通滤波器就可从频谱 $M_s(f)$中滤出 $M(f)$，恢复原带通信号 $m(t)$。从图也可看到，如果 f_s 再减小，即 $f_s<2B$ 时必然会出现频谱的混叠。由此可知，当 $f_H=nB$ 时，有

$$f_s = 2B \tag{7-1-1}$$

② 当最高频率不等于带宽的整数倍，即 $f_H=nB+kB$ 时，其中 $0<k<1$，此时，$f_H/B=n+k$，m 是不超过 $n+k$ 的最大整数，显然取 $m=n$，有

$$f_s = \frac{2f_H}{m} = \frac{2(nB+kB)}{m} = 2B + \frac{2kB}{n} = 2B\left(1+\frac{k}{n}\right) \tag{7-1-2}$$

当 n 很大时，$\frac{k}{n}$趋近于 0，此时 $f_s\approx 2B$。

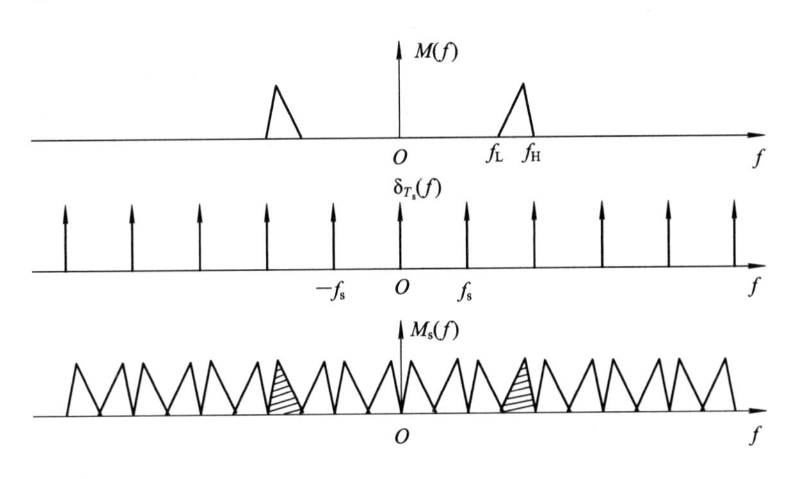

图 7-1-4　带通信号取样频谱图($f_H=4B$，$f_s=2B$)

根据式(7-1-2)和关系 $f_H=f_L+B$ 可画出如图 7-1-5 所示的曲线。由图可见，f_s在 $2B$～$4B$ 范围内取值，当 $f_L\gg B$ 时，f_s趋近于 $2B$。这一点表明，当 $f_L\gg B$ 时，n 很大，所以不论 f_H是否为带宽的整数倍，式(7-1-2)均可简化为

$$f_s \approx 2B \tag{7-1-3}$$

实际中应用广泛的高频窄带信号就符合这种情况，这是因为 f_H大而 B 小，f_L当然也大，很容易满足 $f_L\gg B$。由于带通信号一般为窄带信号，很容易满足 $f_L\gg B$，因此带通信号通常可按 $2B$ 速率取样。

此外，带通信号也可看作是低通信号，按低通信号的取样定理进行取样，只是此时带通信号的 f_H一般会比较高，导致取样频率会比较大。

取样定理是模拟信号数字化的理论基础。它不仅为模拟信号的数字化奠定了理论基础，还是时分多路复用及信号分析、处理的理论依据。

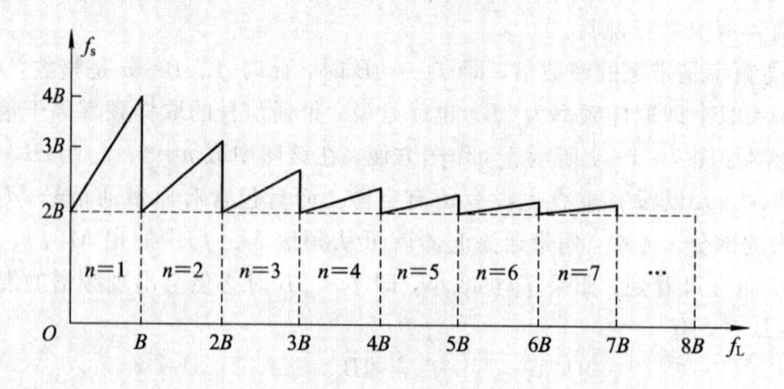

图 7-1-5　f_s 与 f_L 间关系

2）量化

(1) 量化及量化噪声。

量化：用预先规定的有限个电平来表示取样值。

预先规定的电平称为量化电平，相邻两个量化电平之间的间隔称为量化台阶或量化间隔。

量化的过程：将每个取样值与各个量化电平比较，用最接近于样值的量化电平来表示取样值。

量化过程会引入误差，此误差称为量化误差，它像噪声一样影响通信系统的通信质量，故又称其为量化噪声。量化必然会产生量化噪声，无法消除，只能通过减小量化间隔来改善。

量化误差对通信系统产生的影响常用量化信噪比 $\mathrm{SNR}=S_q/N_q$ 来衡量，其中 S_q 是量化信号的功率，N_q 代表量化噪声的功率。

(2) 均匀量化的量化信噪比*。

等间隔设置量化电平的量化称为均匀量化。量化间隔不等的量化称为非均匀量化。

在均匀量化中，若量化间隔为 Δ，则最大量化误差为 $\pm\Delta$。

设信号为双极性，且在信号的取值范围 $(-a, a)$ 内等间隔设置 $Q=2^k$ 个量化电平 $\pm\Delta/2$，$\pm(3\Delta)/2$，…，$\pm(Q-1)\Delta/2$，量化台阶 $\Delta=2\alpha/Q$，如图 7-1-6 所示。

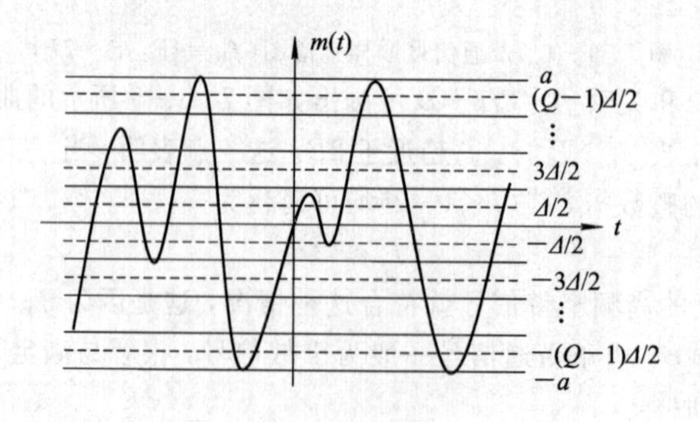

图 7-1-6　均匀量化

① 当信号的取值服从均匀分布时，量化信号和量化噪声的功率分别为

$$S_q=\frac{(Q^2-1)}{12}\Delta^2\approx\frac{Q^2}{12}\Delta^2 \tag{7-1-4}$$

$$N_q = \frac{\Delta^2}{12} \tag{7-1-5}$$

量化信噪比为

$$\frac{S_q}{N_q} = Q^2 = 2^{2k} \tag{7-1-6}$$

用分贝表示为

$$\left(\frac{S_q}{N_q}\right)_{dB} = 20\lg Q = 20k\lg 2 \approx 6k \tag{7-1-7}$$

其中 k 是编码位数。

② 当信号为正弦信号时，由于大取样值出现的概率大，故上述量化信噪比公式可修正为

$$\left(\frac{S_q}{N_q}\right)_{dB} \approx 6k+2 \tag{7-1-8}$$

③ 当信号为语音信号时，由于小取样值出现的概率大，故量化信噪比公式可修正为

$$\left(\frac{S_q}{N_q}\right)_{dB} \approx 6k-9 \tag{7-1-9}$$

由式(7-1-7)、式(7-1-8)及式(7-1-9)可见，编码位数每增加一位，量化信噪比就提高 6 dB。

由式(7-1-5)可见，量化噪声功率 N_q 只与量化台阶 Δ 有关。对于均匀量化，Δ 是固定的，因而 N_q 固定不变。但是，信号的强度随时间变化。当信号变小时，量化信噪比也随之下降。当信号小到一定程度时，会使量化信噪比不能满足正常通信所要求的大于等于 26 dB。使量化器输出量化信噪比能满足正常通信要求的输入信号的变化范围，称为量化器的动态范围。为提高小信号的量化信噪比，即扩大量化器的动态范围，在实际应用中常采用非均匀量化。

(3) 非均匀量化*。

① 特点：非等间隔设置量化电平。信号小时，量化台阶 Δ 也小；信号大时，量化台阶 Δ 也大。如图 7-1-7 所示，量化台阶设置为 $\Delta_1<\Delta_2<\Delta_3<\Delta_4$。

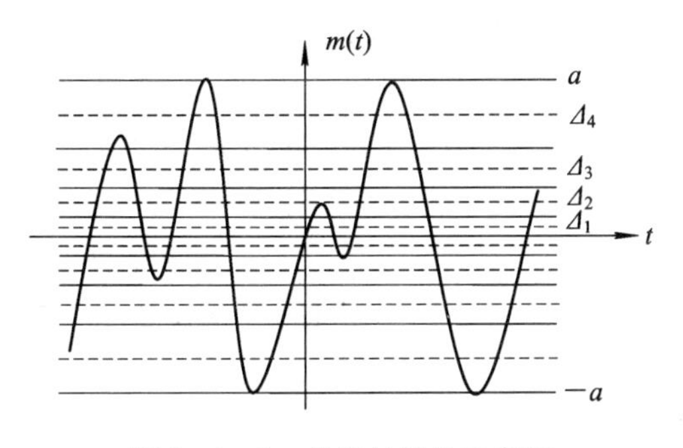

图 7-1-7　非均匀量化示意图

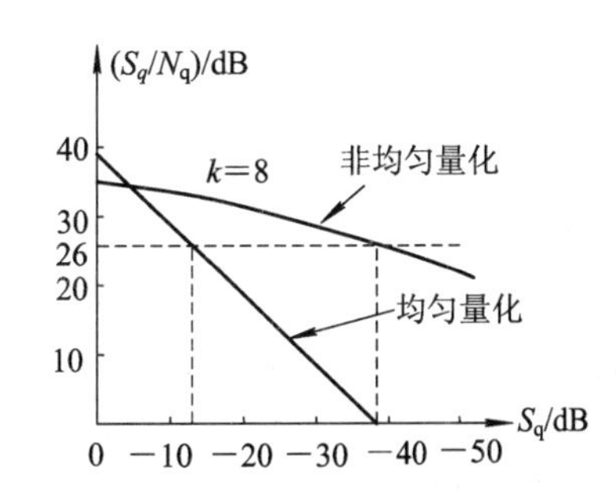

图 7-1-8　语音信号均匀量化和非均匀量化时的量化信噪比

② 目的：提高小信号的量化信噪比，从而扩大量化器的动态范围。图 7-1-8 是 $k=8$、输入为语音信号时的均匀和非均匀量信噪比变化曲线。均匀量化器的量化信噪比(直线)随输入信号功率的下降直线下降，而非均匀量化器的量化信噪比随输入信号功率的下降较为

缓慢地下降，在输入信号下降了 38 dB 时仍能使量化信噪比满足正常通信的要求，故非均匀量化器的动态范围由均匀量化时的约 13 dB 扩大到了 38 dB。

③ 实现方法：压缩＋均匀量化或 13 折线非均匀量化。

a. 压缩＋均匀量化。

采用压缩＋均匀量化的 PCM 系统框图如图 7-1-9 所示。压缩特性有 A 律和 μ 律两种。压缩后的信号已产生了失真，要补偿这种失真，接收端需要对接收到的信号进行扩张，以还原为压缩前的信号。扩张器的传输特性与压缩特性呈反比。

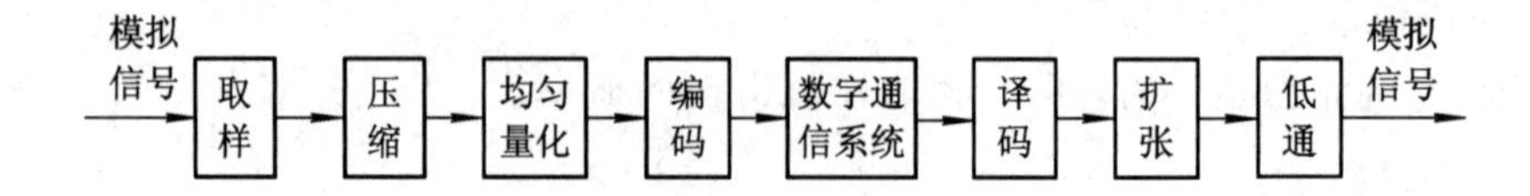

图 7-1-9 采用压缩＋均匀量化的 PCM 系统

A 律特性：

$$y=\begin{cases}\dfrac{A|x|}{1+\ln A} & 0\leqslant |x|\leqslant \dfrac{1}{A}\\[2ex] \dfrac{1+\ln A|x|}{1+\ln A} & \dfrac{1}{A}\leqslant |x|\leqslant 1\end{cases} \tag{7-1-10}$$

其中，A 为压缩系数，$A=1$ 时无压缩，A 越大压缩效果越明显。

μ 律特性：

$$y=\frac{\ln(1+\mu|x|)}{\ln(1+\mu)} \quad |x|\leqslant 1 \tag{7-1-11}$$

其中，μ 为压缩系数，$\mu=0$ 时无压缩，μ 越大压缩效果越明显。

采用非均匀量化时，$x=x_0$ 处量化信噪比的改善为

$$d=20\lg\frac{\mathrm{d}y}{\mathrm{d}x}\bigg|_{x=x_0} \tag{7-1-12}$$

欧洲、中国等国家采用 $A=87.6$ 的 A 律压缩，并用 13 折线量化来近似实现；美国、加拿大、日本等国家采用 $\mu=255$ 的 μ 律压缩，并用 15 折线来近似实现；CCITT 公布的 G.711 建议在国际间数字系统相互连接时，以 13 折线 A 律为标准。

b. 13 折线非均匀量化。

量化电平设置：将信号的最大值归一化，然后将（0，1）区间分成 8 段，分别为（0，1/128）、（1/128，1/64）、（1/64，1/32）、（1/32，1/16）、（1/16，1/8）、（1/8，1/4）、（1/4，1/2）、（1/2，1），每段的间隔不等。最后，对每个段 16 等分，每个等份称为一个级，这样共得到 128 个级，每个级就是一个量化区间，在每个量化区间的中点设置量化电平，共有 128 个量化电平。（-1,0）区间以同样的方法也可划分 128 个量化级，每个量化级的中间设置为量化电平。故 13 折线非均匀量化共设置了 256 个量化电平。

量化方法：首先对要量化的取样值进行归一化处理，再将其值与预先设置的 256 个量化电平比较，量化到最接近于取样值的量化电平上。

为便于量化，256 个量化级中的最小量化级（1/128 的 1/16）用一个 Δ 来表示，即 Δ=1/2048。这样，每个段的起始电平、终止电平、每个级的大小（量化台阶）均可用 Δ 表示，如表 7-1-1 所示。

表 7-1-1　13 折线量化时正向八段的起止电平及量化台阶

	第 1 段	第 2 段	第 3 段	第 4 段	第 5 段	第 6 段	第 7 段	第 8 段
起始电平	0	16Δ	32Δ	64Δ	128Δ	256Δ	512Δ	1024Δ
终止电平	16Δ	32Δ	64Δ	128Δ	256Δ	512Δ	1024Δ	2048Δ
量化台阶	Δ	Δ	2Δ	4Δ	8Δ	16Δ	32Δ	64Δ

13 折线非均匀量化特别适合于软件和数字硬件实现，其性能近似于使用 $A=87.6$ 的 A 律特性的非均匀量化系统。采用 13 折线非均匀量化的 PCM 系统框图如图 7-1-10 所示。

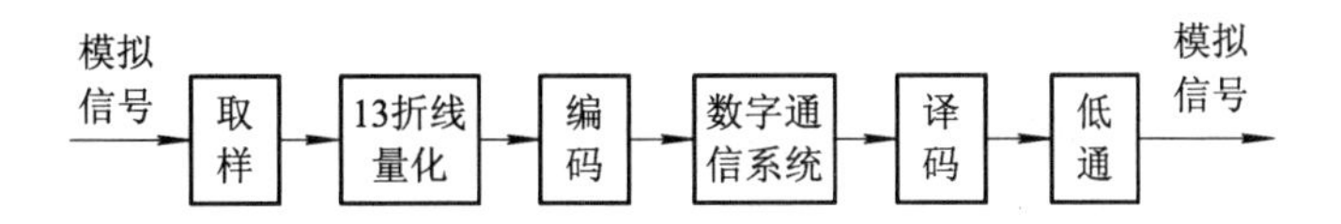

图 7-1-10　采用 13 折线非均匀量化的 PCM 系统

3) *编码*[*]

编码：用二进制代码来表示量化电平的过程。

译码：将二进制代码还原为量化电平的过程，也称解码。

(1) 常用二进制代码。

在 PCM 编码中常用的二进制代码有三种：自然二进制码、折叠二进制码和格雷码。图 7-1-11 是有 16 个量化电平的三种编码。

量化电平编号	量化电平	自然二进制码	折叠二进制码	格雷码
15	15Δ/2	1111	1111	1000
14	13Δ/2	1110	1110	1001
13	11Δ/2	1101	1101	1011
12	9Δ/2	1100	1100	1010
11	7Δ/2	1011	1011	1110
10	5Δ/2	1010	1010	1111
9	3Δ/2	1001	1001	1101
8	Δ/2	1000	1000	1100
7	−Δ/2	0111	0000	0100
6	−3Δ/2	0110	0001	0101
5	−5Δ/2	0101	0010	0111
4	−7Δ/2	0100	0011	0110
3	−9Δ/2	0011	0100	0010
2	−11Δ/2	0010	0101	0011
1	−13Δ/2	0001	0110	0001
0	−15Δ/2	0000	0111	0000

图 7-1-11　16 个量化电平所对应的三种编码

① 自然二进制码。

编码方法：每个量化电平对应的代码等于此量化电平编号的二进制表示。

优点：简单直观。

缺点：误码对小信号影响较大，因而不利于小信号的传输。

② 折叠二进制码。

编码方法：码组的最高位表示量化电平的极性，代码的其余部分是量化电平绝对值的自然二进制编码，电平绝对值由小到大，所对应的自然二进制码依次为 000、001、010、…、111。

优点：便于对双极性信号的编码，且误码对小信号的影响较小。故语音信号的 PCM 系统采用折叠二进制码。

③ 格雷码。

格雷码的特点是任何相邻量化电平所对应的码组中只有一位二进制码不同。

(2) 13 折线编码。

13 折线编码是将每个取样值的量化电平编成 8 位折叠二进制码 $x_1x_2x_3x_4x_5x_6x_7x_8$。编码方法如下：

① x_1 表示量化电平的极性，称为极性码。若样值极性为正，则 $x_1=1$；若样值极性为负，则 $x_1=0$。

② $x_2x_3x_4$ 表示量化电平绝对值所在的段落号，称为段落码。三位二进制共有 8 种组合，分别表示 8 个段落号。000 表示第 1 段，001 表示第 2 段，以此类推，111 表示第 8 段。

③ $x_5x_6x_7x_8$ 表示段落内量化级号，称为量化级码。四位二进制的 16 种组合刚好表示 16 个级，从 0000 到 1111 依次表示第 1 级到第 16 级。

归纳一下，13 折线量化编码每取样一次编 8 位码，量化和编码可同时完成，经三个步骤：

- 确定样值的极性码；
- 确定样值的段落码；
- 确定样值在段内的量化级码。

例如，某样值用 Δ 表示的大小为 968Δ，则有 $968\Delta=512\Delta+14\times32\Delta+8\Delta$，说明此样值落在第 7 段第 15 级。故有

极性码：$x_1=1$，即极性为正；

段落码：$x_2x_3x_4=110$，表示第 7 段；

量化级码：$x_5x_6x_7x_8=1110$，表示第 15 级。

综合上述，大小为 968Δ 的样值编码后的 8 位代码为 $x_1x_2x_3x_4x_5x_6x_7x_8=11101110$。此代码经数字通信系统传送到接收端，接收端的 PCM 译码器将它译成正极性、第 7 段、第 15 级的量化电平，即

$$(512\Delta+14\times32\Delta)+32\Delta\div2=976\Delta$$

可见，量化过程引入了 $|968\Delta-976\Delta|=8\Delta$ 的量化误差。

2. PCM 系统

1) PCM 信号的码元速率*

当取样速率为 f_s，每个样值编码 k 位时，PCM 信号的二进制码元速率为

$$R_B=kf_s \tag{7-1-13}$$

例如，对语音信号的取样速率为 $f_s=8000$ 次/秒，每个样值编为 $k=8$ 位二进制代码，则语音信号经 PCM 数字化后的二进制码元速率为 $R_B=8000\times 8=64\times 10^3$ Baud$=64$ kBaud。

2）传输 PCM 信号所需要的最小信道带宽*

传输 PCM 信号所需的最小信道带宽不仅与 PCM 信号的码元速率有关，还与传输它的数字通信系统有关。设 PCM 信号的二进制码元速率为 R_B，则采用以下数字通信系统时所需的最小信道带宽如下。

（1）二进制理想低通基带系统：

$$B=\frac{1}{2}R_B \tag{7-1-14}$$

（2）M 进制理想低通基带系统：

$$B=\frac{1}{2}\left(\frac{R_B}{\mathrm{lb}M}\right)=\frac{R_B}{2\ \mathrm{lb}M} \tag{7-1-15}$$

（3）二进制升余弦基带系统：

$$B=R_B \tag{7-1-16}$$

（4）M 进制升余弦基带系统：

$$B=\frac{R_B}{\mathrm{lb}M} \tag{7-1-17}$$

（5）2PSK 调制系统：

$$B=2B_{基带}=R_B \tag{7-1-18}$$

（6）4PSK(QPSK)调制系统：

$$B=2B_{基带}=\frac{R_B}{\mathrm{lb}M}=\frac{R_B}{\mathrm{lb}4}=\frac{R_B}{2} \tag{7-1-19}$$

注意：PSK 调制系统采用理想低通传输特性进行波形成形时，系统带宽最小，为相应基带系统的 2 倍，式(7-1-18)、式(7-1-19)即基于此考虑。若 PSK 调制系统中的基带成形波形为时域方波时，其第一过零点带宽等于码元速率的 2 倍。

3）PCM 系统的误码噪声

PCM 系统中有两类噪声，一类是量化引起的量化噪声，另一类是数字通信系统的误码引起的误码噪声，如图 7-1-12 所示。

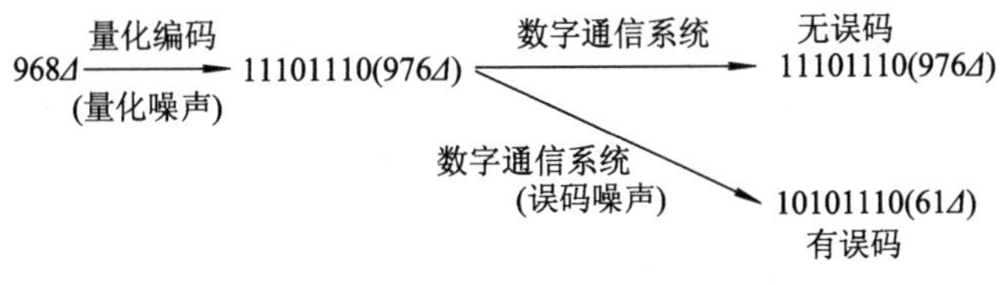

图 7-1-12　PCM 系统中的两种噪声

发生错码的位置不同，引入的误差大小也不同，而且，即使代码的同一位置发生错误，码型不同，产生的误差大小也不同。误码对系统性能的影响用误码信噪比来衡量。

当采用自然二进制码时，误码信噪比近似为

$$\frac{S_q}{N_e}=\frac{1}{4P_e} \tag{7-1-20}$$

当采用折叠二进制码时，误码信噪比为

$$\frac{S_q}{N_e}=\frac{1}{5P_e} \tag{7-1-21}$$

其中 P_e 为数字系统的误码率。可见，误码信噪比与数字通信系统误码率的倒数呈正比，误码率越大，误码信噪比越小，可靠性越差。

注意：上述两式所示结论是在信号均匀分布的条件下得到的，对语音信号而言(小信号出现概率大)，折叠二进制码的误码信噪比比自然二进制码的误码信噪比好，故实际语音信号的 PCM 系统中采用折叠二进制码。

同时考虑量化噪声和误码噪声时，PCM 系统输出的总信噪比为

$$\frac{S_q}{N}=\frac{S_q}{N_q+N_e}=\left(\left(\frac{S_q}{N_q}\right)^{-1}+\left(\frac{S_q}{N_e}\right)^{-1}\right)^{-1} \tag{7-1-22}$$

3. DPCM 和 ADPCM

64 kb/s 的 A 律或 μ 律的对数压扩 PCM 编码已经在大容量的光纤通信系统和数字微波系统中得到了广泛的应用。但 PCM 信号占用频带要比模拟通信系统的一个标准话路带宽(3.1 kHz)宽很多倍，这样，对于大容量的长途传输系统，尤其是卫星通信，采用 PCM 的经济性能很难与模拟通信相比。

降低比特率、压缩传输带宽是语音编码技术追求的一个目标。通常，把话路速率低于 64 kb/s 的编码方法称为语音压缩编码技术。语音压缩编码方法很多，如 DPCM、ADPCM、ΔM 等都是早期研发出的这类技术。

1) *差分脉冲编码调制*(DPCM)

在 PCM 中，每个取样值独立编码，与其他样值无关，对样值的整个幅值进行编码就需要较多位数，进而编码输出的比特率较高。而大多数以奈奎斯特或更高速率抽样的信源信号在相邻取样值间表现出很强的相关性，有很大的冗余度。利用信源的这种相关性，对相邻取样值的差值而不是取样值本身进行编码，由于相邻样值的差值比样值本身小，可以用较小的比特数表示差值。这样，可以在量化台阶不变的情况下(即量化噪声不变)，显著减小编码位数。此即 DPCM 的基本思想。

实际实现时，DPCM 通常是根据前面的 k 个样值预测当前时刻的样值，然后对当前样值与预测值之间的差值(称为预测误差)进行量化编码。由于前后样值有较大的相关性，取样值及其预测值之间也就有强的相关性，即取样值和其预测值非常接近，预测误差的可能取值范围比取样值的变化范围小得多。所需编码位数减少，从而降低了编码的比特率。DPCM 实际上是一种预测编码方法。DPCM 系统的框图如图 7-1-13 所示。

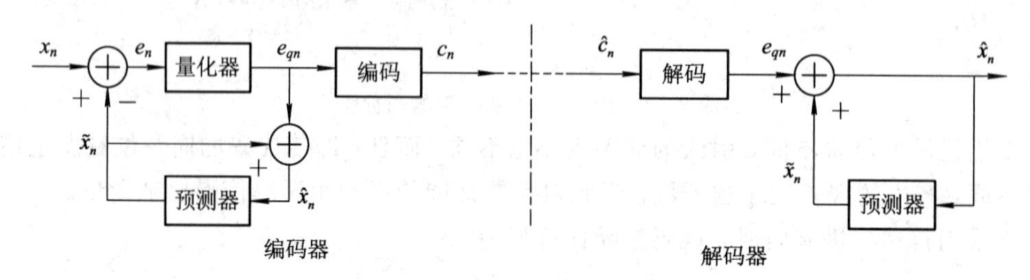

图 7-1-13　DPCM 系统原理框图

2）自适应差分脉冲编码调制（ADPCM）

DPCM 系统性能的改善是以最佳的预测和量化为前提的。为了改善 DPCM 的性能，可将自适应技术引入到量化和预测过程，即 ADPCM。ADPCM 的主要特点是用自适应量化取代固定量化，用自适应预测取代固定预测。自适应量化指量化台阶随信号的变化而变化，使量化误差减小；自适应预测指预测器系数可随信号的统计特性而自适应调整，从而得到高预测增益。通过这两点改进，可大大提高输出信噪比和编码动态范围。

ADPCM 是语音压缩中复杂度较低的一种编码方法，可在 32 kb/s 比特率上达到 64 kb/s 的 PCM 数字电话质量，节省了传输带宽。近年来，ADPCM 在卫星通信、微波通信和移动通信等方面得到了广泛的应用，并已成为长途电话通信中一种国际通用的语音编码方法。

7.1.3　增量调制(ΔM)*

1. 简单 ΔM

ΔM 是继 PCM 后的又一种语音信号数字化方法，可以看成是 DPCM 的一个重要特例。与 PCM 相比，其编码器和译码器简单，且对数字通信系统的误码率要求较低，因而广泛应用于军事和其他一些专用通信网中。

1）ΔM 编码原理*

基于 ΔM 的模拟信号数字化同样要经过取样、量化和编码三个步骤。其数字化过程可用图 7-1-14 加以说明，图中 $m(t)$是需要数字化的模拟信号，按一定的取样速率对模拟信号取样，每得到一个取样值，将其与前一取样值的量化电平进行比较，如果该取样值大于前一个样值的量化电平，则该取样值的量化电平在前一个量化电平的基础上上升一个台阶 δ，编码输出“1”；反之，如果该取样值小于前一个样值的量化电平，则该取样值的量化电平在前一个量化电平的基础上下降一个台阶 δ，同时编码输出“0”，图中 $m'(t)$表示由各取样值的量化电平所确定的阶梯波形。可见，ΔM 可看成是对预测误差进行 1 位编码的 DPCM。

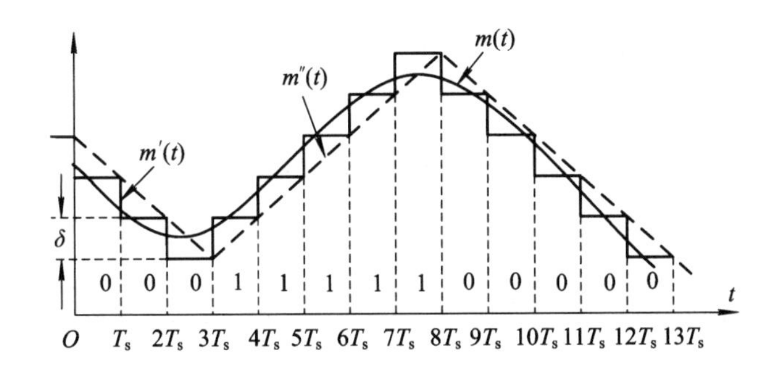

图 7-1-14　ΔM 数字化过程示意图

2）ΔM 译码原理

接收端收到二进制代码后恢复模拟信号的过程称为译码。译码方法是：收到代码“1”，输出信号上升一个台阶 δ；收到代码“0”，输出信号下降一个台阶 δ。如果台阶的上升或下降是在瞬间完成的，则译码输出信号是一个阶梯波，如图 7-1-14 中的 $m'(t)$。如果使用积分器来实现在一个码元宽度(取样间隔)内线性地上升或下降一个台阶，则译码输出信号为图 7-1-14 中的 $m''(t)$。不管是 $m'(t)$ 还是 $m''(t)$，都需要用一个低通滤波器来进一步平滑，低通滤波器的输出为恢复的模拟信号。

采用积分器的 ΔM 编码和译码原理框图如图 7-1-15 所示。

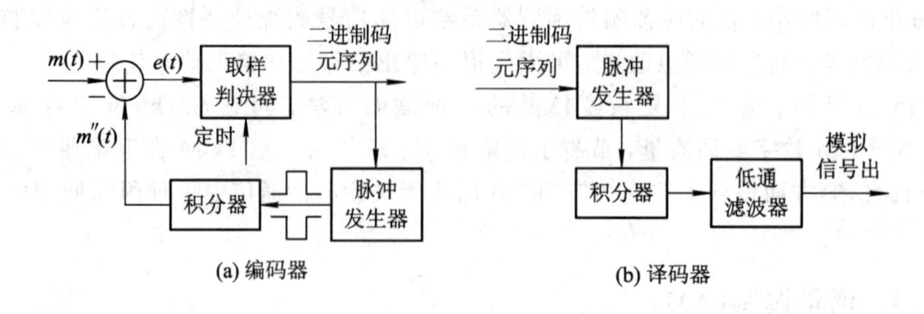

图 7-1-15　ΔM 编译码原理方框图

3) ΔM 系统中的噪声*

采用 ΔM 实现模拟信号数字传输的系统称为 ΔM 系统，框图如图 7-1-16 所示。

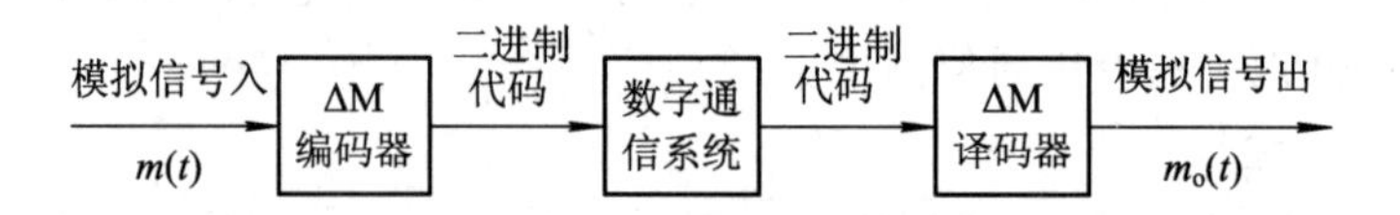

图 7-1-16　ΔM 系统框图

与 PCM 系统一样，ΔM 系统中引起 $m_o(t)$ 与 $m(t)$ 之间误差的噪声也有两类：一类是 ΔM 编码产生的量化噪声；另一类是数字通信系统误码引起的误码噪声。

(1) 量化噪声。

ΔM 系统中的量化噪声有两种，即一般量化噪声和过载量化噪声(如图 7-1-17 所示)。

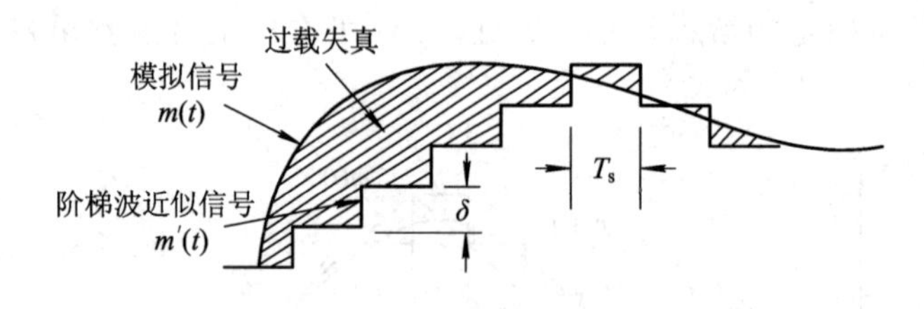

图 7-1-17　过载量化噪声示意图

① 过载量化噪声。

当信号发生急剧变化时，阶梯波 $m'(t)$ 因跟不上模拟信号 $m(t)$ 的变化而产生很大的误差，这种现象称为过载，由此产生的误差称为过载量化噪声。实际系统中应避免过载现象的发生。

避免出现过载的条件为

$$\left|\frac{\mathrm{d}m(t)}{\mathrm{d}t}\right|_{\max} \leqslant \delta f_s \tag{7-1-23}$$

其中，$\left|\frac{\mathrm{d}m(t)}{\mathrm{d}t}\right|_{\max}$ 为模拟信号的最大斜率；δf_s 为台阶与取样速率的乘积，称为最大跟

踪斜率。

可见，增大 δ 或提高取样速率 f_s 都能使跟踪斜率增大，避免过载的发生。但增大 δ 会使一般量化噪声增大，提高取样速率 f_s 会使数字化后的二进制码元速率增大，占用数字通信系统更多的带宽，使系统有效性降低。

当 f_s 和 δ 给定时，设输入模拟信号为 $m(t)=A\cos 2\pi f_0 t$，则不发生过载所允许的信号最大幅度为

$$A_{\max}=\frac{\delta f_s}{2\pi f_0} \tag{7-1-24}$$

即为不发生过载，可对输入的模拟信号加以限制。

② 一般量化噪声。

在不发生过载情况下，模拟信号 $m(t)$ 与其量化信号 $m'(t)$ 之间的误差就是一般量化噪声。

当模拟信号为 $m(t)=A\cos 2\pi f_0 t$ 时，不发生过载的最大量化信噪比为

$$\left(\frac{S_o}{N_q}\right)_{\max}=\frac{S_{o\max}}{N_q}=\frac{3}{8\pi^2}\cdot\frac{f_s^3}{f_0^2 f_m}\approx 0.04\frac{f_s^3}{f_0^2 f_m} \tag{7-1-25}$$

用分贝表示为

$$\left(\frac{S_o}{N_q}\right)_{\max}\approx(30\lg f_s-20\lg f_0-10\lg f_m-14)\quad(\text{dB}) \tag{7-1-26}$$

其中，f_m 为低通滤波器的截止频率，对于语音信号常取 $f_m=3000$ Hz。

结论：

- 取样频率每提高一倍，量化信噪比提高 9 dB，记为 9 dB/倍频程；
- 信号频率每提高一倍，量化信噪比下降 6 dB，记作−6 dB/倍频程；
- 对于语音信号，也可用上式来近似估算量化信噪比，常取 $f_0=800\sim1000$ Hz；
- 取样速率 $f_s=32$ kHz 才满足语音信号的通信要求。

(2) 误码噪声。

当模拟信号为 $m(t)=A\cos 2\pi f_0 t$ 时，不发生过载条件下低通滤波器输出端的最大误码信噪比为

$$\left(\frac{S_o}{N_e}\right)_{\max}=\frac{f_1 f_s}{16P_e f_0^2} \tag{7-1-27}$$

结论：

- 误码信噪比与数字通信系统的误码率呈反比，误码率越小，误码信噪比越大；
- 误码信噪比与取样频率呈正比，取样频率越高，误码信噪比越大。

2. 自适应 ΔM

自适应增量调制的基本思想是：根据信号变化的快慢自动改变台阶。即当信号变化快时，用大台阶，以确保不发生过载；当信号变化慢时，用小台阶，以减小一般量化噪声，如图 7-1-18 所示。

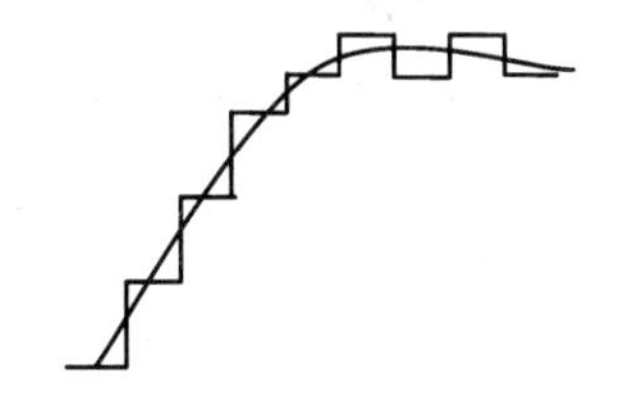

图 7-1-18　自适应增量调制台阶变化示意图

和台阶固定不变的简单 ΔM 系统相比，自适应 ΔM 系统能适应信号大的变化范围，故其动态范围更大。

基本思想：信号变化快时用大台阶，信号变化慢时用小台阶。

目的：扩大量化器的动态范围。

实现：斜率提取和量化台阶的控制。语音信号的自适应增量调制常采用数字检测(斜率提取)音节压扩(台阶的控制)技术。音节压扩自适应 ΔM 也称为连续可变斜率增量调制，记作 CVSD。

7.1.4 PCM 与 ΔM 的比较

1. 编码原理

PCM 和 ΔM 都是模拟信号数字化的具体方法。但 PCM 是对取样值本身编码，其代码序列反映的是模拟信号的幅度信息；而 ΔM 是对相邻取样值的差值编码，其代码序列反映了模拟信号的微分(变化)信息。

2. 取样速率

PCM 的取样速率 f_s 是根据奈奎斯特取样定理来确定的，若信号的最高频率为 f_H，则 $f_s \geqslant 2f_H$。为保证正常的通信质量需求，ΔM 的取样速率比 PCM 的取样速率高很多，通常 ΔM 的取样速率 $f_s \geqslant 32$ kb/s。

3. 码元速率

以 1 路话音信号为例，数字化后的二进制码元速率为

$$\text{PCM}: R_s = kf_s = 8 \times 8000 = 64 \text{ kBaud} \quad (k = 8,\ f_s = 8 \text{ kHz})$$

$$\Delta\text{M}: R_s = kf_s = 1 \times 32\,000 = 32 \text{ kBaud} \quad (k = 1,\ f_s = 32 \text{ kHz})$$

结论：ΔM 的有效性高于 PCM 的有效性。

4. 量化信噪比

比较的前提：数字化后的二进制码元速率相同，传输时占用的信道带宽相同，即有效性相同。

当信号为正弦信号时，PCM 系统的量化信噪比为

$$\left(\frac{S_o}{N_q}\right)_{\text{PCM}} = (6k + 2) \text{ dB} \tag{7-1-28}$$

码元速率为 $R_{B,\text{PCM}} = 8000k$ Baud，k 为编码位数。

ΔM 系统的量化信噪比为

$$\left(\frac{S_o}{N_q}\right)_{\Delta\text{M}} = 10\lg\left[0.04\,\frac{f_{s,\Delta\text{M}}^3}{f_0^2 f_m}\right] \text{ dB} \tag{7-1-29}$$

码元速率为 $R_{B,\Delta\text{M}} = f_{s,\Delta\text{M}}$ Baud，$f_{s,\Delta\text{M}}$ 为 ΔM 系统的取样速率。

当 $R_{B,\Delta\text{M}} = R_{B,\text{PCM}}$ 时，$f_{s,\Delta\text{M}} = 8000k$，同时取 $f_0 = 800$ Hz、$f_m = 3000$ Hz，代入式(7-1-29)得

$$\left(\frac{S_o}{N_q}\right)_{\Delta\text{M}} = 10\lg\left[0.04\,\frac{(8000k)^3}{(800)^2 \times 3000}\right] = (30\lg k + 10.3) \text{ dB} \tag{7-1-30}$$

由式(7-1-28)、式(7-1-30)可计算出不同码元速率时 PCM 和 ΔM 的量化信噪比。经比较可得出以下结论：

(1) 当码位数 $k = 4 \sim 5$ 时，PCM 和 ΔM 系统的量化性能相当。

(2) 当 $k<4$，即码元速率小于 32 kBaud 时，ΔM 系统的量化性能好。

(3) 当 $k>5$，即码元速率大于 40 kBaud 时，PCM 系统的量化性能好。

5. 信道误码的影响

在 ΔM 系统中，每个误码只造成一个台阶的误差，所以对数字通信系统误码率的要求较低，一般要求在$10^{-3}\sim10^{-4}$。而 PCM 的每个误码会造成较大的误差(可能有许多个台阶)，所以对数字通信系统误码率的要求较高，一般要求$10^{-5}\sim10^{-6}$。

综合上述，PCM 适用于要求传输质量较高，且具有丰富频带资源的场合。一般用于大容量的干线通信。ΔM 由于有效性高、抗误码性能好等优点，主要用于一些专用通信网中。

7.1.5　时分复用(TDM)*

1. 时分复用的原理

时分复用是利用不同时隙在同一信道上传输多路数字信号的技术。

具体的实现方法：将一条通信线路的工作时间周期性地分割成若干个互不重叠的时隙(时间段或时间片)，每路信号分别使用指定的时隙传输其样值。

时分复用的特点如下：

(1) 各路信号的样值在时间上是两两分离的。

(2) 各路信号的频谱重叠在一起，无法区分。

(3) 为确保接收端正确分路，收、发两端的旋转开关需严格同步。

(4) 合路后信号的二进制码元速率是每路信号的二进制码元速率之和，$R_B=Nkf_s$，N 为复用的路数，k 为编码位数，f_s为取样速率。

2. PCM30/32 路系统

目前国际上推荐的 PCM 时分复用数字电话的复用制式有两种，即采用 A 律压扩的 PCM30/32 路制式(即 E_1)和采用 μ 律压扩的 PCM24 路制式(即 T_1)。我国、欧洲采用 PCM30/32 路制式。

1) PCM30/32 路系统的帧结构

PCM30/32 路系统帧结构如图 7-1-19 所示。每个话路的取样速率为 $f_s=8000$ Hz，$T_s=125\ \mu s$。由于 PCM30/32 路数字电话系统复用的路数是 32 路，因此 125 μs 要分割成 32 个时隙，用 TS0～TS31 表示，其中 TS1～TS15 和 TS17～TS31 这 30 个时隙用来传送 30 路电话信号的样值代码，TS0 分配给帧同步，TS16 专用于传送话路信令。这 32 个时隙称为一帧，故帧长为 125 μs。每个时隙包含 8 位二进制代码。

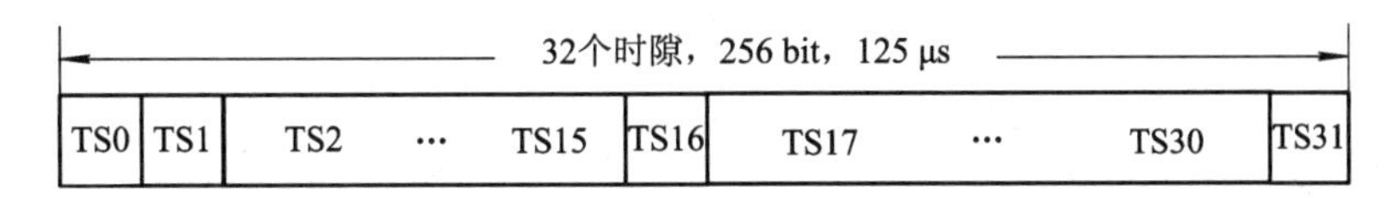

图 7-1-19　PCM30/32 路系统的帧结构

2) 时分复用信号的二进制码元速率

每路信号(8 kHz 取样，13 折线量化编码)的二进制码元速率为

$$R_{B1}=kf_s=8\times8000=64\ \text{kBaud}$$

32 路合路信号的二进制码元速率为

$$R_B = NR_{B1} = 32 \times 64 = 2.048 \text{ MBaud}$$

称为基群速率或一次群速率。注意：二进制码元速率在数值上等同于信息速率，但单位不同。

在 PCM30/32 路制式中，32 路时分复用构成的合路信号称为基群或一次群。4 个一次群经复接设备复合成二次群(包含 120 路话音信号)，由 4 个二次群可复合成一个三次群，4 个三次群可构成一个四次群，等等。

3. PCM24 路系统

应用地域：美国、加拿大、日本等。

时隙数：一帧共有 24 个时隙，传输 24 路电话，外加 1 比特帧同步码。

码元速率(8 kHz 取样，每路用户 8 位码：信号 7 位＋信令 1 位)：

$$R_b = \frac{24 \times 8 + 1}{T_s} = 193 \times f_s = 1.544 \text{ Mb/s}$$

称为基群速率或一次群速率。

7.2 典型例题及解析

例 7.2.1 一个带限低通信号 $m(t)$ 具有如下的频谱特性：

$$M(f) = \begin{cases} 1 - \dfrac{|f|}{200} & |f| \leqslant 200 \text{ Hz} \\ 0 & \text{其他} \end{cases}$$

(1) 若取样频率 $f_s = 300$ Hz，画出对 $m(t)$ 进行取样时，在 $|f| \leqslant 200$ Hz 范围内已取样信号的频谱。

(2) f_s 改为 400 Hz 后重复(1)。

解 由题意得模拟基带信号的频谱如图 7-2-1 所示。

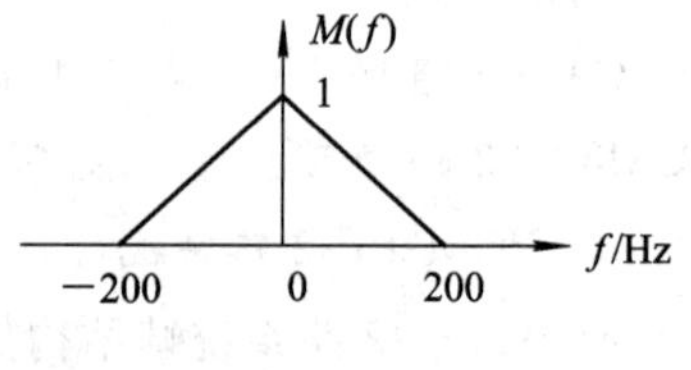

图 7-2-1

(1) 取样后信号的频谱是原信号频谱的周期重复，当取样频率为 $f_s = 300$ Hz 时，频谱的重复周期为 300 Hz，频谱如图 7-2-2 所示。

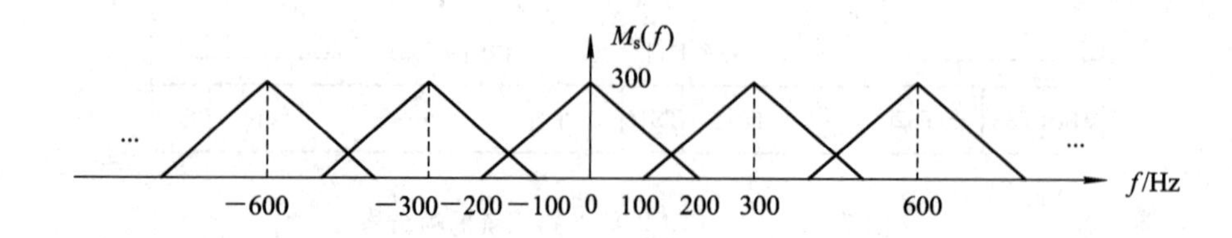

图 7-2-2

可见，由于取样频率太低，取样后的信号频谱有重叠。$|f| \leqslant 200$ Hz 内的频谱如

图 7-2-3 所示。

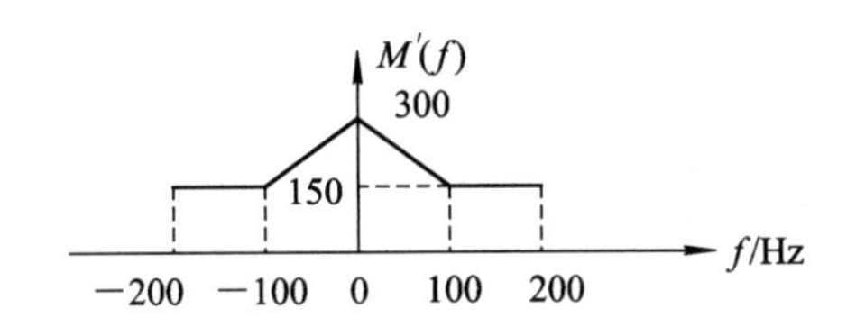

图 7-2-3

(2) 当取样频率为 $f_s=400$ Hz 时，已取样信号的频谱如图 7-2-4 所示，重复频谱之间无重叠。

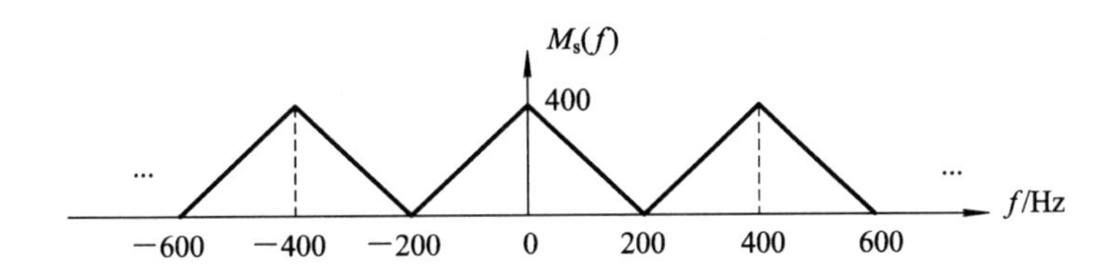

图 7-2-4

显然，$|f|\leqslant 200$ Hz 内的频谱如图 7-2-5 所示。

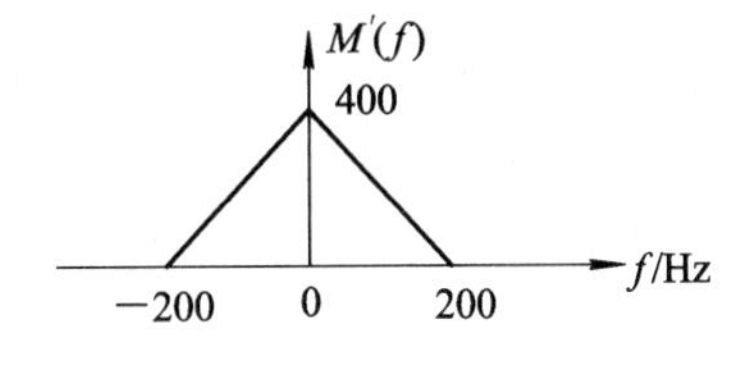

图 7-2-5

例 7.2.2　有信号 $m(t)=10\cos 20\pi t\cos 200\pi t$，用每秒 250 次的取样速率对其进行取样。

(1) 画出已取样信号的频谱。

(2) 求出用于恢复原信号的理想低通滤波器的截止频率。

解　利用三角公式得

$$m(t)=5(\cos 220\pi t+\cos 180\pi t)=5\cos 220\pi t+5\cos 180\pi t$$

此信号含有 2 个频率成分，一个频率为 110 Hz，另一个频率为 90 Hz，幅度均为 5。频谱如图 7-2-6 所示。

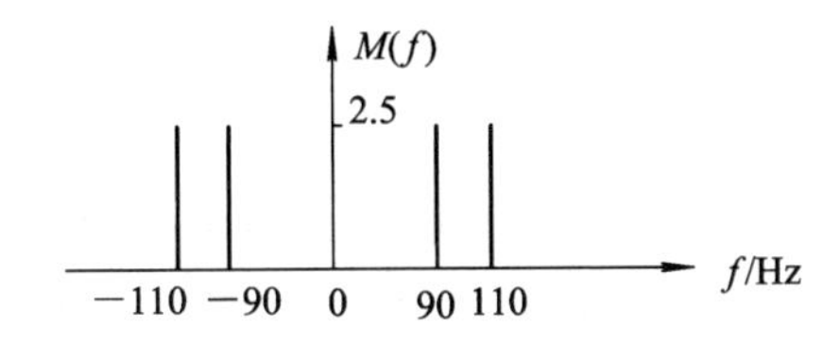

图 7-2-6

用 250 Hz 的取样频率对其进行取样后，频谱如图 7－2－7 所示。

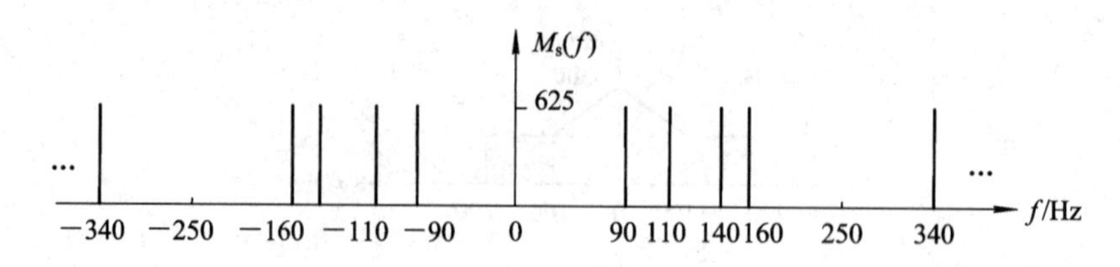

图 7－2－7

由上述频谱可见，要想从中恢复原信号的频谱，低通滤波器的截止频率应在 110～140 Hz 之间，因此截止频率 B 的取值范围为 110 Hz$<B\leqslant$140 Hz。

例 7.2.3 已知某 13 折线编码器输入样值为＋785 mV，若最小量化级为 1 mV，试求：

(1) 该 13 折线编码器输出的码组。

(2) 接收端收到该码组，假若传输过程无差错，则译码器的输出电压值是多少？译码误差又是多少？

解 (1) 由题意可知最小量化台阶 $\Delta=1$ mV，所以用 Δ 表示的输入取样值的大小为

$$785\ \text{mV} = 785\Delta$$

① 极性为正，得极性码 $x_1=1$。

② 785Δ 落在第 7 段，得段落码 $x_2x_3x_4=110$。

③ 第 7 段的起始电平为 512Δ，终止电平为 1024Δ，此段中均分成 16 个量化级，每级大小为 32Δ。由 785Δ 得

$$(785-512)\div 32 = 8 \text{ 余 } 17$$

可见落在第 9 级，其量化级码为 $x_5x_6x_7x_8=1000$。

综上，＋785 mV 经 13 折线量化编码后的输出码组为 11101000。

(2) 由接收端收到码组 11101000 后，可知：

① 极性码为 1，说明取样值为正。

② 段落码为 110，说明取样值落在第 7 段。

③ 段内量化级码为 1000，说明取样值处于第 9 级。

译码器输出电平是代码所对应的量化电平，量化电平处于量化级的中间位置。所以代码 11101000 所对应的量化电平即译码器的输出电平值为

$$[512\Delta + 8\times 32\Delta + 32\Delta/2] = 784\Delta = 784\ \text{mV}$$

其中，512Δ 是第 7 段的起始电平，32Δ 是第 7 段中量化级的大小。

量化误差为

$$785 - 784 = 1\ \text{mV}$$

例 7.2.4 图 7－2－8 是一个对单极性模拟信号进行 PCM 编码后的输出波形。最小量化电平为 0.5 V，量化台阶为 1 V，编码采用自然二进制码。图中正、负脉冲分别表示“1”码和“0”码。每 3 个码元组成一个 PCM 码组。试画出此 PCM 波形译码后的样值序列。

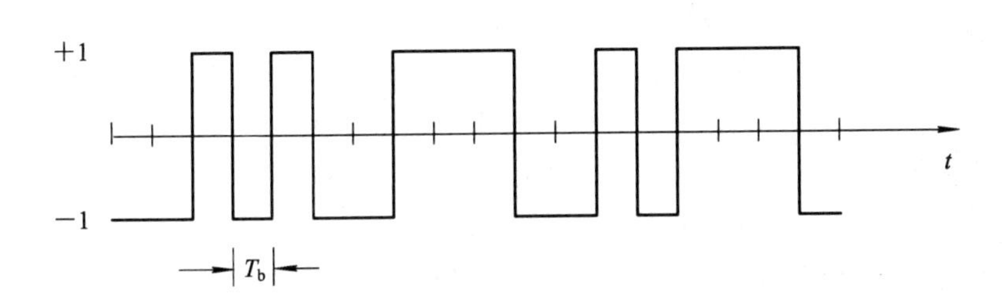

图 7－2－8

解　由波形图可见，PCM 码元序列为：0 0 1 0 1 0 0 1 1 1 0 0 1 0 1 1 1 0。每 3 位二进制码元为一个码组，码组序列为：0 0 1，0 1 0，0 1 1，1 0 0，1 0 1，1 1 0。码组与量化电平之间的对应关系如下：

码组	量化电平
000	0.5
001	1.5
010	2.5
011	3.5
100	4.5
101	5.5
110	6.5
111	7.5

因此，译码器输出样值序列为：1.5，2.5，3.5，4.5，5.5，6.5，波形如图 7－2－9 所示。

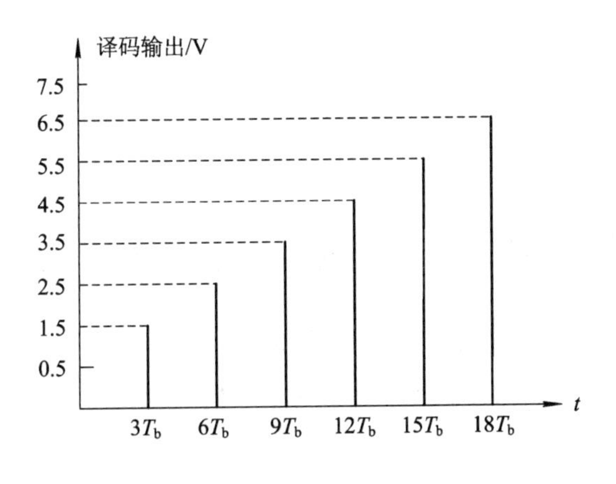

图 7－2－9

例 7.2.5　采用 13 折线 A 律编码，设最小的量化级为 1 个单位，已知取样脉冲值为－95 单位。

(1) 试求此时编码器输出码组，并计算量化误差(段内码用自然二进制码)。

(2) 写出对应于该 7 位码(不包含极性码)的均匀量化 11 位码。

解　(1) 设编码器输出码组 $c_1c_2c_3c_4c_5c_6c_7c_8$。

极性码：$-95<0$，故 $c_1=0$；

段码：95 落在第 4 段，故段码 $c_2c_3c_4=011$；

量化级码：第 4 段的起始电平为 64 个单位，量化台阶为 4 个单位，则有

$$(95-64)\div 4=7\text{余}3$$

由此可见，样值位于第(7+1)=8 级，故量化级码为 $c_5c_6c_7c_8=0111$。

综合上述，输入－95 单位样值时，编码器输出码组 $c_1c_2c_3c_4c_5c_6c_7c_8=00110111$。

码组 $c_1c_2c_3c_4c_5c_6c_7c_8=00110111$ 对应的量化值为负半轴第 4 段第 8 级的中间电平，即为$-(64+7\times4+4/2)=-94$，故量化误差为$|-95-(-94)|=1$ 个量化单位。

评注：若接收端将代码译成所在量化级的起始电平，则量化电平为 92，量化误差为$|-95-(-92)|=3$ 个量化单位。从平均量化误差最小来讲，接收端由代码译成量化电平时，应译为所在量化级的中间电平。

(2) 不考虑极性，将 95 转换成二进制数，如果不足 11 位，应在高位补 0，故 95 单位对应的 11 位代码为 00001011111。

例 7.2.6 信号 $m(t)=A\sin2\pi f_0t$ 进行简单增量调制，若台阶 δ 和取样频率选择得既要保证不过载，又要保证不致因为信号振幅太小而使增量调制器不能正常编码，试证明此时要求 $f_s>\pi f_0$。

解 由不过载条件得

$$\left|\frac{\mathrm{d}m(t)}{\mathrm{d}t}\right|_{\max}\leqslant\frac{\delta}{T_s}=\delta\cdot f_s$$

$$\delta\cdot f_s\geqslant A\cdot2\pi\cdot f_0$$

为保证正常编码，信号的幅度与台阶之间应有 $2A>\delta$，即

$$A>\frac{\delta}{2}$$

将其代入上式得

$$\delta\cdot f_s>\frac{\delta}{2}\cdot2\pi\cdot f_0=\delta\pi f_0$$

进一步化简得

$$f_s>\pi f_0$$

例 7.2.7 某简单增量调制系统，已知输入模拟信号 $m(t)=A\cos2\pi f_0t$，取样速率为 f_s，量化台阶为 δ。

(1) 试求该简单增量调制系统的跟踪斜率 k。

(2) 若系统不出现过载失真且又能正常编码，则输入信号幅度范围为多少？

(3) 如果收到码序列为 1 1 0 1 1 1 1 0 0 0 1，请按阶梯波方式画出译码器输出信号的波形(设初始电平为 0)。

解 (1) 跟踪斜率为

$$k=\frac{\delta}{T_s}=\delta\cdot f_s$$

(2) 由不过载条件得

$$\left|\frac{\mathrm{d}m(t)}{\mathrm{d}t}\right|_{\max}\leqslant\frac{\delta}{T_s}=\delta\cdot f_s$$

进一步解得

$$A \leqslant \frac{\delta \cdot f_s}{2\pi \cdot f_0}$$

结合编码器能正常编码条件得输入信号的幅度范围为

$$\frac{\delta}{2} < A \leqslant \frac{\delta f_s}{2\pi f_0}$$

(3) 增量调制译码器的工作原理是：收到一个“1”码，输出上升一个台阶；收到一个“0”码，输出下降一个台阶。故当译码器的输入序列为 11011110001 时，译码器输出信号的波形如图 7-2-10 所示。

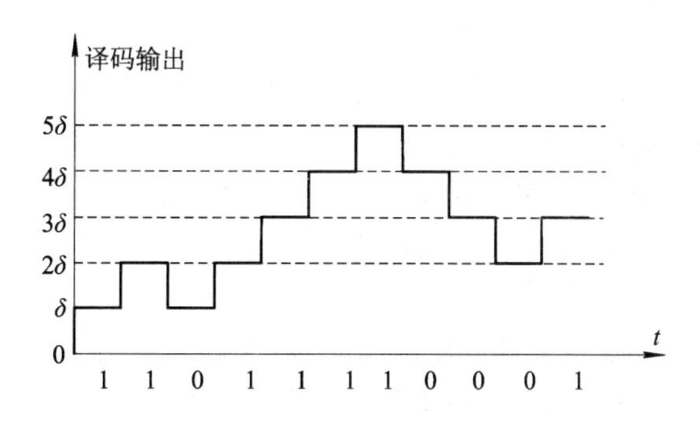

图 7-2-10

例 7.2.8　设单路话音信号 $m(t)$ 的频率范围为 200～3000 Hz，取样频率为 $f_s=8000$ 次/秒，将所得的取样值用 PAM 或 PCM 系统传输。

(1) 计算 PAM 系统要求的最小信道带宽。

(2) 在 PCM 系统中，取样值按 128 个量化电平进行二进制编码，PCM 所要求的最小信道带宽多大？

解　(1) 取样后时间离散的样值序列即为 PAM 信号，故 PAM 信号的码元(一个样值看作一个码元)速率等于取样速率。所需的最小信道带宽等于码元速率的一半，即

$$B = \frac{1}{2}R_B = \frac{1}{2} \times 8000 = 4000 \text{ Hz}$$

(2) 由于 $Q=128$，则 $k=\text{lb}Q=\text{lb}128=7$，故 PCM 系统的二进制码元速率为

$$R_B = kf_s = 56 \text{ kBaud}$$

最小带宽为

$$B = \frac{1}{2}R_B = \frac{1}{2} \times 56 = 28 \text{ kHz}$$

例 7.2.9　24 路语音信号进行时分复用并经 PCM 编码后在同一信道传输。每路语音信号的取样速率为 $f_s=8$ kHz，每个样值量化为 256 个量化电平中的一个，每个量化电平用 8 位二进制码编码。

(1) 时分复用后的 PCM 信号的二进制码元速率为多少？

(2) 当用数字基带系统来传输此信号时，系统带宽最小为多少？

(3) 当此数字信号经 2PSK 调制后再传输时，数字频带系统的带宽至少为多少？

解　(1) 多路 PCM 时分复用后的二进制码元速率为

$$R_B = N \cdot kf_s$$

其中 N 为复用路数，kf_s 是一路 PCM 的二进制码元速率，k 与量化电平数 Q 之间的关系为 $Q=2^k$。由 $Q=256$ 得 $k=8$。将 N、k 及 f_s 代入上式，得 24 路 PCM 复用信号的二进制码元速率为

$$R_B = N \cdot kf_s = 24\times 8\times 8000 = 1\ 536\ 000\ \text{Baud} = 1536\ \text{kBaud}$$

(2) 当采用基带传输时，系统最小带宽为码元速率的一半，即为

$$B_{min} = \frac{R_B}{2} = 768\ \text{kHz}$$

(3) 当采用 2PSK 调制系统传输时，2PSK 信号的带宽是数字基带信号带宽的 2 倍，因此，2PSK 信号的带宽最小为

$$B_{2PSK} = 2B_{min} = 1536\ \text{kHz}$$

可见，数字频带系统的带宽至少为 1536 kHz。

7.2.10 4 路基带模拟信号最高频率分别为 1 kHz、2 kHz、3 kHz 和 4 kHz。以时分复用方式对它们分别进行取样、量化、编码为二进制码。

(1) 求最低取样速率。

(2) 画出帧结构简图(属于各路的时隙用 m_i，i 为路号表示。不考虑同步码、信令码)。

(3) 若采用 A 律 13 折线 PCM8 位编码，求总码速率。

(4) 若对该数字信号进行二进制基带传输，求最小占用带宽。若采用 $\alpha=0.25$ 的升余弦滚降特性传输，求占用带宽。

解 (1) 以奈奎斯特速率分别对 4 路模拟信号进行取样，则各路的奈奎斯特取样频率分别为 2 kHz、4 kHz、6 kHz 和 8 kHz，最低取样速率 $f_{s,\min}=2$ kHz。

(2) 各路信号的取样间隔分别为

$$T_{s1} = \frac{1}{f_{s1}} = \frac{1}{2f_{H1}} = \frac{1}{2\times 1\times 10^3} = 5\times 10^{-4}\ \text{s} = 500\ \mu\text{s}$$

$$T_{s2} = \frac{1}{f_{s2}} = \frac{1}{2f_{H2}} = \frac{1}{2\times 2\times 10^3} = 2.5\times 10^{-4}\ \text{s} = 250\ \mu\text{s}$$

$$T_{s3} = \frac{1}{f_{s3}} = \frac{1}{2f_{H3}} = \frac{1}{2\times 3\times 10^3} \approx 1.67\times 10^{-4}\ \text{s} = 167\ \mu\text{s}$$

$$T_{s4} = \frac{1}{f_{s4}} = \frac{1}{2f_{H4}} = \frac{1}{2\times 4\times 10^3} = 1.25\times 10^{-4}\ \text{s} = 125\ \mu\text{s}$$

故帧时长为

$$T_{帧} = \max\{T_{s1}, T_{s2}, T_{s3}, T_{s4}\} = 500\ \mu\text{s}$$

一帧时间内各路信号的取样次数分别为

$$n_1 = \frac{T_{帧}}{T_{s1}} = 1,\quad n_2 = \frac{T_{帧}}{T_{s2}} = 2,\quad n_3 = \frac{T_{帧}}{T_{s3}} = 3,\quad n_4 = \frac{T_{帧}}{T_{s4}} = 4$$

帧结构简图如图 7-2-11 所示。

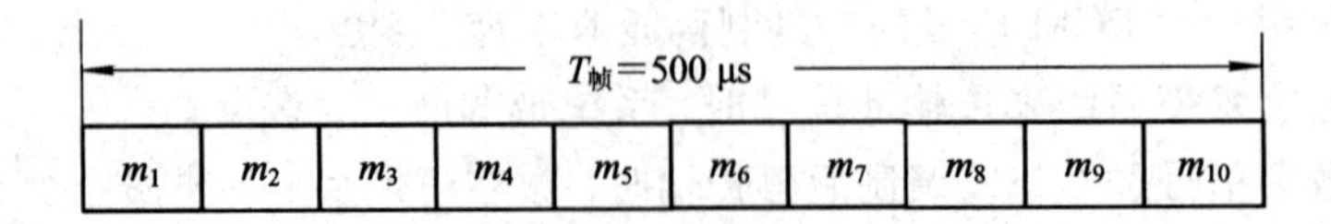

图 7-2-11

(3) 合路后的总码元速率为

$$R_B = k(f_{s1} + f_{s2} + f_{s3} + f_{s4}) = 160\ \text{kBaud}$$

(4) 最小占用带宽为

$$B_{\min} = \frac{1}{2}R_B = 80\ \text{kHz}$$

采用 $\alpha=0.25$ 的升余弦滚降特性传输，占用带宽为

$$B = \frac{1+\alpha}{2}R_B = 100\ \text{kHz}$$

7.3 拓展提高题及解析

例 7.3.1　在 ΔM 和 PCM 两种数字化方法中，ΔM 系统的取样速率比 PCM 系统的高得多，例如，对于语音信号的数字化，PCM 的取样速率一般为 8000 次/秒，而简单增量调制 ΔM 的取样速率至少为 32 000 次/秒。试对此给出解释。

解　ΔM 系统的量化信噪比用分贝表示时的表达式近似为

$$\left(\frac{S_o}{N_q}\right)_{\max} \approx 30\lg f_s - 20\lg f_0 - 10\lg f_m - 14 \quad (\text{dB})$$

为满足语音信号正常通信，所需的量化信噪比须大于等于 26 dB，即要求

$$30\lg f_s - 20\lg f_0 - 10\lg f_m - 14 \geqslant 26$$

上式是在单音(正弦波)信号时导出的，对于语音信号，可近似取 $f_0=1000$ Hz，$f_m=3000$ Hz 进行估算。进行简单运算后得

$$f_s \geqslant 31.6\ \text{kHz}$$

即在 ΔM 系统中，对语音信号的取样频率需大于等于 31.6 kHz 才能满足正常通信对量化信噪比的要求，这就是 ΔM 中对语音信号的取样频率通常为 32 kHz 的原因。

例 7.2.2　已知模拟信号取样值的概率密度函数 $f(x)$ 如图 7-3-1 所示。若按四电平进行均匀量化，试计算信号量化噪声功率比。

解　本题给出的信号分布的概率密函数为三角形，显然信号是非均匀分布的，故不能直接按均匀分布信号的相关结论来计算，需重新推导。

量化台阶为

$$\Delta = \frac{a-(-a)}{Q} = \frac{1-(-1)}{4} = 0.5$$

量化区间终点 x_i 依次为 -1、-0.5、0、0.5、1，量化电平 m_i 分别为 -0.75、-0.25、0.25、0.75，故量化特性如图 7-3-2 所示。

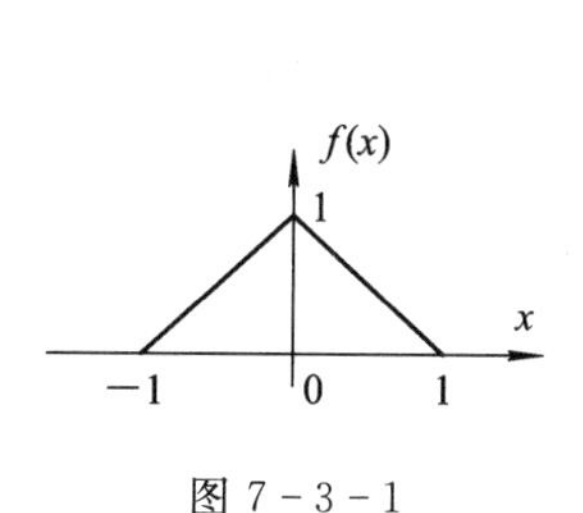

图 7-3-1

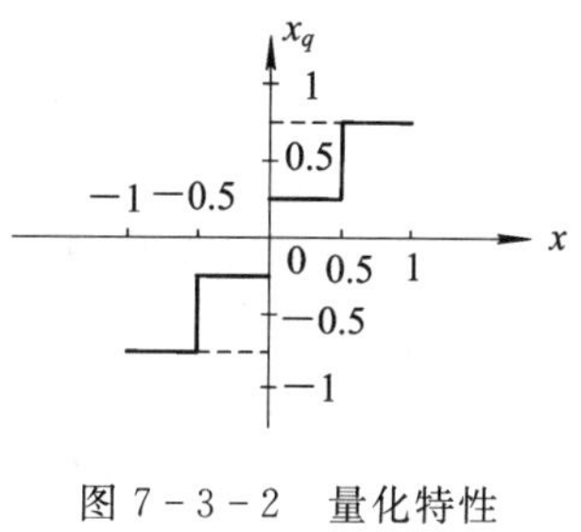

图 7-3-2　量化特性

量化信号 x_q 的功率为

$$
\begin{aligned}
S_q &= E[(x_q)^2] = \sum_{i=1}^{4}(m_i)^2\int_{x_{i-1}}^{x_i} f(x)\mathrm{d}x \\
&= (-0.75)^2\int_{-1}^{-0.5}(x+1)\mathrm{d}x + (-0.25)^2\int_{-0.5}^{0}(x+1)\mathrm{d}x + \\
&\quad (0.25)^2\int_{0}^{0.5}(1-x)\mathrm{d}x + (0.75)^2\int_{0.5}^{1}(1-x)\mathrm{d}x \\
&= \frac{3}{16}
\end{aligned}
$$

量化误差等于 $x-x_q$，其功率为

$$
\begin{aligned}
N_q &= E[(x-x_q)^2] = \sum_{i=1}^{4}\int_{x_{i-1}}^{x_i}(x-m_i)^2 f(x)\mathrm{d}x \\
&= 2\left[\int_{-1}^{-0.5}(x+0.75)^2(x+1)\mathrm{d}x + \int_{-0.5}^{0}(x+0.25)^2(x+1)\mathrm{d}x\right] = \frac{1}{48}
\end{aligned}
$$

从而可得量化信噪功率比为

$$
\frac{S_q}{N_q} = \frac{3/16}{1/48} = 9\ (9.5\ \text{dB})
$$

评注：通过本题，可掌握均匀量化信噪比分析的一般方法。

例 7.3.3 对话音信号 $m(t)$ 按 PCM 编码传输，设 $m(t)$ 的频率范围为 0～4 kHz，幅度的取值范围为 −3.2～3.2 V，对其进行均匀量化，且量化间隔为 $\Delta=0.006\ 25$ V。若对信号 $m(t)$ 按奈奎斯特速率进行取样，试求下列情形下的码元传输速率：

(1) 量化器输出信号直接进行传输。

(2) 量化器输出信号按二进制传输。

(3) 量化器输出信号按四进制传输。

解 (1) 奈奎斯特取样速率等于低通信号最高频率的两倍，即

$$
f_s = 2f_H = 2\times 4 = 8\ \text{kHz}
$$

每取样一次，量化器输出一个量化值，每个量化值即为一个码元。因此，量化器输出信号的码元速率等于取样速率，为

$$
R_B = f_s = 8000\ \text{Baud}
$$

(2) 若量化器的输出经二进制编码后再传输，则二进制码元速率等于取样速率 f_s 乘以每个量化值的二进制代码位数 k。由信号的取值范围 −3.2～3.2 V 和均匀量化台阶 $\Delta=0.006\ 25$ V 可以求出量化电平数(量化台阶数)为

$$
Q = \frac{2a}{\Delta} = \frac{2\times 3.2}{0.006\ 25} = 1024 = 2^{10}
$$

可见，每个量化值要用 $k=10$ 位二进制代码来表示，故编码器输出的二进制码元速率为

$$
R_{B2} = kf_s = 10\times 8000 = 80\ \text{kBaud}
$$

(3) 将(2)中的二进制码元速率转换成四进制码元速率，即可得到量化器输出信号按四进制传输时的码元速率为

$$
R_{B4} = \frac{R_{B2}}{\mathrm{lb}M} = \frac{80}{\mathrm{lb}4} = 40\ \text{kBaud}
$$

例 7.3.4　话音信号 $m(t)$ 采用 13 折线 A 律进行量化和编码，设 $m(t)$ 的频率范围为 0～4 kHz，取值范围为 −6.4～6.4 V，$m(t)$ 的一个取样值为 −5.275 V。

(1) 求最小量化台阶 Δ。

(2) 求 13 折线编码器输出的 PCM 码组和量化误差。

(3) 写出该码组对应的均匀量化 12 位码(折叠二进制码)。

(4) 若 13 折线编码器输出的码组采用 QPSK 调制(全占空矩形波形)传输，求此 QPSK 信号的带宽。

解　(1) 由题意得，$2048\Delta=6.4$ V，即

$$\Delta=\frac{6.4}{2048}=0.003\ 125\ \text{V}$$

(2) 取样值 −5.275 V 用 Δ 表示时的大小为

$$-\left(\frac{5.275}{6.4}\right)\times 2048\Delta=-1688\Delta$$

由于

$$-1688\Delta=-(1024\Delta+64\Delta\times 10+24\Delta)$$

可见，此样点值位于负半轴的第 8 段、第 11 级，故样点值的 PCM 代码为 01111010。

此代码代表负半轴第 8 段第 11 级的量化电平(量化级的中点电平)为

$$-\left(1024\Delta+64\Delta\times 10+\frac{64\Delta}{2}\right)=-1696\Delta$$

因此量化误差绝对值为

$$1696\Delta-1688\Delta=8\Delta=8\times 0.003\ 125=0.025\ \text{V}$$

(3) 均匀量化时，每个量化台阶的大小均为 Δ，正负轴上共设置了 4096 个量化台阶，即量化台阶数 $Q=4096=2^{12}$，故每个量化电平需要用 12 位二进制代码来表示。当采用折叠二进制码时(用 0 表示负取样值，其余 11 位以自然二进制方式表示电平的绝对大小)，十进制数 1688 所对应的 11 位二进制数为

$$(1688)_{10}=(11010011000)_2$$

故其均匀量化所对应的 12 位二进制代码为 011010011000。

(4) QPSK 调制信号的带宽等于二进制信号的码元速率。由于 13 折线编码器输出的二进制信号的码元速率为

$$R_B=kf_s=8\times 8000=64\ \text{kBaud}$$

可得 QPSK 信号的带宽为 64 kHz。

例 7.3.5　对输入正弦信号 $m(t)=A\cos 2\pi f_k t$ 分别进行 PCM 和增量调制编码。要求在 PCM 中采用均匀量化，量化级为 Q，在增量调制中，量化台阶 δ 和取样速率 f_s 的选择使信号不过载。

(1) 分别求 PCM 和增量调制编码时的最小码元速率。

(2) 若两者的码元速率相同，增量调制的量化台阶 δ 与信号振幅之间的关系如何？

解　(1) PCM 系统的编码位数为

$$k=\text{lb}Q$$

最小取样速率等于信号最高频率的两倍，即

$$f_{s,\min}=2f_k$$

故 PCM 编码后的最小二进制码元速率为

$$R_{B,\min} = f_{s,\min} \cdot k = 2f_k \cdot \mathrm{lb}Q$$

在增量调制中，由不过载的条件得

$$\delta f_s \geqslant \left|\frac{\mathrm{d}m(t)}{\mathrm{d}t}\right|_{\max} = A \cdot 2\pi f_k$$

故

$$f_{s,\min} = \frac{A \cdot 2\pi f_k}{\delta}$$

由于在增量调制中，每取样一次编码一位，故增量调制器输出的二进制码元序列的最小码元速率为

$$R_{B,\min} = f_{s,\min} = \frac{A \cdot 2\pi f_k}{\delta}$$

（2）当 PCM 与 ΔM 码元速率相同时，即$\frac{A \cdot 2\pi f_k}{\delta}=2f_k \cdot \mathrm{lb}Q$，可得

$$\delta = \frac{\pi A}{\mathrm{lb}Q}$$

例 7.3.6 某信源输出的模拟低通信号 $x(t)$的取样值 x 的概率密度函数 $f(x)$如图 7-3-3 所示，其带宽为 5 kHz，对该信号进行均匀量化，并以二进制编码方式进行信息传输。

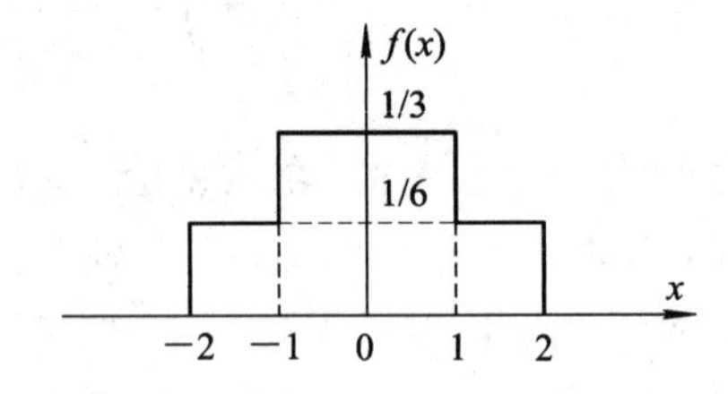

图 7-3-3

（1）求取样值的平均功率 $S=E[x^2]$。

（2）若对该信号按奈奎斯特取样速率进行取样，并取量化电平数 $M=16$，求量化噪声的平均功率 N_q 和量化编码后的信息传输速率。

（3）若可用的信道带宽为 40 kHz，求该量化器的可能的最大量化电平数。

解 （1）由题意可得取样值的平均功率为

$$S = E[x^2] = 2 \times \left[\frac{1}{3}\int_0^1 x^2\,\mathrm{d}x + \frac{1}{6}\int_1^2 x^2\,\mathrm{d}x\right] = 1$$

（2）对取样值进行 16 个量化电平的均匀量化，量化台阶 Δ 为

$$\Delta = \frac{2-(-2)}{16} = \frac{1}{4}$$

量化电平 y_k 分别为{±Δ/2、±3Δ/2、±5Δ/2、±7Δ/2、±9Δ/2、±11Δ/2、±13Δ/2、±15Δ/2}，量化噪声的平均功率为

$$\begin{aligned}N_q &= E[(x-y_k)^2] = 2 \times \left[\frac{1}{3}\int_0^1 (x-y_k)^2\,\mathrm{d}x + \frac{1}{6}\int_1^2 (x-y_k)^2\,\mathrm{d}x\right] \\ &= \frac{\Delta^3}{12} \times 2 \times \left(\frac{1}{3} \times 4 + \frac{1}{6} \times 4\right)\end{aligned}$$

$$= \frac{1}{192}$$

量化编码后的信息速率为

$$R_b = 2f_H \mathrm{lb}M = 2 \times 5 \times \mathrm{lb}16 = 40\ \mathrm{kb/s}$$

（3）通过带宽为 40 kHz 的基带信道进行二进制无码间干扰传输，最大比特率为 80 kb/s，故最大编码位数 k 为

$$k = \frac{R_b}{2f_H} = \frac{80}{2 \times 5} = 8$$

量化电平数为

$$M = 2^k = 256$$

例 7.3.7　若某通信系统发射端方框图如图 7－3－4 所示。设输入模拟信号最高频率为 4 MHz，线性 PCM 系统采用奈奎斯特速率取样，量化电平数为 256，升余弦滚降系数为 0.6。

（1）求线性 PCM 输出信号的信息速率 R_{b1}。

（2）求升余弦滚降滤波器输出信号的信息速率 R_{b2} 和带宽 B_b。

（3）若采用 2PSK 调制，求输出信号的码元速率和带宽(保持上述信息速率不变)。

（4）若采用 16QAM 调制，求输出信号的码元速率和带宽(保持信息速率不变)。

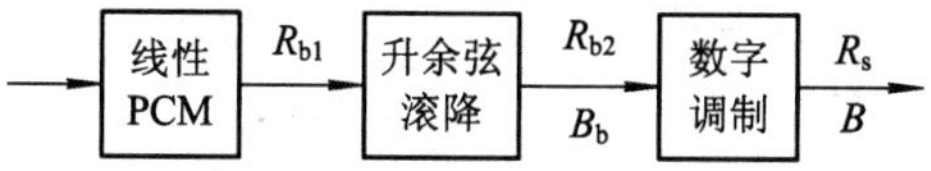

图 7－3－4

解　（1）已知信号的最高频率为 $f_H = 4$ MHz 且采用奈奎斯特取样，故取样速率为 $f_s = 2f_H = 2 \times 4 = 8$ MHz。又量化电平数 $Q = 256$，则 $k = \mathrm{lb}Q = 8$。故 PCM 信号的二进制码元速率为

$$R_B = kf_s = 8 \times 8 = 64\ \mathrm{MBaud}$$

PCM 信号的信息速率为

$$R_{b1} = R_B \mathrm{lb}M = 64\mathrm{lb}2 = 64\ \mathrm{Mb/s}$$

（2）滚降前后的信号其信息速率保持不变，故

$$R_{b2} = R_{b1} = 64\ \mathrm{Mb/s}$$

当信号为二进制时，其码元速率为 64 MBaud，通过升余弦滚降成形后基带信号的带宽为

$$B_b = \frac{R_B}{2}(1 + \alpha) = \frac{64}{2} \times 1.6 = 51.2\ \mathrm{MHz}$$

（3）2PSK 信号的码元速率等于二进制基带信号的码元速率，即为

$$R_{B,\ 2PSK} = R_B = 64\ \mathrm{MBaud}$$

2PSK 信号的带宽等于数字基带信号带宽的 2 倍，为

$$B_{2PSK} = 2B_b = 2 \times 51.2 = 102.4\ \mathrm{MHz}$$

（4）当信息速率为 64 Mb/s 时，16 进制信号的码元速率为

$$R_B = \frac{R_{b2}}{\mathrm{lb}M} = \frac{64}{\mathrm{lb}16} = 16\ \mathrm{MBaud}$$

16QAM 信号的码元速率等于 16 进制数字基带信号的码元速率，即为 $R_{B,\ 16QAM} = 16$ MBaud。

成形后的基带信号的带宽为

$$B_b = \frac{R_B}{2}(1+\alpha) = \frac{16}{2} \times 1.6 = 12.8 \text{ MHz}$$

16QAM 信号的带宽是基带信号的 2 倍，即为

$$B_{16QAM} = 2B_b = 2 \times 12.8 = 25.6 \text{ MHz}$$

可见，16QAM 信号的带宽是 2PSK 信号带宽的 1/4，故 16QAM 调制的频带利用率是 2PSK 信号频带利用率的 4 倍。

例 7.3.8 简单增量调制(ΔM)系统原理如图 7-3-5 所示。已知输入模拟信号 $m(t)$，以取样速率 f_s、量化台阶 δ 对 $m(t)$ 进行简单增量调制，设初始量化电平为 0。

(1) 画出本地译码器输出 $m'(t)$，写出判决器输出 $P_o(t)$。

(2) 若对 24 路 ΔM 信号进行时分复用，基带信号波形为占空比为 50% 的矩形，试求传输该基带信号所需的最小带宽。

(3) 若 24 路基带信号占空比为 100%，采用 16QAM 方式传输，系统带宽取 16QAM 信号频谱主瓣宽度，试求此时最大频带利用率为多少。

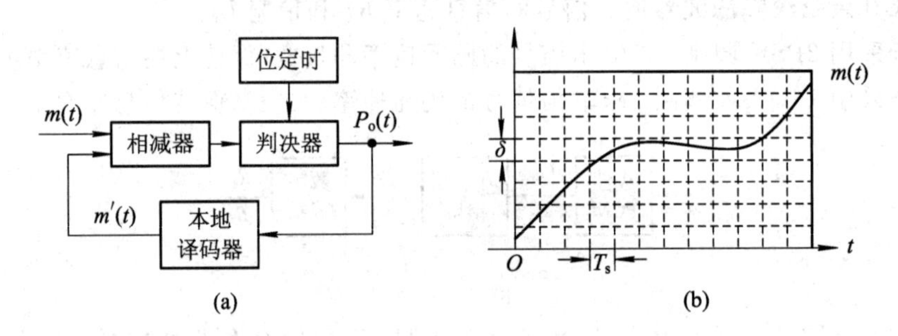

图 7-3-5

解 (1) 本地译码器输出如图 7-3-6 所示。判决器输出 $P_o(t)$=111110101011…。

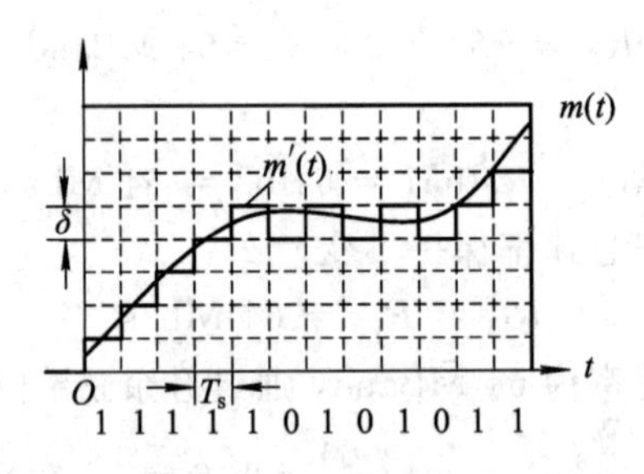

图 7-3-6

(2) 每路 ΔM 信号的二进制码元速率等于取样速率，即 $R_{B1}=f_s$，则 24 路 ΔM 复用后的二进制码元速率为 $R_B=24R_{B1}=24f_s$，码元宽度为 $T_s=\frac{1}{R_B}$。当矩形脉冲的占空比为 50% 时，矩形脉冲的宽度为

$$\tau = \frac{1}{2}T_s$$

其第一个零点带宽为

$$B=\frac{1}{\tau}=\frac{2}{T_s}=2\times 24f_s=48f_s$$

(3) $M=16$ 时，码元速率为

$$R_{B16}=\frac{R_B}{\text{lb}M}=\frac{24f_s}{4}=6f_s$$

16QAM 信号的带宽等于 16 进制数字基带信号带宽的 2 倍，当采用全占空矩形脉冲时，数字基带信号的带宽(频谱主瓣宽度)等于其码元速率。因此，16QAM 信号的带宽为

$$B_{16\text{QAM}}=2\times 6f_s=12f_s$$

故 16QAM 信号的频带利用率为

$$\eta_{16\text{QAM}}=\frac{R_B}{B_{16\text{QAM}}}=\frac{24f_s}{12f_s}=2\ (\text{b/s})/\text{Hz}$$

例 7.3.9　如图 7-3-7 所示，2 路 180 kb/s 的数据和 10 路话音的 PCM 信号进行时分复用，合路后的数字信号经 QPSK 调制后在宽带信道上传输。已知每路话音信号的取样速率为 8000 次/秒，QPSK 信号的功率谱主瓣宽度为 1 MHz，中心频率为 400 MHz。求话音信号数字化时采用的量化电平数 Q。

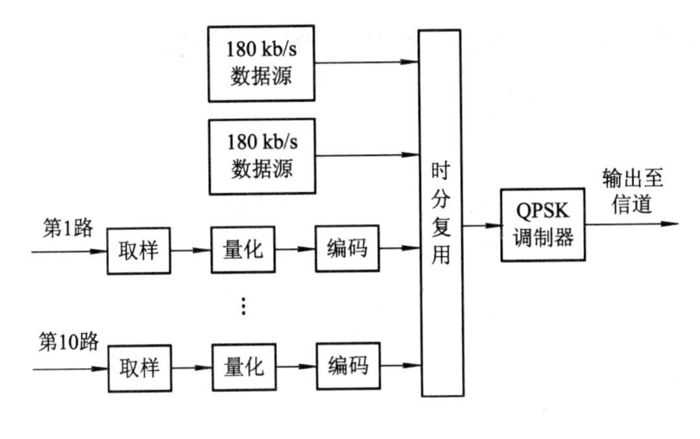

图 7-3-7

解　由 QPSK 功率谱的主瓣宽度可知 QPSK 信号的带宽为 1 MHz，故调制前数字基带信号的信息速率应为

$$R_b=B_{\text{QPSK}}=1\ \text{Mb/s}=1000\ \text{kb/s}$$

这是 2 路 180 kb/s 数据和 10 路话音 PCM 信号速率的总和，故 1 路话音信号的信息速率为

$$R_{b1}=\frac{1000-180\times 2}{10}=64\ \text{kb/s}$$

由 $R_{b1}=kf_s$，得 $64\times 10^3=k\times 8000$，$k=8$，进而求得量化电平数为

$$Q=2^k=2^8=256$$

例 7.3.10　在图 7-3-8 中，$m_1(t)$和 $m_2(t)$是带宽为 4 kHz 的基带信号，$m_3(t)$和 $m_4(t)$是带宽为 1.5 kHz、最高频率为 4 kHz 的带通信号。每路 PCM 按不发生频谱混叠的最小取样速率进行取样，对每个样值按 A 律 13 折线编码。四路 PCM 的数据复用后，通过升余弦滚降系数为 1 的方形星座 16QAM 调制传输，载波频率 $f_c=2$ MHz。

(1) 写出图中 A 点、B 点、C 点的比特速率 R_A、R_B、R_C。

(2) 画出 D 点的单边功率谱密度图(标出频率值)。

(3) 画出调制器、解调器框图。

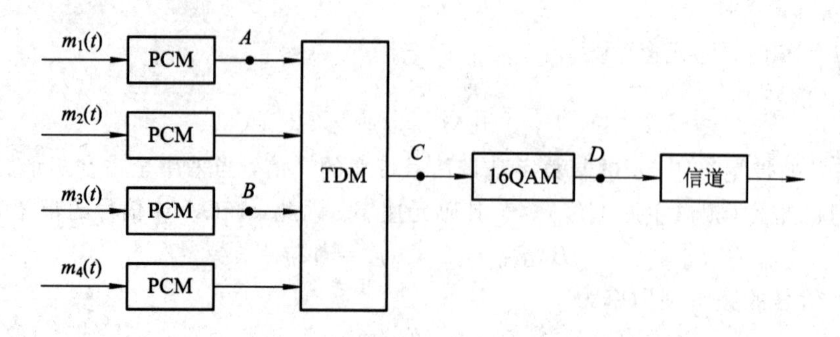

图 7-3-8

解 (1) 根据奈奎斯特低通信号取样定理，$m_1(t)$的取样速率应为

$$f_{s1}=2\times 4=8\ \text{kHz}$$

对 $m_3(t)$的信号而言，$B=1.5\ \text{kHz}$，$f_H=4\ \text{kHz}$，则

$$\frac{f_H}{B}=2+\frac{2}{3}=n+k$$

$n=2$，$k=2/3$。根据奈奎斯特带通信号的取样定理，$m_3(t)$的取样速率应为

$$f_s=\frac{2f_H}{n}=2B\left(1+\frac{k}{n}\right)=2\times 1.5\times\left(1+\frac{1}{3}\right)=4\ \text{kHz}$$

故有

$$R_A=f_{s1}\times 8=64\ \text{kb/s}$$
$$R_B=f_{s3}\times 8=32\ \text{kb/s}$$
$$R_C=2(R_A+R_B)=192\ \text{kb/s}$$

(2) 由于 D 点处信号是 16QAM 信号，故 $M=16$。

可得 D 点处码元速率

$$R_D=\frac{R_C}{\text{lb}M}=\frac{192}{\text{lb}16}=48\ \text{kBaud}$$

采用滚降系数为 1 的升余弦特性传输，则

$$B=2\times\frac{R_D}{2}(1+\alpha)=R_D(1+\alpha)=96\ \text{kHz}$$

D 点的单边功率谱密度示意图如图 7-3-9 所示。

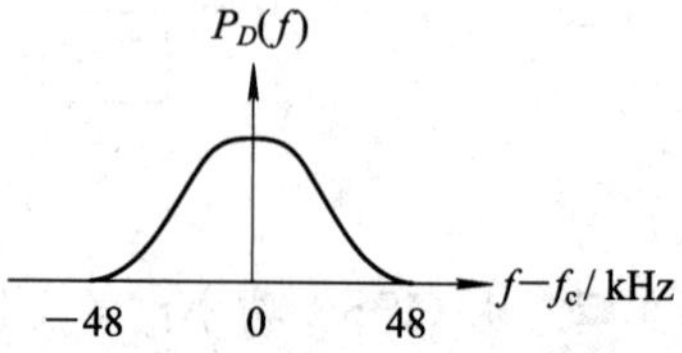

$P_D(f)$ -48 0 48 $f-f_c$/ kHz

图 7-3-9

(3) 系统调制器、解调器框图分别如图 7-3-10 和图 7-3-11 所示。

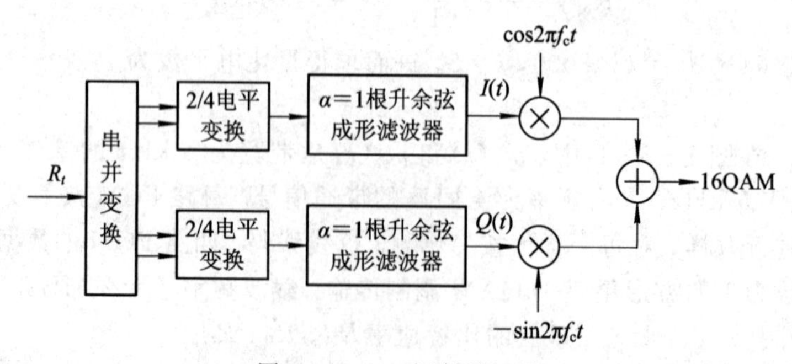

图 7-3-10 调制器框图

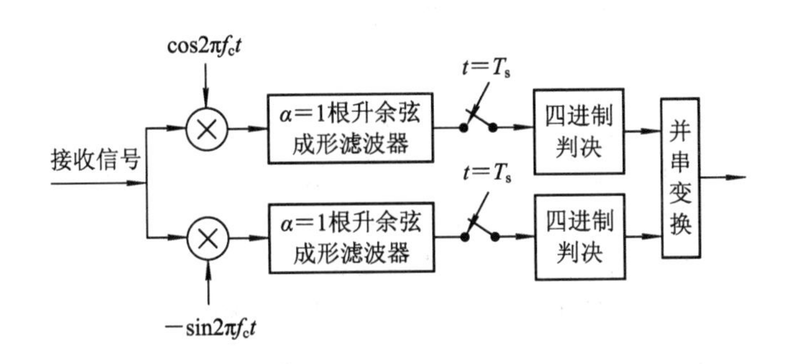

图 7-3-11　解调器框图

7.4 本章自测题与参考答案

7.4.1 自测题

一、填空题

1. 模拟信号数字化的理论基础是________。一个语音信号，其频谱范围为 300～3400 Hz，对其取样时，奈奎斯特取样频率为________。实际应用中，语音信号的取样频率通常为________。

2. 在均匀量化 PCM 中，若保持取样频率 8 kHz 不变，而编码后的比特率由 32 kb/s 提高到 64 kb/s，则量化信噪比增加了________dB。

3. 设语音信号的变化范围为−4～4 V，在语音信号的这个变化范围内均匀设置 256 个量化电平，此时量化器输出端的信噪比为________ dB。若量化器不变，输入到量化器的语音信号的功率下降 10 dB，则量化器输出端的信噪比为________ dB。

4. 某模拟信号最高频率为 f_H，对其进行 PCM 编码二进制传输，允许传输带宽为 B，则每样值最多可编________位码，量化电平数为________。

5. 某音乐信号 $m(t)$的最高频率分量为 20 kHz，以奈奎斯特速率取样后进行 A 律 13 折线 PCM 编码，所得比特率为________ b/s，若以理想低通基带系统传输此 PCM 信号，则系统的最小带宽为________，系统的信息频带利用率为________。

6. 某 A 律 13 折线 PCM 编码器的输入范围是[−8，+8]V，若编码器输出码组是 11011010，则译码器重建电平是________V。

7. ΔM 系统中有两类噪声，一类是量化噪声，另一类是________，其中量化噪声又分为一般量化噪声和________两种。

8. 对一个话音信号进行抽样，抽样频率为 8000 Hz，采用 13 折线编码，则数字化后数字信号的信息速率为________。

9. A 律 PCM 基群共包括________个时隙，每个时隙为________ μs；帧长为________ bit，因此基群总比特率为________ Mb/s。

10. 设有 5 路带通信号，每一路的频带范围均为 15～18 kHz，对每路信号分别进行理想取样、A律13折线编码，然后复用为一路，复用后的速率至少是________ kb/s。

二、选择题

1. 通常的模拟信号数字化包含的三步依次为(　　)。

A. 取样、编码、量化　　B. 量化、取样、编码

C. 取样、量化、编码　　D. 量化、编码、取样

2. 量化会产生量化噪声，衡量量化噪声对系统通信质量影响的指标是(　　)。

A. 量化噪声功率　　B. 量化信号功率　　C. 量化台阶　　D. 量化信噪比

3. A律13折线编码中，当段码为001时，则它的起始电平为(　　)。

A. 16Δ　　B. 32Δ　　C. 8Δ　　D. 64Δ

4. 13折线量化编码时，所采用的代码是(　　)。

A. 自然二进制码　　B. 折叠二进制码　　C. 格雷码　　D. 8421BCD码

5. 在简单增量调制中，设取样速率为 $f_s=1/T_s$，量化台阶为 δ，则译码器的跟踪斜率为(　　)。

A. δ/f_s　　B. f_s/δ　　C. $f_s\delta$　　D. δT_s

6. 对于ΔM编码过程，过载量化噪声通常发生在(　　)。

A. 信号幅值较大时　　B. 信号斜率较小时

C. 噪声较大时　　D. 信号斜率较大时

7. PCM数字化方法对数字通信系统提出的要求(　　)。

A. 比ΔM高　　B. 比ΔM低　　C. 与ΔM一样高　　D. 不确定

8. A律13折线编码是一种标准的(　　)编码。它采用了非均匀量化，码字1111111所对应的量化区间长度是码字0000000对应量化区间长度的(　　)倍。

A. 文本压缩；128　　B. 语音；64　　C. 视频；32　　D. 图像；16

9. 模拟信号进行波形编码成为数字信号后，(　　)。

A. 抗干扰性变弱　　B. 带宽变大　　C. 差错不可控制　　D. 功率变大

10. 某带通信号的频带范围是7～12 kHz，对其进行理想取样，不发生频谱混叠的最小取样速率是(　　)。

A. 10 kHz　　B. 12 kHz　　C. 20 kHz　　D. 24 kHz

三、简答题

1. 试画出完整的PCM系统方框图，并简要说明方框图中各部分的作用及引起输出信号误差的原因。

2. 什么是ΔM的过载量化噪声和一般量化噪声？如何防止过载现象？如何降低一般量化噪声功率？

3. 试简述均匀量化的定义和主要缺点，并提出非均匀量化的主要改进办法。

4. 说明PCM调制、增量调制的基本原理，并比较二者的异同。

四、综合题

1. 采用13折线量化编码，设取样值大小为−1168Δ，问编码后的代码为多少？接收端译码后的样值为多少？此时的量化误差为多少个单位？

2. 对模拟信号 $m(t)$ 进行简单增量调制，取样速率为 f_s，量化台阶为 δ。

(1) 若输入信号为 $m(t)=A\cos 2\pi f_k t$，试确定不发生过载时的最大振幅值。

(2) 若输入信号频率为 $f_k=3000$ Hz，取样速率为 $f_s=32$ kHz，量化台阶为 $\delta=0.1$ V，试确定该编码器的最小编码电平和编码范围。

3. 对话音信号的取样速率为 8 kHz。

(1) 若采用 PAM 系统传输，脉冲占空比为 1/3，求所需的传输带宽。

(2) 若采用 PCM 系统传输，量化级数为 128 级，采用 NRZ 矩形脉冲，求所需的传输带宽。

4. 对 20 路话音信号(0～4 kHz)进行 TDM 传输，其中 10 路信号采用 A 律 13 折线 PCM 编码，余下 10 路信号采用增量调制，若增量调制的码元速率与采用 PCM 编码信号速率相同。

(1) 增量调制的取样间隔。

(2) 复用信号的 R_b。

(3) 将此 TDM 信号采用 7 电平第Ⅰ类部分响应基带系统进行传输，则需要的最小理论带宽为多少？

(4) 将此 TDM 信号采用 4B5B 块编码，并用不归零矩阵脉冲进行基带传输，所需传输带宽(第一零点带宽)为多少？

7.4.2 参考答案

一、填空题

1. 取样定理；6800 Hz；8000 Hz。2. 24。3. 39；29。4. B/f_H；$2^{B/f_H}$。

5. 320 k；160 kHz；2 b/s/Hz。6. +53/32。7. 误码噪声；过载量化噪声。

8. 64 kb/s。9. 32；3.9；256；2.048。10. 240。

二、选择题

1. C；2. D；3. A；4. B；5. C；6. D；7. A；8. B；9. B；10. B。

三、简答题

1. 完整的 PCM 方框图如图 7-4-1 所示。

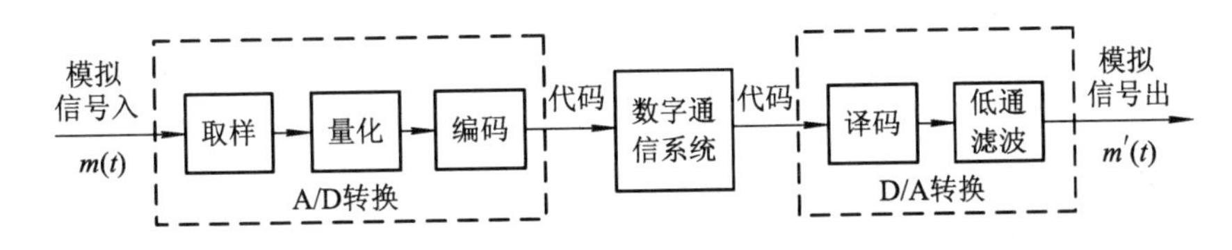

图 7-4-1 PCM 通信系统框图

各部分的作用如下：

(1) 取样使输入模拟信号变成时间离散的样值序列；

(2) 量化将取值连续的样值变成取值离散的量化电平序列，从而将模拟信号转换成数字信号；

(3) 编码的作用是用二进制代码来表示样值的量化电平，输出 PCM 代码；

(4) 数字通信系统完成 PCM 代码的传输，在传输过程中受到噪声和干扰的影响会产生误码；

(5) 译码器的作用与编码刚好相反，它将 PCM 代码还原为量化电平，输出量化电平序列；

(6) 低通滤波器的作用是从时间和取值都离散的量化电平序列中恢复模拟信号，是发送端取样和量化器的逆过程。

输出的模拟信号 $m'(t)$ 与发送模拟信号 $m(t)$ 之间的差异主要是由量化和数字通信系统引入的误码引起的，误差的大小取决于量化噪声和误码噪声的大小。

2. (1) 当信号发生急剧变化，量化输出信号(阶梯波或锯齿波)跟不上模拟信号的变化时，量化输出信号和模拟信号之间会产生很大的误差，这种误差称为过载量化噪声。

(2) 不发生过载时，原模拟信号与其量化输出信号(阶梯波或锯齿波)之间的误差称为一般量化噪声。

(3) 增大量化台阶 δ 或提高取样频率 f_s，使它们满足不过载条件

$$\left|\frac{\mathrm{d}m(t)}{\mathrm{d}t}\right|_{\max} \leqslant \delta f_s$$

时，不会发生过载。其中 $\left|\frac{\mathrm{d}m(t)}{\mathrm{d}t}\right|_{\max}$ 是信号可能出现的最大斜率。选用最大斜率小于跟踪斜率的模拟信号，也可防止过载现象出现。

(4) 减小量化台阶 δ 可降低一般量化噪声功率。

3. (1) 均匀量化定义：均匀量化是把输入信号的取值域按等距离分割的量化。均匀量化也称线性量化，其量化区域上的各量化间隔相等。

缺点：在实际应用中，对于给定的量化器，量化电平数 M 和量化间隔 Δ 都是确定的，所以无论取样值大小如何，量化噪声功率 N_q 也是固定的。因而，量化信噪比 S_q/N_q 随输入信号功率的下降而线性下降，这会导致弱信号时的量化信噪比难以达到给定的要求，即均匀量化器的输入信号动态范围小。

(2) 非均匀量化是根据输入信号的概率密度函数来设置量化电平，以改善量化性能。在概率密度相对较大的区域选择较小的量化间隔，而在概率密度较小的区域选择较大的量化间隔，降低量化噪声平均功率。

非均匀量化的方法：

① 先将信号压缩，然后进行均匀量化，压缩方法有 A 律压缩和 μ 律压缩。

② 数字压扩方法。

4. (1) PCM 编码调制的基本原理是把一个时间连续、取值连续的模拟信号变换为时间离散、取值离散的数字信号后在信道中传输。脉冲编码调制就是对模拟信号先取样、再对样值幅度量化和编码的过程。

增量调制的基本原理是对模拟信号取样，并对每个样值与它的预测值的差值信号进行编码，差值为正时输出 1，差值为负时输出 0。

(2) 相同点：都要进行取样、编码，是模拟信号数字化方法，都属于限失真信源编码方法。

不同点：

① PCM 认为样点间相互独立，直接对信源输出信号进行编码。增量调制是一种线性预测编码，不直接对信源输出信号进行编码，而是利用了各个样值分量之间的统计关联。

② PCM 与增量调制虽然都是用二进制代码去表示模拟信号的编码方式，但是在 PCM 中代码表示样值本身的大小，所需码位数较多；而在增量调制中只用一位编码表示相邻样值的相对大小，从而反映出取样时刻波形的变化趋势，与样值本身的大小无关。

③ 在比特率较低时，增量调制的量化信噪比高于 PCM 的。

④ 增量调制系统用于对话音编码时，要求的取样频率达到几十 kb/s 以上，而且话音质量也不如 PCM 系统的。

四、综合题

1.（1）取样值为 -1168Δ，负极性，$C_1=0$。

其处在第 8 段，段号为 8，$C_2C_3C_4=111$。

量化级码为

$$\left[\frac{1168\Delta-1024\Delta}{64\Delta}\right]_{\text{取整}}=\left[\frac{144\Delta}{64\Delta}\right]_{\text{取整}}=2=(0010)_2$$

于是取样值 -1168Δ 所对应的 13 折线编码输出为 01110010。

（2）译码输出的信号样值为

$$-(1024\Delta+64\Delta\times2+64\Delta/2)=-1184\Delta$$

（3）量化误差为

$$-1168\Delta-(-1184\Delta)=20\Delta$$

2.（1）由 $\delta f_s\geqslant\left|\frac{\mathrm{d}m(t)}{\mathrm{d}t}\right|_{\max}=A\cdot2\pi f_k$ 得 $A\leqslant\frac{\delta f_s}{2\pi f_k}$，故不产生过载时的最大振幅为 $A_{\max}=\frac{\delta f_s}{2\pi f_k}$。

（2）最小编码电平为 $A_{\min}=\delta/2=0.05$ V，所允许的最大输入信号振幅为 $A_{\max}\approx0.17$ V，故编码范围为 0.05～0.17 V。

3.（1）图 7-1-3 中，若用周期为 T_s、占空比为 1/3 的矩形脉冲序列代替冲激脉冲序列 $\delta_{T_s}(t)$，那么取样后的信号 $m_s(t)$ 即为占空比为 1/3 的 PAM 信号。矩形频谱的第一个零点即为此信号的带宽，故所需带宽为

$$B=\frac{1}{\tau}=\frac{1}{\frac{1}{3}T_s}=\frac{3}{T_s}=3f_s=3\times8=24\ \text{kHz}$$

（2）已知 $Q=128$，则 $k=\text{lb}Q=\text{lb}128=7$，则二进制码元速率为

$$R_B=kf_s=56\ \text{kBaud}$$

当采用不归零矩形脉冲波形时，此数字基带信号的带宽等于其功率谱的第一个零点，即数值上等于其码元速率。故所需带宽为

$$B=\frac{1}{\tau}=R_B=56\ \text{kHz}$$

4.（1）由题意得增量调制的码元速率为

$$R_B=k\times f_{s,\,\text{PCM}}=8\times8000=64\ 000\ \text{b/s}$$

取样频率为

$$f_s = R_B = 64\,000\ \text{Hz}$$

取样间隔为

$$T_s = \frac{1}{f_s} = \frac{1}{R_B} = \frac{1}{64\,000} = 15.625\ \mu\text{s}$$

(2) 复用信号的信息速率为

$$R_b = 20 \times 8 \times 8000 = 1.28\ \text{Mb/s}$$

(3) 由采用的第Ⅰ类部分响应系统的电平数 $L=7$ 可知部分响应系统输入信号的进制数为 $M=(L+1)/2=4$，进而系统带宽为

$$B = \frac{R_{B复}}{2} = \frac{R_b}{4} = 320\ \text{kHz}$$

(4) 由 4B5B 编码器的输入输出速率间关系 $R_{b出}=\frac{5}{4}R_{b入}$，得采用不归零矩形脉冲进行基带传输时的第一零点带宽为

$$B = R_{b出} = \frac{5}{4}R_b = 1.6\ \text{MHz}$$

第8章 同步原理

8.1 考点提要

8.1.1 同步的种类和同步实现方法*

同步的作用：确保收、发双方能协调一致工作，接收端正确恢复信息。同步性能的好坏直接影响通信系统的性能。

要求：同步信息传输的可靠性要高于信号传输的可靠性。

1. 同步种类*

按同步的功用来分，通信系统涉及四种同步：载波同步、位同步、群同步和网同步。其中点对点通信中，接收机主要涉及载波同步、位同步和群同步。

（1）载波同步。

在采用相干解调的模拟或数字解调器中，需要一个与接收信号中的载波同频同相的本地载波，这个本地载波称为同步载波或相干载波。获取相干载波的过程称为载波提取或载波同步，相应的部件称为载波同步电路或载波同步系统。

（2）位同步。

位同步又称为码元同步、符号同步。在数字通信系统中，接收端通过取样判决才能恢复发送的码元。控制取样判决时刻的定时脉冲称为位同步信号。获取位同步信号的过程称为位同步，相应的部件称为位同步电路或位同步系统。

为正确接收码元序列，位同步信号的重复频率应等于发送码元速率，脉冲位置应对准接收基带信号的最佳取样时刻。

位同步是数字通信系统中特有的一种同步。

（3）群同步。

群同步又称为字同步、组同步、句同步、帧同步等。

当信息以一定格式传输时，例如在A律13折线PCM系统中，在发送端每个样值量化编码为8位二进制码组，因此接收端就需要知道每个码组的起止时刻，以便对接收码元序列进行正确分组，从而恢复出每个样值的量化电平。这个用来控制码元序列正确分组的信号就被称为群同步信号，获取群同步信号的过程称为群同步，实现群同步的部件称为群同步电路或群同步系统。

(4) 网同步。

当组成通信网时，要求全网有一个统一的时间节拍标准，此时间标准称为网同步信号。获取网同步信号的过程称为网同步，相应的部件称为网同步电路或网同步系统。

2. 同步的实现方法

同步的实现方法主要有两类：外同步法和自同步法。

(1) 外同步法。

由发送端发送专门的同步信息，接收端提取同步信息以获取同步信号。

(2) 自同步法。

发送端不发送专门的同步信息，接收端设法从收到的信号中提取同步信号。

由于传送同步信息需要占用一定的信道频带和发送功率，故实际应用中更倾向于自同步法。但当自同步法不易实现时，如 SSB、VSB 的载波同步以及群同步，需要采用外同步法。

8.1.2 载波同步*

载波同步是相干解调的基础，凡是相干解调均需要载波同步。

载波同步的实现可采用直接法和插入导频法。直接法属于自同步法，而插入导频法则是一种外同步法。

1. 直接法*

直接法就是从接收信号中直接提取同步载波的方法，包括平方变换(环)法和科斯塔斯环法。

1) 平方变换法和平方环法

基本思想：对于一些不含有载波分量的接收信号(如 DSB、2PSK)作平方变换，使变换后的信号含有载波的二倍频分量，然后用窄带滤波器滤出此二倍频分量，再对其进行二分频。

(1) 平方变换法。如图 8-1-1(a)所示。设接收信号为

$$s(t) = x(t)\cos 2\pi f_c t \tag{8-1-1}$$

若 $x(t)$是不含直流的模拟信号，则 $s(t)$为 DSB 信号；若 $x(t)=\pm a$(a 为常数)，则 $s(t)$为 2PSK 或 2DPSK 信号。该信号经平方律器件(非线性变换)后为

$$e(t) = [x(t)\cos 2\pi f_c t]^2 = \frac{1}{2}[x^2(t) + x^2(t)\cos 4\pi f_c t] \tag{8-1-2}$$

尽管 $x(t)$不含直流分量，但 $x^2(t)$一定含有直流分量，所以上式的第二项包含有载波的倍频 $2f_c$ 分量。用中心频率为 $2f_c$ 的窄带滤波器滤出此倍频分量，二分频后即为所需的同步载波 $\cos 2\pi f_c t$。

(2) 平方环法。在实际应用中，为了改善平方变换法载波提取电路中窄带滤波性能，通常采用锁相环代替窄带滤波器，此即为平方环法，如图 8-1-1(b)所示。

(3) 平方变换法和平方环法的缺点：存在相位模糊。两种方法中均采用了二分频电路，由于二分频电路的初始状态的随机性，故其输出电压有相差 180°的两种可能，即提取的同步载波可能是 $\cos 2\pi f_c t$，也可能是 $\cos(2\pi f_c t+180°)$。相位模糊对模拟通信系统的影响不

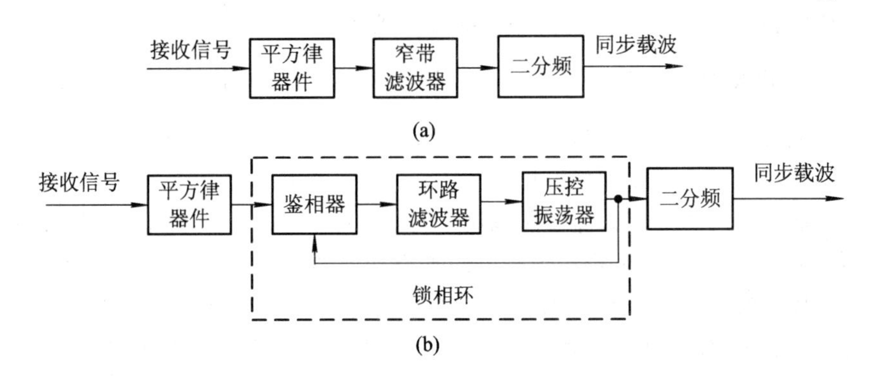

图 8-1-1　平方变换法和平方环法原理框图

大，但对于 2PSK 解调则会引起“反向工作”问题，可采用 2DPSK 加以克服。

2）科斯塔斯(Costas)环法

从 DSB 或 2PSK 中直接提取同步载波的另一方法是科斯塔斯环法，也称为同相正交环法。这种方法的特点是提取载波的同时，可直接输出解调信号。原理框图如图 8-1-2 所示，图中 v_1 和 v_5 分别为提取的同步载波和输出的解调信号。

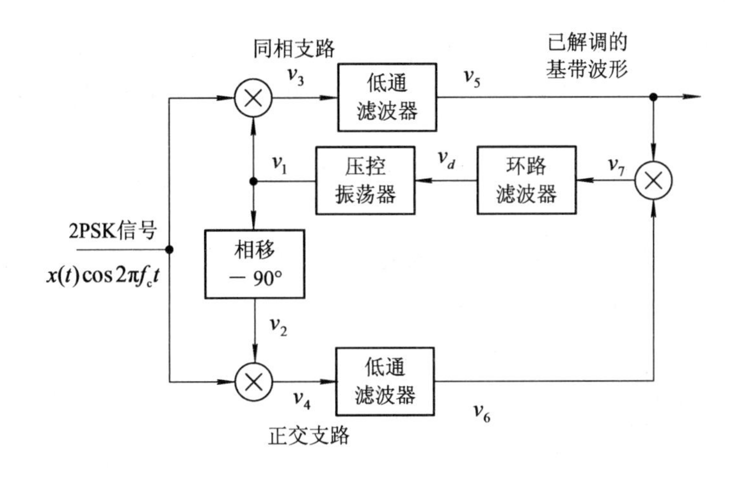

图 8-1-2　科斯塔斯环法原理框图

设压控振荡器的输出与接收载波间有相位差 θ，因此有

$$v_1 = A\cos(2\pi f_c t + \theta) \tag{8-1-3}$$

$$v_2 = A\sin(2\pi f_c t + \theta) \tag{8-1-4}$$

它们和接收信号相乘，经低通滤波后上下两支路输出相乘得

$$v_7 = \frac{1}{8}A^2 x^2(t)\sin 2\theta \tag{8-1-5}$$

v_7 经环路滤波器平滑后输出为 v_d，显然，$v_d \propto \sin 2\theta$。v_d 控制压控振荡器使其产生一个频率为 f_c、相位 θ 趋近于 0 的载波，此载波就是所要提取的相干载波。

进一步分析可发现：

(1) 当初始相位 $-90° < \theta < 90°$ 时，锁相环经调整后最终锁定在 $\theta = 0$ 处，此时输出同步载波 $v_1 = A\cos 2\pi f_c t$，解调输出 $v_5 = \frac{1}{2}Ax(t)$。

(2) 当初始相位 $90°<\theta<270°$时，锁相环经调整后最终锁定在 $\theta=180°$处，此时压控振荡器输出的同步载波为 $v_1=A\cos(2\pi f_c t+180°)$，相应的解调输出为 $v_5=-\frac{1}{2}Ax(t)$。

由于电路初始工作时 θ 的随机性，锁相环可能锁定在 $\theta=0$ 处也可能锁定在 $\theta=180°$处。可见，科斯塔斯环法同样存在相位模糊问题。

说明：上述方法均可推广到多进制调制。例如，对于 QPSK 信号，只要用四次方器件和四分频器代替平方变换法及平方环法中的平方律部件和二分频器，或采用四相 Costas 环即可。此时提取的同步载波存在四相(0、90°、180°、270°)相位模糊问题。同理，MPSK 信号的 M 次变换法、M 次环法、M 相 Costas 环法存在 M 相相位模糊问题。解决的方法是采用 MDPSK 调制。

2. 插入导频法

对于既不含有载波分量又不能用直接法提取同步载波的信号，如 SSB 信号，只能用插入导频法。

插入导频法原理：在发送端，在有用信号中插入一个称为导频的正(余)弦波一并发送；在接收端，利用窄带滤波器滤出该导频，对其作适当变换即可获取同步载波。

对导频的要求*：

(1) 导频应在已调信号频谱为零的位置插入，便于接收端滤出导频。

(2) 导频的频率应与载波频率有关，便于从导频获得同步载波。通常导频频率等于载波频率 f_c。

(3) 插入的导频应与载波正交，避免因导频的影响使得接收端解调出的信号中出现直流分量。

例如，若调制载波为 $A\cos 2\pi f_c t$，则插入导频可为 $A\sin 2\pi f_c t$。插入导频法发送端和接收端的框图如图 8-1-3(a)、(b)所示。

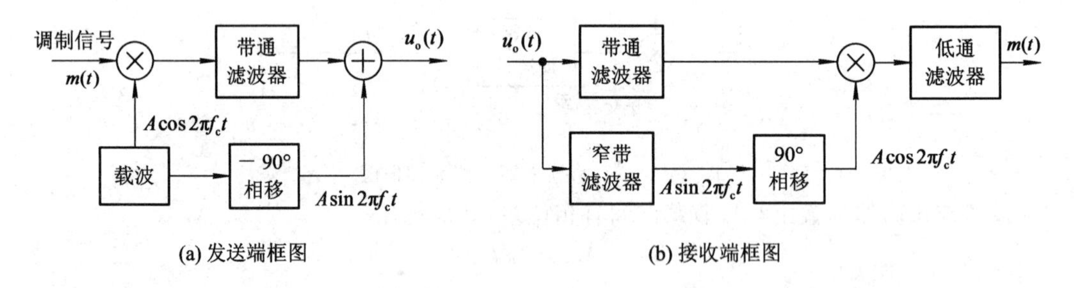

图 8-1-3 插入导频法原理框图

插入导频法的优点：

(1) 接收端提取同步载波信号的电路简单；

(2) 没有相位模糊问题。

3. 载波同步系统的性能指标

载波同步系统的性能指标主要有效率、同步建立时间、同步保护时间和精度。

(1) 效率：为获取同步载波所消耗的发射机功率的多少。显然，插入导频法需消耗发射机功率，故其效率低于直接法的效率。

(2) 同步建立时间：由开机或失步状态到同步建立所需的时间。同步建立时间越短越好。

(3) 同步保持时间：同步建立后，当用于提取同步载波的有关信号突然消失，系统还能保持住同步的时间。同步保持时间越长越好。

(4) 精度：提取的同步载波与标准载波之间的相位差，通常用 $\Delta\varphi$ 表示。$\Delta\varphi$ 将直接影响解调器的性能。

设接收到的信号为 $m(t)\cos 2\pi f_c t$，当提取的同步载波有相位误差 $\Delta\varphi$ 时，同步载波为 $\cos(2\pi f_c t+\Delta\varphi)$，这时相干解调输出(相乘、低通滤波后)为

$$m'(t)=\frac{1}{2}m(t)\cos\Delta\varphi \tag{8-1-6}$$

显然，当 $\Delta\varphi\neq 0$ 时，会使解调器输出信号的幅度衰减 $\cos\Delta\varphi$ 倍。对于模拟调制如 DSB，将使输出信噪比下降 $\cos^2\Delta\varphi$ 倍；对于 2PSK 信号，信噪比的下降将导致误码率上升为

$$P_e=\frac{1}{2}\mathrm{erfc}\left(\sqrt{\frac{E_b\cos^2\Delta\varphi}{n_0}}\right)=\frac{1}{2}\mathrm{erfc}\left(\cos\Delta\varphi\sqrt{\frac{E_b}{n_0}}\right) \tag{8-1-7}$$

8.1.3　位同步*

实现位同步的方法有插入导频法和直接法两种。

1. 插入导频法*

位同步信号一般从解调后(还未取样判决)的基带信号中提取，但许多数字基带信号(如全占空矩形)中无位同步分量。为了在接收端获取位同步信号，可在发送的数字基带信号中插入导频信号后一并发送，接收端用窄带滤波器滤出此导频信号，并对其作适当的变换即可得位定时信号。这种位同步方法称为插入导频法。

导频信号应在数字基带信号功率谱的零点处插入。例如，对于全占空矩形的单/双极性码及 AMI 码等信号，可以在第一个零点 f_b 处插入导频信号；对于一些经过相关编码的数字基带信号，可在 $f_b/2$ 处插入导频信号，如图 8-1-4 所示。

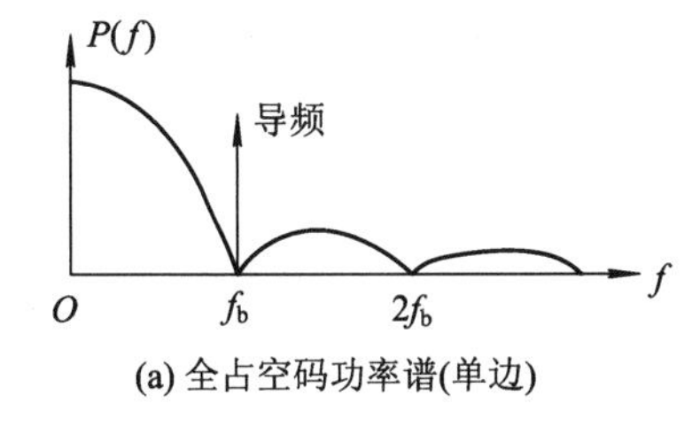

(a) 全占空码功率谱(单边)

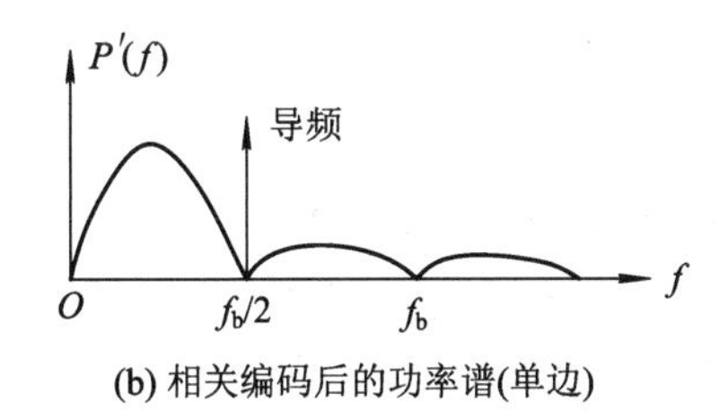

(b) 相关编码后的功率谱(单边)

图 8-1-4　插入导频示意图

插入导频法的优点是设备简单，缺点是需要占用一定的信道带宽和发送功率。

2. 直接法*

直接法是位同步的主要实现方法。它借助于位同步电路从接收到的基带信号中直接提取位同步信号。一种广泛应用的直接法是数字锁相环法，其原理框图如图 8-1-5 所示。

图 8-1-5 中，晶振产生频率为 nf_b 的脉冲序列，经控制电路和 n 次分频器后产生一个频率为 f_b 的位同步脉冲，其重复频率与发送码元速率相同。相位比较器比较位同步脉冲

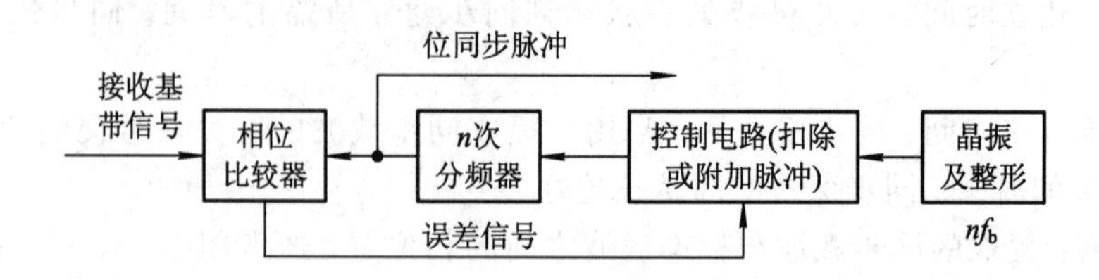

图 8-1-5 数字锁相环提取位同步信号原理图

与接收基带信号的相位：① 若位同步脉冲的位置超前于码元的最佳取样时刻，如图 8-1-6(a)所示，则相位比较器送出的误差信号使控制电路从晶振送来的脉冲序列中扣除一个脉冲，使 n 次分频器输出的位同步脉冲向后调整 T_s/n；② 若位同步脉冲的位置落后于最佳取样时刻，如图 8-1-6(b)所示，则误差信号使控制电路在经过它的脉冲序列中附加一个脉冲，n 次分频器输出的位定时脉冲向前调整 T_s/n。

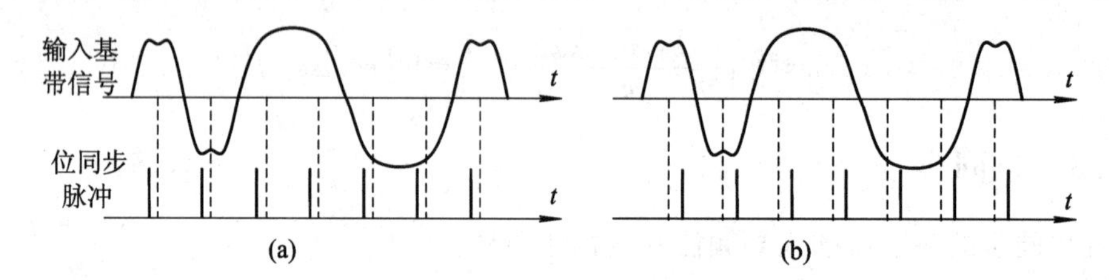

图 8-1-6 位同步脉冲与基带信号的相对位置

简言之，数字锁相环提取位同步的基本思想是利用相位比较器和控制电路来调整位同步脉冲的位置，通过重复进行相位的比较和脉冲的扣除或附加，最终使位同步脉冲对准接收码元的最佳取样时刻。

需要说明的是，在图 8-1-5 所示的数字锁相环中，相位比较器是个关键部件，没有相位比较器的比较结果，控制电路既不会扣除脉冲也不会附加脉冲，也就意味着无法调整位同步脉冲的相位。而相位比较器是根据接收基带信号的过零点和位同步脉冲的位置来确定误差信号的，当发送长连“0”或长连“1”时，接收基带信号在很长时间内无过零点，相位比较器无法进行比较，致使位定时脉冲在长时间内得不到调整而发生漂移甚至失步。这也就是为什么用 HDB_3 来代替 AMI 码的原因。

3. 位同步系统的性能指标*

衡量位同步系统的主要性能指标有：位定时误差、位同步建立时间、位同步保持时间、位同步带宽。

1) 位定时误差

位定时误差是指建立同步后可能存在的最大误差。此误差由位同步脉冲的跳跃式调整引起的，等于数字锁相环调整的步长，即

$$t_e = \frac{T_s}{n} \tag{8-1-8}$$

用相位表示为

$$\theta_e = \frac{2\pi}{n} \text{或} = \frac{360°}{n} \tag{8-1-9}$$

位定时误差导致取样时刻偏离最佳点，使取样值的幅度减小，系统的误码率上升。例如，当位定时误差为 t_e 时，2PSK 的误码率上升为

$$P_e = \frac{1}{4}\mathrm{erfc}\left(\sqrt{\frac{E_b}{n_0}}\right)+\frac{1}{4}\mathrm{erfc}\left(\sqrt{\frac{E_b}{n_0}}\left(1-\frac{2t_e}{T_s}\right)\right) \tag{8-1-10}$$

欲减小 t_e，应增大 n。

2）位同步建立时间

位同步建立时间是指重建同步所需的最长时间，它等于位同步脉冲调整 $T_s/2$ 所需的时间。由于位同步脉冲每次只能调整 T_s/n 的时间，且调整一次平均需要 $2T_s$ 的时间，故位同步建立时间为

$$t_s = \frac{n}{2}\times 2T_s = nT_s \tag{8-1-11}$$

欲减小 t_s，应减小 n。

位同步误差和位同步建立时间对 n 的要求是矛盾的。

3）位同步保持时间

位同步保持时间是指当锁相环失去调整后(输入信号中断或接收基带信号中出现长连“0”或长连“1”)位同步脉冲还能保持同步的时间。所谓“保持同步”是指位同步脉冲与最佳取样时刻的误差小于系统所允许的最大误差(超过所允许的最大误差时为失步)。可见，位同步保持时间与收、发晶振的稳定度和系统所允许的最大位同步误差有关。位同步保持时间越长越好。

位同步保持时间为

$$t_c = \frac{1}{\alpha\Delta f} \tag{8-1-12}$$

与收、发两端晶振的频差 Δf 及所允许的位定时最大偏差值 $\Delta T_{max}=T_0/\alpha$ 有关。T_0 是接收码元周期 T_s 和接收端分频器输出脉冲周期 T_1 的几何平均，即 $T_0=\sqrt{T_sT_1}\approx T_s$。

4）位同步带宽

位同步带宽是指同步系统能够调整到同步状态所允许的收、发两端晶振的最大频差。换句话说，如果收、发两端晶振的最大频差大于同步带宽的话，同步系统将无法建立同步，因为这种情况下，位同步脉冲的调整速度跟不上它与接收基带信号之间时间误差的变化。

位同步带宽为

$$\Delta f_{max} = \frac{f_0}{2n} \tag{8-1-13}$$

其中 $f_0=\sqrt{f_bf_1}\approx f_b$。

8.1.4 群同步*

群同步的任务是对接收码元序列进行正确分组。

群同步的实现只能采用外同步法。即在信息码组间插入一些特殊码组作为每个信息码组的头尾标志，接收端根据这些特殊码组的位置实现对码元序列的正确分组。

常用的群同步方法有起止式同步法、连贯式插入法和间歇式插入法。

1. 起止式同步法

以电传机为例，在电传机中一个字符用 5 个二进制码元表示。为了标志每个字符的开头和结尾，在每个字符的前后分别加上 1 个码元的“起脉冲”和 1.5 个码元的“止脉冲”，“起脉冲”为低电位，“止脉冲”为高电位，如图 8－1－7 所示。即 1.5 个码元长度的高电平后跟 1 个码元长度的低电平，组成了一个插在两个信息码组之间的标志，接收端检测此标志，就能确定前一个信息码组的结束和下一个信息码组的开始位置，从而实现信息码组的正确分组。

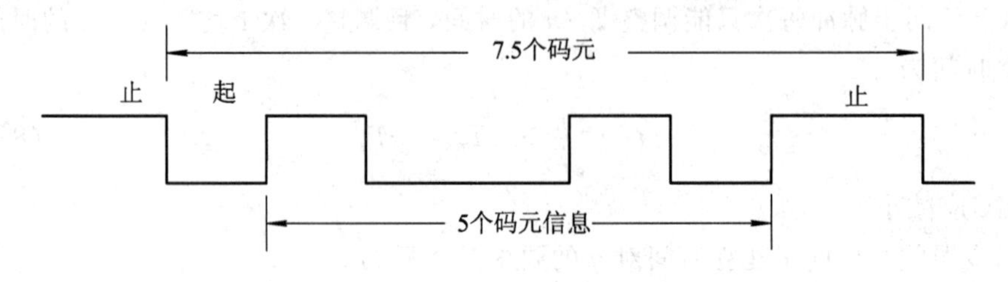

图 8－1－7　电传机信号结构

2. 连贯式插入法*

连贯式插入法又称集中式插入法。在该方法中，各个信息码组之间均插入一个特殊码组，此码组常称为群同步码组，如图 8－1－8 所示。接收端检测这些特殊码组，由此确定各个信息码组的起止时刻。

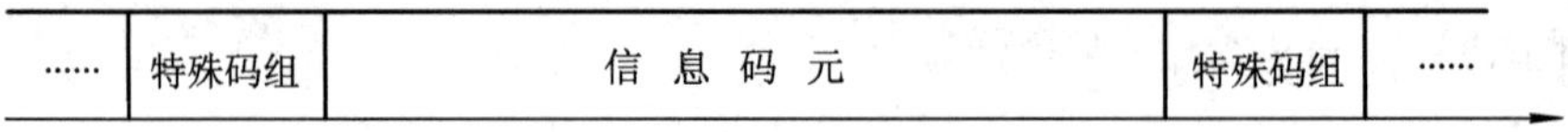

……	特殊码组	信 息 码 元	特殊码组	……

图 8－1－8　连贯式插入群同步码组示意图

1）巴克码

用于连贯式插入法的特殊码组应具有尖锐单峰的自相关特性，以方便地从接收码元序列中识别出来。巴克码可作为此特殊码组。表 8－1－1 中列出了已经找到的巴克码组。

表 8－1－1　巴 克 码 组

位　数	巴 克 码 组	
2	＋＋；－＋	(11)；(01)
3	＋＋－	(110)
4	＋＋＋－；＋＋－＋	(1110)；(1101)
5	＋＋＋－＋	(11101)
7	＋＋＋－－＋－	(1110010)
11	＋＋＋－－－＋－－＋－	(11100010010)
13	＋＋＋＋＋－－＋＋－＋－＋	(1111100110101)

设巴克码组为 $\{a_1, a_2, \cdots, a_n\}$，每个码元 a_i 只可能取值＋1 或－1，它的局部自相关函数 $R(j)$ 定义为

$$R(j) = \sum_{i=1}^{n-j} a_i a_{i+j} \tag{8-1-14}$$

以7位巴克码{＋＋＋——＋—}为例，用式(8－1－14)计算它的局部自相关函数，可得7位巴克码的局部自相关函数曲线如图8－1－9所示，在$j=0$处具有尖锐的单峰特性。这一特性是对连贯式插入群同步码组的一个主要要求。

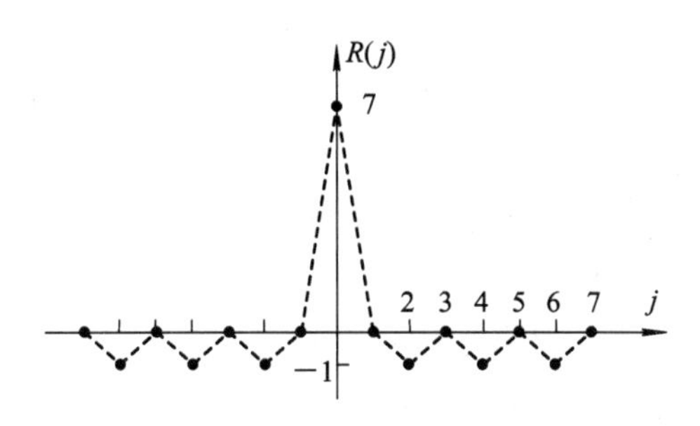

图8－1－9　7位巴克码的局部自相关函数

2）巴克码识别器

7位巴克码1110010识别器的组成如图8－1－10所示。移位寄存器和相加器组成了一个相关运算器。相加器的输出即为输入码元序列与巴克码的相关运算值。因此，当插入在信息码组间的巴克码全部进入移位寄存器时，7位移位寄存器的输出端均为＋1，相加器输出＋7，若判决门限设置为6，则可判决出7位巴克码全部进入识别器的时刻，此时刻即为下一个信息码组的开始，示意图如图8－1－11所示。

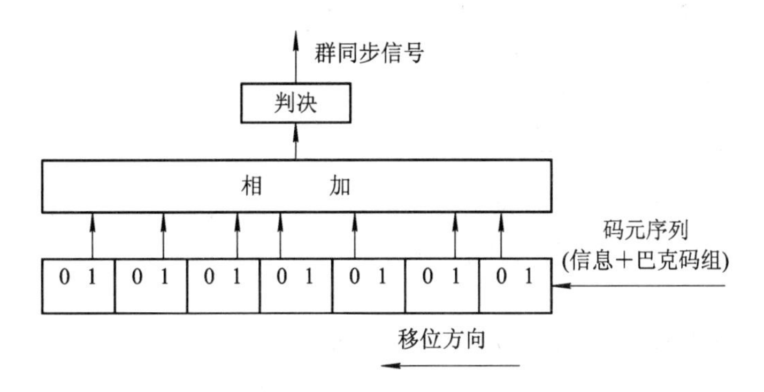

图8－1－10　7位巴克码识别器

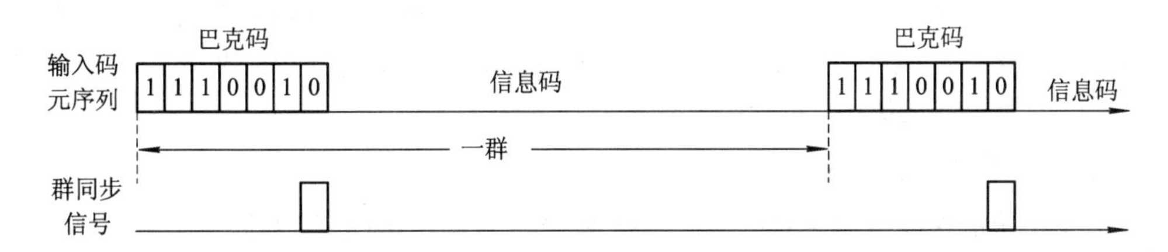

图8－1－11　识别器输出的群同步信号

讨论：

(1) 若信息码中出现与巴克码相同的码组，识别器会将其误认为群同步码组，输出群同步信号，这个群同步信号显然是假的，称其为假同步，假同步的出现概率称为假同步概率，它是群同步系统的一个主要性能指标。

(2) 若插入的巴克码在传输过程中发生了错误，导致巴克码被识别器漏检，这时就发生了漏同步，漏同步的发生概率称为漏同步概率，它是群同步系统的另一个主要性能指标。

(3) 识别器的门限直接影响假同步概率和漏同步概率。若提高识别器门限，则假同步概率下降，漏同步概率上升；若降低门限，则假同步概率上升，漏同步概率下降。

3. 间歇式插入法

间歇式插入法又称为分散插入法，它是将群同码组以分散的形式插入到信息码流中，即每隔一定数量的信息码元，插入一个群同步码元。例如在 PCM24 路数字电话系统中，一个取样值用 8 位码表示，24 路电话各取样一次共有 24×8=192 个信息码元。192 个信息码元作为一帧，在这一帧中插入一个群同步码元("1"码或"0"码)，这样一帧共有 193 个码元，如图 8-1-12 所示。接收端的群同步系统将这种周期性出现的"1"码或"0"码检测出来，即可确定一帧信息的起止位置。

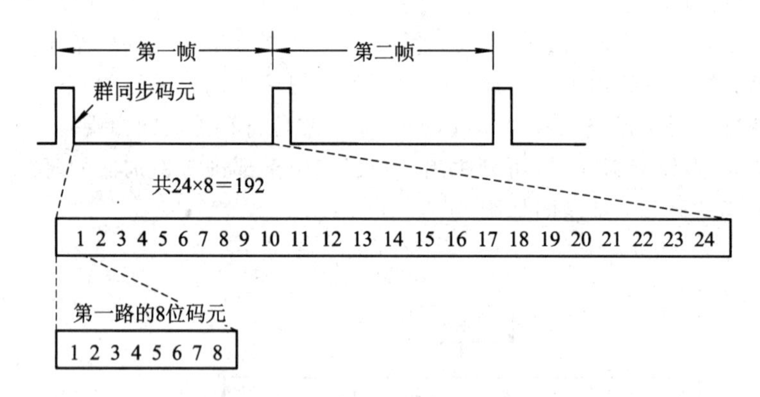

图 8-1-12 24 路 PCM 电话系统中间歇式插入群同步码示意图

由于间歇式插入法在每一帧信息中只插入一个群同步码元，因而效率较高，但获取群同步信号需经过多帧检测，使建立同步的时间较长。当信息码中"1""0"等概出现，即 $P(1)=P(0)$时，间歇式插入法的群同步建立时间为

$$t_s \approx N^2 T_b \tag{8-1-15}$$

式中，N 为一帧中的码元数(包括信息码和群同步码)，T_b 为码元宽度。

数据传输系统主要使用连贯式插入法，而数字电话系统既可使用连贯式插入法也可使用间歇式插入法。如 PCM24 路数字电话系统使用间歇式插入法，我国及欧洲各国使用的 PCM30/32 数字电话系统中，采用的是连贯式插入法。

4. 群同步系统的性能指标*

群同步系统的性能指标主要有漏同步概率 P_L、假同步概率 P_F 和同步建立时间 t_s。对于不同的群同步方法，它们的性能指标是有差异的。下面的讨论以连贯式插入法为例。

1) 漏同步概率 P_L

漏同步概率是指识别器漏检群同步码(如巴克码)的概率。其大小与传输系统的误码率 P_e、群同步码组的长度 n、降低门限后识别器允许群同步码组中最大错码数 m 有关。

$$P_L = 1 - \sum_{r=0}^{m} C_n^r P_e^r (1 - P_e)^{n-r} \qquad (8-1-16)$$

式中的 m 与识别器的判决门限有关。以 7 位巴克码为例，若识别器的判决门限设置为 6，则 $m=0$；若判决门限降为 4，则 $m=1$。

2）假同步概率 P_F

假同步概率是指识别器误检群同步码的概率。所谓误检是指将不是群同步码的其他码组误认为群同步码组而被检测出来。

$$P_F = \frac{1}{2^n} \sum_{r=0}^{m} C_n^r \qquad (8-1-17)$$

其中 $\sum_{r=0}^{m} C_n^r$ 表示长度为 n 的信息码组中被判为群同步码组的数目，2^n 表示由 n 位二进制码元组成的所有可能的码组数。

3）同步建立时间 t_s

$$t_s = (1 + P_L + P_F) N T_b \qquad (8-1-18)$$

其中 N 是一群的码元个数，等于一群中的信息码元数和群同步码元数之和，NT_b 则为一群的时间长度。当漏同步和假同步都不发生时，即 $P_L = P_F = 0$，最多一群的时间即可建立同步。

5. 群同步的保护

漏同步和假同步都会影响通信系统的稳定性，因此需要对群同步系统进行保护。

实现群同步保护的基本思想是将群同步系统的工作划分为两种状态，即捕捉态和维持态。

在捕捉态时，防止假同步是主要的，因此需要提高判决器的门限，使假同步概率降低。而当群同步系统进入维持态后，防止漏同步是主要的，因此应降低判决器门限，以减小漏同步发生的可能性。

8.2 典型例题及解析

例 8.2.1 简述载波同步、位同步和群同步的应用。

答 （1）载波同步：只有相干解调才需要载波同步。因此，像 AM、ASK 及 FSK 的包络解调、2DPSK 的相位比较法（差分相干解调）等非相干解调就不需要载波同步。此外，不经过调制的基带传输系统也不需要载波同步。

（2）位同步：凡是数字通信系统均需要位同步。因为，不管是数字基带系统还是数字频带系统都需经过取样判决才能恢复发送码元。

（3）群同步：将消息（信息）以分组形式传输的通信系统需要群同步。例如 PCM 系统需要群同步，而单路 ΔM 系统则不需要群同步，因为在单路 ΔM 系统中，每个取样值只编一位二进制码元。

例 8.2.2 画出采用平方变换法提取载波同步的完整的 2PSK 相干解调方框图。

解 2PSK 解调器框图如图 8-2-1 所示。

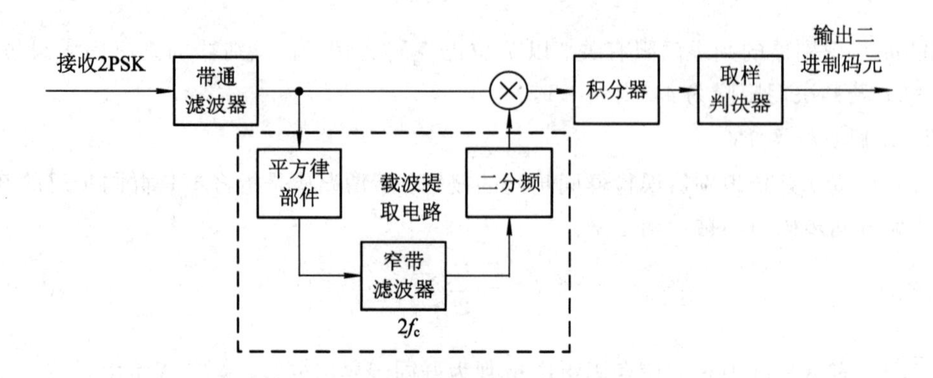

图 8-2-1 采用平方变换法的完整的 2PSK 解调框图

例 8.2.3 试画出平方环法提取载波同步信号的系统框图，写出分析过程。要求有推导和论证过程。

解 平方环法提取载波同步信号的框图如图 8-2-2 所示。

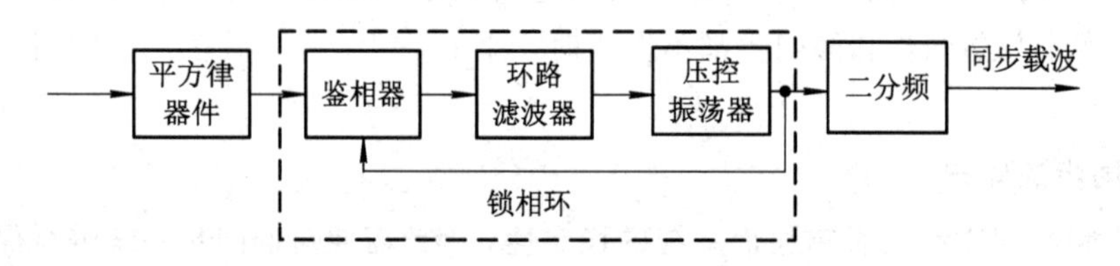

图 8-2-2 平方环法提取载波同步信号框图

以 2PSK 信号为例进行分析，此信号可表示为

$$s(t)=m(t)\cos(2\pi f_c t+\theta),\quad m(t)=\pm 1$$

当 $m(t)$ 等概率取 $+1$、-1 时，此信号的频谱中无频率为 f_c 的离散分量，将 $s(t)$ 平方后可得

$$s^2(t)=m^2(t)\cos^2(2\pi f_c t+\theta)=\frac{1}{2}[1+\cos(4\pi f_c t+2\theta)]$$

二分频后，再经过窄带滤波取出载频 $\frac{1}{2}\cos(2\pi f_c t+\theta)$。

例 8.2.4 在图 8-1-3 所示的插入导频法发端方框图中，如果发端 $A\cos 2\pi f_c t$ 不经过 $-90°$ 相移，直接与已调信号相加后输出，试证明接收端的解调输出中含有直流分量。

解 若发送端无 $-90°$ 相移，则接收端也无 $90°$ 相移器，因此发送端和接收端框图分别如图 8-2-3(a)、(b)所示。

由图得到，接收信号(即为发送信号)为

$$u_0(t)=Am(t)\cos 2\pi f_c t+A\cos 2\pi f_c t$$

窄带滤波器从接收信号中滤出 $A\cos 2\pi f_c t$，再与接收信号相乘得

$$\begin{aligned}u_0(t)\cdot A\cos 2\pi f_c t&=[Am(t)\cos 2\pi f_c t+A\cos 2\pi f_c t]\cdot A\cos 2\pi f_c t\\&=A^2 m(t)\cos^2 2\pi f_c t+A^2\cos^2(2\pi f_c t)\\&=\frac{1}{2}A^2 m(t)+\frac{1}{2}Am(t)\cos 4\pi f_c t+\frac{1}{2}A^2+\frac{1}{2}A^2\cos 4\pi f_c t\end{aligned}$$

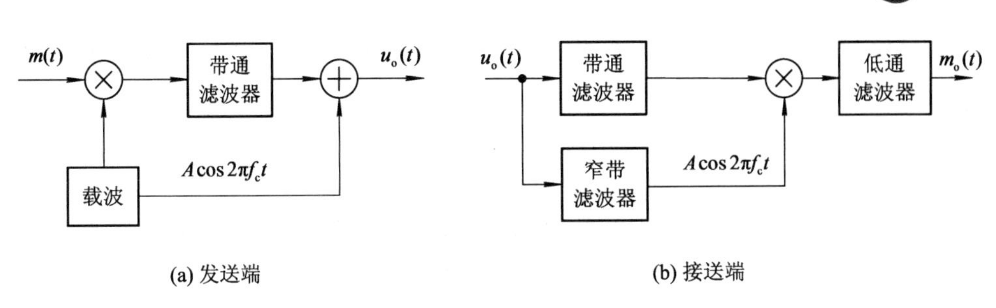

图 8-2-3 插入导频法载波同步原理框图

低通滤波输出

$$m_o(t) = \frac{1}{2}A^2 m(t) + \frac{1}{2}A^2$$

其中$\frac{1}{2}A^2 m(t)$为所需的解调信号，$\frac{1}{2}A^2$ 为直流。可见，解调输出中含有直流分量。

例 8.2.5 数字锁相环位同步提取电路原理框图如图 8-2-4 所示。

(1) 写出空白方框的名称。

(2) 在图上画出位同步脉冲的输出位置。

(3) 设系统的码元速率为 $R_s=1000$ Baud，分频比 $n=200$，求位定时误差 t_e 和位同步建立时间 t_s。

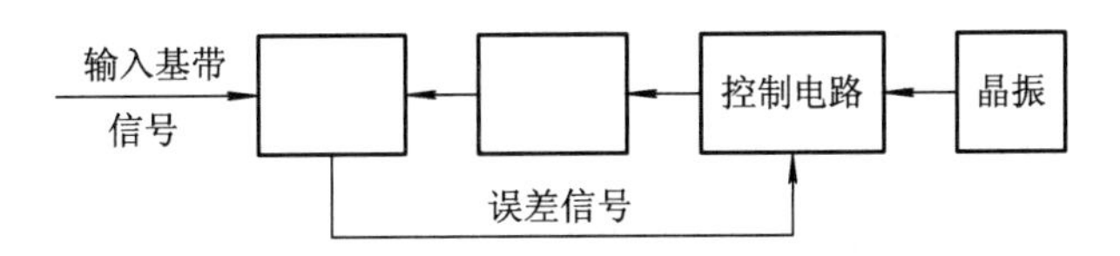

图 8-2-4 数字锁相环位同步提取电路原理图

解 (1)、(2)如图 8-2-5 所示。

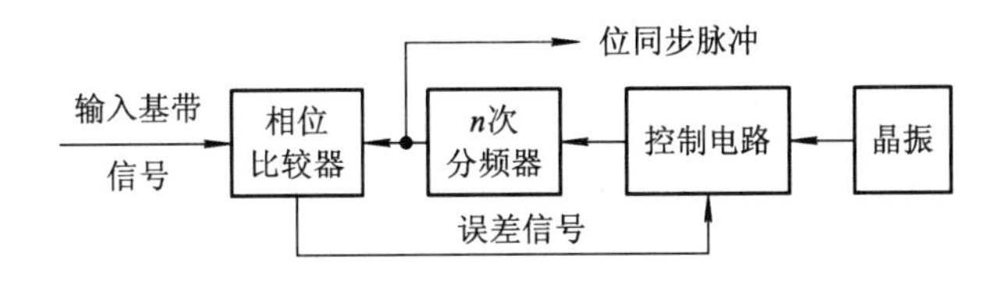

图 8-2-5 数字锁相环位同步提取电路原理图

(3) $t_e=\frac{T_s}{n}=\frac{1}{1000\times 200}=5\times 10^{-6}$ s，$t_s=nT_s=\frac{200}{1000}=0.2$ s。

评注：(1)中空白方框从左向右也可为鉴相器、n 计数器。

8.2.6 数字锁相环位同步电路中，晶振频率稳定度为 10^{-5}，码元速率为 10^6 Baud，设允许的最大位同步相位误差为 $2\times 10^{-2}\pi$。

(1) 求同步保持时间。

(2) 位同步器输入码流中最多允许有多少个连“0”码或连“1”码(设无噪声、无环路滤波器)?

解 (1) 根据题意可知，$R_B=10^6$ Baud，频率稳定度 $\eta=(\Delta f/2)/f_b=10^{-5}$，允许的最

大位同步相位误差 $\theta_{e\max}=\dfrac{2\pi}{\alpha}=2\times10^{-2}\pi$，则 $f_{\mathrm{b}}=1/T_{\mathrm{s}}=R_{\mathrm{B}}=10^{6}$，频偏 $\Delta f=2f_{\mathrm{b}}\eta=20\ \mathrm{Hz}$，$\alpha=10^{2}$，故同步保持时间

$$t_{\mathrm{c}}=\frac{1}{\alpha\Delta f}=\frac{1}{10^{2}\times20}=0.5\ \mathrm{ms}$$

(2) 码元宽度 $T_{\mathrm{s}}=1/R_{\mathrm{B}}=10^{-6}=1\ \mu\mathrm{s}$，故允许输入码流中连“0”码或连“1”码的最大个数为

$$N=\frac{t_{\mathrm{c}}}{T_{\mathrm{s}}}=\frac{0.5\times10^{-3}}{1\times10^{-6}}=500$$

例 8.2.7 简述在连贯式插入法中，一般选择巴克码作为帧同步码的理由。

答 连贯式插入法，又称集中插入法。这种方法利用特殊的群同步码字，集中插入在信息码组的前面，为使接收时能够方便地识别出它，需要群同步码的自相关特性曲线具有尖锐的单峰，识别器结构简单，而巴克码的自相关函数刚好具有尖锐的单峰特性，而且识别器结构也非常简单，满足集中式插入法对群同步码的要求。

例 8.2.8 在集中式插入法群同步系统中，若采用 $n=5$ 的巴克码(11101)作为群同步码组，设系统的误码率为 P_{e}。

(1) 画出此巴克码识别器原理图；

(2) 画出局部自相关函数 $R(j)$ 示意图；

(3) 若识别器的判决门限设置为 2，$m=1$，计算该同步系统的漏同步概率和假同步概率。

解 (1) 巴克码识别器原理图如图 8-2-6 所示。

(2) 5 位巴克码局部自相关函数曲线如图 8-2-7 所示。

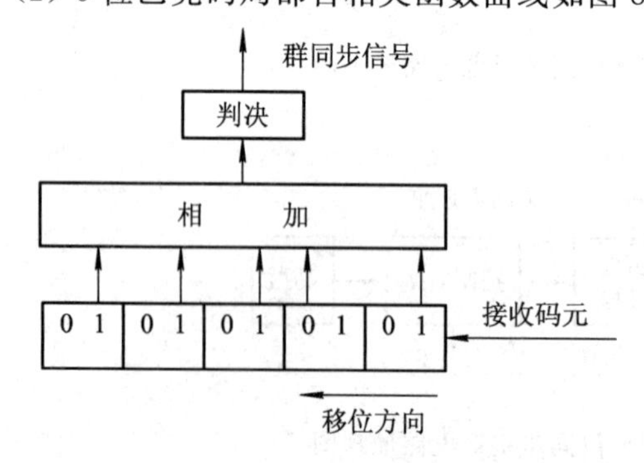

图 8-2-6 5 位巴克码识别器

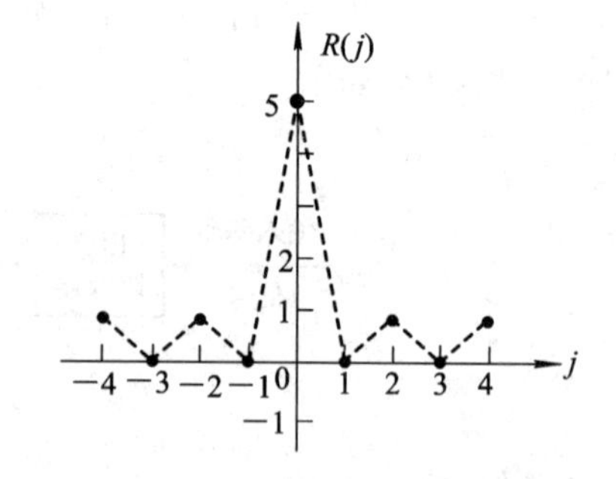

图 8-2-7 5 位巴克码局部自相关函数

(3) 当判决门限设在 2 时，错误容限 $m=1$，漏同步概率为

$$P_{\mathrm{L}}=1-\sum_{r=0}^{m}\mathrm{C}_{n}^{r}P_{\mathrm{e}}^{r}(1-P_{\mathrm{e}})^{n-r}=1-\left[\mathrm{C}_{5}^{0}P_{\mathrm{e}}^{0}(1-P_{\mathrm{e}})^{5}+\mathrm{C}_{5}^{1}P_{\mathrm{e}}^{1}(1-P_{\mathrm{e}})^{4}\right]$$
$$=1-(1-P_{\mathrm{e}})^{5}-5P_{\mathrm{e}}(1-P_{\mathrm{e}})^{4}\approx20P_{\mathrm{e}}^{2}$$

假同步概率为

$$P_{\mathrm{F}}=\frac{1}{2^{n}}\sum_{r=0}^{m}\mathrm{C}_{n}^{r}=\frac{1}{2^{5}}\left[\mathrm{C}_{5}^{0}+\mathrm{C}_{5}^{1}\right]=\frac{6}{32}=\frac{3}{16}$$

例 8.2.9 若 7 位巴克码的前后信息码全为“0”码，试画出巴克码识别器中相加器的输

出波形。

解 根据图 8-1-10 所示的巴克码识别器框图，当巴克码的前后均为“0”码时，巴克码通过识别器时，相加器输出如表 8-2-1 所示。

表 8-2-1 巴克码通过识别器时相加器输出值

巴克码进入的位数	a												
	1	2	3	4	5	6	7	8	9	10	11	12	13
相加器输出	−3	−1	−3	−3	−3	−1	7	1	−1	1	1	1	−1

说明：当第 1 位巴克码进入识别器时，识别器最左边的 6 位进入的都是“0”码。寄存器输出分别为 −1，−1，−1，+1，+1，−1，−1（从左到右），此时相加器输出为−3。

当有 2 位巴克码进入识别器时，最左边 5 位为“0”码，最右边 2 位为巴克码的 11，寄存器输出为−1，−1，−1，+1，+1，+1，−1，相加器输出−1。依此类推。

当巴克码进入识别器的位数为 8 时，意味着第 1 位巴克码已经移出寄存器，在寄存器内只有后 6 位巴克码，它处于寄存器的最左边，寄存器最右边的一位是“0”码，此时寄存器输出为+1，+1，−1，+1，−1，−1，+1，相加器输出为+1。其余也依次类推。

由表 8-2-1 可画出当巴克码通过识别器时相加器的输出波形如图 8-2-8 所示。

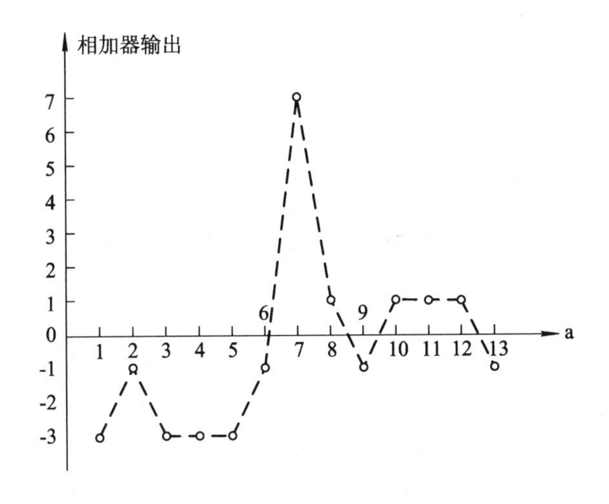

图 8-2-8 8 位巴克码通过识别器时相加器的输出波形

例 8.2.10 传输速率为 1000 b/s 的二进制数字通信系统，设误码率 $P_e=10^{-4}$，群同步采用 7 位巴克码，试分别计算 $m=0$ 和 $m=1$，漏同步和假同步概率各为多少？若每一群中信息位数为 153，试估算两种情况下的群同步平均建立时间。

解 由题意已知：$R_b=1000$ b/s，$P_e=10^{-4}$，$n=7$，帧长 $N=(153+7)=160$。

(1) 当允许错码数 $m=0$ 时：

漏同步概率为

$$\begin{aligned}P_L &= 1-\sum_{r=0}^{m}C_n^r P_e^r (1-P_e)^{n-r} = 1-C_n^0 P_e^0 (1-P_e)^n \\ &= 1-(1-P_e)^n = 1-(1-P_e)^7 \\ &\approx 1-(1-7P_e) = 7P_e = 7\times 10^{-4}\end{aligned}$$

假同步概率为

$$P_{\mathrm{F}}=\frac{1}{2^n}\sum_{r=0}^{m}\mathrm{C}_n^r=\frac{1}{2^n}\mathrm{C}_n^0=\frac{1}{2^n}=\frac{1}{2^7}=7.815\times10^{-3}$$

同步建立时间为

$$t_{\mathrm{s}}=(1+P_{\mathrm{L}}+P_{\mathrm{F}})NT_{\mathrm{s}}=(1+7\times10^{-4}+7.8125\times10^{-3})\times160\times\frac{1}{1000}$$

$$=161.362\times10^{-3}\ \mathrm{s}=161.362\ \mathrm{ms}$$

(2) 当允许错码数 $m=1$ 时：

漏同步概率为

$$\begin{aligned}P_{\mathrm{L}}&=1-\sum_{r=0}^{m}\mathrm{C}_n^rP_{\mathrm{e}}^r(1-P_{\mathrm{e}})^{n-r}=1-[\mathrm{C}_n^0P_{\mathrm{e}}^0(1-P_{\mathrm{e}})^n+\mathrm{C}_n^1P_{\mathrm{e}}(1-P_{\mathrm{e}})^{n-1}]\\&=1-[(1-P_{\mathrm{e}})^7+\mathrm{C}_7^1P_{\mathrm{e}}(1-P_{\mathrm{e}})^6]=1-[1-7P_{\mathrm{e}}+7P_{\mathrm{e}}(1-6P_{\mathrm{e}})]\\&\approx42P_{\mathrm{e}}^2=4.2\times10^{-7}\end{aligned}$$

假同步概率为

$$P_{\mathrm{F}}=\frac{1}{2^n}\sum_{r=0}^{m}\mathrm{C}_n^r=\frac{1}{2^n}[\mathrm{C}_n^0+\mathrm{C}_n^1]=\frac{1}{2^7}[\mathrm{C}_7^0+\mathrm{C}_7^1]=\frac{8}{2^7}=6.25\times10^{-2}$$

同步建立时间为

$$t_{\mathrm{s}}=(1+P_{\mathrm{L}}+P_{\mathrm{F}})NT_{\mathrm{s}}=(1+4.2\times10^{-7}+6.25\times10^{-2})\times160\times\frac{1}{1000}$$

$$\approx170.08\times10^{-3}\ \mathrm{s}=170.08\ \mathrm{ms}$$

8.3 拓展提高题及解析

例 8.3.1 简述位同步脉冲信号与接收基带信号同频同相的含义。

答 当系统达到位同步时，位同步脉冲信号与接收基带信号同频同相。

同频是指位同步脉冲信号的重复频率与发送码元的频率相同，这样才能做到发送一个码元，接收端取样判决一次，恢复出一个码元，从而确保收、发码元个数相同。

同相是指位定时脉冲应对准接收基带信号的最佳取样时刻。

至于最佳取样时刻在何处，则取决于解调器的结构：对于低通滤波器型的解调器，最佳取样时刻在每个码元的正中间；若解调器采用匹配滤波器或相关器，则最佳取样时刻应在每个码元的结束点，因为这时的取样值幅度最大。如图 8-3-1 所示，图 8-3-1(a)、(b)分别是低通滤波器和匹配滤波器(或相关器)时的输出基带信号及位定时脉冲信号的位置。

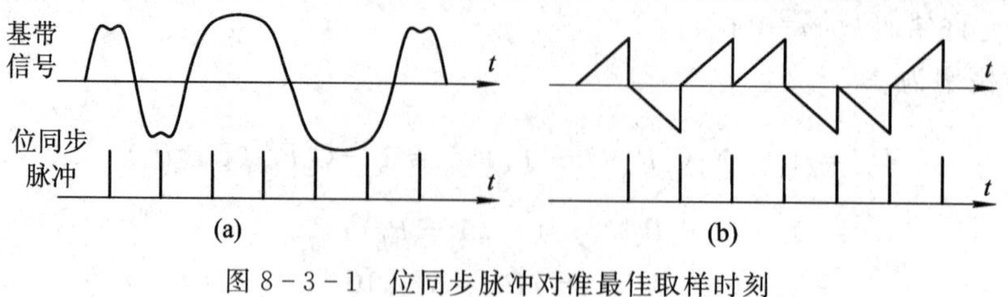

图 8-3-1 位同步脉冲对准最佳取样时刻

例 8.3.2 以采用 2PSK 调制的 PCM 为例，说明三种同步在数字通信系统中的位置，并画出系统发送端和接收端的框图。

解 三种同步在数字通信系统中出现的前后顺序通常为载波同步、位同步和群同步。当数字系统采用 2PSK 调制，且假设载波同步和位同步均采用直接法时，发送端系统框图如图 8-3-2(a)所示，接收端系统框图如图 8-3-2(b)所示。

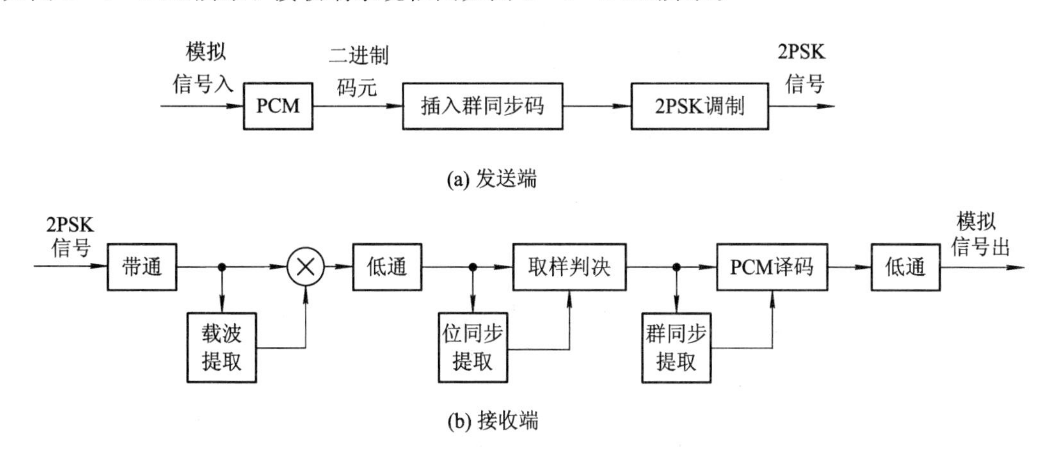

图 8-3-2 PCM 系统框图

例 8.3.3 试分析载波同步相位误差 $\Delta\phi$ 对 SSB 解调性能的影响。

解 对于 SSB 信号，载波相位误差 $\Delta\phi$ 不仅引起解调输出信噪比的下降，而且还会引起输出波形失真。

设单频基带信号为

$$m(t) = \cos\Omega t$$

它对载波 $\cos\omega_c t$ 调制后的上边带信号为

$$s(t) = \frac{1}{2}\cos(\omega_c + \Omega)t$$

若接收端相干载波有相位误差 $\Delta\phi$，则接收信号与之相乘后为

$$\frac{1}{2}\cos(\omega_c + \Omega)t \cdot \cos(\omega_c t + \Delta\phi) = \frac{1}{4}[\cos(2\omega_c t + \Omega t + \Delta\phi) + \cos(\Omega t - \Delta\phi)]$$

经低通滤波器后的解调输出为

$$\frac{1}{4}\cos(\Omega t - \Delta\phi) = \frac{1}{4}\cos\Omega t\cos\Delta\phi + \frac{1}{4}\sin\Omega t\sin\Delta\phi$$

其中第一项是原基带信号受到因子 $\cos\Delta\phi$ 的衰减，第二项的存在使接收信号产生失真。可见，衰减和失真的程度随相位误差 $\Delta\phi$ 的增大而增大。

例 8.3.4 相干解调器框图如图 8-3-3 所示。设输入为单边带信号 $s(t)=m(t)\cos\omega_c t \mp \hat{m}(t)\sin\omega_c t$，提取的相干载波为 $c_d(t)=\cos[(\omega_c+\Delta\omega)t+\varphi]$，求解调器输出，并讨论载波同步的频差 $\Delta\omega$ 和相差 φ 对解调性能的影响。

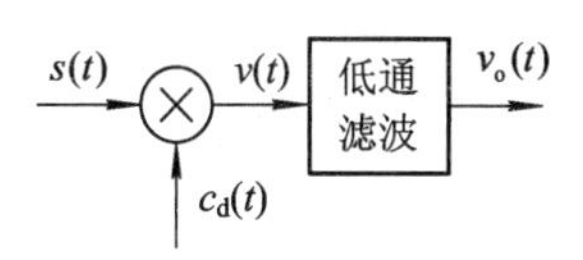

图 8-3-3 相干解调器框图

解 由图可得

$$v(t)=s(t)c_d(t)=[m(t)\cos\omega_c t\mp\hat{m}(t)\sin\omega_c t]\cos[(\omega_c+\Delta\omega)t+\varphi]$$
$$=m(t)\cos\omega_c t\cos[(\omega_c t+\Delta\omega)+\varphi]\mp\hat{m}(t)\sin\omega_c t\cos[(\omega_c t+\Delta\omega)+\varphi]$$
$$=\frac{1}{2}m(t)\cos(\Delta\omega t+\varphi)+\frac{1}{2}m(t)\cos(2\omega_c t+\Delta\omega t+\varphi)\mp$$
$$\frac{1}{2}\hat{m}(t)\sin(\Delta\omega t+\varphi)\mp\frac{1}{2}\hat{m}(t)\sin(2\omega_c t+\Delta\omega t+\varphi)$$

低通滤波器输出

$$v_o(t)=\frac{1}{2}m(t)\cos(\Delta\omega t+\varphi)\mp\frac{1}{2}\hat{m}(t)\sin(\Delta\omega t+\varphi)$$

其中第一项包含有用信号；第二项为干扰，使信号产生失真。

讨论：

(1) $\Delta\omega=0$，$\varphi\neq0$ 时。

① 使有用信号幅度衰减 $\cos\varphi$ 倍。当 φ 不大时，影响不大；

② 引入正交干扰项。仅当 $\Delta\omega=0$，$\varphi=0$ 时，正交项不存在。

(2) $\Delta\omega\neq0$，$\varphi=0$ 时。

① 对有用信号进行调制(乘以 $\cos\Delta\omega t$)，引起有用信号畸变；

② 引入受到调制的正交干扰项。

例 8.3.5 正交双边带(DSB)调制的原理框图如图 8-3-4 所示。若 $c(t)=\cos\omega_c t$，$c_d(t)=\cos(\omega_c t+\varphi)$，试分析载波相位误差 φ 对解调输出的影响。

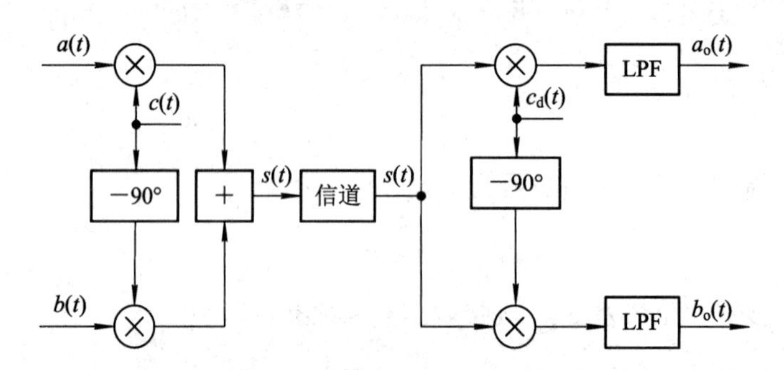

图 8-3-4 正交 DSB 调制器框图

解 由图 8-3-4 可得

$$s(t)=a(t)\cos\omega_c t+b(t)\sin\omega_c t$$

解调时，上支路

$$s(t)c_d(t)=[a(t)\cos\omega_c t+b(t)\sin\omega_c t]\cos(\omega_c t+\varphi)$$
$$=\frac{1}{2}a(t)[\cos(2\omega_c t+\varphi)+\cos\varphi]+\frac{1}{2}b(t)[\sin(2\omega_c t+\varphi)-\sin\varphi]$$

低通滤波后得

$$a_o(t)=\frac{1}{2}a(t)\cos\varphi-\frac{1}{2}b(t)\sin\varphi$$

同理可得下支路的解调输出

$$b_o(t)=\frac{1}{2}b(t)\cos\varphi+\frac{1}{2}a(t)\sin\varphi$$

分析上支路解调输出发现，当载波相位误差 $\varphi \neq 0$，除了对有用信号 $\frac{1}{2}a(t)$ 衰减 $\cos\varphi$ 之外，还引入了与另一路信号 $b(t)$ 有关的干扰项 $-\frac{1}{2}b(t)\sin\varphi$。

下支路输出信号具有类似的结果。

总之，载波相位误差 φ 对正交双边带信号解调的影响主要有：① 使上、下两支路输出的有用信号衰减 $\cos\varphi$ 倍，即输出信噪比下降 $\cos^2\varphi$ 倍；② 使上、下两支路的信号互相干扰。

评注：

(1) 正交 DSB 调制是利用正交载波在同一信道传输两路独立信号的技术。从上面的分析可以看出，当载波同步(即同频同相)时，两路信号在接收端可完全分离；

(2) 若载波存在相位误差(无频差)时，会引起两路信号间的相互串扰，这与单路传输时不同；

(3) 若载波存在频差，则输出信号的恶化将会更加严重。

例 8.3.6 试分析单边带信号能否用平方变换法提取相干载波。

解 单边带信号可表示为

$$s(t) = m(t)\cos\omega_c t \mp \hat{m}(t)\sin\omega_c t$$

平方后为

$$\begin{aligned} s^2(t) &= m^2(t)\cos^2\omega_c t + \hat{m}^2(t)\sin^2\omega_c t \mp 2m(t)\hat{m}(t)\sin\omega_c t\cos\omega_c t \\ &= \frac{1}{2}[m^2(t) + \hat{m}^2(t)] + \frac{1}{2}[m^2(t) - \hat{m}^2(t)]\cos 2\omega_c t \mp m(t)\hat{m}(t)\sin 2\omega_c t \end{aligned}$$

由单边带信号和希尔伯特变换性质可知，$m(t)$、$\hat{m}(t)$ 无直流，故 $m^2(t) - \hat{m}^2(t)$ 及 $m(t)\hat{m}(t)$ 项均不含有直流分量。因此，$s^2(t)$ 中无 $2f_c$ 分量，所以不能用平方变换法提取相干载波。

例 8.3.7 若给定 5 位巴克码组为 01000，其中"1"取值+1，"0"取值−1。

(1) 求出巴克码的局部自相关函数，并画出图形。

(2) 若以此巴克码作为群同步码，画出相应的巴克码识别器。

解 (1) 巴克码组 $a_1a_2a_3a_4a_5 = -1+1-1-1-1$，由局部自相关函数 $R(j) = \sum_{i=1}^{n-j} a_i a_{i+j}$ 得

当 $j = 0$ 时，$R(0) = \sum_{i=1}^{5} a_i a_i = 1+1+1+1+1 = 5$

当 $j = 1$ 时，$R(1) = \sum_{i=1}^{4} a_i a_{i+1} = -1-1+1+1 = 0$

当 $j = 2$ 时，$R(2) = \sum_{i=1}^{3} a_i a_{i+2} = 1-1+1 = 1$

当 $j = 3$ 时，$R(3) = \sum_{i=1}^{2} a_i a_{i+3} = 1-1 = 0$

当 $j = 4$ 时，$R(4) = \sum_{i=1}^{1} a_i a_{i+4} = 1$

又因为自相关函数是偶函数，故局部自相关函数曲线如图 8-3-5 所示。

(2) 巴克码识别器如图 8-3-6 所示。

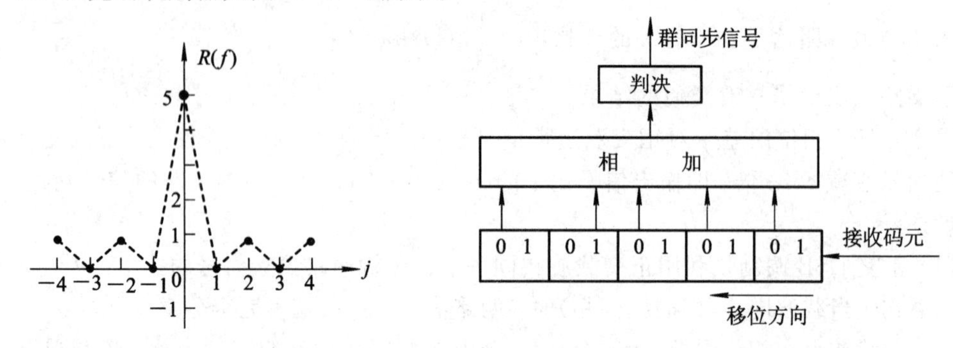

图 8-3-5　局部自相关函数　　　　图 8-3-6　巴克码识别器

例 8.3.8　A 律 PCM 基群的偶帧同步码为 0011011。

(1) 画出该同步码的局部自相关函数曲线。

(2) 画出此帧同步码的识别器原理图。

(3) 分别求不允许错码、允许错 1 位码、允许错 2 位码时判决器的门限。

解　(1) 该同步码的局部自相关函数曲线如图 8-3-7 所示。

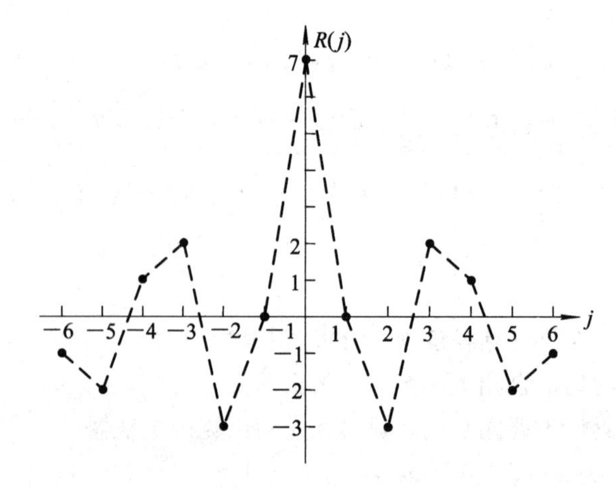

图 8-3-7　帧同步码 0011011 局部自相关函数

(2) 该帧同步码的识别器与 7 位巴克码识别器的画法相似，只是其中的移位寄存器的引出端与 0011011 相一致。如图 8-3-8 所示。

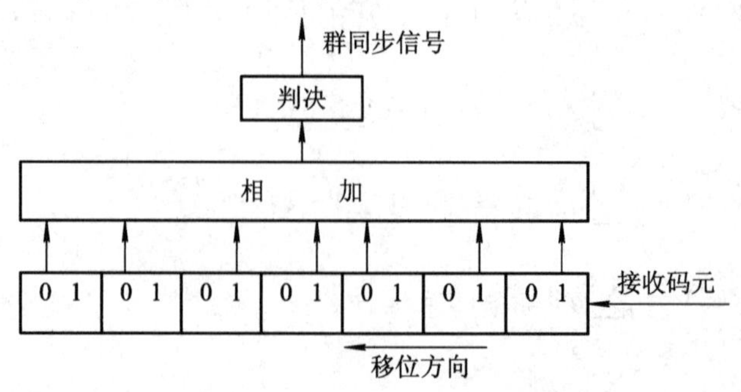

图 8-3-8　帧同步 0011011 识别器

(3) 当1位不错、错1位、错2位的同步码组通过识别器时，相加器输出分别为7、5和3。由此可见：

① 若不允许错码($m=0$)，判决门限可设为6；

② 若允许错1位码($m=1$)，判决门限可设为4；

③ 若允许错2位码($m=2$)，判决门限可设为2。

例8.3.9 设某数字通信系统中的群同步码为7位长的巴克码(1110010)，采用连贯式插入法。

(1) 画出群同步码识别器原理方框图；

(2) 若输入二进制序列为01011100111100100，画出群同步码识别器输出波形(设判决门限电平为4.5)；

(3) 若码元错误概率 $P_e=2\times10^{-4}$，群同步码识别器判决门限电平为4.5，求识别器假同步概率。

解 (1) 7位巴克码识别器原理图如图8-1-10所示。

(2) 判决门限为4.5，表明允许同步码组出现1位错误仍能检测出同步信号，因此识别器输出波形如图8-3-9所示。

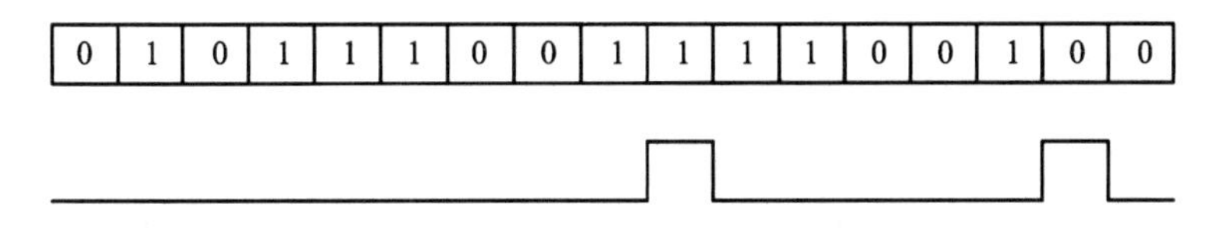

图8-3-9 识别器输出波形(群同步信号)

(3) $n=7$，由判决门限4.5可知，$m=1$，故假同步概率为

$$P_F=\frac{1}{2^n}\sum_{r=0}^{m}C_n^r=\frac{1}{2^7}(C_7^0+C_7^1)=\frac{8}{128}=0.0625$$

假同步概率与数字通信系统的误码率无关。

例8.3.10 若7位巴克码的前后信息码元各有7个“1”，将它输入巴克码识别器，且识别器中各移位寄存器的初始状态均为零，试画出识别器的相加输出波形和判决器输出波形。

解 若7位巴克码为“1110010”，则识别器如图8-1-10所示。

当“1”码元移入移位寄存器时，其“1”端输出电平为+1，“0”端输出电平为-1；反之，当“0”码移入时，其“1”端输出电平为-1，“0”端输出电平为+1。

又因为各移位寄存器的初始状态为“0”，因此，当第1个码元“1”输入时，最右边移存器的输入为“1”，左边的6个移位寄存器相当于输入了“0”码，故接入到相加器的各输入端分别为(自左向右)-1-1-1+1+1-1-1，此时相加器输出为-3。依此方法，可计算出码元序列逐位经过识别器时相加器的输出。若判决器门限设置为6时，则当7位巴克码全部移入时，相加器输出7，超过判决门限，判决器输出一个脉冲。相加器输出及判决器输出的波形示意图如图8-3-10所示。

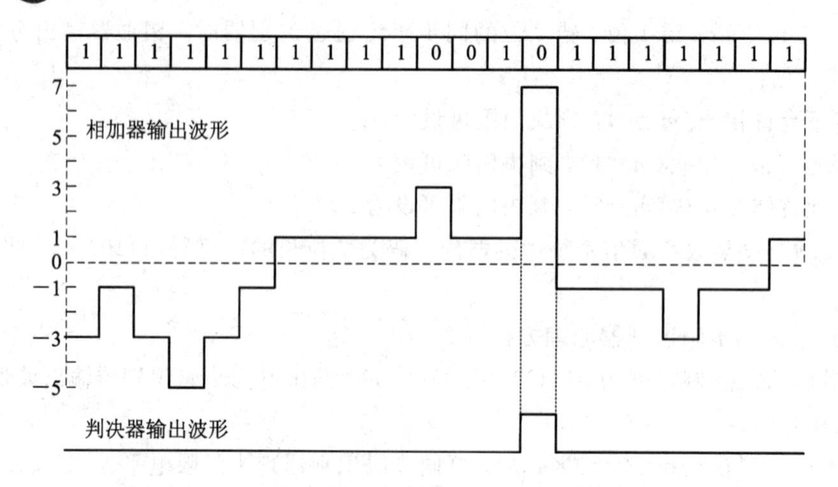

图 8-3-10 识别器中相加器和判决器的输出波形

8.4 本章自测题与参考答案

8.4.1 自测题

一、填空题

1. 一般的数字通信系统可能会涉及三种同步，分别是载波同步、________和________。在这些通信系统中，一定有的同步环节是________。

2. 某语音信号采用 PCM 数字化后，采用 2PSK 数字调制系统进行传输，通常涉及三种同步，这三种同步分别是________、________和群同步。

3. 载波同步和位同步的实现方法可分为插入导频法(外同步法)和________两种方法。

4. 2PSK 信号在接收端利用平方环法进行载波恢复时，存在________度的相位模糊，克服相位模糊的措施之一是利用________方案。

5. 载波同步系统的一个重要性能指标是载波相位误差，因为载波相位误差会使数字通信系统的误码率________。

6. 科斯塔斯环法与平方环法相比，其主要优点是在提取同步载波的同时________。

7. 一个 PCM 系统，数字通信系统采用 2DPSK 调制和差分相干解调，则此系统涉及________同步和________同步。

8. PCM30/32 系统帧长为________ μs，含码元个数为________位，其群同步信号采用________插入法。PCM24 的群同步信号采用________插入法。

9. 常用的七位巴克码组为________，其识别器最大输出电平为________。为降低假同步，应调________巴克码识别器的门限电平。

10. 群同步系统有两个工作状态：________态和________态。

二、选择题

1. 30/32 路语音信号时分复用的 PCM 基带传输系统，需要用到的同步有(　　)。

A. 载波同步、位同步　　　　　　B. 载波同步、群同步

C. 位同步、群同步　　D. 载波同步、位同步、群同步

2. 在采用非相干解调的数字通信系统中，一定不需要(　　)。

A. 载波同步　B. 位同步　C. 码元同步　D. 群同步

3. DSB信号的相干解调用到的是(　　)同步。

A. 载波　B. 码元　C. 帧　D. 群

4. 一定含有位同步分量的码型是(　　)。

A. 单极性全占空码　　B. 双极性全占空码

C. 双极性不归零码　　D. 单极性半占空码

5. 在数字通信系统中一定需要(　　)。

A. 载波同步系统　　B. 位同步系统

C. 群同步系统　　D. 网同步系统

6. 在下列载波同步中，不存在相位模糊问题的是(　　)。

A. 平方变换法　B. 平方环法　C. 同相正交环法　D. 插入导频法

7. 数字调制通信系统相干接收机中，提取的同步信息的顺序是(　　)。

A. 载波同步→位同步→帧同步　　B. 位同步→帧同步→载波同步

C. 载波同步→帧同步→位同步　　D. 帧同步→载波同步→位同步

8. 电传机中广泛使用的群同步方法是(　　)。

A. 起止式同步法　　B. 连贯式插入法

C. 间歇式插入法　　D. 以上都不对

9. 数字电话PDH信号一次群帧结构含有________时隙，其同步码组为(　　)。

A. 30，0110111　　B. 32，0011011

C. 2，10111　　D. 32，1011011

10. 数字锁相环法提取位同步，以下错误的是(　　)。

A. 这是直接法的一种实现方式　　B. 相位误差与分频比有关

C. 同步建立时间与分频比有关　　D. 同步保持时间与分频比有关

三、简答题

1. 载波同步的主要性能指标是什么？它们的含义是什么？

2. 载波相位误差对2PSK信号解调的影响是什么？

3. 群同步系统的主要性能指标是什么？它们与识别器中判决门限的关系如何？

4. 在载波同步的插入导频法中，对插入导频的要求是什么？为什么？

四、综合题

1. 某信号相干解调器框图如图8-4-1所示。假设接收信号$s(t)=m(t)\cos\omega_c t$，本地相干载波为$c_d(t)=\cos[(\omega_c+\Delta\omega)t+\varphi]$，求相干解调输出信号，并讨论频差$\Delta\omega$和相差$\varphi$对解调性能的影响。

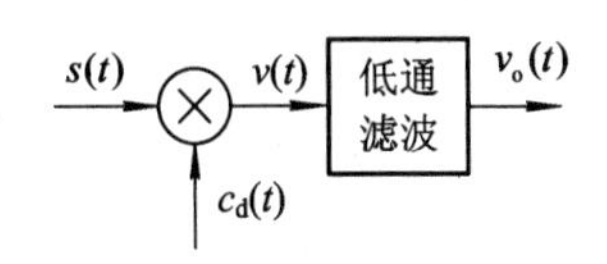

图8-4-1　相干解调器框图

2. 采用图8-1-5所示的数字锁相环提取位同步信号，设$T_s=0.001$ s时要求的位定时误差$t_e\leqslant 10^{-5}$ s，试确定该图中晶振频率至少为多少？

3. 图 8-4-2 为 2PSK 信号相干解调原理框图，在空白框图上填写正确名称并补全电路，然后说明虚线框(1)和(2)的电路名称和作用。

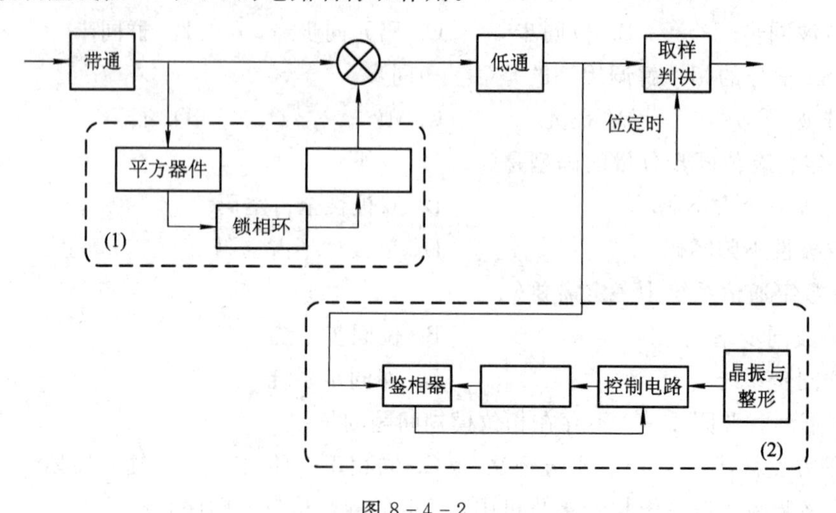

图 8-4-2

4. 画出 7 位巴克码“1110010”的识别器，并说明假同步概率、漏同步概率与识别器判决门限的关系。

8.4.2 参考答案

一、填空

1. 位(或码元、符号)同步、群(或帧)同步；位(或码元、符号)同步。

2. 载波同步；位(或码元)同步。3. 直接法(自同步法)。4. 180；2DPSK 调制。

5. 上升。6. 解调出信号。7. 位(或码元、符号)；群(或帧)。

8. 125；256；连贯式；分散式。9. 1110010；7；高。10. 维持；捕捉。

二、选择题

1. C；2. A；3. A；4. D；5. B；6. D；7. A；8. A；9. B；10. D。

三、简答题

1. 载波同步的主要性能指标是效率、同步建立时间、同步保持时间和精度。

效率是指为获取同步所消耗的发送功率的多少。

同步建立时间是指从开机或失步到建立同步所需的时间。

同步保持时间是指同步建立后，用于提取同步的有关信号突然消失，系统还能保持住同步的时间。

精度是指提取的载波与标准载波之间的相位误差。

2. 载波相位误差对 2PSK 的影响是使解调输出信息的误码率上升。

3. 群同步系统的主要性能指标是漏同步概率、假同步概率和同步建立时间。

判决器门限设置得高，漏同步概率增大，而假同步概率则会下降；相反，判决器门限设置得低，漏同步概率下降，而假同步概率则会上升。

平均群同步建立时间与漏同步概率和假同步概率的和有关，因此，适当设置判决器门限，使漏同步和假同步概率之和最小，就能使平均同步建立时间最短。

4. 对插入导频的要求有3个：

(1) 导频要在信号频谱为零的位置插入，使接收端方便获取导频信号；

(2) 导频频率通常等于载波频率，使接收端方便地将导频转换成同步载波信号；

(3) 插入导频应与载波正交，避免导频对信号解调产生影响。

四、综合题

1. $v(t)=s(t)c_d(t)=m(t)\cos\omega_c t\cos[(\omega_c t+\Delta\omega)+\varphi]$

$$=\frac{1}{2}m(t)\cos(\Delta\omega t+\varphi)+\frac{1}{2}m(t)\cos[(2\omega_c t+\Delta\omega)t+\varphi]$$

低通滤波后得 $v_o(t)=\frac{1}{2}m(t)\cos(\Delta\omega t+\varphi)$

讨论：

(1) 当 $\Delta\omega=0$，$\varphi\neq0$ 时，解调器输出信号的幅度衰减 $\cos\varphi$ 倍，输出信噪比下降$\cos^2\varphi$ 倍。

(2) 当 $\Delta\omega\neq0$，$\varphi=0$ 时，有用信号受到调制（乘以 $\cos\Delta\omega t$），引起有用信号畸变。

2. 位定时误差为

$$t_e=\frac{T_s}{n}$$

已知 $T_s=0.001$ s，且要求 $t_e\leqslant10^{-5}$，则有

$$\frac{T_s}{n}\leqslant10^{-5},\ n\geqslant\frac{T_s}{10^{-5}}=\frac{0.001}{10^{-5}}=100$$

晶振频率为 nf_s 应为

$$nf_s\geqslant100f_s=100\times\frac{1}{T_s}=100\times\frac{1}{0.001}=100\ \text{kHz}$$

因此，晶振频率至少为 100 kHz。

3. (1) 二分频；载波提取电路，用于提取相干载波。

(2) n 计数器（或 n 分频器），计数器输出至取样判决器做位定时信号；位同步电路，用于获得位同步信号。

4. 7位巴克码识别器如图 8-4-3 所示。

识别器判决门限提高，假同步概率下降，漏同步概率上升；

识别器判决门限降低，假同步概率上升，漏同步概率下降。

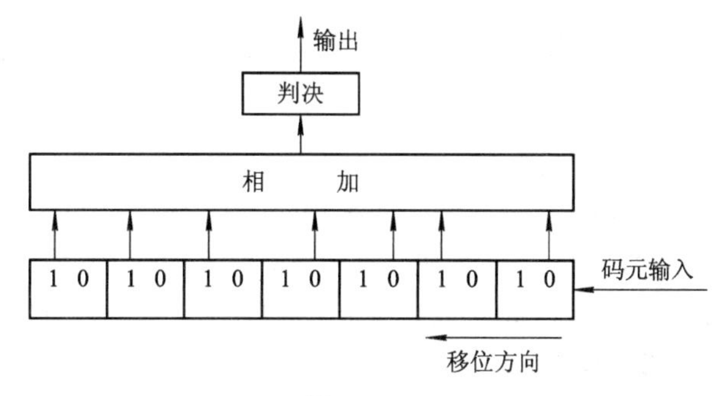

图 8-4-3

第9章 信道编码

9.1 考点提要

9.1.1 信道编码的基本概念*

1. 信道编码的目的

纠错、检错，从而降低数字通信系统的误码率，提高系统信息传输的可靠性。

2. 信道编码的基本原理

发送端编码器在信息中按一定规律增加冗余码元(称为监督码元)，接收端译码器利用这种规律性发现或纠正可能存在的错误码元。

信道编码能进行纠、检错的本质：增加冗余码元，形成许用码组和禁用码组。

3. 信道编码的优缺点*

冗余码元的引入提高了可靠性，但降低了有效性。故信道编码是以牺牲有效性来换取可靠性的提高。

4. 信道编码的分类

检错码、纠错码、纠检错码；线性码、非线性码；分组码、卷积码；纠随机错码、纠突发错码等。

5. 信道编码的应用(又称差错控制方式)*

(1) 前向纠错(FEC)：发送纠错码。无需反向信道，实时性好。但编、译码复杂。

(2) 检错重发(ARQ)：发送检错码。编、译码简单，可靠性高。但需反向信道，实时性差。

(3) 混合纠错(HEC)：是FEC和ARQ的结合。发送纠检错码，需要反向信道，不适合实时传输。

6. 常用术语*

(1) 码长 n：码字(组)中码元的个数。如码字11011，码长 $n=5$。

(2) 码重 W：码字中“1”的数目。如码字11011，码重 $W=4$。

(3) 码距 d：两个等长码字之间对应码元不同的数目。如码字11011和00101间的码距 $d=4$。码距又称为汉明距离。

(4) 最小码距 d_0：码字集(许用码组集)中两两码字之间距离的最小值。

(5) 编码效率 η：一个码字中信息码元数 k 与码长 n 的比值，即 $\eta=k/n$。编码效率是衡量编码性能的一个重要参数。

(6) 编码前后信息速率变化：$R_{\text{b出}}=R_{\text{b入}}\cdot n/k$。

7. 最小码距 d_0 决定码的纠、检错能力*

(1) 检出 e 个错码，要求 $d_0\geqslant e+1$。

(2) 纠正 t 个错码，要求 $d_0\geqslant 2t+1$。

(3) 检出 e 个错码的同时纠正 t 个错码($e>t$)，要求 $d_0\geqslant e+t+1$。

9.1.2　几种常用的检错码

1. 奇偶监督码*

(1) 编码：在每个信息组中添加一位监督码元，使“1”的个数为奇数或偶数。

(2) 译码：检查接收码字中“1”的个数是否符合编码时的规律。

(3) 检错能力：能检测出单个或奇数个错误。

(4) 编码效率：$\eta=(n-1)/n$。

2. 行列奇偶监督码

(1) 编码：将信息排成矩阵，然后逐行逐列进行奇监督或偶监督编码。

(2) 译码：分别检查各行各列的奇或偶监督关系，判断是否有错。

(3) 纠检错能力：能检测出 1、2、3 及其他奇数个错误；分布在矩形四个顶点的偶数个错误无法发现。能够纠正单个错误和仅在一行或一列中的奇数个错误。

3. 恒比码

(1) 编码：每个码字中“1”的数目和“0”的数目之比保持恒定。

(2) 译码：检查“1”“0”码元个数。

(3) 检错能力：能够检测码字中所有奇数个错误及部分偶数个错误。不能检测“0”变“1”与“1”变“0”的个数相同的偶数个错误。

9.1.3　线性分组码*

1. 基本概念

(1) 既是分组码又是线性码：监督码元与本码字中的信息元之间可用线性方程表示。

(2) 表示方法：(n,k)。

(3) 编码效率：$\eta=k/n$。

2. 特点

(1) 具有封闭性：码字集中任意两个码字之和(对应位异或)仍然是码字集中的一个码字。由此可得：线性分组码的最小码距 d_0 等于非全 0 码字的最小重量。

(2) 存在全“0”码字。

(3) 有负元，码字是自己的负元。

3. 线性分组码的一般编、译码方法

1) 线性分组码的编码——求码字

(1) 将信息码元代入监督关系求得监督码元，将监督码元附加在信息码元后即得到码字。

(2) 由监督方程组求得典型监督矩阵 $\boldsymbol{H}=[\boldsymbol{P}\boldsymbol{I}_r]$，$\boldsymbol{P}$ 为系数矩阵，再求得典型生成矩阵 $\boldsymbol{G}=[\boldsymbol{I}_k\boldsymbol{P}^{\mathrm{T}}]$，由 $\boldsymbol{A}=\boldsymbol{M}\cdot\boldsymbol{G}$ 求码字。

(3) 线性分组码(n, k)共有 2^k 个不同的许用码字。

下面以式(9-1-1)所示的线性分组码为例介绍第二种方法。

$$\begin{cases} a_3 = a_6 + a_4 \\ a_2 = a_6 + a_5 + a_4 \\ a_1 = a_6 + a_5 \\ a_0 = a_5 + a_4 \end{cases} \tag{9-1-1}$$

注：式中"+"为"异或"或模 2 运算(下同)。将式(9-1-1)所示的监督关系改写为

$$\begin{cases} a_6 + a_4 + a_3 = 0 \\ a_6 + a_5 + a_4 + a_2 = 0 \\ a_6 + a_5 + a_1 = 0 \\ a_5 + a_4 + a_0 = 0 \end{cases} \tag{9-1-2}$$

将这组线性方程组写成矩阵形式

$$\begin{bmatrix} 1 & 0 & 1 & 1 & 0 & 0 & 0 \\ 1 & 1 & 1 & 0 & 1 & 0 & 0 \\ 1 & 1 & 0 & 0 & 0 & 1 & 0 \\ 0 & 1 & 1 & 0 & 0 & 0 & 1 \end{bmatrix} \begin{bmatrix} a_6 \\ a_5 \\ a_4 \\ a_3 \\ a_2 \\ a_1 \\ a_0 \end{bmatrix} = \begin{bmatrix} 0 \\ 0 \\ 0 \\ 0 \end{bmatrix} \tag{9-1-3}$$

并简记为

$$\boldsymbol{H}\cdot\boldsymbol{A}^{\mathrm{T}} = \boldsymbol{O}^{\mathrm{T}} \quad 或 \quad \boldsymbol{A}\cdot\boldsymbol{H}^{\mathrm{T}} = \boldsymbol{O} \tag{9-1-4}$$

其中，

$$\boldsymbol{A} = [a_6 a_5 a_4 a_3 a_2 a_1 a_0] \tag{9-1-5}$$

$$\boldsymbol{O} = [0 \quad 0 \quad 0 \quad 0] \tag{9-1-6}$$

$$\boldsymbol{H} = \begin{bmatrix} 1 & 0 & 1 & 1 & 0 & 0 & 0 \\ 1 & 1 & 1 & 0 & 1 & 0 & 0 \\ 1 & 1 & 0 & 0 & 0 & 1 & 0 \\ 0 & 1 & 1 & 0 & 0 & 0 & 1 \end{bmatrix}_{4\times 7} = [\boldsymbol{P}\boldsymbol{I}_4] = [\boldsymbol{P}\boldsymbol{I}_r] \tag{9-1-7}$$

$\boldsymbol{H}$ 称为监督矩阵，它是一个 $r\times n$ 矩阵。

具有 $\boldsymbol{H}=[\boldsymbol{P}\boldsymbol{I}_r]$形式的监督矩阵称为典型监督矩阵。由典型监督矩阵 $\boldsymbol{H}$ 可求得典型生成矩阵 $\boldsymbol{G}$，即

$$\boldsymbol{G} = [\boldsymbol{I}_k\boldsymbol{P}^{\mathrm{T}}] \tag{9-1-8}$$

其中 $\boldsymbol{I}_k$ 为 $k\times k$ 阶单位矩阵，k 为码字中的信息码元个数。可见，$\boldsymbol{G}$ 是一个 $k\times n$ 矩阵。

如式(9-1-7)所示 $\boldsymbol{H}$ 对应的生成矩阵为

$$G = \begin{bmatrix} 1 & 0 & 0 & 1 & 1 & 1 & 0 \\ 0 & 1 & 0 & 0 & 1 & 1 & 1 \\ 0 & 0 & 1 & 1 & 1 & 0 & 1 \end{bmatrix}_{3\times 7} \tag{9-1-9}$$

用生成矩阵 $\boldsymbol{G}$ 可求得所有码字，方法为

$$\boldsymbol{A} = \boldsymbol{M} \cdot \boldsymbol{G} \tag{9-1-10}$$

其中 $\boldsymbol{M}$ 为信息码元矩阵。如当信息码元 $a_6a_5a_4=111$ 时，$\boldsymbol{M}=[111]$，用式(9-1-10)得到 $A=[1110100]$，与用式(9-1-1)监督关系求得的码字相同。改变信息码元矩阵 $\boldsymbol{M}$，可求得其余的7种码字。通过计算可以发现，任一码字 $\boldsymbol{A}$ 都是 $\boldsymbol{G}$ 的各行的线性组合，且 $\boldsymbol{G}$ 的各行本身就是一个码字。

注意：(1) 由典型矩阵 $\boldsymbol{G}$ 生成的线性分组码为系统码。

(2) 非典型形式的 $\boldsymbol{H}$、$\boldsymbol{G}$ 可以经过行线性变换转换成典型矩阵。

2) 线性分组码的译码

译码就是对接收码字进行检错和纠错。

(1) 错误图样 $\boldsymbol{E}$。

设发送码字 $\boldsymbol{A}=[a_{n-1}a_{n-2}\cdots a_1a_0]$，接收码字 $\boldsymbol{B}=[b_{n-1}b_{n-2}\cdots b_1b_0]$，定义错误图样

$$\boldsymbol{E} = [e_{n-1}e_{n-2}\cdots e_1e_0] \tag{9-1-11}$$

其中，$e_i=\begin{cases}0 & b_i=a_i \\ 1 & b_i\neq a_i\end{cases}$。即，$e_i=0$ 表示接收码字的第 i 位无错；$e_i=1$ 表示第 i 位有错。例如，若发送码字 $\boldsymbol{A}=[1001110]$，接收码字 $\boldsymbol{B}=[1001100]$，则错误图样 $\boldsymbol{E}=[0000010]$，表示 b_1 位有错。

根据错误图样的定义，有 $\boldsymbol{B}=\boldsymbol{A}+\boldsymbol{E}$ 和 $\boldsymbol{A}=\boldsymbol{B}+\boldsymbol{E}$。

(2) 伴随式 $\boldsymbol{S}$ 与错误图样 $\boldsymbol{E}$ 的关系。

定义伴随式 $\boldsymbol{S}=\boldsymbol{B}\boldsymbol{H}^{\mathrm{T}}$。由 $\boldsymbol{B}=\boldsymbol{A}+\boldsymbol{E}$ 及式(9-1-4)得

$$\boldsymbol{S} = (\boldsymbol{A}+\boldsymbol{E})\cdot\boldsymbol{H}^{\mathrm{T}} = \boldsymbol{A}\cdot\boldsymbol{H}^{\mathrm{T}} + \boldsymbol{E}\cdot\boldsymbol{H}^{\mathrm{T}} = \boldsymbol{E}\cdot\boldsymbol{H}^{\mathrm{T}} \tag{9-1-12}$$

可见，$\boldsymbol{S}$ 仅与错误图样 $\boldsymbol{E}$ 有关，而与发送码字无关。这说明，计算接收码字的伴随式可获知接收码字的错误图样，知道了错误图样就可以纠错了。因此，译码开始前需要将错误图样与伴随式之间的关系存于译码器中以备查用。若监督矩阵为式(9-1-7)所示，则 $\boldsymbol{S}$ 与部分 $\boldsymbol{E}$(无错和单个错)之间的对应关系如表9-1-1所示。

表9-1-1 伴随式 $\boldsymbol{S}$ 与错误图样 $\boldsymbol{E}$ 的对应关系

错码位置	$\boldsymbol{E}=[e_6e_5e_4e_3e_2e_1e_0]$	$\boldsymbol{S}=[s_3s_2s_1s_0]$
无错	[0000000]	[0000]
b_6	[1000000]	[1110]
b_5	[0100000]	[0111]
b_4	[0010000]	[1101]
b_3	[0001000]	[1000]
b_2	[0000100]	[0100]
b_1	[0000010]	[0010]
b_0	[0000001]	[0001]

从表 9-1-1 可看出，接收码字无错时，伴随式是 1 行 r 列的全“0”矩阵，而 7 个单错误图样的伴随式 $\boldsymbol{S}$ 则各对应 $\boldsymbol{H}^{\mathrm{T}}$ 中的一行。

(3) 译码步骤。

① 将伴随式 $\boldsymbol{S}$ 与错误图样 $\boldsymbol{E}$ 之间的关系 $\boldsymbol{S}=\boldsymbol{E}\cdot\boldsymbol{H}^{\mathrm{T}}$ 存入译码器，建立 $\boldsymbol{S}$ 与 $\boldsymbol{E}$ 之间的对应关系表。

② 对接收码字 $\boldsymbol{B}$ 计算伴随式，$\boldsymbol{S}=\boldsymbol{B}\boldsymbol{H}^{\mathrm{T}}$。

③ 若 $\boldsymbol{S}=0$(全“0”矩阵)，则表示接收码字无错。

④ 若 $\boldsymbol{S}\neq 0$，则由 $\boldsymbol{S}$ 查表得错误图样 $\boldsymbol{E}$，将 $\boldsymbol{E}$ 和接收码字 $\boldsymbol{B}$ 相加(对应位异或)得到纠错后的码字 $\boldsymbol{A}=\boldsymbol{B}+\boldsymbol{E}$。(注：若仅检错，则无需纠错，等待发送端重传)

例如，接收码字 $\boldsymbol{B}=[1000000]$，则 $\boldsymbol{S}=\boldsymbol{B}\boldsymbol{H}^{\mathrm{T}}=[1110]$，查表 9-1-1 得 $\boldsymbol{E}=[1000000]$，则纠错后的码字 $\boldsymbol{A}=\boldsymbol{B}+\boldsymbol{E}=[1000000]+[1000000]=[0000000]$。

特别强调：

① 当码字中的错误个数超出码的纠错能力时，会发生越纠越错现象。如当发送码字为 $\boldsymbol{A}=[0100111]$，假如传输过程中发生 3 个错误，错误图样为 $\boldsymbol{E}=[0000111]$，则接收码字为 $\boldsymbol{B}=[0100000]$。译码器计算此接收码字的伴随式，得 $\boldsymbol{S}=\boldsymbol{B}\boldsymbol{H}^{\mathrm{T}}=[0111]$，查表得 $\boldsymbol{E}=[0100000]$，译码器认为 b_5 发生错误，因此纠错后的码字为[0000000]。可见，纠错后码字中有 4 位错误。

② 若一个码字在传输过程中错成了另一个许用码字，则译码器将无法发现该错误，此称为不可检测错误。如发送码字 $\boldsymbol{A}=[0100111]$，若错 4 位后为 $\boldsymbol{B}=[0111010]$，计算伴随式得 $\boldsymbol{S}=\boldsymbol{O}$，译码器认为接收码字中没有错误。

这些情况的发生都是因为码字中的错误个数超出了码的纠错能力(例子中的(7，3)分组码最小码距为 4，能纠正一位错误)。因此，在设计信道编码方案时，应充分考虑信道发生错误的情况，选择纠检错能力合适的纠检错码。

4. 几种典型的线性分组码

1) 重复码

重复码是最简单的一类线性分组码。

长度为 n 的重复码，码字中只有 1 位信息码元，其他 $n-1$ 位均为监督码元，而且监督码元与信息码元相同，记作(n，1)重复码。

(n，1)重复码只有全“0”和全“1”两个码字，其最小码距 $d_0=n$，编码效率 $\eta=1/n$。

(n，1)重复码的典型生成矩阵为

$$\boldsymbol{G}=\underbrace{[1\quad 1\quad \cdots\quad 1]}_{n\text{位}} \tag{9-1-13}$$

典型监督矩阵为

$$\boldsymbol{H}=\left.\begin{bmatrix}1 & 1 & 0 & \cdots & 0\\ 1 & 0 & 1 & \cdots & 0\\ \vdots & \vdots & \vdots & \ddots & \vdots\\ 1 & 0 & 0 & \cdots & 1\end{bmatrix}\right|_{(n-1)\times n} \tag{9-1-14}$$

2) 汉明码

汉明码是一种高效的、能够纠单个错的线性分组码。具有如下特点：

(1) 最小码距 $d_0=3$，能纠单个错。

(2) 码长 n 与监督码元数 r 间的关系为 $n=2^r-1$，且 $r\geqslant 3$。当 $r=3$、4、5 时，分别为(7，4)、(15，11)、(31，26)汉明码等。

(3) 编码效率为 $\eta=\dfrac{k}{n}=1-\dfrac{r}{2^r-1}$，是相同码长条件下纠单个错、编码效率最高的线性分组码。

3) 循环码

循环码是(n, k)线性分组码的一个重要子类，其编译码设备简单，检(纠)错能力较强，且有 RS、BCH 等高效子类码，应用广泛。

循环码除了具有线性分组码的一般性质外，还具有循环移位特性。

所谓的循环移位特性，是指循环码中任一码组经过循环移位后仍为一个许用码组。

(1) 码多项式。

循环码常用多项式的形式来表示码字，本质是记录码字中 1 的位置。码字 $\boldsymbol{A}=[a_{n-1}a_{n-2}\cdots a_1a_0]$的码多项式为

$$A(x)=a_{n-1}x^{n-1}+a_{n-2}x^{n-2}+\cdots+a_1x+a_0 \tag{9-1-15}$$

如码字 $A=[1001110]$，其码多项式为 $A(x)=x^6+x^3+x^2+x$。

需要注意的是，由码多项式写出码字时应根据码字长度补足位数(高位补 0)。

(2) 循环码的编码。

循环码的编码基于生成多项式 $g(x)$。在一个(n, k)循环码中，有一个且仅有一个次数为 $n-k$ 的多项式：

$$g(x)=1\cdot x^{n-k}+a_{n-k-1}x^{n-k-1}+\cdots+a_1x+1 \tag{9-1-16}$$

称为循环码的生成多项式。$g(x)$代表循环码中的前 $k-1$ 位全为“0”的码组，由于该码组的重量等于最小码距 d_0，故 $g(x)$决定了循环码的纠检错能力。

(n, k)循环码的 $g(x)$具有如下特性：

① $g(x)$是 x^n+1 的因式；

② $g(x)$是 $r=n-k$ 次多项式；

③ $g(x)$的常数项为 1；

④ $g(x)$是次数最低的码多项式(全“0”码字除外)；

⑤ 所有码多项式 $A(x)$都可被 $g(x)$整除，而且任意一个次数不大于 $k-1$ 的多项式乘 $g(x)$都是码多项式。

上述特性中的①～③，可用于寻找(n, k)循环码的生成多项式；⑤可用于编码，也可用于验证接收码组是否出错。

循环码的编码由码长 n、生成多项式 $g(x)$决定，有两种实现方法。

第一种实现方法，是用线性分组码的编码方法，即 $\boldsymbol{A}=\boldsymbol{M}\cdot\boldsymbol{G}$。

由生成多项式 $g(x)$构造出循环码的生成矩阵

$$\boldsymbol{G}(x)=\begin{bmatrix} x^{k-1}g(x) \\ \vdots \\ xg(x) \\ g(x) \end{bmatrix} \tag{9-1-17}$$

将每行多项式写成码字形式得生成矩阵 $\boldsymbol{G}$，但它通常不是典型生成矩阵。因此，要想得到系统码，须将其转化为典型生成矩阵。

例如，当 $g(x)=x^4+x^3+x^2+1$ 时，对于(7, 3)循环码有

$$\boldsymbol{G}(x)=\begin{bmatrix} x^2g(x) \\ xg(x) \\ g(x) \end{bmatrix}=\begin{bmatrix} x^6+x^5+x^4+x^2 \\ x^5+x^4+x^3+x \\ x^4+x^3+x^2+1 \end{bmatrix}$$

将各行多项式写成码字，再作适当的行运算，得到典型生成矩阵为

$$\boldsymbol{G}=\begin{bmatrix} 1 & 1 & 1 & 0 & 1 & 0 & 0 \\ 0 & 1 & 1 & 1 & 0 & 1 & 0 \\ 0 & 0 & 1 & 1 & 1 & 0 & 1 \end{bmatrix}\neq[\boldsymbol{I}_3\boldsymbol{P}^{\mathrm{T}}]\Rightarrow\begin{bmatrix} 1 & 0 & 0 & 1 & 1 & 1 & 0 \\ 0 & 1 & 0 & 0 & 1 & 1 & 1 \\ 0 & 0 & 1 & 1 & 1 & 0 & 1 \end{bmatrix}=[\boldsymbol{I}_3\boldsymbol{P}^{\mathrm{T}}]$$

注意：此时没有利用循环码的循环移位特性。

第二种实现方法，是用循环码特有的方法，即

$$A(x)=M(x)g(x) \tag{9-1-18}$$

此时产生的码为非系统码，要想产生系统码，需要按下式

$$A(x)=x^{n-k}M(x)+[x^{n-k}M(x)]' \tag{9-1-19}$$

其中，$[\ ]'$为除以 $g(x)$ 取余，代表监督码元。x^{n-k} 乘 $M(x)$ 的目的是在信息码元后附上 $n-k$ 个“0”，预留给监督码元。可见，该系统循环码编码的核心是用除法器求出余式 $r(x)=[x^{n-k}M(x)]'$，然后将 $r(x)$ 所代表的监督码元附加到信息码元之后，即可完成编码。

例 9.1.1 某(7, 3)循环码，有 $g(x)=x^4+x^3+x^2+1$，若信息 $\boldsymbol{M}=[110]$，求其系统循环码。

解 由于信息 $\boldsymbol{M}=[110]$，因此 $M(x)=x^2+x$，$x^{n-k}M(x)=x^4(x^2+x)=x^6+x^5$，$[x^6+x^5]'$的求解过程如下：

$$\begin{array}{r} x^2+1 \\ x^4+x^3+x^2+1\overline{)\,x^6+x^5\qquad\qquad} \\ \underline{x^6+x^5+x^4+x^2} \\ x^4+x^2 \\ \underline{x^4+x^3+x^2+1} \\ x^3+1 \end{array}$$

注：在模 2 加中，加法和减法是一样的。

求得余式为$[x^6+x^5]'=x^3+1$，故得到码多项式为

$$A(x)=x^{n-k}M(x)+[x^{n-k}M(x)]'=x^6+x^5+x^3+1\Rightarrow A=[1101001]$$

这种编码方法可用 $r=n-k$ 级移位寄存器实现，其中移位寄存器主要实现除法求余功能。多项式为 $g(x)=x^r+g_{r-1}x^{r-1}+\cdots+g_1x+1$ 的(n, k)循环码的编码电路如图 9-1-1 所示。若 $g_i=1$，对应的反馈线连通，否则断开。

编码过程：

① 初始状态清零，门 1 断开，门 2 接通。信息码元$(m_{k-1}m_{k-2}\cdots m_1m_0)$一方面在时钟脉冲的控制下依次进入编码器($m_{k-1}$首先进入)计算监督码元，另一方面经或门直接输出；

② 一旦信息码元全部输入到编码器，移位寄存器中的内容即为本组信息的监督码元。这时，门 2 断开，门 1 接通，在时钟的控制下将移位寄存器中的监督元依次输出，这些监督

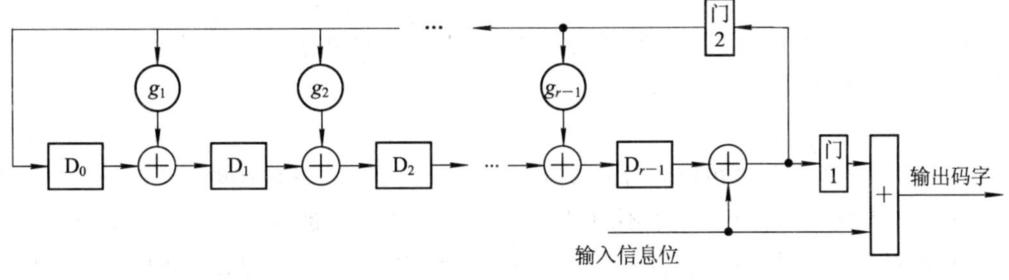

图 9-1-1 用移位寄存器实现的循环码编码器

元和前面输出的信息元组成一个码字。

(3) 循环码的译码。

译码的目的是对接收码字检错和纠错。

检错：对接收码组 $B(x)$进行如下除法运算：

$$\frac{B(x)}{g(x)} \tag{9-1-20}$$

若能除尽，则表示无错；若除不尽而有余项，则表示在传输中发生了错误。

纠错：步骤如下。

① 将伴随多项式 $S(x)$与错误图样多项式 $e(x)$之间的关系 $S(x)=[e(x)]'$存于译码器中。

② 计算接收码字的伴随式 $S(x)=[B(x)]'$。

③ 若 $S(x)=0$，则接收码字无错；若 $S(x)\neq 0$，则由 $S(x)$查表求得错误图样多项式 $e(x)$，并对接收码字进行纠错，即 $A(x)=B(x)+e(x)$。

循环码的译码也可用 $r=n-k$ 级移位寄存器实现。生成多项式为 $g(x)=x^4+x^3+x^2+1$ 的(7，3)循环码的译码器如图 9-1-2 所示，最上部分是移位寄存器，其反馈线的连接与生成多项式的系数一致，它完成伴随式的计算；中间部分的非门和与门的连接方式则由最高位发生错误时的伴随式确定，它确定错误图样并由此产生纠错信号；下半部分缓冲寄存器和异或门完成对接收码字的纠错。

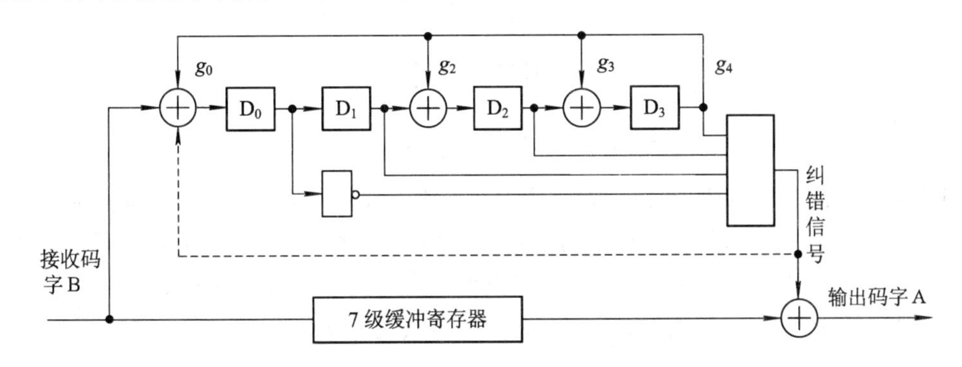

图 9-1-2 (7，3)循环码译码器

需要指出的是，各种编译码算法不仅可以用硬件实现，也可以用软件编程来实现。

4）BCH 码

BCH 码是一种能够纠正多个错误的循环码。其重要性在于它解决了生成多项式与纠错能力间的关系问题。

5）RS 码

RS 码是一类具有很强纠错能力的多进制 BCH 码。由于 RS 码能够纠正 t 个 M 进制的错码，或者说能够纠正码组中 t 个不超过 $q=\text{lb}M$ 位连续的二进制错码，所以 RS 码特别适用于存在突发错误的信道，如移动通信网等衰落信道中。此外，因为它是多进制纠错编码，所以特别适用于多进制调制的场合。

9.1.4 卷积码*

卷积码不是分组码。在卷积码中，每个子码(n, k)中的监督码元不仅与本子码中的信息码元有关，而且还与前面 m 个子码中的信息码元有关，所以卷积码常用(n, k, m)表示。其中：

（1）m 称为编码存储；

（2）$N=m+1$ 称为编码约束度，它是相互约束的子码个数；

（3）nN 称为编码约束长度，它是相互约束的码元个数；

（4）编码效率（简称码率）仍定义为 $\eta=k/n$。

在卷积码中，子码的编码同样基于监督关系，如图 9-1-3 所示是一个(2，1，2)卷积码编码器，其监督关系为

$$\begin{cases}a_{j1} = a_j + a_{j-1} + a_{j-2} \\ a_{j2} = a_j + a_{j-2}\end{cases}$$

当输入信息为 10011…时，输出码字序列为 11，10，11，11，01…。

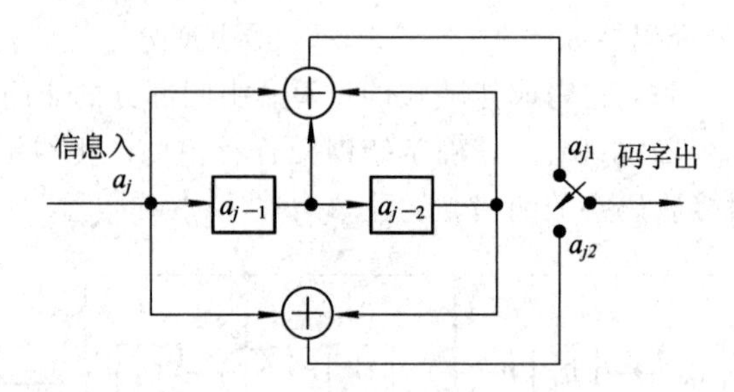

图 9-1-3　卷积码编码器

注意：卷积码有时也用(n, k, N)来表示。故结合监督关系才能更准确地描述卷积码。

卷积码也有系统码和非系统码之分。若子码是系统码，则称为系统卷积码，反之，则为非系统卷积码。图 9-1-3 所示卷积码编码器输出的码字即为非系统码字。

描述卷积码的方法有两大类：几何表述和代数表述。

1）几何表述

用几何图形描述卷积码的方法有三种：树状图、状态图和网格图。

树状图以树的分支表示编码器的各种状态和输出，它的每个节点发出 2^k 个分支。

状态图是一种表示编码器可能的状态及由一个状态转移到另一个状态的图形。注意，

状态图不能反映状态转移的时间进程。

网格图是状态转移图在时间上的展开。用网格图表示编码过程和输入输出关系比树状图更为简练。网格图还可以方便地用于维特比译码。

当给定输入信息序列和起始状态时，可用上述三种几何表述法中的任何一种，找到输出序列和状态变化路径。

2）代数表述

卷积码是一种线性码，因此可用生成矩阵 $\boldsymbol{G}$ 和监督矩阵 $\boldsymbol{H}$ 来描述卷积码的编码过程，也可用多项式来表示输入序列、输出序列以及编码器中移位寄存器与模 2 和的连接关系。其中，多项式表述方法较简单。

图 9－1－3 所示编码器的生成多项式为

$$\begin{cases} g_1(x) = 1 + x + x^2 \\ g_2(x) = 1 + x^2 \end{cases} \tag{9-1-21}$$

将生成多项式与输入序列多项式相乘，即可产生输出多项式和输出序列。

卷积码的译码分代数译码和概率译码两类。代数译码由于没有充分利用卷积码的特点，目前很少应用。维特比译码和序列译码都属于概率译码。维特比译码方法适用于约束长度不太大的卷积码的译码，当约束长度较大时，采用序列译码能大大降低运算量，但其性能要比维特比译码差些。

维特比译码的基本思想是将接收到的信号序列和所有可能的发送信号序列进行比较，选择其中汉明距离最小的序列为当前的发送信号序列，其实现过程可概括为“加—比—选”三个基本步骤。维特比译码方法在通信领域有着广泛的应用，市场上有实现维特比译码的超大规模集成电路。

9.1.5 其他纠错码介绍

1. 交织码

1）信道类型

按照错误类型，信道分为：

（1）随机信道：错误的出现是随机的，且统计独立的，如高斯白噪声信道。

（2）突发信道：错误成串、成群地出现，即在短时间内出现大量错误，如有脉冲干扰的信道。

（3）混合信道：既有随机错误，又有突发错误。实际信道大多属于此类信道，如短波信道、移动信道等。

2）交织码

交织码又称交错码，是一种能够纠正突发错误的码。交织码有多种，其中最简单的是行列交织码。

行列交织码的编码方法是：将纠正随机错误的(n, k)线性分组码的 m 个码字，排成 m 行的一个码阵，该码阵就是交织码的一个码字，行数 m 称为交织度。图 9－1－4 所示是用(7，4)汉明码、交织度 $m=4$ 所构成的$(7\times4, 4\times4)$交织码的一个码字。

$$\begin{matrix} a_{61} & a_{51} & a_{41} & a_{31} & a_{21} & a_{11} & a_{01} \\ a_{62} & a_{52} & a_{42} & a_{32} & a_{22} & a_{12} & a_{02} \\ a_{63} & a_{53} & a_{43} & a_{33} & a_{23} & a_{13} & a_{03} \\ a_{64} & a_{54} & a_{44} & a_{34} & a_{24} & a_{14} & a_{04} \end{matrix}$$

图 9-1-4　由(7，4)汉明码构成的行列交织码码字

行列交织码码字按列传输，将突发错误分散到各行中，译码时以行为单位，只要各行中的错误数在各行码字的纠错能力范围内，这些错误就能被纠正。若每行码字最多能纠 t 个错误，交织码的交织度为 m，则此交织码能够纠正长度 $b\leqslant mt$ 的单个突发错误。如图 9-1-4 所示的行列交织码，能够纠正长度小于等于 4 的突发错误，因为每行的(7，4)汉明码最多只能纠一个错误。

显然，交织度越大，能够纠正的突发错误的长度就越长，但是，会导致传输延迟变大。故实际应用中，交织度不能一味增大。

2. 级联码

在某些纠错要求较高的系统中，常用级联码，如图 9-1-5 所示。

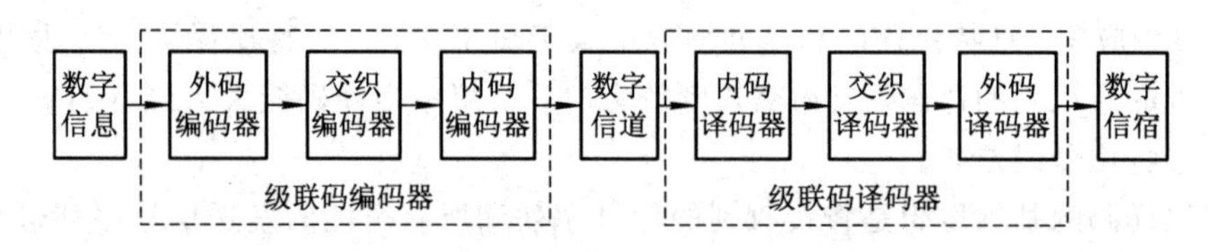

图 9-1-5　级联码

级联码由三部分级联构成：

(1) 外码：常为线性分组码，目的是纠正随机错误；

(2) 交织码：将突发错误分散为随机错误；

(3) 内码：常为约束度较小的卷积码，采用维特比译码，纠错能力较强，但容易产生突发错误(若错误个数超过卷积码的纠错能力)。

级联码的最大优点是在获得很强纠错能力的同时设备的复杂度较采用单一编码方案时低。

3. Turbo 码

Turbo 码是一种采用重复迭代(Turbo)译码方式的并行级联码。Turbo 码采用迭代译码算法和软输入/软输出(SISO)译码器通过多次迭代实现伪随机译码，使接收信息得到充分利用，可以中等译码复杂度获取接近 Shannon 极限的性能。它的发明在编码理论上是革命性的进步。

一般的 Turbo 编码器主要由交织器、递归系统卷积码(RSC)编码器、码率调整模块(Puncture)三部分组成。

4. 网格编码调制(TCM)

网格编码调制是一种将调制和纠错编码结合在一起的方法。它利用编码效率为 $n/(n+1)$ 的卷积码，并将每一码段映射为 2^{n+1} 个调制信号集中的一个信号；在接收端信号解调后，送入维特比译码器译码。它能同时节省发送功率和带宽，具有两个基本特点：

(1) 在信号空间中的信号点数目比无编码的调制情况下对应的信号点数目要多，这增加的信号点使编码有了冗余，而不牺牲带宽；

(2) 采用卷积码的编码规则，使信号点之间引入相互依赖关系。仅有某些信号点图样或序列是允许用的信号序列，并可模型化成为网格状结构，因此又称为“格状”编码。

5. LDPC 码

低密度奇偶校验码(LDPC，Low Density Parity Check Code)是由 Gallager 提出的一类基于稀疏校验矩阵的线性分组码，不但具备奇偶校验码的优点，而且其性能接近 Shannon 极限，描述和实现简单，易于进行理论分析和研究，译码简单且可实行并行操作，适合硬件实现。

LDPC 码的码字长度是非常大的，通常可大至数千，相应地其校验矩阵也是非常大的矩阵，但矩阵中“1”的数量又非常少。低密度这个词就是指在其校验矩阵中“1”的密度很低。

9.2 典型例题及解析

例 9.2.1 某纠错码有三个码字，分别是(001010)、(111100)、(010001)。若此码用于检错，能检出几位错误？若此码用于纠错，能纠正几位错误？若此码用于同时纠错和检错，各能纠、检几位错误？

解 设 3 个码字分别表示为 $\boldsymbol{A}_0=[001010]$，$\boldsymbol{A}_1=[111100]$，$\boldsymbol{A}_2=[010001]$。两两码字之间的距离为

$$d(A_0, A_1) = W(A_0 + A_1) = 4$$

$$d(A_0, A_2) = W(A_0 + A_2) = 4$$

$$d(A_1, A_2) = W(A_1 + A_2) = 4$$

显然，此码的最小码距 $d_0=4$。

(1) 此码用于检错，能检测 $e\leqslant(d_0-1)=3$ 位错误。

(2) 此码用于纠错，能纠正 $t\leqslant(d_0-1)/2=1.5$ 位错误，取整数，因此可纠 1 位错误。

(3) 此码用于既纠又检错时，能检和能纠的个数 e 和 t 与最小码距之间应有如下关系：

$$d_0 \geqslant e+t+1 \quad (e>t)$$

可见，当 $d_0=4$ 时，有 $4\geqslant2+1+1$，得 $e=2$，$t=1$。即同时用于既纠又检错时，纠 1 位错误的同时最多能检 2 位错误。

例 9.2.2 已知某(7, 3)线性分组码的生成矩阵为

$$\boldsymbol{G}=\begin{bmatrix}1 & 0 & 0 & 0 & 1 & 1 & 1\\ 0 & 1 & 0 & 1 & 1 & 1 & 0\\ 0 & 0 & 1 & 1 & 1 & 0 & 1\end{bmatrix}$$

求：(1) 所有的码字。

(2) 监督矩阵 $\boldsymbol{H}$。

(3) 最小码距及其纠、检错能力。

(4) 编码效率。

解 (1) 生成矩阵 $\boldsymbol{G}$ 有 3 行 7 列，可见 $k=3$，$n=7$，$r=n-k=7-3=4$。

将信息矩阵 $\boldsymbol{M}=[000]\sim[111]$代入 $\boldsymbol{A}=\boldsymbol{M}\cdot\boldsymbol{G}$，即可求得所有码字为

0000000　　0011101　　0101110　　0110011

1000111　　1011010　　1101001　　1110100

(2) 由于 $\boldsymbol{G}=[\boldsymbol{I}_3\boldsymbol{P}^{\mathrm{T}}]=[\boldsymbol{I}_k\boldsymbol{P}^{\mathrm{T}}]$是一个典型生成矩阵，其中

$$\boldsymbol{P}^{\mathrm{T}}=\begin{bmatrix}0&1&1&1\\1&1&1&0\\1&1&0&1\end{bmatrix}$$

由此得到

$$\boldsymbol{P}=\begin{bmatrix}0&1&1\\1&1&1\\1&1&0\\1&0&1\end{bmatrix}$$

代入典型监督矩阵 $\boldsymbol{H}=[\boldsymbol{P}\boldsymbol{I}_r]=[\boldsymbol{P}\boldsymbol{I}_4]$求得

$$\boldsymbol{H}=\begin{bmatrix}0&1&1&1&0&0&0\\1&1&1&0&1&0&0\\1&1&0&0&0&1&0\\1&0&1&0&0&0&1\end{bmatrix}$$

(3) 码字集中除全“0”码字外，最小码字重量即为码的最小码距。可见，该码的最小码距 $d_0=4$。故此码用于检错，最多能检测 3 位错误；用于纠错，最多能纠正 1 位错误；用于既纠又检错，纠 1 位错误的同时最多能检 2 位错误。

(4) 编码效率为：$\eta=k/n=3/7$。

例 9.2.3 已知某(7，3)分组码的监督关系式为

$$\begin{cases}x_6+x_3+x_2+x_1=0\\x_6+x_2+x_1+x_0=0\\x_6+x_5+x_1=0\\x_6+x_4+x_0=0\end{cases}$$

求其监督矩阵 $\boldsymbol{H}$、生成矩阵 $\boldsymbol{G}$、全部系统码字、纠错能力及编码效率 η。

解 将监督方程组写成矩阵的形式

$$\begin{bmatrix}1&0&0&1&1&1&0\\1&0&0&0&1&1&1\\1&1&0&0&0&1&0\\1&0&1&0&0&0&1\end{bmatrix}\begin{bmatrix}x_6\\x_5\\x_4\\x_3\\x_2\\x_1\\x_0\end{bmatrix}=\begin{bmatrix}0\\0\\0\\0\end{bmatrix}$$

得监督矩阵为

$$\boldsymbol{H}=\begin{bmatrix}1&0&0&1&1&1&0\\1&0&0&0&1&1&1\\1&1&0&0&0&1&0\\1&0&1&0&0&0&1\end{bmatrix}$$

此矩阵不是典型监督矩阵，需将其转换为典型监督矩阵。首先将第 3、4 行加到第 2 行得

$$\boldsymbol{H}=\begin{bmatrix}1&0&0&1&1&1&0\\1&1&1&0&1&0&0\\1&1&0&0&0&1&0\\1&0&1&0&0&0&1\end{bmatrix}$$

再将第 2、3 行加到第 1 行，得典型监督矩阵为

$$\boldsymbol{H}=\begin{bmatrix}1&0&1&1&0&0&0\\1&1&1&0&1&0&0\\1&1&0&0&0&1&0\\1&0&1&0&0&0&1\end{bmatrix}=[\boldsymbol{P}\boldsymbol{I}_4]$$

根据 $\boldsymbol{G}=[\boldsymbol{I}_3\boldsymbol{P}^{\mathrm{T}}]$求得典型生成矩阵为

$$\boldsymbol{G}=\begin{bmatrix}1&0&0&1&1&1&1\\0&1&0&0&1&1&0\\0&0&1&1&1&0&1\end{bmatrix}$$

把由 3 位信息组成的信息矩阵代入 $\boldsymbol{A}=\boldsymbol{M}\cdot\boldsymbol{G}$，求得全部系统码字为

信息	码字
0 0 0	0 0 0 0 0 0 0
0 0 1	0 0 1 1 1 0 1
0 1 0	0 1 0 0 1 1 0
0 1 1	0 1 1 1 0 1 1
1 0 0	1 0 0 1 1 1 1
1 0 1	1 0 1 0 0 1 0
1 1 0	1 1 0 1 0 0 1
1 1 1	1 1 1 0 1 0 0

在线性分组码中，最小码距等于最小码重(除全 0 码字)，即 $d_0=\min W(A_i)=3$。

代入 $t\leqslant\frac{1}{2}(d_0-1)=1$，可见此码最多能纠 1 位错误。

编码效率为

$$\eta=\frac{k}{n}=\frac{3}{7}$$

例 9.2.4　某汉明码的监督矩阵为

$$\boldsymbol{H}=\begin{bmatrix}1&1&1&0&1&0&0\\1&1&0&1&0&1&0\\1&0&1&1&0&0&1\end{bmatrix}$$

(1) 求码长 n 和码字中的信息位数 k。

(2) 求编码效率 η。

(3) 当输入编码器的信息速率 $R_{b入}$ 为 2400 b/s 时，求编码器输出的二进制码元速率 $R_{b出}$。

(4) 求生成矩阵 $\boldsymbol{G}$。

(5) 若信息位全为“1”，求监督码元。

(6) 检验 0100110 和 0000011 是否为码字，若有错，请指出错误并加以纠正。

解 (1) 监督矩阵 $\boldsymbol{H}$ 的行数等于监督元的个数，列数等于码字的长度。根据给定的监督矩阵可知 $n=7$，$r=3$，$k=7-3=4$。

(2) 编码效率 $\eta=\dfrac{k}{n}=\dfrac{4}{7}$。

(3) $R_{b入}=2400$ b/s，$R_{b出}=R_{b入}\times n/k=4200$ b/s。

(4) 此汉明码监督矩阵具有 $\boldsymbol{H}=[\boldsymbol{P}\boldsymbol{I}_3]$ 形式，是典型监督矩阵，其中

$$\boldsymbol{P}=\begin{bmatrix}1&1&1&0\\1&1&0&1\\1&0&1&1\end{bmatrix}$$

由此可得典型生成矩阵为

$$\boldsymbol{G}=[\boldsymbol{I}_4\boldsymbol{P}^{\mathrm{T}}]=\begin{bmatrix}1&0&0&0&1&1&1\\0&1&0&0&1&1&0\\0&0&1&0&1&0&1\\0&0&0&1&0&1&1\end{bmatrix}$$

(5) 当信息 $\boldsymbol{M}=[1111]$时，码字 $\boldsymbol{A}=\boldsymbol{M}\cdot\boldsymbol{G}=[1111111]$，可知监督码元(码字的最后 3 位)为 111。

(6) 当接收 $\boldsymbol{B}=[0100110]$时，由公式 $\boldsymbol{S}=\boldsymbol{B}\boldsymbol{H}^{\mathrm{T}}$ 求得其伴随式为

$$\boldsymbol{S}=[0100110]\cdot\begin{bmatrix}1&1&1\\1&1&0\\1&0&1\\0&1&1\\1&0&0\\0&1&0\\0&0&1\end{bmatrix}=[000]$$

可见，接收码字 $\boldsymbol{B}=[0100110]$为此(7，4)汉明码的一个码字。

用同样的方法得到接收 $\boldsymbol{B}=[0000011]$的伴随式为

$$\boldsymbol{S}=[0000011]\cdot\begin{bmatrix}1&1&1\\1&1&0\\1&0&1\\0&1&1\\1&0&0\\0&1&0\\0&0&1\end{bmatrix}=[011]$$

由于伴随式不为 0，故 $\boldsymbol{B}=[0000011]$不是此(7，4)汉明码的一个码字，它是某个码字和错误图样的叠加。

要找出 $\boldsymbol{B}=[0000011]$中的错误，必须先找出所有单个错误的 7 个错误图样与伴随式之间的关系。由 $\boldsymbol{S}=\boldsymbol{e}\boldsymbol{H}^{\mathrm{T}}$ 得伴随式与错误图样间的关系为

$$\begin{aligned}
\boldsymbol{e}_1 &= [1000000] \Rightarrow \boldsymbol{S} = [111] \\
\boldsymbol{e}_2 &= [0100000] \Rightarrow \boldsymbol{S} = [110] \\
\boldsymbol{e}_3 &= [0010000] \Rightarrow \boldsymbol{S} = [101] \\
\boldsymbol{e}_4 &= [0001000] \Rightarrow \boldsymbol{S} = [011] \\
\boldsymbol{e}_5 &= [0000100] \Rightarrow \boldsymbol{S} = [100] \\
\boldsymbol{e}_6 &= [0000010] \Rightarrow \boldsymbol{S} = [010] \\
\boldsymbol{e}_7 &= [0000001] \Rightarrow \boldsymbol{S} = [001]
\end{aligned}$$

由此可见，$\boldsymbol{S}=[011]$对应的错误图样为 $\boldsymbol{e}=[0001000]$，即接收码字 $\boldsymbol{B}=[0000011]$中第 4 位(从左起)有错。纠错后的码字为 $\boldsymbol{A}=\boldsymbol{B}+\boldsymbol{e}_4=[0000011]+[0001000]=[0001011]$。

评注：对于能纠 1 位错的线性分组码的译码，其伴随式的转置 $\boldsymbol{S}^{\mathrm{T}}$ 与监督矩阵 $\boldsymbol{H}$ 的列具有一一对应关系。如果码字的第 i 位有错，则其 $\boldsymbol{S}^{\mathrm{T}}$ 与 $\boldsymbol{H}$ 第 i 列相同。据此译码时可得错误图样的一种简便方法：计算接收码字的 $\boldsymbol{S}^{\mathrm{T}}$，看其与 $\boldsymbol{H}$ 中的哪一列相同，则接收码字中该列所在位置有错，错误图样中该位置处为 1，其他为 0。

例 9.2.5 已知 $x^7+1=(x+1)(x^3+x+1)(x^3+x^2+1)$，试问共有多少种码字长度为 7 的循环码？并列出它们的生成多项式。

解 循环码完全由生成多项式决定，一个生成多项式产生一种循环码，故有多少种生成多项式就有多少种循环码。

码字长度为 7 的循环码的生成多项式 $g(x)$应满足：

① $g(x)$是 x^7+1 的因子；

② $g(x)$的常数项为 1；

③ $g(x)$是 $r=n-k$ 次多项式。

显然，x^7+1 含有 1 次、3 次、4 次、6 次因子，且其常数项均为 1，因此可构成的循环码有：

(7，6)码：$g(x)=x+1$

(7，4)码：$g(x)=x^3+x+1$ 或 $g(x)=x^3+x^2+1$

(7，3)码：$g(x)=(x+1)(x^3+x+1)=x^4+x^3+x^2+1$

或 $g(x)=(x+1)(x^3+x^2+1)=x^4+x^2+x+1$

(7，1)码：$g(x)=(x^3+x+1)(x^3+x^2+1)=x^6+x^5+x^4+x^3+x^2+x+1$

例 9.2.6 已知某(7，4)循环码的生成多项式 $g(x)=x^3+x+1$。

(1) 求其生成矩阵及监督矩阵。

(2) 写出该循环码的全部码字。

(3) 求该码的最小码距及纠检错能力。

解 (1) 由生成多项式构建生成矩阵

$$G(x)=\begin{bmatrix} x^6+x^4+x^3 \\ x^5+x^3+x^2 \\ x^4+x^2+x \\ x^3+x+1 \end{bmatrix} \Rightarrow \boldsymbol{G}=\begin{bmatrix} 1 & 0 & 1 & 1 & 0 & 0 & 0 \\ 0 & 1 & 0 & 1 & 1 & 0 & 0 \\ 0 & 0 & 1 & 0 & 1 & 1 & 0 \\ 0 & 0 & 0 & 1 & 0 & 1 & 1 \end{bmatrix}$$

将第三行、第四行加到第一行，再将第四行加到第二行，得典型生成矩阵为

$$G=\begin{bmatrix}1&0&0&0&1&0&1\\0&1&0&0&1&1&1\\0&0&1&0&1&1&0\\0&0&0&1&0&1&1\end{bmatrix}=[I_kP^{T}]$$

由此得到典型监督矩阵为

$$H=[PI_r]=\begin{bmatrix}1&1&1&0&1&0&0\\0&1&1&1&0&1&0\\1&1&0&1&0&0&1\end{bmatrix}$$

(2) 将 4 位信息的不同组合 $\boldsymbol{M}=[0000]\sim[1111]$共 16 种分别代入 $\boldsymbol{A}=\boldsymbol{M}\cdot\boldsymbol{G}$，得到 16 种码字为

0000000	0001011	0010110	0011101
0100111	0101100	0110001	0111010
1000101	1001110	1010011	1011000
1100010	1101001	1110100	1111111

(3) 最小码距 d_0 等于非全零码字的最小重量，由上述码字可得 $d_0=3$。故用于检错，最多能检测 2 位错误；用于纠错，最多能纠正 1 位错误。

例 9.2.7 已知某$(n, 3)$循环码的生成矩阵 $G=\begin{bmatrix}1&1&0&0&1&0&1\\0&1&0&1&1&1&0\\0&1&1&1&0&0&1\end{bmatrix}$。

(1) 确定 n 的值，并求编码效率 η。

(2) 确定该码的生成多项式 $g(x)$。

(3) 求输入信息为 011 时相应的系统循环码码字。

解 (1) 生成矩阵的列数等于码字长度 n，故 $n=7$。编码效率 $\eta=k/n=3/7$。

(2) 循环码有性质：

① 生成矩阵中的每一行都是一个码字；

② 循环码的任一码字循环移位后仍然是一个码字；

③ 生成多项式是次数为 $r=n-k=7-3=4$ 的码字多项式。

根据这些性质，生成矩阵第一行对应码字左循环移 2 位后得到码字 0010111，此码字多项式即为生成多项式，即 $g(x)=x^4+x^2+x+1$。

(3) 当信息为 011 时，系统循环码的码字多项式为

$$A(x)=m(x)x^{n-k}+[m(x)x^{n-k}]'=m(x)x^4+[m(x)x^4]'$$

其中 $m(x)=x+1$，$[m(x)x^4]'=x^3+1$。因此有

$$A(x)=x^5+x^4+x^3+1\Rightarrow A=0111001$$

例 9.2.8 由生成多项式 $g(x)=x^3+x^2+1$ 构成码长为 7 的循环码。

(1) 有多少位监督位？

(2) 求相应的系统码生成矩阵 $\boldsymbol{G}$ 和监督矩阵 $\boldsymbol{H}$。

(3) 若输入信息为 1011，编出相应的系统码。

(4) 若接收码字为 1101011，求其校正子(伴随式)，是否为正确码？若为错码，纠

正之。

解 (1) 由循环码的生成多项式 $g(x)$ 是一个 r 次多项式，可得监督位 $r=3$。由于码长 $n=7$，则信息位 $k=4$。

(2) 由生成多项式 $g(x)$ 可得生成多项式矩阵

$$G(x)=\begin{bmatrix}x^3g(x)\\x^2g(x)\\xg(x)\\g(x)\end{bmatrix}=\begin{bmatrix}x^6+x^5+x^3\\x^5+x^4+x^2\\x^4+x^3+x\\x^3+x^2+1\end{bmatrix}$$

进而有

$$\boldsymbol{G}=\begin{bmatrix}1&1&0&1&0&0&0\\0&1&1&0&1&0&0\\0&0&1&1&0&1&0\\0&0&0&1&1&0&1\end{bmatrix}$$

经变换可得系统码生成矩阵(典型生成矩阵)和典型监督矩阵分别为

$$\boldsymbol{G}=\begin{bmatrix}1&0&0&0&1&1&0\\0&1&0&0&0&1&1\\0&0&1&0&1&1&1\\0&0&0&1&1&0&1\end{bmatrix},\quad \boldsymbol{H}=\begin{bmatrix}1&0&1&1&1&0&0\\1&1&1&0&0&1&0\\0&1&1&1&0&0&1\end{bmatrix}$$

(3) 编出系统码

$$\boldsymbol{A}=\boldsymbol{MG}=[1\quad 0\quad 1\quad 1]\begin{bmatrix}1&0&0&0&1&1&0\\0&1&0&0&0&1&1\\0&0&1&0&1&1&1\\0&0&0&1&1&0&1\end{bmatrix}=[1\quad 0\quad 1\quad 1\quad 1\quad 0\quad 0]$$

(4) 接收码字为 $\boldsymbol{B}=[1101011]$ 的校正子

$$\boldsymbol{S}=\boldsymbol{BH}^{\mathrm{T}}=[1\quad 1\quad 0\quad 1\quad 0\quad 1\quad 1]\begin{bmatrix}1&1&0\\0&1&1\\1&1&1\\1&0&1\\1&0&0\\0&1&0\\0&0&1\end{bmatrix}=[0\quad 1\quad 1]\neq[0\quad 0\quad 0]$$

故接收码字 $\boldsymbol{B}$ 不是正确的码字。

由生成矩阵 $\boldsymbol{G}$ 知该循环码的最小码距为 3，能纠 1 位错，故其伴随式与 $\boldsymbol{H}^{\mathrm{T}}$ 有一一对应关系，由此得错误图样 $\boldsymbol{E}=[0100000]$，纠错得 $\boldsymbol{A}'=\boldsymbol{B}+\boldsymbol{E}=[1001011]$。

例 9.2.9 将某(7，4)汉明码的编码结果按行写入一个 10 行 7 列的存储阵列，每行 1 个码字，一共是 10 个码字。再按列读出后通过信道传输。若传输这 10 个码字时，信道中发生了连续 15 个错误，请问接收端解交织并译码后，能译对几个码字？

解 能译对 5 个码字。15 个连续错码通过交织分散到 10 个码字中，其中 5 个码字中各有两个错码，另 5 个码字中各有 1 个错码。因为(7，4)汉明码只能纠正每个码字中的 1 个错误，故可译对 5 个码字。

例 9.2.10 某(2，1，3)卷积码编码器原理框图如图 9-2-1 所示。

(1) 写出输出码元和输入码元间的逻辑关系。

(2) 画出该卷积码的状态转移图，并附状态表。

(3) 若信息码序列为 11010，求对应的卷积码。

(4) 若接收端接收码序列为 0011011100，用维特比算法求出信息序列。

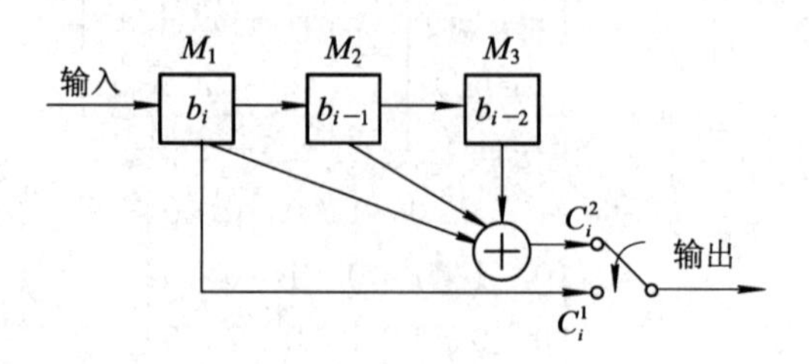

图 9-2-1

解 (1) 由编码器框图，可得输出码元与输入码元间的逻辑关系为

$$C_i^1 = b_i$$

$$C_i^2 = b_i \oplus b_{i-1} \oplus b_{i-2}$$

(2) 该卷积码的状态转移图如图 9-2-2 所示，图中箭头旁的注释代表：输出 $C_i^1C_i^2$（输入 b_i）。

状态	M_2M_3
a	00
b	10
c	01
d	11

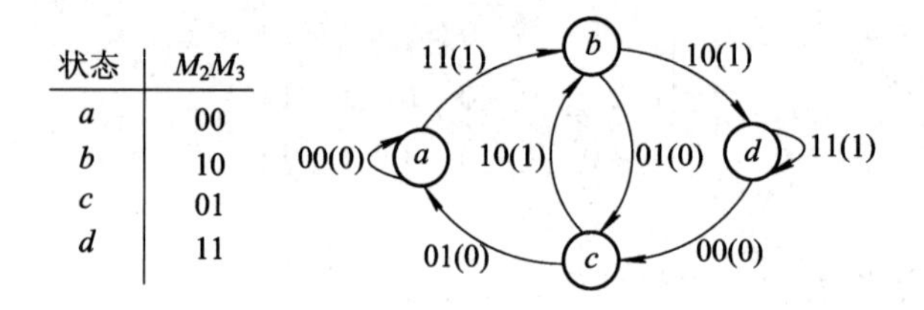

图 9-2-2

(3) 初始状态为 00，输入序列为 11010 的卷积码输出为

$$C_i = 11 \quad 10 \quad 00 \quad 10 \quad 01 \quad 01 \quad 00$$

(4) 维特比译码过程如图 9-2-3 所示，输出信息序列为 c=01000。

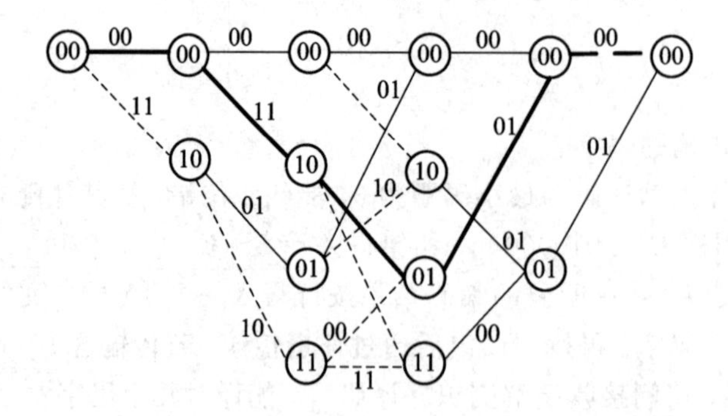

图 9-2-3

9.3 拓展提高题及解析

例 9.3.1 某编码的全部许用码字集合是 $C=\{000, 010, 101, 111\}$，该码是线性码吗？是循环码吗？为什么？

解 (1) 是线性码，满足封闭性，且监督码元(只有一位)a_0 与信息组 a_2a_1 间的关系为 $a_0=a_2$。

(2) 不是循环码，因为码字 010 循环移位后不是其中的一个码字。

例 9.3.2 若一个行列监督码码字的码元错误情况如图 9-3-1 所示，试问译码器能否检测出此错误？能否纠正？

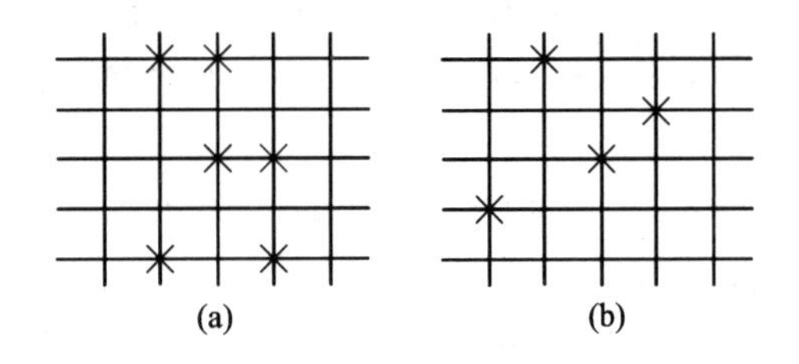

图 9-3-1 行列监督码错误图样

解 (1) 对于图 9-3-1(a)所示的接收码字，译码器无法检测出其中的错误。因为在行列奇偶监督码中，只有当每行或每列中有奇数个错误时，才能检测出来，而图 9-3-1(a)所示的行和列恰好都有偶数个错误，所以检测不出来。

(2) 对图 9-3-2(b)所示的接收码字，译码器不仅能检测出错误，而且还能纠正这些错误。因为每行和每列中的错误都只有一个，故通过行和列就能确定错误的位置。

例 9.3.3 (1) 已知长度为 7 的循环码的生成多项式为 $g(x)=x^4+x^2+x+1$，若 $m(x)=x^2$，求其系统码字。

(2) 码长为 1023 的汉明码的编码效率为多少？其最小码距为多少？纠检错能力如何？

(3) 码字长度为 8 的偶监督码共有多少个码字？试写出其监督方程。

解 (1) 由题意，$n=7$，$r=4$(生成多项式最高次)，则 $k=3$。

利用生成多项式直接产生系统码字多项式，再将多项式写成码字。

码字多项式为

$$A(x)=x^{n-k}M(x)+[x^{n-k}M(x)]'=x^{7-3}(x^2)+\left(\frac{x^{7-3}(x^2)}{x^4+x^2+x+1}\right)_{\text{取余}}=x^6+x^3+x+1$$

此码字多项式所对应的 7 位系统码字为 1001011。

(2) 由题意，$n=1023$，代入汉明码关系式 $n=2^r-1$，得 $r=10$，故编码效率为

$$\eta=\frac{k}{n}=\frac{n-r}{n}=\frac{1023-10}{1023}=\frac{1013}{1023}$$

不管码字长度为多少，汉明码的最小码距均为 $d_0=3$。因此，若用于纠错，只能纠正码字中的 1 个错误；若用于检错，最多能发现码字中的 2 个错误。

(3) 由题意，$n=8$，对于偶监督码，不管码字长度为多少，码字中都只有 1 位监督码

元，可见，信息位数为 $k=n-1=8-1=7$，故码字总数为 $2^k=2^7=128$ 个。

设长度 8 的偶监督码字为 $a_7a_6a_5a_4a_3a_2a_1a_0$，由于偶监督码字中"1"的个数为偶数，因此可得监督方程为

$$a_7 \oplus a_6 \oplus a_5 \oplus a_4 \oplus a_3 \oplus a_2 \oplus a_1 \oplus a_0 = 0$$

或

$$a_0 = a_7 \oplus a_6 \oplus a_5 \oplus a_4 \oplus a_3 \oplus a_2 \oplus a_1$$

评注：在信道编码的相关内容中，常用"+"代替"⊕"。

例 9.3.4 (1)某线性分组码的码长为 15，如欲纠正所有单比特错和双比特错，请问非零的伴随式(校正子)至少应该有多少个？

(2) 假设信道是随机差错的二元信道，其误比特率为10^{-3}，请问发送 0000000 时，收到的 7 个比特不是全零的概率为多少？

解 (1) 为能正确译码，不同的错误图样需对应不同的伴随式。分组码的码长为 15 时，码字中仅发生 1 比特错误的图样有 $C_{15}^1=15$ 个，码字中仅发生 2 比特错误的图样有 $C_{15}^2=105$ 个。故为能纠正发生在码字中的单比特和双比特错误，非零伴随式至少应有 $15+105=120$ 个。

(2) 当误比特率为 P_e 时，每个比特发生错误的概率为 P_e，正确传输的概率为 $1-P_e$。故发送 7 个"0"而全部正确接收的概率为$(1-P_e)^7=(1-10^{-3})^7\approx1-7\times10^{-3}$。因此，收到 7 个比特不是全零的概率为 $1-(1-P_e)^7\approx1-(1-7\times10^{-3})=7\times10^{-3}$。

例 9.3.5 已知某(7, 4)系统循环码，其生成多项式为 $g(x)=x^3+x+1$。

(1) 求信息 0111 的编码结果。

(2) 若译码器输入是 0101001，求码多项式模 $g(x)$所得的伴随式，并给出译码结果。

(3) 写出该码的系统码形式的生成矩阵及相应的监督矩阵。

解 (1) 系统循环码的监督多项式为

$$r(x) = [x^{n-k}m(x)]' = \left(\frac{x^{7-4}(x^2+x+1)}{x^3+x+1}\right)_{\text{取余}} = x$$

其中 $m(x)=x^2+x+1$，$n=7$，$k=4$。

因此，码多项式为

$$A(x) = x^{n-k}m(x) + r(x) = x^3(x^2+x+1) + x = x^5 + x^4 + x^3 + x$$

所以信息 0111 对应的 7 位码字为 0111010。

(2) 接收码字多项式为 $B(x)=x^5+x^3+1$，其伴随多项式为

$$S(x) = [B(x)]' = \left(\frac{B(x)}{g(x)}\right)_{\text{取余}} = x^2+1 \neq 0$$

显然，接收码字中有错误。由 $S(x)=[e(x)]'$可求得，当 $e(x)=x^6$(最高位有错)时，对应伴随式为 $S(x)=x^2+1$。可见，接收码字的最高位有错，因此，译码后的码字为 1101001。

(3) 由生成多项式构建的生成矩阵为

$$G(x) = \begin{bmatrix} x^6+x^4+x^3 \\ x^5+x^3+x^2 \\ x^4+x^2+x \\ x^3+x+1 \end{bmatrix} \Rightarrow \boldsymbol{G} = \begin{bmatrix} 1 & 0 & 1 & 1 & 0 & 0 & 0 \\ 0 & 1 & 0 & 1 & 1 & 0 & 0 \\ 0 & 0 & 1 & 0 & 1 & 1 & 0 \\ 0 & 0 & 0 & 1 & 0 & 1 & 1 \end{bmatrix}$$

将每三行、第四行加到第一行，再将第四行加到第二得，得典型生成矩阵为

$$G=\begin{bmatrix}1&0&0&0&1&0&1\\0&1&0&0&1&1&1\\0&0&1&0&1&1&0\\0&0&0&1&0&1&1\end{bmatrix}$$

由此得到典型监督矩阵为

$$H=\begin{bmatrix}1&1&1&0&1&0&0\\0&1&1&1&0&1&0\\1&1&0&1&0&0&1\end{bmatrix}$$

例 9.3.6 某数字通信系统发送端框图如图 9-3-2 所示。输入是独立等概取值 0、1 的二进制码元序列，信息速率为 2 Mb/s，首先进行卷积码编码，再经单/双极性变换器，最后进行 16QAM 调制。

（1）写出卷积码的监督关系。

（2）求输入信息为 1100101…时对应的编码输出(设编码器初始状态为 0)。

（3）写出图中各点的码元速率，并画出各点的功率谱示意图。

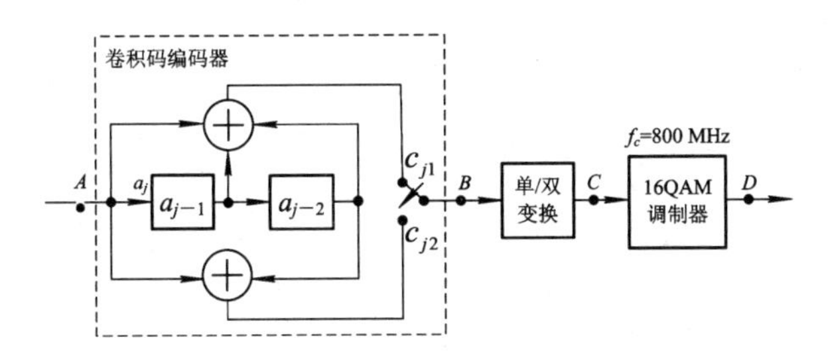

图 9-3-2

解 （1）由图 9-3-2 可见，此卷积码编码器每输入 1 个比特 a_j，就输出一个 2 比特 $c_{j1}c_{j2}$ 的码字，且码字中的 2 个比特不仅与当前输入 a_j 有关，还与之前输入的 2 个信息比特 a_{j-1} 和 a_{j-2} 有关，关系为

$$\begin{cases}c_{j1}=a_j+a_{j-1}+a_{j-2}\\c_{j2}=a_j+a_{j-2}\end{cases}$$

此关系即为卷积码的监督关系。

（2）根据上述监督关系，求出输入信息 1100101 时对应的编码器输出如表 9-3-1 所示。

表 9.3.1 编码器输出

a_j	1	1	0	0	1	0	1	…
$c_{j1}c_{j2}$	1 1	0 1	0 1	1 1	1 1	1 0	0 0	…

（3）A 点为二进制单极性全占空矩形脉冲信号，其码元速率在数值上等于信息速率，为 $R_B=2$ MBaud，故功率谱如图 9-3-3(a)所示；该卷积码编码器的编码效率为 1/2，所以 B 点码元速率是 A 点码元速率的 2 倍，即为 4 MBaud，功率谱如图 9-3-3(b)所示；C 点的码元速率与 B 点相同，也是 4 MBaud，只是由单极性信号变成了双极性信号，因而功率谱中没有直流分量，功率谱如图 9-3-3(c)所示；D 点为 16QAM 调制信号，每个

16QAM 码元携带$\text{lb}M=\text{lb}16=4$ bit 信息，故 D 点信号的码元速率为 1 MBaud，又 16QAM 是调制信号，其功率谱的中心位置在载波频率处，主瓣宽度等于其码元速率的 2 倍，所以 D 点信号的功率谱如图 9-3-3(d)所示。

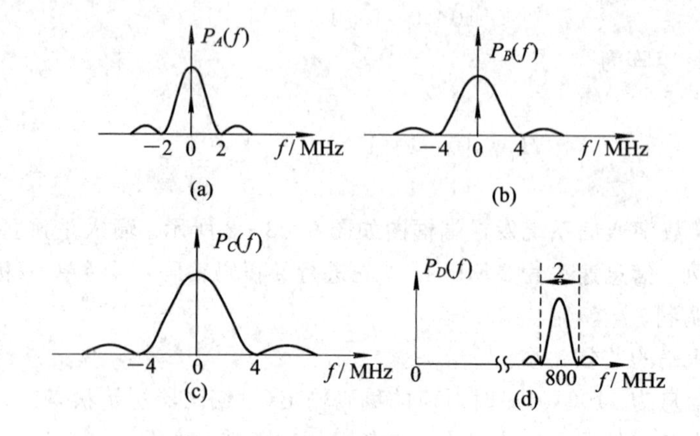

图 9-3-3　各点信号功率谱示意图

例 9.3.7　已知(7，4)线性分组码的生成矩阵为

$$G=\begin{bmatrix}1&0&0&0&1&1&1\\0&1&0&0&1&0&1\\0&0&1&0&0&1&1\\0&0&0&1&1&1&0\end{bmatrix}$$

(1) 写出该码的监督矩阵 $\boldsymbol{H}$。

(2) 写出该码的最小码距 d_0。

(3) 若接收码组为 $\boldsymbol{y}=[1101101]$，计算相应的伴随式(校正子)$\boldsymbol{S}$ 以及译码输出的码字 c'。

(4) 若另一个接收码组 $\boldsymbol{y}'\neq\boldsymbol{y}$，其伴随式与 $\boldsymbol{y}=(1101101)$的伴随式相等，问 $\boldsymbol{y}'$与 $\boldsymbol{y}$ 之间的汉明距离最小是多少？

解　(1) 由题意得，$\boldsymbol{G}=[\boldsymbol{I}_k\boldsymbol{P}^{\mathrm{T}}]$，监督矩阵 $\boldsymbol{H}$ 为：

$$\boldsymbol{H}=[\boldsymbol{PI}_r]=\begin{bmatrix}1&1&0&1&1&0&0\\1&0&1&1&0&1&0\\1&1&1&0&0&0&1\end{bmatrix}$$

(2) 生成矩阵 $\boldsymbol{G}$ 的每一行都是一个码字，其线性组合也是码字集合中的码，可求出全部码字，非零码的最小码重即为 d_0，故 $d_0=3$。

(3)

$$\boldsymbol{S}=\boldsymbol{y}\boldsymbol{H}^{\mathrm{T}}=[1\ \ 1\ \ 0\ \ 1\ \ 1\ \ 0\ \ 1]\begin{bmatrix}1&1&1\\1&0&1\\0&1&1\\1&1&0\\1&0&0\\0&1&0\\0&0&1\end{bmatrix}=[0\ \ 0\ \ 1]$$

错误图样 $\boldsymbol{e}=[0000001]$，$\boldsymbol{c}'=[1101100]$。

(4) $\boldsymbol{y}'=\boldsymbol{y}+\boldsymbol{y}_e$，则 $\boldsymbol{y}'\boldsymbol{H}^{\mathrm{T}}=(\boldsymbol{y}+\boldsymbol{y}_e)\boldsymbol{H}^{\mathrm{T}}=\boldsymbol{y}\boldsymbol{H}^{\mathrm{T}}$，所以 $\boldsymbol{y}_e\boldsymbol{H}^{\mathrm{T}}=0$，即 $\boldsymbol{y}_e$ 为合法码字，故 $\boldsymbol{y}'$ 与 $\boldsymbol{y}$ 之间的最小汉明距离为3。

例 9.3.8 已知 $x^{15}+1$ 可以分解为

$$x^{15}+1=(x^4+x^3+1)(x^4+x^3+x^2+x+1)(x^4+x+1)(x^2+x+1)(x+1)$$

试：(1) 求利用上式可以构成的$(15, k)$循环码的个数；

(2) 写出(15，3)循环码的生成多项式；

(3) 求(15，3)循环码的系统码生成矩阵；

(4) 写出(15，3)循环码的最小码距；

(5) 用 $x^{15}+1$ 的两个因式 x^4+x^3+1 和 x^4+x+1 构造一个1/2码率的卷积码，画出编码器框图，写出该编码器的状态数，写出输入为100000…时的卷积码编码输出。

解 (1) $r=1, 2, 3, 12, 13, 14$ 时，r 次多项式的个数 $N_1=1$；

$r=4, 5, 6, 7, 8, 9, 10, 11$ 时，r 次多项式的个数 $N_2=3$；

$g(x)$的总数 $N=6N_1+8N_2=30$。

故可构成30个$(15, k=15-r)$的循环码。

(2) (15，3)循环码的生成多项式 $g(x)$ 是一个 $n-k=12$ 次的多项式。故生成多项式为：

$$\begin{aligned} g(x) &= (x^4+x^3+1)(x^4+x^3+x^2+x+1)(x^4+x+1) \\ &= x^{12}+x^9+x^6+x^3+1 \end{aligned}$$

(3) 由 $g(x)$ 可得生成多项式矩阵

$$G(x)=\begin{bmatrix} x^2g(x) \\ xg(x) \\ g(x) \end{bmatrix}=\begin{bmatrix} x^{14}+x^{11}+x^8+x^5+x^2 \\ x^{13}+x^{10}+x^7+x^4+x \\ x^{12}+x^9+x^6+x^3+1 \end{bmatrix}$$

生成矩阵为

$$\boldsymbol{G}=\begin{bmatrix} 1&0&0&1&0&0&1&0&0&1&0&0&1&0&0 \\ 0&1&0&0&1&0&0&1&0&0&1&0&0&1&0 \\ 0&0&1&0&0&1&0&0&1&0&0&1&0&0&1 \end{bmatrix}$$

(4) 根据上述系统码生成矩阵，可求得所有(15，3)循环码码字：

$$\boldsymbol{A}=\boldsymbol{MG}=\begin{bmatrix} 0&0&0&0&0&0&0&0&0&0&0&0&0&0&0 \\ 0&0&1&0&0&1&0&0&1&0&0&1&0&0&1 \\ 0&1&0&0&1&0&0&1&0&0&1&0&0&1&0 \\ 0&1&1&0&1&1&0&1&1&0&1&1&0&1&1 \\ 1&0&0&1&0&0&1&0&0&1&0&0&1&0&0 \\ 1&0&1&1&0&1&1&0&1&1&0&1&1&0&1 \\ 1&1&0&1&1&0&1&1&0&1&1&0&1&1&0 \\ 1&1&1&1&1&1&1&1&1&1&1&1&1&1&1 \end{bmatrix}$$

由于循环码是线性分组码，其两两之间的最小码距等于非零码字的最小重量，故此循环码的最小码距 $d_0=5$。

(5) 由 $g_1(x)=x^4+x^3+1$ 和 $g_2(x)=x^4+x+1$ 构造码率为1/2的卷积码，其编码器

示意图如图 9-3-4 所示。

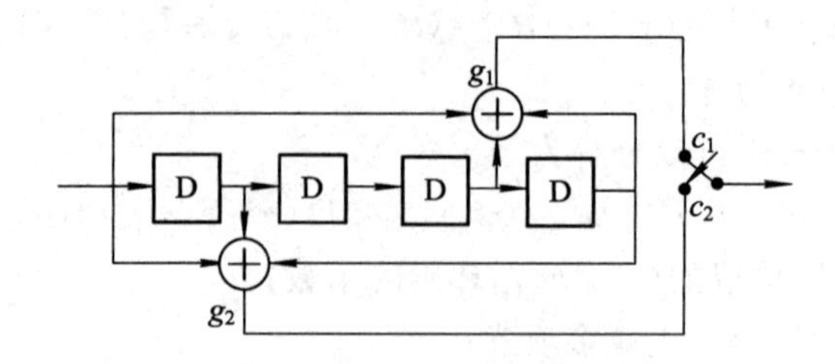

图 9-3-4

状态数为 16。输入为 10000…时，输出为 1101001011…。

例 9.3.9 某卷积码的编码器框图如图 9-3-5 所示。

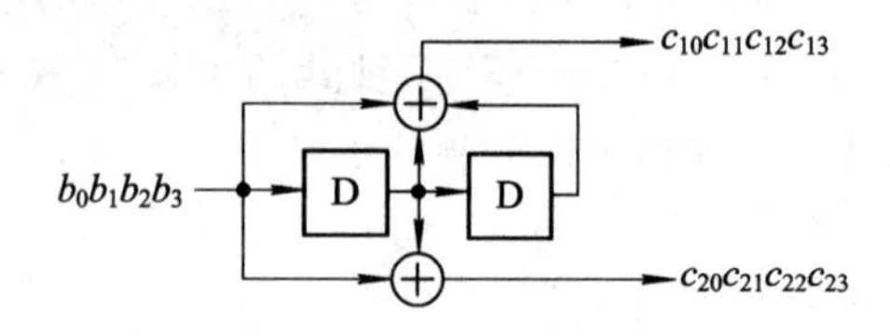

图 9-3-5

若编码器输入 4 个比特 $b_0b_1b_2b_3$，不考虑卷积长出的部分，则每路输出 4 bit，两路输出形成一个 8 bit 码字 $c_{10}c_{20}c_{11}c_{21}c_{12}c_{22}c_{13}c_{23}$，整体构成一个(8, 4)线性分组码。试：

(1) 写出卷积码的生成多项式，画出状态转移图。

(2) 写出输入为 1000、1100、1110、1111 所对应的码字。

(3) 写出该码的生成矩阵。

解 (1) 依题意，卷积码的生成多项式分别为 $g_1(x)=1+x+x^2$，$g_2(x)=1+x$，状态转移图如图 9-3-6 所示。

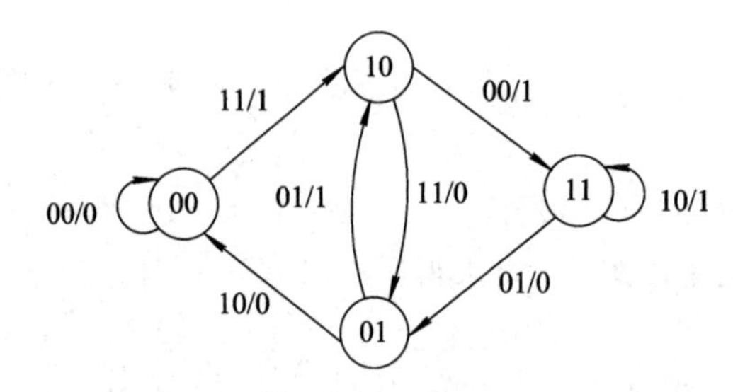

图 9-3-6

(2) 输入为 1000、1100、1110、1111 时输出的码字分别为：

$$1000 \rightarrow 11111000; \quad 1100 \rightarrow 11000110$$

$$1110 \rightarrow 11001001; \quad 1111 \rightarrow 11001010$$

(3) 由 $g_1(x)=1+x+x^2$，$g_2(x)=1+x$ 得该卷积码的生成矩阵为：

$$G=\begin{bmatrix} 1 & 1 & 1 & 1 & 1 & 0 & 0 & 0 & 0 & 0 & 0 & 0 \\ 0 & 0 & 1 & 1 & 1 & 1 & 1 & 0 & 0 & 0 & 0 & 0 \\ 0 & 0 & 0 & 0 & 1 & 1 & 1 & 1 & 1 & 0 & 0 & 0 \\ 0 & 0 & 0 & 0 & 0 & 0 & 1 & 1 & 1 & 1 & 1 & 0 \end{bmatrix}$$

例 9.3.10 设有3个系数在GF(2)上的多项式 $g_1(x)=x^3+x+1$，$g_2(x)=x^3+x^2+1$，$g_3(x)=x^3+1$。

(1) 以 $g(x)=g_1(x)g_2(x)$ 为生成多项式，构成一个码长为 $n=7$ 的系统循环码。试写出该循环码的生成矩阵、校验矩阵、最小码距。

(2) 以 $g_1(x)$、$g_2(x)$、$g_3(x)$ 为生成多项式，构成一个(3，1，3)卷积码。试画出该卷积码的编码器框图，并写出输入1110000所对应的编码输出；

(3) 以 $g_1(x)$、$g_2(x)$ 为特征多项式，分别构成两个线性反馈移存器序列。试写出两个输出序列。

解 (1) 依题意得 $g(x)=x^6+x^5+x^4+x^3+x^2+x+1$，$r=6$，$k=1$，生成矩阵和校验矩阵分别为：

$$\boldsymbol{G}=(1111111),\quad \boldsymbol{H}=\begin{bmatrix}1&1&0&0&0&0&0\\1&0&1&0&0&0&0\\1&0&0&1&0&0&0\\1&0&0&0&1&0&0\\1&0&0&0&0&1&0\\1&0&0&0&0&0&1\end{bmatrix}$$

该循环码仅有两个码字：0000000、1111111，最小码距 $d_0=7$。

(2) 卷积码的编码器框图如图9-3-7所示。

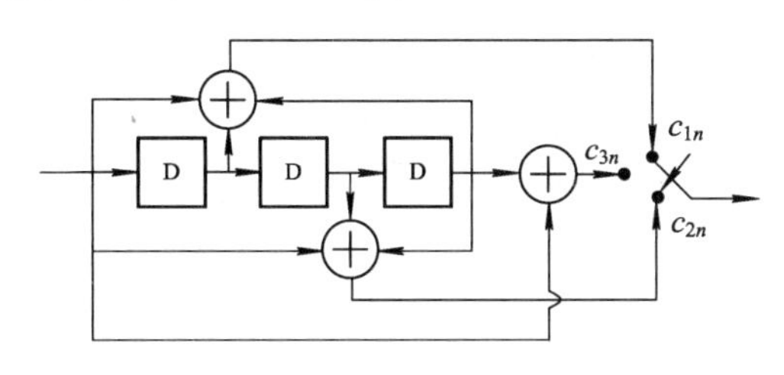

图9-3-7

输入1110000时，编码器输出为 $C_n=111011001001101111000$。

(3) 移位寄存器的初始值均设为111时，$g_1(x)$ 对应的输出序列为：1110100，$g_2(x)$ 对应的输出序列为：1110010。

9.4 本章自测题与参考答案

9.4.1 自测题

一、填空题

1. 信道编码的目的是提高________，其代价是________。

2. 线性分组码(n, k)中共有________个码字，编码效率 $\eta=$ ________。若编码器输入信息速率为 $R_{b入}$，则编码器输出信息速率 $R_{b出}=$ ________。

3. (5，4)奇偶监督码实行偶监督，则信息组1011对应的监督码元为________。

4. 已知某汉明码的监督矩阵 $\boldsymbol{H}=\begin{bmatrix}1&1&1&0&1&0&0\\1&0&1&1&0&1&0\\0&1&1&1&0&0&1\end{bmatrix}$，则该码的码长 $n=$______，监督元个数 $r=$________，信息元个数 $k=$________。若用于纠错，该码能保证纠正任意的________个比特错误；若用于检错，则可保证检________个错。

5. 级联码由________、交织码和外码组成，其中交织码的作用是________。

6. 卷积码(2，1，2)的编码效率为________。由 8 个(7，4)汉明码码字构成的交织码，最多能纠________位长的突发错误。

7. (7，1)重复码的码字为________；码距为________；最多能纠正________位错误；最多能检查出________位错误。

8. 码字 0011001 的汉明重量是________，码字 0011001 与码字 0011000 之间的汉明距离是________。

9. 设(7，4)循环码的生成多项式是 $g(x)=x^3+x+1$。输入信息 1110 对应的系统码编码结果是________。

10. (2，1，7)系统卷积编码器的总状态有________个，每个输出码组中监督码元的取值与前面________个信息码组有关(注：这里卷积码的表示方法为(n, k, N))。

二、选择题

1. 已知某线性分组码共有 8 个码字{000000、001110、010101、011011、100011、101101、110110、111000}，此码的最小码距为(　　)。

A. 0　　B. 1　　C. 2　　D. 3

2. 已知码字长度为 7 的循环码，其生成多项式为 $g(x)=x^4+x^3+x^2+1$，则码字中的监督元个数为(　　)。

A. 3　　B. 4　　C. 5　　D. 6

3. (2，1，2)卷积码的编码约束长度为(　　)。

A. 2　　B. 3　　C. 4　　D. 6

4. 汉明码是一种线性分组码，其最小码距为(　　)。

A. 2　　B. 3　　C. 4　　D. 1

5. 在一个码组内要想纠正 t 位错误，同时检出 e 位错误($e>t$)，要求最小码距为(　　)。

A. $d_0 \geqslant t+e+1$　　B. $d_0 \geqslant 2t+e+1$

C. $d_0 \geqslant t+2e+1$　　D. $d_0 \geqslant 2t+2e+1$

6. 一个码长 $n=15$ 的汉明码其监督码元数 r 是(　　)。

A. 15　　B. 5　　C. 4　　D. 10

7. 若(n, k)线性分组码的合法码字包含全 1 码字，则其监督矩阵 $\boldsymbol{H}$ 的每一行的汉明重量一定(　　)。

A. 小于 k　　B. 等于最小码距　　C. 是奇数　　D. 是偶数

8. 卷积码编码输出通过 BSC 信道传输，接收端用 Viterbi 算法译码，此译码算法属于(　　)译码。

A. MAP　　B. ML　　C. MMSE　　D. Max-Lloyd

9. (7，4)汉明码用于检错时，全部 127 个非零错误图样中伴随式为零的有(　　)个。

A. 7　　B. 15　　C. 21　　D. 78

10. 下列各式中，(　　)是(7，4)循环码的生成多项式。

A. x^3+x　　B. x^3+x^2+x+1　　C. x^3+1　　D. x^3+x+1

三、简答题

1. 信道编码与信源编码有什么不同?

2. 差错控制的基本工作方式有哪几种? 各有什么特点?

3. 分组码的检、纠错能力与最小码距间有什么关系?

4. 某编码的全部许用码字集合是 $C=\{000, 010, 101, 111\}$，该码是线性码吗? 是循环码吗? 为什么?

四、综合题

1. 已知某(7，4)汉明码的生成矩阵为

$$\boldsymbol{G}=\begin{bmatrix}1&1&1&0&1&0&0\\1&0&0&0&1&1&0\\0&0&1&0&1&0&1\\1&0&1&1&0&0&0\end{bmatrix}$$

(1) 将矩阵 $\boldsymbol{G}$ 转化为典型生成矩阵。

(2) 写出该码中前两个比特为 11 的所有系统码码字。

(3) 写出该码的监督矩阵 $\boldsymbol{H}$。

(4) 求接收码字 $\boldsymbol{B}=[1101011]$的伴随式。

2. 已知某循环码的生成多项式为 $g(x)=x^{10}+x^8+x^5+x^4+x^2+x+1$，编码效率是 1/3。求：

(1) 该码的输入消息分组长度 k 及编码后码字的长度 n。

(2) 消息 $m(x)=x^4+x+1$ 编为系统码后的码多项式。

3. 已知(7，4)线性分组码的生成矩阵为 $\boldsymbol{G}=\begin{bmatrix}1&0&0&0&1&0&1\\0&1&0&0&1&1&0\\0&0&1&0&1&1&1\\0&0&0&1&0&1&1\end{bmatrix}$，写出监督矩阵 $\boldsymbol{H}$，若接收码字为 1110101，计算其伴随式，并说明接收码字中是否有错。

4. 某线性分组码的全部码字如下

0000000　0010111　0101110　0111001

1001011　1011100　1100101　1110010

(1) 求最小汉明距离。

(2) 求编码效率。

(3) 写出该码系统码形式的生成矩阵。

9.4.2 参考答案

一、填空

1. 可靠性；有效性下降。2. 2^k；k/n；$\frac{n}{k}R_{b入}$。3. 1。4. 7；3；4；1；2。

5. 内码；将突发错误转换成随机错误。6. 1/2；8。

7. 1111111、0000000；7；3；6。8. 3；1。9. 1110100。10. 64；6。

二、选择题

1. D；2. B；3. D；4. B；5. A；6. C；7. D；8. B；9. B；10. D。

三、简答题

1. 信道编码的目的是通过增加冗余度来提高可靠性；而信源编码的目的则是尽可能地去除冗余度，从而提高有效性。

2. 差错控制的基本工作方式主要有前向纠错(FEC)、检错重发(ARQ)和混合纠错(HEC)三种。

前向纠错(FEC)：无需反馈信道、适合实时传输，但译码设备较复杂。

检错重发(ARQ)：译码简单，可靠性高。但需要反馈信道，不适合实时传输，有效性较低。

混合纠错(HEC)：兼有前向纠错和检错重发两种方式的特点。需要反馈信道，不适合实时传输，有效性、可靠性以及译码的复杂度介于 FEC 和 ARQ 之间。

3. 分组码的检、纠错能力由最小码距决定，其关系是：

① 若想检测 e 个错误，要求最小码距 $d_0 \geqslant e+1$；

② 若想纠正 t 个错误，要求最小码距 $d_0 \geqslant 2t+1$；

③ 若想检测 e 个错误的同时纠正 t 个错误($e>t$)，要求最小码距 $d_0 \geqslant t+e+1$。

4. (1) 该码是线性码，满足封闭性，且监督码元(只有一位)a_0 与信息组 a_2a_1 间的关系为 $a_0=a_2$。

(2) 该码不是循环码，因为码字 010 循环移位后不是其中的一个码字。

四、综合题

1. (1) ① 将第一、二行对调；② 第四行加到第二行；③ 第一、三、四行加到第二行；④ 第一、三行加到第四行。得到典型生成矩阵为

$$\boldsymbol{G}=\begin{bmatrix}1&0&0&0&1&1&0\\0&1&0&0&1&1&1\\0&0&1&0&1&0&1\\0&0&0&1&0&1&1\end{bmatrix}$$

(2) 对系统码而言，码字的前两个比特为 11 即意味着信息的前两个比特为 11。满足此条件的信息码组有 1100、1101、1110、1111，则由 $\boldsymbol{A}=\boldsymbol{MG}$ 得

$$\begin{bmatrix}1&1&0&0\\1&1&0&1\\1&1&1&0\\1&1&1&1\end{bmatrix}\cdot\begin{bmatrix}1&0&0&0&1&1&0\\0&1&0&0&1&1&1\\0&0&1&0&1&0&1\\0&0&0&1&0&1&1\end{bmatrix}=\begin{bmatrix}1&1&0&0&0&0&1\\1&1&0&1&0&1&0\\1&1&1&0&1&0&0\\1&1&1&1&1&1&1\end{bmatrix}$$

该码中前两个比特为 11 的所有码字为 1100001、1101010、1110100、1111111。

(3) 由 $\boldsymbol{G}=[\boldsymbol{I}_4\boldsymbol{P}^{\mathrm{T}}]$ 得

$$P^{\mathrm{T}}=\begin{bmatrix}1&1&0\\1&1&1\\1&0&1\\0&1&1\end{bmatrix},\ P=\begin{bmatrix}1&1&1&0\\1&1&0&1\\0&1&1&1\end{bmatrix}$$

则

$$\boldsymbol{H}=[\boldsymbol{PI}_r]=[\boldsymbol{PI}_4]=\begin{bmatrix}1&1&1&0&1&0&0\\1&1&0&1&0&1&0\\0&1&1&1&0&0&1\end{bmatrix}$$

(4) 由 $\boldsymbol{S}=\boldsymbol{BH}^{\mathrm{T}}$ 得

$$\boldsymbol{S}=[1101011]\begin{bmatrix}1&1&0\\1&1&1\\1&0&1\\0&1&1\\1&0&0\\0&1&0\\0&0&1\end{bmatrix}=[001]$$

2. (1) 生成多项式的次数等于监督码元的个数。因此 $r=10$。又因为 $n-k=10$ 且 $k/n=1/3$，解得 $k=5$，$n=15$。

(2) 系统码码字多项式为

$$\begin{aligned}A(x)&=m(x)x^{n-k}+[m(x)x^{n-k}]'=(x^4+x+1)x^{10}+[(x^4+x+1)x^{10}]'\\&=x^{14}+x^{11}+x^{10}+x^8+x^7+x^6+x\end{aligned}$$

3. 给定生成矩阵具有 $\boldsymbol{G}=[\boldsymbol{I}_k\boldsymbol{P}^{\mathrm{T}}]$结构，故为典型生成矩阵，其中

$$\boldsymbol{P}^{\mathrm{T}}=\begin{bmatrix}1&0&1\\1&1&0\\1&1&1\\0&1&1\end{bmatrix}$$

于是，根据 $\boldsymbol{H}=[\boldsymbol{PI}_r]=[\boldsymbol{PI}_3]$，得到典型监督矩阵为

$$\boldsymbol{H}=\begin{bmatrix}1&1&1&0&1&0&0\\0&1&1&1&0&1&0\\1&0&1&1&0&0&1\end{bmatrix}$$

接收码字的伴随式为

$$\boldsymbol{S}=\boldsymbol{BH}^{\mathrm{T}}=[1110101]\begin{bmatrix}1&0&1\\1&1&0\\1&1&1\\0&1&1\\1&0&0\\0&1&0\\0&0&1\end{bmatrix}=[001]$$

由于 $\boldsymbol{S}\neq0$，故接收码字中有错。

4.（1）线性分组码的最小码距等于非全零码的最小码重，故该线性分组码的最小码距为 $d_0=4$。

（2）全部码字为 8 个，因此 $k=3$。又知码长 $n=7$，所以编码效率为 $\eta=k/n=3/7$。

（3）当信息为 100 时，系统码码字的最高 3 位应为 100，与上述所给码字对比可知，只有码字 1001011 符合条件。类似地，当信息为 010 和 001 时的系统码码字应分别为 0101110 和 0010111。又根据编码方法 $\boldsymbol{A}=\boldsymbol{M}\boldsymbol{G}$ 可知，这 3 个码字即为系统码生成矩阵 $\boldsymbol{G}$ 的 3 行，由此可得系统码形式的生成矩阵(典型生成矩阵)为

$$\boldsymbol{G}=\begin{bmatrix}1&0&0&1&0&1&1\\0&1&0&1&1&1&0\\0&0&1&0&1&1&1\end{bmatrix}$$

第10章　扩频通信

10.1　考点提要

10.1.1　扩频通信的基本概念

扩展频谱(SS, Spread Spectrum)通信简称为扩频通信，是指用来传输信息的信号带宽远远大于信息本身带宽的一种传输方式。在扩频通信系统中，待传输的源信息数据先用一个伪随机序列(又称为扩频序列、扩频码、伪码等)进行扩频调制，实现频谱扩展后再进行传输，接收端采用同样的扩频序列进行解扩等相关处理，恢复出发送的信息数据。扩频通信的理论依据是香农的信道容量公式：

$$C = B\mathrm{lb}\left(1+\frac{S}{N}\right) \tag{10-1-1}$$

式中，C 为信道容量，B 为信道带宽，S/N 为信道输出信噪比。由该信道容量公式可知，当信道容量 C 一定时，信号带宽 B 和信噪比 S/N 是可以互换的，即增加信号带宽可以降低对信噪比的要求，当带宽增大到一定程度时，信号功率有可能接近噪声功率甚至淹没在噪声之下。

扩频通信的实质就是用增大带宽来换取信噪比上的好处。传输信息的信号带宽远大于信息本身的带宽、信号功率谱密度低等这些基本特点，使得扩频通信具有抗干扰能力强、信号辐射小、隐蔽性强等突出性能优势，进而在移动通信、卫星通信、雷达、导航、测距等领域都得到了广泛应用。扩频通信技术在军事通信中应用已有半个多世纪的历史，其应用的主要目的就是抗干扰和保密。

在实际应用中，扩频通信的基本工作方式主要有4种：

(1) 直接序列扩频(DS, Direct Sequence Spreads Spectrum)，简称直扩；

(2) 跳变频率(FH, Frequency Hopping)，简称跳频；

(3) 跳变时间(TH, Time Hopping)，简称跳时；

(4) 宽带线性调频(Chirp Modulation)，简称Chirp。

这4种基本的工作方式中，直扩和跳频是最常用的两种。

10.1.2　伪随机码*

在直扩通信系统中，系统的抗干扰、抗截获能力及同步实现的难易度等都与系统所采用的扩频码的特性密切相关。为满足直扩系统的性能要求，扩频码应具有如下理想特性：有尖锐的自相关特性、尽可能小的互相关值、序列集中有足够多的序列数、有尽可能大的序列线性复杂度、序列要平衡、工程上易于实现等。

1. m 序列*

m 序列是由线性反馈移位寄存器产生的周期最长的码序列，具有类似于随机序列的一些统计特性，最早应用于扩频通信，也是目前研究得最深入的伪随机序列。图 10-1-1 是一个 n 级线性反馈移位寄存器方框图，由 n 级移存器、时钟脉冲产生器(未画)及一些模 2 加法器适当连接而成。图中 D_i 表示某一级移存器的状态($i=0, 1, 2, \cdots, n-1$)。反馈系数 c_i 表示反馈线的连接状态，$c_i=1$ 表示此线连通，参与反馈；$c_i=0$ 表示此线断开，不参与反馈。这里 $c_n=c_0=1$。随着时钟脉冲的输入，电路输出周期性序列，周期 $P\leqslant 2^n-1$。当 $P=2^n-1$ 时，输出的序列称为 m 序列。

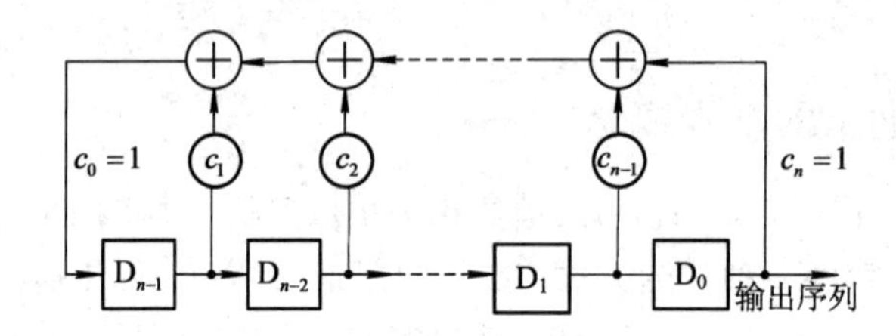

图 10-1-1　n 级线性反馈移位寄存器框图

用反馈系数 c_0、c_1、c_2、…、c_n 构造如下系数多项式

$$\begin{aligned} f(x) &= c_n x^n + c_{n-1}x^{n-1} + \cdots + c_1 x + c_0 \\ &= x^n + c_{n-1}x^{n-1} + \cdots + c_1 x + 1 \end{aligned} \tag{10-1-2}$$

此系数多项式称为 n 级移位寄存器的特征多项式，式中的 x^i 仅指明其系数(1 或 0)代表 c_i 的值，x 本身的取值并无实际意义。由此可见，特征多项式决定了移位寄存器电路的结构，其能否产生 m 序列，取决于它的反馈系数 c_i 的取值。理论证明，n 级反馈移位寄存器能产生 m 序列的充要条件是：

(1) $f(x)$为既约多项式(不可再分解)；

(2) $f(x)$能整除 x^P+1，其中 $P=2^n-1$；

(3) $f(x)$不能整除 x^q+1，其中 $q<P$。

满足上述三个条件的特征多项式称为本原多项式。

除全“0”状态外，n 级移位寄存器可能出现的各种不同状态都在 m 序列的一个周期内出现，而且只出现一次。

m 序列的性质：

(1) 均衡性：又称平衡特性，即在 m 序列的一个周期中，“1”和“0”的数目基本相等，“1”比“0”多一个。

(2) 游程特性：一个周期中的游程总数为 2^{n-1}，长度为 $k(1\leqslant k\leqslant n-1)$的游程个数为 2^{n-k-1}，占游程总数的 $1/2^k$，长度为 $k(1\leqslant k\leqslant n-2)$的游程中“0”游程和“1”游程各占一半。

注：游程是指序列中连续出现的同种码元，游程中的码元数目称为游程长度。如序列 1011000 中，共有 4 个游程，分别为“1”“0”“11”“000”，游程“000”的长度为 3。

(3) 移位相加特性：一个 m 序列与其任意次移位后的序列相加(对应位异或)，其结果仍为 m 序列，且是原 m 序列某次移位后的序列。

(4) 自相关特性：周期为 P 的 m 序列一个周期内的自相关函数为

$$R(j)=\begin{cases}1 & j=0\\ \dfrac{-1}{P} & j=1,\ 2,\ \cdots,\ P-1\end{cases} \tag{10-1-3}$$

容易验证：① $R(j)$是偶函数；② $R(j)$是周期函数。示意图如图 10-1-2 所示。

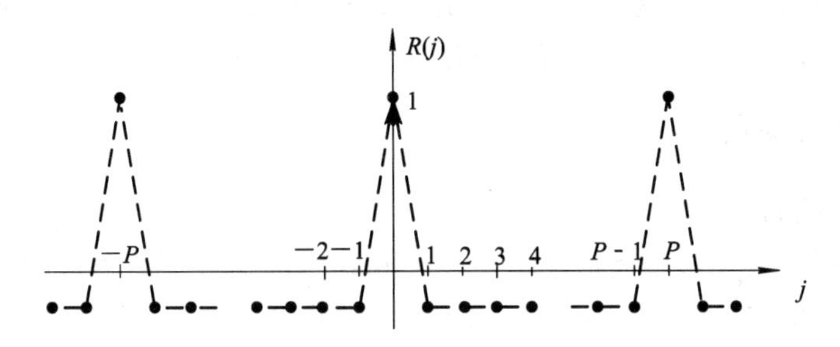

图 10-1-2　m 序列的自相关函数

(5) 伪噪声特性。若对白噪声取样，当样值大于 0，判为“1”码元，反之，判为“0”码元，就可得到一个由“1”“0”组成的码元序列，这个码元序列即伪噪声序列。其特点：

① “1”“0”等概；

② 长度为 k 的游程总数约占游程总数的 $1/2^k$，且“1”“0”游程的数目各占一半。

③ 功率谱为 $n_0/2$ 的白噪声的自相关函数为 $R(\tau)=\dfrac{n_0}{2}\delta(\tau)$，是一个冲激函数。

对比可见，m 序列的性质与上述噪声序列的特点十分相似，故常称 m 序列为伪噪声序列或伪随机序列。

由于 m 序列便于产生，故在通信、测距等领域得到广泛应用。

2. Gold 码

除了自相关特性外，扩频码的互相关特性也是非常重要的。例如，在多用户直扩系统中每个用户都需要分配一个特定的扩频码，理想情况下各用户间的这些扩频码应该是相互正交的，这样才可以保证通信用户免受其他用户传输信号的干扰。然而，实际中被各用户使用的扩频码间很难做到都是相互正交的，而是呈现不同程度的互相关性。因此，在设计多用户直扩系统时，需要寻找互相关尽可能低、数量尽可能多的扩频码。

对于 m 序列而言，同周期的一对 m 序列之间的周期互相关函数可能有非常大的峰值，这意味着 m 序列的互相关特性比较差。对于某一周期长度，即便能挑选出一些互相关峰值相对较小的 m 序列，但这样的序列个数还是非常少的。因此，较差的互相关特性和较少的可用序列数目，大大限制了 m 序列在实际系统中的应用。

在 m 序列集中，互相关函数绝对值的最大值最接近或达到互相关值下限(即 Welch 下界)的一对 m 序列，构成一对优选对序列。例如 $n=5$ 的本原多项式中$[45]_8$和$[67]_8$为优选对。由两个码长相等、码速率相同的 m 序列优选对模 2 和构成的序列，称为 Gold 序列，是 m 序列的复合序列，由 R. Gold 在 1967 年提出。每改变两个 m 序列相对位移就可得到一个新的 Gold 序列。当相对位移(2^n-1)比特时，就可得到一簇(2^n-1)个 Gold 序列，再加上原来的两个 m 序列，共有(2^n+1)个 Gold 序列。对于大的周期 P 和奇数位移 j，Gold 序列的互相关最大值为$\sqrt{2P}$；对于偶数位移 j，互相关最大值为$\sqrt{P}$。

3. M 序列

由非线性反馈移位寄存器产生的周期最长的序列称为 M 序列，其周期可达 2^n。它和上述的 m 序列不同，后者是由线性反馈移位寄存器产生的周期最长的序列。

M 序列不再具有 m 序列的移位相加特性及双值自相关特性。

M 序列与 m 序列相比，最主要的优点是数量大，即同样级数 n 的移位寄存器能够产生的平移不等价 M 序列总数比 m 序列的大得多，而且随 n 的增大迅速增加。

10.1.3 正交编码*

1. 二进制码组的正交性

互相关系数的值决定码组的正交性。二进制码组的互相关系数有两种表示方法：

(1) 设长为 n 的编码中码元只取值+1 和−1，以及 x 和 y 是其中两个码组：

$$x = (x_1, x_2, x_3, \cdots, x_n) \tag{10-1-4}$$

$$y = (y_1, y_2, y_3, \cdots, y_n) \tag{10-1-5}$$

其中，x_i，$y_i \in (+1, -1)$，$i=1, 2, \cdots, n$，则 x 和 y 间的互相关系数定义为

$$\rho(x, y) = \frac{1}{n}\sum_{i=1}^{n} x_i y_i \tag{10-1-6}$$

(2) 若用二进制数字“0”和“1”分别代替上述码组中的“+1”和“−1”，则式(10-1-6)将变成

$$\rho(x, y) = \frac{A-D}{A+D} \tag{10-1-7}$$

式中，A 为 x 和 y 中对应码元相同的个数，D 为 x 和 y 中对应码元不同的个数。

无论哪种表示方法，若 $\rho(x, y)=0$，则码组 x 和 y 正交。

相关系数 ρ 的取值范围在±1 之间，即有 $-1 \leqslant \rho \leqslant 1$。

若两个码组间的相关系数 $\rho < 0$，则称这两个码组互相超正交。

2. 哈达玛(Hadamard)码

哈达玛码是哈达玛矩阵派生出来的一种纠错编码。

哈达玛矩阵(**H** 矩阵)仅由+1 和−1 构成。最低阶的 **H** 矩阵是 2 阶的，即

$$\boldsymbol{H}_2 = \begin{bmatrix} +1 & +1 \\ +1 & -1 \end{bmatrix}$$

简记为

$$\boldsymbol{H}_2 = \begin{bmatrix} + & + \\ + & - \end{bmatrix} \tag{10-1-8}$$

阶数为 2 的幂的高阶 **H** 矩阵可从下式所示递推关系式得出

$$\boldsymbol{H}_N = \boldsymbol{H}_{N/2} \otimes \boldsymbol{H}_2 \tag{10-1-9}$$

式中，$N=2^m$，$\otimes$为直积。例如

$$\boldsymbol{H}_4 = \boldsymbol{H}_2 \otimes \boldsymbol{H}_2 = \begin{bmatrix} \boldsymbol{H}_2 & \boldsymbol{H}_2 \\ \boldsymbol{H}_2 & -\boldsymbol{H}_2 \end{bmatrix} = \begin{bmatrix} + & + & + & + \\ + & - & + & - \\ + & + & - & - \\ + & - & - & + \end{bmatrix}$$

H 矩阵的性质：

(1) **H** 矩阵是一种对称正交方阵。其行向量的点积满足

$$h_i \cdot h_j = \sum_{k=1}^{N} h_{ik} h_{jk} = \begin{cases} 0 & i \neq j \\ N, & i = j \end{cases} \tag{10-1-10}$$

即

$$\boldsymbol{H}_N \cdot \boldsymbol{H}_N^{\mathrm{T}} = N \cdot \boldsymbol{I}_N \tag{10-1-11}$$

(2) 第一行和第一列的元素全为“＋”的对称 **H** 矩阵称为哈达玛矩阵的正规形式，或称为正规哈达玛矩阵。

(3) 在 **H** 矩阵中，交换任意两行，或交换任意两列，或改变任一行中每个元素的符号，或改变任一列中每个元素的符号，都不会影响矩阵的正交性质。正规 **H** 矩阵经过上述各种变换或改变后仍为 **H** 矩阵，但不一定是正规的了。

(4) 高于 2 阶的 **H** 矩阵的阶数一定是 4 的倍数。

(5) 整个 **H** 矩阵就是一种长为 n 的正交编码，称为里德-穆勒码。

(6) 去掉 $\boldsymbol{H}_N$ 的第一列(全为＋1 的列)，得 $\boldsymbol{H}_n$，$\boldsymbol{H}_n$ 的任意两个不同行点积为－1。$\boldsymbol{H}_n$ 称为超正交矩阵。

哈达玛码按对哈达玛矩阵的行的不同选择方法有三种形式：

正交码：以 $\boldsymbol{H}_N$ 的全部行向量为码字，其结构参数

$$\begin{cases} \text{码长 } n = N = 2^m \\ \text{码字数 } M = N = 2^m \\ \text{信息位长 } k = \mathrm{lb}N = m \\ \text{最小码距 } d_0 = \dfrac{N}{2} = 2^{m-1} \end{cases} \tag{10-1-12}$$

双正交码：以 $\boldsymbol{H}_N$ 和 $-\boldsymbol{H}_N$ 的全部行向量为码字，其结构参数

$$\begin{cases} n = N = 2^m \\ M = 2N = 2^{m+1} \\ d_0 = \dfrac{N}{2} = 2^{m-1} \end{cases} \tag{10-1-13}$$

超正交码：以 $\boldsymbol{H}_n$ 的全部行向量为码字，其结构参数

$$\begin{cases} n = N = 2^m - 1 \\ M = N = 2^m \\ d_0 = \dfrac{N}{2} = 2^{m-1} \end{cases} \tag{10-1-14}$$

将哈达玛码的码元“＋1”“－1”映射到“0”“1”，则当 $N=2^m$ 时得二元线性分组码。

3. 沃尔什(Walsh)函数和沃尔什矩阵

Walsh 函数的定义为

$$\mathrm{wal}(2j+p,\ \theta) = (-1)^{[j/2]+p}\left\{\mathrm{wal}\left[j,\ 2\left(\theta+\frac{1}{4}\right)\right]+(-1)^{j+p}\mathrm{wal}\left[j,\ 2\left(\theta-\frac{1}{4}\right)\right]\right\}$$

$$\mathrm{wal}(0,\ \theta) = \begin{cases} 1 & -1/2 \leqslant \theta < 1/2 \\ 0 & \theta < -1/2,\ \theta \geqslant 1/2 \end{cases} \tag{10-1-15}$$

式中，$p=0$ 或 1，$j=0, 1, 2, \cdots$，及指数中的 $[j/2]$ 表示取 $j/2$ 的整数部分。

Walsh 函数的性质：

(1) Walsh 函数的取值仅为"+1"和"−1"。

(2) Walsh 函数系具有完备正交性。

Walsh 矩阵：

(1) Walsh 矩阵由 Walsh 函数的抽样值构成。

(2) Walsh 矩阵是按照每一行中"+1"和"−1"的交变次数由少到多排列的。

10.1.4 直接序列扩频系统*

直接序列扩频(简称直扩)是将待传信号与一个高速的扩频码进行模 2 加(或波形相乘)处理，直接展宽信号传输带宽实现信号频谱扩展的一种信号传输技术。一般来讲，直扩信号的传输可以采用任何一种调制方式，但最常用的是 BPSK 调制。直接序列扩频系统是目前应用最广泛的一种扩展频谱系统，它已成功地应用于深空探测、遥控遥测、通信和导航等领域。在通信领域，直接序列扩频系统最初应用于军用卫星通信系统，后来在民用卫星通信、移动通信、短波超短波电台、情报传输等方面也得到了广泛的应用。CDMA 技术的核心就是直接序列扩频。

1. 系统构成与工作原理*

图 10-1-3 给出了一个 BPSK 调制直扩系统的原理框图。考虑到 BPSK 调制在具体实现时主要包含符号映射与上变频两部分，也可采用如图 10-1-4 所示框图来实现 BPSK 调制直扩系统。

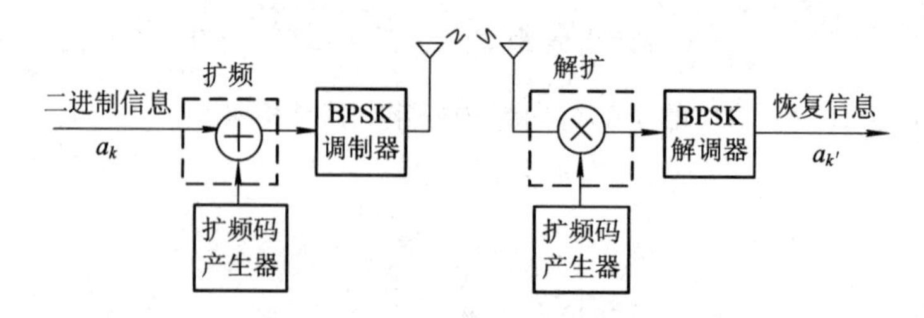

图 10-1-3 BPSK 调制直扩系统的原理框图

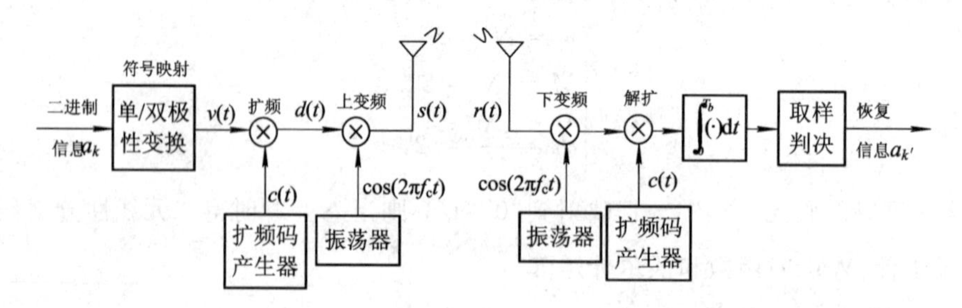

图 10-1-4 BPSK 调制直扩系统的实现框图之一

在图 10-1-4 所示的实现框图中，$c(t)$为扩频码发生器产生的扩频码，可表示为

$$c(t)=\sum_{n=0}^{N-1}c_n g_c(t-nT_c) \qquad (10-1-16)$$

式中，$c_n=\pm1$ 为扩频码码元，T_c 为扩频码的码元宽度，$R_c=1/T_c$ 为扩频码的码元速率，

N为扩频码的周期长度，$g_c(t)$为扩频码波形，又称码片(chip)波形。为分析方便起见，码片波形通常选用持续时间宽度为 T_c 的矩形脉冲。扩频过程实质上就是基带信号 $v(t)$与扩频码 $c(t)$进行相乘(如果都是单极性信号，则进行模 2 加运算，如图 10-1-3 所示)的过程。被扩频后的信号 $d(t)$的速率等于伪码速率 R_c，有

$$d(t) = v(t)c(t) = \sum_{n=0}^{\infty} d_n g_c(t - nT_c) \tag{10-1-17}$$

式中，

$$d_n = \begin{cases} +1 & b_n = c_n \\ -1 & b_n \neq c_n \end{cases} \quad (n-1)T_c \leqslant t \leqslant nT_c \tag{10-1-18}$$

经扩频处理后，原基带信号的带宽被扩展 R_c/R_B倍。由于伪码速率 R_c比原基带信号的码元速率 R_B大得多，因而扩频信号 $d(t)$的带宽 B_2远大于原基带信号 $v(t)$的带宽 B_1，从而实现了对原基带信号的频谱扩展。扩频增益(或扩频因子)常被定义为

$$G = \frac{\text{扩频后信号带宽}}{\text{扩频前信号带宽}} = \frac{B_2}{B_1} \tag{10-1-19}$$

一般地，$G=R_c/R_B$，为远大于 1 的整数。

直扩信号的解调一般包括两部分：解扩与 BPSK 解调。接收机首先对接收到的信号 $r(t)$进行下变频处理，然后与本地扩频码产生器产生的扩频码(要求与接收信号中的扩频码相同且同步；实现收、发两端扩频码同步的过程称为扩频码同步或伪码同步)相乘进行解扩处理。暂不考虑信道噪声和信道衰减的影响，则有 $r(t)=s(t)$，且

$$\begin{aligned} r(t)\cos(2\pi f_c t)c(t) &= s(t)\cos(2\pi f_c t)c(t) = v(t)c^2(t)\cos^2(2\pi f_c t) \\ &= \frac{1}{2}v(t) + \frac{1}{2}v(t)\cos(4\pi f_c t) \end{aligned} \tag{10-1-20}$$

这里利用了扩频码的 $c^2(t)=1$ 这一基本特性，实现宽带信号到窄带信号的解扩变换。经解扩后的窄带信号再送入积分器和取样判决器完成 BPSK 调制信号的解调，即可恢复出发送信息。

当系统扩频因子与扩频码的周期相等时，即 $G = N$，扩频后一个基带信息码元内刚好包含扩频码的一个周期，此时每个信息码元内的扩频码都是一样的，该类扩频一般称为周期扩频。若不考虑噪声，此时每个信息码元内都可获得相同的扩频码相关峰，便于接收端进行伪码同步和信号检测，因此多数直扩系统采用的都是周期扩频。

当扩频因子 $G < N$ 时，扩频后一个基带信息码元内包含的扩频码只是扩频码在一个周期内的部分码元，此时每个信息码元内的扩频码可能是不同的，该类扩频一般称为非周期扩频。如果扩频码的周期远大于扩频因子，即 $N \gg G$，则称为长码扩频。在长码非周期直扩系统中，每个信息码元内扩频码的相关峰值可能是不同的，这会增大系统伪码同步的难度，当然这对保密通信是有利的，GPS 系统中就采用了非周期的长码扩频。

2. 伪码同步

DS 扩频系统要正常工作，除了会涉及载波同步(可能)、位同步和群同步外，还会涉及另一种重要的同步——伪码同步。

伪码同步是指码分系统中相关接收时本地地址码(伪码)与接收信号中的地址码同步，不仅码序列相同，而且还要码字在时间上完全对齐。伪码同步是码分系统的重要部分，其

性能好坏直接影响系统性能。伪码的良好自相关特性，是实现伪码同步的重要保证。

伪码同步可分为粗同步和细同步，其中粗同步又称伪码捕获，细同步又称伪码跟踪。粗同步是使

$$|\hat{\tau}-\tau|=|\Delta\tau|<T_c \tag{10-1-21}$$

其中，$\hat{\tau}$ 和 τ 分别为本地伪码和接收信号中伪码的时延，$\Delta\tau=\hat{\tau}-\tau$，$T_c$为码片宽度。主要的粗同步方法(伪码捕获方法)有：

粗同步(捕获)方法
- 相关法
  - 并行法
  - 串行法
- 匹配滤波法

细同步(跟踪)是使$|\hat{\tau}-\tau|=|\Delta\tau|\to 0$，并保持住此状态。

10.1.5 码分复用

码分复用(CDM，Code Division Multiplexing)是靠不同的用户地址码来区分各用户信号的一种复用方式，所有的用户可以在同样的时间使用同样的频带进行通信。常用的码分复用是码分多址(CDMA)，最初用于军事通信，因为这种系统发送的信号有很强的抗干扰能力，其频谱类似于白噪声，不易被敌人发现，后来才广泛地使用在民用的移动通信中，它的优越性在于可以提高通信的话音质量和数据传输的可靠性，减少干扰对通信的影响，增大通信系统的容量。为了利用无线信道中的多径现象，CDMA 接收机常采用 Rake 接收技术。

CDMA 系统的地址码理论上应是相互正交的，以区别在频率、时间和空间上重叠的各用户信号。每一个用户有自己的地址码，这个地址码用于区别每一个用户，地址码彼此之间是互相独立的，也就是互相不影响的。但由于技术等种种原因，实际采用的地址码不可能做到完全正交，即完全独立、相互不影响，而通常是准正交的。

10.2 典型例题及解析

例 10.2.1 已知某 m 序列的特征多项式为 $f(x)=x^5+x^3+1$。

(1) 画出相应的线性反馈移位寄存器序列发生器的结构图。

(2) 此 m 序列的周期是多少？

(3) 若 $s(t)$是此 m 序列对应的双极性 NRZ 信号，请画出 $s(t)$的自相关函数。

解 (1) 序列发生器结构图如图 10-2-1 所示。

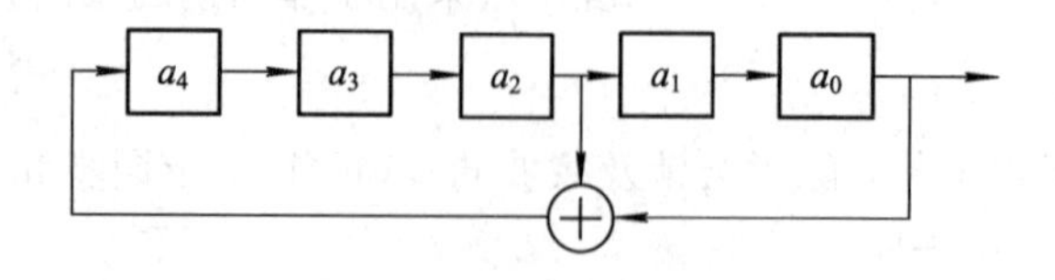

图 10-2-1

(2) n 级线性移位寄存器产生的 m 序列的周期为 $P=2^n-1$，故此 m 序列的周期为 $2^5-1=31$。

(3) $s(t)$的自相关函数如图 10-2-2 所示。

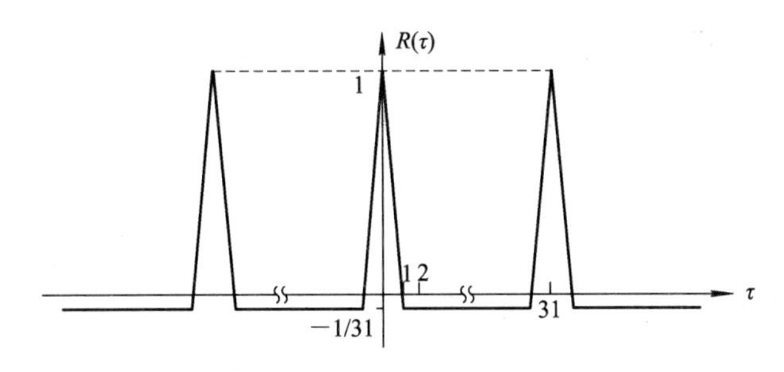

图 10-2-2

例 10.2.2 二元域多项式 $f(x)=x^3+x+1$。

(1) 它是否为本原多项式，试证明之。

(2) 把它作为线性反馈移位寄存器(LFSR)的特征多项式，画出 LFSR 的结构图。

(3) 写出它所产生的序列(一个周期以上，用下划线标出一个周期)。

(4) 写出 LFSR 级数、序列周期，是否为 m 序列?

解 (1) $f(x)=x^3+x+1$ 为不可再分解因式，满足本原多项式的条件，故为本原多项式。

(2) 以 $f(x)=x^3+x+1$ 为特征多项式的 LFSR 的结构如图 10-2-3 所示。

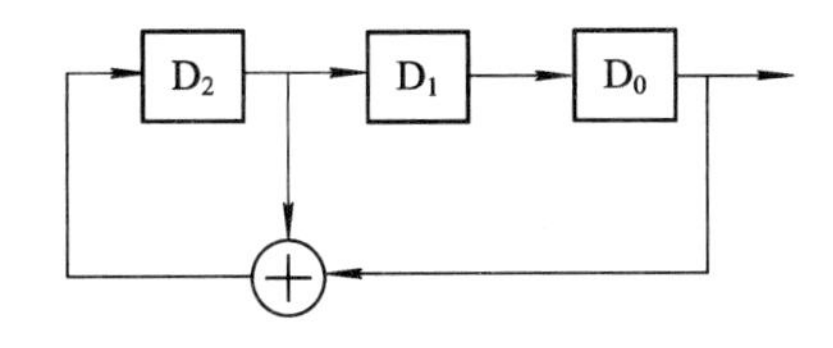

图 10-2-3

(3) 假设移位寄存器 $D_2D_1D_0$ 的初始值为 100，则 LFSR 的输出为<u>00111010011</u>……

(4) LFSR 的级数为 $n=3$，产生序列的周期为 $P=7$，是 m 序列，因为特征多项式是本原多项式。

例 10.2.3 已知 m 序列的特征多项式为 $f(x)=x^4+x+1$，试写出此序列一个周期中的所有游程。

解 该 m 序列的周期为 $2^4-1=15$，一个周期为 100011110101100，共有 8 个游程：

1 000 1111 0 1 0 11 00

其中长度为 1 的游程有 4 个，长度为 2 的游程有 2 个，长度为 3 的游程有 1 个，长度为 4 的游程有 1 个。

例 10.2.4 已知线性反馈移位寄存器的特征多项式系数的八进制表示为$[107]_8$，若移位寄存器的起始状态为全"1"。

(1) 画出该移位寄存器序列产生器的结构图。

(2) 写出该末级的输出序列。

(3) 输出序列是否为 m 序列? 为什么?

解 (1) $(107)_8 = 001000111$，故特征多项式为

$$f(x) = x^6 + x^2 + x + 1$$

相应的移位寄存器序列发生器如图 10-2-4 所示。

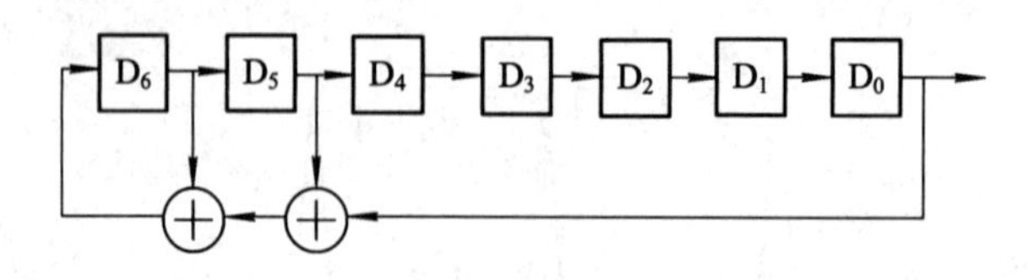

图 10-2-4

(2) 因为每次移位的反馈值为 $D_{6入} = D_6 \oplus D_5 \oplus D_0$，在移位寄存器的起始状态为全“1”时，每经过 1 次移位，D_6的输入都为 1，故末级的输出序列为 11111……。

(3) 对于 $n=6$ 的反馈移位寄存器，输出如果是 m 序列，则其周期 $P=2^6-1=63$，而此序列的周期为 1，故该序列不是 m 序列。实际上，$f(x)=x^6+x^2+x+1$ 不是一个本原多项式。

例 10.2.5 (1) 写出码长为 8 的 Hadamard 矩阵。

(2) 请验证此矩阵的第 2 行和第 3 行是正交的。

解 (1) 码长为 8 的 Hadamard 矩阵为

$$\boldsymbol{H}_8 = \begin{bmatrix} \boldsymbol{H}_4 & \boldsymbol{H}_4 \\ \boldsymbol{H}_4 & -\boldsymbol{H}_4 \end{bmatrix} = \begin{bmatrix} 1 & 1 & 1 & 1 & 1 & 1 & 1 & 1 \\ 1 & -1 & 1 & -1 & 1 & -1 & 1 & -1 \\ 1 & 1 & -1 & -1 & 1 & 1 & -1 & -1 \\ 1 & -1 & -1 & 1 & 1 & -1 & -1 & 1 \\ 1 & 1 & 1 & 1 & -1 & -1 & -1 & -1 \\ 1 & -1 & 1 & -1 & -1 & 1 & -1 & 1 \\ 1 & 1 & -1 & -1 & -1 & -1 & 1 & 1 \\ 1 & -1 & -1 & 1 & -1 & 1 & 1 & -1 \end{bmatrix}$$

其中，$\boldsymbol{H}_4 = \begin{bmatrix} \boldsymbol{H}_2 & \boldsymbol{H}_2 \\ \boldsymbol{H}_2 & -\boldsymbol{H}_2 \end{bmatrix} = \begin{bmatrix} 1 & 1 & 1 & 1 \\ 1 & -1 & 1 & -1 \\ 1 & 1 & -1 & -1 \\ 1 & -1 & -1 & 1 \end{bmatrix}$，$\boldsymbol{H}_2 = \begin{bmatrix} 1 & 1 \\ 1 & -1 \end{bmatrix}$。

(2) $\boldsymbol{H}_8$的第 2 行和第 3 行分别为：

$$\boldsymbol{a} = [1 -1\ 1 -1\ 1 -1\ 1 -1]$$
$$\boldsymbol{b} = [1\ 1 -1 -1\ 1\ 1 -1 -1]$$

两者的内积为

$$a \cdot b = [1\ \ -1\ \ 1\ \ -1\ \ 1\ \ -1\ \ 1\ \ -1] \cdot [1\ \ 1\ \ -1\ \ -1\ \ 1\ \ 1\ \ -1\ \ -1]^{\mathrm{T}} = 0$$

表明它们是正交的。

10.3 拓展提高题及解析

例 10.3.1 已知 m 序列的特征多项式为 $f(x)=x^3+x^2+1$。

(1) 画出该m序列发生器的结构图。

(2) 该m序列的周期是多少?

(3) 将此m序列延迟n比特后同原序列相加，所得序列的周期和n有什么关系?

解 (1) m序列发生器如图10-3-1所示。

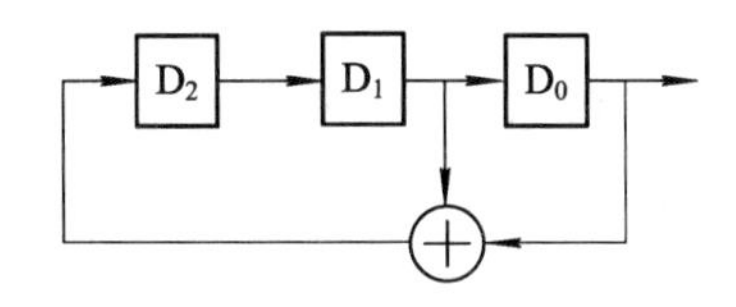

图 10-3-1

(2) 该m序列的周期为$P=2^3-1=7$。

(3) 由移位相加特性得，若n是7的整数倍，则所得序列的周期为1，否则周期还是7。

例 10.3.2 采用m序列测距，已知时钟频率等于1 MHz，最远目标距离为3000 km，求m序列的长度(一个周期的码片数)。

解 m序列一个周期的时间长度即为可测量的最大时延值。m序列收发端与最远目标的往返时间为

$$\frac{L}{c}=\frac{3000\times10^3\times2}{3\times10^8}=0.02\quad(\text{s})$$

因此，m序列的周期时长应该大于等于0.02 s。由于序列发生器的时钟频率为1 MHz，所以m序列的长度(一个周期的码片数)

$$P=T\times f_c\geqslant0.02\times1\times10^6=2\times10^4$$

符合此条件的周期是

$$2^{15}-1=32\ 767$$

故m序列的长度为32 767，是一个15阶的m序列。

例 10.3.3 图10-3-2是一个线性反馈移位寄存器序列发生器框图，初始状态已标于图中。

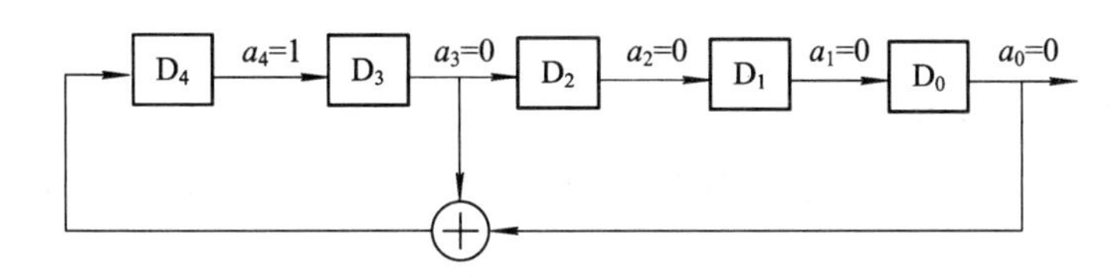

图 10-3-2

(1) 写出其特征多项式$f(x)$。

(2) 写出其周期P。

(3) 写出该序列的一个周期$\{a_0, a_1, \cdots, a_{P-1}\}$。

(4) 若$c(t)$是此序列所对应的双极性NRZ波形("0"映射为+1 V，"1"映射为-1 V)，请利用该序列的性质计算$R(m)=\dfrac{1}{PT_c}\displaystyle\int_0^{PT_c}c(t)c(t-mT_c)\mathrm{d}t$，$m=0, 1, 2, \cdots, P$。$T_c$是码片宽度。

解 (1) 由图可得其相应的特征多项式为 $f(x)=1+x^2+x^5$。

(2) 由于 $f(x)=1+x^2+x^5$ 是一个本原多项式，故图 10-3-7 产生的序列是一个 m 序列，其周期为 $P=2^5-1=31$。

(3) 初始状态为 1000 时输出序列的一个周期为：0000 1010 1110 1100 0111 1100 1101 001。

(4) 当 $m\neq 0$ 或 P 时，根据 m 序列的移位相加特性，$c(t)c(t-mT_c)$ 仍是 m 序列所对应的波形，在 m 序列的一个周期中"1"的个数比"0"的多 1，故积分结果是 $-T_c$，这样即得 $R(m)=\frac{1}{PT_c}\times(-T_c)=-\frac{1}{P}$。

当 $m=0$ 或 P 时，$c(t)=c(t-mT_c)$，故 $c(t)c(t-mT_c)=c^2(t)=1$，故

$$R(m)=\frac{1}{PT_c}\int_0^{PT_c}\mathrm{d}t=1$$

例 10.3.4 图 10-3-3 中两个 m 序列发生器的时钟速率都是 1000 Hz，所产生的两个序列 $\{a_n\}$、$\{b_n\}$ 周期都是 7，已知在 $n=0, 1, 2, \cdots, 6$ 这一个周期内 $a_0a_1\cdots a_6=1011100$，$b_0b_1\cdots b_6=0011101$，$a(t)$、$b(t)$ 分别是由 $\{a_n\}$、$\{b_n\}$ 形成的幅度为 ±1 的双极性 NRZ 信号。试画出(标出必要的数值)：

(1) m 序列发生器 1 和 m 序列发生器 2 的框图。

(2) $a(t)$ 的自相关函数。

(3) $c(t)$ 的波形。

(4) $c(t)$ 的自相关函数。

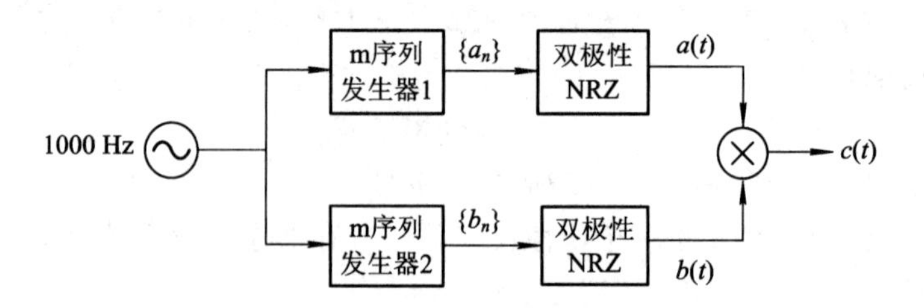

图 10-3-3

解 (1) 根据一个周期内两个 m 序列发生器的输出可得 $f_a(x)=1+x^2+x^3$，$f_b(x)=1+x+x^3$，对应的 m 序列发生器框图分别如图 10-3-4(a)、(b)所示。

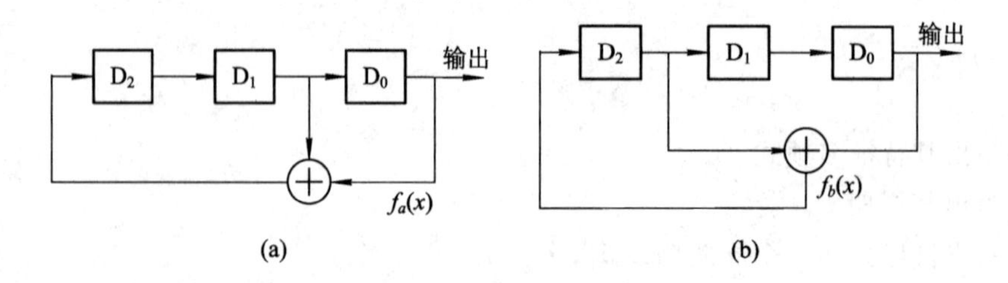

图 10-3-4

(2) $a(t)$ 的自相关函数如图 10-3-5 所示。

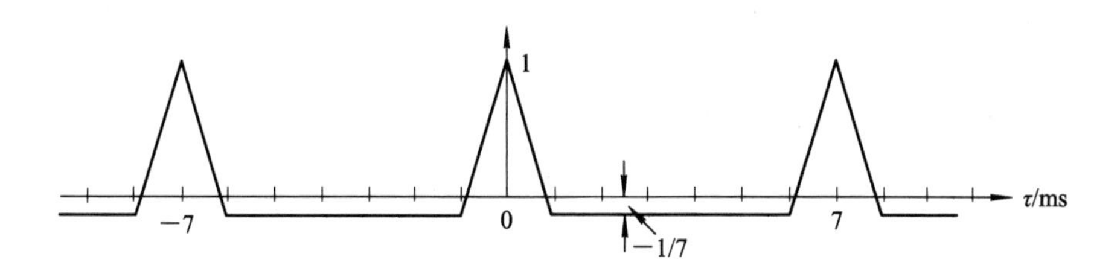

图 10-3-5

(3) 依题意得，$c_0c_1\cdots c_6=-1+1+1+1+1+1-1$，一个周期的波形如图 10-3-6 所示。

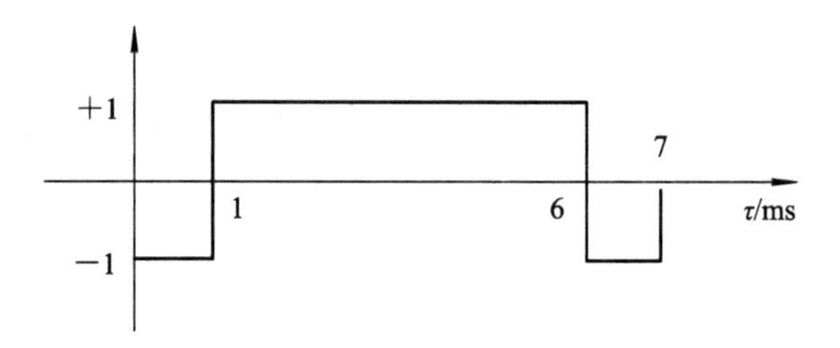

图 10-3-6

(4) $c(t)$的自相关函数为

$$R_c(\tau)=\begin{cases}7 & \tau=0\\ 3 & \tau=\pm1、\pm6\\ -1 & \tau=\pm2、\pm3、\pm4、\pm5\end{cases}$$

归一化波形如图 10-3-7 所示。

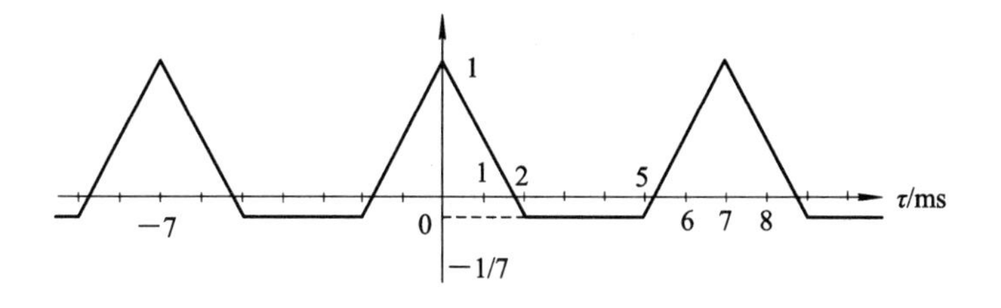

图 10-3-7

10.3.5 已知一个 DS-BPSK 扩频系统的信道上存在窄带干扰。扩频信号为 $s(t)=d(t)c(t)\cos 2\pi f_c t$，其中 $d(t)=\sum\limits_{n=-\infty}^{\infty}a_n g(t-nT_b)$，$g(t)$是幅值为1、宽度为 T_b的矩形脉冲，$\{a_n\}$是取值为±1 的独立等概的信息序列，T_b是符号间隔，扩频码 $c(t)=\sum\limits_{n=-\infty}^{\infty}c_n g_c(t-nT_c)$，其中$\{c_n\}$是周期为 N 的 m 序列，$g_c(t)$是幅值为1、宽度为 T_c的矩形脉冲，$N=T_b/T_c$。窄带干扰是与扩频信号具有相同符号周期且保持符号同步的 BPSK 信号 $i(t)=d_i(t)\cos(2\pi f_c t+\varphi_i)$，其中 $d_i(t)=\sum\limits_{n=-\infty}^{\infty}b_n g(t-nT_b)$，$\varphi_i$ 在$[0, 2\pi)$内均匀分布，$\{b_n\}$是与$\{a_n\}$独立且取值为±1 的独立等概的信息序列。信号到达接收端经过如图 10-3-8 所示的解调与解扩处理。

(1) 画出接收机输入端的扩频信号和窄带干扰的功率谱图(请标注功率谱零点的频率值)。

(2) 画出乘法器输出 $r(t)$ 的基带分量功率谱图(请标注零点频率值并分别标出有用信号分量和干扰分量)。

(3) 试求出积分器输出中的干扰分量功率。

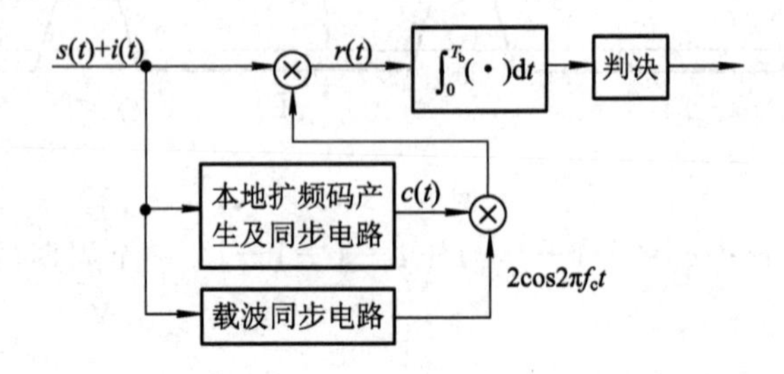

图 10-3-8

解 (1) 接收机输入端的扩频信号和窄带干扰信号的功率谱如图 10-3-9 所示。

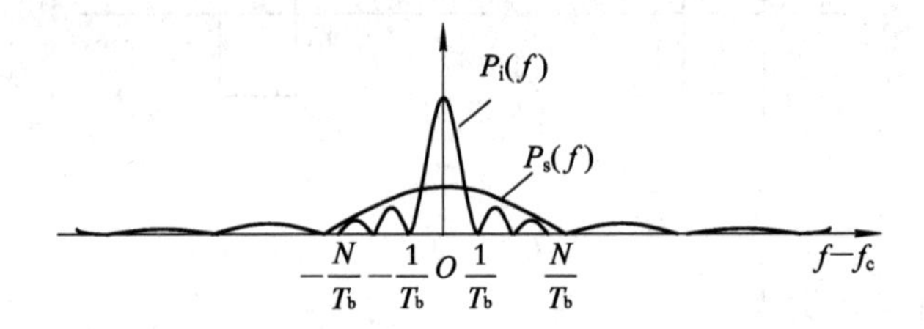

图 10-3-9

(2)

$$
\begin{aligned}
r(t) &= [s(t)+i(t)]\times 2c(t)\cos 2\pi f_c t \\
&= [d(t)c(t)\cos 2\pi f_c t + d_i(t)\cos(2\pi f_c t+\varphi_i)]\times 2c(t)\cos 2\pi f_c t \\
&= d(t)+c(t)d_i(t)\cos\varphi_i + \text{高频分量}
\end{aligned}
$$

所以，$r(t)$ 的基带分量为 $d(t)+c(t)d_i(t)\cos\varphi_i$，功率谱密度如图 10-3-10 所示。

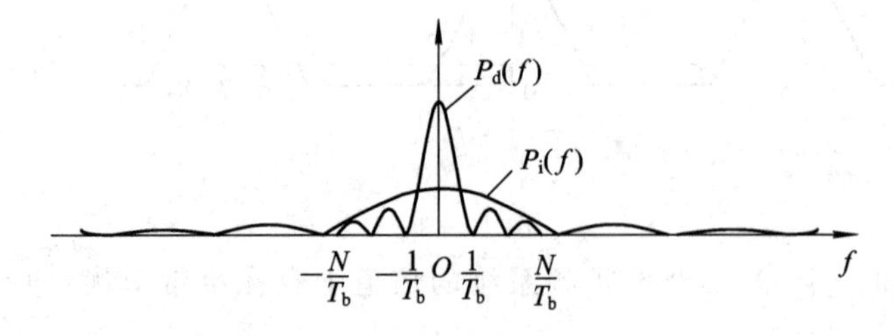

图 10-3-10

(3) 第 n 个信息码元积分器输出为

$$
\begin{aligned}
s_n &= \int_0^{T_b} r(t)\,\mathrm{d}t = \int_0^{T_b}[s(t)+i(t)]\times 2c(t)\cos 2\pi f_c t\,\mathrm{d}t \\
&= \int_0^{T_b}[d(t)+c(t)d_i(t)\cos\varphi_i]\,\mathrm{d}t \\
&= a_n T_b + b_n\cos\varphi_i\int_0^{T_b}c(t)\,\mathrm{d}t \\
&= a_n T_b - b_n T_c\cos\varphi_i
\end{aligned}
$$

干扰分量的功率为

$$P_i = E[(b_n T_c \cos\varphi_i)^2] = T_c^2 E[\cos^2\varphi_i] = \frac{1}{2}T_c^2$$

10.4 本章自测题与参考答案

10.4.1 自测题

一、填空题

1. 利用线性反馈移位寄存器产生m序列的充要条件是________。m序列应用于扩频通信，可利用m序列的________特性进行解扩。

2. 设有一个由10级反馈移位寄存器构成的m序列产生器，其周期长度为________。如其输出经数字通信系统传输，设系统传输速率为1000 b/s，则传输一个周期的m序所需的时间为________(s)。

3. 扩频通信能够有效________外系统引起的________干扰和无线信道引起的______干扰，但是它在________加性高斯白噪声方面的能力等同于________系统。

4. DS-BPSK系统一般利用m序列来进行扩频。基于m序列的________特性，DS-BPSK信号具有抗窄带干扰的能力。

5. Walsh码是一种________码，其特点是不同码字在同步情况下________，主要用于________系统。

6. 扩频系统增大扩频因子不能提高其抗________的能力。

7. 序列…10111001011100…是一个m序列，其周期为______，特征多项式是______。

8. 要得到一个周期大于500的m序列，至少需要________级线性反馈移位寄存器，该序列所对应的最小周期是________。

9. 扩频因子为40的一个DS-BPSK系统，码片速率为4 Mchips/s，则该系统的信息速率为________，该DS-BPSK信号的主瓣带宽为________ 该信号是一个循环平稳过程。

10. 与+1+1+1+1正交的序列为________，________和________。(写双极性码)

二、选择题

1. 若一m序列产生器如图10-4-1所示，则其产生的m序列的周期长度为(   )。

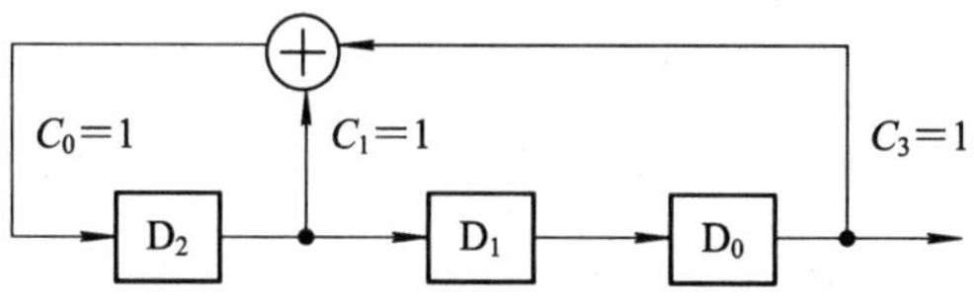

$C_0=1$ $C_1=1$ $C_3=1$ D₂ D₁ D₀

图10-4-1

A. 6　　B. 7　　C. 8　　D. 9

2. 直接序列扩频系统经常采用(   )技术来对抗多径衰落。

A. Rake 接收　B. 频域均衡　C. 部分响应　D. Doppler 扩展

3. 下列中，(　　)具有尖锐的自相关特性。

A. 格雷码　B. m 序列　C. 汉明码　D. 循环码

4. 下列中，(　　)具有正交特性。

A. Walsh 码　B. m 序列　C. 汉明码　D. 循环码

5. 采用直接序列扩频技术可以抗(　　)。

A. 白高斯噪声　B. 非线性失真　C. 多普勒频移　D. 窄带干扰

6. 令 $\boldsymbol{H}_N$ 表示 N 阶哈达玛矩阵，其元素取值于±1，则 $\boldsymbol{H}_{2N}$ =(　　)。

A. $\boldsymbol{H}_N^2$　B. $\begin{bmatrix} \boldsymbol{H}_N & \boldsymbol{H}_N \\ \boldsymbol{H}_N & -\boldsymbol{H}_N \end{bmatrix}$　C. $\begin{bmatrix} \boldsymbol{H}_N & -\boldsymbol{H}_N \\ \boldsymbol{H}_N & -\boldsymbol{H}_N \end{bmatrix}$　D. $2\boldsymbol{H}_N$

7. Gold 码是两个(　　)的模 2 和。

A. Walsh 码　B. 格雷码　C. 随机序列　D. m 序列

8. 为了利用无线信道中的多径现象，CDMA 接收机常采用(　　)。

A. 均衡器　B. Rake 接收机　C. 相位分集　D. 空时编码

9. 一个三级反馈移位寄存器的特征多项式为 $f(x)=1+x^2+x^3$，下列(　　)是由它所产生的 m 序列的一个周期。

A. 101　B. 1011001　C. 1011100　D. 101100111100010

10. 双极性 m 序列码波形的功率谱特点不包括(　　)。

A. 离散谱，谱线间隔为码片周期的倒数　B. 带宽近似为码片周期的倒数

C. 存在直流分量　D. 谱线包络按 $\text{sinc}^2(x)$ 规律变化

三、简答题

1. 什么是 m 序列？有何应用？

2. 简述 m 序列的特点是什么？根据特征多项式 $f(x)=1+x+x^4$，画出 m 序列产生器。

四、综合题

1. 已知线性反馈移位寄存器序列的特征多项式为 $f(x)=1+x+x^3$，求此序列的状态转移图，并说明它是否为 m 序列。

2. 已知移位寄存器的特征多项式系数为 $[125]_8$。

(1) 构造相应的移位寄存器结构图。

(2) 若移位寄存器初始状态为全 1，求输出序列。

(3) 该移位寄存器的输出序列是 m 序列吗？为什么？

10.4.2　参考答案

一、填空题

1. 其特征多项式为本原多项式；自相关。2. 1023；1.023。

3. 抑制；窄带；多径；抑制；非扩频。4. 尖锐的自相关。

5. 正交；正交；CDMA。6. 高斯白噪声。7. 7；$f(x)=1+x^2+x^3$。

8. 9；511。9. 100 kb/s；8 MHz。

10. +1+1−1−1；+1−1−1+1；+1−1+1−1。

二、选择题

1. B；2. A；3. B；4. A；5. D；6. B；7. D；8. B；9. C；10. A。

三、简答题

1. m 序列是由线性反馈移位寄存器产生的周期最长的码序列，常称为伪随机序列或 PN 码。m 序列广泛应用于误码率测量、时延测量、测距、通信加密、扩频通信、数据扰乱等领域。

2. (1) m 序列的特点：

① 均衡性：一个周期中“0”的数目与“1”的数目基本相同(“1”的个数比“0”的个数多 1 个)；

② 游程分布：长度为 k 的游程数目出现的概率为 $1/2^k$；

③ 自相关函数：仅有两种取值(归一化值：1 和 $-1/P$，P 为周期长度)；

④ 功率谱密度：周期时长 $T_0 \to \infty$ 和码片宽度 $T_0/P \to 0$ 时，自相关函数近似于冲激函数，功率谱密度近似于白噪声的功率谱密度；

⑤ 移位相加特性：$M_p \oplus M_q = M_g$，其中 M_p、M_q 是任意次延迟产生的序列且 $M_p \neq M_q$。

(2) m 序列产生器框图如图 10-4-2 所示。

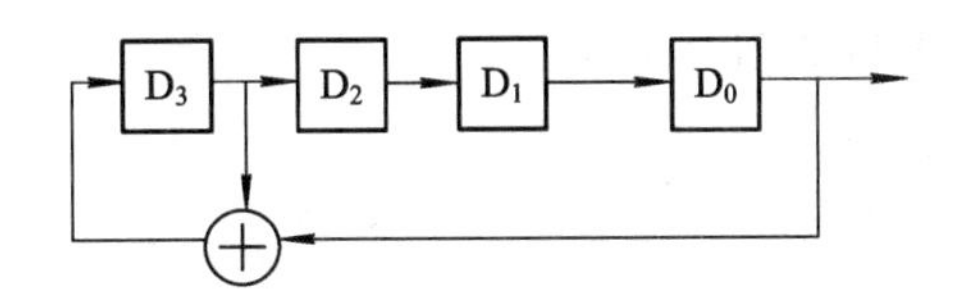

图 10-4-2

四、综合题

1. 该序列的发生器框图如图 10-4-3 所示。

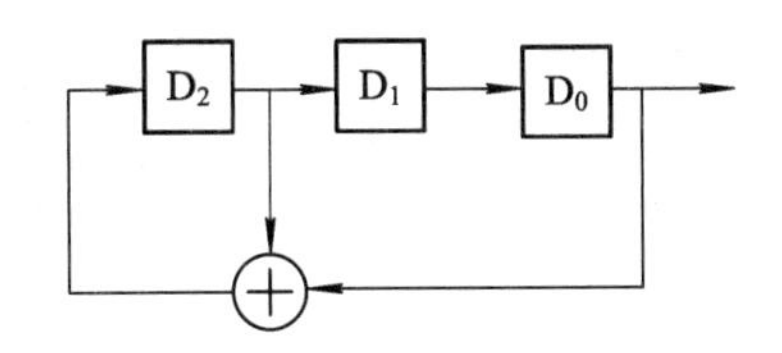

图 10-4-3

假设移位寄存器 $D_2D_1D_0$ 的初始状态为 100，则状态转移图如图 10-4-4 所示。

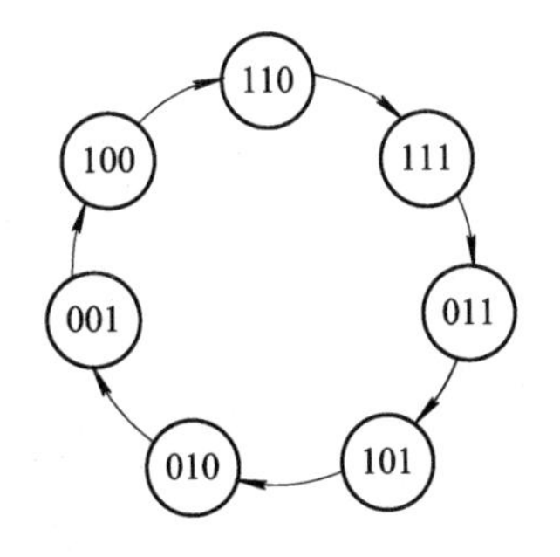

图 10-4-4

由于其周期 $P=2^3-1=7$，而 3 阶线性移位寄存器产生的 m 序列的周期为 7(最大)，故此序列是 m 序列。

2. (1) 由于$[125]_8=[001010101]_2$，它所对应的特征多项式为 $f(x)=1+x^2+x^4+x^6$，相应的线性反馈移位寄存器框图如图 10-4-5 所示。

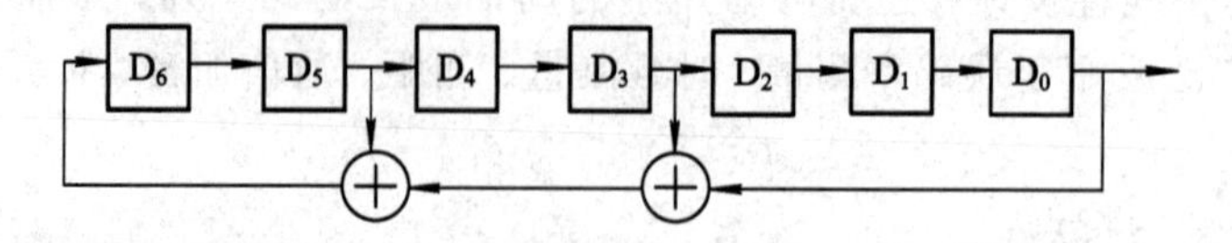

图 10-4-5

(2) 由图可知，移位寄存器的下一个输入为

$$D_6'=D_0+D_3+D_5$$

若移位寄存器的初始状态为全“1”，则 $D_6'=1$，移位后状态仍为全“1”，因此输出序列为全“1”序列。

(3) 该移位寄存器的输出序列不是 m 序列。由(2)可知，当初始状态为全“1”时，输出序列的周期为 1，这也必将导致其他初始状态对应的输出序列的周期小于 $2^6-1=63$，因此该移位寄存器的输出序列不可能为 m 序列。

附录 考研模拟试题及其参考答案

附录 1 试题(一)及其参考答案

(考试时间 120 分钟，满分 100 分)

一、填空题(每空 1 分，共 20 分)

1. 通信系统的质量指标有许多，其中有效性和可靠性是通信系统的两个主要质量指标。在数字通信系统中这两个质量指标分别用________和________来衡量。

2. 信源输出四种符号，概率分别是 1/2、1/4、1/8、1/8，若信源输出符号的速率为 2 MBaud，则此信源输出信息的速率为________。

3. 某系统的信道带宽为 3 kHz，信道噪声为加性高斯白噪声，信噪比为 4095，则此信道容量为________。

4. 双极性基带信号，当满足________条件时，其功率谱中无离散谱分量。

5. 信息代码 11100101 对应的 AMI 码是(设初始码为+1)________。

6. 电话信道存在幅频失真和相频失真。存在幅频失真时，不同频率的信号通过信道受到不同程度的衰减，存在相频失真时，不同频率的信号通过信道时会受到不同的________。相频失真和幅频失真都是线性失真，减小线性失真可采用________技术。

7. 设所需传输信号的信息速率为 2400 b/s，采用四进制数字相位调制时所需要信道的带宽为________；其频带利用率为________ (b/s)/Hz。

8. 在 FM 广播系统中，规定每个电台的标称带宽为 180 kHz，调频指数为 5，这意味着其音频信号最高频率为________，调制制度增益为________。

9. 当 11 位巴克码全部进入巴克码识别器时，相加器的输出电平为________。为防止漏同步，应________(降低/提高)巴克码识别器的门限电平。

10. 一个话音信号，其频谱范围为 300～3400 Hz，用奈奎斯特取样速率对其取样时，取样速率为________。但在实际系统中，对语音信号的取样频率通常为________。

11. PCM 编码的结构为极性码+段落码+量化级码，输入电平为+1260Δ，采用 13 折线编码输出的码字为________。

12. 一个 PCM 系统，数字通信系统采用 2PSK 调制，则此系统涉及________同步、位同步及________同步。

13. (2，1，2)卷积码编码器如图卷 1－1 所示(初始状态为 0)。输入二进制序列为 10110…，对应输出码字序列为________。

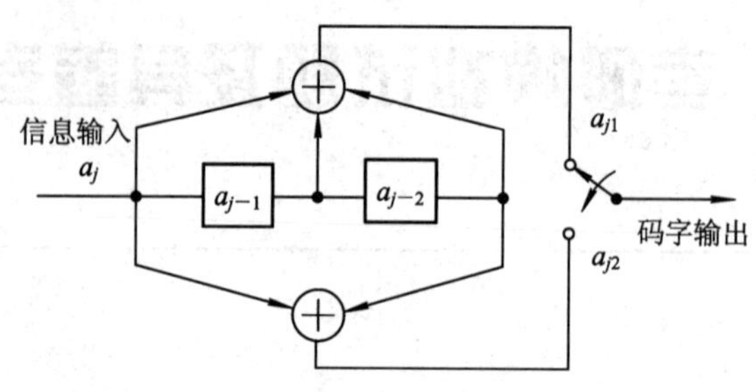

图卷 1－1

二、选择题(每题 2 分，共 20 分)

1. 码元宽度为 0.5 ms 的四进制数字信号，其码元速率为(　　)。

A. 4×10^3 b/s　　B. 2×10^3 b/s　　C. 2×10^3 Baud　　D. 4×10^3 Baud

2. 设平稳随机过程的自相关函数为 $R(\tau)$，则 $\lim\limits_{\tau\to\infty}R(\tau)$ 表示 $X(t)$ 的(　　)。

A. 平均功率　　B. 总能量　　C. 方差　　D. 直流功率

3. 下列不属于理想信道特点的是(　　)。

A. 幅频特性是常数　　B. 相频特性是频率的线性函数

C. 群时延特性是常数　　D. 幅频特性是频率的线性函数

4. 单音 100％调制 AM 信号的制度增益约是________，SSB 的制度增益是________。

A. 2；2　　B. 2/3；1　　C. 1/3；2　　D. 1/9；1

5. 下面关于码型的描述中，正确的是(　　)。

A. “1”“0”不等概时，双极性全占空矩形信号含有位定时分量

B. 差分码用相邻码元的变与不变表示信息的“1”码和“0”码

C. AMI 码含有丰富的低频成分

D. HDB_3 码克服了 AMI 码中长连“1”时不易提取位定时信息的缺点

6. 对 2FSK 和 2PSK 信号都进行最佳接收相干检测，在误码率相同的情况下，所需要的信噪比为(　　)。

A. 2FSK 比 2PSK 高 2 倍　　B. 2PSK 比 2FSK 高 2 倍

C. 2FSK 比 2PSK 高 3 dB　　D. 2PSK 比 2FSK 高 3 dB

7. 对某模拟信号进行线性 PCM 编码，设取样频率为 8 kHz，量化电平数为 128，则此 PCM 信号的信息速率为(　　)。

A. 56 kHz　　B. 56 kb/s　　C. 64 kb/s　　D. 64 kHz

8. 下列经常被用作帧同步码组的是(　　)。

A. 格雷码　　B. 自然码　　C. 折叠码　　D. 巴克码

9. 卷积码(3，1，2)的编码效率为(　　)。

A. 1/3　　B. 1/2　　C. 2/3　　D. 3/2

10. 信息速率为 100 kb/s 的一个 DS-BPSK 系统，扩频码使用周期为 511 的 m 序列，码片周期 $T_c=0.1\ \mu$s，则该系统的扩频因子为(　　)。

A. 10　　B. 100　　C. 511　　D. 1000

三、简答题(每题 5 分，共 20 分)

1. 何谓数字通信？简述数字通信的主要优缺点。

2. 加性高斯白噪声的英文缩写是什么？“加性”“白”“高斯”的含义各指什么？

3. 画出 PCM 数字传输系统的方框图，简要说明各部分的作用，指出此系统引起接收信号失真的主要原因。

4. 在 AM、DSB、SSB、VSB 和宽带 FM 调制技术中，哪种调制技术实现最为简单？哪种调制技术的抗噪声性能最好？

四、综合题(共 5 小题，共 40 分)

1. (6 分)已知零均值高斯白噪声的双边功率谱密度为 $P_n(f)=\frac{n_0}{2}$ W/Hz，理想低通滤波器的传递函数为 $H(f)=\begin{cases}1 & |f|\leqslant B\\ 0 & |f|>B\end{cases}$。试求通过该滤波器后的输出噪声的功率谱密度、自相关函数以及方差。

2. (6 分)32 路语音信号进行时分复用并经 PCM 编码后在同一信道传输。每路语音信号的取样速率为 8000 次/秒，每个样点量化为 256 个量化电平中的一个，每个量化电平用 8 位二进制编码。

(1) 时分复用后 PCM 信号的信息速率为多少？

(2) 当用二进制数字基带系统来传输此信号时，系统带宽最小为多少？

(3) 当此二进制数字信号经 16QAM 调制(全占空矩形波形)后再传输时，所需带通信道的带宽为多少？

3. (8 分)数字锁相环位同步提取电路方框图如图卷 1-2 所示。

(1) 写出空白方框的名称(填在方框内)。

(2) 位同步脉冲从何引出(直接标在图中)。

(3) 设分频次数 $n=400$，$R_B=50$ Baud，求位定时误差 t_e 和同步建立时间 t_s。

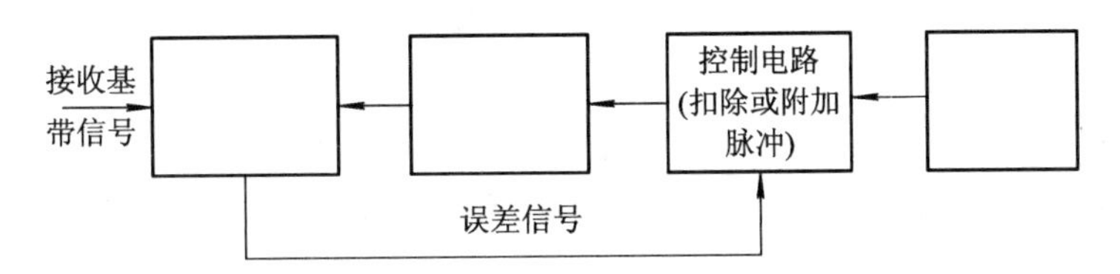

图卷 1-2

4. (8 分)设(7，4)线性分组码的码字表示为 $\mathbf{A}=[a_6a_5a_4a_3a_2a_1a_0]$，前四位表示信息元，后三位表示监督元，监督元和信息元之间的关系为

$$\begin{cases}a_6+a_5+a_4+a_2=0\\ a_6+a_5+a_3+a_1=0\\ a_6+a_4+a_3+a_0=0\end{cases}$$

(1) 求编码效率。

(2) 当输入编码器的信息速率为 2000 b/s 时，编码器输出的信息速率为多少？

(3) 求此码的全部码字。

(4) 当7位码字在传输过程中出现2位错误时，此译码器能否发现此错误？能否纠正此错误？

5. (12分)在图卷1-3所示的数字通信系统上传输速率为1 Mb/s的二进制数字信息。

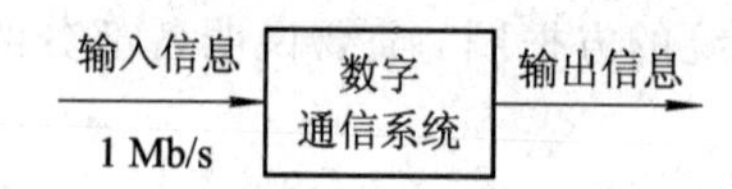

图卷1-3

(1) 通过数字通信系统后的输出信息中会存在不同程度的误码，试述产生误码的主要原因及减少误码的措施。

(2) 如果此数字通信系统是二进制数字基带传输系统，信道传输特性为升余弦特性，如图卷1-4所示。求信道最小带宽及此时的频带利用率。

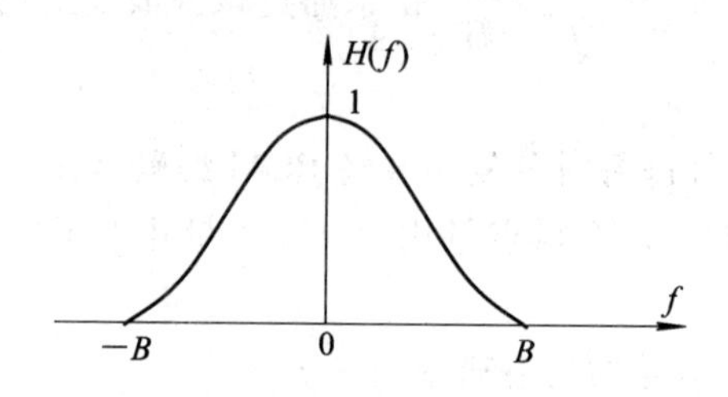

图卷1-4

(3) 如果此数字系统中的信道是带通信道，则输入信息需首先经过数字调制然后再通过信道传输。设数字调制采用2DPSK。

① 此系统中2DPSK信号的带宽为多少？

② 画出相位比较法接收2DPSK信号的解调器方框图。

③ 写出此解调器的误码率公式，并说明公式中参数的含义。

参考答案

一、填空题

1. 信息速率或比特速率或码元速率或频带利用率；误码率或误比特率。

2. 3.5 Mb/s。3. 36 kb/s。4. "1""0"等概。5. +1−1+100−10+1。

6. 时间延迟；(信道)均衡。7. 2400 Hz；1。8. 15 kHz；450。9. 11；降低。

10. 6800 Hz；8000 Hz。11. 11110011。12. 载波；群(或帧)。13. 11 10 00 01 01…。

二、选择题

1. C；2. D；3. D；4. B；5. B；6. C；7. B；8. D；9. A；10. B。

三、简答题

1. 数字通信：信道上传输数字信号的通信。

优点：抗噪声能力强；接力通信时无噪声积累；差错可控；易于加密；便于综合传输；易于集成等。

缺点：占用信道频带宽；对同步要求高，从而使系统复杂。

2. 英文缩写：AWGN

加性：在接收信号中噪声以相加的形式影响信号。

白：噪声的功率谱密度在整个频率范围(或很大频率范围)内为常数。

高斯：噪声瞬时值服从高斯(正态)分布。

3. 方框图：包含取样、量化、编码、数字通信系统、译码、低通滤波器。如图卷 1－5 所示。

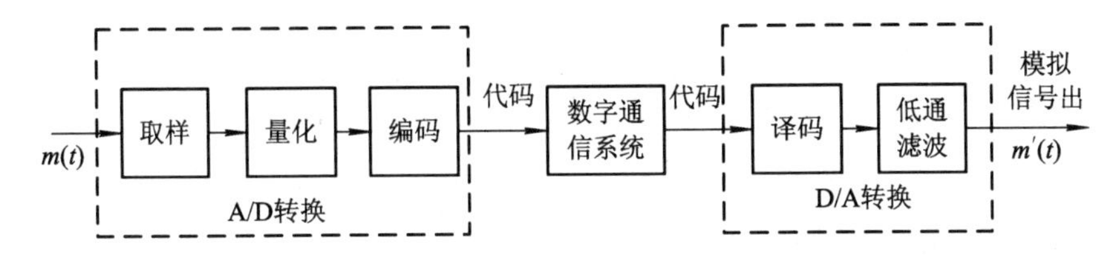

图卷 1－5　PCM 数字传输系统框图

各部分作用：

① 取样、量化和编码完成模数转换。

② 数字通信系统完成数字信息的传输。

③ 译码和低通滤波完成数模转换。

失真的原因：

① 模数转换引入的量化误差。

② 数字通信系统中的误码引起的误差。

4. ① 采用包络解调的 AM 调制技术实现最简单。

② 宽带 FM 调制技术的抗噪声性能最好。

四、综合题

1. (1) $P_{n_o}(f)=|H(f)|^2P_n(f)=\begin{cases}\dfrac{n_0}{2} & |f|\leqslant B\\ 0 & 其他\end{cases}$

(2) $R_{n_o}(\tau)=F^{-1}[P_{n_o}(f)]=n_0B\mathrm{Sa}(2\pi B\tau)$

(3) $\sigma_{n_o}^2=\int_{-\infty}^{\infty}P_{n_o}(f)\mathrm{d}f=\int_{-B}^{B}\dfrac{n_0}{2}\mathrm{d}f=n_0B$

2. (1) 时分复用后的信息速率 $R_b=Nkf_s=32\times8\times8000=2.048$ Mb/s。

(2) 当系统传输特性为理想低通时所需信道带宽最小，最小带宽等于码元速率的一半，即 $B=\dfrac{1}{2}R_B=\dfrac{1}{2}\times\dfrac{R_b}{\mathrm{lb}2}=1.024$ MHz。

(3) 先求 16 进制传输时的码元速率 $R_B=\dfrac{R_b}{\mathrm{lb}16}=512$ kBaud，16QAM 信号带宽是码元速率的 2 倍，即为 $B_{16QAM}=512\times2=1024$ kHz。

3. (1) 方框名称：左一框：相位比较器(或鉴相器)；左二框：n 分频器(或 n 计数器)；右一框：晶振及整形。

(2) 位同步信号从相位比较器和 n 分频器之间引出。

(3) 位定时误差 $t_e=\frac{T_b}{n}=\frac{1}{nR_B}=50\ \mu s$；

同步建立时间 $t_s=nT_b=\frac{n}{R_B}=8$ s。

4. (1) 编码效率 $\eta=\frac{k}{n}=\frac{4}{7}$

(2) 编码器输出信息速率为 $R_{b输出}=\frac{n}{k}R_{b输入}=\frac{7}{4}\times 2000=3500$ b/s。

(3) $\boldsymbol{H}=\begin{bmatrix}1&1&1&0&1&0&0\\1&1&0&1&0&1&0\\1&0&1&1&0&0&1\end{bmatrix}\Rightarrow\boldsymbol{G}=\begin{bmatrix}1&0&0&0&1&1&1\\0&1&0&0&1&1&0\\0&0&1&0&1&0&1\\0&0&0&1&0&1&1\end{bmatrix}$，

由 $\boldsymbol{A}=\boldsymbol{MG}$ 得全部码字：

0000000	0001011	0010101	0011110
0100110	0101101	0110011	0111000
1000111	1001100	1010010	1011001
1100001	1101010	1110100	1111111

(4) 由码字的最小重量可得此码的最小码距 $d_0=3$，能发现 2 位错误，但不能纠正 2 位错误。

5. (1) 产生误码的主要原因：噪声和码间干扰；

减少误码的措施：采用信道编码、采用均衡技术、选择适当的数字调制技术、增加发射机功率等。

(2) 系统码元速率 $R_B=\frac{R_b}{\text{lb}2}=1$ MB；

带宽为 $B=\frac{2}{1+\alpha}R_B=\frac{2}{1+1}R_b=1$ MHz；

频带利用率为 $\eta=\frac{R_b}{B}=1$ (b/s)/Hz 或 $\eta=\frac{R_B}{B}=1$ Baud/Hz。

(3) ① 2DPSK 信号带宽 $B=2R_B=2$ MHz。

② 相位比较法方框图如图卷 1-6 所示。

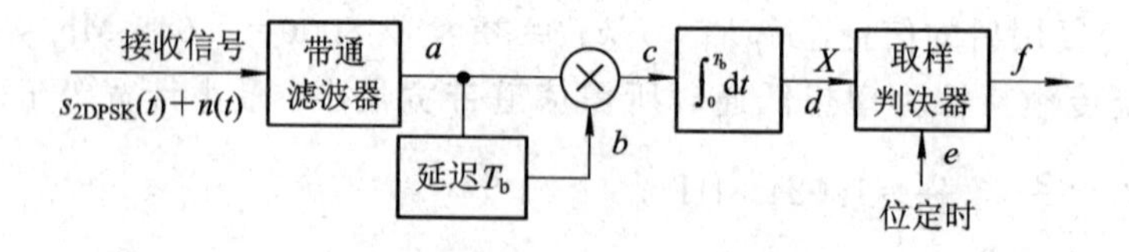

图卷 1-6　2DPSK 信号的相位比较法解调器

③ 误码率为 $P_b=\frac{1}{2}\exp\left(-\frac{E_b}{n_0}\right)$，其中 E_b 为接收 2DPSK 信号的比特能量，n_0 为信道中加性高斯白噪声的单边功率谱密度。

附录 2　试题(二)及其参考答案

(考试时间 120 分钟，满分 100 分)

一、填空题(每空 1 分，共 20 分)

1. 通信系统主要由________、信道和________及信源和信宿三部分组成。

2. 在数字通信系统中通常涉及两种编码，一种是信源编码，另一种是信道编码。在信源编码时我们更关心________(有效性/可靠性)，而在信道编码中我们则更关心________(有效性/可靠性)。

3. 均值为 0、功率谱密度为 $n_0/2$ 的高斯白噪声通过一个中心频率为 f_c、带宽为 B 的理想带通滤波器，其输出随机过程的瞬时值服从________(均匀/高斯/瑞利)分布，包络服从________(均匀/高斯/瑞利)分布。

4. 某随机过程 $X(t)$，均值为 1，自相关函数为 $R(\tau)=2\cos 2\pi f\tau$，则此随机过程的方差为________。

5. 已知 FM 信号的表达式为 $s(t)=10\cos(2\times 10^6\pi t+10\cos 2000\pi t)$(V)，其带宽为________，单位电阻上已调波的功率为________，调制制度增益为________。

6. 设某基带系统具有带宽为 2000 Hz 的升余弦传输特性，其最大无码间干扰传输速率为________，最大频带利用率为________，可见，升余弦特性的传输系统其最大频带利用率是理想低通传输系统最大频带利用率的________。若传输的数字基带信号是八进制的，则升余弦特性系统的最大频带利用率为________ (b/s)/Hz。

7. 当二进制数字信息的信息速率为 3000 b/s 时，2ASK 信号的带宽为________；2DPSK 信号的带宽为________，QPSK 信号的带宽为________。由此可见，这三种调制方式中，频带利用率最高的是________。

8. 对一个语音信号采用均匀量化，设量化台阶为 Δ，在信号的最大值和最小值之间设置 $Q=256$ 量化台阶，则量化信噪比为________ dB。

9. 在采用了(1023，1013)汉明码编码器和交织编码器的数字通信系统中，当交织编码器的交织度(汉明码码字个数)为 10 时，此编码系统能够纠正长度最长为________的突发错误。

二、选择题(每题 2 分，共 20 分)

1. 在四进制系统中，每秒钟传输 500 个独立且等概的四进制符号，则信息速率为(　　)。

A. 1000 Baud　　B. 1000 b/s　　C. 2000 Baud　　D. 2000 b/s

2. 二进制基带信号码元的基本波形为半占空的矩形脉冲，脉冲宽度为 1 ms，则码元速率和第一个零点定义的信号带宽分别为(　　)。

A. 1000 Baud，1000 Hz　　B. 1000 Baud，500 Hz

C. 500 Baud，1000 Hz　　D. 1000 Baud，2000 Hz

3. VSB 滤波器的传输特性在载波频率处应具有(　　)特性。

A. 偶对称　　B. 互补对称　　C. 滚降　　D. 陡峭

4. 已知升余弦传输特性如图卷 2－1 所示。当采用以下速率传输时，不能实现取样点上无码间干扰传输的速率是(　　)。

A. 500 Baud　　B. 1000 Baud　　C. 1500 Baud　　D. 2000 Baud

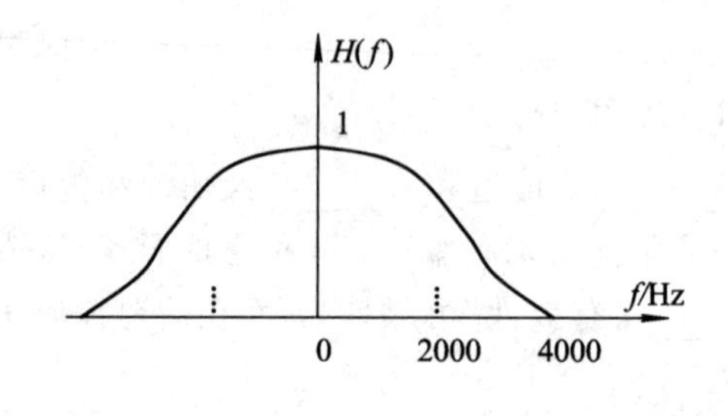

图卷 2－1

5. 第Ⅰ类部分响应系统中的发送端采用了(　　)。

A. 相关编码　　B. 升余弦滚降　　C. 根升余弦滚降　　D. 时域均衡

6. 解调 2PSK 信号时，如果“1”“0”不等概，则判决门限应(　　)。

A. 大于 0　　B. 小于 0　　C. 等于 0　　D. 不能确定

7. 相同码元速率情况下，关于 4PSK、4DPSK、16FSK、16QAM 信号的频带利用率，下面说法正确的是(　　)。

A. 4PSK 最小　　B. 16FSK 最大　　C. 4DPSK 最小　　D. 16QAM 最大

8. A 律 13 折线 PCM 编码器中采用了对数量化器，若该量化器的最小的量化间隔为 2 个量化单位，则最大的量化电平为(　　)个量化单位。

A. 64　　B. 128　　C. 4096　　D. 4032

9. 数字通信的群同步系统正常工作时处于(　　)。

A. 常态　　B. 维持态　　C. 捕捉态　　D. 保护态

10. 不需要反馈信道的差错控制方式是(　　)。

A. 前向纠错(FEC)　　B. 检错重发(ARQ)　　C. 混合纠错(HEC)　　D. 信息反馈(IF)

三、简答题(每题 5 分，共 20 分)

1. 画出数字通信系统的一般模型，并在上面标出编码信道和调制信道。

2. 无失真信道的幅频特性和群时延特性应满足什么条件？其物理意义是什么？

3. 什么是门限效应？AM 包络检波法为什么会产生门限效应？

4. 在采用 13 折线的 PCM 系统中，设量化器的输入信号范围为－5 V～＋5 V，求取样值为 3.601 V 时的编码器输出代码及它在译码器输出端的值。

四、综合题(共 5 小题，共 40 分)

1. (6 分) 已知有线电话信道带宽为 3.4 kHz。

(1) 若信道的输出信噪比为 30 dB，求该信道的最大信息传输速率。

(2) 若要在该信道中传输 33.6 kb/s 的数据，试求接收端要求的最小信噪比。

2.（6 分）设二进制基带系统的传输特性为

$$H(f)=\begin{cases}\tau_0[1+\cos(2\pi f\tau_0)] & |f|\leqslant\dfrac{1}{2\tau_0}\\ 0 & |f|>\dfrac{1}{2\tau_0}\end{cases}$$

试确定系统最高无码间干扰传输速率及相应的码元间隔 T_b。

3.（8 分）已知某数字信息为 $\{a_n\}=1100101$，码元速率为 1200 Baud，载波频率为 2400 Hz。

（1）请画出 $\{a_n\}$ 的相对码 $\{b_n\}$ 的波形(设相对码的起始码元为“0”，采用单极性全占空矩形脉冲)。

（2）请画出相对码 $\{b_n\}$ 的 2PSK 波形，调制规则为“1”变“0”不变。

（3）求此 2DPSK 信号的带宽。

4.（6 分）设某简单增量调制系统的量化台阶 $\delta=50$ mV，取样频率为 $f_s=32$ kHz，求当输入信号为 800 Hz 的正弦波时，允许的最大振幅为多大?

5.（14 分）已设某线性分组码的码字表示为 $\boldsymbol{A}=[a_6a_5a_4a_3a_2a_1a_0]$，前 3 位表示信息码元，后 4 位表示监督码元，监督码元和信息码元之间的关系为：

$$\begin{cases}a_6+a_4+a_3=0\\ a_6+a_5+a_4+a_2=0\\ a_6+a_5+a_1=0\\ a_5+a_4+a_0=0\end{cases}$$

（1）求其编码效率；

（2）当输入编码器的信息速率 R_b 为 3600 b/s 时，求编码器输出的二进制码元速率 R_c；

（3）求此码的全部码字，并讨论其纠错和检错能力；

（4）此线性分组码的最小码距为多少？是否为汉明码？为什么?

（5）如果接收到某码字为［1 0 1 0 0 1 0］，请检查它是否有错。如果有错，试纠正之。

参 考 答 案

一、填空题

1. 发送设备；接收设备。2. 有效性；可靠性。3. 高斯；瑞利。4. 1。
5. 22 kHz；50 W；3300。6. 2000 Baud；1 Baud/Hz；一半；3。
7. 6000 Hz；6000 Hz；3000 Hz；QPSK。8. 39。9. 10。

二、选择题

1. B；2. C；3. B；4. C；5. A；6. D；7. D；8. D；9. B；10. A。

三、简答题

1. 数字通信系统的框图及编码信道、调制信道范围如图卷 2 - 2 所示。

2. ① 幅频特性为常数。其物理意义是：不同频率的信号通过时受到的幅度衰减相同。
② 群时延特性为常数。即不同频率的信号通过时受到的时间时延相同。

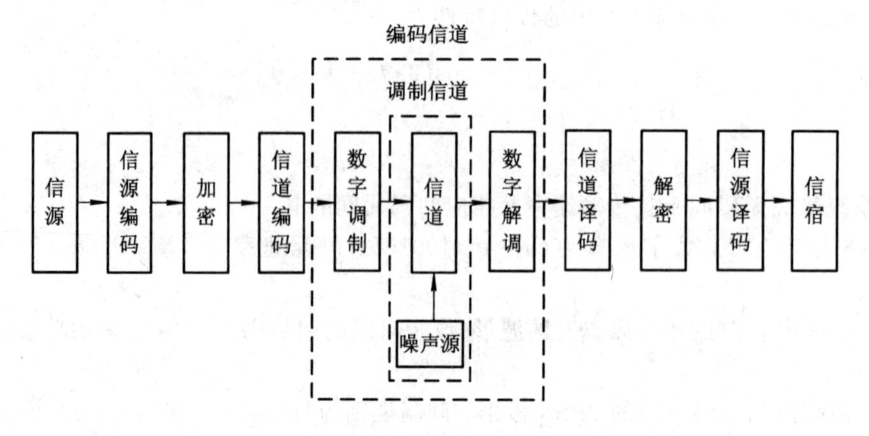

图卷 2-2　数字通信系统模型及编码、调制信道范围

3. 门限效应：小信噪比时，解调输出信号无法与噪声分开，有用信号“淹没”在噪声之中，此时输出信噪比不是按比例地随着输入信噪比下降，而是急剧恶化。

原因：包络检波器的非线性作用。

4. 代码：11110111(第 8 段第 8 级)。

译码输出：3.672 V。

四、综合题

1. (1) 将带宽 $B=3400$ Hz、信噪比 $S/N=30$ dB$=1000$ 代入香农公式，得该信道的最大信息传输速率为

$$R_b = C = B\,\mathrm{lb}\left(1+\frac{S}{N}\right) = 3400\times \mathrm{lb}(1+1000) \approx 33.9\ \mathrm{kb/s}$$

(2) 变换香农公式并将信息传输速率 33.6 kb/s 代入信道容量，得信噪比

$$\frac{S}{N} = 2^{C/B}-1 \approx 942.8 \approx 29.74\ \mathrm{dB}$$

说明：解本题时需要转换信噪比的单位，公式为 $(S/N)_{\mathrm{dB}} = 10\lg(S/N)$。故当 $(S/N)_{\mathrm{dB}}=30$ dB 时，求得 $S/N=1000$。

2. 将传输特性的曲线画出来，如图卷 2-3 所示。

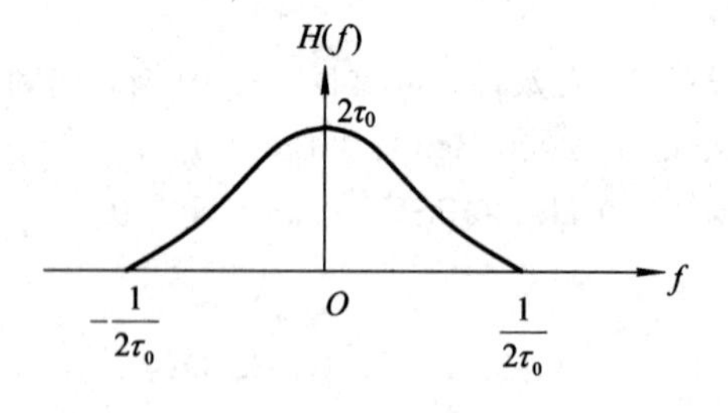

图卷 2-3

由图卷 2-3 可见，此传输特性为升余弦，且带宽为 $B=\dfrac{1}{2\tau_0}$，故最大无码间干扰传输速率为

$$R_{B\max} = B = \frac{1}{2\tau_0}$$

所对应的最小码元间隔为

$$T_b = \frac{1}{R_{B\max}} = 2\tau_0$$

3.（1）、（2）根据码元速率与载波频率间的关系可知，一个码元间隔内画 2 个周期的载波。已假设相对码的起始码元为“0”，则相对码及相对码的 2PSK 波形如图卷 2-4 所示。注意，相对码的 2PSK 波形对于原信息（绝对码）而言即为 2DPSK 波形。

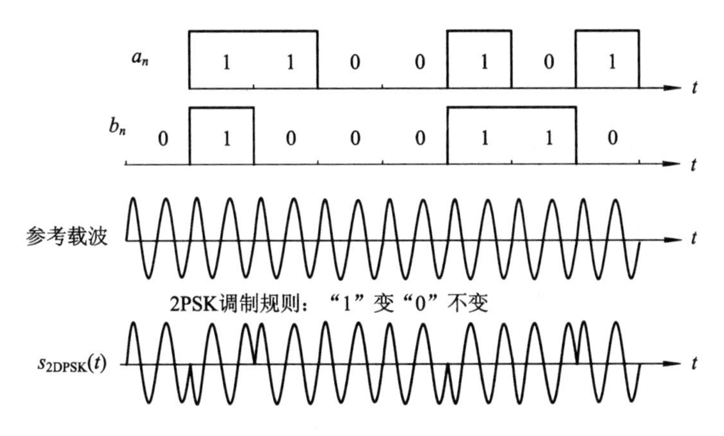

图卷 2-4　2DPSK 波形

（3）2DPSK 信号的带宽等于码元速率的两倍，即

$$B = 2f_b = 2 \times 1200 = 2400\ \text{Hz}$$

4. 设输入正弦波为 $m(t) = A\cos 1600\pi t$，为保证不出现过载，必须满足

$$\left|\frac{\mathrm{d}m(t)}{\mathrm{d}t}\right|_{\max} \leqslant \frac{\delta}{T_s} = \delta \cdot f_s$$

解得

$$A \times 1600\pi \leqslant \delta \cdot f_s$$

$$A \leqslant \frac{\delta \cdot f_s}{1600\pi} = \frac{50 \times 10^{-3} \times 32 \times 10^3}{1600\pi} = \frac{1}{\pi} \approx 0.318\ \text{V}$$

因此，允许的最大信号振幅为 $A_{\max} = 0.318$ V。

5.（1）编码效率

$$\eta = \frac{3}{7} = 0.43$$

（2）$R_b = 3600$ b/s，$R_c = R_b \times n/k = 8400$ b/s。

（3）

$$\boldsymbol{H} = \begin{bmatrix} 1 & 0 & 1 & 1 & 0 & 0 & 0 \\ 1 & 1 & 1 & 0 & 1 & 0 & 0 \\ 1 & 1 & 0 & 0 & 0 & 1 & 0 \\ 0 & 1 & 1 & 0 & 0 & 0 & 1 \end{bmatrix},\ \boldsymbol{P} = \begin{bmatrix} 1 & 0 & 1 \\ 1 & 1 & 1 \\ 1 & 1 & 0 \\ 0 & 1 & 1 \end{bmatrix},\ \boldsymbol{G} = \begin{bmatrix} 1 & 0 & 0 & 1 & 1 & 1 & 0 \\ 0 & 1 & 0 & 0 & 1 & 1 & 1 \\ 0 & 0 & 1 & 1 & 1 & 0 & 1 \end{bmatrix}$$

则：

$$A = MG = \begin{bmatrix} 0 & 0 & 0 \\ 0 & 0 & 1 \\ 0 & 1 & 0 \\ 0 & 1 & 1 \\ 1 & 0 & 0 \\ 1 & 0 & 1 \\ 1 & 1 & 0 \\ 1 & 1 & 1 \end{bmatrix} \begin{bmatrix} 1 & 0 & 0 & 1 & 1 & 1 & 0 \\ 0 & 1 & 0 & 0 & 1 & 1 & 1 \\ 0 & 0 & 1 & 1 & 1 & 0 & 1 \end{bmatrix} = \begin{bmatrix} 0 & 0 & 0 & 0 & 0 & 0 & 0 \\ 0 & 0 & 1 & 1 & 1 & 0 & 1 \\ 0 & 1 & 0 & 0 & 1 & 1 & 1 \\ 0 & 1 & 1 & 1 & 0 & 1 & 0 \\ 1 & 0 & 0 & 1 & 1 & 1 & 0 \\ 1 & 0 & 1 & 0 & 0 & 1 & 1 \\ 1 & 1 & 0 & 1 & 0 & 0 & 1 \\ 1 & 1 & 1 & 0 & 1 & 0 & 0 \end{bmatrix}$$

最小码距 $d_0=4$。

用于检错，能检的错误数 $e \leqslant d_0-1=4-1=3$，最多可检 3 个错；

用于纠错，能纠的错误数 $t \leqslant \frac{1}{2}(d_0-1)=1.5$，最多可纠 1 个错；

用于既纠又检错，$e+t \leqslant d_0-1=3$，$(e>t)$，得 $t=1$，$e=2$，即可纠 1 个错同时检 2 个错。

(4) 最小码距 d_0 为 4，而不是 3，故该线性分组码不是汉明码。因为汉明码的最小码距为 3。

(5) 现接收码字 $\boldsymbol{B}=[\,1\,0\,1\,0\,0\,1\,0\,]$，则

$$\boldsymbol{S} = \boldsymbol{B}\boldsymbol{H}^{\mathrm{T}} = [1 \quad 0 \quad 1 \quad 0 \quad 0 \quad 1 \quad 0] \cdot \begin{bmatrix} 1 & 1 & 1 & 0 \\ 0 & 1 & 1 & 1 \\ 1 & 1 & 0 & 1 \\ 1 & 0 & 0 & 0 \\ 0 & 1 & 0 & 0 \\ 0 & 0 & 1 & 0 \\ 0 & 0 & 0 & 1 \end{bmatrix} = [0 \quad 0 \quad 0 \quad 1] \neq [0 \quad 0 \quad 0 \quad 0]$$

故有错。由于伴随式 $\boldsymbol{S}$ 与 $\boldsymbol{H}^{\mathrm{T}}$ 的最后一行一致，故错误在接收码字的最后 1 位，即最低位，即错误图样为 $\boldsymbol{E}=[\,0\,0\,0\,0\,0\,0\,1\,]$，这样纠正后的码字为 $\boldsymbol{B}+\boldsymbol{E}=[\,1\,0\,1\,0\,0\,1\,1\,]$。

附录 3 试题(三)及其参考答案

(考试时间 120 分钟，满分 100 分)

一、填空题(每空 1 分，共 20 分)

1. 设有码元速率为 $R_{\mathrm{B}}=800$ Baud 的十六进制数字信号，其信息速率为 $R_{\mathrm{b}}=$________；再将此信号转换成四进制，码元速率 $R_{\mathrm{B}}=$________。

2. 均值为 a_X 的平稳随机过程 $X(t)$，其功率谱密度为 $P_X(f)$，通过传递特性为 $H(f)$ 的线性系统，则输出随机过程 $Y(t)$ 的均值 $a_Y=$________，功率谱密度 $P_Y(f)=$________。

3. 调制信道包括______、传输媒质、______。而编码信道则由调制信道和________

组成。

4. 残留边带信号采用________解调，为保证无失真地恢复原调制信号，残留边带滤波器的传输特性 $H_{VSB}(f)$ 在 f_c 处必须满足________，用数学表达式表示为________。

5. 数字基带传输系统中接收滤波器的作用是________。

6. 已知某单极性不归零随机脉冲信号，其中“1”码采用幅度为 A 伏、宽度为 T_b 矩形脉冲，且“1”码概率为 0.4，该数字基带信号的单边功率谱表达式为 $P(f)=$________，其第一个零点带宽为________，直流功率为________。

7. 已知 HDB_3 码序列波形如图卷 3－1 所示，则原数字信息为________。

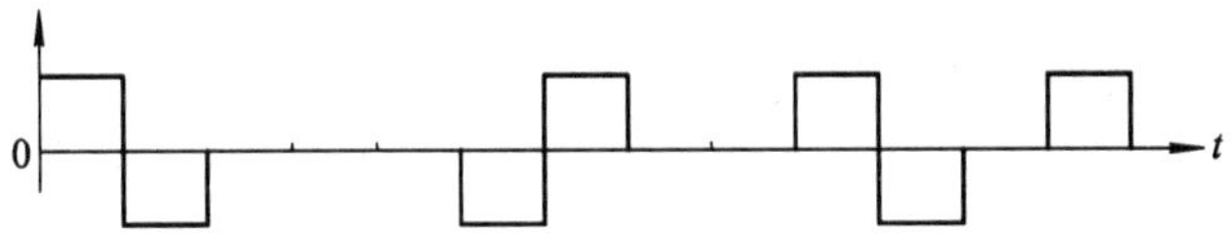

图卷 3－1

8. 最高频率为 4 kHz 的语音信号，以奈奎斯特速率取样，取样后进行均匀量化，每个量化值用 8 位二进制编码，则此语音信号数字化后的二进制码元速率为________，此量化器的量化信噪比 $S_q/N_q=$________。

9. 在数字锁相环实现的位同步系统中，码元速率为 100 Baud，数字锁相环中分频次数 $n=100$，则同步建立后的位定时误差和同步建立时间分别是________和________。

10. 最小码距为 4 的(7，3)线性分组码，当用于混合差错控制(HEC)系统时，在纠正一个错误的同时能够检测出________个错误。

二、选择题(每题 2 分，共 20 分)

1. 下列属于数字通信优点的是( )。

A. 抗噪声能力强　　B. 占用更多的信道带宽

C. 对同步系统要求高　　D. 噪声易积累

2. 一个匀值为 0，方差为 σ_n^2 的窄带平稳高斯过程，其包络和相位的瞬时值分别服从( )。

A. 莱斯分布和均匀分布　　B. 瑞利分布和均匀分布

C. 都为均匀分布　　D. 高斯分布和均匀分布

3. 下列选项中能够描述信道传递特性的是( )。

A. 加性噪声　　B. 乘性噪声　　C. 输入信号　　D. 输出信号

4. 下面列出的调制方式中，属于非线性调制的是( )。

A. 单边带调制 SSB　　B. 双边带调制 DSB

C. 残留边带调制 VSB　　D. 频率调制 FM

5. 若基带传输系统的带宽为 B，则无码间干扰传输的最高码元速率是( ) Baud。

A. $2/B$　　B. $B/2$　　C. B　　D. $2B$

6. 当“1”“0”等概时，下列调制方式中，对信道特性变化最为敏感的是( )。

A. 2PSK　　B. 2DPSK　　C. 2FSK　　D. 2ASK

7. 4DPSK 与 4PSK 调制的不同点是( )。

A. 4DPSK 是恒包络调制，4PSK 不是恒包络调制

B. 4DPSK 信号相邻码元的相位跳变值比 4PSK 信号小

C. 4DPSK 的频带利用率比 4PSK 高

D. 4DPSK 调制的信息携带在相邻码元的载波相位差上，而 4PSK 调制的信息则携带在已调波与参考载波之间的相位差上。

8. 对语音信号进行均匀量化，每个量化值用一个 7 位代码表示，则量化信噪比为(　　)。

A. 42 dB　　B. 44 dB　　C. 33 dB　　D. 35 dB

9. 将 32 路 A 律 13 折线编码的标准 PCM 数字语音进行时分复用后，数据速率是(　　)。

A. 64 kb/s　　B. 2.048 Mb/s　　C. 8.048 Mb/s　　D. 34.368 Mb/s

10. 下列关于载波同步的描述中，错误的是(　　)。

A. 所有数字通信系统都一定有载波同步

B. 载波同步用于相干解调系统中

C. 自同步法具有更高的效率

D. 载波同步精度由相位误差来衡量

三、简答题(每题 5 分，共 20 分)

1. 画出数字通信系统的框图，并简要介绍数字通信系统的主要性能指标及具体衡量的方法。

2. 请画出 7 位巴克码识别器框图，并说明其判决器门限对假同步概率和漏同步概率的影响是什么？

3. 什么是信道容量？写出香农公式，并说明信道容量 C 与 B、S、n_0 之间的关系。

4. 模拟信号数字化的理论基础是什么？它是如何表述的？什么是奈奎斯特取样频率和奈奎斯特取样间隔？

四、综合题(共 5 小题，共 40 分)

1. (8 分)已知 $s_m(t)=m(t)\cos(\omega_c t+\theta)$，其中 ω_c 为常数，$m(t)$为零均值平稳随机信号，$m(t)$的自相关函数和功率谱密度分别为 $R_m(\tau)$和 $P_m(f)$，相位 θ 是在$[-\pi, \pi)$上均匀分布的随机变量，且 $m(t)$与 θ 相互独立。

(1) 证明 $s_m(t)$是广义平稳随机过程。

(2) 求 $s_m(t)$的功率谱 $P_s(f)$。

2. (8 分)有 60 路模拟话音信号采用频分复用方式传输。已知每路话音信号频率范围为 0～4 kHz(已含防护带)，副载波采用 SSB 调制，主载波采用 FM 调制，调制指数 $m_f=2$。

(1) 试计算副载波调制合成信号的带宽。

(2) 试求信道传输信号的带宽。

(3) 试求宽带调频的调制增益。

3. (8 分)有持续时间为 2 ms 的信号 $s(t)$，其波形如图卷 3－2 所示，在白噪声功率谱为 $n_0/2$ 的背景下传输，用匹配滤波器检测该信号。

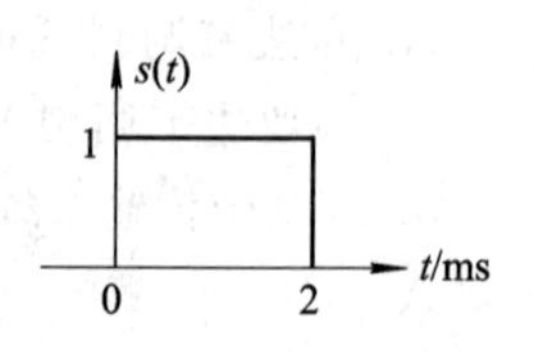

图卷 3－2

(1) 试画出该信号的匹配滤波器冲激响应 $h(t)$。

(2) 计算该匹配滤波器的传输特性 $H(f)$。

(3) 画出匹配滤波器的输出波形 $y(t)$。

(4) 求匹配滤波器输出最大信噪比 r_{omax}。

4. (8分)在二进制差分调制2DPSK系统中，设载波频率为2400 Hz，码元速率为2400 Baud，信息序列为1010011。

(1) 画出2DPSK信号的波形图(调制规则："1"变"0"不变)。

(2) 画出低通滤波器型相位比较法解调器方框图。

(3) 当接收波形为(1)中画出的波形时，画出解调器中各点的波形示意图(不考虑噪声)。

(4) 写出此解调器的误码率公式。

5. (8分)某一码长为7的循环码，其生成多项式 $g(x)=x^4+x^3+x^2+1$。

(1) 此码的编码效率 η。

(2) 求其生成矩阵，试写出其全部码字。

(3) 求此码的最小码距 d_0 及纠检错能力。

(4) 本码集是否为汉明码?

(5) 如果接收到某码字为[1 0 1 1 1 0 1]，请检查它是否有错。如果有错，试纠正之。

(6) 如用此码构成纠长度为10的单个突发错误的交织码阵，问交织度 m 至少应为多少?

参考答案

一、填空题

1. 3200 b/s；1600 Baud。2. $a_X H(0)$；$P_X(f)|H(f)|^2$。

3. 发转换器；收转换器；调制解调器。

4. 相干解调；互补对称特性；$H_{VSB}(f+f_c)+H_{VSB}(f-f_c)=$常数，$|f|\leqslant f_H$。

5. 滤除噪声和对接收信号进行校正(或均衡)。

6. $P(f)=0.48A^2T_b\text{Sa}(\pi fT_b)+0.16A^2\delta(f)$；$1/T_b$；$0.16A^2$。

7. 1100000000101。8. 64 kB；39 dB。9. 0.1 ms；1 s。10. 2。

二、选择题

1. A；2. B；3. B；4. D；5. D；6. D；7. D；8. C；9. B；10. A。

三、简答题

1. 数字通信系统的框图见图卷3-3。

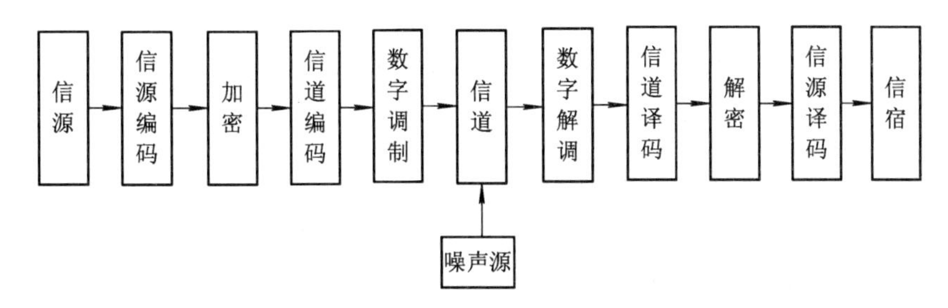

图卷3-3　数字通信系统模型

数字通信系统的主要性能指标：有效性和可靠性。

有效性的衡量方法：频带利用率或码元速率或信息速率。

可靠性的衡量方法：误码率或误比特率。

2. 7位巴克码识别器框图如图卷3-4所示。

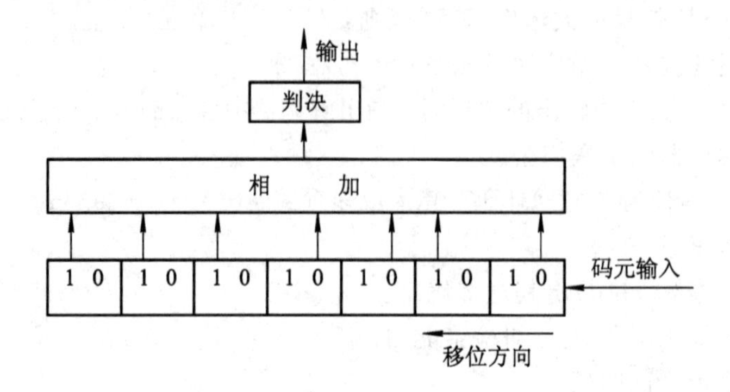

图卷3-4

提高门限：假同步概率下降，漏同步概率上升；

降低门限：漏同步概率下降，假同步概率上升。

3. 信道容量：信道的极限信息传输速率。

香农公式：$C=B\mathrm{lb}\left(1+\dfrac{S}{N}\right)=B\mathrm{lb}\left(1+\dfrac{S}{n_0B}\right)$ (b/s)。

关系：① 增加 B，可在一定范围内提高 C。且有：$B\to\infty$，则 $C\to 1.44\dfrac{S}{n_0}$。

② 增大 S，能提高 C。且有：$S\to\infty$，则 $C\to\infty$。

③ 降低 n_0，能提高 C。且有：$n_0\to 0$，则 $C\to\infty$。

4. 模拟信号数字化的理论基础是取样定理，即一个频带限制在 $0\sim f_H$ 的低通信号 $m(t)$，只要取样频率 $f_s\geqslant 2f_H$，则可由样值序列无失真地重建 $m(t)$。

取样频率 $f_s=2f_H$ 称为奈奎斯特取样频率，它是确保无失真时的最小取样频率。

奈奎斯特取样频率的倒数 $T_s=1/f_s$ 称为奈奎斯特取样间隔，它是确保无失真时的最大取样间隔。

四、综合题

1. (1) 平稳性证明：

① $E[s_m(t)]=E[m(t)\cos(\omega_c t+\theta)]=E[m(t)]\cdot E[\cos(\omega_c t+\theta)]=0$

② $R_{s_m}(t, t+\tau)=E\{[m(t)\cos(\omega_c t+\theta)]\cdot[m(t+\tau)\cos(\omega_c(t+\tau)+\theta)]\}$

$$=\frac{1}{2}R_m(\tau)\cos 2\pi f_c\tau$$

其中，$E[\cos(\omega_c t+2\theta+\omega_c\tau)]=\int_{-\pi}^{\pi}\cos(\omega_c t+2\theta+\omega_c\tau)f(\theta)\mathrm{d}\theta=0$。

所以，$s_m(t)$是广义平稳随机过程。

(2) 由 $R_{s_m}(\tau)\leftrightarrow P_s(f)$，可求得

$$P_s(f)=F\left[\frac{1}{2}R_m(\tau)\cos2\pi f_c\tau\right]=\frac{1}{4}P_m(f-f_c)+\frac{1}{4}P_m(f+f_c)$$

2.（1）由于副载波调制采用SSB调制，故每路SSB信号的带宽等于每路信号(含防护带)的带宽，即为4 kHz，因此，60路话音频分复用后的总带宽为

$$B_{60}=60\times4=240\ \text{kHz}$$

（2）主载波调制采用FM调制，调频波的带宽为

$$B_{\text{FM}}=2f_{\text{m}}(m_{\text{f}}+1)=2\times240\times(2+1)=1440\ \text{kHz}$$

其中 $f_{\text{m}}=B_{60}=240$ kHz。

（3）宽带调频的调制制度增益为

$$G_{\text{FM}}=3m_{\text{f}}^2(m_{\text{f}}+1)=3\times2^2\times(2+1)=36$$

3.（1）冲激响应 $h(t)$ 如图卷3-5所示。

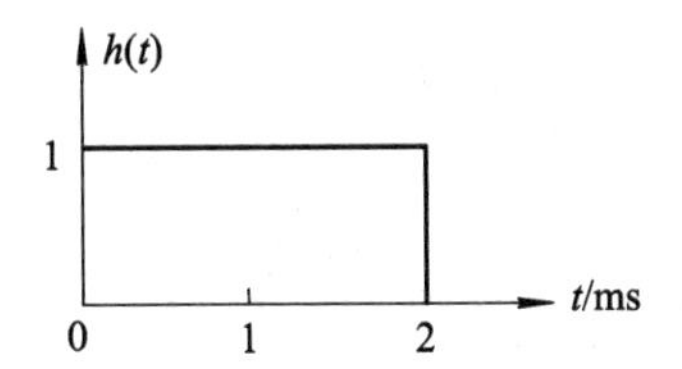

图卷3-5

（2）$H(f)=2\times10^{-3}\text{Sa}(2\times10^{-3}\pi f)\text{e}^{-\text{j}2\times10^{-3}\pi f}$。

（3）匹配滤波器输出 $y(t)$ 如图卷3-6所示。

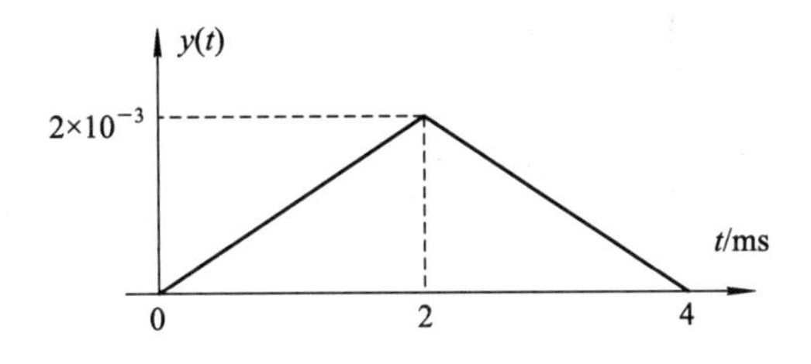

图卷3-6

（4）匹配滤波器最大输出信噪比为 $r_{0,\max}=\dfrac{4\times10^{-3}}{n_0}$。

4.（1）依题意，有一个码元内画一个周期的载波，如图卷3-7所示。

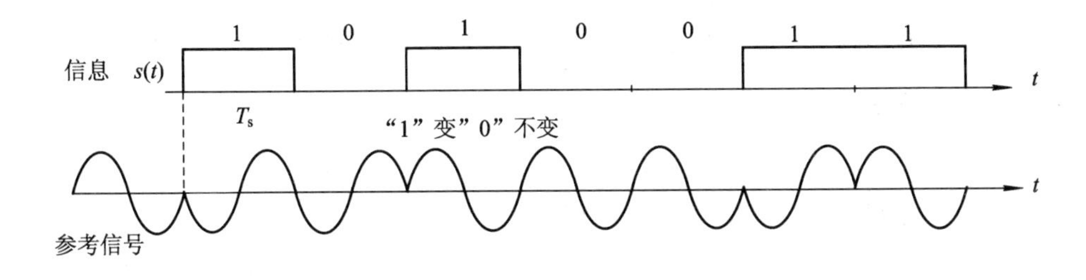

图卷3-7

(2) 低通滤波器型相位比较法解调器方框图如图卷 3－8 所示。

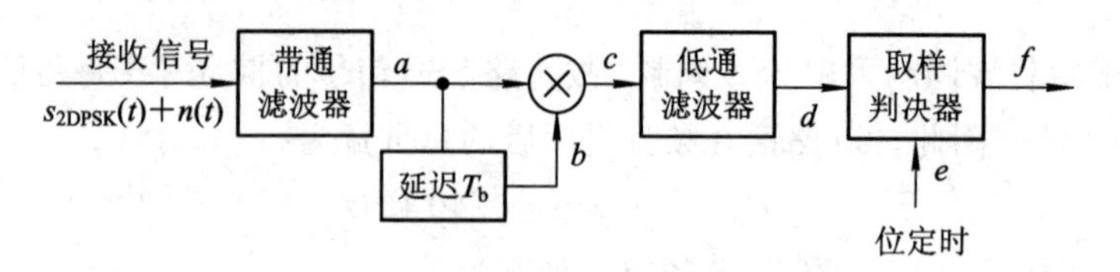

图卷 3－8　2DPSK 相位比较法解调器

(3) 不考虑噪声时各点波形如图卷 3－9 所示。

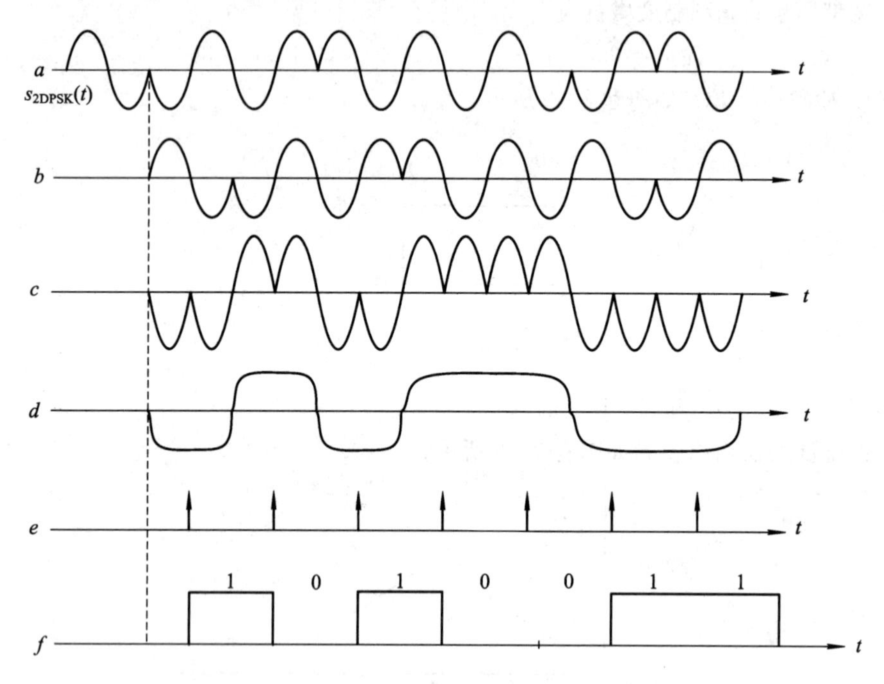

图卷 3－9

(4) 误码率公式为 $P_e=\frac{1}{2}e^{-r}=\frac{1}{2}e^{-\frac{E_b}{2n_0}}$，其中 $r=\frac{\frac{1}{2}a^2}{n_0 B}$，$a$ 是接收 2DPSK 信号的幅度，B 是 2DPSK 信号的带宽。可见，与采用积分器的解调器相比，相同 E_b/n_0 条件下抗噪声性能下降了。

5. (1) 由于循环码的生成多项式 $g(x)$是一个 r 次多项式，因此，$r=4$。已知 $n=7$，故 $k=n-r=3$，编码效率 $\eta=\frac{3}{7}$。

(2) 由 $g(x)$可得 $G(x)=\begin{bmatrix} x^6+x^5+x^4+x^2 \\ x^5+x^4+x^3+x \\ x^4+x^3+x^2+1 \end{bmatrix}$，进而有 $\boldsymbol{G}=\begin{bmatrix} 1 & 1 & 1 & 0 & 1 & 0 & 0 \\ 0 & 1 & 1 & 1 & 0 & 1 & 0 \\ 0 & 0 & 1 & 1 & 1 & 0 & 1 \end{bmatrix}$

将其转换成典型生成矩阵为

$$G=\begin{bmatrix}1&0&0&1&1&1&0\\0&1&0&0&1&1&1\\0&0&1&1&1&0&1\end{bmatrix}$$

信息元 M 为 000，001，010，011，100，101，110，111，共 8 种，代入公式 $\boldsymbol{A}=\boldsymbol{MG}$ 可得全部码字为

$$\boldsymbol{A}_0=[0000000] \qquad \boldsymbol{A}_1=[0011101]$$
$$\boldsymbol{A}_2=[0100111] \qquad \boldsymbol{A}_3=[0111010]$$
$$\boldsymbol{A}_4=[1001110] \qquad \boldsymbol{A}_5=[1010011]$$
$$\boldsymbol{A}_6=[1101001] \qquad \boldsymbol{A}_7=[1110100]$$

(3) 线性分组码的最小码距为码组集合中除全零码之外，重量最小的码字的重量，即 $d_0=w_{\min}=4$。

纠错能力：$d_0\geqslant 2t+1$，所以 $t=1$，即用于纠错可纠 1 位错误；

检错能力：$d_0\geqslant e+1$，所以 $e=3$，即用于检错可检出 3 位错误。

既纠又检错能力：$d_0\geqslant e+t+1$，$(e>t)$，所以，$t=1$，$e=2$，即用于既纠又检错可纠 1 位错的同时最多能检 2 位错误。

(4) 本码集不是汉明码。因为汉明码的最小码距为 3，而此码的最小码距为 4。

(5) 先由典型生成矩阵 $\boldsymbol{G}$ 求出监督矩阵 $\boldsymbol{H}$。

$$\boldsymbol{G}=\begin{bmatrix}1&0&0&1&1&1&0\\0&1&0&0&1&1&1\\0&0&1&1&1&0&1\end{bmatrix}=[\boldsymbol{I}_3\boldsymbol{P}^{\mathrm{T}}]$$

所以监督矩阵 $\boldsymbol{H}$ 为

$$\boldsymbol{H}=[PI_4]=\begin{bmatrix}1&0&1&1&0&0&0\\1&1&1&0&1&0&0\\1&1&0&0&0&1&0\\0&1&1&0&0&0&1\end{bmatrix}$$

现接收码字 $\boldsymbol{B}=[\ 1\ 0\ 1\ 1\ 1\ 0\ 1\ ]$，则其伴随式 $\boldsymbol{S}$ 为：

$$\boldsymbol{S}=\boldsymbol{B}\cdot\boldsymbol{H}^{\mathrm{T}}=[1011101]\cdot\begin{bmatrix}1&1&1&0\\0&1&1&1\\1&1&0&1\\1&0&0&0\\0&1&0&0\\0&0&1&0\\0&0&0&1\end{bmatrix}=[1110]$$

$\boldsymbol{S}$ 不为全零，所以接收码字有错。$\boldsymbol{S}^{\mathrm{T}}$ 与监督矩阵的左边第一列相同，且此循环码只能纠 1 位错，所以接收码字的左边第 1 位有错，即错误图样为 $\boldsymbol{E}=[\ 1\ 0\ 0\ 0\ 0\ 0\ 0\ ]$，这样纠错后的码字为 $\boldsymbol{B}+\boldsymbol{E}=[\ 0\ 0\ 1\ 1\ 1\ 0\ 1\ ]$。

(6) 对于交织码，纠正突发错误的长度 $b\leqslant mt$。本题中码字的纠错能力 $t=1$，故要纠正长度为 10 的突发错，其交织度至少为 10。

附录 4 试题(四)及其参考答案

(考试时间 120 分钟，满分 100 分)

一、填空题(每空 1 分，共 20 分)

1. 某四进制信源，各符号对应的概率均为 0.25，则该信源符号的平均信息量为______。若信源输出码元速率为 1000 Buad，则此信源输出信息速率为________。

2. 平稳随机过程 $X(t)$的均值 $E[X(t)]=2$，自相关函数为 $R(\tau)=14\cos(50\pi\tau)$，则随机过程 $X(t)$的方差 $D[X(t)]=$________，功率谱密度 $P(f)=$________。

3. 编码信道模型如图卷 4－1 所示，若发"1"概率为 0.6，则信道误码率表达式为________。正确传输概率表达式为________。

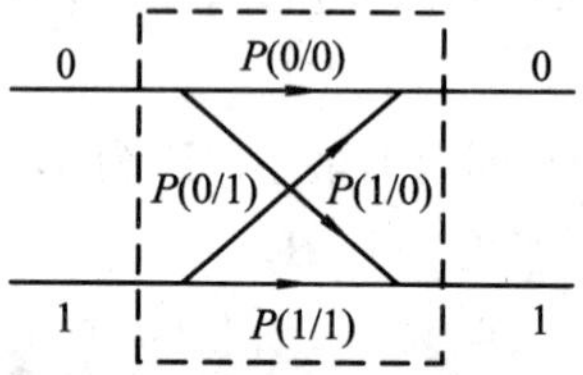

图卷 4－1 二进制编码信道模型

4. 对于 AM 系统，大信噪比时常采用________解调，此解调方式在小信噪比时存在________效应。

5. 当调频指数满足________时称为宽带调频。设调制信号的带宽为 f_H，则宽带调频信号的带宽为________。

6. HDB_3码与 AMI 码的共同之处是适用于隔直流传输，不同之处是 HDB3 码________。

7. 数字基带传输系统出现误码的两个主要原因是________和________。

8. 将数据先进行差分编码，然后进行 BPSK 调制，所形成的是________信号，接收端可以采用差分相干解调。

9. PCM30/32 系统传码率为________ kBaud，用占空比为 1 的矩形脉冲则信号第一零点带宽为________ kHz。

10. 长度为 7 的巴克码为________，当七位巴克码全部进入巴克码识别器时，相加器的输出为________。

11. 设(n, k)循环码的生成多项式为 $g(x)=x^p+c_{p-1}x^{p-1}+\cdots+c_1x+c_0$，则式中 $c_0=$________，$p=$________。

二、选择题(每题 2 分，共 20 分)

1. 下列已调信号中，(　　)的复包络是解析信号。

A. AM　　B. FM　　C. 下单边带 SSB　　D. 上单边带 SSB

2. 关于调制信道中的乘性干扰和加性干扰，下列说法正确的是(　　)。

A. 当输入信号为 0 时，乘性干扰消失

B. 当输入信号为 0 时，加性干扰消失

C. 乘性干扰与信号无关

D. 加性干扰随信号的出现而出现

3. 均衡器均衡效果评价的方法主要有(　　)。

A. 峰值畸变准则和均方误差准则

B. 最小差错概率准则和 Nyquist 准则

C. 匹配滤波接收准则和最大似然准则

D. 最小差错概率准则和最大似然准则

4. 在相同的传信率下，若采用不归零码，下列信号中带宽最小的是(　　)。

A. AMI 码　　B. 1B2B 码　　C. CMI 码　　D. Manchester 码

5. 对 2PSK 信号进行解调，可采用(　　)。

A. 包络解调　　B. 相干解调　　C. 极性比较-码变换　　D. 非相干解调

6. 已知码元速率为 300 Baud，假设矩形包络 2FSK 信号的两功率谱主瓣刚好互不重叠。则 2FSK 的带宽为(　　)。

A. 300 Hz　　B. 600 Hz　　C. 1200 Hz　　D. 2400 Hz

7. 在简单增量调制系统中，取样频率提高一倍，量化信噪比提高(　　)。

A. 9 dB　　B. 9 倍　　C. 6 倍　　D. 6 dB

8. 数字电话信号一次群帧结构含有________个时隙，其中________个非话路时隙。(　　)

A. 30，2　　B. 31，2　　C. 2，20　　D. 32，2

9. OFDM 系统中采用循环前缀(CP)主要是为了(　　)。

A. 保持子载波的正交性　　B. 降低峰均比

C. 保持频率同步　　D. 降低功率谱密度旁瓣

10. 用(7，4)汉明码构成交织度为 10 的交织码，则此交织码最多可纠正(　　)位突发错误。

A. 7　　B. 8　　C. 9　　D. 10

三、简答题(每题 5 分，共 20 分)

1. 简述为什么在数字电话通信系统中，对语音信号使用非均匀量化而不是均匀量化?

2. 什么是信道的时延特性和群时延特性? 它们对信号传输影响如何?

3. 数字基带传输系统对数字基带信号的码型有何要求?

4. 何谓匹配滤波，试问匹配滤波器的冲激响应和信号波形有何关系?

四、综合题(共 5 小题，共 40 分)

1. (6 分)某角度调制信号为 $s_m(t)=10\cos(2\times10^6\pi t+10\cos2000\pi t)$，试确定：

(1) 其最大频率偏移、最大相位偏移和带宽。

(2) 该信号是调频波还是调相波。

2. (12 分)已知匹配滤波器型接收机框图及输入信号 $s_i(t)$ 的波形如图卷 4－2 所示，$s_1(t)$ 与 $s_2(t)$ 等概出现。信道中的噪声 $n_W(t)$ 是零均值、功率谱密度为 $n_0/2$ 的高斯白噪声。

(1) 画出匹配滤波器的冲激响应 $h(t)$。

(2) 若发送 $s_1(t)$，求出在 $t=T_b$ 时刻取样的信号幅度值及瞬时信号功率、噪声平均功率。

(3) 若发送 $s_2(t)$，求出在 $t=T_b$ 时刻取样值 y 的条件均值 $E(y/s_2)$、条件方差 $D(y/s_2)$，及条件概率密度函数 $f_2(y)$的表达式。

(4) 推导出接收机的平均误比特率公式。

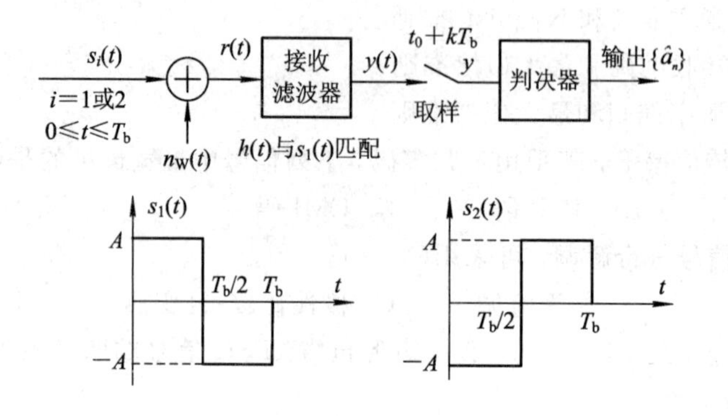

图卷 4-2

3. (6 分) 用 2ASK 调制系统传送二进制数字信息，已知码元速率为 2×10^6 Baud，发"1"时接收端输入信号的振幅 $a=16\ \mu\text{V}$，输入高斯白噪声的单边功率谱密度为 $n_0=4\times10^{-18}$ W/Hz，试求相干解调和非相干解调时系统的误码率。

4. (6 分) 10 路语音信号进行时分复用并经 PCM 编码后在同一信道传输。每路语音信号的取样速率为 8000 次/秒，每个样点量化为 16 个量化电平中的一个。

(1) 每个样点量化时对应的二进制编码位数是多少?

(2) 采用二进制系统进行传输，则多路复用码元速率为多少?

(3) 当用数字基带系统来传输此信号时，系统带宽最小为多少?

5. (10 分) 某线性分组码的生成矩阵为

$$\boldsymbol{G}=\begin{bmatrix}1&0&0&0&1&1&1\\0&1&0&0&1&1&0\\0&0&1&0&1&0&1\\0&0&0&1&0&1&1\end{bmatrix}$$

(1) 求码长 n 和码字中的监督码元个数 r。

(2) 求编码效率 η。

(3) 求监督矩阵 $\boldsymbol{H}$。

(4) 若信息位全为"1"，求监督码元。

(5) 检验 1011001 和 1010101 是否为码字，若有错，请指出错误并加以纠正。

参考答案

一、填空题

1. 2 bit；2000 b/s。2. 10；$7[\delta(f-25)+\delta(f+25)]$。

3. $0.6P(0/1)+0.4P(1/0)$；$0.6P(1/1)+0.4P(0/0)$。4. 包络；门限。

5. $m_f \gg 1$；$2(m_f+1)f_H$。6. 编码输出没有长连零。

7. 信道中的噪声；码间干扰。8. DPSK。9. 2048；2048。

10. 1110010；7。11. 1；$n-k$。

二、选择题

1. D；2. A；3. A；4. A；5. B；6. C；7. A；8. D；9. C；10. D。

三、简答题

1. 均匀量化器量化信噪比随输入信号电平的减小而下降，小信号时的量化信噪比很难达到给定的要求，而语音信号中小信号出现的概率较高。非均匀量化可改善小信号的量化信噪比，具有较大的动态范围。

2. (1) 信道的时延特性：$\tau(f)=-\dfrac{\varphi(f)}{2\pi f}$，表示不同频率的信号经过信道后的时延与其频率的关系。

信道的群时延特性：$\tau_G(f)=-\dfrac{d\varphi(f)}{2\pi df}$，通常用于表示相位-频率特性。

当信道的相频特性是一条通过原点的直线时两者相同，否则两者不同。

(2) 对信号的影响：时延特性为常数时，信号传输不引起信号的波形失真；群时延特性相同时，信号传输不引起信号的相频失真。

3. ① 数字基带信号不含直流，低频分量和高频分量要小；

② 无长连“0”连“1”，从而便于位定时信号的提取；

③ 使数字基带信号占用较少带宽，以提高频带利用率；

④ 使数字基带信号的功率谱不受信源统计特性的影响；

⑤ 要求编、译码实现简单等。

4. 通过线性滤波器对接收信号进行滤波，使得取样时刻上滤波器的输出信号信噪比最大的过程称为匹配滤波。

匹配滤波器的冲激响应是信号波形的镜像，然后在时间轴上向右平移信号宽度时间。

四、综合题

1. (1) 该角度调制信号的瞬时相位偏移为

$$\varphi(t) = 10\cos 2000\pi t$$

最大相位偏移为

$$\Delta\varphi = 10 \text{ rad}$$

瞬时角频率偏移为

$$\omega(t) = \frac{d\varphi(t)}{dt} = -20\,000\pi\sin 2000\pi t$$

最大频率偏移为

$$\Delta f = \frac{20\,000\pi}{2\pi} = 10\,000 \text{ Hz} = 10 \text{ kHz}$$

调制指数为

$$m_f = \frac{\Delta f}{f_m} = \frac{10 \times 10^3}{10^3} = 10$$

故带宽为

$$B = 2(\Delta f + f_m) = 2(10\ 000 + 1000) = 22\ 000\ \text{Hz} = 22\ \text{kHz}$$

(2) 由于没有给定调制信号 $m(t)$ 的形式，所以无法确定该已调信号 $s_m(t)$ 究竟是 FM 信号还是 PM 信号。

2. (1) 由匹配滤波器的特性可知，与信号 $s_1(t)$ 匹配的匹配滤波器的冲激响应 $h(t)$ 为

$$h(t) = s_1(t_0 - t) \quad 0 \leqslant t \leqslant T_b$$

通常取 $t_0 = T_b$，因此 $h(t)$ 的波形图如图卷 4－3 所示，是 $s_1(t)$ 以纵坐标为对称轴进行折叠后再向右平移时间 $t_0 = T_b$ 所得的波形。

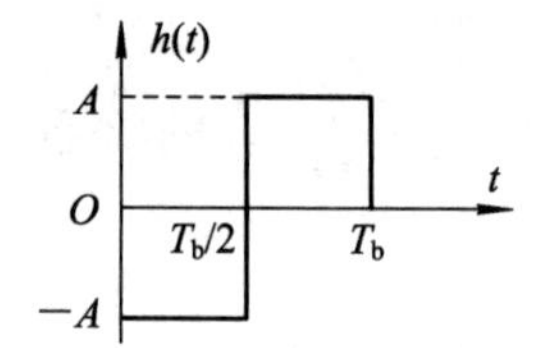

图卷 4－3

(2) 若在 $0 \leqslant t \leqslant T_b$ 发送 $s_1(t)$，则接收信号为

$$r(t) = s_1(t) + n_W(t) \quad 0 \leqslant t \leqslant T_b$$

此时，匹配滤波器的输出 $y(t)$ 为

$$\begin{aligned} y(t) &= r(t) * h(t) \\ &= \int_0^t r(\tau) \cdot h(t-\tau) d\tau \\ &= \int_0^t r(\tau) \cdot s_1(T_b - t + \tau) d\tau \\ &= \int_0^t [s_1(\tau) + n_W(\tau)] \cdot s_1(T_b - t + \tau) d\tau \end{aligned}$$

在 $t = T_b$ 时刻对 $y(t)$ 取样，得到的取样值 y 为

$$\begin{aligned} y = y(T_b) &= \int_0^{T_b} [s_1(\tau) + n_W(\tau)] \cdot s_1(T_b - T_b + \tau) d\tau \\ &= \int_0^{T_b} s_1^2(\tau) d\tau + \int_0^{T_b} s_1(\tau) \cdot n_W(\tau) d\tau = E_b + n \end{aligned}$$

其中，$E_b = \int_0^{T_b} s_1^2(t) dt$ 是接收滤波器输入端的比特能量，也是取样时刻信号的幅度值，故其瞬时功率为 E_b^2；$n = \int_0^{T_b} s_1(t) n_W(t) dt$ 是取样时刻噪声的瞬时值，服从高斯分布，均值和方差分别为

$$E[n] = E\left[\int_0^{T_b} s_1(t) n_W(t) dt\right] = \int_0^{T_b} s_1(t) E[n_W(t)] dt = 0$$

$$\begin{aligned} \sigma_n^2 &= \int_{-\infty}^{\infty} P_n(f) df = \int_{-\infty}^{\infty} \frac{n_0}{2} |H(f)|^2 df = \frac{n_0}{2} \int_{-\infty}^{\infty} |h(t)|^2 df \\ &= \frac{n_0}{2} \int_0^{T_b} s_1^2(t) dt = \frac{1}{2} n_0 E_b \end{aligned}$$

(3) 若在 $0\leqslant t\leqslant T_b$ 发送 $s_2(t)$，则接收信号为

$$r(t)=s_2(t)+n_W(t)\quad 0\leqslant t\leqslant T_b$$

此时，匹配滤波器的输出 $y(t)$ 为

$$y(t)=\int_0^t r(\tau)\cdot s_1(T_b-t+\tau)\mathrm{d}\tau$$

$$=\int_0^t [s_2(\tau)+n_W(\tau)]\cdot s_1(T_b-t+\tau)\mathrm{d}\tau$$

在 $t=T_b$ 时刻对 $y(t)$ 取样，得到的取样值 y 为

$$y=y(T_b)=\int_0^{T_b}[s_2(\tau)+n_W(\tau)]\cdot s_1(\tau)\mathrm{d}\tau=-E_b+n$$

显然，y 是高斯随机变量，其均值和方差分别为

$$E[y]=E[-E_b+n]=-E_b+E[n]=-E_b$$

$$D[y]=D[-E_b+n]=-E_b+D[n]=\frac{1}{2}n_0E_b=\sigma_n^2$$

故 y 的概率密度函数 $f_2(y)$ 为

$$f_2(y)=\frac{1}{\sqrt{2\pi}\sigma_n}\exp\left[-\frac{(y+E_b)^2}{2\sigma_n^2}\right]$$

(4) 对于传输双极性信号，设发“1”时，取样时刻信号的幅度为 a(即取样值的均值)，零均值噪声方差为 σ_n^2，发“0”时，取样时刻信号的幅度值为 $-a$。当“1”“0”等概时，最佳判决门限电平为 0，此时接收机的误比特率为

$$P_b=\frac{1}{2}\mathrm{erfc}\left(\frac{a}{\sqrt{2}\sigma_n}\right)$$

对于匹配滤波器型的接收机，取样判决时刻的信号幅度值及噪声功率与匹配滤波器输入端信号的比特能量及信道功率谱密度之间的关系为(由上述推导结果)

$$a=E_b$$

$$\sigma_n^2=\frac{1}{2}n_0E_b$$

代入误比特率公式得到接收机误比特率计算公式为

$$P_b=\frac{1}{2}\mathrm{erfc}\left(\sqrt{\frac{E_b}{n_0}}\right)$$

说明：本题实际上是接收滤波器采用匹配滤波器的最佳接收机的误码率推导过程。

3. 2ASK 信号各种解调器的误码率公式均与 $E_b/(4n_0)$ 有关，故首先应根据已知条件计算出 $E_b/(4n_0)$ 的值。由题意可得

$$\frac{E_b}{4n_0}=\frac{\frac{1}{2}a^2T_b}{4n_0}=\frac{\frac{1}{2}\times(16\times10^{-6})^2\times\frac{1}{2\times10^6}}{4\times4\times10^{-18}}=4$$

(1) 相干解调

$$P_e=\frac{1}{2}\mathrm{erfc}\left(\sqrt{\frac{E_b}{4n_0}}\right)=\frac{1}{2}\mathrm{erfc}(\sqrt{4})$$

$$=\frac{1}{2}\mathrm{erfc}(2)=\frac{1}{2}\times0.004\,68=0.002\,34=2.34\times10^{-3}$$

(2) 非相干解调(包络解调)。

将$\frac{E_b}{4n_0}=4$代入包络解调误码率公式得

$$P_e=\frac{1}{2}e^{-\frac{E_b}{4n_0}}=\frac{1}{2}e^{-4}=\frac{1}{2}\times 0.018\,315\,6\approx 9.2\times 10^{-3}$$

4. (1) 编码位数：lb(16)=4。

(2) 码元速率：$Nkf_s=10\times 4\times 8000=320$ kBaud。

(3) 系统最小带宽：$B=\frac{R_B}{2}=\frac{320}{2}=160$ kHz。

5. (1) 由生成矩阵可知：$n=7$，$k=4$，$r=7-4=3$。

(2) $\eta=\frac{k}{n}=\frac{4}{7}$。

(3) 由典型生成矩阵与典型监督矩阵间的关系得

$$\boldsymbol{G}=\begin{bmatrix}1&0&0&0&1&1&1\\0&1&0&0&1&1&0\\0&0&1&0&1&0&1\\0&0&0&1&0&1&1\end{bmatrix}\Rightarrow\boldsymbol{H}=\begin{bmatrix}1&1&1&0&1&0&0\\1&1&0&1&0&1&0\\1&0&1&1&0&0&1\end{bmatrix}$$

(4) 当信息$\boldsymbol{M}=[1111]$时，码字$\boldsymbol{A}=\boldsymbol{M}\cdot\boldsymbol{G}=[1111111]$，可知监督码元(码字的最后3位)为111。

(5) 由伴随式公式$\boldsymbol{S}=\boldsymbol{B}\boldsymbol{H}^{\mathrm{T}}$得：

$\boldsymbol{B}=[1011001]$时，$\boldsymbol{S}=[000]$，所以$\boldsymbol{B}=[1011001]$是码字。

$\boldsymbol{B}=[1010101]$时，$\boldsymbol{S}=[111]$，所以$\boldsymbol{B}=[0000011]$不是码字，因为$\boldsymbol{S}=[111]$是$\boldsymbol{H}^{\mathrm{T}}$的第一行，故码字中最高位有错，纠错后的码字为0010101。

附录5 试题(五)及其参考答案

(考试时间120分钟，满分100分)

一、填空题(每空1分，共20分)

1. 数字通信系统以1200 Baud的速率传输10分钟，共收到错码72个，则该系统的误码率为________。若此系统是16进制的，则系统的最大可能信息速率为________。

2. 某零均值高斯平稳随机过程$Y(t)$，自相关函数为$R_Y(\tau)=2\cos 2\pi f_c\tau$，则此随机过程的功率谱密度为________，功率为________。

3. 通信系统信道中的噪声通常是加性高斯白噪声，此名称中“高斯噪声”的含义是________；“白噪声”的含义是________。

4. 匹配滤波器是指在加性高斯白噪声干扰下，最大信噪比意义下的最佳线性滤波器。对输入信号$s(t)$匹配的滤波器的冲激响应表达式为________，最大输出信噪比为________。

5. 某二进制随机信号的功率谱密度函数为$P_s(f)=0.24A^2T_b\mathrm{Sa}^2(\pi fT_b)+0.16A^2\delta(f)$，

则该信号中________(存在/不存在)位定时分量，直流功率为________。

6. 由 4 级线性反馈移位寄存器产生的 m 序列，其周期为________。由于 m 序列的许多特性与噪声序列十分接近，故常称 m 序列为________序列。

7. 自动请求重发(ARQ)差错控制系统________(无需/需要)反向信道，适合于________(话音/数据)传输。

8. 在二进制数字调制技术 2ASK、2FSK、2PSK 和 2DPSK 中，抗噪声性能最好的是________，频带利用率最低的是________。

9. 在 QPSK、OQPSK 和 MSK 三种调制方式中，相邻码元相位跳变最大的是________，属于连续相位调制的是________。

10. 在均匀量化 PCM 系统中，若信号是均匀分布的，则编码位数每增加一位，量化信噪比增加________分贝。PCM30/32 路时分复用电话系统的比特速率为________。

二、选择题(每题 2 分，共 20 分)

1. 某八进制数字信号，1 分钟传送 18 000 bit 的信息量，其码元速率是(　　)。

A. 100 Baud　　B. 300 Baud　　C. 600 Baud　　D. 900 Baud

2. 零均值广义平稳随机过程 $X(t)$ 的平均功率是(　　)。

A. $E[X(t)]$　　B. $E^2[X(t)]$　　C. $R(\infty)$　　D. $D[X(t)]$

3. 对 SSB 调制系统来说，接收端载波相位误差对解调器性能有何影响？(　　)。

A. 无法解调

B. 引起解调器输出信噪比下降，但无畸变

C. 引起解调器输出信噪比下降，并产生信号正交项

D. 引起解调器输出信噪比下降，并产生新的频率分量

4. 设加性高斯白噪声的单边功率谱密度为 n_0，输入信号的能量为 E，则匹配滤波器在最佳取样判决时刻的信噪比为(　　)。

A. $\frac{4E}{n_0}$　　B. $\frac{2E}{n_0}$　　C. $\frac{E}{n_0}$　　D. $\frac{E}{2n_0}$

5. 在数字通信系统中，对于各种原因引起的码间干扰，可以采用(　　)技术来消除或减少干扰的影响。

A. 时域均衡　　B. 部分响应　　C. 匹配滤波　　D. 升余弦滚降

6. 眼图在取样时刻的张开度决定了系统的(　　)。

A. 噪声容限　　B. 频带利用率　　C. 定时误差　　D. 判决门限

7. 2ASK、2PSK、2FSK 和 2DPSK 四种调制方式中，不可采用非相干解调的是(　　)。

A. 2ASK　　B. 2PSK　　C. 2FSK　　D. 2DPSK

8. 对于 ΔM 编码过程，为避免过载量化噪声的出现，下列措施错误的是(　　)。

A. 减小量化台阶　　B. 提高取样速率

C. 增大量化台阶　　D. 自适应跟踪调整

9. 采用无辅助导频的载波提取，一般方法为(　　)。

A. 平方环法和科斯塔斯环法　　B. 频域插入和时域插入

C. 延迟相乘与微分整流法　　D. 外同步法和自同步法

10. 信息速率为 100 kb/s 的一个 DS-BPSK 系统，扩频码使用周期为 511 的 m 序列，

码片周期 $T_c=0.1\ \mu s$，则该扩频信号的主瓣带宽为(　　)。

A. 100 kHz　　B. 200 kHz　　C. 10 MHz　　D. 20 MHz

三、简答题(每题 5 分，共 20 分)

1. 画出通信系统的一般模型。并说明通信系统的主要性能指标及衡量方法。

2. 试从平稳性、概率分布、均值和功率谱密度方面，简述零均值高斯平稳随机过程通过线性系统后输出随机过程的特点。

3. AMI 码的编码规则是什么？请求出信息序列为 001101000000101111 的 AMI 码，并说明 AMI 码存在的问题。

4. PCM 数字传输系统中引起输出信号失真的主要原因是什么？可通过什么方法减小这些失真？为什么？

四、综合题(共 5 小题，共 40 分)

1.（8 分）A 律 PCM 基群的帧同步码为 0011011，位于偶数帧 TS_0 的 2～8 比特。

（1）试画出该帧同步码的识别器原理图。

（2）请简要说明判决门限电平与假同步概率 P_F、漏同步概率 P_L 的关系。

（3）设系统的信息传输速率为 R_b，一帧中的信息位数为 N_1，请写出群同步系统的平均同步建立时间表达式。

2.（8 分）已知某线性分组码的监督矩阵为

$$\boldsymbol{H}=\begin{bmatrix}0&1&1&1&0&0&0\\1&1&1&0&1&0&0\\1&1&0&0&0&1&0\\1&0&1&0&0&0&1\end{bmatrix}$$

（1）求编码效率。

（2）求全部的码字。

（3）求此码的纠检错能力。

（4）试举例越纠越错现象并说明发生此现象的原因。

3.（8 分）在模拟信号数字传输系统中，若模数转换采用简单增量调制，输入模拟信号为 $m(t)$，取样频率为 f_s，量化台阶为 δ。

（1）避免过载发生的条件是什么？

（2）若 $m(t)=A\cos 2\pi f_0 t$，则不过载所允许的最大信号幅度为多少？

（3）若取样频率 $f_s=40$ kHz，则数字化后信号的二进制码元速率为多少？

（4）若(3)中的数字信息经 4PSK 调制(全占空矩形波形)后传输，则信道所需的带宽为多少？频带利用率为多少(b/s)/Hz？

4.（8 分）2DPSK 调制器如图卷 5－1 所示。设输入信息序列为 $a_n=1011001$，载波频率是码元速率的 2 倍。

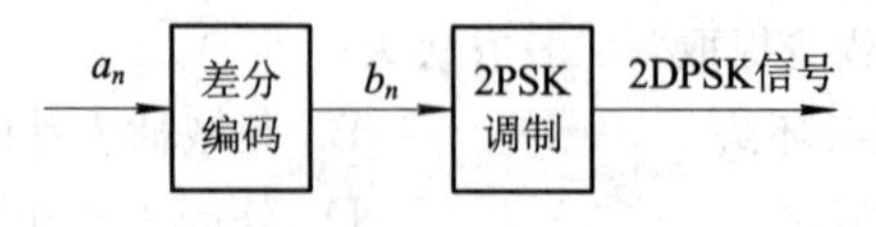

图卷 5－1　2DPSK 调制器

(1) 画出图卷 5－1 中 a_n、b_n 和 2DPSK 波形，设 $b_0=0$，调制规则为“1”变“0”不变。

(2) 画出 2DPSK 信号功率谱示意图，标出频率轴上的有关参数。

(3) 写出 2DPSK 信号的带宽表达式。

(4) 2DPSK 的解调方法有哪些？画出其中的一种解调器框图，给出相应的误码率公式。

5. (8 分) 12 路话音信号进行上边带调幅频分复用，得到的复合信号再进行调频。调频器的载波为 f_c，最大频偏为 480 kHz。

(1) 求频分复用信号的带宽 B_b。

(2) 求调频指数 m_f。

(3) 求出 FM 信号的带宽。

(4) 求 FM 解调器的制度增益 G_{FM}。

参 考 答 案

一、填空题

1. 10^{-4}；4800 b/s。2. $P_Y(f)=[\delta(f-f_c)+\delta(f+f_c)]$；2。

3. 噪声的瞬时值服从正态(高斯)分布；噪声的功率谱密度为常数。

4. $h(t)=ks(t_0-t)$；$r_{omax}=\dfrac{2E}{n_0}$或 $r_{omax}=\dfrac{2\int_{-\infty}^{\infty}|s(t)|^2\mathrm{d}t}{n_0}$。

5. 不存在；$0.16A^2$。6. 15；伪噪声/伪随机。7. 需要；数据。8. 2PSK；2FSK。9. QPSK；MSK。10. 6；2.048 Mb/s。

二、选择题

1. A；2. D；3. C；4. B；5. A；6. A；7. B；8. A；9. A；10. D。

三、简答题

1. (1) 通信系统的一般模型如图卷 5－2 所示。

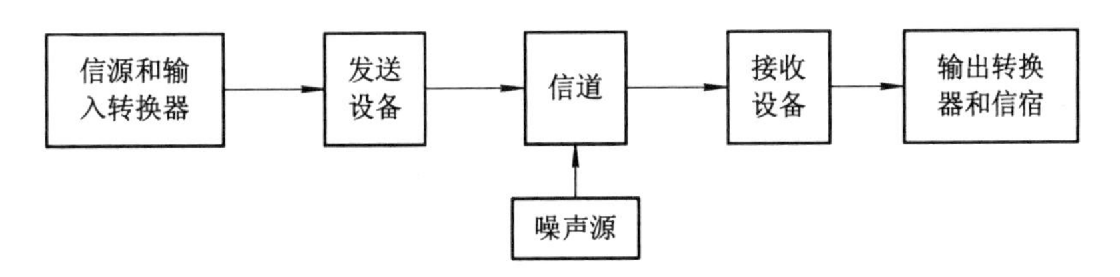

图卷 5－2　通信系统的一般模型

(2) 通信系统的主要性能指标：有效性和可靠性。

有效性：在模拟通信系统中用有效传输带宽来衡量；

在数字通信系统中用频带利用率或信息传输速率或码元速率来衡量。

可靠性：在模拟通信系统中用信噪比衡量；

数字通信系统中用误码率或误比特率。

2. (1) 输出是平稳的；

(2) 输出瞬时值服从高斯分布；

(3) 输出随机过程均值为 0；

(4) 输出随机的功率谱密度等于输入随机过程的功率谱密度乘以系统传输特性模的平方(或写表达式均可)。

3. (1) 编码规则：信息“0”码用 0 电平表示，信息“1”码用极性交替的正负脉冲表示。

(2) AMI 码：00＋1－10＋1000000－10＋1－1＋1－1(假设第一个“1”码用“＋1”表示)。

(3) 长连“0”时无法提取位定时信息。

4. (1) 引起失真的主要原因：量化引起的量化噪声和数字通信系统误码引起的误码噪声。

(2) 减小量化台阶和降低数字通信系统的误码率。因为量化噪声功率与量化台阶的平方成正比；误码信噪比与数字传输系统的误码率成反比。

四、综合题

1. (1) 识别器原理图如图卷 5－3 所示。

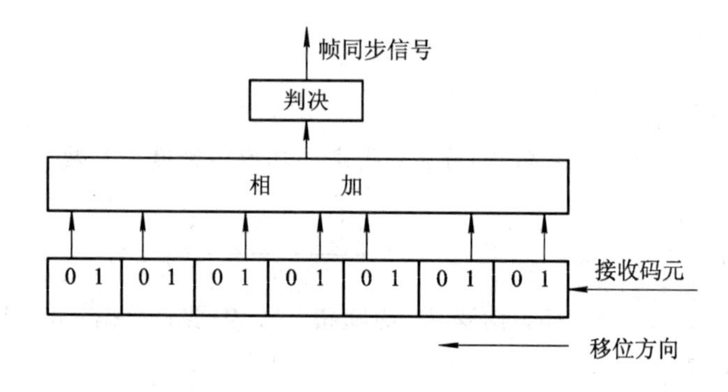

图卷 5－3　帧同步码 0011011 识别器

(2) 判决门限高：假同步概率小，漏同步概率大。

判决门限低：假同步概率大，漏同步概率小。

(3) $t_s=\dfrac{2(1+P_F+P_L)(N_1+8)}{R_b}$。

2. (1) 根据监督矩阵 $\boldsymbol{H}$ 的大小可得 $n=7$，$r=4$，故 $k=n-r=3$，编码效率 $\eta=3/7$。

(2) 由典型监督矩阵 $\boldsymbol{H}=[\boldsymbol{PI}_r]$，得典型生成矩阵

$$\boldsymbol{G}=[\boldsymbol{I}_k\boldsymbol{P}^{\mathrm{T}}]=\begin{bmatrix}1&0&0&0&1&1&1\\0&1&0&1&1&1&0\\0&0&1&1&1&0&1\end{bmatrix}$$

用 $\boldsymbol{M}=[000]\sim[111]$代入 $\boldsymbol{A}=\boldsymbol{MG}$ 得全部 8 个码字为

0000000	0011101	0101110	0110011
1000111	1011010	1101001	1110100

(3) 全部码字中非全零码外的其他码字的最小重量为最小码距，得 $d_0=4$。

用于检错，最多能发现 3 个错误；

用于纠错，最多能够纠正 1 个错误；

同时用于纠检错，纠正 1 个错误的同时发现 2 个错误。

(4) 错误图样与伴随式的对应关系为：

错误图样	伴随式
1000000	0111
0100000	1110
0010000	1101
0001000	1000
0000100	0100
0000010	0010
0000001	0001

如前 3 位均发生了错误，则错误图样为 $\boldsymbol{E}=[1110000]$，伴随式为

$$\boldsymbol{S}=[1110000]\begin{bmatrix}0&1&1&1\\1&1&1&0\\1&1&0&1\\1&0&0&0\\0&1&0&0\\0&0&1&0\\0&0&0&1\end{bmatrix}=[0100]$$

对照错误图样与伴随式间的关系，查得错误图样为 $\boldsymbol{E}=[0000100]$，对第 3 位纠错，纠错后的码字中有四位错误，发生了越纠越错情况。

出现越纠越错现象的原因是错误个数超出了纠错能力。

3.（1）不过载条件：$\left|\dfrac{\mathrm{d}m(t)}{\mathrm{d}t}\right|\leqslant\delta f_{\mathrm{s}}$。

（2）由不过载条件，得 $A_{\max}=\dfrac{\delta f_{\mathrm{s}}}{2\pi f_0}$。

（3）$R_{\mathrm{B}}=f_{\mathrm{s}}=40\ \mathrm{kB}$。

（4）$B_{4\mathrm{PSK}}=R_{\mathrm{b}}=\dfrac{R_{\mathrm{B}}}{\mathrm{lb}2}=40\ \mathrm{kHz}$，$\eta=\dfrac{R_{\mathrm{b}}}{B_{4\mathrm{PSK}}}=\dfrac{40}{40}=1\ (\mathrm{b/s})/\mathrm{Hz}$。

4.（1）图卷 5－1 中各点波形如图卷 5－4 所示。

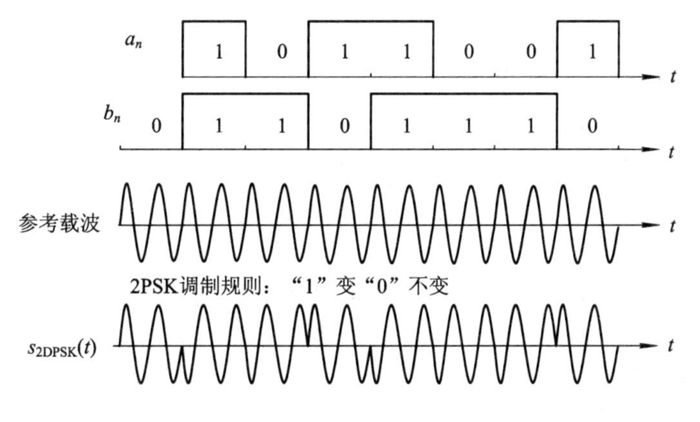

图卷 5－4

（2）功率谱示意图如图卷 5－5 所示。

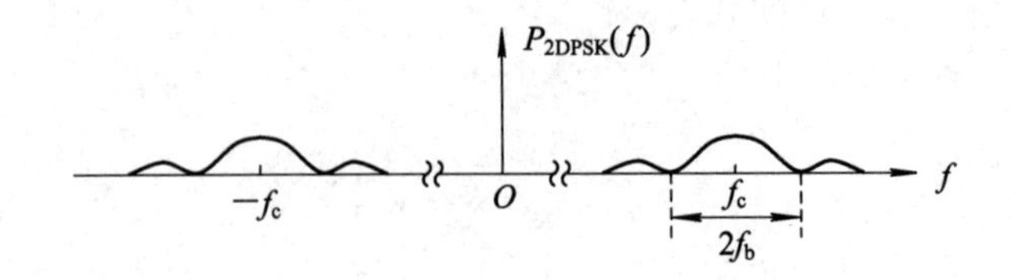

图卷 5－5　2DPSK 信号功率谱

(3) $B_{2DPSK}=2f_b$，其中 f_b 在数值上等二进制码元速率。

(4) 解调方法：极性比较法和相位比较法(意思对即可)。相位比较法解调器框图如图卷 5－6 所示，相应的误码率公式为 $P_e=\frac{1}{2}e^{-\frac{E_b}{n_0}}$。

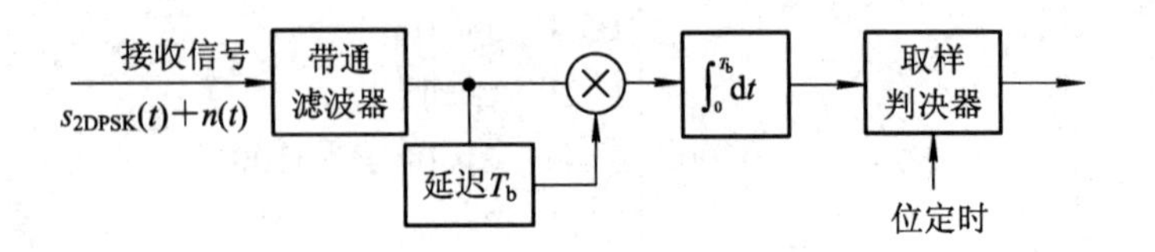

图卷 5－6　2DPSK 相位比较法解调器

5. (1) 1 路话音信号的 USB 的带宽为 4 kHz，故频分复用后的信号带宽 $B_b=12\times4=48$ kHz。

(2) $m_f=\frac{\Delta f}{B_b}=\frac{480}{48}=10$。

(3) $B_{FM}=2(10+1)\times48=1.056$ MHz。

(4) $G_{FM}=3m_f^2(m_f+1)=3\times10^2(10+1)=3300$。

附录 6　试题(六)及其参考答案

(考试时间 120 分钟，满分 100 分)

一、填空题(每空 1 分，共 20 分)

1. 设在 125 μs 内传输 256 个二进制码元，则码元速率为________，若该信码在 2 s 内有 16 个码元产生错误，则误码率为________。

2. 平稳随机过程的统计特性不随时间的推移而不同，其一维分布与________无关，二维分布只与________有关。

3. 宽频带信号在短波电离层反射信道中传输时，可能遇到的主要衰落类型是________。数字通信系统中均衡器的作用是________，时域均衡用 ________实现。

4. 对于一个频带限制在 0～4 kHz 的时间连续信号进行取样时，应要求取样间隔不大于________。

5. 在简单增量调制中，设取样速率为 f_s，量化台阶为 δ，则译码器的最大跟踪斜率为________，数字化后的二进制码元速率为________。若取样速率提高一倍，其他条件保持不变，则量化信噪比提高________分贝。

6. 已知 7 位巴克码为 1110010，则其局部自相关函数 $R(2)=$________。

7. 对于接收信号 $m(t)\cos 2\pi f_c t$ 信号，载波相位误差 φ 使相干解调器输出信号幅度衰减________倍，解调器输出信噪比下降________倍。

8. 8PSK 系统与 2PSK 系统相比，频带利用率 η_b ________（提高/下降），抗噪声性能________（提高/下降）。

9. 有 m 序列产生器如图卷 6－1 所示。设初始状态为 $D_2D_1D_0=001$，则输出 m 序列为________。

图卷 6－1

10. 已知某线性分组码的全部码字为{0000000，0010111，0101110，0111001，1001011，1011100，1100101，1110010}，则此码的编码效率为________，最小码距为________。此码________（是/不是）循环码。

二、选择题（每题 2 分，共 20 分）

1. 某离散信源输出 x_0，x_1，x_2，…，x_7 八种不同符号，符号速率为 2400 Baud，每个符号出现的概率分别为 $P(x_0)=P(x_1)=1/16$，$P(x_2)=1/8$，$P(x_3)=1/4$，其余符号等概出现，则该信息源的平均速率为（　　）。

A. 5000 b/s　　B. 5600 b/s　　C. 6000 b/s　　D. 6900 b/s

2. 某单音调频信号为 $s(t)=20\cos[2\times 10^8\pi t+8\cos(4000\pi t)]$ V，则调频指数为（　　）。

A. $m_f=2$　　B. $m_f=4$　　C. $m_f=6$　　D. $m_f=8$

3. 若某信道的相干带宽远大于（　　），则该信道属于平坦衰落信道。

A. 符号速率　　B. 相干时间的倒数　　C. 多普勒频移　　D. 时延扩展的倒数

4. 在格雷码映射的 M 进制调制中，相邻星座点有（　　）比特不同。

A. 1　　B. $\mathrm{lb}M$　　C. $\frac{1}{2}\mathrm{lb}M$　　D. M

5. 对于相同的升余弦滚降系数，OQPSK 的（　　）比 QPSK 的小。

A. 码间干扰　　B. 传输带宽　　C. 包络起伏　　D. 误比特率

6. 采用多进制信号传输二进制序列可以节省________，付出的代价是________。（　　）

A. 功率；带宽　　B. 时间；复杂度　　C. 带宽；信噪比　　D. 时间；信噪比

7. MSK 信号不但________恒定，而且________连续，故频谱更集中于主瓣。（　　）

A. 振幅；时间　　B. 频谱；波形　　C. 频率；相位　　D. 包络；相位

8. 某带通信号的频带范围是 9～12 kHz，对其进行理想取样，能使频谱不发生混叠的最小取样频率是（　　）kHz。

A. 6　　B. 9　　C. 12　　D. 24

9. 通信系统中使用交织的主要目的是（　　）。

A. 便于实现 Rake 接收　　B. 将突发差错变成随机差错

C. 便于实现 OFDM　　D. 将数据随机化

10. 设发送数据速率是 2 kb/s，正交 2FSK 信号的主瓣带宽最小是(　　)kHz。

A. 3　　B. 4　　C. 5　　D. 6

三、简答题(每题 5 分，共 20 分)

1. 某恒参信道的传输特性 $H(f)=(1+\mathrm{j}2\pi fRC)^{-1}$，式中 RC 是常数，试说明信号通过该信道时会产生哪些失真？为什么？

2. 简述在数字基带传输系统中，造成误码的主要因素和产生的原因。

3. 请从有效性和可靠性两个方面简述多进制数字调制系统的特点。

4. 在插入导频法实现载波同步的系统中，对插入导频的要求是什么？为什么？

四、综合题(共 5 小题，共 40 分)

1. (6 分) 某信息源的符号集为(A_0，A_1，…，A_9)，每个符号相互独立，且出现概率分别为

$$P(A_0)=P(A_2)=P(A_5)=P(A_7)=\frac{1}{16}$$

$$P(A_1)=P(A_3)=P(A_4)=P(A_6)=P(A_8)=P(A_9)=\frac{1}{8}$$

(1) 求该符号集的平均信息量。

(2) 若以 4800 Baud 的速率连续发送 1 h，则该信源发出的信息量为多少？

(3) 求该符号集最大可能的平均信息量。

2. (8 分) 设随机过程 $\xi(t)=a\cos(\omega t+\theta)$，其中 a、ω 是常数，θ 是在$[0, 2\pi)$上均匀分布的随机变量，试证明 $\xi(t)$是各态历经的平稳随机过程。

3. (10 分) 对一最高频率 $f_m=4$ kHz 的电话信号按奈奎斯特取样速率取样后，进行 13 折线 PCM 编码成为二进制双极性不归零矩形脉冲序列，然后再将它变换为 M 进制 PAM，并通过 $\alpha=1$ 的升余弦频谱成形，再将此数字基带信号送至基带信道中传输，如图卷 6-2 所示。

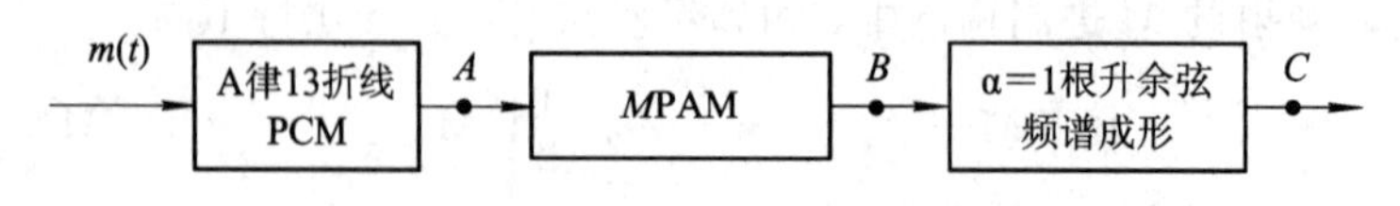

图卷 6-2

(1) 请求出 A 点的二进制信息速率 R_b。

(2) 若 MPAM 中的 $M=16$，请求出 B 点的 M 进制符号速率。

(3) 画出 B 点和 C 点的双边功率谱密度(标上频率坐标)。

4. (8 分) 二进制数字信号的码元速率为 2400 Baud，采用振幅键控(ASK)，载波为 $\cos 2\pi f_c t$。

(1) 该 ASK 信号的带宽为多少？

(2) 采用如图卷 6-3 所示的解调器，设信道噪声为高斯白噪声，双边功率谱密度为 $n_0/2$，方差为 σ^2，试分析计算在发"1"时(设 ASK 信号为 $A\cos 2\pi f_c t$)，此接收系统漏报概率 $P(0/1)$。(设最佳判决门限 $V_d^*=A/2$。)

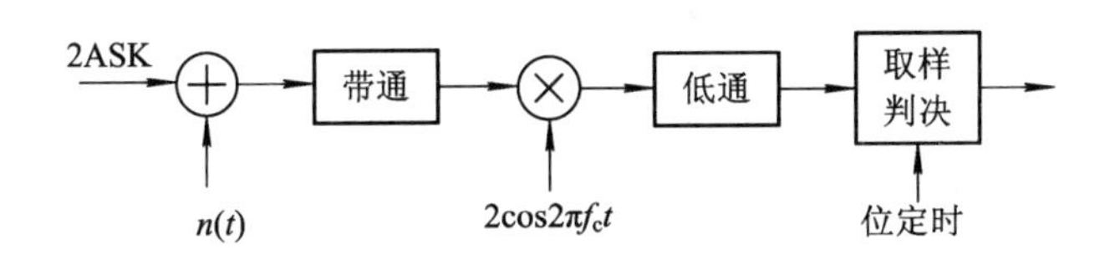

图卷 6-3

5.（8 分）(7，3)循环码的全部码字如下所示。

0000000　　0011101　　0100111　　0111010

1001110　　1010011　　1101001　　1110100

(1) 求此码的最小码距 d_0。

(2) 写出生成多项式 $g(x)$。

(3) 写出生成矩阵 $\boldsymbol{G}$。

(4) 求其监督矩阵 $\boldsymbol{H}$。

参考答案

一、填空题

1. 2.048 MBaud；3.91×10^{-6}。2. 时间；时间间隔。

3. 频率选择性衰落；减小取样点上的码间干扰；横向滤波器。

4. 0.125 ms。5. δf_s；f_s；9。6. -1。7. $\cos\varphi$；$\cos^2\varphi$。8. 提高；下降。9. 1001110…。

10. 3/7；4；是。

二、选择题

1. D；2. D；3. A；4. A；5. C；6. C；7. D；8. A；9. B；10. C。

三、简答题

1. 信号通过该信道会产生：幅频失真和相频失真(群时延失真)。

原因：$|H(f)|\neq$常数，$\varphi(f)$非线性，或 $\tau(f)\neq$常数。

2. 在数字基带传输系统中，造成误码的两大因素：码间干扰和信道噪声。

码间干扰是由于信道传输特性不理想造成的；

信道噪声是一种加性随机干扰，来源有很多，主要是起伏噪声。

3. MASK、MPSK、MDPSK：进制 M 越大，频带利用率越高，但可靠性越低。

MFSK：进制 M 越大，频带利用率越低，但可靠性则越高。

4. 载波同步系统对插入导频的要求：

(1) 导频插在信号频谱为 0 处，便于接收端用窄带滤波器滤出导频。

(2) 导频频率与载波频率相关，便于由导频信号得到同步载波。

(3) 导频信号与调制载波正交，以消除导频对信号解调的影响。

四、综合题

1. (1) $H=\frac{4}{16}\text{lb}16+\frac{6}{8}\text{lb}8=3.25$ 比特/符号。

(2) $I_{1h}=4800\times60\times60\times3.25=5.616\times10^7$ bit。

(3) 各符号等概时，平均信息量达最大 $H_{\max}=\text{lb}10=3.32$ bit/符号。

2. (1) 平稳性的证明：

$$a_\xi(t) = E[\xi(t)] = 0$$

$$R_\xi(t,\ t+\tau) = E[\xi(t)\xi(t+\tau)] = \frac{1}{2}a^2\cos\omega\tau$$

故 $\xi(t)$是平稳随机过程。

(2) 各态历经性证明：

取 $\theta=0$ 的样本函数 $\xi(t)$，有

$$\overline{a_\xi} = \lim_{T\to\infty}\frac{1}{T}\int_{-\frac{T}{2}}^{\frac{T}{2}}\xi(t)\mathrm{d}t = 0 = a_\xi(t)$$

$$\overline{\xi_o(t)\xi_o(t+\tau)} = \lim_{T\to\infty}\frac{1}{T}\int_{-\frac{T}{2}}^{\frac{T}{2}}\xi_o(t)\xi_o(t+\tau)\mathrm{d}t = \frac{1}{2}a^2\cos\omega\tau = R_\xi(t,\ t+\tau)$$

即某一样本函数的时间平均等于统计平均。

3. (1) $f_s=2f_m=2\times4=8$ kHz，$k=8$，故 $R_b=kf_s=8\times8=64$ kb/s。

(2) $R_B=\dfrac{R_b}{\mathrm{lb}M}=\dfrac{64}{\mathrm{lb}16}=16$ kBaud。

(3) B 点、C 点的双边功率谱密度如图卷 6-4 所示。

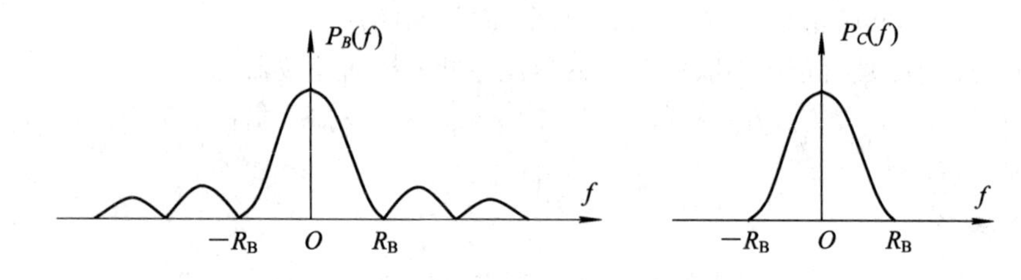

图卷 6-4

4. (1) $B_{2ASK}=2R_B=4800$ Hz。

(2) 首先需求出发“1”时的取样值，再求出其概率密度函数，最后求出发“1”错判成“0”的概率。

发“1”时，接收信号为

$$r(t) = A\cos2\pi f_c t + n(t)$$

经带通滤波器后为

$$r_1(t) = A\cos2\pi f_c t + n_i(t)$$

$r_1(t)$与载波相乘后为

$$\begin{aligned} r_2(t) &= [A\cos2\pi f_c t + n_i(t)]\cdot 2\cos2\pi f_c t \\ &= [A\cos2\pi f_c t + n_c(t)\cos2\pi f_c t - n_s(t)\sin2\pi f_c t]\cdot 2\cos2\pi f_c t \\ &= A + A\cos4\pi f_c t + n_c(t) + n_c(t)\cos4\pi f_c t - n_s(t)\sin4\pi f_c t \end{aligned}$$

低通滤波输出

$$x(t) = A + n_c(t)$$

其中 $n_c(t)$是高斯随机过程，且均值为 0，方差为 $D[n_c(t)]=D[n_i(t)]=\sigma^2=n_0B$。

因此，取样值 x 是一个均值为 A、方差为 $\sigma^2=n_0B$ 的高斯随机变量，概率密度函数为

$$f_1(x) = \frac{1}{\sqrt{2\pi}\sigma}\mathrm{e}^{-\frac{(x-A)^2}{2\sigma^2}}$$

如图卷 6－5 所示。当取样值小于最佳判决门限时，判为“0”，发生错判。故发“1”错判成“0”的概率为

$$P(0/1)=\int_{-\infty}^{V_d^*} f_1(x)\mathrm{d}x=\frac{1}{2}\mathrm{erfc}\left(\frac{A-V_d^*}{\sqrt{2}\sigma}\right)=\frac{1}{2}\mathrm{erfc}\left(\frac{A}{2\sqrt{2}\sigma}\right)$$

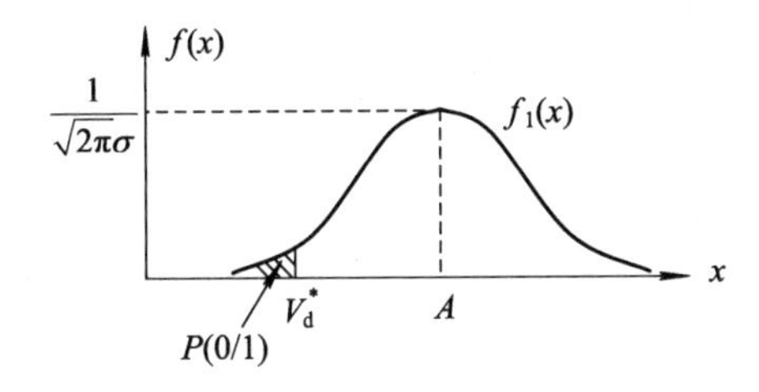

图卷 6－5

5. (1) $d_0=4$。

(2) 该码的生成多项式即为码字 0011101 的码字多项式，为 $g(x)=x^4+x^3+x^2+1$。

(3) 由 $G(x)=\begin{bmatrix}x^2g(x)\\xg(x)\\g(x)\end{bmatrix}=\begin{bmatrix}x^6+x^5+x^4+x^2\\x^5+x^4+x^3+x\\x^4+x^3+x^2+1\end{bmatrix}$ 得到

$$\boldsymbol{G}=\begin{bmatrix}1&1&1&0&1&0&0\\0&1&1&1&0&1&0\\0&0&1&1&1&0&1\end{bmatrix}\Rightarrow\begin{bmatrix}1&0&0&1&1&1&0\\0&1&0&0&1&1&1\\0&0&1&1&1&0&1\end{bmatrix}=[\boldsymbol{I}_3\boldsymbol{P}^{\mathrm{T}}]$$

(4) 由典型生成矩阵可求出典型监督矩阵为

$$\boldsymbol{H}=[\boldsymbol{P}\boldsymbol{I}_4]=\begin{bmatrix}1&0&1&1&0&0&0\\1&1&1&0&1&0&0\\1&1&0&0&0&1&0\\0&1&1&0&0&0&1\end{bmatrix}$$

附录 7　试题(七)及其参考答案

(考试时间 120 分钟，满分 100 分)

一、填空题(每空 1 分，共 20 分)

1. 在码元速率相同的情况下，四进制系统的信息速率是二进制系统信息速率 2 倍的条件是________。

2. 一个各态历经的平稳随机噪声电压 $\xi(t)$，它的数学期望代表着________，其方差代表着________，而其 $\tau=0$ 时的自相关函数 $R_\xi(0)$ 代表着________。

3. 散弹噪声、热噪声和宇宙噪声常常被近似地模型化为________。

4. 设基带信号为 $m(t)$，载波频率为 ω_c，若进行单边带调制，则下边带信号的一般表示式为________。

5. HDB_3码克服了 AMI 码中________的缺点。

6. 数字通信系统产生误码的主要原因是码间干扰和噪声。若已知系统在取样时刻无码间干扰，且发"1"时，取样值为$1+n$，发"0"时，取样值为$-1+n$，其中n是零均值、方差等于 0.08 的高斯白噪声，则"1""0"等概时的最佳判决门限为________。

7. 评价系统性能可以采用眼图模型，在眼图模型中，最佳抽样时刻为________。

8. 设数据速率是 1000 b/s，能使 2FSK 的两个频率保持正交的最小频差是________ Hz。

9. 在某 2DPSK 调制系统中，接收机采用极性比较法解调，若差分译码器输入端的误码率为P_e'，则输出信息的误码率近似为________。

10. 在简单增量调制中，若取样频率由 16 kHz 增加到 64 kHz，输入信号幅度相同，量化信噪比增加________dB，此时相应的单话路编码比特率变为________。

11. 设基带信号$f(t)$的幅度服从均匀分布，采用均匀量化的线性 PCM 编码，则每增加一位编码，量化信噪比提高________dB。

12. TDM 在________域上各路信号是分离的，但在________域上各路信号是混叠在一起的，与 FDM 时的情况刚好相反。

13. 采用连贯式插入 7 位巴克码的方法实现群同步，若接收端巴克码识别器的判决电平为 4.5，则允许 7 位巴克码组中出现错误码元的个数至多为________。

14. (n, k)循环码的生成多项式$g(x)=x^4+x^3+x^2+1$，该码的监督位长度为________。

15. 汉明码是能纠正________位错码的线性分组码。若码长为n，则监督位数r的选择应满足________。

二、选择题(每题 2 分，共 20 分)

1. 数字信号与模拟信号的本质区别是(　　)。

A. 信号在时间上是离散的　　B. 信号在时间上是连续的

C. 携带信息的参量是离散的　　D. 信号在幅度上是离散的

2. 假设符号速率一定，以下数字调制信号中功率谱旁瓣衰减最快的是(　　)。

A. GMSK　　B. BPSK　　C. OQPSK　　D. MSK

3. 在 AM、DSB、SSB、FM 四种调制系统中，可靠性相同的系统是(　　)。

A. AM 和 DSB　　B. DSB 和 SSB　　C. AM 和 SSB　　D. AM 和 FM

4. 关于 2PSK 和 2DPSK 信号的带宽，下列说法正确的是(　　)。

A. 相同　　B. 不同　　C. 2PSK 的带宽小　　D. 2DPSK 的带宽小

5. 对于 2PSK 和 2DPSK 信号，码元速率相同，信道噪声为加性高斯白噪声。若要求误码率相同，所需的信号功率(　　)。

A. 2PSK 比 2DPSK 高　　B. 2DPSK 比 2PSK 高

C. 2PSK 和 2DPSK 一样高　　D. 不能确定

6. 同相正交环主要用于(　　)同步。

A. 码元　　B. 载波　　C. 位　　D. 群

7. 第四类部分响应系统的频带利用率为(　　)Baud/Hz。

A. 1　　B. 2　　C. 3　　D. 4

8. 恒参信道特性不理想，会引起信号的(　　)。

A. 瑞利衰落　　B. 频率选择性衰落

C. 频率弥散　　D. 幅频畸变和相频畸变

9. 纠错码的编码效率越高，引入的冗余越________，通常纠错能力越________。(　　)

A. 少；低　　B. 多；高　　C. 多；低　　D. 少；高

10. 长度为 7 的巴克码，其局部自相关函数 $R(3)$ 为(　　)。

A. -1　　B. 0　　C. 1　　D. 7

三、简答题(每题 5 分，共 20 分)

1. 什么是窄带高斯白噪声？其瞬时值服从什么分布？“窄带”“高斯”“白”的含义是什么？

2. 简要叙述非均匀量化的原理。与均匀量化相比，非均匀量化的主要优缺点是什么？13 折线量化编码共设置了多少个量化电平？最大量化间隔是最小量化间隔的多少倍？

3. 图卷 7-1 是两种数字基带传输系统 A、B 的传输特性，试从频带利用率、可实现性和位定时偏差引入的码间干扰的大小等方面作简要比较。

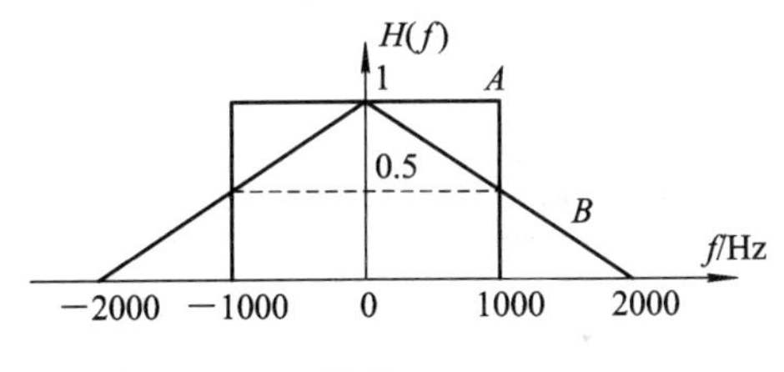

图卷 7-1

4. 随参信道有哪些特点？对信号传输有何影响，请给出一种改善措施？

四、综合题(共 5 小题，共 40 分)

1. (6 分)电视图像每帧有 3×10^5 个像素组成，每个像素大约取 10 个可辨别亮度电平(黑、灰、白等)，若所有这些亮度电平独立、等概地出现，为了满意再现图像，要求信噪比为 30 dB，试计算每秒发送 30 帧图像所需的信道带宽？若各像素之间有相关性，所需带宽如何变化，为什么？

2. (10 分)现有一幅度调制信号 $s(t)=[1+A\cos\omega_m t]\cos\omega_0 t$，其中调制信号频率 $f_m=5$ kHz，载频 $f_0=100$ kHz，常数 $A=15$，信道中高斯噪声功率谱密度为 $n_0/2$。

(1) 此调制信号能否采用包络检波器解调，为什么？

(2) 画出信号解调原理框图，推导出解调器输入及输出信噪比的表达式，并画出解调器各点的噪声功率谱波形示意图。

3. (8 分) 直接调相法产生 4PSK 的方框图如图卷 7-2 所示。单/双极性变换的对应关系为“0”→$-\sqrt{2}/2$，“1”→$+\sqrt{2}/2$。

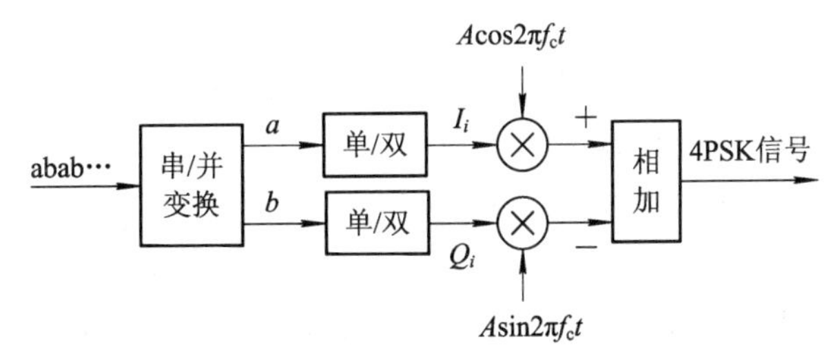

图卷 7-2　4PSK 正交调制器框图

(1) 画出输出端的星座图。

(2) 若输入端输入一组信息为 1101001001 时，画出 4PSK 信号的波形图(设 $T_b=1/f_c$)。

4. (8 分) 已知(7，4)循环码的生成矩阵为

$$G=\begin{bmatrix}1&1&1&0&1&0&0\\0&1&0&1&1&0&0\\0&0&1&0&1&1&0\\0&0&1&1&1&0&1\end{bmatrix}$$

(1) 写出该码的生成多项式。

(2) 画出(7，4)循环码的编码电路。

(3) 已知编码电路输入分别为 0111 和 0110，求输出码字。

(4) 该码最多检几位错。

5. (8 分) 有一个三抽头时域均衡器如图卷 7-3 所示。若输入信号 $x(t)$的取样值为 $x_{-2}=1/8$，$x_{-1}=1/3$，$x_0=1$，$x_{+1}=1/4$，$x_{+2}=1/16$，其余取样值均为 0。求均衡器输入及输出波形的峰值失真。

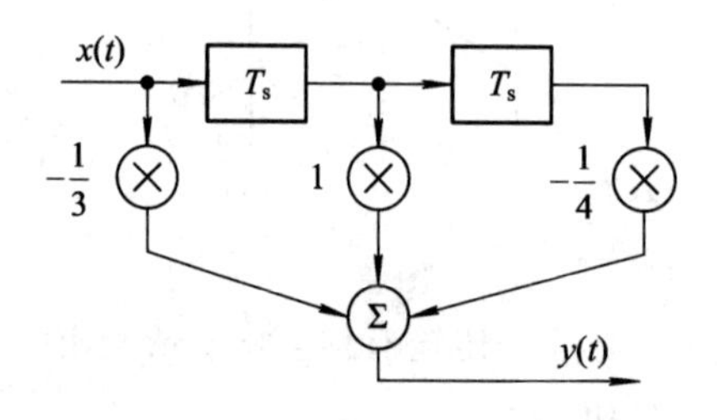

图卷 7-3

参考答案

一、填空题

1. 各符号等概。2. 直流幅度大小；交流功率；总平均功率。3. 加性高斯白噪声。
4. $s(t)=m(t)\cos\omega_c t+\hat{m}(t)\sin\omega_c t$。5. 长连“0”时不易提取位定时信息。
6. 0。7. 眼图中眼睛张开的最大处。8. 500。9. $2P_e'$。10. 18；64 kb/s。
11. 6。12. 时；频。13. 1。14. 4。15. 1；$\text{lb}(n+1)$。

二、选择题

1. C；2. A；3. B；4. A；5. B；6. B；7. B；8. D；9. A；10. B。

三、简答题

1. 窄带高斯白噪声：高斯白噪声通过窄带滤波器后的噪声。其瞬时值服从高斯分布。
窄带：指其带宽 $\Delta f\ll$其中心频率 f_c。
高斯：指其瞬时值服从高斯(正态)分布。
白：指其功率谱密度为常数。

2. 非均匀量化原理：信号小，量化间隔小；信号大，量化间隔大。
优、缺点：提高了小信号量化信噪比，从而提高了量化器的动态范围，但设备相对

复杂。

13 折线量化电平数为 256 个。最大量化间隔是最小量化间隔的 64 倍。

3. A 系统：频带利用率高，最大频带利用率 $\eta=2$ Baud/Hz；不易实现；

冲激响应拖尾振荡大，衰减慢，位定时偏差引入的码间干扰大。

B 系统：频带利用率低，最大频带利用率 $\eta=1$ Baud/Hz；易实现；

冲激响应拖尾振荡小，衰减快，位定时偏差引入的码间干扰小。

4. 随参信道的特点：① 对信号幅度的衰耗随时间变化；② 对信号的传输时延随时间变化；③ 多径传播。

随参信道对信号传输的影响主要有：① 瑞利衰落；② 频率弥散；③ 频率选择性衰落。

改善随参信道对信号影响的最有效措施之一是分集接收技术。

四、综合题

1. 每个像素携带的平均信息量为 $I_{平}=\text{lb}10$ 比特/像素。

每秒发送 30 帧图像所携带的信息量为 $I_{总}=30\times3\times10^5\times I_{平}=9\times10^6\times I_{平}$ bit。

相应的信息传输速率为 $R_b=I_{总}$。

信噪比 S/N = 30 dB = 1000。

根据香农公式可得每秒发送 30 帧图像所需的带宽：

$$B=\frac{C}{\text{lb}\left(1+\frac{S}{N}\right)}=\frac{R_b}{\text{lb}\left(1+\frac{S}{N}\right)}=\frac{9\times10^6\times\text{lb}10}{\text{lb}(1+1000)}\approx3\times10^6\ \text{Hz}=3\ \text{MHz}$$

若各像素间有相关性，则每像素携带的平均信息量 $I_{平}$ 减小，因此信息速率 R_b 变小，故所需的信道带宽减小。

2. (1) 不能。由于 $A=15>1$，$s(t)$ 为过调幅信号。

(2) 该信号只能采用相干解调，其原理框图如图卷 7 - 4 所示。

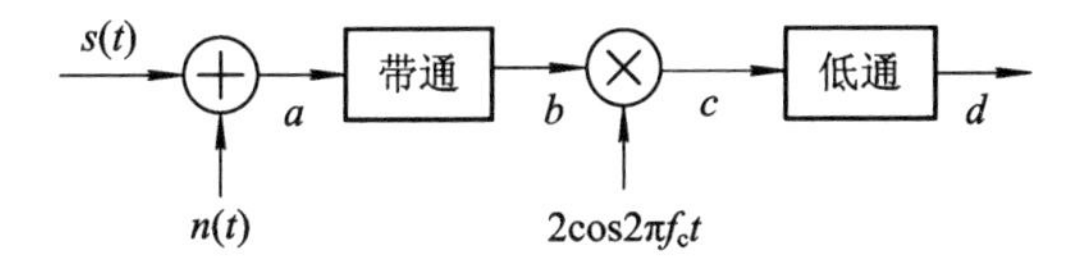

图卷 7 - 4

解调器各点噪声功率谱密度示意图如图卷 7 - 5 所示。

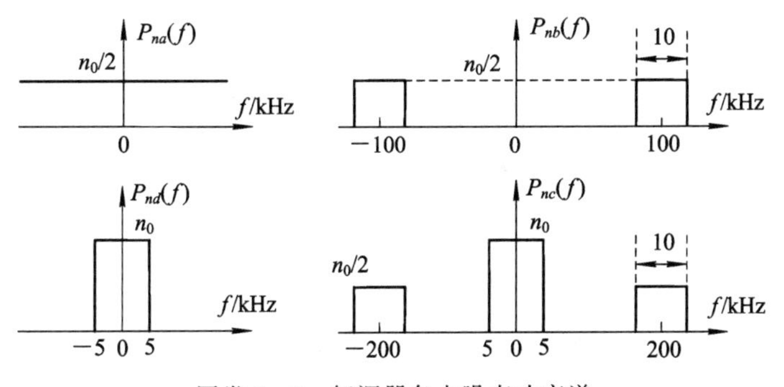

图卷 7 - 5　解调器各点噪声功率谱

解调器输入信噪比是指图卷 7 - 4 中"b"点的信噪比。

输入信号功率

$$S_i = \overline{s(t)^2} = \frac{1}{2}\left(1^2 + \frac{1}{2}A^2\right) = \frac{2+A^2}{4}$$

输入噪声功率

$$N_i = n_0 B = 2n_0 f_m = 10\,000 n_0$$

输入信噪比

$$\frac{S_i}{N_i} = \frac{2+A^2}{40\,000 n_0}$$

解调器输出信噪比是指图卷 7 - 4 中"d"点的信噪比。

低通滤波器输出信号

$$s_o(t) = 1 + A\cos\omega_m t$$

低通滤波器输出噪声

$$n_o(t) = n_c(t)$$

故输出信号功率为

$$S_o = \overline{s_0^2(t)} = 1^2 + \frac{1}{2}A^2 = \frac{2+A^2}{2}$$

输出噪声功率为

$$N_o = \overline{n_c^2(t)} = \overline{n_i^2(t)} = \int_{-5000}^{5000} P_{nd}(f)\mathrm{d}f = 10\,000 n_0$$

输出信噪比为

$$\frac{S_o}{N_o} = \frac{2+A^2}{20\,000 n_0}$$

若输出有隔直流电路，则输出信噪比为

$$\frac{S_o}{N_o} = \frac{A^2}{20\,000 n_0}$$

3.（1）4PSK 调制时信息组 ab 与相位值 φ_i 之间的关系图，即星座图如图卷 7 - 6 所示。

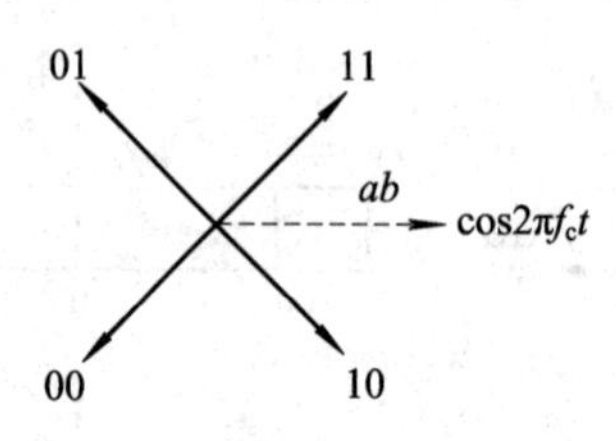

图卷 7 - 6

（2）4PSK 波形如图卷 7 - 7 所示。

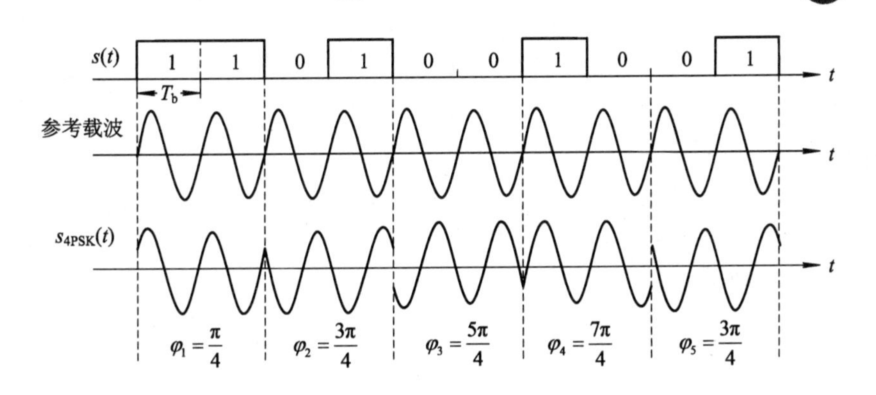

图卷 7－7　4PSK 波形(设 $T_b=1/f_c$)

4. (1) 由生成矩阵中 0010110 循环一位后可得到生成多项式为 $g(x)=x^3+x+1$。

(2) 由生成多项式画出编码电路如图卷 7－8 所示。

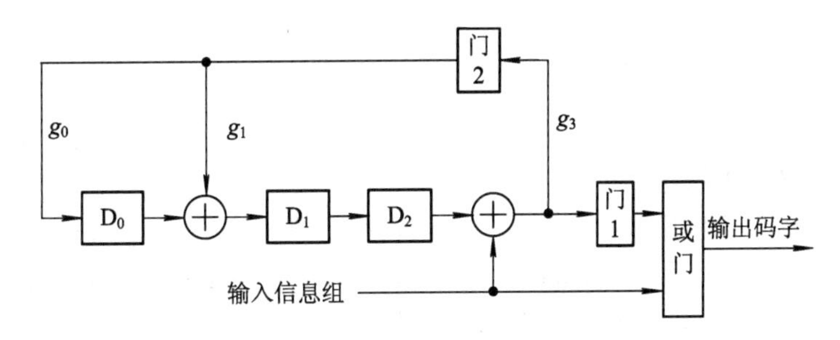

图卷 7－8　(7，4)循环码编码器

注：输入信息码元期间，门 1 断开，门 2 合上；输出监督码元期间，门 2 断开，门 1 合上。

(3) 当信息分别为 $\boldsymbol{M}=[0111]$和 $\boldsymbol{M}=[0110]$，码字分别为 0111010 和 0110001。

(4) 用 $\boldsymbol{A}=\boldsymbol{M}\cdot\boldsymbol{G}_{典型}$求出全部的码字，共 16 个，再求最小重量(除全零码字)即得到最小码距。最小码距为 $d_0=3$，故最多可检 2 位错误。

5. 由图卷 7－3 可知，均衡器抽头系数为 $c_{-1}=1/3$，$c_0=1$，$c_1=-1/4$，由式 $y_k=\sum_{n=-1}^{1}c_n x_{k-n}$ 可计算出 $y(t)$在各取样时刻的值为

$$y_{-3}=x_{-2}c_{-1}=\frac{1}{8}\times\left(-\frac{1}{3}\right)=-\frac{1}{24}$$

$$y_{-2}=x_{-1}c_{-1}+x_{-2}c_0=\frac{1}{3}\times\left(-\frac{1}{3}\right)+\frac{1}{8}\times 1=-\frac{1}{9}+\frac{1}{8}=\frac{1}{72}$$

$$y_{-1}=x_0c_{-1}+x_{-1}c_0+x_{-2}c_1=1\times\left(-\frac{1}{3}\right)+\frac{1}{3}\times 1+\frac{1}{8}\times\left(-\frac{1}{4}\right)=-\frac{1}{32}$$

$$y_0=x_{+1}c_{-1}+x_0c_0+x_{-1}c_{-1}=\frac{1}{4}\times\left(-\frac{1}{3}\right)+1\times 1+\frac{1}{3}\times\left(-\frac{1}{4}\right)=\frac{5}{6}$$

$$y_{+1}=x_{+2}c_{-1}+x_{+1}c_0+x_0c_{+1}=\frac{1}{16}\times\left(-\frac{1}{3}\right)+\frac{1}{4}\times 1+1\times\left(-\frac{1}{4}\right)=-\frac{1}{48}$$

$$y_{+2}=x_{+2}c_0+x_{+1}c_{+1}=\frac{1}{16}\times 1+\frac{1}{4}\times\left(-\frac{1}{4}\right)=0$$

$$y_{+3}=x_{+2}c_{+1}=\frac{1}{16}\times\left(-\frac{1}{4}\right)=-\frac{1}{64}$$

其余 y_k 的值为 0。

均衡器输入峰值失真：

$$D_x=\frac{1}{x_0}\sum_{\substack{k=-2\\k\neq 0}}^{2}|x_k|=\frac{1}{8}+\frac{1}{3}+\frac{1}{4}+\frac{1}{16}=\frac{37}{48}=0.771$$

均衡器输出峰值失真：

$$D_y=\frac{1}{y_0}\sum_{\substack{k=-2\\k\neq 0}}^{2}|y_k|=\frac{6}{5}\left[\frac{1}{24}+\frac{1}{72}+\frac{1}{32}+\frac{1}{48}+\frac{1}{64}\right]\approx 0.148$$

附录 8　试题(八)及其参考答案

(考试时间 120 分钟，满分 100 分)

一、填空题(每空 1 分，共 20 分)

1. 每符号的平均信息量被称为________，它在信源符号________时达到最大值。

2. 某二进制数字通信系统在 1 min 内传送了 18 000 bit 的信息，则其信息速率为______，若信息速率不变，改用八进制传输，则系统的码元速率为________。

3. 一个均值为 0、方差为 σ^2 的窄带平稳高斯过程，其同相分量和正交分量均是________过程，均值为________，方差为________。

4. 双边功率谱密度 $n_0/2$ 的高斯白噪声通过带宽为 B、幅度为 A 的理想低通波器，则输出随机过程的自相关函数为________。若对输出随机过程取样，间隔为________的两个取值之间是相互独立的。

5. 某电离层反射信道的最大多径时延差为 2 ms，为了避免频率选择性衰落，工程上认为在该信道上传输信号的带宽不应超过________Hz。

6. 设数字基带系统具有理想低通特性，且带宽为 2000 Hz，则在此系统上能够传输的最大无码间干扰传输速率为________，最大频带利用率为________。

7. 线性调制系统的已调波功率均决定于________的功率。角度调制的已调信号功率则取决于________，与调制信号功率的关系为________。

8. 若 2FSK 调制系统的码元速率为 1000 Baud，已调载波为 2000 Hz 或 3000 Hz，则此 2FSK 信号的带宽为________，此时功率谱呈现出________(单峰/双峰)特性。

9. 在 PCM30/32 路基群帧结构中，$TS0$ 用来传输______，其信息传输速率为______。

10. 某信号传输进行纠错编码，若最小码距 $d_0=6$，采用混合纠错方式，则混合纠错的两种方案中的(t, e)分别为________、________。(t 为纠错个数，e 为检错个数)

二、选择题(每题 2 分，共 20 分)

1. 信号、消息、信息之间的关系是(　　)。

A. 信息是信号的载体　　　　B. 信息是消息的载体

C. 消息是信息的载体　　D. 消息是信号的载体

2. 控制取样判决时刻的信号是(　　)。

A. 相干载波　　B. 位定时信号　　C. 群同步信号　　D. 帧同步信号

3. 在完全振幅调制系统中，设调制信号为正弦单音信号。当采用包络解调方式时，最大调制制度增益 G 为(　　)。

A. 1/3　　B. 1/2　　C. 2/3　　D. 1

4. 采用科斯塔斯环提取载波存在(　　)问题。

A. 差错传播　　B. 符号间干扰　　C. 频谱混叠　　D. 相位模糊

5. 在第Ⅰ类部分响应系统中，当采用二进制输入时，该系统在信道上传输信号的电平数为(　　)。

A. 2　　B. 3　　C. 4　　D. 5

6. 线性分组码的最小汉明距离为 5，则最多可检测____位错，或者纠正____位错。(　　)

A．6；2　　B. 4；3　　C. 4；2　　D. 5；3

7. MSK 信号与 PSK 信号相比，其优势在于(　　)，特别适合移动通信。

A. 误码率低　　B. 频谱更集中于主瓣

C. 容易实现调制解调　　D. 含有离散谱

8. 要传输 100 kBaud 的基带信号，无码间干扰的最小信道带宽为(　　)，这时的频带利用率为(　　)。

A. 50 kHz；2 Baud/Hz　　B. 100 kHz；2 Baud/Hz

C. 200 kHz；2 Baud/Hz　　D. 50 kHz；1 Baud/Hz

9. 下列信道中，(　　)的信道容量最大？

A. 带宽 B=4 kHz，信噪比 S/N=20 dB　　B. 带宽 B=4 kHz，信噪比 S/N=20

C. 带宽 B=6 kHz，信噪比 S/N=20 dB　　D. 带宽 B=6 kHz，信噪比 S/N=20

10. 在数字通信系统中，能抗频率选择性衰落的技术主要有(　　)等。

A. 部分响应技术、升余弦滚降　　B. 时域均衡技术、直接序列扩频、OFDM

C. 科斯塔斯环、平方环　　D. OQPSK、64QAM、MSK

三、判断题(每题 2 分，共 20 分)

1. 数字通信系统的比特速率总是大于或等于符号速率。　　(　　)

2. 窄带调频信号的频谱与 AM 已调信号的类似，边带分量是对基带信号频谱的线性搬移。　　(　　)

3. 在加性高斯白噪声干扰背景下，在接收端通过相关器或匹配滤波器对信号进行解调时，所获得的观察矢量是一个充分统计量，其中没有丢失与发送信号和噪声相关的所有信息。　　(　　)

4. 对于低频传输特性较差的基带信道，可以采用 AMI 码、HDB_3码或双极性不归零码进行传输。　　(　　)

5. 同步卫星中继信道和有线信道都可以看作是恒参信道。　　(　　)

6. 如果符号的间隔小于无线信道的相干时间，则该信道属于时间选择性信道。

(　　)

7. 信号幅度相等时，单极性数字基带传输系统的性能要优于双极性系统的。（　　）

8. OFDM 系统不仅抗多径衰落能力强，而且频谱效率也优于单载波系统。（　　）

9. 中国和欧洲 PCM 系统所采用的一次群的帧长为 125 μs。（　　）

10. 位同步和帧同步都是数字通信系统所特有的同步方式，模拟通信中没有。（　　）

四、综合题(共 5 小题，共 40 分)

1. (6 分) 设输入随机过程 $X(t)$是平稳的，功率谱为 $P_X(f)$，加于图卷 8 - 1 所示的系统。试证明输出过程 $Y(t)$的功率谱为 $P_Y(f)=2P_X(f)(1+\cos 2\pi fT)$。

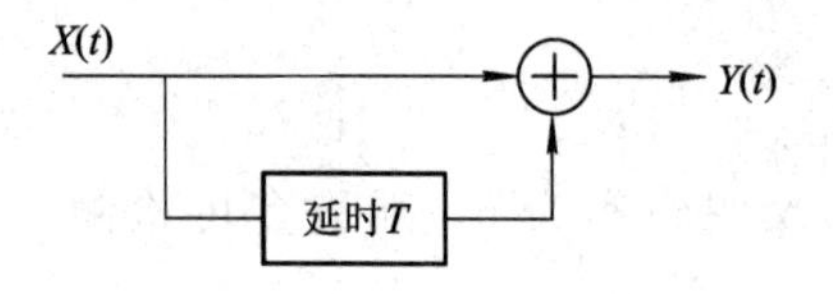

图卷 8 - 1

2. (8 分) 设某数字基带传输系统的传输特性 $H(f)$如图卷 8 - 2 所示。

(1) 判断以下码元速率中，哪些速率可以实现无码间干扰传输，哪些不行：500 Baud、1500 Baud、2000 Baud、5000 Baud。

(2) 该系统的最大无码间干扰码元传输速率为多少？这时的系统频带利用率为多大？

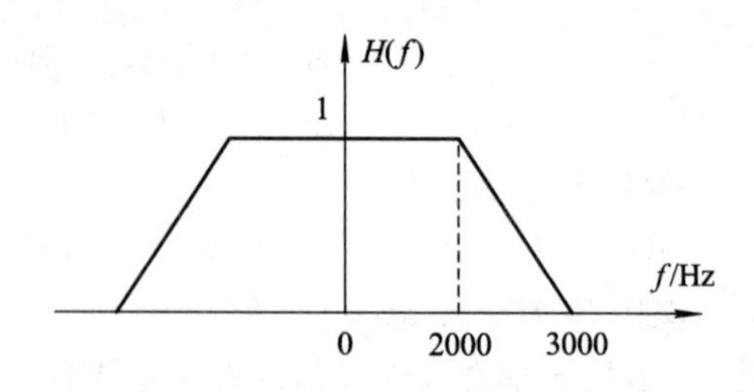

图卷 8 - 2

3. (8 分) 若某带通信道带宽为 4 kHz，试求分别采用 BPSK、4PSK、8PSK、16QAM 等数字调制进行无码间干扰传输时，可达到的最高比特速率。假设发送频谱均采用滚降系数为 $\alpha=1$ 的平方根升余弦成形。

4. (8 分) 已知(2，1，2)卷积码编码器的输出与 m_1、m_2 和 m_3 的关系数为 $y_1=m_1+m_2$，$y_2=m_2+m_3$，试确定：

(1) 编码器电路；

(2) 卷积码的码树图、状态图及网络图。

5. (10 分) 将 4 路速率分别是 1、2、3、6 kb/s 的数据通过时分复用合为一路，然后以 MPAM 方式通过带宽为 4 kHz 的 AWGN 低通信道传输。试：

(1) 写出复用后的数据速率 R_b。

(2) 按最佳基带传输系统的要求进行系统参数设计(只需写出进制数、符号速率、滚降系数)。

(3) 画出发送功率谱密度图。

(4) 写出该系统的频带利用率，单位为(b/s)/Hz。

参考答案

一、填空题

1. 信息熵；等概。2. 300 b/s；100 Baud。3. 高斯；0；σ^2。

4. $R(\tau)=\int_{-B}^{B}\frac{A^2n_0}{2}e^{j2\pi f\tau}df=A^2n_0B\text{Sa}(2\pi B\tau)$；$\tau=\frac{k}{2B}(k=1, 2, 3, \cdots)$。

5. 167。因为 $B=(1/3\sim1/5)B_c=\frac{(1/3\sim1/5)}{2\times10^{-3}}=(167\sim100)$ Hz。

6. 4000 Baud；2 Baud/Hz。7. 调制信号；载波功率；无关。

8. 3000 Hz；单峰。9. 帧同步信号；2.048 Mb/s。10. (2, 3)；(1, 4)。

二、选择题

1. C；2. B；3. C；4. D；5. B；6. C；7. B；8. A；9. C；10. B。

三、判断题

1. ×；2. ×；3. ×；4. ×；5. √；6. ×；7. ×；8. √；9. √；10. ×。

四、综合题

1. 方法 1：根据给定系统组成，输出随机过程 $Y(t)=X(t)+X(t-T)$，则自相关函数为

$$\begin{aligned}R_Y(\tau)&=E[Y(t)Y(t+\tau)]\\&=E[X(t)X(t+\tau)]+E[X(t)X(t+\tau-T)]+\\&\quad E[X(t-T)X(t+\tau)]+E[X(t-T)X(t+\tau-T)]\\&=R_X(\tau)+R_X(\tau-T)+R_X(\tau+T)+R_X(\tau)\\&=2R_X(\tau)+R_X(\tau-T)+R_X(\tau+T)\end{aligned}$$

其傅里叶变换为 $Y(t)$ 的功率谱，为

$$\begin{aligned}P_X(f)&=F[2R_X(\tau)]+F[R_X(\tau-T)]+F[R_X(\tau+T)]\\&=2P_X(f)+P_X(f)e^{-j2\pi fT}+P_X(f)e^{+j2\pi fT}\\&=2P_X(f)+P_X(f)\cdot 2\cos2\pi fT\\&=2P_X(f)(1+\cos2\pi fT)\end{aligned}$$

上式在推导过程中利用了 $R_X(\tau)\leftrightarrow P_X(f)$ 以及时移特性 $R_X(\tau\pm T)\leftrightarrow P_X(f)e^{\pm j2\pi fT}$。

方法 2：设系统的输入信号和输出信号分别为 $x(t)$ 和 $y(t)$，则由系统组成可得 $y(t)=x(t)+x(t-T)$，两边同时进行傅里叶变换，即

$$F[y(t)]=F[x(t)+x(t-T)]$$

$$Y(f)=X(f)+X(f)e^{-j2\pi fT}=X(f)[1+e^{-j2\pi fT}]$$

得

$$H(f)=\frac{Y(f)}{X(f)}=1+\mathrm{e}^{-\mathrm{j}2\pi fT}$$

于是，根据平稳随机过程通过线性系统后功率谱的关系式，可得

$$\begin{aligned}P_Y(f)&=P_X(f)\ |H(f)|^2=P_X(f)\ |1+\mathrm{e}^{-\mathrm{j}2\pi fT}|^2\\&=2P_X(f)(1+\cos 2\pi fT)\end{aligned}$$

2.（1）等效低通的带宽 $W=(2000+3000)/2=2500$ Hz，故 $R_{\mathrm{Bmax}}=2W=5000$ Baud，以 $R_{\mathrm{Bmax}}/n=5000/n$ (Baud)，$n=1, 2, 3\cdots$的速率进行码元传输，都不会出现码间干扰。

所以，无码间干扰的传输速率：500 Baud、5000 Baud；有码间干扰的传输速率：1500 Baud、2000 Baud。

（2）最大无码间干扰的传输速率：5000 Baud。

传输系统的带宽为 3000 Hz，则最大频带利用率：5000/3000=1.67 Baud/Hz。

3. 由 $\alpha=1$ 可知，其基带频带利用率为 1 Baud/Hz，频谱搬移到频带时带宽扩大一倍，故频带利用降为原来的一半，即为 0.5 Baud/Hz。故当带通信道带宽为 4 kHz 时，可达到的最大无码间干扰传输速率为：

$$R_{\mathrm{B}}=0.5\times 4000=2000\ \mathrm{Baud}$$

利用信息速率与码元速率之间的关系，当采用 BPSK、4PSK、8PSK 和 16QAM 时，最高无码间干扰传输的信息速率分别为

$$\mathrm{BPSK}\Rightarrow M=2,\ R_{\mathrm{b}}=R_{\mathrm{B}}\ \mathrm{lb}M=2000\times \mathrm{lb}2=2000\ \mathrm{b/s}$$

$$\mathrm{4PSK}\Rightarrow M=4,\ R_{\mathrm{b}}=R_{\mathrm{B}}\ \mathrm{lb}M=2000\times \mathrm{lb}4=4000\ \mathrm{b/s}$$

$$\mathrm{8PSK}\Rightarrow M=8,\ R_{\mathrm{b}}=R_{\mathrm{B}}\ \mathrm{lb}M=2000\times \mathrm{lb}8=6000\ \mathrm{b/s}$$

$$\mathrm{16QAM}\Rightarrow M=16,\ R_{\mathrm{b}}=R_{\mathrm{B}}\ \mathrm{lb}M=2000\times \mathrm{lb}16=8000\ \mathrm{b/s}$$

4.（1）编码器电路如图卷 8-3 所示。

（2）卷积码的码树图、状态图及网格图分别如图卷 8-4、图卷 8-5、图卷 8-6 所示。

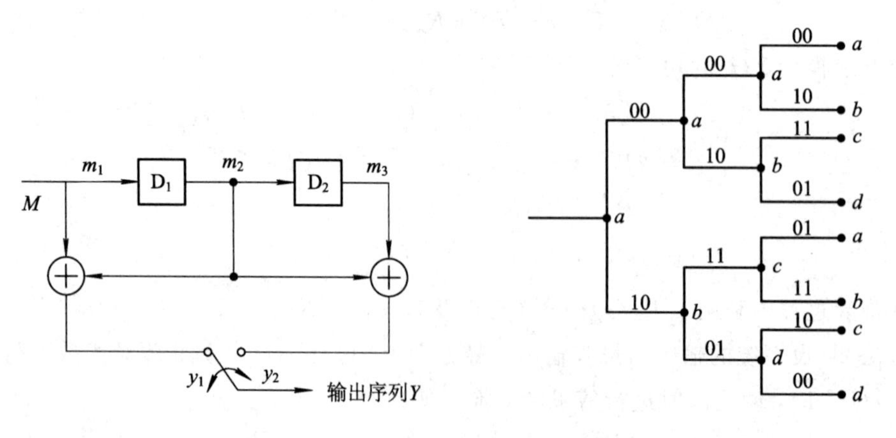

图卷 8-3

图卷 8-4 卷积码的码树图

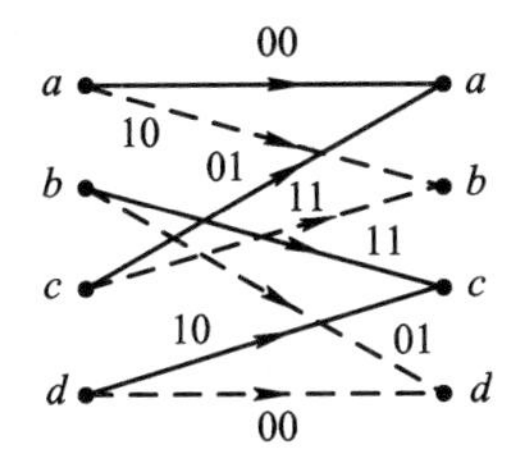

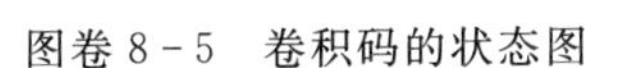
图卷 8-5　卷积码的状态图

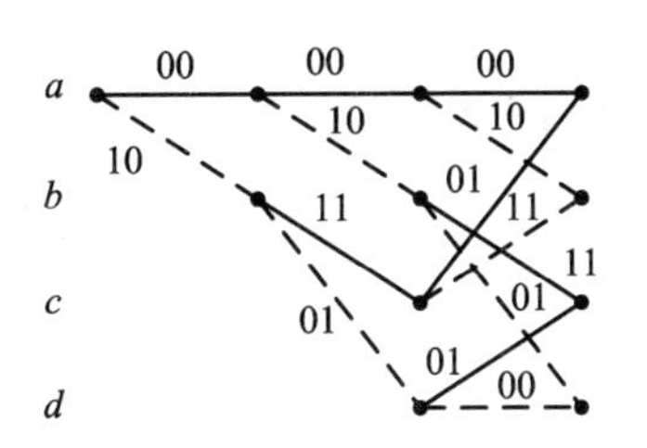

图卷 8-6　卷积码的网格图

说明：(1) 在码树图中，当输入信息为“0”码时，状态向上变化；输入信息为“1”码时，状态向下变化。(2) 在状态图及网格图中，虚线表示输入信息为“1”码时，实线表示输入信息为“0”码时。图中，a、b、c、d 分别表示 m_3m_2 状态为 00、01、10、11，相邻状态之间的两个码元表示编码器的输出 y_1y_2。

5. (1) 复用后的数据速率：$R_b=1+2+3+6=12\ \text{kb/s}$

(2) 因为$\dfrac{R_B}{B}<2$，所以 $R_B<8$ kBaud，故取 $M=4$，有

$$R_B=\frac{R_b}{\text{lb}M}=6\ \text{kBaud}$$

满足要求。

又由$\dfrac{R_B}{B}=\dfrac{2}{1+\alpha}$，得

$$\alpha=\frac{2B}{R_B}-1=\frac{1}{3}$$

(3) 发送功率谱密度如图卷 8-7 所示。

$$\omega=\frac{B}{1+\alpha}=3\ \text{kHz}$$

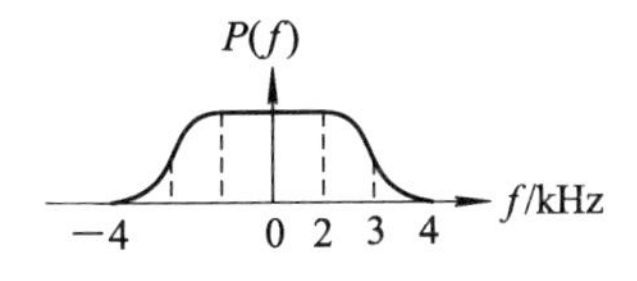

图卷 8-7　发送功率谱密度

(4) 系统的频带利用率 $\eta=\dfrac{R_b}{B}=3\ \text{b/s/Hz}$。

附录 9　试题(九)及其参考答案

(考试时间 120 分钟，满分 100 分)

一、填空题(每空 1 分，共 20 分)

1. 模拟信号数字化属于________编码，差错控制编码属于________编码。

2. 调制信道模型如图卷 9－1 所示，输出与输入的关系为 $e_0(t)=k(t)e_i(t)+n(t)$。其中________称为乘性噪声，________称为加性噪声。

图卷 9－1　调制信道模型

3. 随机过程具有历经性的前提是它必须是________的。

4. 某角度调制信号为 $s(t)=10\cos(2\times10^6\pi t+10\cos2000\pi t)$，则其调制指数为________，带宽为________。

5. 正交码的重要应用之一是用作________。

6. 部分响应系统的频带利用率达______，且其冲激响应的“拖尾”振荡小、衰减______(快/慢)。

7. 在数字锁相环实现的位同步系统中，若码元传输速率 $R_B=1000$ Baud，分频器的分频次数 $n=100$，则位定时误差为________，同步建立时间为________。

8. (15，11)汉明码的最小码距为________，若用此汉明码构成交织码，设交织度为10，则该交织码________(能/不能)纠正长度为 8 的突发错误。

9. 数字基带信号的功率谱由连续谱和离散谱两部分组成。数字基带信号的带宽由________确定，而直流分量和位定时分量则由离散谱确定。设二进制数字基带信号的码型为单极性不归零码，波形是幅度为 A 的矩形脉冲，码元速率等于 1000 Baud，“1”“0”等概，则数字基带信号的带宽为________，直流分量为________，位定时分量为________。

10. 量化过程会引入误差，此误差如噪声一样会影响通信的质量，所以也称为量化噪声。量化噪声一旦引入无法消除。为控制量化过程引入的量化噪声，可以通过减小________来实现，这是因为量化噪声功率等于________。

二、选择题(每题 2 分，共 20 分)

1. 设 $X(t)$是平稳高斯过程，已知其功率谱密度 $P_X(f)$在 $-\infty<f<\infty$ 范围内有界，则 $X(t)$的均值(　　)。

A. 等于 0　　B. 等于 $\int_{-\infty}^{\infty}P_X(f)\mathrm{d}f$　　C. 是高斯随机变量　　D. 是平稳高斯过程

2. 将信息序列 1000 1000 0010 0001 0000 编程 HDB_3码，结果是(　　)。

A. ＋1000 －1000 00＋10 000－1 0000

B. ＋1000 －1000 －10＋10 00＋1－1 000－1

C. ＋1000 －1000 00－10 000＋1 0000

D. ＋1000 －1000 ＋10－10 00＋1－1 000＋1

3. 若多普勒扩展越小，则信道的(　　)越大。

A. 相干带宽　　B. 相干时间　　C. 时延扩展　　D. 变化速度

4. 下列调制方式中，频带利用率最低的是(　　)。

A. 16FSK　　B. 16ASK　　C. 16QAM　　D. 16PSK

5. 设调制信号 $m(t)=2\cos20\pi t$，已调信号 $s(t)=2[2+m(t)]\cos2\pi f_c t$，则调幅指数为(　　)。

A. 1/4　　B. 1/3　　C. 1/2　　D. 1

6. A 律 13 折线编码是一种标准的(　　)编码。

A. 图像　　B. 视频　　C. 语音　　D. 文本压缩

7. 假设二进制数据独立等概、速率为 1000 b/s，则半占空单极性归零码的主瓣带宽为(　　)Hz。

A. 500　　B. 1000　　C. 1500　　D. 2000

8. 四进制信源符号 X 的概率分布为 1/2、1/4、1/8、1/16，经过哈夫曼编码后平均每符号的码长是(　　)比特。

A. 1　　B. 1.5　　C. 1.75　　D. 2

9. OFDM 是一种多载波调制，它的调制可采用________，解调可采用________，大大简化了设备。(　　)

A. DFT；IDFT　B. IDFT；DFT　　C. FMT；IFMT　　D. IFMT；FMT

10. 欲得到周期大于 500 的 m 序列，至少需要(　　)级的反馈移位寄存器。

A. 6　　B. 9　　C. 10　　D. 500

三、判断题(每题 2 分，共 20 分)

1. 消息所含信息量与消息出现的概率成正比。(　　)

2. 部分响应系统中预编码的作用是人为引入码间干扰。(　　)

3. 通常，多进制传输系统中的误比特率小于误码率。(　　)

4. DSB 调制的制度增益是 2，SSB 的是 1，因此 DSB 的性能优于 SSB 的。(　　)

5. 均匀量化是指输入信号呈均匀分布时的量化。(　　)

6. 在匹配滤波器输出端取样时刻，输出信号的瞬时功率等于与之匹配的信号的能量。(　　)

7. 扩频系统具有抗窄带干扰、抗多址干扰和多径干扰、抗高斯白噪声的能力，扩频系数越大，抗干扰和抗高斯白噪声的能力就越强。(　　)

8. 实频带信号的同相分量和正交分量都属于实基带信号。(　　)

9. 在简单增量调制系统中，提高信号的取样速率可以减小过载噪声。(　　)

10. 对于任何一个数字通信系统，都同时存在符号同步和载波同步的要求。(　　)

四、综合题(共 5 小题，共 40 分)

1. (6 分) 设有两个随机过程 $S_1(t)=X(t)\cos2\pi f_0 t$，$S_2(t)=X(t)\cos(2\pi f_0 t+\theta)$，$X(t)$ 是广义平稳随机过程，θ 是对 $X(t)$ 独立的、均匀分布于$[-\pi,\pi)$上的随机变量。求 $S_1(t)$、$S_2(t)$的自相关函数，并说明它们的平稳性。

2. (6 分) 设有三种基带系统的传输特性如图卷 9-2 所示。

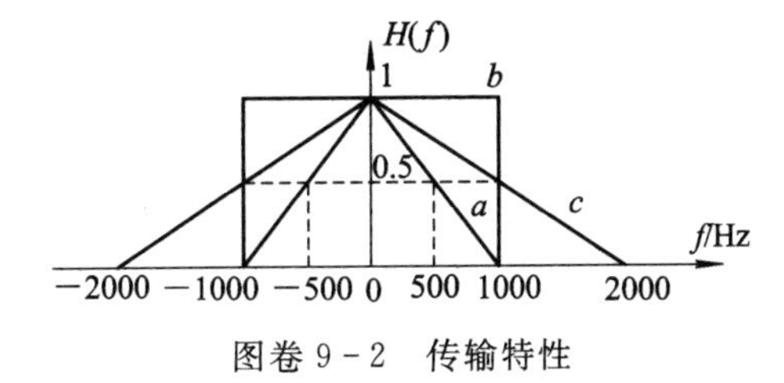

图卷 9-2　传输特性

(1) 三种系统在传输码元速率 $R_B=1000$ Baud 的数字基带信号时，是否存在码间干扰？

(2) 若无码间干扰，则其频带利用率分别为多少？

(3) 若取样时刻(位定时)存在偏差，哪种系统引起的码间干扰最小？

3. (8 分) (7，4)循环码的生成多项式为：$g(x)=x^3+x^2+1$。

(1) 求其系统码形式的生成矩阵(约定系统位在左)。

(2) 请问 $V(x)=x^6+x^5+x^3+x+1$ 是该循环码的码多项式吗？说明理由。

4. (10 分)某信道的输入 X 等概取值于 8PSK 星座图$\{e^{j\frac{i\pi}{4}}$，$i=0, 1, \cdots, 7\}$，信道输出为 $Y=X\cdot Ze^{j\theta}$，其中 Z 等概取值于 1 或 2，θ 等概取值于 0 或 π，Z，θ，X 三者彼此独立。试求：

(1) 熵 $H(X)$、$H(Y)$、$H(X, Y)$、$H(Y|X)$。

(2) 信道输入输出的互信息 $I(X; Y)$。

5. (10 分) 设某量化器输入 X 的概率密度函数为 $f(x)=\begin{cases}1-|x| & |x|\leqslant 1\\ 0 & |x|>1\end{cases}$，输出为

$$Y=Q(X)=\begin{cases}b & \frac{1}{2}\leqslant X\leqslant 1\\ a & 0\leqslant X<\frac{1}{2}\\ -a & -\frac{1}{2}\leqslant X<0\\ -b & -1\leqslant X<-\frac{1}{2}\end{cases}$$

其中，$0<a<\frac{1}{2}$、$\frac{1}{2}<b<1$。试求：

(1) 量化器输入功率 $S=E[X^2]$。

(2) Y 的概率分布 $P(Y)$。

(3) 当量化器为均匀量化时 a、b 的取值以及对应的量化输出功率 $S_q=E[Y^2]$、量化噪声功率 $N_q=E[(X-Y)^2]$。

(4) 能使量化信噪比最大的 a、b 值。

参考答案

一、填空题

1. 信源；信道。2. $k(t)$；$n(t)$。3. 平稳。4. 10；22 kHz。

5. 同步码分多址系统的地址码。6. 2 Baud/Hz；快。7. 10^{-5} s；0.1 s。

8. 3；能。9. 连续谱；1000 Hz；0.5A；0。10. 量化台阶 Δ；$N_q=\Delta^2/12$。

二、选择题

1. A；2. B；3. B；4. A；5. D；6. C；7. D；8. C；9. B；10. B。

三、判断题

1. ×；2. ×；3. √；4. ×；5. ×；6. ×；7. ×；8. √；9. √；10. ×。

四、综合题

1. 已知 $X(t)$是平稳随机过程，则其均值为常数，自相关函数只与时间间隔有关，分别设 $E[X(t)]=a_X$，$R_X(t, t+\tau)=R_X(\tau)$。又已知 θ 是独立于 $X(t)$，且 $f(\theta)=\dfrac{1}{2\pi}(-\pi\leqslant\theta\leqslant\pi)$。

(1)
$$\begin{aligned}R_{S_1}(t, t+\tau)&=E\{[X(t)\cos2\pi f_0t]\cdot[X(t+\tau)\cos2\pi f_0(t+\tau)]\}\\&=E[X(t)X(t+\tau)]\cdot\cos2\pi f_0t\cdot\cos2\pi f_0(t+\tau)\\&=R_X(\tau)\cos2\pi f_0t\cos2\pi f_0(t+\tau)\end{aligned}$$

可见，随机过程 $S_1(t)$的自相关函数与时间 t 有关，不是平稳随机过程。

(2)
$$\begin{aligned}R_{S_2}(t, t+\tau)&=E\{[X(t)\cos(2\pi f_0t+\theta)]\cdot[X(t+\tau)\cos(2\pi f_0(t+\tau)+\theta)]\}\\&=E[X(t)X(t+\tau)]\cdot E[\cos(2\pi f_0t+\theta)\cos(2\pi f_0(t+\tau)+\theta)]\\&=R_X(\tau)\cdot\frac{1}{2}\{E[\cos(2\pi f_0t+2\theta+2\pi f_0\tau)]+E(\cos2\pi f_0\tau)\}\\&=\frac{1}{2}R_X(\tau)\cos2\pi f_0\tau\end{aligned}$$

其中，$E[\cos(2\pi f_0t+2\theta+2\pi f_0\tau)]=\int_{-\pi}^{\pi}\cos(2\pi f_0t+2\theta+2\pi f_0\tau)f(\theta)\mathrm{d}\theta=0$。

随机过程 $S_2(t)$的均值为

$$\begin{aligned}E[S_2(t)]&=E[X(t)\cos(2\pi f_0t+\theta)]=E[X(t)]\cdot E[\cos(2\pi f_0t+\theta)]\\&=a_X\cdot\int_{-\pi}^{\pi}\cos(2\pi f_0t+\theta)\cdot f(\theta)\mathrm{d}\theta\\&=a_x\cdot\int_{-\pi}^{\pi}\cos(2\pi f_0t+\theta)\frac{1}{2\pi}\mathrm{d}\theta\\&=0\end{aligned}$$

可见，随机过程 $S_2(t)$的均值为常数，自相关函数与 t 无关，所以是广义平稳随机过程。

2. (1) 当传输速率为 $R_B=1000$ Baud 时，三种系统均无码间干扰。

(2) 由频带利用率公式，得三种系统的频带利用率分别为

$$a：\eta_a=\frac{R_B}{B_a}=\frac{1000}{1000}=1\ \text{Baud/Hz}$$

$$b：\eta_b=\frac{R_B}{B_b}=\frac{1000}{1000}=1\ \text{Baud/Hz}$$

$$c：\eta_c=\frac{R_B}{B_c}=\frac{1000}{2000}=0.5\ \text{Baud/Hz}$$

其中 B_a、B_b 和 B_c 分别是三个系统的带宽。

(3) 取样时刻偏差引起的码间干扰的大小依赖于系统冲激响应“尾部”的收敛速率。“尾部”收敛速率越快，时间偏差引起的码间干扰就越小，反之，则越大。故 c 特性引起的偏差最小。

3. (1) 由生成多项式得生成矩阵为

$$G=\begin{bmatrix}1&1&0&1&0&0&0\\0&1&1&0&1&0&0\\0&0&1&1&0&1&0\\0&0&0&1&1&0&1\end{bmatrix}$$

将其进一步变换得到系统码生成矩阵为

$$G=\begin{bmatrix}1&0&0&0&1&1&0\\0&1&0&0&0&1&1\\0&0&1&0&1&1&1\\0&0&0&1&1&0&1\end{bmatrix}$$

(2) 由题可知 $V(x)=x^6+x^5+x^3+x+1=x^3(x^3+x^2+1)+x+1$，它不能被 $g(x)$ 除尽，因此 $V(x)$ 不是码多项式。

也可用 $V(x)$ 除以 $g(x)$，得余数为 $x+1$，余数不为 0，同样可得到 $V(x)$ 不是码多项式的结论。

4. (1) 输入 X 等概取 8 种值，故 $H(X)=8\times\frac{1}{8}\text{lb}8=3$ 比特/符号

信道输出 Y 共有 $8\times2\times2=32$ 种取值，且取值等概，故

$$H(Y)=32\times\frac{1}{32}\text{lb}32=5\ 比特/符号$$

$$H(Y\mid X)=4\times\frac{1}{4}\text{lb}4=2\ 比特/符号$$

$$H(X,Y)=H(X)+H(Y\mid X)=3+2=5\ 比特/符号$$

(2) 信道输入输出的互信息为

$$I(X;Y)=H(Y)-H(Y\mid X)=3\ 比特/符号$$

5. (1) 依题意，得

$$S=E[X^2]=\int_{-1}^{1}x^2(1-|x|)\mathrm{d}x=\frac{1}{6}$$

(2) 根据 Y 的取值，可得

$$P(Y=a)=P(Y=-a)=\int_{-\frac{1}{2}}^{0}(1+x)\mathrm{d}x=\frac{3}{8}$$

$$P(Y=b)=P(Y=-b)=\int_{-1}^{-\frac{1}{2}}(1+x)\mathrm{d}x=\frac{1}{8}$$

(3) 量化器为均匀量化，量化器的输入 X 的取值范围为$[-1, 1]$，则 $a=1/4$，$b=3/4$。量化输出功率为：

$$S_q=E[Y^2]=2\times[a^2\times P(Y=a)+b^2\times P(Y=b)]=\frac{3}{16}$$

量化噪声功率为：

$$N_q=E[(X-Y)^2]=2\times\left[\int_0^{\frac{1}{2}}\left(x-\frac{1}{4}\right)^2(1-x)\mathrm{d}x+\int_{\frac{1}{2}}^{1}\left(x-\frac{3}{4}\right)^2(1-x)\mathrm{d}x\right]=\frac{1}{48}$$

(4) $a=\dfrac{\int_0^{\frac{1}{2}}xf(x)\mathrm{d}x}{\int_0^{\frac{1}{2}}f(x)\mathrm{d}x}=\dfrac{2}{9}$，$b=\dfrac{\int_{\frac{1}{2}}^{1}xf(x)\mathrm{d}x}{\int_{\frac{1}{2}}^{1}f(x)\mathrm{d}x}=\dfrac{2}{3}$

附录 10　试题(十)及其参考答案

(考试时间 120 分钟，满分 100 分)

一、填空题(每空 1 分，共 20 分)

1. 信源信息熵的物理意义是____________________，单位为________。设某信源分别以概率 0.5、0.25、0.125、0.125 输出 A、B、C、D 四种符号，则信源熵为________。若此信源每秒钟输出 1000 个符号，则此信源输出的信息速率为________。当________时，该信源符号的平均信息量最大，则此时 1 分钟内信源输出的总信息量为________。

2. 窄带高斯过程的包络服从______分布，窄带高斯过程加正弦波的包络服从______分布。

3. 若要求恒参信道无幅频失真和相频失真，则该恒参信道的幅频特性 $|H(\omega)|$ 应满足________；群时延特性 $\tau(\omega)$ 应满足________。

4. 在数字相位调制系统中，通常将信息码进行差分编码，其目的是________。

5. 当调频指数满足________时称为窄带调频，反之则称为宽带调频。设宽带调频的调频指数为 5，则调制制度增益为________。

6. 在数字通信系统中，接收端采用均衡器的目的是补偿信道特性的不理想，从而减小________。目前在高速数据传输中，一般采用时域均衡技术，时域均衡器可用________来实现。

7. 取样定理指出，一个频带限制在$(0,\ f_H)$内的时间连续信号 $m(t)$，进行等间隔取样时，取样频率 f_s 应满足________。

8. 设基带信号为 $m(t)=A\cos 2\pi f_m t$，采用增量调制，量化间隔为 $\delta=0.01A$，则不过载时的最低取样频率 f_s 为________。

9. 群同步系统有两个工作状态：________态和________态。

10. 产生 m 序列的本原多项式为 $f(x)=1+x^2+x^5$，其归一化周期性自相关函数的最小值为________，最大值为 1。

二、选择题(每题 2 分，共 20 分)

1. 下列信号中，已调信号幅度不恒定的有(　　)。

A. QDPSK　　B. MSK　　C. OFDM　　D. 2FSK

2. 以下模拟调制，其制度增益由小到大进行排序，正确的是(　　)。

A. FM、DSB、SSB　　B. DSB、SSB、AM

C. AM、DSB、FM　　D. AM、SSB、VSB

3. 星座图的一个重要指标是________，它越小则误码率越________。(　　)

A. 最小汉明距离，小　　B. 最小欧氏距离，大

C. 坐标系，小　　D. 最小欧氏距离，小

4. A 律 13 折线量化器一共含有(　　)个量化级。

A. 256　B. 512　C. 1024　D. 2048

5. 带宽为 3 kHz 的语音信道，信噪比约为 40 dB，其信道容量约为(　　) kb/s。

A. 40　B. 32　C. 24　D. 16

6. 无线瑞利衰落信道模型，反映了传播信道有无(　　)。

A. 码间干扰　B. 门限效应　C. 直通路径　D. 时间色散

7. 双二进制信号中的预编码的目的在于克服(　　)。

A. 码间干扰　B. 幅频失真　C. 频谱失真　D. 差错传播

8. 最佳接收机的最佳是指(　　)准则。

A. 最小峰值畸变　B. 最小均方误差

C. 最大输出信噪比　D. 最小错误概率

9. 设 4ASK 的误符号率是 0.002，则对于相同的 E_b/N_0，矩形星座 16QAM 的误符号率近似为(　　)。

A. 0.002　B. 0.004　C. 0.006　D. 0.008

10. 设 $X(t)$是零均值的平稳高斯过程，则 $Y(t)=X(t)\sin 100\pi t$ 是(　　)。

A. 非高斯的零均值平稳过程　B. 非平稳的零均值高斯过程

C. 均值非零的平稳高斯过程　D. 零均值平稳高斯过程

三、判断题(每题 2 分，共 20 分)

1. 在基带传输系统中，改变发送信息序列的相关性，通常不会影响基带信号的功率谱密度。(　　)

2. 对 MPSK 调制信号，在接收端可以进行非相干解调，但其抗噪声性能与相干解调相比会有所下降。(　　)

3. 在相同的信息速率和相同的 E_b/N_0 情况下，QPSK 和 BPSK 调制的误比特率相同。(　　)

4. MSK 的调制指数是 2FSK 中最大的。(　　)

5. 数字频带传输无需进行频谱成型。(　　)

6. 幅度调制之所以称为线性调制，是因为它对基带信号进行线性变换。(　　)

7. 对于离散信道，如果信道对称，则信源等概分布时速率达到信道容量。(　　)

8. 在 2ASK、2FSK 和 2PSK 中，最佳的信号形式是 2PSK 信号。(　　)

9. 在基带传输系统中，若信道特性在信道带宽 B 范围内幅频特性为常数，相频特性为线性，则接收机中的信号将不存在码间干扰。(　　)

10. Walsh 函数集是完备的非正弦正交函数集，长度为 N 的 Walsh 函数有 N 个且相互正交，但这 N 个函数的频带宽度不同，因此用做扩频码时对应的扩频增益不同。(　　)

四、综合题(共 5 小题，共 40 分)

1. (8 分) 某传输系统框图如图卷 10－1 所示，其输出 $Y(t)$和输入 $X(t)$关系为：$Y(t)=X(t)-X(t-t_0)$，其中 $X(t)$为平稳高斯随机过程，数学期望 $E[X(t)]=0$，自相关函数 $R_X(\tau)=\cos 2\pi f_0\tau$，其中，$t_0$、$f_0$为常数。

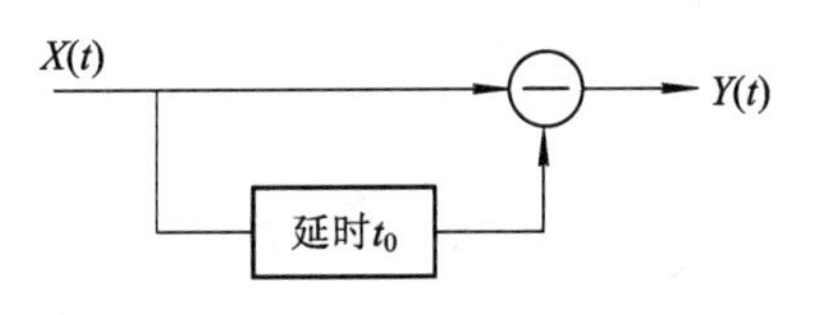

图卷 10-1

(1) 试证明 $Y(t)$是平稳随机过程。

(2) 求 $Y(t)$的功率谱密度函数 $P_Y(f)$和功率 P。

2. (8 分) 某采用插入导频法实现载波同步的 2PSK 调制系统的发送信号为 $s(t)=A_c k\sin(2\pi f_c t)\pm A_c\sqrt{1-k^2}\cos(2\pi f_c t)$，$0\leqslant t\leqslant T_b$。式中，正号对应二进制信息比特"1"，负号对应二进制信息比特"0"，且"0""1"独立等概出现，第一项为用于实现接收机与发送机同步的导频信号。

(1) 画出对该信号进行相干解调的接收机框图。

(2) 假设信号在信道上传输时叠加了单边功率谱密度为 N_0 的高斯白噪声，试推导相干解调后的平均误比特率(其中信号带宽按第一零点带宽计算)。

(3) 假设将 20%的发送信号功率分配给导频信号，试求在相同的误比特率条件下本系统所需的信号功率是传统 2PSK 调制系统的多少倍?

3. (6 分) 已知电话信道可用的信号传输频带为 400～3400 Hz，调制载波频率为 1900 Hz，试说明：

(1) 采用 $\alpha=1$ 升余弦滚降基带信号时，QPSK 调制可以传输 2400 b/s 数据。

(2) 采用 $\alpha=0.25$ 升余弦滚降基带信号时，8PSK 不可以传输 9600 b/s 的数据。

4. (6 分) 一个信号 $m(t)=2\cos 400\pi t+6\cos 4\pi t$，用 $f_s=500$ Hz 的取样频率对它取样，取样后的信号经过一个截止频率为 400 Hz、幅度为 1/500 的理想低通滤波器。求：

(1) 低通滤波器输出端的频率成分。

(2) 低通滤波器输出信号的时间表达式。

5. (12 分) 图卷 10-2 中 m 序列的周期是 7，特征多项式是 $f(x)=1+x+x^3$。输出的 m 序列通过卷积码编码后映射为 8PSK 符号，卷积码编码器的初始状态为全零。已知 m 序列的输出速率是 30 kb/s，信道带宽是 60 kHz。试：

(1) 求 8PSK 系统的符号速率、滚降系数，画出功率谱密度图、画出调制框图。

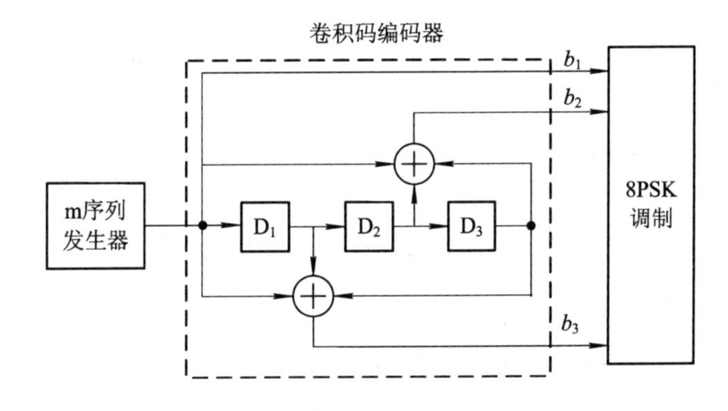

图卷 10-2

(2) 画出 m 序列发生器的框图。

(3) 画出该卷积码的状态转移图。

参考答案

一、填空题

1. 信源中每个符号的平均信息量；比特/符号；1.75 b/s；1750 b/s；各符号等概；120 kb。
2. 瑞利；莱斯。3. 为常数；为常数。4. 克服反向工作问题。5. $m_f \ll 0.5$；450。
6. 码间干扰；横向滤波器。7. $f_s \geqslant 2f_H$。8. $200\pi f_m$。9. 维持；捕捉。10. $-1/31$。

二、选择题

1. C；2. C；3. B；4. A；5. A；6. C；7. D；8. D；9. B；10. B。

三、判断题

1. ×；2. ×；3. √；4. ×；5. ×；6. ×；7. √；8. √；9. ×；10. √。

四、综合题

1. (1) 依题意，得 $Y(t)$ 的均值为：

$$E[Y(t)] = E[X(t)] - E[X(t-t_0)] = 0$$

自相关函数为

$$\begin{aligned}R_Y(\tau) &= E[Y(t)Y(t+\tau)] = E\{[X(t)-X(t-t_0)][X(t+\tau)-X(t+\tau-t_0)]\}\\&= 2R_X(\tau) - R_X(\tau+t_0) - R_X(\tau-t_0)\\&= 2\cos 2\pi f_0\tau - \cos 2\pi f_0(\tau+t_0) - \cos 2\pi f_0(\tau-t_0)\\&= 2\cos 2\pi f_0\tau - 2\cos 2\pi f_0\tau\cos 2\pi f_0 t_0\\&= 2\cos 2\pi f_0\tau(1-\cos 2\pi f_0 t_0)\end{aligned}$$

可见，$Y(t)$ 的均值为常数、自相关函数只与 τ 有关，故 $Y(t)$ 是广义平稳的随机过程。

(2) $Y(t)$ 的功率谱密度函数为

$$\begin{aligned}P_X(f) &= F[R_Y(\tau)] = 2(1-\cos 2\pi f_0 t_0)\times\frac{1}{2}[\delta(f-f_0)+\delta(f+f_0)]\\&= 2\cos^2\pi f_0 t_0[\delta(f-f_0)+\delta(f+f_0)]\end{aligned}$$

功率为

$$\begin{aligned}P &= \int_{-\infty}^{\infty} P_X(f)\mathrm{d}f = \int_{-\infty}^{\infty} 2\cos^2\pi f_0 t_0[\delta(f-f_0)+\delta(f+f_0)]\mathrm{d}f\\&= 4\cos^2\pi f_0 t_0\end{aligned}$$

2. (1) 2PSK 相干解调框图如图卷 10－3 所示。

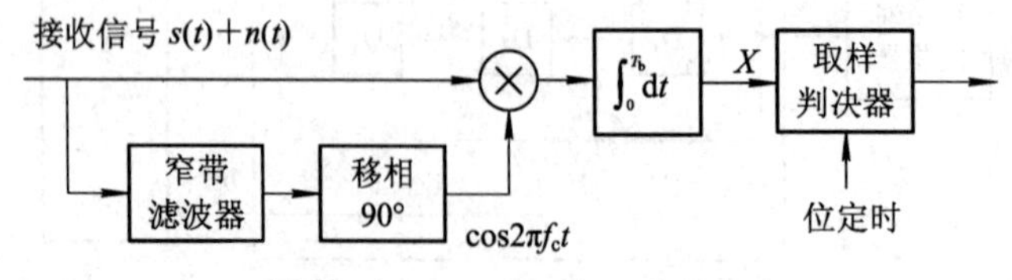

图卷 10－3　2PSK 相干解调器

(2) 该 BPSK 的有效比特能量为 $E_b=\frac{A_c^2T_b(1-k^2)}{2}$，所以该 BPSK 的误码率为

$$P_e=\frac{1}{2}\text{erfc}\left(\sqrt{\frac{E_b}{N_0}}\right)=\frac{1}{2}\text{erfc}\left(\sqrt{\frac{A_c^2T_b}{2N_0}(1-k^2)}\right)$$

(3) 依题意，用于发送导频的信号功率为总功率的 20%，即 $k^2=0.2$，则用于发送通信信号的功率为 $1-k^2=80\%$。达到相同的误比特率，则本系统的总发送功率应是传统 BPSK 系统的

$$\frac{1}{1-k^2}=\frac{1}{80\%}=1.25$$

3. (1) 对于 $\alpha=1$ 的 QPSK，$M=4$，故码元速率为

$$R_B=\frac{R_b}{\text{lb}M}=\frac{2400}{\text{lb}4}=1200\ \text{Baud}$$

成形后基带信号的带宽为

$$B_b=(1+\alpha)W=(1+\alpha)\times\frac{1}{2}R_B=(1+1)\times\frac{1}{2}\times 1200=1200\ \text{Hz}$$

经 QPSK 调制后的信号的带宽是基带信号带宽的 2 倍，即 QPSK 信号的带宽为

$$B=2B_b=2\times 1200=2400\ \text{Hz}$$

由给定的电话信道参数可知，此信号的带宽小于信道带宽(3000 Hz)，且信号的中心频率(载波频率 1900 Hz)等于信道通带的中点。故 $\alpha=1$ 的 QPSK 调制可以在此电话信道传输 2400 b/s 的数据。

(2) 对于 $\alpha=0.25$ 的 8PSK 信号，$M=8$，当信息速率为 9600 b/s 时，码元速率为

$$R_B=\frac{R_b}{\text{lb}M}=\frac{9600}{\text{lb}8}=3200\ \text{Baud}$$

成形后基带信号带宽为

$$B_b=(1+\alpha)W=(1+\alpha)\times\frac{1}{2}R_B=(1+0.25)\times\frac{1}{2}\times 1600=2000\ \text{Hz}$$

8PSK 信号的带宽是基带信号带宽的 2 倍，即

$$B=2B_b=2\times 2000=4000\ \text{Hz}$$

可见，信号带宽大于信道带宽(3000 Hz)，不可以在给定的电话信道上传输。

4. (1) $m(t)$的频率成分有两个，一个是 2 Hz，另一个是 200 Hz。其频谱如图卷 10-4 所示。

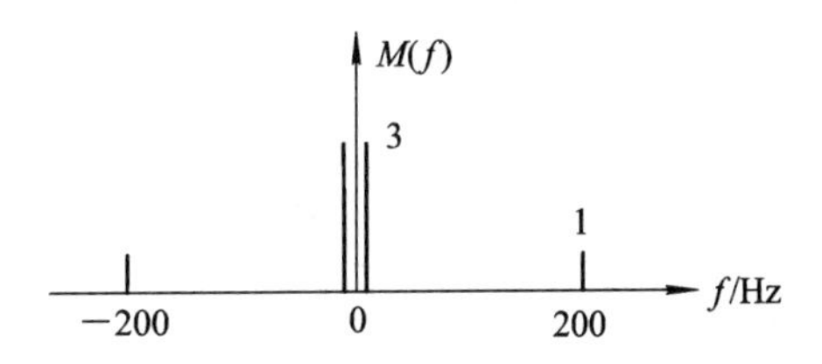

图卷 10-4

以 500 Hz 的频率对其进行取样后，已取样信号的频谱如图卷 10-5 所示。

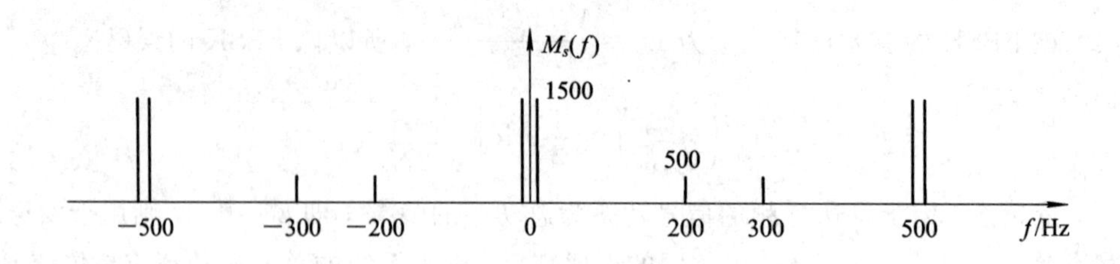

图卷 10 - 5

通过截止频率为 400 Hz 的低通滤波器后，输出信号的频谱(低通滤波器的幅度为 1/500)如图卷 10 - 6 所示。

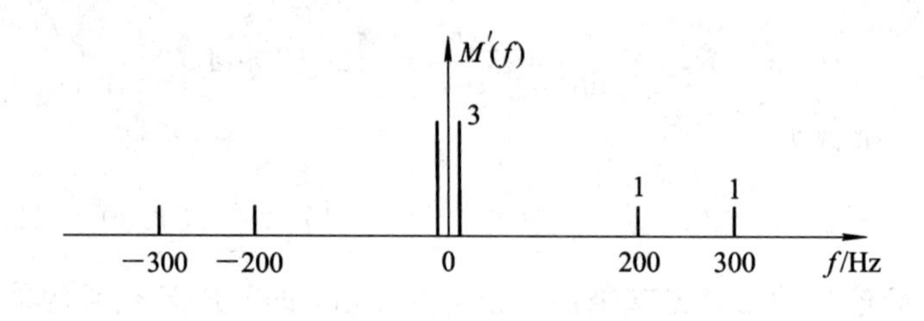

图卷 10 - 6

可见，低通滤波器输出端的频率成分有三个，分别是 2 Hz、200 Hz 和 300 Hz，幅度分别为 6、2 和 2。

(2) 由上面的分析可知，低通滤波器输出信号的时间表达式为

$$y(t)=6\cos 4\pi t+2\cos 400\pi t+2\cos 600\pi t$$

5. 经过卷积编码后比特速率为：30 k×3=90 kb/s。

经过 8PSK 调制：

$$R_{\mathrm{B}}=\frac{R_{\mathrm{b}}}{\mathrm{lb}M}=\frac{90}{\mathrm{lb}8}=30\ \mathrm{kBaud}$$

由频带利用率公式$\dfrac{R_{\mathrm{B}}}{B_{基}}=\dfrac{2}{1+\alpha}$，$B_{基}=B_{频}/2=30$ kHz，可得：

$$\alpha=\frac{2B_{基}}{R_B}-1=\frac{60}{30}-1=1$$

8PSK 信号的功率谱密度如图卷 10 - 7 所示。

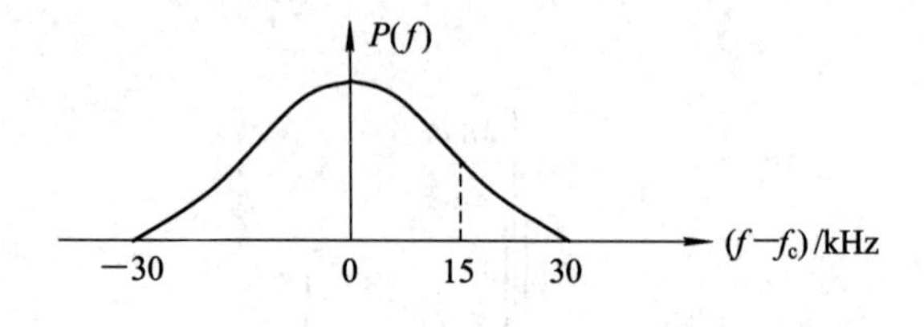

图卷 10 - 7

调制器框图如图卷 10 - 8 所示。

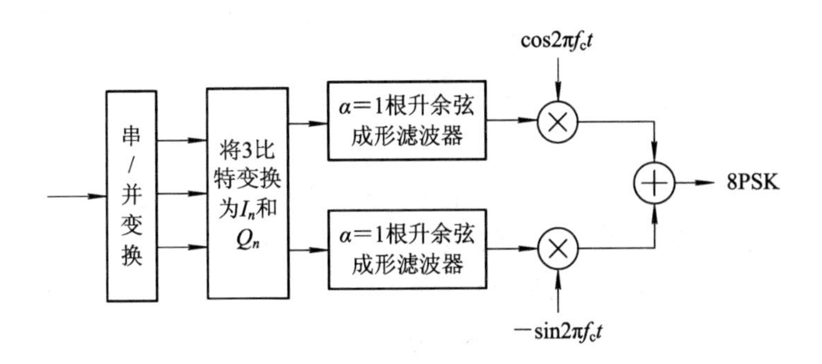

图卷 10－8

(2) 由特征多项式 $f(x)=1+x+x^3$，可得 m 序列发生器电路如图卷 10－9 所示。

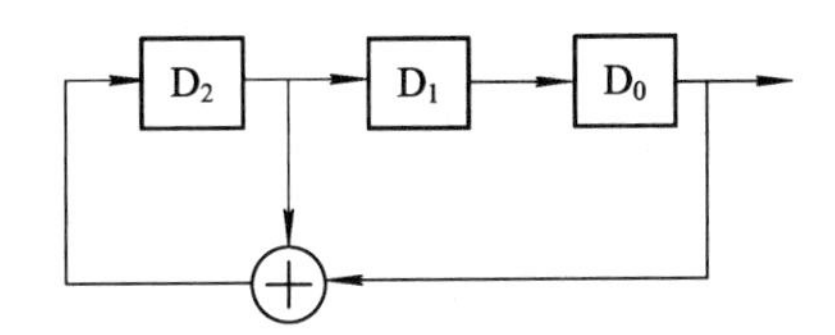

图卷 10－9

(3) 由卷积码编码器电路图可得：

$$g_1 = 1000,\quad g_2 = 1011,\quad g_3 = 1101$$

状态转移图如图卷 10－10 所示，状态为移位寄存器 $D_1D_2D_3$ 的值，实线表示输入 0 时的转移方向，虚线表示输入 1 时的转移方向，线旁的标注为此时的输出。

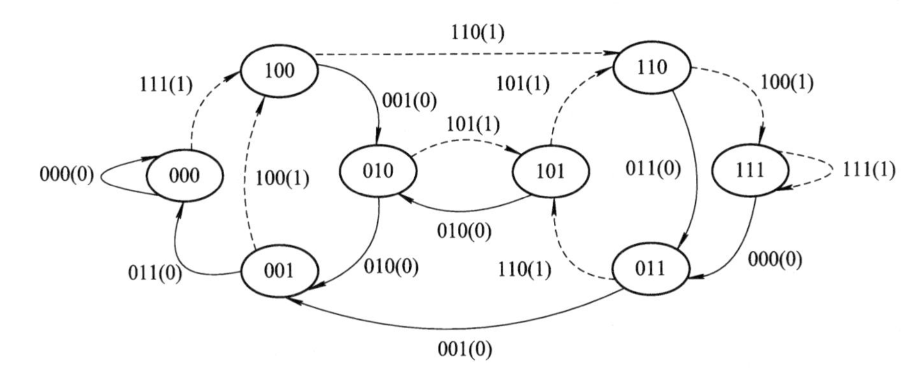

图卷 10－10

参 考 文 献

[1] 樊昌信，曹丽娜．通信原理．7 版．北京：国防工业出版社，2012.

[2] 周炯槃，庞沁华，续大我，等．通信原理．4 版，北京：北京邮电大学出版社，2015.

[3] 黄葆华，杨晓静，吕晶．通信原理．3 版，西安：西安电子科技大学出版社，2019.

[4] 黄葆华，沈忠良，张伟明．通信原理简明教程．北京：机械工业出版社，2012.

[5] 曹丽娜，樊昌信．通信原理（第 7 版）学习辅导与考研指导．北京：国防工业出版社，2021.

[6] 杨鸿文，桑林．通信原理习题集．北京：北京邮电大学出版社，2005.

[7] 臧国珍，黄葆华，郭明喜．基于 MATLAB 的通信系统高级仿真．西安：西安电子科技大学出版社，2019.

[8] 高媛媛，魏以民，郭明喜，等．通信原理．3 版．北京：机械工业出版社，2020.